ZHINENG JIQIREN
XITONG SHEJI YU
SHENGWU DIAN XINHAO KONGZHI

智能机器人系统设计与生物电信号控制

肖飞云　著

化学工业出版社
·北京·

内容简介

人与智能机器人的交互过程要求机器人能够获取人类的运动意图，而这离不开对人类生物电信号的解析与应用，因此衍生出生物电信号控制与处理相关理论和方法，用于实现人与智能机器人的智能信息感知与人机交互。本书侧重于生-机-电机器人系统的结构设计、硬件设计、控制算法及生物信号在医疗、康复等领域的应用，涵盖智能机器人机构设计基础、运动学与动力学基础、信息感知常用传感器、生物电信号处理基础、控制基础、构型设计、信息感知与人机交互、脑电控制、肌电控制、多模态生物电信号控制、嵌入式系统设计、上位机系统设计，涉及康复机器人、外骨骼机器人、智能假肢、仿人机器人这四类智能机器人设备及其人机交互控制相关理论方法。

本书配套资源丰富，可供机器人、生物医学等领域的技术工作者阅读参考，也可作为高等院校相关专业师生的教学参考书。

图书在版编目（CIP）数据

智能机器人系统设计与生物电信号控制 / 肖飞云著. 北京 : 化学工业出版社, 2025. 11. -- ISBN 978-7-122-48853-4

Ⅰ. TP242.6

中国国家版本馆 CIP 数据核字第 2025R51M39 号

责任编辑：陈　喆　　　　装帧设计：王晓宇
责任校对：宋　夏

出版发行：化学工业出版社
（北京市东城区青年湖南街 13 号　邮政编码 100011）
印　　装：高教社（天津）印务有限公司
787mm×1092mm　1/16　印张 29¾　字数 700 千字
2026 年 1 月北京第 1 版第 1 次印刷

购书咨询：010-64518888　　　　售后服务：010-64518899
网　　址：http://www.cip.com.cn
凡购买本书，如有缺损质量问题，本社销售中心负责调换。

定　　价：128.00 元　

序

FOREWORD

在新一轮科技革命与产业变革的交汇点上，智能机器人技术正从“工具辅助”向“人机协同”深度演进，而生物电信号作为连接人体与机器的“自然接口”，无疑为这一演进提供了极具潜力的技术路径。当脑电、肌电等源自人体的生物信号能够被精准解读、高效转化为机器人的控制指令时，人机之间的交互便突破了传统机械操作的局限，迈向了更具智能化、个性化的新维度。正是在这一背景下，这部系统阐述智能机器人系统设计与生物电信号人机交互技术的著作，既注重学科体系的完整性，又兼顾技术创新的前瞻性，为相关领域的研究者与学习者提供了重要参考。

全书以“基础—理论—技术—应用”为逻辑主线，构建了一套完整的知识框架：从智能机器人、生物电信号与人机交互的基础概念导入，逐步深入到机器人机构设计、运动学与动力学的核心理论，再到传感器技术、生物电信号处理、控制方法等关键技术模块，最终通过构型设计、多模态控制、嵌入式与上位机系统开发等实践内容，形成了从理论到实践的闭环。这种由浅入深、层层递进的编排，既符合知识学习的认知规律，也体现了作者对该领域技术体系的深刻把握。

在内容呈现上，本书展现出“兼顾基础性与前沿性，注重理论性与实践性”的鲜明特点。一方面，对于机器人机构设计中的自由度计算、连杆机构原理，运动学中的 DH 参数法、齐次变换，信号处理中的傅里叶变换、滤波器设计等基础理论，书中均进行了细致阐释，为读者筑牢学科根基；另一方面，针对多传感器融合、基于机器学习的生物电信号识别、机器人生物电信号控制等前沿方向，书中通过案例分析的方式梳理研究进展，为读者打开学术视野。尤为可贵的是，本书没有停留在理论阐述层面，而是融入了大量工程实践内容——从具体的传感器选型、电路设计，到嵌入式系统开发的代码示例、上位机软件的界面设计，再到外骨骼机器人、智能假肢等典型产品的控制方案，均提供了可操作的技术指引，这对于衔接理论研究与工程应用具有重要意义。

当前，我国正大力推进智能制造、健康中国等国家战略，智能机器人在工业生产、康复医疗、助老助残等领域的应用需求日益迫切。本书所涵盖的技术内容，恰好契合了这些实际需求。当然，智能机器人与生物电信号人机交互技术仍处于快速发展阶段，许多理论与技术问题尚需进一步探索，例如生物电信号的抗干扰处理、人机交互的安全性与舒适性优化等。本书作为这一领域的阶段性总结，既是对现有成果的梳理，也为未来研究留下了思考空间。期待本书能够吸引更多学者与工程师投身这一领域，共同推动技术进步；也相信读者能够通过本书的学习，夯实基础、开拓思路，为智能机器人技术的发展贡献力量。

是为序。

朱延河

机器人技术与系统全国重点实验室副主任

哈尔滨工业大学机电工程学院教授、博士生导师

2025 年 9 月 8 日

前言

PREFACE

机器人方向涉及的知识点较为丰富，包括但不限于机械原理、机械设计、机器人运动学、机器人动力学、传感器、信号处理、控制理论、人机交互、嵌入式系统、上位机系统等。根据不同应用场景，可将机器人分为工业机器人、康复机器人、外骨骼机器人、智能假肢、仿人机器人、微纳机器人、水下机器人、空中飞行机器人、软体机器人等大类。本书主要讨论康复机器人、外骨骼机器人、智能假肢、仿人机器人这四类智能机器人，它们整体的自由度分布、传动特性等都与人体肢体运动特性密切相关，也都与人类存在密切的人机交互。

机器人自身存在丰富的信息可被人类读取和应用，同理，人类也可产生丰富的信息应用于机器人控制。人类产生的信息多为生物电信号，例如脑电信号、肌电信号、心电信号、眼电信号等，其中，脑电信号和肌电信号包含了人类运动意图等重要信息。人与智能机器人的交互过程要求机器人能够获取人类的运动意图，而这离不开对人类生物电信号的解析与应用，因此衍生出生物电信号控制与处理相关理论和方法，用于实现人与智能机器人的智能信息感知与人机交互。

我主要研究开发康复机器人、外骨骼机器人、智能假肢、仿人机器人这四类智能机器人设备及其人机交互控制相关方法理论。在教学科研过程中，不少本科生、研究生找到我求教这一方向相关课题，然而，如何系统提供智能机器人系统设计与生物电信号控制相关知识体系资料是我一直思考的问题。我希望编写一本能够为学生提供智能机器人系统设计与生物电信号控制这一方向相对完整、成体系的知识内容，这也是本书的主要编写目的。

本书主要介绍智能机器人机构设计基础、运动学与动力学基础、信息感知常用传感器、生物电信号处理基础、控制基础、构型设计、信息感知与人机交互、脑电控制、肌电控制、多模态生物电信号控制、嵌入式系统设计、上位机系统设计。整体内容有一些来自我的研究工作和实践工作，也有一些是精选的高水平国际期刊中的经典方法或理论。本书编写目标更多的是期望读者能够通过阅读本书了解并掌握智能机器人基本知识和理论，并在此基础上了解相关知识的前沿研究工作。在阅读完本书后，可进一步参阅相关参考文献，进行更为深入的学习与研究，或针对本书因篇幅限制未能全面展开论述的知识或相关技术细节，查阅推荐的参考书目进行更为深入的知识学习。

对于掌握一项相对复杂的本领或学会一门相对复杂的学问，我认为勇敢迈出第一步，并且对其有一个相对粗略的整体框架了解是非常重要的。当整体框架有了初步构建时，可在此基础上不断完善，逐步深入，随着学习的深入和时间的投入，复杂知识或本领慢慢习得并掌握，之前搭建的粗糙框架也会变得越来越精细美观。再者，纸上得来终觉浅，绝知此事要躬行，书本的内容只有慢慢付诸实践，才能对其有着更为深刻的体会。因此，我尽可能地提供相关方法或理论对应模型或代码。期望本书能够帮助读者搭建一个相对粗略的整体框架，并提供一定的实践内容，读者在此基础上完善优化整体知识体系和实践技能。由于编者水平有限，书中不足之处，恳请广大读者批评指正。

肖飞云

目录
CONTENTS

第1章

绪论

引言

绪论介绍了智能机器人概念、基本组成，生物电信号与人机交互简介等。通过通读这些内容可知，本书将围绕智能机器人本体、传感器、驱动单元、外部/内部信息处理单元、主控系统、生物电信号处理与机器人控制等相关内容展开介绍。通过查阅本章1.4小节内容，可清晰地了解本书的内容框架及其对应智能机器人系统的组成部分。

1.1 智能机器人简介

1.1.1 智能机器人概念

智能机器人是一种具有行动和选择能力的智能机器，通过多种传感器信息感知，结合智能算法（控制算法、人工智能算法），适应环境或任务，识别复杂环境并做出对应决策。

根据智能化水平的不同可分为如下三类：

① 具有严格编程，被动执行既定轨迹或任务；

② 在基本程序控制基础上，能根据环境自动重新编程，适应环境；

③ 机器人可以在它识别的不确定或复杂的环境中做出决策或规划其行动。

智能机器人种类多，本书主要讨论的机器人包括如下四大类：

（1）康复机器人

康复机器人辅助肢体功能障碍患者（脑卒中、病理性震颤、体弱病人等）肢体康复训练。

（2）外骨骼机器人

外骨骼机器人用于辅助人体动作，既可以使正常人体或士兵肢体功能增强，也可以是对肢体功能障碍患者的肢体功能辅助。

（3）智能假肢

智能假肢用于肢体残疾人肢体功能重建，通过假肢替代已缺失的肢体，完成对应肢体的运动、抓取等功能。

（4）人形机器人

人形机器人模仿人体运动特点，具有一定程度的人体肢体运动功能模拟，替代人类完成一些装配、排爆、家务等任务。

这四类智能机器人整体的自由度分布、传动特性等都与人体肢体运动特性密切相关，也都与人类存在密切的人机交互。

1.1.2 智能机器人组成

智能机器人一般包含机器人本体、传感器、驱动单元、外部/内部信息处理单元和主控系统。其中，机器人本体相当于人类的骨骼、躯干；传感器相当于人类的眼睛、皮肤、耳朵等感官系统；驱动单元相当于人类的肌肉；外部/内部信息处理单元相当于人类的中枢神经系统和大脑皮层神经系统等；主控系统相当于人类的大脑。如图 1-1 所示。

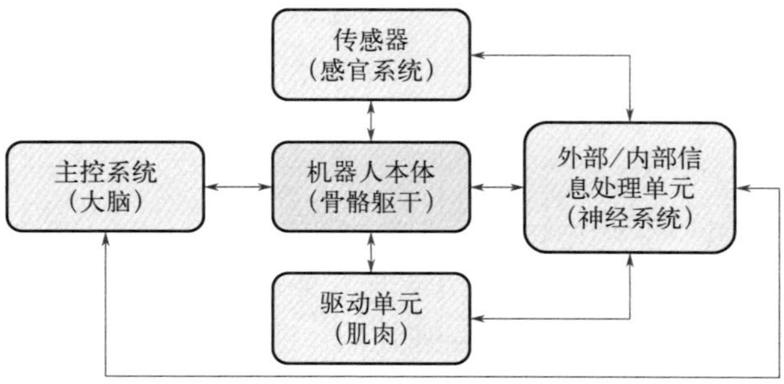

图 1-1 智能机器人基本组成

机器人本体：机器人本体需符合机械原理、机械设计基本设计原则，整体需保证可靠稳定的传动，依据不同类型的工作任务需求，设计对应的关节、连接杆件，配置合适的传动机构，校核关键零部件强度。

传感器：传感器是机器人具有感知外部内部信息的关键，机器人内部的主要传感信息包含驱动单元的电流、速度、位置、机器人关节角度和力矩等。机器人外部主要传感信息包括与之进行交互的环境信息、人的传感信息，例如环境力、环境视觉信息、人体生物电信息。

驱动单元：驱动单元是机器人本体能够运动的动力来源，电、液、气或新型驱动材料等都可应用于机器人本体驱动，驱动单元需能精细控制输出位置/力。

外部/内部信息处理单元：传感信息进入到机器人本体需借助信息处理单元，将其处理为主控系统可识别类型和易用形式。

主控系统：机器人主控系统用于汇聚总体内外部信息，做出对应决策或运动规划，控制机器人驱动单元和机器人本体执行对应任务。

1.2 生物电信号简介

1.2.1 中枢神经系统-外周神经系统-肌肉系统简介

中枢神经系统（central nervous system，CNS）由脑和脊髓组成，CNS 接收感受信息，外周神经系统（peripheral nervous system，PNS）将 CNS 连接到身体的其他部分，神经从大脑和脊髓分支出去，延伸到器官、肌肉及身体的其他部分。对肌肉有特殊意义的通路控制是外侧皮质脊髓束，它位于后柱外侧，顾名思义，它从大脑皮层的运动区延伸到脊髓，跨越脑干下部。PNS 的神经纤维汇聚在一起，被结缔组织包围成束，构成神经，分为感觉神经纤维和运动神经纤维。运动神经纤维支配骨骼肌运动，运动神经纤维与肌肉运动直接相关。

皮质脊髓通路在前角突触离开脊髓之前，在这个水平之上的运动神经元是上运动神经元，那些在前角或前角以下的突触被称为下运动神经元。运动脉冲从大脑，沿着脊髓，穿过前角，通过周围神经到达周围。来自外围的感觉脉冲沿着外围传播神经进入脊髓角，然后通过脊髓向上到大脑。如图 1-2 所示。

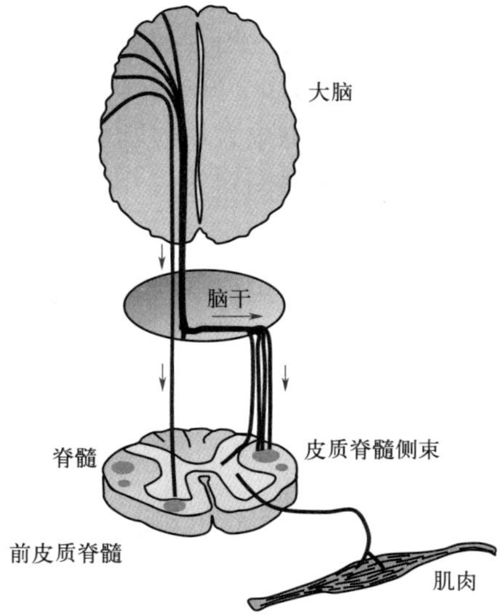

图 1-2 中枢神经系统-外周神经系统-肌肉系统示意图[1]

1.2.2 脑电信号简介

脑电信号（electroencephalogram，EEG）是大脑活动的记录，传感器附着在头皮上，以接收大脑皮层产生的电信号。EEG 可以用来帮助诊断和监测一些影响大脑的情况，也可用于识别人体运动意图。不同大脑皮层区域对应的 EEG 存在较大差异。例如枕叶皮层是大脑的视觉处理中心，位于头骨的最后部分，视觉刺激（视频、图像）的脑电图实验通常关注枕叶区域的影响；颞叶皮层与使用视觉记忆、语言和情感联想来处理感官输入以获得更高级的意义有关；顶叶皮层是关于整合来自外部来源的信息和来自我们身体的内部感觉反馈。

根据频带可将 EEG 分为如下类型：

① δ 波（0.5～4Hz） 可用于评估睡眠深度。δ 波越强，睡眠越深，δ 波与内部工作记忆任务的注意力增加相关联。

② θ 波（4～7Hz） 与广泛的认知过程有关，如记忆编码和提取，θ 波与疲劳程度增加有关。

③ α 波（7～12Hz） 当处于放松的清醒状态时，α 波增加。生物反馈训练经常使用 α 波来监测放松。它们也与抑制和注意力有关。

④ β 波（12～30Hz） 当计划或执行任何身体部位的运动时，β 频率变得更强。当观察其他人的身体运动时，β 的增加也是显而易见的。

⑤ γ 波（>30Hz，通常为 40Hz） γ 波反映了注意力的集中，并作为载波频率来促进大脑区域之间的数据交换。

1.2.3 肌电信号简介

肌电信号（electromyography，EMG）是一种与肌肉电信号记录和分析有关的实验技术，是由肌纤维膜状态的生理变化形成的。一般 EMG 可分为表面肌电信号（Surface electromyography，sEMG）和皮下 EMG，sEMG 可通过传感器放置于表皮上采集得到，皮下 EMG 需借助针电极，将针电极插入到肌肉中，采集针电极周围有限范围内的动作电位电信号。EMG 是基于肌纤维膜上的动作电位产生的去极化和复极化过程。去极化-复极化循环形成沿肌纤维表面传播的去极化波或电偶极子，因为一个运动单元由许多肌肉纤维组成，电极对采集得到的肌肉电活动取决于其空间距离和分辨率。本书主要讨论 sEMG 在智能机器人中的应用。sEMG 频谱范围约在 20～500Hz。

当肌肉放松时，可以看到一个基本无噪声的肌电基线。sEMG 的基线噪声取决于许多因素，特别是肌电放大器的质量、环境噪声和环境噪声给定检测条件的质量。当肌肉收缩时，则可看到采集得到的信号电压有明显变化，如图 1-3 所示。

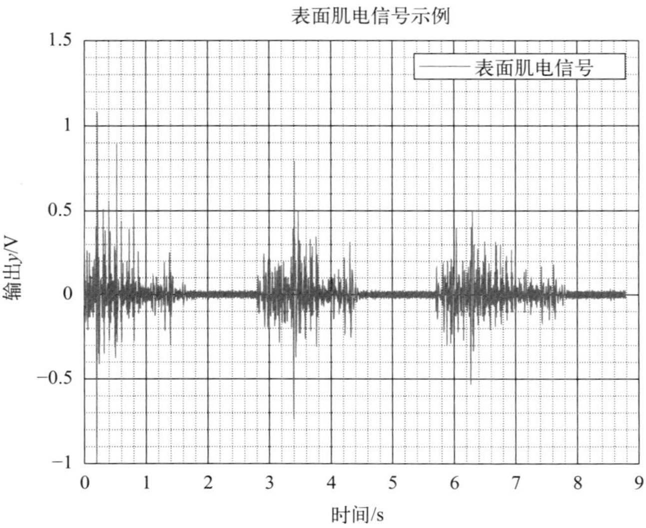

图 1-3　sEMG 示例

1.3　人机交互简介

智能机器人与环境、人的交互信息是实现智能化的关键。人机交互是智能机器人与人类进行信息传递、交换信息与对话接口的活动总称。智能机器人基于人机交互，结合信息处理单元和智能化算法，实现与人协同作业、自主辅助人类运动、再生肢体运动等。

1.3.1　信息感知简介

人机交互的信息感知是人机交互的基础。通过与外部环境或人类进行信息感知和信息处理后，作为后续交互模块输入，是机器人智能化水平提高的根本。感知信息的处理与进一步提升可提高机器人认知、规划、决策能力。信息感知涉及信息采集、滤波、特征提取、压缩与融合等。

1.3.2　交互控制简介

交互控制方法将基于信息感知规划的对应参考轨迹、动作或决策复现完成。机器人自身所处环境存在一些环境变换、环境干扰或建模不准确等问题，交互控制方法用于保证机器人按照预定轨迹、动作或决策完成指定任务。再者，交互控制亦可结合人工智能方法，提高控制方法智能化水平和机器人自主决策水平。

1.3.3 交互界面简介

交互界面是机器人系统直观地向外部世界展示其内部信息的窗口，通过设计合理、智能、可靠丰富的交互界面，使得提高机器人易用性、智能化水平和可视化水平。

1.4 本书总体内容框架

本书整体内容框架如图 1-4 所示，根据智能机器人基本组成，主要分为 13 章内容。每一章节内容大致介绍如下。

第 1 章是绪论部分，介绍整体智能机器人、感知交互、生物电信号与人机交互，介绍本书总体内容框架。

第 2 章是智能机器人机构设计基础，介绍智能机器人机构设计基础和常用传动机构特点。

第 3 章是智能机器人运动学与动力学基础，介绍智能机器人正运动学、逆运动学、动力学基础。

第 4 章是智能机器人信息感知常用传感器，介绍力传感器、力矩传感器、角度传感器、姿态传感器、EEG 传感器和 sEMG 传感器基本原理和特性。

第 5 章是生物电信号处理基础，介绍傅里叶变换、滤波器、时域分析、频域分析、时频域分析、信号模态分解、EEG 采集与处理、sEMG 采集与处理。

第 6 章是智能机器人控制基础，介绍状态空间、稳定性、自抗扰控制、阻抗控制、导纳控制、力/位混合控制等。

图 1-4 本书整体内容框架

第 7 章是智能机器人构型设计，介绍人体肢体生物结构、运动学与自由度分析、驱动形式、构型、康复机器人与外骨骼机器人传动形式与设计要点、智能假肢传动形式与设计要点、人形机器人传动形式与设计要点。

第 8 章是智能机器人信息感知与人机交互，介绍人体信息感知器官与生物特性、智能机器人信息感知、智能机器人人机交互。

第 9 章是智能机器人 EEG 控制，介绍智能机器人 EEG 控制框架、轮椅 EEG 状态控制、外骨骼 EEG 控制、智能假肢 EEG 控制、人形机器人 EEG 控制。

第 10 章是智能机器人 sEMG 控制，介绍智能机器人 sEMG 控制框架、外骨骼 sEMG 控制、仿生手 sEMG 控制、仿生机器人 sEMG 控制。

第 11 章是智能机器人多模态生物电信号控制，介绍智能机器人多模态生物电信号控制基本框架、外骨骼多模态生物电信号控制、假肢多模态生物电信号控制、仿人机器人多模态生物电信号控制。

第 12 章是智能机器人嵌入式系统设计，介绍嵌入式系统开发基本框架、嵌入式 C/C＋＋基础、嵌入式最小系统、嵌入式系统电路原理图与印制电路板图绘制、嵌入式系统重要模块与外设。

第 13 章是智能机器人上位机系统设计，介绍上位机系统开发基本框架、上位机软件系统编程基础、上位机软件系统界面设计基础。

根据图 1-4，第 2 章和第 7 章主要涉及智能机器人本体结构设计相关内容。第 3 章、第 6 章、第 9～11 章主要涉及智能机器人主控系统设计与驱动单元应用。第 4 章主要介绍智能机器人常用传感器。第 5 章和第 8 章主要涉及智能机器人外部/内部信息处理单元。第 12 章和第 13 章主要涉及感知交互界面设计内容。本书在第 2～11 章每一章的最后一节介绍对应的前沿研究工作案例分析与总结，并列出相关扩展资料。

通过本书详细介绍智能机器人基本组成模块，将康复机器人、外骨骼机器人、智能假肢和人形机器人这四类机器人作为主要讨论对象。它们是类人的，整体的自由度分布和传动特性等都与人体肢体运动特性密切相关，也都与人类存在密切的人机交互。

第2章

智能机器人机构设计基础

引言

机器人本体机构设计好坏直接影响其后续控制效果与精度。如何根据工作任务需求、性能和参数需求，合理设计机器人机构是机器人精确执行任务的基础。机器人的基本组成单元包含动力源、传动机构、执行机构。其中动力源一般是电能、液压能、气能。如何将其转化为机器人所能合理应用的能量，并完成相关任务是机器人机构设计的重点内容。

对于机器人而言，其输入能量一般是回转或直线运动形式。如何将这一能量进行合理转化是动力源转化问题。对于电能而言，一般其原始输出能量是回转运动形式，对于液压能和气能而言，一般其原始输出能量是直线运动形式。本章明确机器人整体的自由度如何计算，如何合理设计不同的传动机构和执行机构，连接不同组件。

2.1 自由度计算

2.1.1 构件无约束下的自由度数

系统自由度是指可以独立变化的系统参数的数量，本书主要讨论机构自由度。在物理学中，机械系统的自由度是定义其配置或状态的独立参数数量。它在机械工程、结构工程、航空航天工程、机器人技术和其他领域的物体系统分析中非常重要。考虑一个由 n 个在空间运动的刚体（也称活动构件）组成的系统，相对于一个固定机架（或地面）有 $6n$ 个自由度。

$$M_c = 6n \tag{2-1}$$

如图 2-1(a) 所示，对于三维空间物体而言，如果其未受到任何约束或限制，自由状态下其可在 x、y、z 三个方向任意直线运动和 r_x、r_y、r_z 三个方向任意回转运动。因此对于 n 个刚体而言，其相对于固定机架或地面具有的完整任意可运动数为 $6n$，即无约束下的自由度为 $6n$。

对于平面空间物体而言，如一个构件或刚体在 xy 平面内做平面运动，那么它的运动可以分解为沿 x 轴和 y 轴的移动以及绕任意垂直于 xy 平面的轴线的转动 r_{xy}，如图 2-1 (b) 所示。因此，对于 n 个活动构件，其相对于固定机架或地面具有的平面完整任意可运动数为 $3n$，即无约束下的自由度为 $3n$。

$$M_p = 3n \tag{2-2}$$

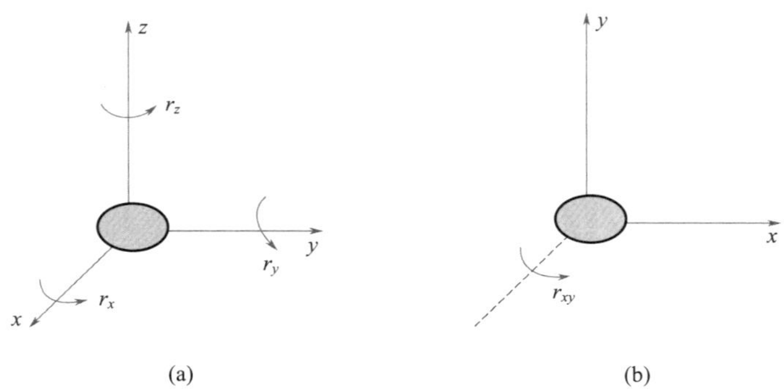

图 2-1　三维空间刚体自由状态、二维空间刚体自由状态

2.1.2　构件有约束下的自由度数计算

对于机器人而言，其任意一个构件均可能与前级或后级构件连接，连接的引入必然引入相关约束，进而限制该构件的自由度。再者，机器人系统存在多个构件，计算其整体自由度时，需综合考虑多个构件整体连接关系，计算去除约束后的剩余自由度。

构件与构件的连接，从物理层面观察，其表现出来的是不同的接触形式：点接触、线接触和面接触。假设一个平面机器人系统具有 P_L 个线接触和面接触，P_H 个点接触，则平面机器人系统自由度计算公式为如下形式。其表示线接触和面接触引入 2 个约束，点接触引入 1 个约束。

$$M_p = 3n - 2P_L - P_H \tag{2-3}$$

对于具有 n 个活动构件、j 个关节的平面机器人系统，上述公式也可以改写为如下形式，每个关节对应的约束是属于哪种接触形式则需依据实际情况进行判定。

$$M_p = 3n - \sum_{i=1}^{j}(3 - f_i) = 3(n - j) + \sum_{i=1}^{j} f_i \tag{2-4}$$

其中，f_i 表示运动副自由度数。对于空间机器人而言，其典型的机器人关节接触副一般可分类为如图 2-2 所示的六种形式。由以上公式可推导具有 n 个活动构件、j 个关节的空间机器人对应自由度计算公式如下。

$$M_c = 6n - \sum_{i=1}^{j}(6 - f_i) = 6(n - j) + \sum_{i=1}^{j} f_i \tag{2-5}$$

铰链副的 $f_i=1$，圆柱副的 $f_i=2$，移动副的 $f_i=1$，万向副的 $f_i=2$，螺旋副的 $f_i=1$，球副的 $f_i=3$。

三维空间下无任何约束情形的刚体具有 6 个自由度，这意味着一个机器人（或物体）具有控制所有 6 个物理自由度的机制被称为完整的。如果一个机器人需移动到可达空间任意位置，其整体应具有 6 个自由度。然而，人的手臂被认为有 7 个自由度，要将手以某种姿态移动到空间中的任何一点，只需要其中 6 个自由度，但人们将缺乏从不同角度或方向抓取物体的能力。可控自由度小于总自由度的物体称为非完整的，而可控自由度大于总自由度的物体（如人的手臂）称为冗余的。因此，人类手臂自由度是冗余的，但是这并不是多余的。例如肩部和腕部运动可互相补给，保证人类手臂不会以一种非常奇怪（奇异）的姿势到达某个特定位置。

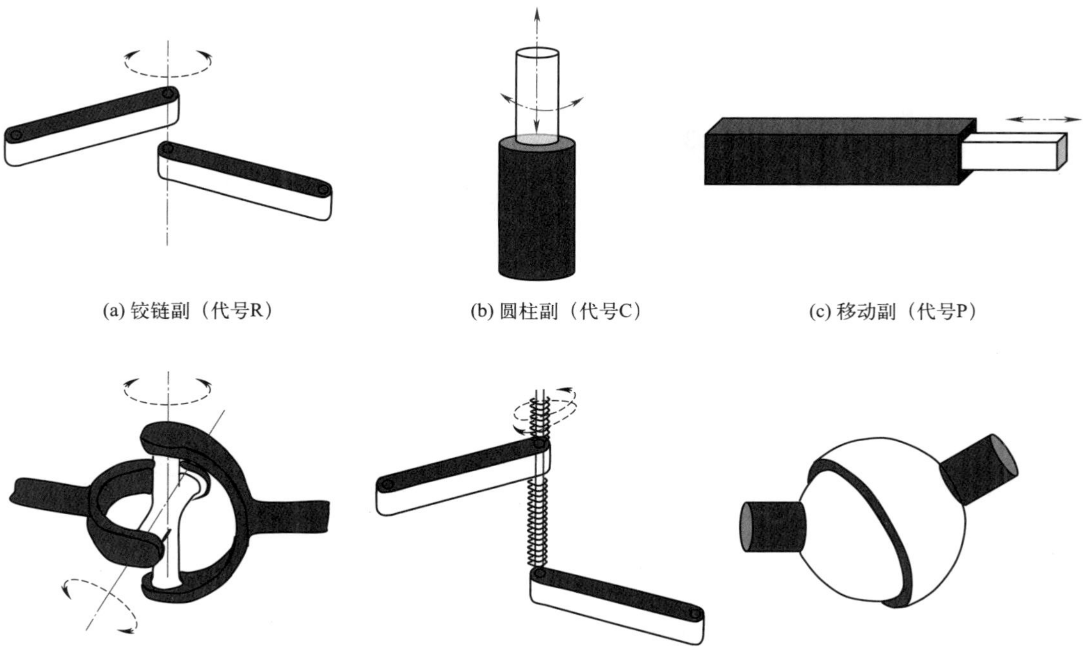

(a) 铰链副（代号R）　(b) 圆柱副（代号C）　(c) 移动副（代号P）

(d) 万向副（代号U）　(e) 螺旋副（代号H）　(f) 球副（代号S）

图 2-2　机器人常见运动副

例 2-1　（平面机器人自由度计算）

试计算如图 2-3 所示的六杆机构仿生手单指自由度。

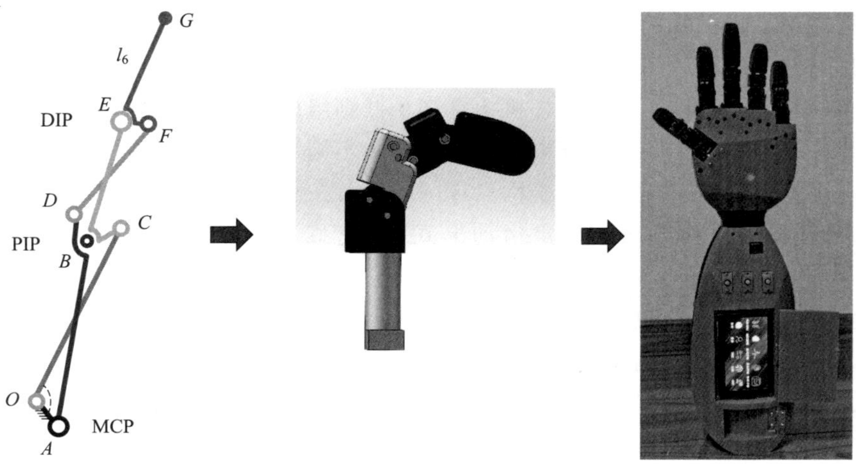

图 2-3　六杆机构仿生手

根据图 2-3 左侧所示的机械原理图可得如下单指自由度计算公式。

$$M_c = 3n - 2P_L - P_H = 3\times5 - 2\times7 - 0 = 1$$

例 2-2 （空间机器人自由度计算）

试计算如图 2-4 所示的 Epson SCARA 机器人自由度。

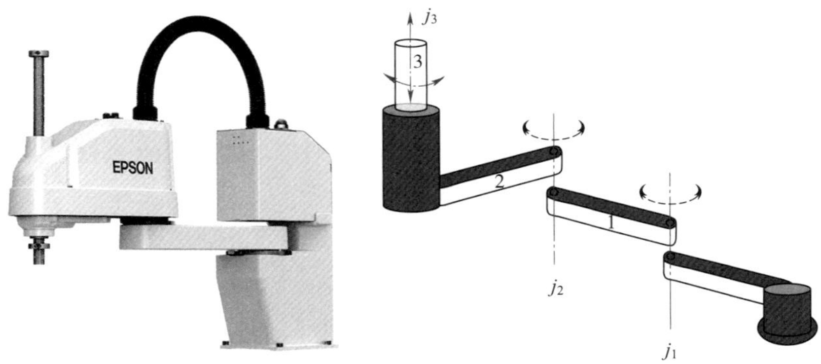

图 2-4 Epson SCARA 机器人

根据图 2-4 右侧所示的机械原理图可得自由度计算公式如下。

$$M_c = 6n - \sum_{i=1}^{j}(6 - f_i) = 6(n - j) + \sum_{i=1}^{j} f_i = 6 \times (3-3) + 1 + 1 + 2 = 4$$

自由度计算的特殊情况，例如复合铰链、虚约束、局部自由度可参考文献［2］。

2.2 连杆机构

2.2.1 连杆机构设计步骤

连杆机构在足式机器人、外骨骼机器人、假肢等方面具有广泛的应用。连杆机构的共同特点是其主动件的运动都要经过一个不与机架直接相连的连杆中间构件，才能传动至从动件，故而成为连杆机构。一般连杆机构是多个低副组成且几何封闭，通过调整连杆机构不同杆件的长度可实现末端或连杆中任意点轨迹为不同形状的曲线。

对于应用连杆机构进行机器人机构设计问题，可按如下步骤进行：

① 依据机器人工作要求，确定运动形式(匀速移动、变速移动、匀速转动、变速转动)；

② 依据机器人运动，确定自由度；

③ 从常用连杆构型中选定 1 个或多个构型，合理组合；

④ 连杆机构参数优化设计，进而符合所需的机器人运动轨迹要求；

⑤ 进行必要的速度、加速度、力分析。

根据平面和空间两种维度，连杆机构可分为平面连杆机构和空间连杆机构。一般而言，平面连杆机构在智能机器人中具有非常广泛的应用，最基本的平面连杆机构为平面四杆机构，其他复杂机构可根据其进行演化。平面四杆机构中，典型机构为曲柄摇杆机构和曲柄滑块机构。根据不同杆长，可变换曲柄摇杆机构为双曲柄机构、双摇杆机构、平行四边形机构、反平行四边形机构。曲柄滑块机构通过变换机架位置可变换为移动导杆机构、曲柄摇块机构、导杆机构（转动导杆机构和摆动导杆机构）等。

2.2.2　曲柄摇杆机构、曲柄滑块机构及其演化

对于四杆机构是否存在整转副的充分必要条件有如下结论：

① 最长杆和最短杆的长度之和要小于等于其余两杆长度之和；

② 曲柄是最短杆。

如果满足如上两个条件，则对应曲柄两端的铰链均为整转副，曲柄对边两端铰链为非整转副。当机架对应杆两端均为整转副，则对应机构为双曲柄机构，如图 2-5(b) 所示；当机架对应杆只有一端为整转副，则该机构为曲柄摇杆机构，如图 2-5(a)、(c) 所示；当机架对应杆两端均不是整转副，则该机构为双摇杆机构，如图 2-5(d) 所示。

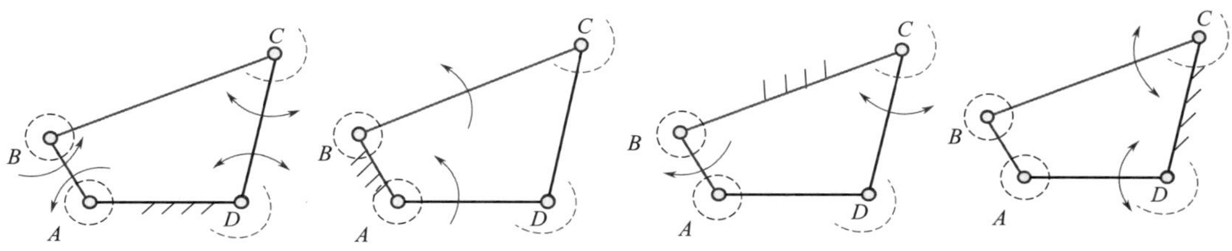

图 2-5　曲柄摇杆机构演化

通过改变摇杆的长度，可将曲柄摇杆机构演化为对心曲柄滑块机构和偏心曲柄滑块机构。此处，将杆变成了块，如图 2-6 所示，其中 1～4 分别表示曲柄、连杆、摇杆/滑块、机架。

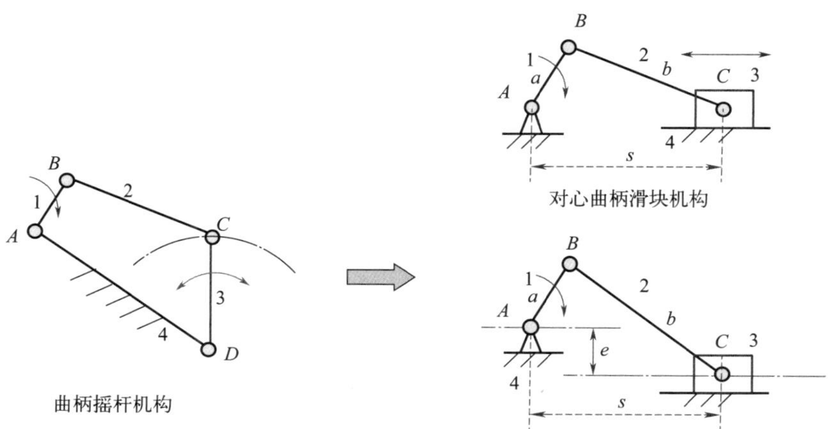

图 2-6　曲柄摇杆机构演化为对心曲柄滑块机构和偏心曲柄滑块机构

对于曲柄滑块机构这一类含有一个移动副的四杆机构，其整转副存在条件及其演化机构对应关系如表 2-1 所示，详细推导过程可参考文献［2］。

表 2-1　含一个移动副四杆机构主要类型

几何条件	整转副	作为机架的构件	机构名称
$a+e\leqslant b$	A、B	1	转动导杆机构
		2	曲柄摇块机构
		3	移动导杆机构
		4	曲柄滑块机构
$b+e\leqslant a$	B、C	1	摆动导杆机构
		2	曲柄转块机构
		3	曲柄导杆机构
		4	摇杆滑块机构
$\lvert a-b \rvert<e$	无	1	双摇杆机构
		2	摇杆摇块机构
		3	摇杆导杆机构
		4	摇杆滑块机构

如图 2-7 所示为常见平面四杆机构及其相关应用。图 2-7(a)、(b) 对应曲柄摇杆机构和反平行四边形机构，用于雷达天线摆动和公交车中门开关。图 2-7(c)、(d) 为曲柄摇块机构和移动导杆机构，用于货车翻斗和手摇打水机构。

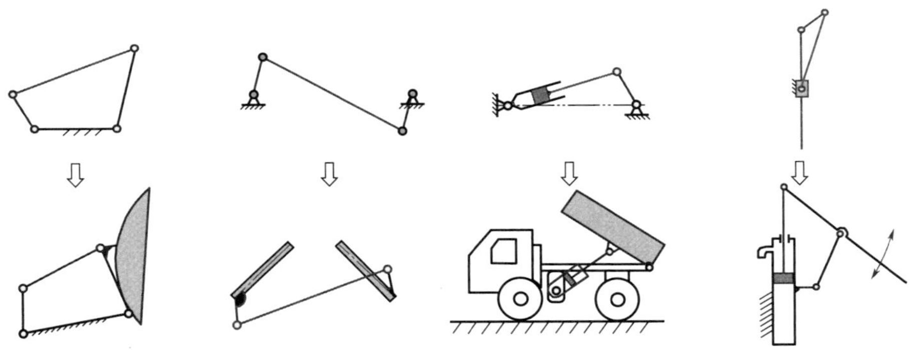

(a)　(b)　(c)　(d)

图 2-7　常见平面四杆机构及其应用

2.2.3　连杆机构在机器人机构设计中的应用

连杆机构可应用于假肢手[3]、工业机器人[4]、外骨骼机器人等，如图 2-8～图 2-11 所示。

2.2.4　机构组合方法

通过组合多种基本类型的机构可演化出各种类型和功能的机构，例如六杆机构可由两个四杆机构组合而来。一般其组合方法有串联式、并联式、级联式。

串联式：把多个基本子机构按串联的方式组合，这时组合中的各子机构保持其原有的

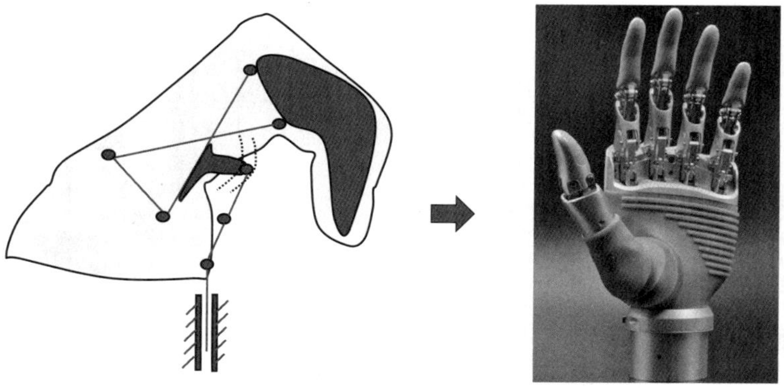

图 2-8　连杆机构应用于假肢手

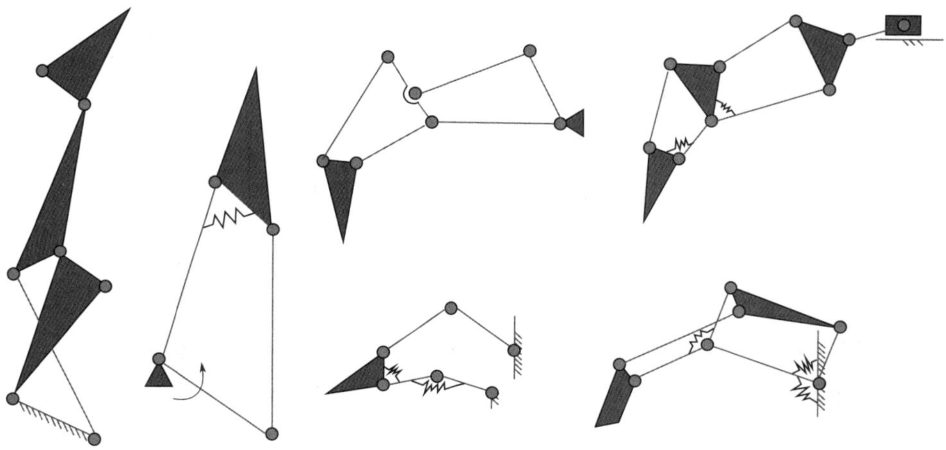

图 2-9　其他类型的连杆机构应用于假肢手[3]

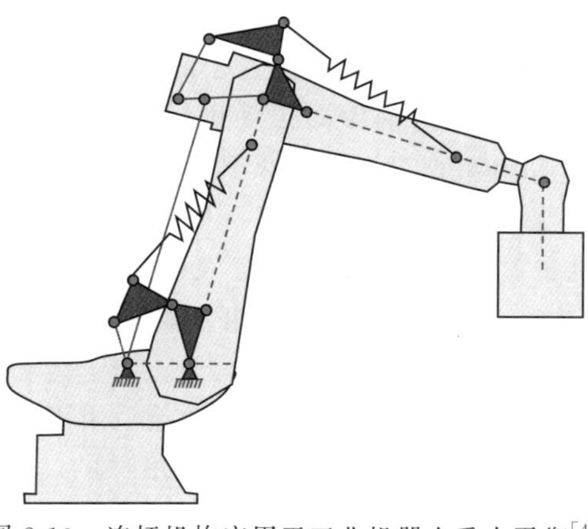

图 2-10　连杆机构应用于工业机器人重力平衡[4]

结构，各自相对独立。通常前一机构的输出件就是后一机构的输入件。

并联式：原动件的一个运动同时输入 n 个并列布置的单自由度基本机构，从而转换成 n 个输出运动，而这 n 个运动又输入给一个 n 自由度的基本机构，合成为一个输出运动。

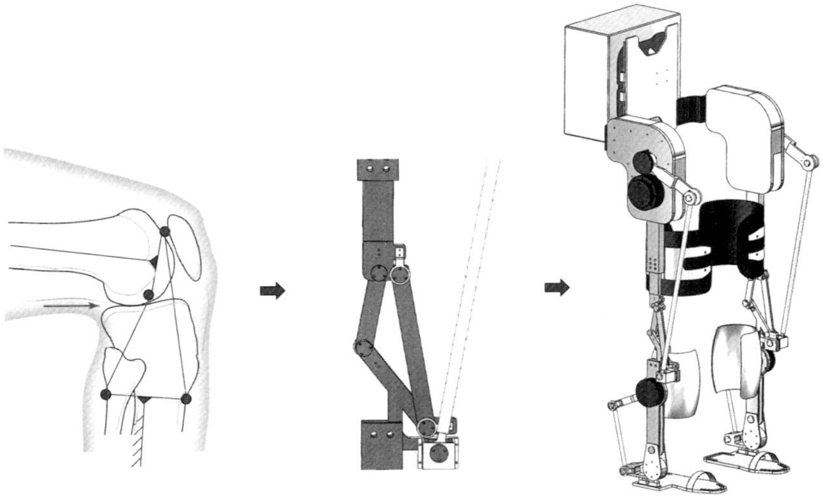

图 2-11　连杆机构应用于下肢外骨骼膝关节

级联式：每一个基本机构各有一个动力源，前一个机构的输出件是后一个机构的相对机架。

平面连杆机构的运动学仿真可借助 Linkage 或 MotionGen 软件。

2.3　蜗轮蜗杆机构、圆锥齿轮机构、滚珠丝杠与滑动丝杠机构

2.3.1　蜗轮蜗杆机构、圆锥齿轮机构、滚珠丝杠机构特点与应用

在不少应用场合，某个特定方向不适合放置长的传动零件或驱动单元，例如图 2-12 所示假肢手指。如果采用常规的平行轴方向传动机构，则驱动电机需放置于指节处，然而，驱动电机一般都包含电机和减速器，无法做到既轻薄又力矩大。蜗轮蜗杆机构和圆锥齿轮机构均可实现 90°运动传递。采用蜗轮蜗杆［图 2-12(a)］或圆锥齿轮机构［图 2-12(b)］时，则可将驱动电机布置于手掌位置，符合人体手部正常形态流线分布。蜗轮蜗杆机构相对于锥齿轮机构，其独有的自锁功能可防止蜗轮驱动部分自主运动。

滚珠丝杠机构可实现将回转运动转化为直线运动，用于传动的滚珠丝杠机构一般不具有自锁功能，只能通过增加抱闸方式实现断电锁住功能。由于假肢手单个手指空间非常有限，因此，目前很多应用于假肢手的滚珠丝杠是没有滚珠的，这种方式也称为滑动丝杠，其具有一定自锁功能，通过涂抹润滑脂或采用耐磨材料，例如黄铜合金，减轻磨损，然而，这种方式也导致对应丝杠寿命较短。

图 2-13(a) 所示为标准的滚珠丝杠及其实物图。滚珠丝杠的优点：摩擦损失小、效率在 90%以上；磨损很小，传动精度高；不自锁，可实现直线和旋转运动转换。滚珠丝杠的缺点：结构复杂、制造困难；有些机构为防止逆转需要另加自锁机构。

图 2-13(b) 所示为蜗轮蜗杆传动简图和实物图。蜗轮蜗杆传动的特点：传动比大，

结构紧凑；传动平稳，噪声低；当蜗杆导程角≤当量摩擦角时，具有自锁功能；发热大、效率低；需消耗有色金属（例如黄铜、青铜），成本高。一般而言，蜗杆通常与轴做成一体，采用钢材料。为减少胶合失效，蜗轮采用异种金属材料，例如轮外圈采用黄铜或青铜，蜗轮内圈轮辐与轴配合部分采用钢材料，这样既保证整体传动强度，又提高整体耐磨性能。

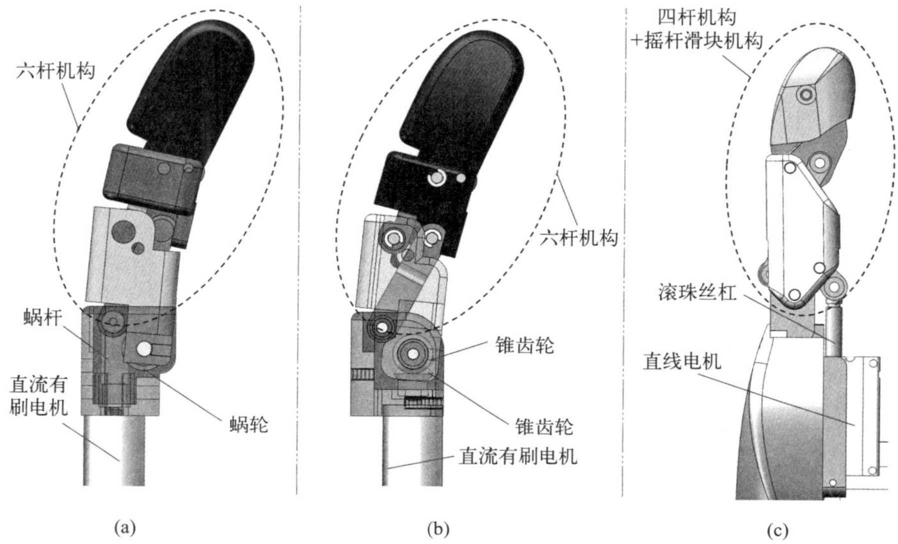

图 2-12　蜗轮蜗杆机构、圆锥齿轮机构与滚珠丝杠机构应用于假肢手指

图 2-13(c) 所示为圆锥齿轮传动运动简图和实物图。圆锥齿轮用于实现两个相交轴之间的传动。一般而言，直齿圆锥齿轮的设计、制造及安装较为容易，故应用最广，图 2-13(c) 所示即为直齿圆锥齿轮。在一般机械中，锥齿轮两轴之间的交角等于 90°，但也可以不等于 90°，一对锥齿轮的运动相当于一对节圆锥做纯滚动。

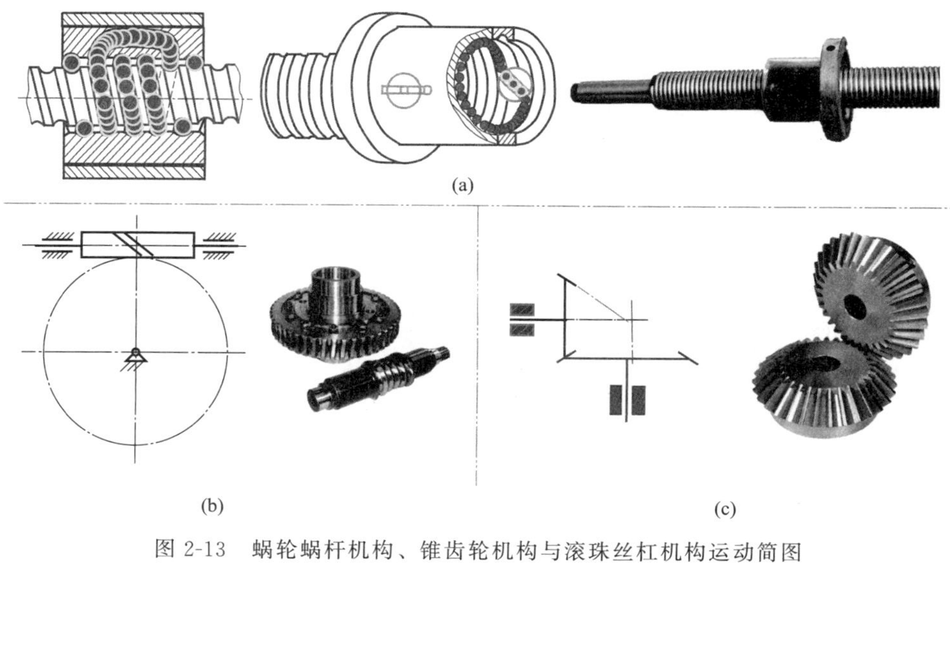

图 2-13　蜗轮蜗杆机构、锥齿轮机构与滚珠丝杠机构运动简图

2.3.2 滑动丝杠、行星滚珠丝杠机构特点及应用

如图 2-14 所示为滑动丝杠应用于外骨骼臂长调节。通过拨动手柄，带动丝杠运动，丝杠带动滑台上下运动，实现外骨骼上臂部分 1 和外骨骼上臂部分 2 之间的距离调整，适合不用上臂臂长的用户。由于滑动丝杠具有一定自锁性且对于同一用户，只需要调整一次，因此，滑动丝杠较为适合用于臂长调节场景。

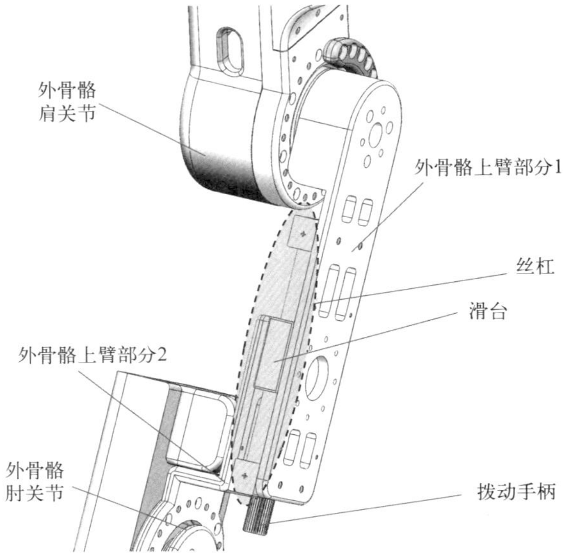

图 2-14 滑动丝杠应用于外骨骼臂长调节

图 2-15 所示为行星滚珠丝杠机构及其在人形机器人中的应用。行星滚珠丝杠可将旋转运动转化为直线运动，承载能力强，结合了滚珠丝杠和行星轮系的特点，寿命长，稳定性高，缺点在于制造成本高。图 2-15 左图所示为特斯拉人形机器人 Optimus Gen2 手腕部分的两个自由度运动组成结构，采用两个行星滚珠丝杠驱动器实现两自由度运动，其具有高稳定性和高负载性。相对于普通串联式腕部结构，这种自旋+两自由度行星滚珠丝杠结构更加符合人体前臂流线特点，适合设计对应外壳，方便布线，整体更为简洁。

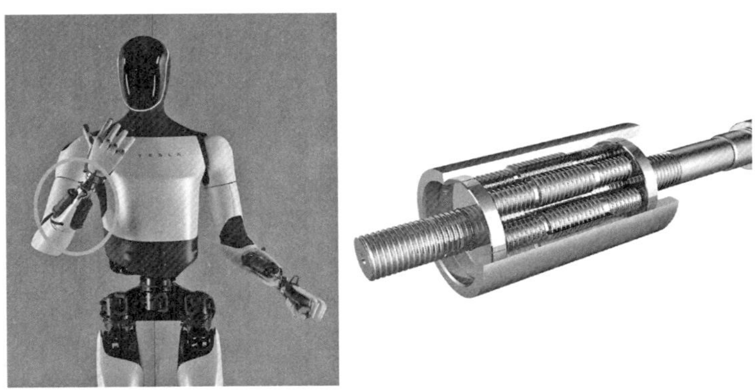

图 2-15 行星滚珠丝杠机构及其在人形机器人中的应用

2.3.3　蜗轮蜗杆机构和圆锥齿轮机构传动方向与传动比计算

采用左右手法则判断蜗轮蜗杆机构转向。右手法则：当蜗杆是右旋时，以右手握住蜗杆，四指指向蜗杆的转向，则拇指指向的反向为啮合点处蜗轮的线速度方向。左手法则：当蜗杆是左旋时，以左手握住蜗杆，四指指向蜗杆的转向，则拇指指向的反向为啮合点处蜗轮的线速度方向。

关于蜗杆左右旋问题，可参考图 2-16(a) 所示。顺着螺旋线方向，观察螺旋线回转轴左右两侧，如果左侧低右侧高，则为右旋；反之则为左旋。

假设蜗杆的头数为 z_1，蜗轮的齿数为 z_2，则蜗轮蜗杆机构的传动比计算公式如下所示。

$$i_{12}=\frac{z_2}{z_1} \tag{2-6}$$

圆锥齿轮传动，箭头是同时指向啮合点或同时背离啮合点，即一对锥齿轮的转向同时指向啮合点，或同时背离啮合点。假设输入圆锥齿轮的齿数为 z_1，输出圆锥齿轮的齿数为 z_2，则圆锥齿轮传动机构的传动比计算公式如下所示。

$$i_{12}=\frac{z_2}{z_1} \tag{2-7}$$

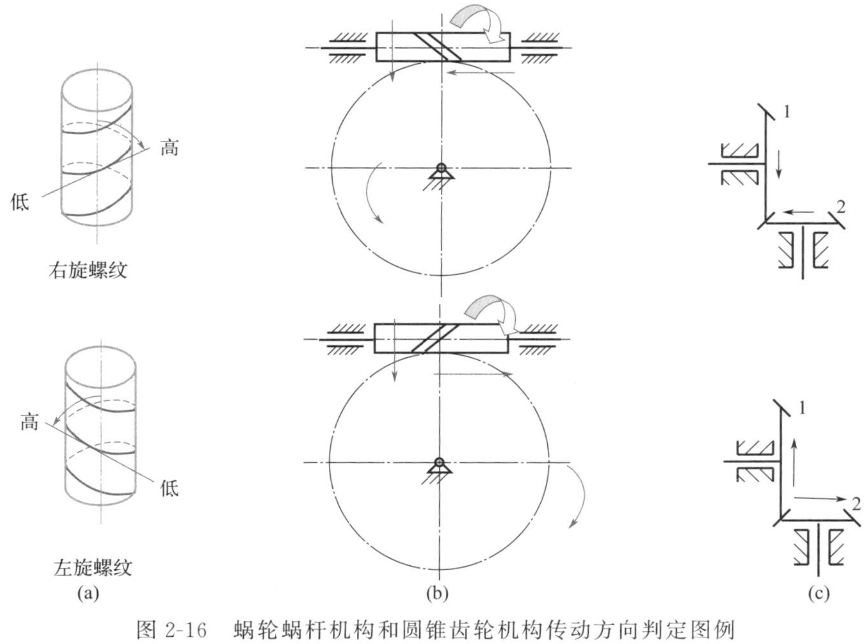

图 2-16　蜗轮蜗杆机构和圆锥齿轮机构传动方向判定图例

2.4　直齿轮、斜齿轮、齿轮齿条传动与带传动

2.4.1　直齿轮、斜齿轮、齿轮齿条传动与带传动特点

直齿轮传动、斜齿轮传动与带传动均可实现平行轴回转运动传递，齿轮齿条传动可实

现直线往复运动。在机器人中，直齿轮和斜齿轮传动主要应用于机器人驱动单元，即机器人驱动电机减速器，用于调节电机转速，提高输出力矩。直齿轮和斜齿轮直接用于机器人杆件动力传递部分较少，其原因主要在于齿轮整体占据较大空间且自身较沉，同等尺寸下，单级齿轮传动比远小于行星齿轮减速器。如图 2-17、图 2-18 所示。

图 2-17　直齿轮与斜齿轮

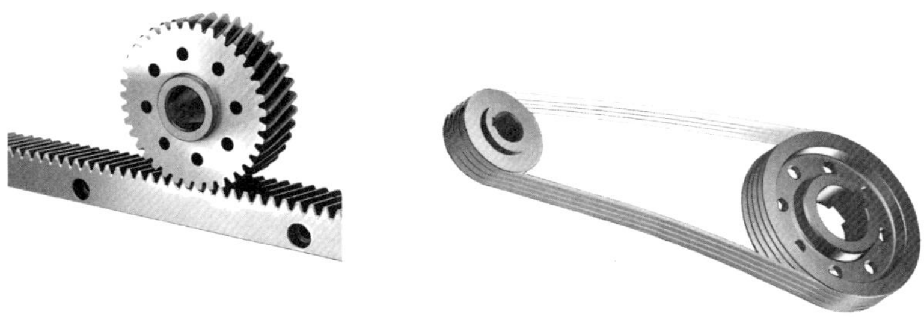

图 2-18　齿轮齿条传动与带传动

直齿轮和斜齿轮传动对于整体安装精度要求较高，当两传动齿轮安装较紧时，则可能导致传动存在较大阻塞感。再者，齿轮加工常见方法为展成法和范成法，需要专门的刀具，加工要求相对较高。因此，普通加工厂家在难以保证加工精度时，会考虑通过变位保证齿轮正常传动。然而，此种方式将引起较大背隙，即用手拨动齿轮时，尽管两齿轮并未传动整个齿，但是其依然会存在一定晃动，影响传动精度。

斜齿轮相对于直齿轮具有更好的啮合性能，其主要原因在于直齿轮齿面沿齿宽方向整条线同时进入或退出啮合；斜齿轮齿廓啮合线由点到线，再由线到点逐渐变化，啮合时的载荷也是逐渐加上，再逐渐卸掉。因此，斜齿轮传动较为平稳，适用于高速重载传动。

齿轮齿条传动可实现将回转运动转化为直线运动，可传递较大转矩，但是其制造和安装精度要求高。再者，齿条一般不适宜过长，过长，加工精度难以保证且运动平稳性无法保证，齿轮齿条机构不具有自锁特性。

带传动安装时，带被张紧在带轮上，产生的初拉力使得带与带轮之间产生压力。主动轮转动时，依靠摩擦力拖动从动轮一起同向回转，属于摩擦传动。带传动可实现远端传送，结构简单、传动平稳、造价低廉以及缓冲吸振。带传动具有弹性滑动固有特性，故而其瞬时传动比并不为常数，同步带传动兼有齿轮传动和带传动特性，其具有精确的瞬时传动比。

2.4.2　直齿轮斜齿轮传动、齿轮齿条传动与带传动传动比

如图 2-19、图 2-20 所示，假设直齿轮或斜齿轮传动的输入轴对应齿轮齿数为 z_1，输出轴对应齿轮齿数为 z_2，则其对应传动比 i_{12} 计算公式如下。其中，正号表示内啮合齿轮

传动方向相同，负号表示外啮合齿轮传动方向相反。

$$i_{12}=\pm\frac{z_2}{z_1}$$

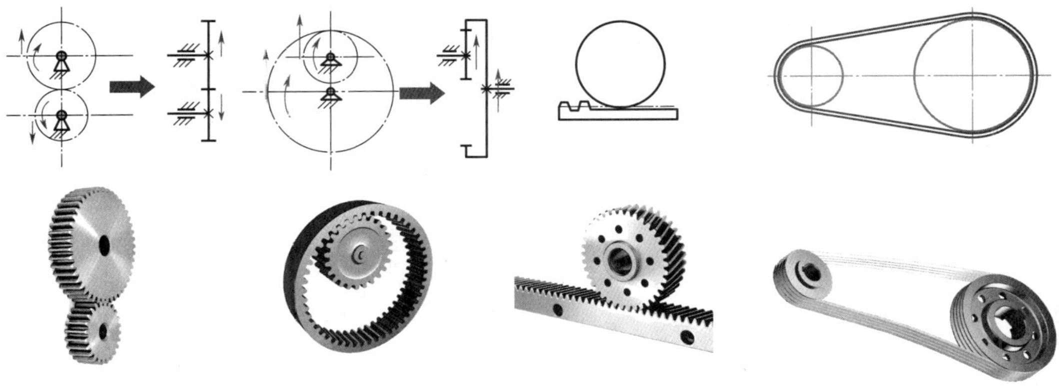

图 2-19　齿轮传动、齿轮齿条传动、带传动

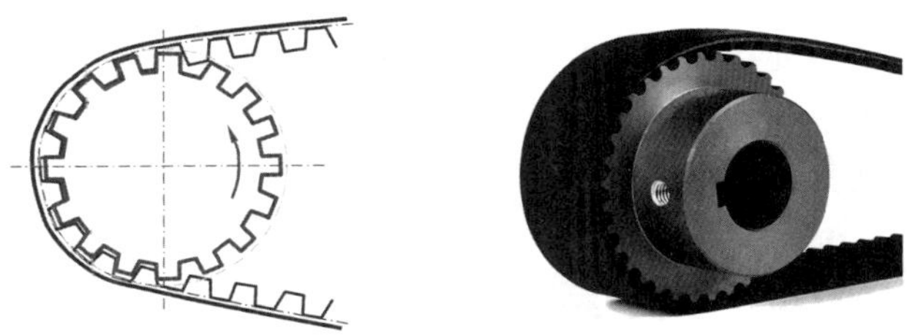

图 2-20　同步带传动

假设齿轮齿数为 z_l，齿条齿数为 z_t，则齿轮齿条传动机构的传动比计算公式如下。

$$z_{lt}=\frac{z_t}{z_l} \tag{2-8}$$

假设带传动对应主动轮直径为 d_1，从动轮直径为 d_2，滑动率为 ε，则带传动传动比计算公式如下。由于滑动率为 ε 是变化的，因此，带传动的瞬时传动比也是变化的。

$$i_{12}=\frac{n_1}{n_2}=\frac{d_2}{d_1(1-\varepsilon)} \tag{2-9}$$

同步带传动既有齿轮传动精确传动比特性，又具有带传动的缓冲吸振特性，假设同步带传动的主动轮齿数为 z_1，从动轮齿数为 z_2，则同步带传动的瞬时传动比计算公式如下。

$$i_{12}=\frac{z_2}{z_1} \tag{2-10}$$

2.4.3　直齿轮、斜齿轮、齿轮齿条与带传动在机器人中的应用

直齿轮和斜齿轮多用于组成行星齿轮减速器，作为直流伺服减速电机的一部分。对于外骨骼机器人和人形机器人而言，其更多的时候适合采用盘式电机驱动对应关节更为符合人体整体形体尺寸。长条状电机一般需在电机输出轴位置布置圆锥齿轮或蜗轮蜗杆，用于将运动方向变换 90°，或采用丝杠将回转运动转化为直线运动，从而方便地将长条状电机

布置于臂长、腿长或手指方向。如图 2-21 所示。

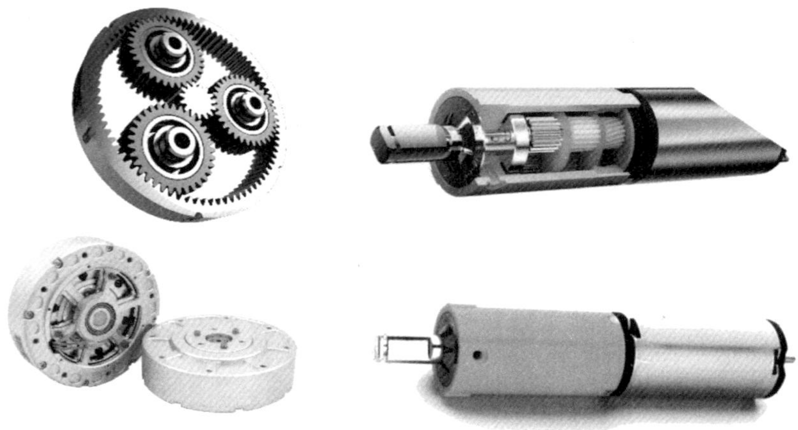

图 2-21　直齿轮斜齿轮及其在电机减速器中的应用

齿轮齿条结构可用于踝关节外骨骼，电机驱动不完全齿轮，接着运动传递到齿条，齿条连接钢丝绳，齿条的直线往复运动带动钢丝绳运动，进而拉动踝关节外骨骼连杆部分，实现踝关节外骨骼一定角度摆动。钢丝绳传动将在下一节介绍。

同步带传动机构可应用于上肢外骨骼上臂和前臂自旋部分，直流有刷伺服电机带动小同步带轮运动，通过同步带实现上臂或前臂自旋运动。

2.5　钢丝绳传动与套索传动

2.5.1　钢丝绳传动基本类型

钢丝绳传动是齿轮传动的变形传动形式。平行轴内外啮合齿轮传动、90°圆锥齿轮传动、齿轮齿条传动、带传动等均有等效的钢丝绳传动形式，如图 2-22 所示。图 2-22(a)、(b) 分别表示齿轮外啮合和内啮合的钢丝绳传动等效形式，图 2-22(c) 表示圆锥齿轮传动的钢丝绳传动等效形式，图 2-22(d) 表示带传动的钢丝绳传动等效形式，图 2-22(e) 表示齿轮齿条传动的钢丝绳传动等效形式。

2.5.2　钢丝绳传动优缺点

钢丝绳传动相对于齿轮传动具有如下优点[5]：

① 传动精度高。钢丝绳在预紧力的作用下，能实现零回差的传动，使传动系统具有较高的刚度。而在齿轮传动中，将轮齿接触面预紧，会加重齿轮之间的摩擦，加快齿轮的磨损，减小齿轮的使用寿命。钢丝绳精密传动的高精度特性是同成本的齿轮传动很难达到的。

② 传动平稳性好。钢丝绳精密传动一般采用多股钢丝绳来分担载荷，即使在钢丝绳或轮毂某处有小的质量缺陷或不规则的形状，都不会造成运动上的不连续，从而不会对整个传动系统有大的影响。相对于齿轮的单齿啮合，这种多绳分担载荷传动的平稳性的优势

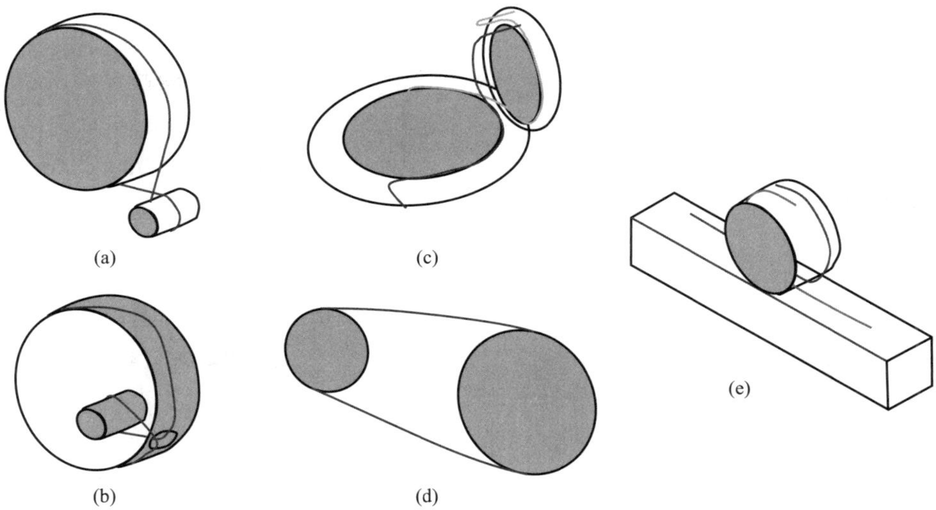

图 2-22　钢丝绳传动基本类型

就显现出来了。

③ 加工成本低。传动轮大多选用圆柱形，易于加工，而且钢丝绳在轮上缠绕时也不易小角度的弯折，必要时可以在轮上开绳槽或轮的中间加工孔来有效地减小惯量。圆柱形的传动轮加工与齿轮比较起来，制造加工成本较低。

④ 具有柔性，安全性较高。由于钢丝整体具有较好柔性，同样直径下，股数越多，钢丝绳柔性越好。当负载超过安全值时，如果采用齿轮传动，则可能因负载过大而破坏整体装置。钢丝绳传动形式类似带轮传动，可较好地避免这一问题。当负载超过安全值时，钢丝绳会被拉长甚至拉断，一定程度保护整体传动装置。

钢丝绳传动也存在一定缺点：

① 钢丝绳易磨损，更换钢丝绳相对比较麻烦。

② 钢丝绳传动需要张紧装置，钢丝自身在长期张紧条件下会不可逆伸长，因此需要定期调整张紧装置，为长期使用和日常维护带来麻烦。

③ 相对于齿轮传动，为了保证钢丝绳传动正常运转工作，需额外增加预紧装置，使得整体结构相对较为复杂。

2.5.3　套索传动

套索传动系统的核心部件为波登管以及在管中移动的钢丝绳。波登管为套，钢丝绳为索，组合为套索传动部件，如图 2-23 所示。套索传动可实现将驱动装置设置在合适位置，而不用必须放置在被驱动关节附近。

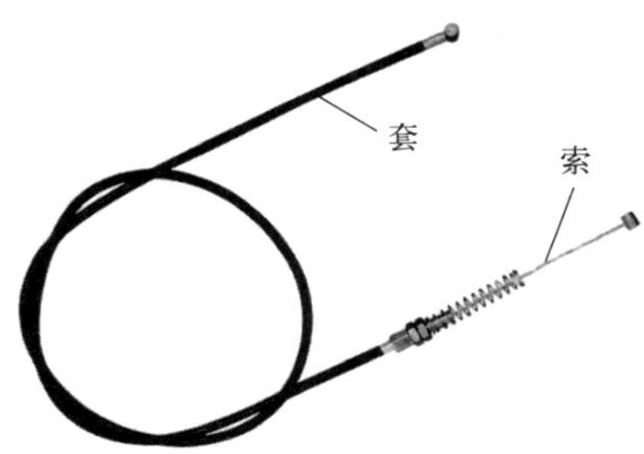

图 2-23　套索装置实物图

当电机直接驱动关节时，将增加机器人本体重量。电机安装在关节处时，也需要占据一定空间，从而减小实际关节工作空间。更进一步地，电机的重量将增加整体负重，从而增加上一级驱动电机的额定功率。这也导致所选电机的重量和体积更大。为了减轻机器人本体重量，采用套索传动机构实现电机与驱动关节分离，其示意图如图 2-24 所示。套索结构包含两部分：套和索。对应的关节由索拉动，套提供索运动通道，拉紧器提供预紧力并调整索长度。图 2-24 中的虚线框表示的是调线装置，其中，d_1 和 d_2 表示索长度，r_2 表示对应关节的半径，对应关节的运动范围为 φ。调线装置的总长度应大于关节运动范围。

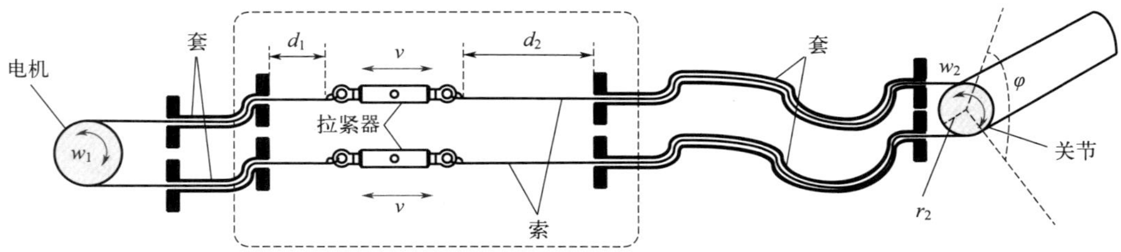

图 2-24　套索传动示意图

2.5.4　套索传动优缺点

套索传动具有如下优点：

① 可实现远端传送。套索传动可实现驱动单元和被驱动关节远端传动连接，相对于带传动，其能够在紧凑空间下实现更远距离传送。

② 适用于狭小工作空间场合。由于套索传动可实现驱动单元和被驱动关节远端传动连接，被驱动关节部分可设计得非常紧凑小巧，例如内窥镜、手术机器人电动剪刀和镊子。

③ 具有较高的安全性。由于套索传动本质上是一种特殊的钢丝绳传动，只是相对于钢丝绳传动，额外增加了波登管套作为可变形传动管道。因此，套索传动具有较好柔性，当负载超过安全值时，钢丝绳会被拉长甚至拉断，一定程度保护整体传动装置。

④ 被驱动关节可实现轻量化设计。一般而言，机器人本体中大部分重量来源于驱动单元（电机、减速器、驱动器等）。套索传动可将驱动单元布置于远端或固定基座上，因此，可实现被驱动关节轻量化。

套索传动具有如下缺点：

① 换向时存在迟滞现象。套索传动换向迟滞问题是其固有特性，无法从结构设计上完全规避这一问题，这一特性使得驱动电机换向时，钢丝绳从一个方向的张紧变换为放松状态，再变换为另外一个方向的张紧状态，使得被驱动关节在一定时间内无法运动。不过目前可通过控制算法补偿换向迟滞误差。

② 易磨损。套索传动时，钢丝绳与波登管之间存在较大摩擦，易磨损。

③ 需布置波登管和张紧装置。套索传动与钢丝绳传动一样，为了保证传动正常运转工作，需额外增加预紧装置，使得整体结构相对较为复杂。

如图 2-25 所示为编者设计的套索传动实验平台，对应三维模型可参考本书电子附件（读者可扫描封底二维码查阅，下同）。首先将安装好的电机轮和关节布置好，接着可依据图 2-26 所示，缠绕钢丝绳，缠绕过程中可借助胶带做初步固定，防止缠绕过程钢丝绳过分松开。

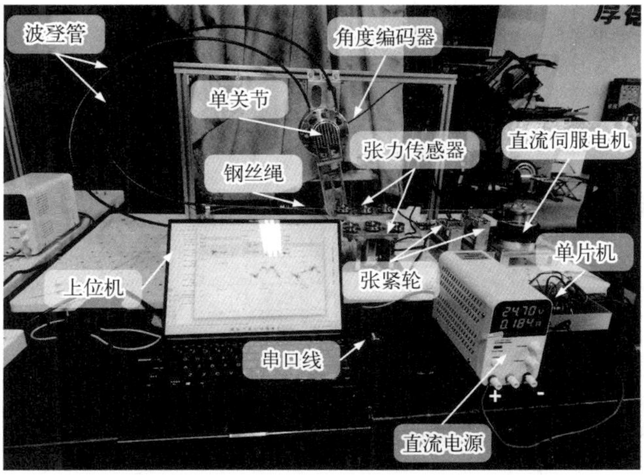

图 2-25　套索传动实验平台

图 2-26　钢丝绳缠绕图（左图是电机端，右图是关节端）

如图 2-27 所示，钢丝绳需经过两个张紧轮，用于张紧调节钢丝绳张力。注意张紧轮布置以及调节螺钉的布置方式，通过调节螺钉可调整张紧轮张紧程度。

图 2-27　张紧轮布置与钢丝绳安装（左侧为高位张紧轮，右侧为低位张紧轮）

如图 2-28 所示为张力传感器布置形式，上侧为低位张力传感器，下侧为高位张力传感器，其中注意箭头所指为张力承载方向，安装钢丝绳的时候，注意方向。

如图 2-29 所示为波登管布置形式，左图为电机端波登管安装方式，右图为关节端波登管安装方式。波登管主要的作用是为钢丝绳提供一个可变形的柔性通道，其本质上是自行车刹车线管。

如图 2-30 所示为关节角度传感器布置图，左图为盖上盖图示，右图为打开编码器盖子图示。由于电机通过钢丝绳传动能量到关节端，其中存在一定误差。因此，需要在关节端布置编码器检测关节实际位置作为反馈信号，配合控制算法，实现闭环控制。该角度传感器采用磁编码器形式，磁铁安装在关节旋转轴，采用胶水固定，磁编码器芯片与磁铁间距为 1～2mm。

图 2-28 张力传感器布置（上侧为低位张力传感器，下侧为高位张力传感器）

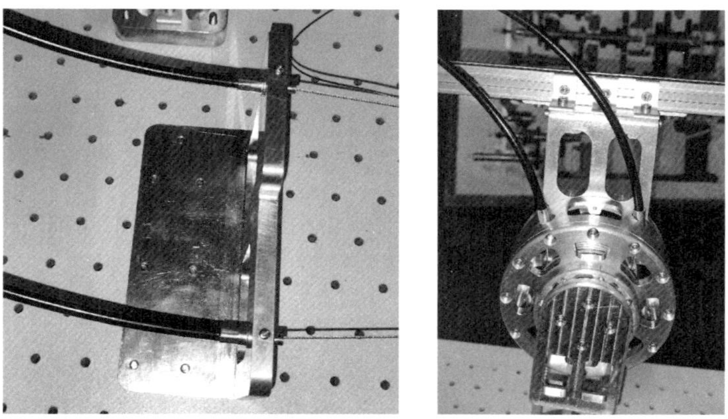

图 2-29 波登管布置（左图为电机端波登管安装方式，右图为关节端波登管安装方式）

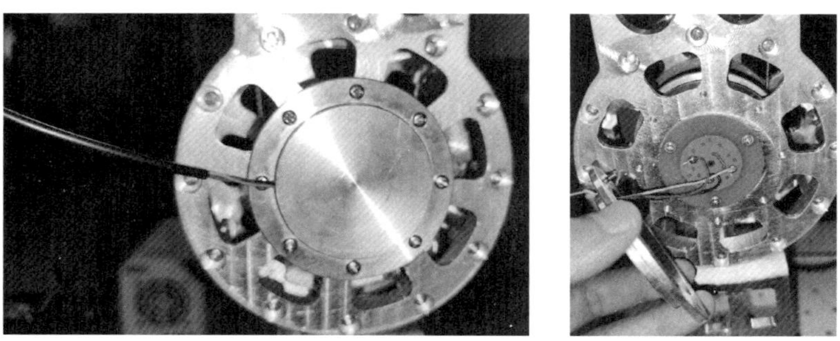

图 2-30 关节端角度传感器布置（左图为盖上编码器盖图示，右图为打开编码器盖图示）

2.5.5　钢丝绳传动和套索传动在机器人中的应用

如图 2-31 所示为韩国双臂仿人机器人，单臂具有 7 个自由度。因采用钢丝绳传动，其单只机械臂的重量仅为 2.6kg，负载能力为 3kg。也正是由于臂本体重量实现了轻量化设计，为安全性和灵活性带来了很大的提升且具有更好的交互性。

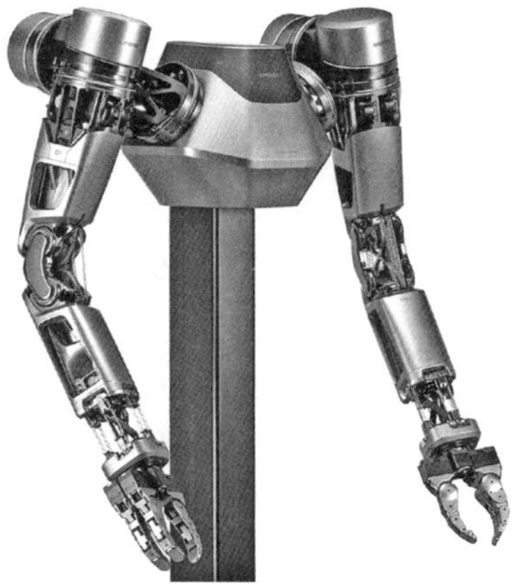

图 2-31　AMBIDEX 双臂仿人机器人

如图 2-32 所示为编者设计的具有钢丝绳传动和套索传动形式的上肢外骨骼机器人。两种基于差动齿轮系原理的新型类并联结构用于组成上肢外骨骼机器人肩关节屈伸、外展内收部分和肘关节部分。并且结合传统串联构型，构成串并混联结构，保证上肢外骨骼机器人整体紧凑性。钢丝绳传动形式替代传统齿轮传动形式，消除齿隙影响，从而提高整体传动平稳性和舒适性，而且钢丝绳具备一定柔性，安全性更高。为了减轻上肢外骨骼机器人本体重量，将所有驱动电机、驱动器、电源和控制器安置在背板上，利用套索传动系统将动力传递到对应关节处。所研制的外骨骼本体重量为 3.2kg。

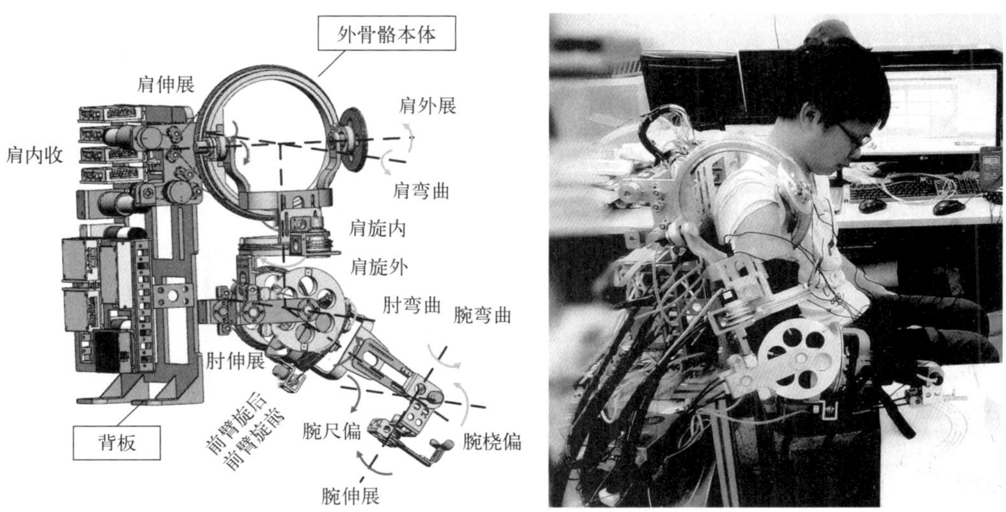

图 2-32　钢丝绳传动＋套索传动上肢外骨骼机器人

2.6 滚动轴承

轴承是机器人机构设计中常用的标准零部件，轴承应用好坏一定程度上会决定整体机构工作性能好坏。一般而言，机器人中应用最广泛的是滚动轴承和滑动轴承，尤其是滚动轴承应用更为广泛。本小节主要介绍滚动轴承内容，滑动轴承部分可参阅机械设计相关教材[6]。

2.6.1 滚动轴承作用

滚动轴承主要起到支撑转动零件，减小转动摩擦，轴上零件轴向定位等作用，能够承载一定的径向力或轴向力或两者都可承载。滚动轴承主要包括外圈、内圈、滚动体、保持架四个基本部分，如图 2-33 所示。其中保持架有些场合可省略，外圈和内圈有些场合可结合设计的构件，利用轴颈或轴承座，起到内圈或外圈的作用。滚动轴承类型很多，有的无外圈、有的无内圈、有的无保持架，但是无论哪一种类型的滚动轴承，都必须有主要元件滚动体。

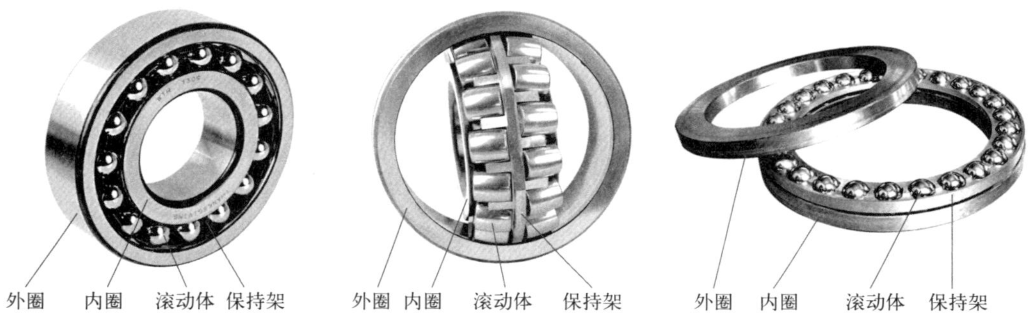

图 2-33 滚动轴承基本组成

内圈主要用于支撑轴，外圈用于支撑零件或轴系，保持架用于均匀分开滚动体，滚动体使得滑动变为滚动，减小摩擦。常见的滚动体主要有球、圆柱滚子、滚针、圆锥滚子、球面滚子、非对称球面滚子、螺旋滚子等多种类型。

2.6.2 滚动轴承主要类型

滚动轴承主要类型如图 2-34 所示。调心轴承适用于轴的中心线和轴承座的中心线不重合而有角度误差的情形。深沟球轴承、角接触球轴承和圆锥滚子轴承适用于轴向和径向均存在较大负载情形。同尺寸下，角接触球轴承和圆锥滚子轴承轴向承载能力相对于深沟球轴承更高，但要注意角接触球轴承安装方向。角接触球轴承和圆锥滚子轴承只能承受单方向的轴向负载，深沟球轴承可承受双方向的轴向负载。推力球轴承适用于纯轴向方向负载情形。圆柱滚子轴承内外圈可分离，工作时允许有少量的轴向错动。

2.6.3 滚动轴承安装注意事项

在机器人装配时，不可避免地需要手动安装滚动轴承。不合理地安装滚动轴承将会给

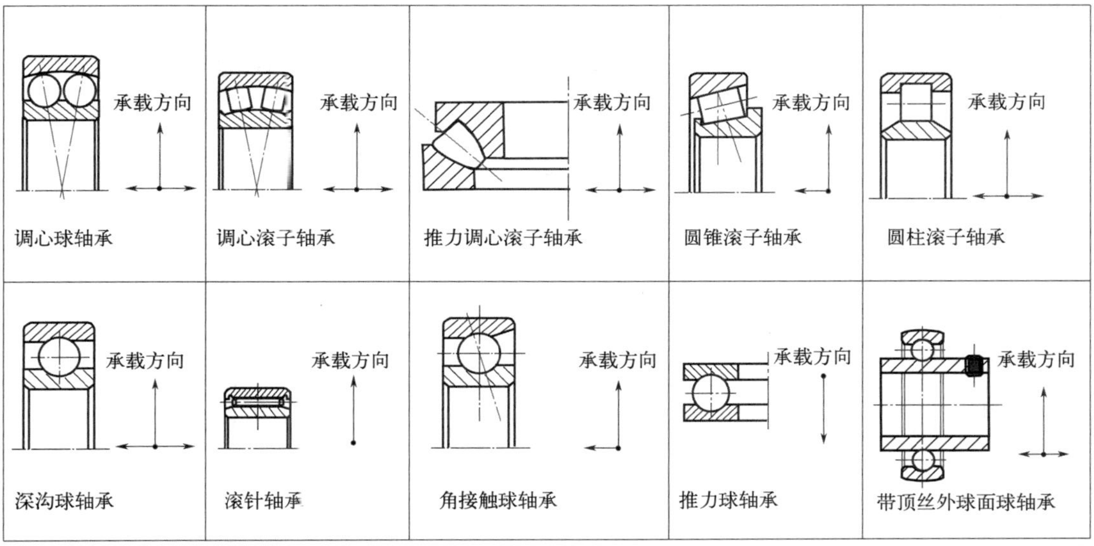

图 2-34　滚动轴承主要类型

装配带来极大的麻烦，甚至让原本已经加工好的零件报废，耽误工期。因此，本小节主要介绍滚动轴承的标准安装方法和工具。

滚动轴承装拆基本原则：装拆滚动轴承时，不能通过滚动体来传力，以免使滚道或滚动体损伤。由于轴承的配合较紧，装拆时以使用专门的工具为宜。

图 2-35 所示为滚动轴承内圈安装方法与拆卸方法。轴承内孔和轴的配合为基孔制，一般圆柱体的配合中，基孔制孔的公差为正值，而轴承内圈孔的基孔制公差为负值，所以轴承内圈与轴的配合比圆柱公差标准中规定的基孔制同类配合要紧得多。因此，安装轴承到轴时，需用到内圈受力套管或内外圈同时受力套管。但是，如果仅仅外圈受力，则不能通过敲击外圈受力套管安装轴承，此时受力错误，容易毁坏轴承。当需要从轴上拆掉轴承时，如果轴承内圈高于轴肩，则可采用拉马作用于轴承内圈，将轴承拆出。

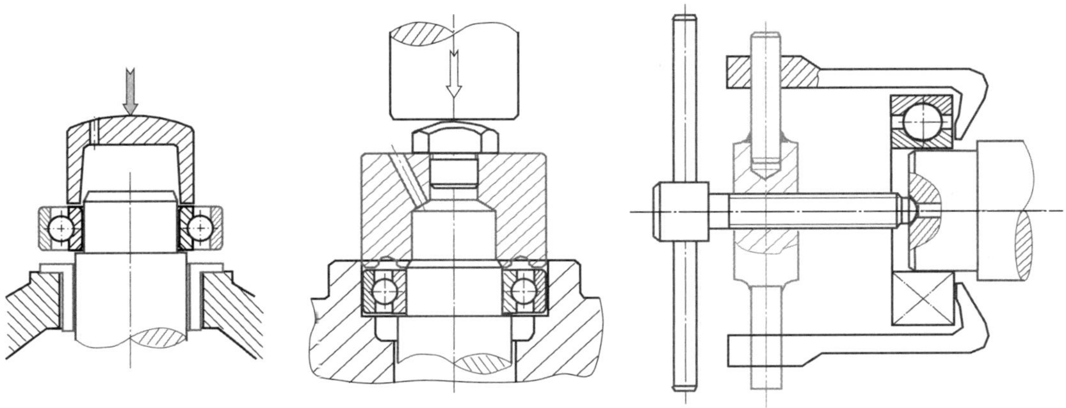

图 2-35　滚动轴承内圈安装

轴承外圈与机座孔的配合为过渡配合，可通过如图 2-36 所示方法将轴承从机座孔中拆除出来。轴承安装/拆卸难度与设置的公差以及加工厂加工水平直接相关，一般而言，绘制加工图纸时，需慎重选择每一个配合尺寸公差，在保证传动精度同时又方便装拆。

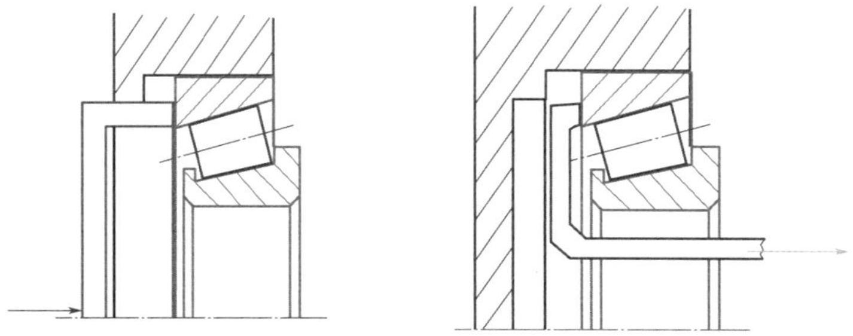

图 2-36　滚动轴承外圈安装

2.6.4　滚动轴承游隙调整注意事项

滚动轴承游隙调整在机器人连杆设计中具有重要影响，如图 2-37(b) 所示为机器人单关节组成，其由连杆 1、连杆 2、滚动轴承等组成。由于滚动轴承的游隙的存在，尽管其只有几十微米大小，但是当连杆 1 和连杆 2 长度较长时，滚动轴承因游隙引起内外圈之间的相对偏转运动将被急剧放大，如图 2-37(a) 所示。理论上，连杆 1 和连杆 2 是绝对平行的。然而，假设滚动轴承游隙是 30μm，连杆长度为 200mm，则两连杆之间间距会因游隙而发生变化，最大变化量可达 6.06mm，影响机器人关节组成连杆 1 和组成连杆 2 的运动传递。因此可通过加减轴承端盖与机座间调整垫片的厚度、调节螺钉两种方法用于调整滚动轴承游隙，如图 2-38 所示。

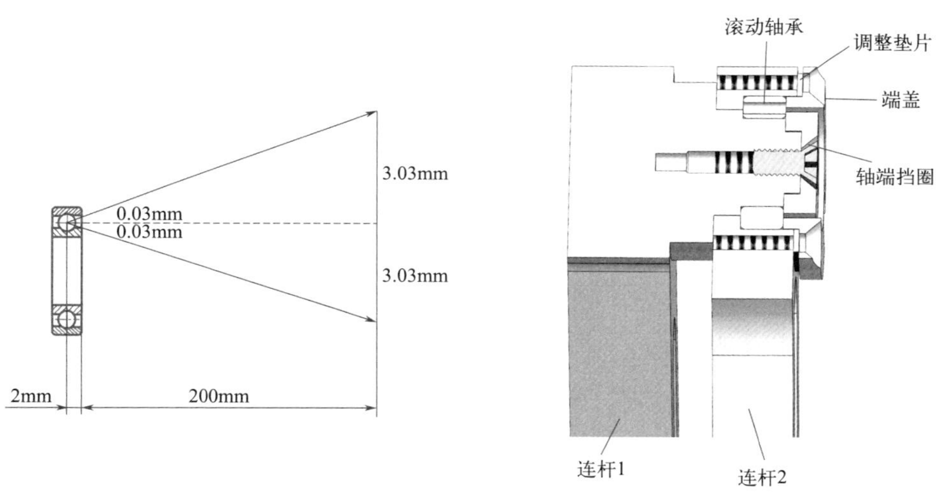

图 2-37　机器人连杆中的轴承游隙调整示例

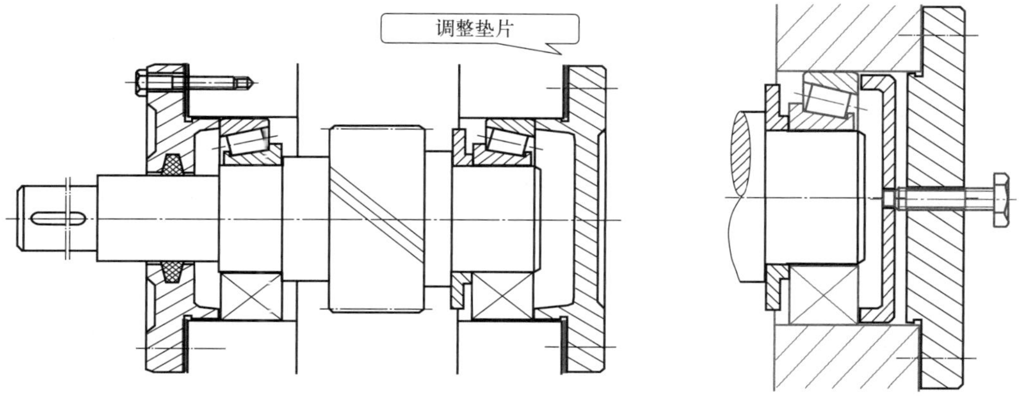

图 2-38　滚动轴承游隙调整

2.7　轴上零件设计与固定

机器人结构设计离不开轴的结构设计，轴的设计好坏直接影响其整体性能。一般而言，轴主要的作用是用于支撑回转零件及传递运动和动力，一切回转运动的传动零件都必须安装在轴上才能进行运动和动力传递。因此，如果轴上零件没有良好的定位和固定，则其无法正常传递运动和动力。

轴上零件主要的定位/固定包含两类：轴向定位/固定和周向定位/固定。

2.7.1　轴向定位/固定方式

如图 2-39 所示为轴上零件轴向定位/固定方法。

① 轴肩定位/固定。最常见的轴向定位/固定方法是轴肩定位，然而，轴肩会使得轴直径变大，且存在一定应力集中，一般轴肩定位用于轴向力较大场合。

② 套筒定位/固定。套筒定位结构简单，定位可靠，一般用于轴上两个零件之间的定位/固定。如果两零件的间距较大，则不宜采用套筒定位。因套筒与轴的配合较松，若轴的转速很高，也不宜采用套筒定位。

③ 轴承端盖定位/固定。轴承端盖用螺钉连接其与箱体，限制轴承外圈位置，实现轴向定位/固定。

④ 轴端挡圈定位/固定。轴端挡圈可承受较大轴向力，可采用单螺钉或多螺钉，为了防止螺钉松动，可增加防松止动垫片或圆柱销。

⑤ 圆螺母定位/固定。圆螺母定位可承受较大轴向力，但是轴上需加工对应螺纹。一般圆螺母螺纹分为普通螺纹和细牙螺纹，需根据实际情况选用。再者，标准圆螺母一般都需与止动垫片配合，防止螺母松动。

⑥ 弹性挡圈定位/固定。弹性挡圈适用于轴向空间狭小且轴向受力不大场合，例如假肢手指。

⑦ 紧定螺钉定位/固定。紧定螺钉适用于轴向空间小且轴向受力不大场合。紧定螺钉根据端面形状又分为平底和尖底两大类，平底对应的摩擦力较大，尖底对应轴上需挖孔，

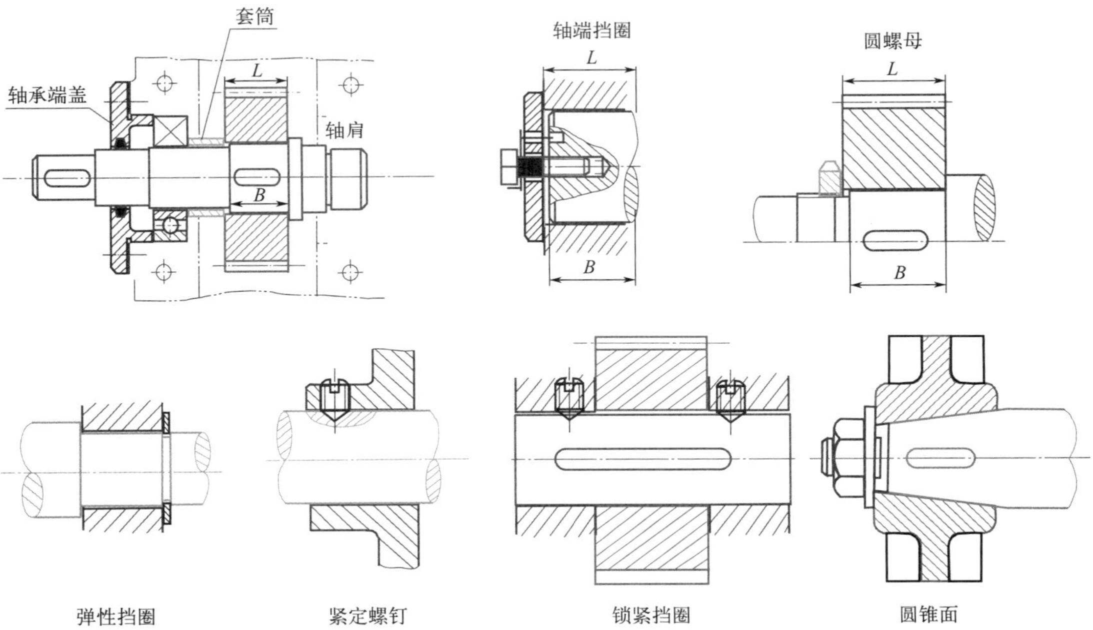

图 2-39　轴上零件轴向定位/固定方法

配合尖底紧定螺钉。

⑧ 锁紧挡圈定位/固定。锁紧挡圈适用于轴向受力不大场合，常用于光轴上零件定位。

⑨ 圆锥面定位/固定。圆锥面常用于承受冲击载荷和同心度要求较高的轴端零件。

2.7.2　周向定位/固定方式

轴的常用周向定位/固定方式如图 2-40 所示。

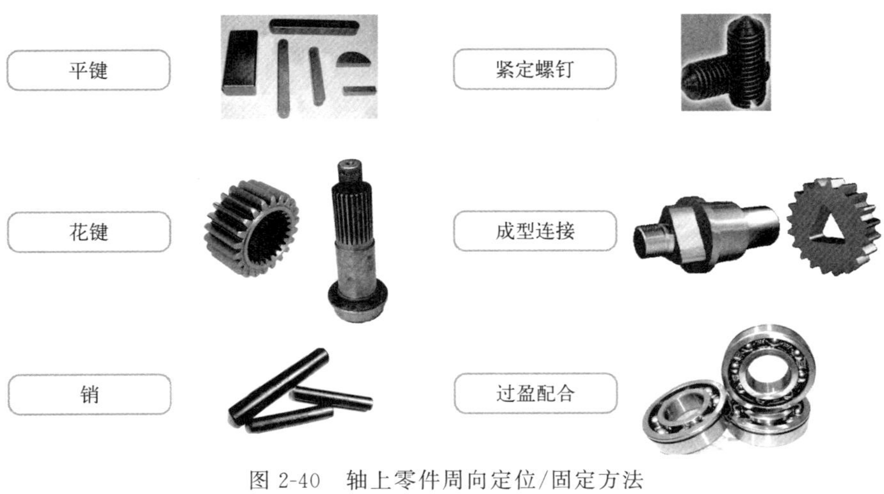

图 2-40　轴上零件周向定位/固定方法

其中，平键连接是齿轮、带轮等零件的常用轴上周向定位/固定方式，使用时，需注意轴上键槽与平键的公差配合。花键连接对中性好，受力均匀，加工难度较高，可承受较大载荷，导向性较好。目前大部分舵机输出轴已采用花键作为周向定位/固定方式。销可承受一定载荷，然而其安装和拆卸较为麻烦，且精度较低。紧定螺钉既可以用于轴的轴向定位/固定，也可用于轴的周向定位/固定，适用于力较小场合，精度较低。成型连接可承受较大载荷，在电机输出轴的周向定位/固定场合应用较多，一般电机输出轴为 D 型轴，配合 D 型孔，利用成型连接，实现输出轴的周向定位/固定。过盈配合可承受一定载荷，然而其不利于装拆。

2.7.3　轴的防水防尘设计

当机器人的工作环境为多尘、潮湿或水下时，则需考虑机器人防尘防水设计，防止灰尘、水分、酸气等外界杂质进入机器人本体。如图 2-41 所示为轴常见的防水防尘设计方法。

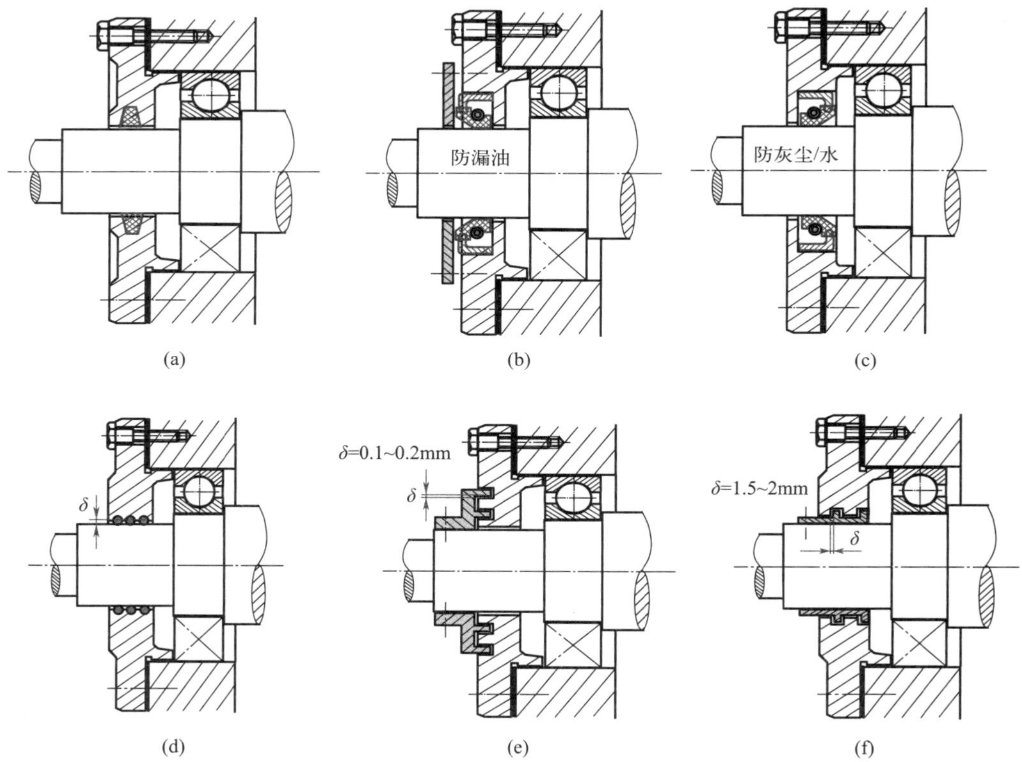

图 2-41　轴的防水防尘设计方法

图 2-41(a) 所示为毡圈密封法，其用于滑动速度小于 4～5m/s，温度不高于 90℃的地方，防尘防潮湿效果较好，但是水下环境下防水效果较差。图 2-41(b)、(c) 为唇形密封圈密封法，这是最常见的防水方法，可用于接触面滑动速度小于 10m/s（当轴颈是精车的）或小于 15m/s（当轴颈是磨光的）的场合。为了更好地防水，有的时候也可以结合图 2-41(b)、(c)，将两个唇形密封圈背靠背放置。图 2-41(d) 的缝隙密封是在轴和轴承盖的通孔的孔壁间留一个极窄的缝隙，半径间隙通常为 0.1～0.3mm，并在间隙中充填油

脂以加强密封效果，有一定的防尘防潮湿效果。图 2-41(e)、(f) 为径向曲路密封法和轴向曲路密封法，将旋转件与静止件之间的间隙做成迷宫形式，并在间隙中充填油脂以加强密封效果，防尘防潮湿效果较好。有的时候也可以将图 2-41 所列的常见方法进行组合，增强整体轴的防水防尘效果。

2.7.4 常见轴上零件错误汇总

① 轴端挡圈与轴直接接触；

② 齿轮未周向定位；

③ 轴承端盖与箱体之间无调整垫片；

④ 轴承端盖与通孔轴之间无间隙；

⑤ 轴承端盖与通孔轴之间缺少毡圈；

⑥ 轴承不好装拆；

⑦ 当采用套筒、圆螺母及轴端挡圈作轴向固定时，把装零件的轴端长度 B 做得与轴上零件轮毂 L 一样长；

⑧ 轴上多个键不在同一水平线/母线上；

⑨ 若齿轮/蜗轮采用油润滑，轴承采用脂润滑，则需在轴承内侧设置封油盘/挡油盘；

⑩ 端盖超过轴承外圈宽度；

⑪ 联轴器缺少轴向和周向定位；

⑫ 采用角接触轴承时，为成对使用；

⑬ 采用角接触轴承时，正反装使用错误；

⑭ 键槽太长；

⑮ 轴承缺少轴向定位。

2.8 机器人机构设计步骤示例说明

这一小节主要以图 2-42 所示智能假肢手指结构为例介绍机器人机构设计的基本步骤。

对于机器人的机构设计，首先需具有类似图 2-42(a) 所示的机械原理图，对应描述其基本杆长、相对角度、特点位置的轨迹函数等。在智能假肢手指设计中，首先需确定需要几个主动自由度，需要使用何种传动机构实现模拟人体手指自然弯曲和伸展状态。通过分析可知，如果对手指每个关节都布置主动自由度（原动件），将会使得整体非常笨重，因此，一般考虑欠驱动或耦合驱动，每根手指对应一个原动件，通过传动装置将各个手指关节的运动耦合连接起来。

对于传动部分，包含两部分：手指关节之间的传动、原动件到被驱动手指件之间的传动。钢丝绳机构、齿轮传动、带传动、连杆传动等都可作为手指关节之间传动的备选项。然而，考虑到整体尺寸约束，选用连杆机构作为手指关节运动传动机构。如前文所述，连杆机构有非常多种类，此处采用六杆机构（可理解为两个四杆机构串联而来）模拟人体手指三段运动。

原动件到被驱动手指件之间的传动部分需考虑原动件运动类型，一般采用电机驱动。如前所述，按照运动形式，电机分为回转电机和直线电机两大类。对于六杆机构，其可被回转电机驱动，也可被直线电机拉动，此处采用回转电机配合圆锥齿轮传动，实现电机布置于手指流线方向。也可以选择直线电机配合滑块摇杆机构拉动六杆机构，或选择回转电机配合蜗轮蜗杆机构，如图 2-12 所示。

完成以上方案设计后，则开始设计图 2-42(b) 所示机构设计草稿，考虑各个杆件如何布局防止干涉，进而考虑如何布置回转轴上零件轴向定位和周向定位。由于尺寸很小，因此，此处不采用轴承，而是通过光轴配合，通过表面处理，使得其光滑耐磨。轴向定位部分采用轴向挡圈，如图 2-42(c) 所示。单指设计完成后，如果不考虑大拇指屈伸自由度以外的其他自由度，则可装配如图 2-42(d) 所示，进而配置对应开关、电池、嵌入式系统、串口交互屏等，如图 2-42(e) 所示。

总体而言，机器人机构设计分为两大部分：原理设计、机构设计。原理部分需解决运动学问题，机构设计部分需解决运动实现、强度保证、运动不干涉、连接可靠等问题。

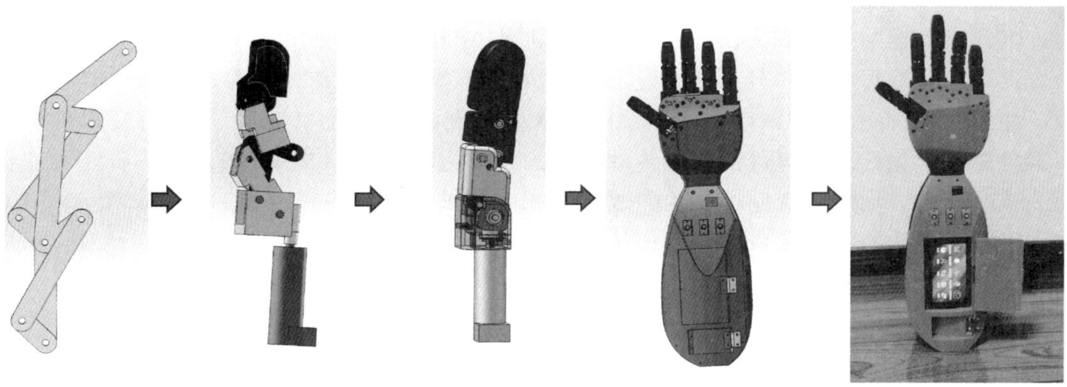

(a)　(b)　(c)　(d)　(e)

图 2-42　机器人机构设计步骤示例图示

2.9　机器人机构设计前沿研究工作案例分析与总结

一般而言，机构的创新必然会带来很多的不稳定不可靠问题，有一些问题是可以当下解决的，然而也有不少问题是无法短期内解决的，使得整体机构存在或多或少的不可靠与不稳定。然而，这种不可靠或不稳定并不总是让人气馁的，科学技术的发展本身就是在对大的创新进行不断完善与打补丁的过程。

机器人机构设计创新方法常用的方法有组合法、改进与扩展法、仿生法、新驱动形式法。以下展开详细论述。

2.9.1　组合法

组合法在机器人机构创新设计中运用频率较高。例如图 2-9 所示的一些连杆机构构型假肢手组合了常见的四杆机构，通过多个四杆机构，模拟人体手指自然弯曲伸展动作，相对于单个四杆机构，具有更好的模拟效果。图 2-8 所示的连杆机构应用于假肢手通过组合四杆机构与摇杆滑块机构实现假肢手指伸缩弯曲功能，从而将直线电机应用于假肢手，一方面，直线电机运动更符合人体手指实际运动驱动形式；另一方面，直线电机利用丝杠机构，具有自锁特点，可较好提高假肢手负载能力。图 2-22 所示的齿轮齿条结合钢丝绳传动应用于踝关节外骨骼，结合了齿轮齿条负载能力强和钢丝绳柔性安全性高的特点。

一般而言，组合法不能为了组合而组合，组合的目的更多的是优势互补，并且互相不会过多影响各自的原有优势或特点。也有一些时候，组合的目的是用 A 的优点弥补 B 的缺点，例如文献［7］设计了一种同步带传动＋套索传动的机械臂关节驱动系统，其考虑到单一的套索传动的不同缠绕位置对应绳长不一致影响关节运动，因此，其将钢丝绳缠绕部分改为同步带传动，取消了缠绕部分，进而消除了套索传动的不同缠绕位置对应绳长不一致影响关节运动这一问题。

2.9.2 改进与扩展法

正如上文所述，科学技术的发展本身就是在对大的创新进行不断完善与打补丁的过程，因此，改进与扩展法比较符合常规的创新思维和科学研究发展规律。例如，从齿轮传动改进为钢丝绳传动，并且基于齿轮传动常见基本类型，拓展对应的钢丝绳传动基本类型，如图 2-24 所示。图 2-31 所示 AMBIDEX 双臂仿人机器人和文献［8］将套索传动改为多滑轮钢丝绳传动，规避了套索传动存在的换向迟滞问题。文献［9］中，研究者在传统关节基础上，增加了变刚度机构，改进了原有传统关节刚度不变这一问题。文献［10］中，采用扩展法将原本穿戴式外骨骼拓展为多个机械手臂，多个机械手臂协同作业，拓展增强人体作业能力和功能。

2.9.3 仿生法

自然界有很多生物经过进化，其身体构造、能量使用、结构组成等具有非常优秀的借鉴价值，因此，仿生法通过解析模仿大自然已有生物，人为创造出很多优秀的机器人机构。例如，文献［11］根据人体肘关节不是标准的铰链结构，其回转中心存在一定偏移问题，设计了可模拟这一结构特点的肘关节外骨骼。文献［12］根据人体膝关节不是标准的铰链结构，设计了一种模拟人体膝关节结构特点的膝关节外骨骼。例如，文献［13］模拟鸡头自平衡机理，设计了一种病理震颤防抖装置。文献［14］为模仿章鱼触手的软体连续体机器人，自然界的柔性体生物为解决上述问题提供了灵感，模仿章鱼在抓捕猎物过程中触手“弯曲波传递”模式，设计了一种具有缠绕和吸附功能的仿章鱼臂末端软体连续体机器人。

2.9.4 新驱动形式法

常规的机器人驱动形式为电机驱动、液压驱动和气压驱动。目前发展较为热门的几类新驱动形式：形状记忆合金、介电弹性体、压电陶瓷、磁流变液。新驱动形式是从结构设计的相对底层的能量输入和转化角度切入，涉及材料、力学、机械、电气自动化等多学科交叉。尽管形状记忆效应在 1932 年被观察到，介电弹性体可追溯到 19 世纪 80 年代，压电陶瓷可追溯到 1880 年，磁流变液由美国学者 RABINOW 于 1948 年发明。然而，这些新驱动形式都存在较多问题尚未解决，使得它们未能大范围应用于工业生产，但在科学研究方面，一直得到较高的关注。

形状记忆合金是一种特殊的材料，在加热时能够恢复到预定的形状。当这种合金处于低于转变温度时，它的屈服强度很低，很容易变形成任何新的形状，如果这种合金加热到高于其转变温度，它的晶格结构就会改变，恢复到原来的形状。形状记忆合金与其他材料的显著不同主要是由于形状记忆效应和与相变发生方式有关的伪弹性、生物相容性、高比强度、高耐蚀性、高耐磨性和高抗疲劳性能。形状记忆合金用于许多应用，例如航空航天、医疗、汽车、管道、淋浴热水阀控制器、微型夹具、微型阀、泵、起落架、眼镜框架、直升机叶片材料、牙科材料等。文献［15］介绍了一种开发的形状记忆合金用于机械臂，文献［16］介绍了一种基于形状记忆合金胶囊内窥镜驱动机构设计。更多形状记忆合金相关应用可参阅参考文献［16-20］。

介电弹性体是一种产生大应变的智能材料系统，在软机器人、人造肌肉等领域具有广阔的应用前景，它们属于电活性聚合物。介电弹性体执行器将电能转化为机械功，反之亦然。因此，它们既可以用作致动器、传感器，也可以用作能量收集装置。由于其重量轻，可拉伸性强，在静电原理下工作，因此具有高弹性能量密度和快速响应。文献［21］介绍了一种介电弹性体驱动器，用于管道巡检机器人。更多的介电弹性体相关应用可参阅参考文献［22-28］。

压电陶瓷，又称铁电陶瓷，是指一类具有压电效应的陶瓷材料。这些陶瓷是由氧化锆、氧化铅、氧化钛等氧化物混合，然后进行高温烧结和固相反应进行极化处理而制成的。压电陶瓷具有优异的力学性能和稳定的压电性能，广泛应用于传感器、超声波换能器、微位移器件等各种电子元件中。文献［29］介绍了压电陶瓷驱动手部震颤消除手术执行器，更多的压电陶瓷相关应用可参阅参考文献［30-33］。

磁流变流体包含磁性微尺寸的铁颗粒、非磁性基流体和一些添加剂，以减轻沉积和团聚。磁流变液有各种应用领域，如阻尼器、阀门、制动器、离合器等。含有磁流变液的阻尼器用于汽车缓冲，以提高乘客的舒适度，磁流变悬架可显著提高车辆的转向稳定性。在矫形器、下肢假体和外骨骼中使用磁共振液体可产生稳定和自然的肢体运动。目前可用的磁流变液成本仍然较高，制备经济的磁流变液对研究人员来说仍然是一个很大的挑战。磁流变液的储存也是一个大问题。未来磁流变液的应用范围可能是在核电、造船、石油天然气、航天航空等重工业中实现理想的阻尼响应。文献［34］介绍了磁流变液应用于下肢外骨骼，详细可参阅文献［35-38］。

第3章

智能机器人运动学与动力学基础

引言

机器人运动学与动力学主要研究机器人机构运动、空间位置和姿态、正向/逆向运动传递、机器人关节驱动力/力矩与加速度/运动估计之间的关系。机器人运动学是机器人设计、分析、控制及仿真的基础，机器人动力学对机械设计、控制与仿真至关重要。本章主要介绍机器人随时间变化的运动学特性和动力学特性。

3.1 机器人运动学基础

3.1.1 质点和刚体

质点是有质量但不存在体积或形状的点，是物理学的一个理想化模型。在物体的大小和形状不起作用，或者所起的作用并不显著而可以忽略不计时，可近似地把该物体看作是一个只具有质量而其体积、形状可以忽略不计的理想物体，用来代替物体的有质量的点称为质点。刚体是指在运动中和受力作用后，形状和大小不变，而且内部各点的相对位置不变的物体。如图 3-1 所示。

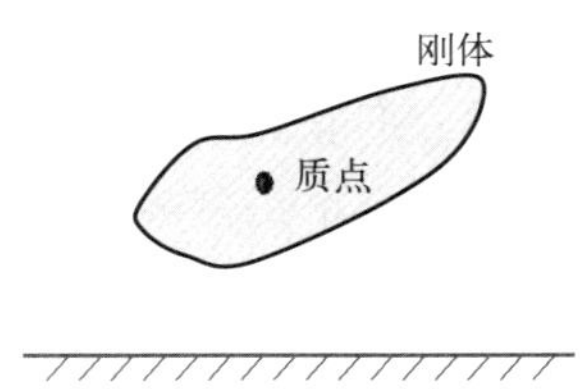

图 3-1　质点和刚体

3.1.2 基、坐标系与位置变换

描述机器人运动学的基础是基和坐标系。基表示可用于描述坐标系的向量集合，一般称 $(\boldsymbol{x}\quad \boldsymbol{y}\quad \boldsymbol{z})^{\mathrm{T}}$ 是向量的右手正交集合，其也可以用 $(\boldsymbol{x}_1\quad \boldsymbol{x}_2\quad \boldsymbol{x}_3)^{\mathrm{T}}$ 描述。右手正交法则用于规定 $\boldsymbol{xyz}$ 坐标轴的相对方位，右手大拇指指向 z 轴，四指蜷缩，其蜷缩方向为 $\boldsymbol{x}$ 轴朝向 $\boldsymbol{y}$ 轴，如图 3-2 所示。

对于 $(\boldsymbol{x}\quad \boldsymbol{y}\quad \boldsymbol{z})^{\mathrm{T}}$ 张成的三维空间，$\boldsymbol{x}$、$\boldsymbol{y}$、$\boldsymbol{z}$ 也是向量，x、y、z 轴相互垂直。因此，对于向量 $\boldsymbol{x}$、$\boldsymbol{y}$、$\boldsymbol{z}$，其对应的点积如下。

$$\boldsymbol{x}\cdot\boldsymbol{x}=\|\boldsymbol{x}\|\|\boldsymbol{x}\|\cos 0^\circ=\|\boldsymbol{x}\|^2 \tag{3-1}$$

$$\boldsymbol{y}\cdot\boldsymbol{y}=\|\boldsymbol{y}\|\|\boldsymbol{y}\|\cos 0^\circ=\|\boldsymbol{y}\|^2 \tag{3-2}$$

$$\boldsymbol{z}\cdot\boldsymbol{z}=\|\boldsymbol{z}\|\|\boldsymbol{z}\|\cos 0^\circ=\|\boldsymbol{z}\|^2 \tag{3-3}$$

$$\boldsymbol{x}\cdot\boldsymbol{y}=\|\boldsymbol{x}\|\|\boldsymbol{y}\|\cos 90^\circ=\boldsymbol{0} \tag{3-4}$$

$$\boldsymbol{x}\cdot\boldsymbol{z}=\|\boldsymbol{x}\|\|\boldsymbol{z}\|\cos 90^\circ=\boldsymbol{0} \tag{3-5}$$

$$\boldsymbol{y}\cdot\boldsymbol{z}=\|\boldsymbol{y}\|\|\boldsymbol{z}\|\cos 90^\circ=\boldsymbol{0} \tag{3-6}$$

对于一个点，其在三维空间内可由 $\boldsymbol{P}=(Px_r \quad Py_r \quad Pz_r)^{\mathrm{T}}$ 表示，其中，Px_r、Py_r、Pz_r 表示以地面坐标系 xyz 作为参考系。

然而，当需求点 P_1 相对于另外一个点 P_2 的位置，则需分别建立两个点相对于地面坐标系的坐标点 $P_1=(Px_{r1} \quad Py_{r1} \quad Pz_{r1})^{\mathrm{T}}$ 和 $P_2=(Px_{r2} \quad Py_{r2} \quad Pz_{r2})^{\mathrm{T}}$，如图 3-3 所示。$P_2$ 相对于 P_1 的位置可由 ${}^1P_2=(Px_{r2}-Px_{r1} \quad Py_{r2}-Py_{r1} \quad Pz_{r2}-Pz_{r1})^{\mathrm{T}}$ 表示。P_i 相对于 P_j 的通用表达式如下。

$${}^j\boldsymbol{P}_i=\begin{pmatrix} Px_{ri}-Px_{rj} \\ Py_{ri}-Py_{rj} \\ Pz_{ri}-Pz_{rj} \end{pmatrix} \tag{3-7}$$

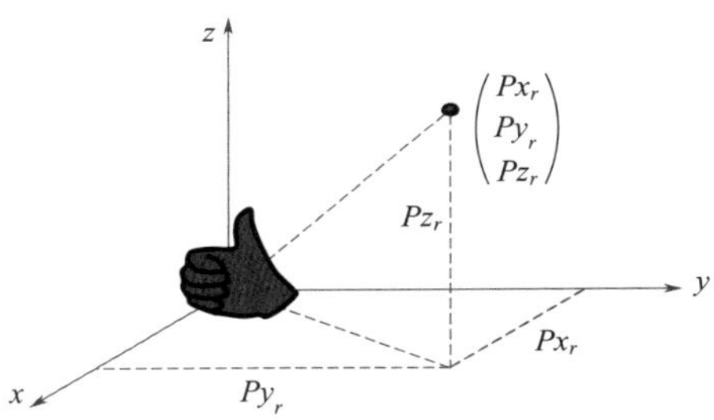

图 3-2　右手正交法则用于规定 $\boldsymbol{xyz}$ 坐标轴的相对方位

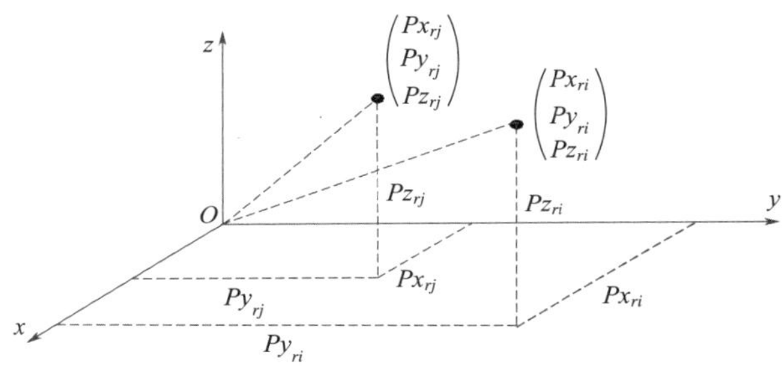

图 3-3　坐标系两点 P_1 和 P_2

3.1.3　旋转矩阵与姿态变换

对于一个刚体，其具有一定形状。因此，其在三维空间内的状态除了位置描述，其本身不同于点的地方在于具有姿态信息。设刚体在$\boldsymbol{i}$坐标系和$\boldsymbol{j}$坐标系中相对于地面坐标系的姿态分别为（$x_i \quad y_i \quad z_i$）和（$x_j \quad y_j \quad z_j$），则坐标系$\boldsymbol{i}$投影到坐标系$\boldsymbol{j}$，所得姿态旋转矩阵 $\boldsymbol{R}_{\boldsymbol{i}}^{\boldsymbol{j}}$表达式如下。

$$\boldsymbol{R}_{\boldsymbol{i}}^{\boldsymbol{j}}=\begin{pmatrix} x_j \\ y_j \\ z_j \end{pmatrix}(x_i \quad y_i \quad z_i)=\begin{pmatrix} x_jx_i & x_jy_i & x_jz_i \\ y_jx_i & y_jy_i & y_jz_i \\ z_jx_i & z_jy_i & z_jz_i \end{pmatrix}=(\boldsymbol{r}_1 \quad \boldsymbol{r}_2 \quad \boldsymbol{r}_3) \tag{3-8}$$

$\boldsymbol{R}_{\boldsymbol{i}}^{\boldsymbol{j}}$是旋转矩阵，$\boldsymbol{r}_1$、$\boldsymbol{r}_2$、$\boldsymbol{r}_3$ 是旋转矩阵的基，其可通俗理解为通过旋转矩阵描述的姿态变换信息旋转三坐标轴。

(1) 单轴旋转

假设旋转角度为 θ，则对 $\boldsymbol{x}$、$\boldsymbol{y}$、$\boldsymbol{z}$ 轴旋转的矩阵分别如下公式所示。

$$\boldsymbol{R}_x(\theta)=\begin{pmatrix} 1 & 0 & 0 \\ 0 & \cos\theta & -\sin\theta \\ 0 & \sin\theta & \cos\theta \end{pmatrix}$$

$$\boldsymbol{R}_y(\theta)=\begin{pmatrix}\cos\theta & 0 & \sin\theta\\ 0 & 1 & 0\\ -\sin\theta & 0 & \cos\theta\end{pmatrix}$$

$$\boldsymbol{R}_z(\theta)=\begin{pmatrix}\cos\theta & -\sin\theta & 0\\ \sin\theta & \cos\theta & 0\\ 0 & 0 & 1\end{pmatrix}$$

(2) 旋转的叠加定律

旋转的叠加定律：假设旋转矩阵是系列基本旋转变换叠加而成，如果基本旋转变换是绕着当前坐标系变换，则应后乘（右乘），如果基本旋转变化是绕着固定坐标系（世界坐标系）变换，则应前乘（左乘）。

例如假设旋转矩阵 $\boldsymbol{R}$ 是一系列基本旋转变换按照如下顺序叠加而成：

① 绕着当前 $\boldsymbol{x}$ 轴旋转 α 角度；

② 绕着当前 $\boldsymbol{y}$ 轴旋转 β 角度；

③ 绕着当前 $\boldsymbol{z}$ 轴旋转 γ 角度。

那么

$$\boldsymbol{R}=\boldsymbol{R}_x(\alpha)\boldsymbol{R}_y(\beta)\boldsymbol{R}_z(\gamma) \tag{3-9}$$

如果假设旋转矩阵 $\boldsymbol{R}$ 是一系列基本旋转变换按照如下顺序叠加而成：

① 绕着固定 $\boldsymbol{x}$ 轴旋转 γ 角度；

② 绕着固定 $\boldsymbol{y}$ 轴旋转 β 角度；

③ 绕着固定 $\boldsymbol{z}$ 轴旋转 α 角度。

那么

$$\boldsymbol{R}=\boldsymbol{R}_z(\alpha)\boldsymbol{R}_y(\beta)\boldsymbol{R}_x(\gamma) \tag{3-10}$$

如果假设旋转矩阵 $\boldsymbol{R}$ 是一系列基本旋转变换按照如下顺序叠加而成：

① 绕着当前 $\boldsymbol{x}$ 轴旋转 γ 角度；

② 绕着当前 $\boldsymbol{y}$ 轴旋转 β 角度；

③ 绕着固定 $\boldsymbol{z}$ 轴旋转 α 角度；

④ 绕着当前 $\boldsymbol{y}$ 轴旋转 θ 角度；

⑤ 绕着固定 $\boldsymbol{x}$ 轴旋转 δ 角度。

那么

$$\boldsymbol{R}=\boldsymbol{R}_x(\delta)\boldsymbol{R}_z(\alpha)\boldsymbol{R}_x(\gamma)\boldsymbol{R}_y(\beta)\boldsymbol{R}_y(\theta)$$

旋转矩阵尽管包含 9 个元素，但实际上，由于基的特性，每个列/行与其自身的点积为 1，对应有三个约束方程。每个列/行与不同列/行的点积必须等于零，对应亦有三个约束方程。因此，实际旋转矩阵具有 3 个独立变量用于参数化给定的旋转矩阵。

针对这一问题，一般常用方法是 X-Y-Z 固定角法和 Z-Y-X 欧拉角法。

(3) *X-Y-Z* 固定角法

如图 3-4 所示，坐标系 $\mathbb{P}$ 经过三次变换得到坐标系 $\mathbb{P}_3$。首先，坐标系 $\mathbb{P}$ 绕着 $\boldsymbol{x}$ 轴旋转 γ 角，得到坐标系 $\mathbb{P}_1$；接着坐标系 $\mathbb{P}_1$ 绕着坐标系 $\mathbb{P}$ 的 $\boldsymbol{y}$ 轴旋转 β 角，得到坐标系 $\mathbb{P}_2$；最后坐标系 $\mathbb{P}_2$ 绕着坐标系 $\mathbb{P}$ 的 $\boldsymbol{z}$ 轴旋转 α 角，得到坐标系 $\mathbb{P}_3$。因此，对于 X-Y-Z 固定

角法，其都是围绕坐标系 $\mathbb{P}$ 进行旋转变换。X-Y-Z 固定角法对一个坐标系的旋转矩阵如下。

$$\boldsymbol{R}=\boldsymbol{R}_z(\alpha)\boldsymbol{R}_y(\beta)\boldsymbol{R}_x(\gamma) \tag{3-11}$$

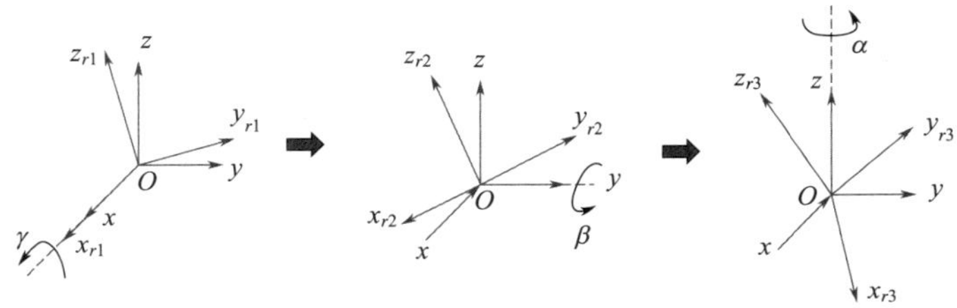

图 3-4　X-Y-Z 固定角法

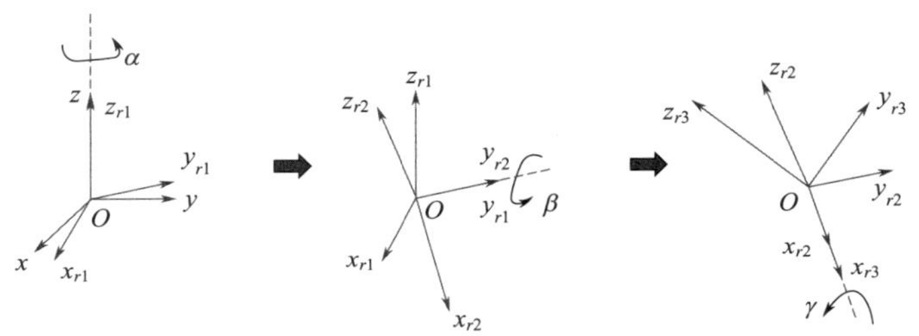

图 3-5　Z-Y-X 欧拉角法

X-Y-Z 固定角法很多时候也称为滚动-俯仰-偏航法。

(4) Z-Y-X 欧拉角法

如图 3-5 所示，坐标系 $\mathbb{P}$ 经过三次变换得到坐标系 $\mathbb{P}_3$。首先，坐标系 $\mathbb{P}$ 绕着 $\boldsymbol{z}$ 轴旋转 α 角，得到坐标系 $\mathbb{P}_1$；接着坐标系 $\mathbb{P}_1$ 绕着 $\boldsymbol{y}_{r1}$ 轴旋转 β 角，得到坐标系 $\mathbb{P}_2$；最后坐标系 $\mathbb{P}_2$ 绕着 $\boldsymbol{x}_{r2}$ 轴旋转 γ 角，得到坐标系 $\mathbb{P}_3$。因此，对于 Z-Y-X 欧拉角法，其都是围绕上一个坐标系进行旋转变换。

$$\boldsymbol{R}=\boldsymbol{R}_x(\alpha)\boldsymbol{R}_y(\beta)\boldsymbol{R}_z(\gamma) \tag{3-12}$$

(5) 轴角度参数化法

以上两种方法是最常见的，第三种常见方法是轴角度参数化法。

定理：假设坐标系 $\mathbb{A}$ 通过围绕单位向量 $\boldsymbol{u}$ 的旋转映射到目标坐标系 $\mathbb{B}$。那么旋转矩阵 $\boldsymbol{R}_{\mathbb{A}}^{\mathbb{B}}$ 可由矩阵指数 $\mathrm{e}^{S(\phi u)}$ 给定，其中，ϕ 是旋转角度，$\boldsymbol{u}$ 是旋转轴，如图 3-6 所示。

$$\begin{aligned}\boldsymbol{R}_{\mathbb{A}}^{\mathbb{B}}&=\mathrm{e}^{S(\phi u)}=\cos\phi(\boldsymbol{I}-\boldsymbol{u}\boldsymbol{u}^{\mathrm{T}})+\sin\phi\boldsymbol{S}(\boldsymbol{u})+\boldsymbol{u}\boldsymbol{u}^{\mathrm{T}}\\&=\boldsymbol{I}+(1-\cos\phi)\boldsymbol{S}^2(\boldsymbol{u})+\sin\phi\boldsymbol{S}(\boldsymbol{u})\end{aligned} \tag{3-13}$$

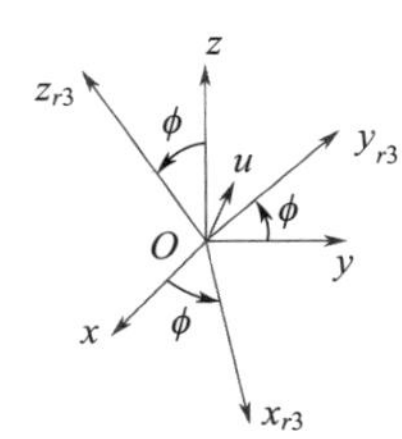

图 3-6　轴角度参数化法

其中，$\boldsymbol{S}(\boldsymbol{u})$ 是斜对称算子，$\boldsymbol{u}=(u_1 \quad u_2 \quad u_3)^{\mathrm{T}}$

$$\boldsymbol{S}(\boldsymbol{u})=\begin{pmatrix}0 & -u_3 & u_2\\ u_3 & 0 & -u_1\\ -u_2 & u_1 & 0\end{pmatrix}$$

3.1.4 位置、速度、加速度、相对位置

（位置、速度、加速度）：假设坐标系j有基向量$\boldsymbol{x}_j$、$\boldsymbol{y}_j$、$\boldsymbol{z}_j$。从坐标系j原点O_j指向任意一点p对应的向量$\boldsymbol{r}_{j,p}(t)$，如图 3-7 所示，则点p在坐标系j中对应的位置$\boldsymbol{s}_{j,p}(t)$、速度$\boldsymbol{v}_{j,p}(t)$和加速度$\boldsymbol{a}_{j,p}(t)$有如下定义[39]：

$$\boldsymbol{s}_{j,p}(t)=\boldsymbol{r}_{j,p}(t) \tag{3-14}$$

$$\boldsymbol{v}_{j,p}(t)=\frac{\mathrm{d}}{\mathrm{d}t}\bigg|_j \boldsymbol{r}_{j,p}(t) \tag{3-15}$$

$$\boldsymbol{a}_{j,p}(t)=\frac{\mathrm{d}}{\mathrm{d}t}\bigg|_j \boldsymbol{v}_{j,p}(t) \tag{3-16}$$

（坐标系相对位置）：假设坐标系j有基向量$\boldsymbol{x}_j$、$\boldsymbol{y}_j$、$\boldsymbol{z}_j$，坐标系i有基向量$\boldsymbol{x}_i$、$\boldsymbol{y}_i$、$\boldsymbol{z}_i$。任意点p在坐标系j和坐标系i下的位置向量分别为$\boldsymbol{r}_{j,p}(t)$和$\boldsymbol{r}_{i,p}(t)$，坐标系j和坐标系i的原点O_j、O_i的位置向量$\boldsymbol{d}_{j,i}(t)$为坐标系j相对于坐标系i的相对位置向量，如图 3-8 所示。$\boldsymbol{r}_{j,p}(t)$、$\boldsymbol{d}_{j,i}(t)$和$\boldsymbol{r}_{i,p}(t)$三者关系如下

$$\boldsymbol{r}_{j,p}(t)=\boldsymbol{d}_{j,i}(t)+\boldsymbol{r}_{i,p}(t) \tag{3-17}$$

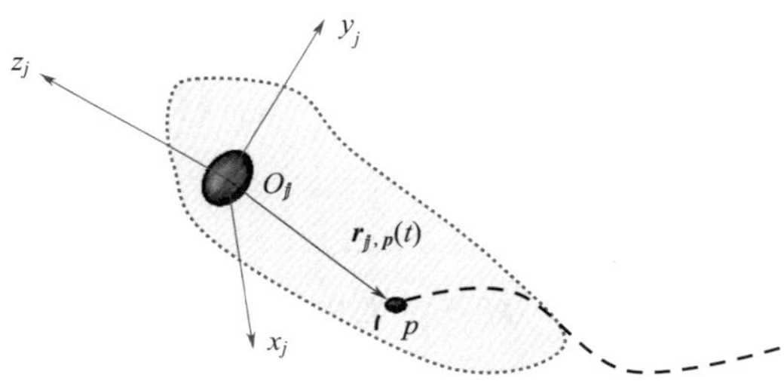

图 3-7 坐标系j中的p点

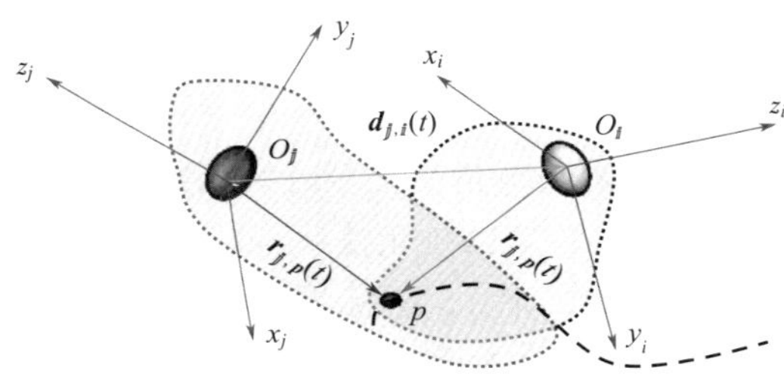

图 3-8 坐标系j和i相对位置

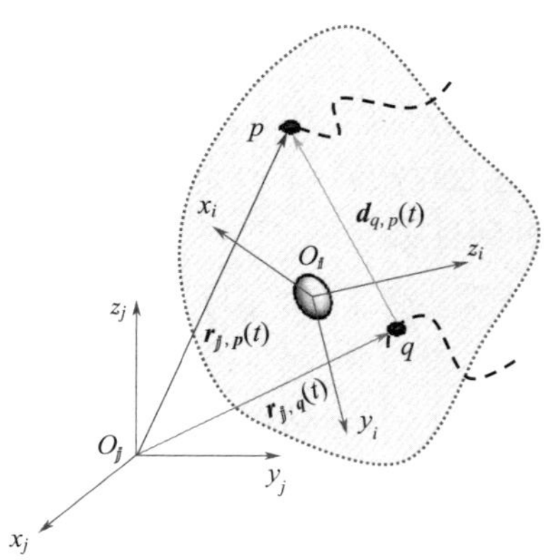

图 3-9 坐标系j任意点相对位置

（任意点相对位置）：假设坐标系j有基向量$\boldsymbol{x}_j$、$\boldsymbol{y}_j$、$\boldsymbol{z}_j$，坐标系i有基向量$\boldsymbol{x}_i$、$\boldsymbol{y}_i$、$\boldsymbol{z}_i$。任意点p和q是固定在坐标系i上的两个点，坐标系i在坐标系j中运动。任意点p和q在坐标系j下的位置向量分别为$\boldsymbol{r}_{j,p}(t)$和$\boldsymbol{r}_{j,q}(t)$，位置向量$\boldsymbol{d}_{q,p}(t)$为任意点q相对于任意点p的相对位置向量，如图 3-9 所示，则满足如下关系式。

$$\boldsymbol{r}_{j,p}(t)=\boldsymbol{r}_{j,q}(t)+\boldsymbol{d}_{q,p}(t) \tag{3-18}$$

3.1.5 叉乘与斜对称算子

任意两个向量$\boldsymbol{u}=(u_1 \quad u_2 \quad u_3)^{\mathrm{T}}$和$\boldsymbol{v}=(v_1 \quad v_2 \quad v_3)^{\mathrm{T}}$的叉乘公式如下，注意向量叉乘得到的依然是向量，向量点乘得到的是标量。

$$\boldsymbol{u}\times\boldsymbol{v}=\begin{pmatrix}u_2v_3-u_3v_2\\u_3v_1-u_1v_3\\u_1v_2-v_1u_2\end{pmatrix}\tag{3-19}$$

叉乘公式亦可采用斜对称算子 $\boldsymbol{S}(\boldsymbol{u})$ 表示如下。

$$\boldsymbol{u}\times\boldsymbol{v}=\begin{pmatrix}u_2v_3-u_3v_2\\u_3v_1-u_1v_3\\u_1v_2-v_1u_2\end{pmatrix}=\boldsymbol{S}(\boldsymbol{u})\boldsymbol{v}=\begin{pmatrix}0&-u_3&u_2\\u_3&0&-u_1\\-u_2&u_1&0\end{pmatrix}\begin{pmatrix}v_1\\v_2\\v_3\end{pmatrix}\tag{3-20}$$

3.1.6 角速度、角加速度

角速度：如图 3-10 所示，任意点 p 是固定在坐标系 i 上的一点，坐标系 j 相对于坐标系 i 运动，并且坐标系 j 和坐标系 i 的原点 O_j、O_i 一直重合。点 p 在坐标系 j 下的位置向量为 $\boldsymbol{r}_{j,p}(t)$，速度向量为 $\boldsymbol{v}_{j,p}(t)$，则两者的关系如下。

$$\boldsymbol{v}_{j,p}(t)=\boldsymbol{w}_{j,i}(t)\times\boldsymbol{r}_{j,p}(t)\tag{3-21}$$

$\boldsymbol{w}_{j,i}$ 是坐标系 i 相对于坐标系 j 的角速度。算子×是叉乘。

角加速度：坐标系 j 相对于坐标系 i 运动，并且坐标系 j 和坐标系 i 的原点 O_j、O_i 一直重合，则坐标系 i 相对于坐标系 j 的角加速度定义如下。

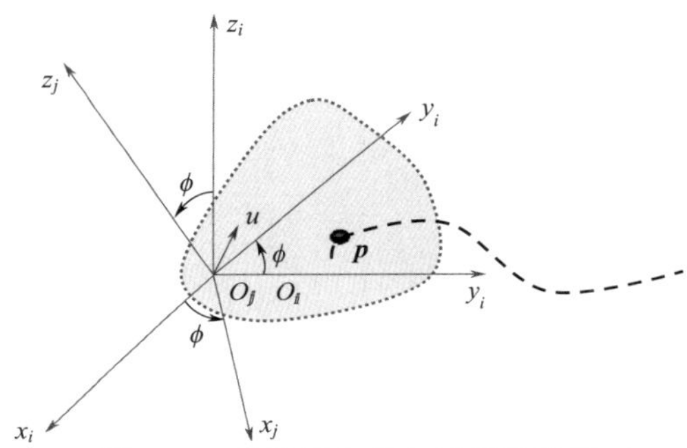

图 3-10　角速度和角加速度示意图

$$\boldsymbol{\alpha}_{j,i}(t)=\frac{\mathrm{d}}{\mathrm{d}t}\Big|_j\ \boldsymbol{w}_{j,i}(t)\tag{3-22}$$

旋转矩阵导数：坐标系 i 和坐标系 j，姿态旋转矩阵 $\boldsymbol{R}_i^j$，则旋转矩阵的导数如下。

$$\frac{\mathrm{d}}{\mathrm{d}t}\boldsymbol{R}_i^j(t)=\boldsymbol{S}(\boldsymbol{w}_{j,i}(t))\boldsymbol{R}_i^j(t)\tag{3-23}$$

其中，$\boldsymbol{S}(\cdot)$ 是斜对称算子；$\boldsymbol{w}_{j,i}$ 是坐标系 i 相对于坐标系 j 的角速度。

3.1.7 相对速度、相对加速度

相对速度：假设坐标系 j 有基向量 $\boldsymbol{x}_j$、$\boldsymbol{y}_j$、$\boldsymbol{z}_j$，坐标系 i 有基向量 $\boldsymbol{x}_i$、$\boldsymbol{y}_i$、$\boldsymbol{z}_i$。任意点 p 和 q 是固定在坐标系 i 上的两个点，坐标系 i 在坐标系 j 中运动。任意点 p 和 q 在坐标系 j 下的位置向量分别为 $\boldsymbol{r}_{j,p}(t)$ 和 $\boldsymbol{r}_{j,q}(t)$，位置向量 $\boldsymbol{d}_{q,p}(t)$ 为任意点 q 相对于任意点 p 的相对位置向量。设点 p 和 q 在坐标系 j 下的速度分别为 $\boldsymbol{v}_{j,p}(t)$ 和 $\boldsymbol{v}_{j,q}(t)$，则满足如下关系式。

$$\boldsymbol{v}_{j,p}(t)=\boldsymbol{v}_{j,q}(t)+\boldsymbol{v}_{p,q}(t)=\boldsymbol{v}_{j,q}(t)+\boldsymbol{w}_{j,i}(t)\times\boldsymbol{d}_{q,p}(t)\tag{3-24}$$

其中，$\boldsymbol{v}_{q,p}(t)$ 称为点 q 相对于点 p 的相对速度。

相对加速度：假设坐标系 j 有基向量 $\boldsymbol{x}_j$、$\boldsymbol{y}_j$、$\boldsymbol{z}_j$，坐标系 i 有基向量 $\boldsymbol{x}_i$、$\boldsymbol{y}_i$、$\boldsymbol{z}_i$。任意点 p 和 q 是固定在坐标系 i 上的两个点，坐标系 i 在坐标系 j 中运动。任意点 p 和 q 在坐

标系$\mathbb{j}$下的位置向量分别为$\boldsymbol{r}_{\mathbb{j},p}(t)$ 和$\boldsymbol{r}_{\mathbb{j},q}(t)$，位置向量$\boldsymbol{d}_{q,p}(t)$ 为任意点q相对于任意点p的相对位置向量，点p和q在坐标系$\mathbb{j}$下的速度分别为$\boldsymbol{v}_{\mathbb{j},p}(t)$ 和$\boldsymbol{v}_{\mathbb{j},q}(t)$，$p$和$q$在坐标系$\mathbb{j}$下的加速度分别为$\boldsymbol{a}_{\mathbb{j},p}(t)$ 和$\boldsymbol{a}_{\mathbb{j},q}(t)$，则满足如下关系式。

$$\boldsymbol{a}_{\mathbb{j},p}(t)=\boldsymbol{a}_{\mathbb{j},q}(t)+\boldsymbol{\alpha}_{\mathbb{j},\mathbb{i}}(t)\times\boldsymbol{d}_{q,p}(t)+\boldsymbol{w}_{\mathbb{j},\mathbb{i}}(t)\times(\boldsymbol{w}_{\mathbb{j},\mathbb{i}}(t)\times\boldsymbol{d}_{q,p}(t)) \tag{3-25}$$

3.1.8 齐次变换

如图 3-11 所示，点p在坐标系$\mathbb{j}$上的坐标为$\boldsymbol{r}_{\mathbb{j},p}=(Px_{rj}\quad Py_{rj}\quad Pz_{rj})^{\mathrm{T}}$，其指向为从坐标系$\mathbb{j}$原点指向点$p$。点$p$在坐标系$\mathbb{i}$的位置向量为$\boldsymbol{r}_{\mathbb{i},p}=(Px_{ri}\quad Py_{ri}\quad Pz_{ri})^{\mathrm{T}}$，其指向为从坐标系$\mathbb{i}$原点指向点$p$，坐标系$\mathbb{j}$相对于坐标系$\mathbb{i}$的相对位置向量为$\boldsymbol{d}_{\mathbb{j},\mathbb{i}}$，其指向为从坐标系$\mathbb{j}$的原点指向坐标系$\mathbb{i}$的原点。根据式(3-17) 可得如下关系式。

$$\boldsymbol{r}_{\mathbb{j},p}=\boldsymbol{r}_{\mathbb{i},p}+\boldsymbol{d}_{\mathbb{j},\mathbb{i}}\Rightarrow\begin{pmatrix}Px-Px_{rj}\\Py-Py_{rj}\\Pz-Pz_{rj}\end{pmatrix}=\begin{pmatrix}Px-Px_{ri}\\Py-Py_{ri}\\Pz-Pz_{ri}\end{pmatrix}+\begin{pmatrix}Px_{ri}-Px_{rj}\\Py_{ri}-Py_{rj}\\Pz_{ri}-Pz_{rj}\end{pmatrix}$$

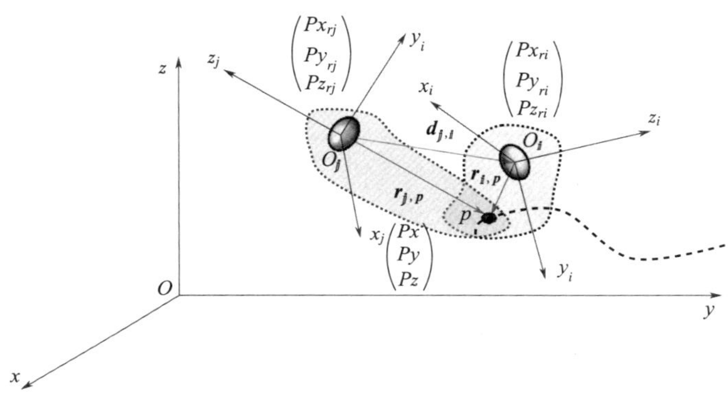

图 3-11 齐次变换示意

如果对该向量式进行坐标变换，统一到坐标系$\mathbb{j}$下，则可得如下表达式。

$$\boldsymbol{r}^{\mathbb{j}}_{\mathbb{j},p}=\boldsymbol{r}^{\mathbb{j}}_{\mathbb{i},p}+\boldsymbol{d}^{\mathbb{j}}_{\mathbb{j},\mathbb{i}}=\boldsymbol{R}^{\mathbb{j}}_{\mathbb{i}}\,\boldsymbol{r}^{\mathbb{i}}_{\mathbb{i},p}+\boldsymbol{d}^{\mathbb{j}}_{\mathbb{j},\mathbb{i}} \tag{3-26}$$

对以上公式改写如下形式

$$\begin{pmatrix}\boldsymbol{r}^{\mathbb{j}}_{\mathbb{j},p}\\1\end{pmatrix}=\begin{pmatrix}\boldsymbol{R}^{\mathbb{j}}_{\mathbb{i}} & \boldsymbol{d}^{\mathbb{j}}_{\mathbb{j},\mathbb{i}}\\\boldsymbol{0} & 1\end{pmatrix}\begin{pmatrix}\boldsymbol{r}^{\mathbb{i}}_{\mathbb{i},p}\\1\end{pmatrix} \tag{3-27}$$

其中，$\boldsymbol{H}^{\mathbb{j}}_{\mathbb{i}}=\begin{pmatrix}\boldsymbol{R}^{\mathbb{j}}_{\mathbb{i}} & \boldsymbol{d}^{\mathbb{j}}_{\mathbb{j},\mathbb{i}}\\\boldsymbol{0} & 1\end{pmatrix}$为齐次变换矩阵。齐次变换矩阵将位置变换和姿态变换统一到一个矩阵中，意义重大。

常用的齐次坐标矩阵如下所示。

$$\boldsymbol{Rot}_x(\theta)=\begin{bmatrix}1 & 0 & 0 & 0\\0 & \cos\theta & -\sin\theta & 0\\0 & \sin\theta & \cos\theta & 0\\0 & 0 & 0 & 1\end{bmatrix} \tag{3-28}$$

$$\boldsymbol{Rot}_y(\theta)=\begin{pmatrix}\cos\theta & 0 & \sin\theta & 0\\ 0 & 1 & 0 & 0\\ -\sin\theta & 0 & \cos\theta & 0\\ 0 & 0 & 0 & 1\end{pmatrix} \tag{3-29}$$

$$\boldsymbol{Rot}_z(\theta)=\begin{pmatrix}\cos\theta & -\sin\theta & 0 & 0\\ \sin\theta & \cos\theta & 0 & 0\\ 0 & 0 & 1 & 0\\ 0 & 0 & 0 & 1\end{pmatrix} \tag{3-30}$$

$$\boldsymbol{Trans}_x(d)=\begin{pmatrix}1 & 0 & 0 & d\\ 0 & 1 & 0 & 0\\ 0 & 0 & 1 & 0\\ 0 & 0 & 0 & 1\end{pmatrix} \tag{3-31}$$

$$\boldsymbol{Trans}_y(d)=\begin{pmatrix}1 & 0 & 0 & 0\\ 0 & 1 & 0 & d\\ 0 & 0 & 1 & 0\\ 0 & 0 & 0 & 1\end{pmatrix} \tag{3-32}$$

$$\boldsymbol{Trans}_z(d)=\begin{pmatrix}1 & 0 & 0 & 0\\ 0 & 1 & 0 & 0\\ 0 & 0 & 1 & d\\ 0 & 0 & 0 & 1\end{pmatrix} \tag{3-33}$$

3.2 机器人系统运动学

机器人系统运动学是在机器人运动学基础上发展而来，用于描述机器人不同杆件之间的运动学关系，而不考虑杆件产生运动时施加的力。

3.2.1 机器人杆件与关节 DH 描述

机器人可看作一系列机器人杆件通过关节连接成运动链的刚体。关节一般用运动副描述，图 2-2 所示为机器人常见运动副，图 3-12 为机器人所有杆件和关节组成及单个连杆

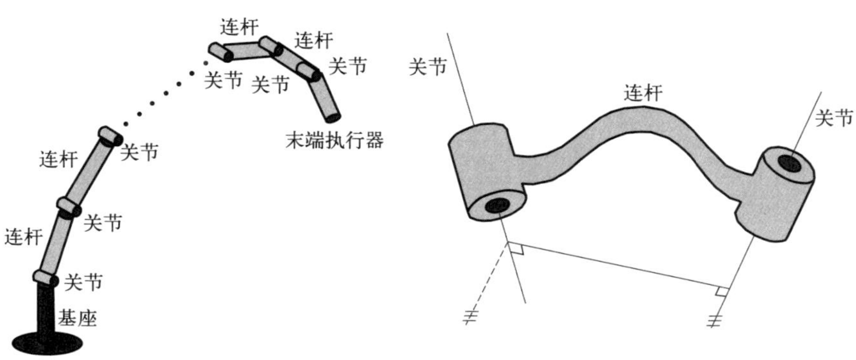

图 3-12　机器人连杆关节组成及单个连杆示意图

示意图。本书主要讨论开链机器人系统，一般而言，机器人系统都必须具有一个基座和一个末端执行器，分别位于首末两端，中间则由连杆关节组成，如图 3-12 所示。

3.2.2 标准 DH 法

如图 3-13 所示为 Denavit-Hartenberg（DH）法建立坐标系和对应连杆参数示意图。其中，d_i 为连杆偏距，θ_i 为关节角，a_i 为连杆长度，α_i 为连杆扭转角。a_i 和 α_i 取决于关节轴线 $i-1$ 和 i。

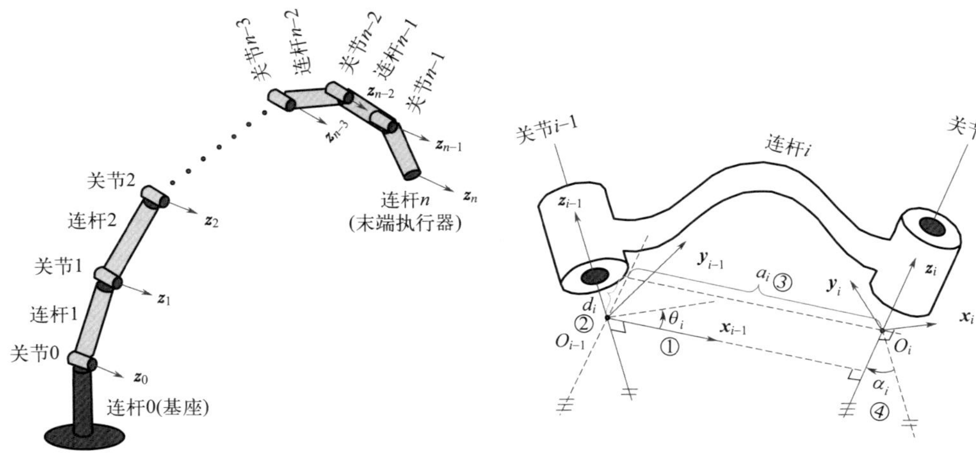

图 3-13 DH 法建立坐标系和连杆参数

DH 法将连杆坐标系固定在连杆远端。具体步骤如下：

① 运动链中的连杆依次编号为 $0,\cdots,n$，其中，基座作为连杆 0，末端执行器作为连杆 n。

② 运动链中的关节依次编号为 $0,\cdots,n$，其中，关节 0 的坐标系原点位置一般设置在基座远端，如图 3-13 所示。人为设定末端执行器存在一个虚拟关节 n，关节 n 的坐标原点位置可人为选取在末端执行器近端（与关节 $n-1$ 轴向重合），也可以设置在末端执行器远端，如图 3-13 所示。

③ 安排 $\boldsymbol{z}_0,\cdots,\boldsymbol{z}_n$ 使其与关节运动重合。

④ 如果 $\boldsymbol{z}_{i-1}$ 与 $\boldsymbol{z}_i$ 异面，选择坐标系i的原点，使得 $\boldsymbol{x}_i$ 和 $\boldsymbol{z}_{i-1}$ 与 $\boldsymbol{z}_i$ 的公法线重合。

⑤ 如果 $\boldsymbol{z}_{i-1}$ 与 $\boldsymbol{z}_i$ 平行，坐标系i的原点为沿着 $\boldsymbol{z}_i$ 轴上任意方便点，所选坐标轴 $\boldsymbol{x}_i$ 和 $\boldsymbol{z}_{i-1}$ 与 $\boldsymbol{z}_i$ 的任一公法线重合。

⑥ 如果 $\boldsymbol{z}_{i-1}$ 与 $\boldsymbol{z}_i$ 相交，坐标系i原点为交点，所选坐标轴 $\boldsymbol{x}_i$ 和 $\boldsymbol{z}_{i-1}$ 与 $\boldsymbol{z}_i$ 两者所在平面垂直。

⑦ 所选 $\boldsymbol{y}_i$ 轴与已选出的 $\boldsymbol{z}_i$ 和 $\boldsymbol{x}_i$ 轴满足右手螺旋定则。

⑧ 末端执行器的关节 n 需满足 $\boldsymbol{x}_n$ 与 $\boldsymbol{z}_{n-1}$ 相交并垂直。

根据以上步骤设置好各个关节坐标轴后，则可根据如下定义，获得对应的连杆偏距 d_i、关节角 θ_i、连杆长度 a_i、连杆扭转角 α_i。

① 连杆偏距 d_i：$\boldsymbol{x}_{i-1}$ 正半轴到 $\boldsymbol{x}_i$ 正半轴的长度。

② 关节角 θ_i：关于 $\boldsymbol{z}_{i-1}$ 轴，$\boldsymbol{x}_{i-1}$ 正半轴到 $\boldsymbol{x}_i$ 正半轴的角度。

③ 连杆长度 a_i：$\boldsymbol{z}_{i-1}$ 正半轴到 $\boldsymbol{z}_i$ 正半轴的长度。

④ 连杆扭转角 α_i：关于 $\boldsymbol{x}_i$ 轴，$\boldsymbol{z}_{i-1}$ 正半轴到 $\boldsymbol{z}_i$ 正半轴的角度。

对于连杆 i 而言，其上的坐标系是坐标系$\boldsymbol{i}$，在连杆的远端。因此以下将讨论如何将连杆 i 上坐标系$\boldsymbol{i}$转化到连杆 $i-1$ 上坐标系$\boldsymbol{i}-1$。

对于坐标系$\boldsymbol{i}$上的向量，其如何转化到坐标系$\boldsymbol{i}-1$ 上表示呢？此处就需要用到齐次变换矩阵 $\boldsymbol{H}_{\boldsymbol{i}}^{\boldsymbol{i}-1}$。

$$\boldsymbol{H}_{\boldsymbol{i}}^{\boldsymbol{i}-1}=\boldsymbol{Rt}_z(\theta_i)\boldsymbol{Tr}_z(d_i)\boldsymbol{Tr}_x(a_i)\boldsymbol{Rt}_x(\alpha_i)$$

$$=\begin{pmatrix}\cos\theta_i & -\sin\theta_i & 0 & 0\\ \sin\theta_i & \cos\theta_i & 0 & 0\\ 0 & 0 & 1 & 0\\ 0 & 0 & 0 & 1\end{pmatrix}\begin{pmatrix}1 & 0 & 0 & 0\\ 0 & 1 & 0 & 0\\ 0 & 0 & 1 & d_i\\ 0 & 0 & 0 & 1\end{pmatrix}\begin{pmatrix}1 & 0 & 0 & a_i\\ 0 & 1 & 0 & 0\\ 0 & 0 & 1 & 0\\ 0 & 0 & 0 & 1\end{pmatrix}\begin{pmatrix}1 & 0 & 0 & 0\\ 0 & \cos\alpha_i & -\sin\alpha_i & 0\\ 0 & \sin\alpha_i & \cos\alpha_i & 0\\ 0 & 0 & 0 & 1\end{pmatrix}$$

$$=\begin{pmatrix}\cos\theta_i & -\sin\theta_i\cos\alpha_i & \sin\theta_i\sin\alpha_i & a_i\cos\theta_i\\ \sin\theta_i & \cos\theta_i\cos\alpha_i & -\cos\theta_i\sin\alpha_i & a_i\sin\theta_i\\ 0 & \sin\alpha_i & \cos\alpha_i & d_i\\ 0 & 0 & 0 & 1\end{pmatrix} \tag{3-34}$$

对应代码可查看本书电子版附录资料（电子附件），程序名称为 DH. m。如果已知齐次变换矩阵 $\boldsymbol{H}_{\boldsymbol{m}}^{\boldsymbol{m}-1}$、…、$\boldsymbol{H}_{\boldsymbol{i}}^{\boldsymbol{i}-1}$、$\boldsymbol{H}_{\boldsymbol{i}-1}^{\boldsymbol{i}-2}$、…、$\boldsymbol{H}_2^1$、$\boldsymbol{H}_1^0$，假设向量 $\boldsymbol{p}$。

$$\boldsymbol{p}^{\boldsymbol{m}-1}=\boldsymbol{H}_{\boldsymbol{m}}^{\boldsymbol{m}-1}\boldsymbol{p}^{\boldsymbol{m}}$$

$$\boldsymbol{p}^{\boldsymbol{m}-2}=\boldsymbol{H}_{\boldsymbol{m}-1}^{\boldsymbol{m}-2}\boldsymbol{p}^{\boldsymbol{m}-1}$$

$$\cdots$$

$$\boldsymbol{p}^0=\boldsymbol{H}_1^0\boldsymbol{p}^1$$

$$\Rightarrow\boldsymbol{p}^0=\boldsymbol{H}_1^0\boldsymbol{H}_2^1\cdots\boldsymbol{H}_{\boldsymbol{i}-1}^{\boldsymbol{i}-2}\boldsymbol{H}_{\boldsymbol{i}}^{\boldsymbol{i}-1}\cdots\boldsymbol{H}_{\boldsymbol{m}-1}^{\boldsymbol{m}-2}\boldsymbol{H}_{\boldsymbol{m}}^{\boldsymbol{m}-1}\boldsymbol{p}^{\boldsymbol{m}}$$

则可求得坐标系$\boldsymbol{m}$到坐标系 $\boldsymbol{0}$ 的齐次变换矩阵 $\boldsymbol{H}_{\boldsymbol{n}}^{\boldsymbol{0}}$

$$\boldsymbol{H}_{\boldsymbol{m}}^0=\boldsymbol{H}_1^0\boldsymbol{H}_2^1\cdots\boldsymbol{H}_{\boldsymbol{i}-1}^{\boldsymbol{i}-2}\boldsymbol{H}_{\boldsymbol{i}}^{\boldsymbol{i}-1}\cdots\boldsymbol{H}_{\boldsymbol{m}-1}^{\boldsymbol{m}-2}\boldsymbol{H}_{\boldsymbol{m}}^{\boldsymbol{m}-1} \tag{3-35}$$

一般而言，坐标系 $\boldsymbol{0}$ 是地面坐标系，通过齐次变换矩阵 $\boldsymbol{H}_{\boldsymbol{m}}^0$可将末端执行器 n 的向量 $\boldsymbol{p}$ 在坐标系$\boldsymbol{m}$（一般也称为工作坐标系）的向量 $\boldsymbol{p}^{\boldsymbol{m}}$用地面坐标系表示，即 $\boldsymbol{p}^0$。

3.2.3　MDH 法

Modified Denavit-Hartenberg（MDH）法相比于标准 DH 法而言，主要区别在于连杆的坐标轴建立在近端，如图 3-14 所示。

如图 3-14 所示为 MDH 法建立坐标系和对应连杆参数示意图。其中，d_i 为连杆偏距，θ_i 为关节角，a_{i-1} 为连杆长度，α_{i-1} 为连杆扭转角。a_{i-1} 和 α_{i-1} 取决于关节轴线 $\boldsymbol{i}-\boldsymbol{1}$ 和 $\boldsymbol{i}$。MDH 法将连杆坐标系固定在连杆近端。具体步骤如下[40]：

① 找出各关节轴，并标出这些轴线的延长线。

② 找出关节轴 $\boldsymbol{i}-\boldsymbol{1}$ 和 $\boldsymbol{i}$ 之间的公垂线或关节轴 $\boldsymbol{i}-\boldsymbol{1}$ 和 $\boldsymbol{i}$ 的交点，以关节轴 $\boldsymbol{i}-\boldsymbol{1}$ 和 $\boldsymbol{i}$ 的交点或公垂线与关节轴 $\boldsymbol{i}-\boldsymbol{1}$ 的交点作为连杆坐标系$\boldsymbol{i}-\boldsymbol{1}$ 的原点。

③ 规定 $\boldsymbol{z}_{i-1}$ 轴沿关节轴 $\boldsymbol{i}-\boldsymbol{1}$ 的指向。

④ 规定 $\boldsymbol{x}_{i-1}$ 沿公垂线的指向，如果关节轴 $\boldsymbol{i}-\boldsymbol{1}$ 和 $\boldsymbol{i}$ 相交，则规定 $\boldsymbol{x}_{i-1}$ 轴垂直于关

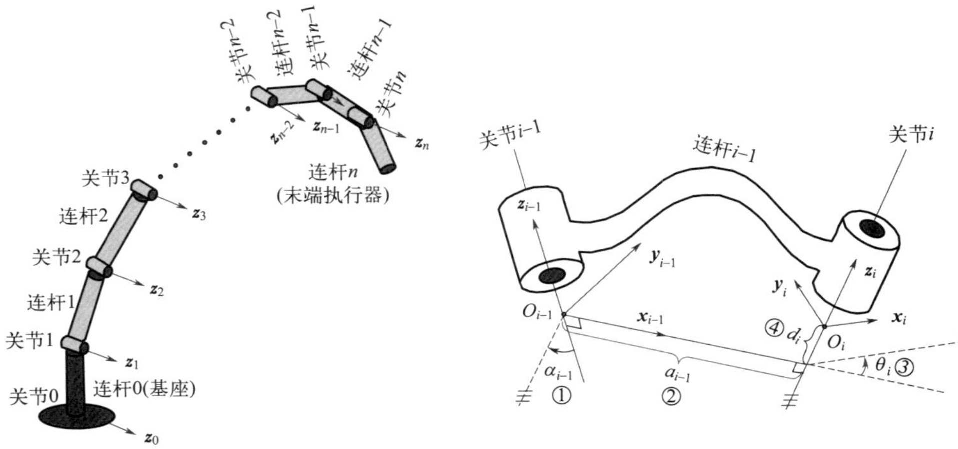

图 3-14 改进 DH 法建立坐标系和连杆参数

节轴 $\boldsymbol{i-1}$ 和 $\boldsymbol{i}$ 所在平面。

⑤ 按照右手法则确定 $\boldsymbol{y}_{i-1}$。

⑥ 当第一个关节变量为 **0** 时，建议坐标系 **0** 和 **1** 重合，使得连杆参数为 0。对于坐标系$\boldsymbol{m}$，其原点和 $\boldsymbol{x}_n$ 的方向可以任意选取，但是在选取时，尽量使连杆参数为 0。

根据以上步骤设置好各个关节坐标轴后，则可根据如下定义，获得对应的连杆偏距 d_i、关节角 θ_i、连杆长度 a_{i-1}、连杆扭转角 α_{i-1}。

① 连杆偏距 d_i：$\boldsymbol{x}_{i-1}$ 正半轴到 $\boldsymbol{x}_i$ 正半轴的长度。

② 关节角 θ_i：关于 $\boldsymbol{z}_i$ 轴，$\boldsymbol{x}_{i-1}$ 正半轴到 $\boldsymbol{x}_i$ 正半轴的角度。

③ 连杆长度 a_{i-1}：$\boldsymbol{z}_{i-1}$ 正半轴到 $\boldsymbol{z}_i$ 正半轴的长度。

④ 连杆扭转角 α_{i-1}：关于 $\boldsymbol{x}_{i-1}$ 轴，$\boldsymbol{z}_{i-1}$ 正半轴到 $\boldsymbol{z}_i$ 正半轴的角度。

对于坐标系$\boldsymbol{i}$上的向量，其如何转化到坐标系$\boldsymbol{i-1}$上表示呢？此处就需要用到齐次变换矩阵 $\boldsymbol{H}_i^{i-1}$。

$$\boldsymbol{H}_i^{i-1}=\boldsymbol{Rt}_x(\alpha_{i-1})\,\boldsymbol{Tr}_x(a_{i-1})\,\boldsymbol{Rt}_z(\theta_i)\,\boldsymbol{Tr}_z(d_i)$$

$$=\begin{pmatrix}1 & 0 & 0 & 0\\ 0 & \cos\alpha_{i-1} & -\sin\alpha_{i-1} & 0\\ 0 & \sin\alpha_{i-1} & \cos\alpha_{i-1} & 0\\ 0 & 0 & 0 & 1\end{pmatrix}\begin{pmatrix}1 & 0 & 0 & a_{i-1}\\ 0 & 1 & 0 & 0\\ 0 & 0 & 1 & 0\\ 0 & 0 & 0 & 1\end{pmatrix}\begin{pmatrix}\cos\theta_i & -\sin\theta_i & 0 & 0\\ \sin\theta_i & \cos\theta_i & 0 & 0\\ 0 & 0 & 1 & 0\\ 0 & 0 & 0 & 1\end{pmatrix}\begin{pmatrix}1 & 0 & 0 & 0\\ 0 & 1 & 0 & 0\\ 0 & 0 & 1 & d_i\\ 0 & 0 & 0 & 1\end{pmatrix}$$

$$=\begin{pmatrix}\cos\theta_i & -\sin\theta_i & 0 & a_{i-1}\\ \sin\theta_i\cos\alpha_{i-1} & \cos\theta_i\cos\alpha_{i-1} & -\sin\alpha_{i-1} & -d_i\sin\alpha_{i-1}\\ \sin\theta_i\sin\alpha_{i-1} & \cos\theta_i\sin\alpha_{i-1} & \cos\alpha_{i-1} & d_i\cos\alpha_{i-1}\\ 0 & 0 & 0 & 1\end{pmatrix} \tag{3-36}$$

对应代码可查看本书电子版附录资料，程序名称为 MDH. m。如果已知齐次变换矩阵 $\boldsymbol{H}_m^{m-1}$、…、$\boldsymbol{H}_i^{i-1}$、$\boldsymbol{H}_{i-1}^{i-2}$、…、$\boldsymbol{H}_2^1$、$\boldsymbol{H}_1^0$，假设向量 $\boldsymbol{p}$。

$$\boldsymbol{p}^{m-1}=\boldsymbol{H}_m^{m-1}\,\boldsymbol{p}^m$$

$$p^{m-2}=H_{m-1}^{m-2}p^{m-1}$$
$$\cdots$$
$$p^{0}=H_{1}^{0}p^{1}$$
$$\Rightarrow p^{0}=H_{1}^{0}H_{2}^{1}\cdots H_{i-1}^{i-2}H_{i}^{i-1}\cdots H_{m-1}^{m-2}H_{m}^{m-1}\ p^{m}$$

则可求得坐标系m到坐标系 $\mathbf{0}$ 的齐次变换矩阵 $\boldsymbol{H}_m^0$

$$H_{m}^{0}=H_{1}^{0}H_{2}^{1}\cdots H_{i-1}^{i-2}H_{i}^{i-1}\cdots H_{m-1}^{m-2}H_{m}^{m-1} \tag{3-37}$$

一般而言，坐标系 $\mathbf{0}$ 是地面坐标系，通过齐次变换矩阵 $\boldsymbol{H}_m^0$可将末端执行器 n 的向量 $\boldsymbol{p}$ 在坐标系m（一般也称为工作坐标系）的向量 $\boldsymbol{p}^m$用地面坐标系表示，即 $\boldsymbol{p}^0$。

3.2.4　正运动学与工作空间

机器人正运动学问题是关于如何通过给定的机器人关节变量去求解末端执行器的位置和姿态。已知条件是各个关节随时间变化的角度信息或位移信息，未知待求解的是末端执行器在地面坐标系中描述的位置和姿态。末端执行器所有可能到达的地面坐标系中的位置称为该机器人的工作空间。

根据前述 DH 法可知，其可将机器人每个杆件的坐标系转换到相邻杆件坐标系上，进而所有杆件坐标系均可转化到基座坐标系，基座坐标系可设置与地面坐标系重合。因此，机器人正运动学问题主要是关于如何运用 DH 法建立末端执行器坐标系转换到基座坐标系的问题。

正运动学分析的步骤如下。

① 绘制机器人的运动简图或运动示意图；

② 分析机器人所有关节运动副类型；

③ 根据 DH 法建立所有关节运动副三维坐标系；

④ 列出各个坐标系的 DH 参数表；

⑤ 列出各个坐标系的 DH 标准转换矩阵；

⑥ 列出坐标系m到坐标系 $\mathbf{0}$ 的齐次变换矩阵 $\boldsymbol{H}_m^0$，得到末端执行器在地面坐标系中描述的位置和姿态。

以下通过几个例子来介绍如何使用标准 DH 法和 MDH 法解决机器人正运动学问题。

例 3-1　PUMA 560 机械臂

如图 3-15 所示为 PUMA 560 标准 DH 法运动参数和坐标系分布，对应的连杆参数和 DH 表如表 3-1 所示。

表 3-1　PUMA 560 标准 DH 法对应的连杆参数和 DH 表

i	θ_i	d_i	a_i	α_i
1	θ_1	0	0	−90°
2	θ_2	d_2	a_2	0°
3	θ_3	0	a_3	90°
4	θ_4	d_4	0	−90°
5	θ_5	0	0	90°
6	θ_6	d_6	0	0°

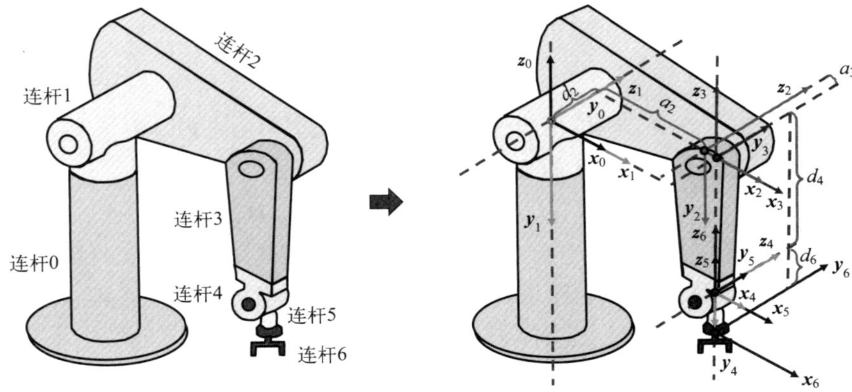

图 3-15　PUMA 560 操作臂标准 DH 法运动参数和坐标系分布

根据式(3-34)，求得每一个连杆变换矩阵。

$$\boldsymbol{H}_i^{i-1}=\begin{pmatrix} c\theta_i & -s\theta_i c\alpha_i & s\theta_i s\alpha_i & a_i c\theta_i \\ s\theta_i & c\theta_i c\alpha_i & -c\theta_i s\alpha_i & a_i s\theta_i \\ 0 & s\alpha_i & c\alpha_i & d_i \\ 0 & 0 & 0 & 1 \end{pmatrix}$$

$$\boldsymbol{H}_1^0=\begin{pmatrix} c\theta_1 & 0 & -s\theta_1 & 0 \\ s\theta_1 & 0 & c\theta_1 & 0 \\ 0 & -1 & 0 & 0 \\ 0 & 0 & 0 & 1 \end{pmatrix} \quad \boldsymbol{H}_2^1=\begin{pmatrix} c\theta_2 & -s\theta_2 & 0 & a_2 c\theta_2 \\ s\theta_2 & c\theta_2 & 0 & a_2 s\theta_2 \\ 0 & 0 & 1 & d_2 \\ 0 & 0 & 0 & 1 \end{pmatrix}$$

$$\boldsymbol{H}_3^2=\begin{pmatrix} c\theta_3 & 0 & s\theta_3 & a_3 c\theta_3 \\ s\theta_3 & 0 & -c\theta_3 & a_3 s\theta_3 \\ 0 & 1 & 0 & 0 \\ 0 & 0 & 0 & 1 \end{pmatrix} \quad \boldsymbol{H}_4^3=\begin{pmatrix} c\theta_4 & 0 & -s\theta_4 & 0 \\ s\theta_4 & 0 & c\theta_4 & 0 \\ 0 & 1 & 0 & d_4 \\ 0 & 0 & 0 & 1 \end{pmatrix}$$

$$\boldsymbol{H}_5^4=\begin{pmatrix} c\theta_5 & 0 & s\theta_5 & 0 \\ s\theta_5 & 0 & -c\theta_5 & 0 \\ 0 & 1 & 0 & 0 \\ 0 & 0 & 0 & 1 \end{pmatrix} \quad \boldsymbol{H}_6^5=\begin{pmatrix} c\theta_6 & -s\theta_6 & 0 & 0 \\ s\theta_6 & c\theta_6 & 0 & 0 \\ 0 & 0 & 1 & d_6 \\ 0 & 0 & 0 & 1 \end{pmatrix}$$

其中，$c\theta_1=\cos\theta_1$，$s\theta_1=\sin\theta_1$，$c\theta_2=\cos\theta_2$，$s\theta_2=\sin\theta_2$，$c\theta_3=\cos\theta_3$，$s\theta_3=\sin\theta_3$，$c\theta_4=\cos\theta_4$，$s\theta_4=\sin\theta_4$，$c\theta_5=\cos\theta_5$，$s\theta_5=\sin\theta_5$，$c\theta_6=\cos\theta_6$，$s\theta_6=\sin\theta_6$。

6 个连杆坐标变换矩阵的乘积可得如下矩阵。

$$\boldsymbol{H}_6^0=\boldsymbol{H}_1^0\boldsymbol{H}_2^1\boldsymbol{H}_3^2\boldsymbol{H}_4^3\boldsymbol{H}_5^4\boldsymbol{H}_6^5=\begin{pmatrix} r_{11} & r_{12} & r_{13} & p_x \\ r_{21} & r_{22} & r_{23} & p_y \\ r_{31} & r_{32} & r_{33} & p_z \\ 0 & 0 & 0 & 1 \end{pmatrix}$$

$$r_{11}=c_1\left[c_{23}(c_4c_5c_6-s_4s_6)+s_{23}s_5c_6\right]-s_1(s_4c_5c_6+c_4s_6)$$
$$r_{21}=s_1\left[c_{23}(c_4c_5c_6-s_4s_6)+s_{23}s_5c_6\right]+c_1(s_4c_5c_6+c_4s_6)$$
$$r_{31}=s_{23}(s_4s_6-c_4c_5c_6)+c_{23}s_5c_6$$
$$r_{12}=c_1\left[-c_{23}(s_4c_6+c_4c_5s_6)-s_5s_6s_{23}\right]-s_1(c_4c_6-s_4c_5s_6)$$
$$r_{22}=s_1\left[-c_{23}(s_4c_6+c_4c_5s_6)-s_5s_6s_{23}\right]+c_1(c_4c_6-s_4c_5s_6)$$
$$r_{32}=s_{23}(c_4c_5s_{23}+s_4c_6)-s_5s_6c_{23}$$
$$r_{13}=c_1(c_4s_5c_{23}-c_5s_{23})-s_1s_4s_5$$
$$r_{23}=s_1(c_4s_5c_{23}-c_5s_{23})+c_1s_4s_5$$
$$r_{33}=-c_{23}c_5-s_{23}c_4s_5$$
$$p_x=c_1\left[d_6(c_{23}c_4s_5-s_{23}c_5)+d_4s_{23}+a_2c_2+a_3c_{23}\right]-s_1(d_6s_4s_5+d_2)$$
$$p_y=s_1\left[d_6(c_4s_5c_{23}-s_{23}c_5)+d_4s_{23}+a_2c_2+a_3c_{23}\right]+c_1(d_6s_4s_5+d_2)$$
$$p_z=d_6(-c_{23}c_5-s_{23}c_4s_5)+d_4c_{23}-a_3s_{23}-a_2s_2$$

其中，$c_1=\cos\theta_1$，$s_1=\sin\theta_1$，$c_{23}=\cos(\theta_2+\theta_3)$，$s_{23}=\sin(\theta_2+\theta_3)$，以此类推，方便简化公式书写。

对应代码可查看本书电子版附录资料，程序名称为 PUMA560 _ DH _ FK. m。如图 3-16 所示为 PUMA560 MDH 运动参数和坐标系分布，对应的连杆参数和 DH 表如表 3-2 所示。

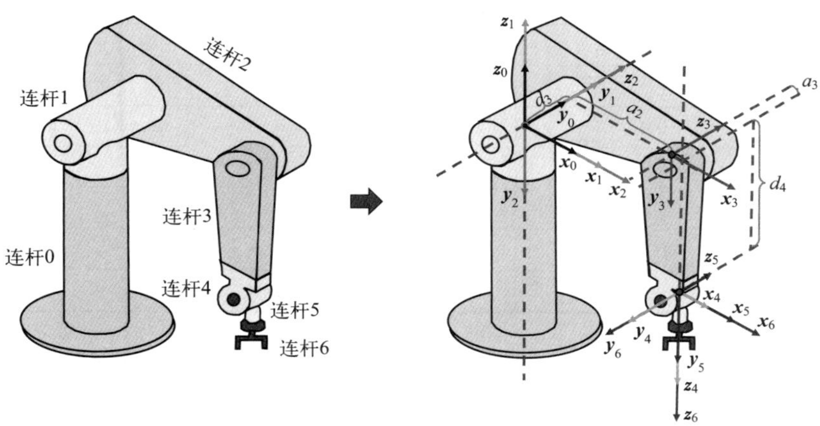

图 3-16　PUMA 560 操作臂 MDH 运动参数和坐标系分布

根据式(3-36)，求得每一个连杆变换矩阵。

$$H_i^{i-1}=\begin{pmatrix} c\theta_i & -s\theta_i & 0 & a_{i-1} \\ s\theta_i c\alpha_{i-1} & c\theta_i c\alpha_{i-1} & -s\alpha_{i-1} & -d_i s\alpha_{i-1} \\ s\theta_i s\alpha_{i-1} & c\theta_i s\alpha_{i-1} & c\alpha_{i-1} & d_i c\alpha_{i-1} \\ 0 & 0 & 0 & 1 \end{pmatrix}$$

$$H_1^0=\begin{pmatrix} c\theta_1 & -s\theta_1 & 0 & 0 \\ s\theta_1 & c\theta_1 & 0 & 0 \\ 0 & 0 & 1 & 0 \\ 0 & 0 & 0 & 1 \end{pmatrix} \quad H_2^1=\begin{pmatrix} c\theta_2 & -s\theta_2 & 0 & 0 \\ 0 & 0 & 1 & 0 \\ -s\theta_2 & -c\theta_2 & 1 & 0 \\ 0 & 0 & 0 & 1 \end{pmatrix}$$

$$H_3^2=\begin{pmatrix}c\theta_3 & -s\theta_3 & 0 & a_2\\ s\theta_3 & c\theta_3 & 0 & 0\\ 0 & 0 & 1 & d_3\\ 0 & 0 & 0 & 1\end{pmatrix}\quad H_4^3=\begin{pmatrix}c\theta_4 & -s\theta_4 & 0 & a_3\\ 0 & 0 & 1 & d_4\\ -s\theta_4 & -c\theta_4 & 0 & 0\\ 0 & 0 & 0 & 1\end{pmatrix}$$

$$H_5^4=\begin{pmatrix}c\theta_5 & -s\theta_5 & 0 & 0\\ 0 & 0 & -1 & 0\\ s\theta_5 & c\theta_5 & 0 & 0\\ 0 & 0 & 0 & 1\end{pmatrix}\quad H_6^5=\begin{pmatrix}c\theta_6 & -s\theta_6 & 0 & 0\\ 0 & 0 & 1 & 0\\ -s\theta_6 & -c\theta_6 & 0 & 0\\ 0 & 0 & 0 & 1\end{pmatrix}$$

6 个连杆坐标变换矩阵的乘积可得如下矩阵，对应代码可查看本书电子版附录资料，程序名称为 PUMA560 _ MDH _ FK. m。

$$H_6^0=H_1^0H_2^1H_3^2H_4^3H_5^4H_6^5=\begin{pmatrix}r_{11} & r_{12} & r_{13} & p_x\\ r_{21} & r_{22} & r_{23} & p_y\\ r_{31} & r_{32} & r_{33} & p_z\\ 0 & 0 & 0 & 1\end{pmatrix}$$

表 3-2　PUMA 560 MDH 法对应的连杆参数和 DH 表

i	α_{i-1}	a_{i-1}	d_i	θ_i
1	0°	0	0	θ_1
2	−90°	0	0	θ_2
3	0°	a_2	d_3	θ_3
4	−90°	a_3	d_4	θ_4
5	90°	0	0	θ_5
6	−90°	0	0	θ_6

$$r_{11}=c_1[c_{23}(c_4c_5c_6-s_4s_6)-s_{23}s_5c_6]+s_1(s_4c_5c_6+c_4s_6)$$
$$r_{21}=s_1[c_{23}(c_4c_5c_6-s_4s_6)-s_{23}s_5c_6-c_1(s_4c_5c_6+c_4s_6)]$$
$$r_{31}=-s_{23}(c_4c_5c_6-s_4s_6)-c_{23}s_5c_6$$
$$r_{12}=c_1[c_{23}(-c_4c_5s_6-s_4c_6)+s_{23}s_5s_6]+s_1(c_4c_6-s_4c_5s_6)$$
$$r_{22}=s_1[c_{23}(-c_4c_5s_6-s_4c_6)+s_{23}s_5s_6]-c_1(c_4c_6-s_4c_5s_6)$$
$$r_{32}=-s_{23}(-c_4c_5s_6-s_4c_6)+c_{23}s_5s_6$$
$$r_{13}=-c_1(c_{23}c_4c_5+s_{23}c_5)-s_1s_4s_5$$
$$r_{23}=-s_1(c_{23}c_4c_5+s_{23}c_5)+c_1s_4s_5$$
$$r_{33}=s_{23}c_4s_5-c_{23}c_5$$
$$p_x=c_1[a_2c_2+a_3c_{23}-d_4s_{23}]-d_3s_1$$
$$p_y=s_1[a_2c_2+a_3c_{23}-d_4s_{23}]+d_3c_1$$
$$p_z=-a_3s_{23}-a_2s_2-d_4c_{23}$$

例 3-2　KUKA iiwa R800 拟人机械臂

如图 3-17 所示为 KUKA iiwa R800 拟人机械臂标准 DH 法运动参数和坐标系分布，

对应的连杆参数和 DH 表如表 3-3 所示。

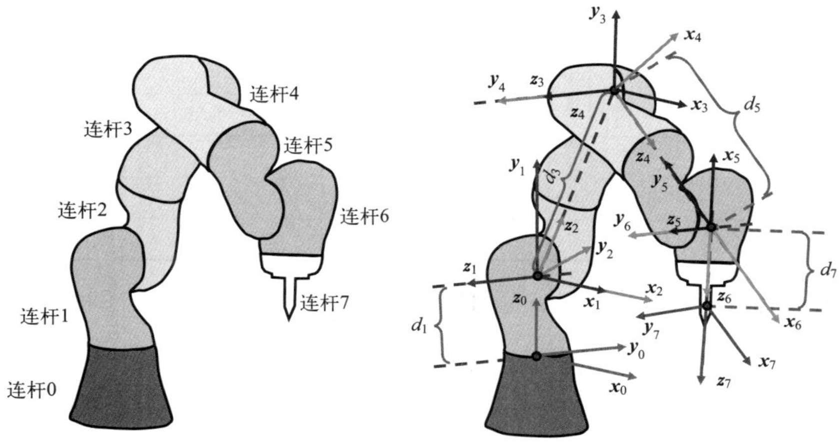

图 3-17　KUKA iiwa R800 拟人机械臂标准 DH 法运动参数和坐标系分布

根据式(3-34)，求得每一个连杆变换矩阵。

$$
\boldsymbol{H}_i^{i-1}=\begin{bmatrix} c\theta_i & -s\theta_i c\alpha_i & s\theta_i s\alpha_i & a_i c\theta_i \\ s\theta_i & c\theta_i c\alpha_i & -c\theta_i s\alpha_i & a_i s\theta_i \\ 0 & s\alpha_i & c\alpha_i & d_i \\ 0 & 0 & 0 & 1 \end{bmatrix}
$$

列出每一个连杆变换矩阵。

$$
\boldsymbol{H}_1^0=\begin{bmatrix} c_1 & 0 & -s_1 & 0 \\ s_1 & 0 & c_1 & 0 \\ 0 & -1 & 0 & d_1 \\ 0 & 0 & 0 & 1 \end{bmatrix} \quad \boldsymbol{H}_2^1=\begin{bmatrix} c_2 & 0 & s_2 & 0 \\ s_2 & 0 & -c_2 & 0 \\ 0 & 1 & 0 & 0 \\ 0 & 0 & 0 & 1 \end{bmatrix} \quad \boldsymbol{H}_3^2=\begin{bmatrix} c_3 & 0 & -s_3 & 0 \\ s_3 & 0 & c_3 & 0 \\ 0 & -1 & 0 & d_3 \\ 0 & 0 & 0 & 1 \end{bmatrix}
$$

$$
\boldsymbol{H}_4^3=\begin{bmatrix} c_4 & 0 & s_4 & 0 \\ s_4 & 0 & -c_4 & 0 \\ 0 & 1 & 0 & 0 \\ 0 & 0 & 0 & 1 \end{bmatrix} \quad \boldsymbol{H}_5^4=\begin{bmatrix} c_5 & 0 & -s_5 & 0 \\ s_5 & 0 & c_5 & 0 \\ 0 & -1 & 0 & d_5 \\ 0 & 0 & 0 & 1 \end{bmatrix} \quad \boldsymbol{H}_6^5=\begin{bmatrix} c_6 & 0 & s_6 & 0 \\ s_6 & 0 & -c_6 & 0 \\ 0 & 1 & 0 & 0 \\ 0 & 0 & 0 & 1 \end{bmatrix}
$$

$$
\boldsymbol{H}_7^6=\begin{bmatrix} c_7 & -s_7 & 0 & 0 \\ s_7 & c_7 & 0 & 0 \\ 0 & 0 & 1 & d_7 \\ 0 & 0 & 0 & 1 \end{bmatrix}
$$

表 3-3　KUKA iiwa R800 拟人机械臂 DH 法对应的连杆参数和 DH 表

i	θ_i	d_i	a_i	α_i
1	θ_1	d_1	0	$-90°$

续表

i	θ_i	d_i	a_i	α_i
2	θ_2	0	0	90°
3	θ_3	d_3	0	−90°
4	θ_4	0	0	90°
5	θ_5	d_5	0	−90°
6	θ_6	0	0	90°
7	θ_7	d_7	0	0°

7 个连杆坐标变换矩阵的乘积可得如下矩阵，对应代码可查看本书电子版附录资料，程序名称为 KUKA _ iiwaR800 _ DH _ FK。

$$\boldsymbol{H}_7^0=\boldsymbol{H}_1^0\boldsymbol{H}_2^1\boldsymbol{H}_3^2\boldsymbol{H}_4^3\boldsymbol{H}_5^4\boldsymbol{H}_6^5\boldsymbol{H}_7^6=\begin{pmatrix} r_{11} & r_{12} & r_{13} & p_x \\ r_{21} & r_{22} & r_{23} & p_y \\ r_{31} & r_{32} & r_{33} & p_z \\ 0 & 0 & 0 & 1 \end{pmatrix}$$

$$\begin{aligned}
r_{11}=&c_7(s_6(s_4(s_1s_3-c_1c_2c_3)-c_1c_4s_2)-c_6(c_5(c_4(s_1s_3-c_1c_2c_3)+c_1s_2s_4)+s_5(c_3s_1\\
&+c_1c_2s_3)))+s_7(s_5(c_4(s_1s_3-c_1c_2c_3)+c_1s_2s_4)-c_5(c_3s_1+c_1c_2s_3))\\
r_{21}=&-c_7(s_6(s_4(c_1s_3+c_2c_3s_1)+c_4s_1s_2)-c_6(c_5(c_4(c_1s_3+c_2c_3s_1)-s_1s_2s_4)+s_5(c_1c_3\\
&-c_2s_1s_3)))-s_7(s_5(c_4(c_1s_3+c_2c_3s_1)-s_1s_2s_4)-c_5(c_1c_3-c_2s_1s_3))\\
r_{31}=&s_7(s_5(c_2s_4+c_3c_4s_2)+c_5s_2s_3)-c_7(c_6(c_5(c_2s_4+c_3c_4s_2)-s_2s_3s_5)\\
&+s_6(c_2c_4-c_3s_2s_4))\\
r_{12}=&c_7(s_5(c_4(s_1s_3-c_1c_2c_3)+c_1s_2s_4)-c_5(c_3s_1+c_1c_2s_3))-s_7(s_6(s_4(s_1s_3-c_1c_2c_3)\\
&-c_1c_4s_2)-c_6(c_5(c_4(s_1s_3-c_1c_2c_3)+c_1s_2s_4)+s_5(c_3s_1+c_1c_2s_3)))\\
r_{22}=&s_7(s_6(s_4(c_1s_3+c_2c_3s_1)+c_4s_1s_2)-c_6(c_5(c_4(c_1s_3+c_2c_3s_1)-s_1s_2s_4)+s_5(c_1c_3\\
&-c_2s_1s_3)))-c_7(s_5(c_4(c_1s_3+c_2c_3s_1)-s_1s_2s_4)-c_5(c_1c_3-c_2s_1s_3))\\
r_{32}=&c_7(s_5(c_2s_4+c_3c_4s_2)+c_5s_2s_3)+s_7(c_6(c_5(c_2s_4+c_3c_4s_2)-s_2s_3s_5)\\
&+s_6(c_2c_4-c_3s_2s_4))\\
r_{13}=&-c_6(s_4(s_1s_3-c_1c_2c_3)-c_1c_4s_2)-s_6(c_5(c_4(s_1s_3-c_1c_2c_3)+c_1s_2s_4)\\
&+s_5(c_3s_1+c_1c_2s_3))\\
r_{23}=&c_6(s_4(c_1s_3+c_2c_3s_1)+c_4s_1s_2)+s_6(c_5(c_4(c_1s_3+c_2c_3s_1)-s_1s_2s_4)\\
&+s_5(c_1c_3-c_2s_1s_3))\\
r_{33}=&c_6(c_2c_4-c_3s_2s_4)-s_6(c_5(c_2s_4+c_3c_4s_2)\\
&-s_2s_3s_5)\\
p_x=&d_3c_1s_2-d_5(s_4(s_1s_3-c_1c_2c_3)-c_1c_4s_2)-d_7(c_6(s_4(s_1s_3-c_1c_2c_3)-c_1c_4s_2)\\
&+s_6(c_5(c_4(s_1s_3-c_1c_2c_3)+c_1s_2s_4)+s_5(c_3s_1+c_1c_2s_3)))\\
p_y=&d_7(c_6(s_4(c_1s_3+c_2c_3s_1)+c_4s_1s_2)+s_6(c_5(c_4(c_1s_3+c_2c_3s_1)-s_1s_2s_4)+s_5(c_1c_3\\
&-c_2s_1s_3)))+d_5(s_4(c_1s_3+c_2c_3s_1)+c_4s_1s_2)+d_3s_1s_2\\
p_z=&d_1+d_5(c_2c_4-c_3s_2s_4)-d_7(s_6(c_5(c_2s_4+c_3c_4s_2)-s_2s_3s_5)-c_6(c_2c_4-c_3s_2s_4))\\
&+d_3c_2
\end{aligned}$$

如图 3-18 所示为 KUKA iiwa R800 拟人机械臂 MDH 法运动参数和坐标系分布，对应的连杆参数和 DH 表如表 3-4 所示。

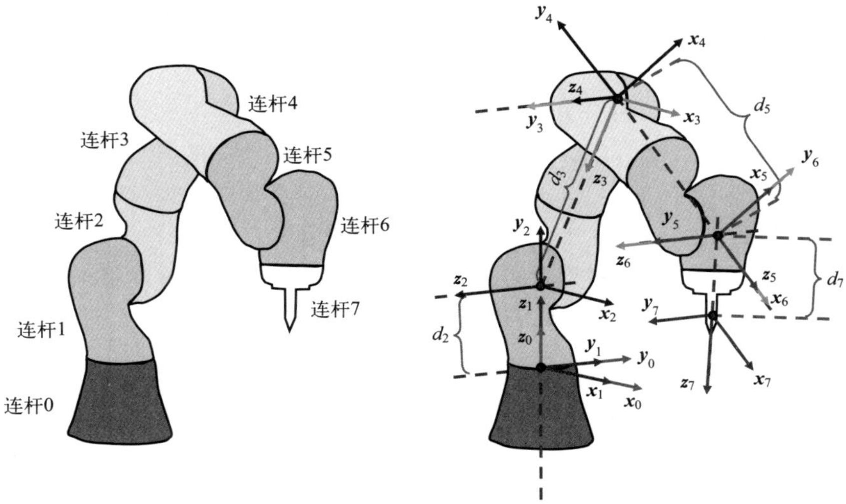

图 3-18　KUKA iiwa R800 拟人机械臂 MDH 法运动参数和坐标系分布

表 3-4　KUKA iiwa R800 拟人机械臂 MDH 法对应的连杆参数和 DH 表

i	α_{i-1}	a_{i-1}	d_i	θ_i
1	0°	0	0	θ_1
2	90°	0	d_2	θ_2
3	90°	0	d_3	θ_3
4	−90°	0	0	θ_4
5	90°	0	d_5	θ_5
6	−90°	0	0	θ_6
7	90°	0	d_7	θ_7

根据式(3-36)，求得每一个连杆变换矩阵。

$$\boldsymbol{H}_i^{i-1}=\begin{bmatrix} c\theta_i & -s\theta_i & 0 & a_{i-1} \\ s\theta_i c\alpha_{i-1} & c\theta_i c\alpha_{i-1} & -s\alpha_{i-1} & -d_i s\alpha_{i-1} \\ s\theta_i s\alpha_{i-1} & c\theta_i s\alpha_{i-1} & c\alpha_{i-1} & d_i c\alpha_{i-1} \\ 0 & 0 & 0 & 1 \end{bmatrix}$$

列出每一个连杆变换矩阵。

$$\boldsymbol{H}_1^0=\begin{bmatrix} c_1 & -s_1 & 0 & 0 \\ s_1 & c_1 & 0 & 0 \\ 0 & 0 & 1 & 0 \\ 0 & 0 & 0 & 1 \end{bmatrix} \quad \boldsymbol{H}_2^1=\begin{bmatrix} c_2 & -s_2 & 0 & 0 \\ 0 & 0 & -1 & -d_2 \\ s_2 & c_2 & 0 & 0 \\ 0 & 0 & 0 & 1 \end{bmatrix} \quad \boldsymbol{H}_3^2=\begin{bmatrix} c_3 & -s_3 & 0 & 0 \\ 0 & 0 & -1 & -d_3 \\ s_3 & c_3 & 0 & 0 \\ 0 & 0 & 0 & 1 \end{bmatrix}$$

$$H_4^3=\begin{pmatrix}c_4 & -s_4 & 0 & 0\\ 0 & 0 & 1 & 0\\ -s_4 & -c_4 & 0 & 0\\ 0 & 0 & 0 & 1\end{pmatrix}\quad H_5^4=\begin{pmatrix}c_5 & -s_5 & 0 & 0\\ 0 & 0 & -1 & d_5\\ s_5 & c_5 & 0 & 0\\ 0 & 0 & 0 & 1\end{pmatrix}\quad H_6^5=\begin{pmatrix}c_6 & -s_6 & 0 & 0\\ 0 & 0 & 1 & 0\\ -s_6 & -c_6 & 0 & 0\\ 0 & 0 & 0 & 1\end{pmatrix}$$

$$H_7^6=\begin{pmatrix}c_7 & -s_7 & 0 & 0\\ 0 & 0 & -1 & d_7\\ s_7 & c_7 & 0 & 0\\ 0 & 0 & 0 & 1\end{pmatrix}$$

7个连杆坐标变换矩阵的乘积可得如下矩阵，对应代码可查看本书电子版附录资料，程序名称为KUKA _ iiwaR800 _ MDH _ FK。

$$H_7^0=H_1^0H_2^1H_3^2H_4^3H_5^4H_6^5H_7^6=\begin{pmatrix}r_{11} & r_{12} & r_{13} & p_x\\ r_{21} & r_{22} & r_{23} & p_y\\ r_{31} & r_{32} & r_{33} & p_z\\ 0 & 0 & 0 & 1\end{pmatrix}$$

$$r_{11}=-c_7(s_6(s_4(s_1s_3+c_1c_2c_3)+c_1c_4s_2)-c_6(c_5(c_4(s_1s_3+c_1c_2c_3)-c_1s_2s_4)+s_5(c_3s_1-c_1c_2s_3)))-s_7(s_5(c_4(s_1s_3+c_1c_2c_3)-c_1s_2s_4)-c_5(c_3s_1-c_1c_2s_3))$$

$$r_{21}=c_7(s_6(s_4(c_1s_3-c_2c_3s_1)-c_4s_1s_2)-c_6(c_5(c_4(c_1s_3-c_2c_3s_1)+s_1s_2s_4)+s_5(c_1c_3+c_2s_1s_3)))+s_7(s_5(c_4(c_1s_3-c_2c_3s_1)+s_1s_2s_4)-c_5(c_1c_3+c_2s_1s_3))$$

$$r_{31}=c_7(c_6(c_5(c_2s_4+c_3c_4s_2)-s_2s_3s_5)+s_6(c_2c_4-c_3s_2s_4))-s_7(s_5(c_2s_4+c_3c_4s_2)+c_5s_2s_3)$$

$$r_{12}=s_7(s_6(s_4(s_1s_3+c_1c_2c_3)+c_1c_4s_2)-c_6(c_5(c_4(s_1s_3+c_1c_2c_3)-c_1s_2s_4)+s_5(c_3s_1-c_1c_2s_3)))-c_7(s_5(c_4(s_1s_3+c_1c_2c_3)-c_1s_2s_4)-c_5(c_3s_1-c_1c_2s_3))$$

$$r_{22}=c_7(s_5(c_4(c_1s_3-c_2c_3s_1)+s_1s_2s_4)-c_5(c_1c_3+c_2s_1s_3))-s_7(s_6(s_4(c_1s_3-c_2c_3s_1)-c_4s_1s_2)-c_6(c_5(c_4(c_1s_3-c_2c_3s_1)+s_1s_2s_4)+s_5(c_1c_3+c_2s_1s_3)))$$

$$r_{32}=-c_7(s_5(c_2s_4+c_3c_4s_2)+c_5s_2s_3)-s_7(c_6(c_5(c_2s_4+c_3c_4s_2)-s_2s_3s_5)+s_6(c_2c_4-c_3s_2s_4))$$

$$r_{13}=c_6(s_4(s_1s_3+c_1c_2c_3)+c_1c_4s_2)+s_6(c_5(c_4(s_1s_3+c_1c_2c_3)-c_1s_2s_4)+s_5(c_3s_1-c_1c_2s_3))$$

$$r_{23}=-c_6(s_4(c_1s_3-c_2c_3s_1)-c_4s_1s_2)-s_6(c_5(c_4(c_1s_3-c_2c_3s_1)+s_1s_2s_4)+s_5(c_1c_3+c_2s_1s_3))$$

$$r_{33}=s_6(c_5(c_2s_4+c_3c_4s_2)-s_2s_3s_5)-c_6(c_2c_4-c_3s_2s_4)$$

$$p_x=d_7(c_6(s_4(s_1s_3+c_1c_2c_3)+c_1c_4s_2)+s_6(c_5(c_4(s_1s_3+c_1c_2c_3)-c_1s_2s_4)+s_5(c_3s_1-c_1c_2s_3)))+d_2s_1+d_5(s_4(s_1s_3+c_1c_2c_3)+c_1c_4s_2)+d_3c_1s_2$$

$$p_y=d_3s_1s_2-d_2c_1-d_5(s_4(c_1s_3-c_2c_3s_1)-c_4s_1s_2)-d_7(c_6(s_4(c_1s_3-c_2c_3s_1)-c_4s_1s_2)+s_6(c_5(c_4(c_1s_3-c_2c_3s_1)+s_1s_2s_4)+s_5(c_1c_3+c_2s_1s_3)))$$

$$p_z=d_7(s_6(c_5(c_2s_4+c_3c_4s_2)-s_2s_3s_5)-c_6(c_2c_4-c_3s_2s_4))-d_5(c_2c_4-c_3s_2s_4)-d_3c_2$$

3.2.5 逆运动学

机器人的逆运动学问题是根据给定的末端执行器的位置和姿态，反推机器人各个关节变量的取值。已知条件是末端执行器在地面坐标系中描述的位置和姿态，未知待求解的是各个关节随时间变化的角度信息或位移信息。

求解机器人逆运动学是一个非线性问题，$\boldsymbol{H}_m^0$共 16 个数值，其中，$\boldsymbol{H}_m^0(4,1)=\boldsymbol{H}_m^0(4,2)=\boldsymbol{H}_m^0(4,3)=0$，$\boldsymbol{H}_m^0(4,4)=1$，这四个对于求解机器人逆运动学问题无意义。$r_{11}$、$r_{12}$、$r_{13}$、$r_{21}$、$r_{22}$、$r_{23}$、$r_{31}$、$r_{32}$、$r_{33}$这 9 个参量对应 9 个方程，但是其中只有 3 个是独立的，共同描述末端执行器的姿态 o_x、o_y、o_z。p_x、p_y、p_z 描述末端执行器的位置。因此，对于 6 自由度机器人，需要求解的未知量为 $\theta_1 \sim \theta_6$，o_x、o_y、o_z、p_x、p_y、p_z 对应 6 个方程。

因此，一般对于自由度小于等于 6 的机器人，可通过代数解法求解。通过变换关节与关节之间的齐次变换矩阵，根据等式左右两边方程，寻找便于求解关节角度的方程。对于自由度大于 6 的机器人，其存在冗余，一般可通过约束冗余自由度，将其转化为 6 自由度机器人逆运动学求解问题。对于仿人机器人，由于其肩关节和腕关节均为 3 自由度球铰链结构，肘关节为 1 自由度铰链结构，因此，其可通过几何解法进行求解。例 3-3 介绍代数解法实际应用，例 3-4 介绍几何解法实际应用。

例 3-3 PUMA560 逆运动学

根据例 3-1 可得 $\boldsymbol{H}_6^0$。

(1) $\boldsymbol{\theta}_1$ 求解

移动 $\boldsymbol{H}_1^0$ 可得如下公式。

$$(\boldsymbol{H}_1^0)^{-1}\boldsymbol{H}_6^0=\boldsymbol{H}_2^1\boldsymbol{H}_3^2\boldsymbol{H}_4^3\boldsymbol{H}_5^4\boldsymbol{H}_6^5=(\boldsymbol{H}_1^0)^{-1}\begin{pmatrix} r_{11} & r_{12} & r_{13} & p_x \\ r_{21} & r_{22} & r_{23} & p_y \\ r_{31} & r_{32} & r_{33} & p_z \\ 0 & 0 & 0 & 1 \end{pmatrix} \tag{3-38}$$

左右两侧的（2,4）元素相等可得如下等式。

$$d_3=p_y c_1-p_x s_1 \tag{3-39}$$

$$\begin{cases} p_x=\rho\cos\phi \\ p_y=\rho\sin\phi \\ \rho=\sqrt{p_x^2+p_y^2} \\ \phi=\operatorname{atan2}(p_y,p_x) \end{cases}$$

$$d_3=p_y c_1-p_x s_1 \Rightarrow c_1 s_\phi - s_1 c_\phi=\frac{d_3}{\rho} \Rightarrow \sin(\phi-\theta_1)=\frac{d_3}{\rho} \Rightarrow \cos(\phi-\theta_1)=\pm\sqrt{1-\left(\frac{d_3}{\rho}\right)^2}$$

$$\phi-\theta_1=\operatorname{atan2}\left(\frac{d_3}{\rho},\pm\sqrt{1-\left(\frac{d_3}{\rho}\right)^2}\right) \Rightarrow \theta_1=\phi-\operatorname{atan2}(d_3,\pm\sqrt{1-(d_3)^2})$$

$$\Rightarrow \theta_1=\operatorname{atan2}(p_y,p_x)-\operatorname{atan2}(d_3,\pm\sqrt{p_x^2+p_y^2-d_3{}^2}) \tag{3-40}$$

其中，atan2(y,x) 定义如下。

$$\operatorname{atan2}(y,x)=\begin{cases}\arctan\dfrac{y}{x} & x>0\\ \arctan\dfrac{y}{x}+\pi & y\geqslant 0,x<0\\ \arctan\dfrac{y}{x}-\pi & y<0,x<0\\ \dfrac{\pi}{2} & y>0,x=0\\ -\dfrac{\pi}{2} & y<0,x=0\\ \text{未定义}, & y=0,x=0\end{cases}\tag{3-41}$$

(2) $\boldsymbol{\theta_2}$ 求解

$$(\boldsymbol{H}_3^2)^{-1}(\boldsymbol{H}_2^1)^{-1}(\boldsymbol{H}_1^0)^{-1}\boldsymbol{H}_6^0=\boldsymbol{H}_4^3\boldsymbol{H}_5^4\boldsymbol{H}_6^5=(\boldsymbol{H}_3^2)^{-1}(\boldsymbol{H}_2^1)^{-1}(\boldsymbol{H}_1^0)^{-1}\begin{bmatrix}r_{11} & r_{12} & r_{13} & p_x\\ r_{21} & r_{22} & r_{23} & p_y\\ r_{31} & r_{32} & r_{33} & p_z\\ 0 & 0 & 0 & 1\end{bmatrix}\tag{3-42}$$

左右两侧的（1,4）元素相等，（2,4）元素相等

$$\begin{cases}p_xc_1c_{23}-p_zs_{23}+p_ys_1c_{23}-a_2c_3=a_3\\ -p_xc_1s_{23}-p_zc_{23}-p_ys_1s_{23}+a_2s_3=d_4\end{cases}$$

联立可求得 s_{23} 和 c_{23}，进而可得 θ_{23}。

$$\begin{aligned}\theta_{23}&=\theta_2+\theta_3=\operatorname{atan2}(s_{23},c_{23})\\ &\Rightarrow\theta_2=\operatorname{atan2}(s_{23},c_{23})-\theta_3\end{aligned}\tag{3-43}$$

$\operatorname{atan2}(s_{23},c_{23})$ 是关于 θ_3 的函数，因此，如果求得 θ_3，则可求得 θ_2。

(3) $\boldsymbol{\theta_3}$ 求解

式(3-38) 左右两侧的（1,4）元素相等，（3,4）元素相等

$$\begin{cases}p_xc_1+p_ys_1=a_3c_{23}-d_4s_{23}+a_2c_2\\ -d_4c_{23}-a_3s_{23}-a_2s_2=p_z\end{cases}$$

结合式(3-39)，可得如下公式。

$$a_3c_3-d_4s_3=\frac{p_x^2+p_y^2+p_z^2-a_2^2-a_3^2-d_3^2-d_4^2}{2a_2}=k$$

$$\begin{cases}d_4=\lambda\cos\theta\\ a_3=\lambda\sin\theta\\ \lambda=\sqrt{d_4^2+a_3^2}\\ \phi=\operatorname{atan2}(a_3,d_4)\end{cases}$$

$$k=a_3c_3-d_4s_3\Rightarrow c_3s_\theta-s_3c_\theta=\frac{k}{\lambda}\Rightarrow\sin(\theta-\theta_3)=\frac{k}{\lambda}\Rightarrow\cos(\theta-\theta_3)=\pm\sqrt{1-\left(\frac{k}{\lambda}\right)^2}$$

$$\theta-\theta_3=\operatorname{atan2}(k,\pm\sqrt{d_4^2+a_3^2-k^2})\Rightarrow\theta_3=\theta-\operatorname{atan2}(k,\pm\sqrt{d_4^2+a_3^2-k^2})$$

$$\Rightarrow\theta_3=\mathrm{atan2}\ (a_3,\ d_4)\ -\mathrm{atan2}\ (k,\ \pm\sqrt{d_4^2+a_3^2-k^2}\ ) \tag{3-44}$$

(4) $\boldsymbol{\theta_4}$ 求解

$$(\boldsymbol{H}_3^2)^{-1}(\boldsymbol{H}_2^1)^{-1}(\boldsymbol{H}_1^0)^{-1}\boldsymbol{H}_6^0=\boldsymbol{H}_4^3\boldsymbol{H}_5^4\boldsymbol{H}_6^5=(\boldsymbol{H}_3^2)^{-1}(\boldsymbol{H}_2^1)^{-1}(\boldsymbol{H}_1^0)^{-1}\begin{bmatrix} r_{11} & r_{12} & r_{13} & p_x \\ r_{21} & r_{22} & r_{23} & p_y \\ r_{31} & r_{32} & r_{33} & p_z \\ 0 & 0 & 0 & 1 \end{bmatrix} \tag{3-45}$$

左右两侧的（1,3）元素相等，（3,3）元素相等

$$\begin{cases} -c_4s_5=r_{13}c_1c_{23}+r_{23}s_1c_{23}-r_{33}s_{23} \\ r_{23}c_1-r_{13}s_1=s_4s_5 \end{cases}$$

只要 $\sin\theta_5\neq 0$，便可求出 θ_4。

$$\theta_4=\mathrm{atan2}(r_{23}c_1-r_{13}s_1,-r_{13}c_1c_{23}-r_{23}s_1c_{23}+r_{33}s_{23}) \tag{3-46}$$

(5) $\boldsymbol{\theta_5}$ 求解

$$\begin{aligned}(\boldsymbol{H}_4^3)^{-1}(\boldsymbol{H}_3^2)^{-1}(\boldsymbol{H}_2^1)^{-1}(\boldsymbol{H}_1^0)^{-1}\boldsymbol{H}_6^0&=\boldsymbol{H}_5^4\boldsymbol{H}_6^5\\ &=(\boldsymbol{H}_4^3)^{-1}(\boldsymbol{H}_3^2)^{-1}(\boldsymbol{H}_2^1)^{-1}(\boldsymbol{H}_1^0)^{-1}\begin{bmatrix} r_{11} & r_{12} & r_{13} & p_x \\ r_{21} & r_{22} & r_{23} & p_y \\ r_{31} & r_{32} & r_{33} & p_z \\ 0 & 0 & 0 & 1 \end{bmatrix}\end{aligned} \tag{3-47}$$

左右两侧的（1,1）元素相等，（3,1）元素相等。

$$\begin{cases} r_{11}(s_1s_4+c_1c_4c_{23})+r_{21}(c_4s_1c_{23}-c_1s_4)-r_{31}c_4s_{23}=c_5c_6 \\ -r_{11}c_1s_{23}-r_{21}s_1s_{23}-r_{31}c_{23}=s_5c_6 \end{cases}$$

由以上公式可得 θ_5。

$$\begin{aligned}\theta_5=\mathrm{atan2}(&-r_{11}c_1s_{23}-r_{21}s_1s_{23}-r_{31}c_{23},r_{11}(s_1s_4+c_1c_4c_{23})\\ &+r_{21}(c_4s_1c_{23}-c_1s_4)-r_{31}c_4s_{23})\end{aligned} \tag{3-48}$$

式(3-48) 左右两侧的（1,3）元素相等，（3,3）元素相等，也可以得到 θ_5 的解。

(6) $\boldsymbol{\theta_6}$ 求解

$$\begin{aligned}(\boldsymbol{H}_5^4)^{-1}(\boldsymbol{H}_4^3)^{-1}(\boldsymbol{H}_3^2)^{-1}(\boldsymbol{H}_2^1)^{-1}(\boldsymbol{H}_1^0)^{-1}\boldsymbol{H}_6^0&=\boldsymbol{H}_6^5\\ &=(\boldsymbol{H}_5^4)^{-1}(\boldsymbol{H}_4^3)^{-1}(\boldsymbol{H}_3^2)^{-1}(\boldsymbol{H}_2^1)^{-1}(\boldsymbol{H}_1^0)^{-1}\begin{bmatrix} r_{11} & r_{12} & r_{13} & p_x \\ r_{21} & r_{22} & r_{23} & p_y \\ r_{31} & r_{32} & r_{33} & p_z \\ 0 & 0 & 0 & 1 \end{bmatrix}\end{aligned} \tag{3-49}$$

式(3-49) 左右两侧的（1,1）元素相等，（3,1）元素相等。

$$\begin{cases} r_{11}\ [(c_1c_4c_{23}+s_1s_4)c_5-c_1s_5s_{23}]+r_{21}\ [(s_1c_{23}c_4-c_1s_4)c_5-s_1s_5s_{23}]-r_{31}(s_5c_{23}+c_4c_5s_{23}) \\ =c_6-r_{11}(c_1s_4c_{23}-s_1c_4)-r_{21}(s_1c_{23}s_4+c_1c_4)+r_{31}s_{23}s_4=s_6 \end{cases}$$

因此可得 θ_6 求解结果如下。

$$\theta_6=\operatorname{atan2}(-r_{11}(c_1s_4c_{23}-s_1c_4)-r_{21}(s_1c_{23}s_4+c_1c_4)+r_{31}s_{23}s_4, r_{11}[(c_1c_4c_{23}+s_1s_4)c_5-c_1s_5s_{23}]+r_{21}[(s_1c_{23}c_4-c_1s_4)c_5-s_1s_5s_{23}]-r_{31}(s_5c_{23}+c_4c_5s_{23})) \tag{3-50}$$

对应代码可查看本书电子版附录资料，程序名称为 PUMA560_MDH_IK. m。根据式(3-40) 和式(3-44) 可知，这些方程存在 4 组解，再者，机器人的臂腕关节还存在对称的 4 组解，因此，对于 PUMA560，其共有 8 组解可实现同一末端执行器位姿。然而，实际情况是各个关节的运动范围是受限制的，因此，需要对这 8 组解进行分析，选取最优解。

例 3-4 KUKA iiwa R800 拟人机械臂逆运动学

对于 KUKA iiwa R800 拟人机械臂而言，其前三个关节回转轴 $\boldsymbol{z}_0$、$\boldsymbol{z}_1$、$\boldsymbol{z}_2$ 交于 1 点，后三个关节回转轴 $\boldsymbol{z}_4$、$\boldsymbol{z}_5$、$\boldsymbol{z}_6$ 交于 1 点。一般而言，可认为 $\boldsymbol{z}_0$、$\boldsymbol{z}_1$、$\boldsymbol{z}_2$ 为拟人肩关节对应的三个回转轴，$\boldsymbol{z}_4$、$\boldsymbol{z}_5$、$\boldsymbol{z}_6$ 为拟人腕关节对应的三个回转轴，$\boldsymbol{z}_3$ 为拟人肘关节对应的回转轴，$\boldsymbol{z}_7$ 为拟人手掌对应的回转轴，即手掌为末端执行件，如图 3-19 所示。

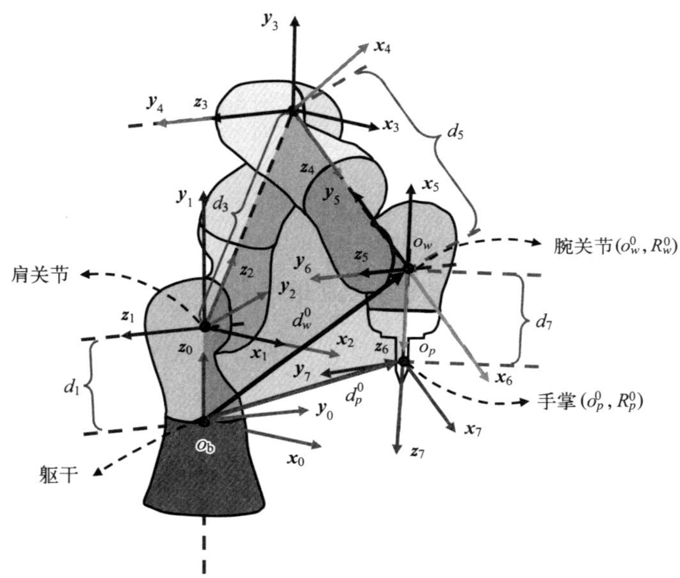

图 3-19 几何法求解 KUKA iiwa R800 拟人机械臂逆运动学图解 1

从图中可知，对于腕关节而言，其在空间中的位置由拟人肩关节（$\boldsymbol{z}_0,\boldsymbol{z}_1,\boldsymbol{z}_2$）和拟人肘关节（$\boldsymbol{z}_3$）决定，对于末端执行器而言，其在空间中的姿态由拟人腕关节（$\boldsymbol{z}_4,\boldsymbol{z}_5,\boldsymbol{z}_6$）决定，其在空间中的位置由拟人肩关节-拟人腕关节决定。因此，可将拟人机械臂逆运动学问题分解为逆位置运动学和逆姿态运动学问题。由于 KUKA iiwa R800 拟人机械臂是 7 自由度，存在冗余自由度，因此，此例子中，假设拟人肩关节自旋（$\boldsymbol{z}_2$）为固定角度，即 θ_3 为已知数，从而去除冗余自由度，将其转化为 6 自由度方程解算 6 自由度末端执行器位姿问题。本例中，假设 $\theta_3=0°$。

假设手掌的期望位置和姿态分别为 $\boldsymbol{o}_p^0$ 和 $\boldsymbol{R}_p^0$，为已知量。对于手掌的原点 o_p，其可通过腕关节原点 o_w 和 d_7 获得。公式如下：

$$\boldsymbol{o}_p^0=\boldsymbol{o}_w^0+\boldsymbol{d}_7\boldsymbol{R}_p^0\begin{pmatrix}0\\0\\1\end{pmatrix}\Rightarrow\boldsymbol{o}_w^0=\boldsymbol{o}_p^0-d_7\boldsymbol{R}_p^0\begin{pmatrix}0\\0\\1\end{pmatrix}\Rightarrow\begin{pmatrix}x_w^0\\y_w^0\\z_w^0\end{pmatrix}=\begin{pmatrix}x_p^0\\y_p^0\\z_p^0\end{pmatrix}-d_7\begin{pmatrix}r_{11}&r_{12}&r_{13}\\r_{21}&r_{22}&r_{23}\\r_{31}&r_{32}&r_{33}\end{pmatrix}\begin{pmatrix}0\\0\\1\end{pmatrix}$$

$$\Rightarrow\begin{pmatrix}x_w^0\\y_w^0\\z_w^0\end{pmatrix}=\begin{pmatrix}x_p^0-d_7r_{13}\\y_p^0-d_7r_{23}\\z_p^0-d_7r_{33}\end{pmatrix}\tag{3-51}$$

其中，$\boldsymbol{R}_p^0$ 为已知的，表达式如下。

$$\boldsymbol{R}_p^0=\boldsymbol{R}_7^0=\boldsymbol{R}_4^0\boldsymbol{R}_7^4\Rightarrow\boldsymbol{R}_7^4=(\boldsymbol{R}_4^0)^{-1}\boldsymbol{R}_7^0\tag{3-52}$$

由于 $\theta_3=0°$，如果关节变量 θ_1、θ_2、θ_4 已知，则可以计算 $\boldsymbol{R}_4^0$，则 $\boldsymbol{R}_7^4$ 可解。

(1) 几何法求解 $\boldsymbol{\theta_1}$、$\boldsymbol{\theta_2}$、$\boldsymbol{\theta_4}$

如图 3-20 所示可得如下结论。

$$\theta_1=\text{atan2}(o_{wy}^0,o_{wx}^0)\tag{3-53}$$

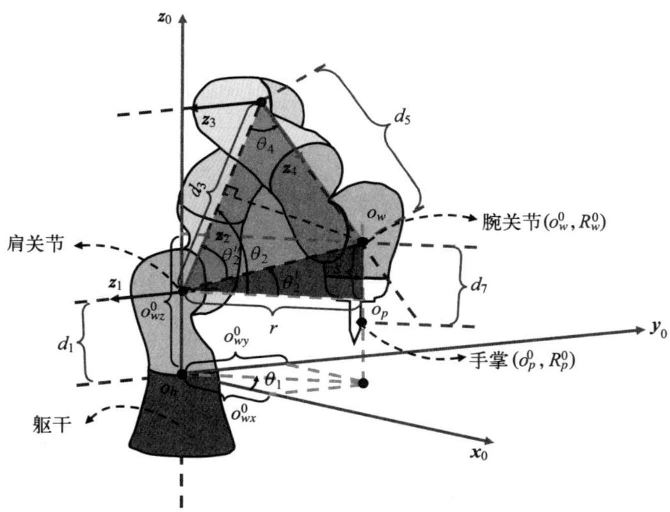

图 3-20　几何法求解 KUKA iiwa R800 拟人机械臂逆运动学图解 2

θ_1 的另外一个有效解为 $\theta_1=\pi+\text{atan2}(o_{wy}^0,o_{wx}^0)$，详细讨论可参考文献 [41]。

根据图中阴影三角形可知：

$$\cos\theta_4=\frac{r^2+s^2-d_3^2-d_5^2}{2d_3d_5}=\frac{(o_{wx}^0)^2+(o_{wy}^0)^2+(o_{wz}^0-d_1)^2-d_3^2-d_5^2}{2d_3d_5}:=D$$

因此可得 $\sin\theta_4$，进而可得 θ_4 如下公式。

$$\theta_4=\text{atan2}(D,\pm\sqrt{1-D^2})\tag{3-54}$$

根据图示可知：

$$\theta_2=\theta_2'+\theta_2''$$
$$\theta_2'=\text{atan2}(r,s)$$
$$\theta_2''=\text{atan2}(d_3-d_5\cos\theta_4,d_5\sin\theta_4)$$

因此可得 θ_2 如下公式。

$$\theta_2 = \text{atan2}(r, s) + \text{atan2}(d_3 - d_5\cos\theta_4, d_5\sin\theta_4) \tag{3-55}$$

综合可得如下结果。

$$\begin{cases} \theta_1 = \text{atan2}(o_{wy}^0, o_{wx}^0) \\ \theta_2 = \text{atan2}(r, s) + \text{atan2}(d_3 - d_5\cos\theta_4, d_5\sin\theta_4) \\ \theta_3 = 0 \\ \theta_4 = \text{atan2}(D, \pm\sqrt{1-D^2}) \end{cases} \tag{3-56}$$

(2) 代数法求解 $\boldsymbol{\theta_5}$、$\boldsymbol{\theta_6}$、$\boldsymbol{\theta_7}$

根据旋转矩阵 $\boldsymbol{R}_7^0$ 及 $\boldsymbol{R}_7^4$，展开左右两侧。

$$\boldsymbol{R}_7^0 = \boldsymbol{R}_1^0 \boldsymbol{R}_2^1 \boldsymbol{R}_3^2 \boldsymbol{R}_4^3 \boldsymbol{R}_5^4 \boldsymbol{R}_6^5 \boldsymbol{R}_7^6 = \begin{pmatrix} r_{11} & r_{12} & r_{13} \\ r_{21} & r_{22} & r_{23} \\ r_{31} & r_{32} & r_{33} \end{pmatrix}$$

$$\boldsymbol{R}_7^4 = (\boldsymbol{R}_4^0)^{-1} \boldsymbol{R}_7^0$$

左右两侧的（1,3）元素相等、(2,3）元素相等，可得如下等式。

$$\begin{cases} c_5 s_6 = r_{13}c_1c_{24} - r_{33}s_{24} + r_{23}s_1c_{24} \\ s_5 s_6 = r_{23}c_1 - r_{13}s_1 \end{cases}$$

因此可得 θ_5 如下公式所示。

$$\theta_5 = \text{atan2}(r_{13}c_1c_{24} - r_{33}s_{24} + r_{23}s_1c_{24}, r_{23}c_1 - r_{13}s_1) \tag{3-57}$$

左右两侧的（3,3）元素相等，可得如下公式。

$$c_6 = r_{13}c_1s_{24} + r_{23}s_1s_{24} + r_{33}c_{24}$$

因此可得 θ_6 如下公式所示。

$$\theta_6 = \text{atan2}(r_{13}c_1s_{24} + r_{23}s_1s_{24} + r_{33}c_{24}, \sqrt{1-(r_{13}c_1s_{24} + r_{23}s_1s_{24} + r_{33}c_{24})^2}) \tag{3-58}$$

左右两侧的（3,1）元素相等、(3,2）元素相等，可得如下等式。

$$\begin{cases} -s_6c_7 = r_{31}c_{24} + r_{11}c_1s_{24} + r_{21}s_1s_{24} \\ s_6s_7 = r_{32}c_{24} + r_{12}c_1s_{24} + r_{22}s_1s_{24} \end{cases}$$

因此可得 θ_7 如下公式所示。

$$\theta_7 = \text{atan2}(-r_{31}c_{24} - r_{11}c_1s_{24} - r_{21}s_1s_{24}, r_{32}c_{24} + r_{12}c_1s_{24} + r_{22}s_1s_{24}) \tag{3-59}$$

综合可得如下结果。

$$\begin{cases} \theta_5 = \text{atan2}(r_{13}c_1c_{24} - r_{33}s_{24} + r_{23}s_1c_{24}, r_{23}c_1 - r_{13}s_1) \\ \theta_6 = \text{atan2}(r_{13}c_1s_{24} + r_{23}s_1s_{24} + r_{33}c_{24}, \sqrt{1-(r_{13}c_1s_{24} + r_{23}s_1s_{24} + r_{33}c_{24})^2}) \\ \theta_7 = \text{atan2}(-r_{31}c_{24} - r_{11}c_1s_{24} - r_{21}s_1s_{24}, r_{32}c_{24} + r_{12}c_1s_{24} + r_{22}s_1s_{24}) \end{cases} \tag{3-60}$$

对应代码可查看本书电子版附录资料，程序名称为 KUKA_iiwa R800_DH_IK. m。由于解不唯一，关于其他解的讨论内容可参考文献［41］。

3.3 机器人动力学基础

本书主要介绍逆动力学方程，即已知关节角度、角速度和角加速度，各个杆件质量、质心，转动惯量等参数，求解各个关节的关节力矩 τ_i。

3.3.1 雅克比矩阵

在机器人学中，通常使用雅克比矩阵将关节速度和操作臂末端执行器在地面坐标系（笛卡儿坐标系）中的速度联系起来。

(1) 雅克比矩阵定义

（DH 约定雅克比矩阵[39]）假设存在一个含有 N 个连杆的运动链，基座坐标系为 $\mathbf{0}$，末端执行器的坐标系为 $\mathbb{N}$，则 $\mathbb{N}$ 上点 p 的速度、末端执行器 N 的角速度和机器人各个关节变量 $\dot{q}_1$、$\dot{q}_2$、…、$\dot{q}_N$ 的时间导数关联起来的 $6\times N$ 雅克比矩阵 $\boldsymbol{J}^{\mathbf{0}}$ 满足如下关系。

$$\begin{Bmatrix}\boldsymbol{v}_{0,p}^{0}\\ \boldsymbol{w}_{0,N}^{0}\end{Bmatrix}=\boldsymbol{J}^{\mathbf{0}}\dot{\boldsymbol{q}}=\begin{bmatrix}\boldsymbol{J}_{v}^{0}\\ \boldsymbol{J}_{w}^{0}\end{bmatrix}\begin{Bmatrix}\dot{q}_1\\ \vdots\\ \dot{q}_N\end{Bmatrix} \tag{3-61}$$

$$\boldsymbol{J}_{w}^{0}=\begin{bmatrix}\rho_1\boldsymbol{z}_{0}^{0} & \cdots & \rho_N\boldsymbol{z}_{N-1}^{0}\end{bmatrix}=\begin{bmatrix}\rho_1\boldsymbol{e}_3 & \rho_2\boldsymbol{R}_{1}^{0}\boldsymbol{e}_3 & \cdots & \rho_N\boldsymbol{R}_{N-1}^{0}\boldsymbol{e}_3\end{bmatrix}$$

$$\boldsymbol{J}_{v}^{0}=\begin{bmatrix}\boldsymbol{j}_{1}^{0} & \boldsymbol{j}_{2}^{0} & \cdots & \boldsymbol{j}_{N}^{0}\end{bmatrix}$$

$$\rho_i=\begin{cases}1, & \text{关节 } i \text{ 为转动关节}\\ 0, & \text{关节 } i \text{ 为移动关节}\end{cases}$$

$$\boldsymbol{j}_{i}^{0}=\begin{cases}\boldsymbol{z}_{i-1}^{0}(\boldsymbol{r}_{0,p}^{0}-\boldsymbol{r}_{0,i-1}^{0}), & \text{关节 } i \text{ 为转动关节}\\ \boldsymbol{z}_{i-1}^{0}=\boldsymbol{R}_{i-1}^{0}\boldsymbol{e}_3, & \text{关节 } i \text{ 为移动关节}\end{cases}$$

其中，$\boldsymbol{J}_{w}^{0}$ 和 $\boldsymbol{J}_{v}^{0}$ 均为 $3\times N$ 矩阵。

(2) 雅克比矩阵参考坐标系变换

对于坐标系 $\mathbb{k}$ 的雅克比矩阵，其与对于基坐标的雅克比矩阵 $\boldsymbol{J}^{\mathbf{0}}$ 之间的关系如下。

$$\begin{Bmatrix}\boldsymbol{v}_{0,p}^{k}\\ \boldsymbol{w}_{0,N}^{k}\end{Bmatrix}=\boldsymbol{J}^{\mathbb{k}}\dot{q} \tag{3-62}$$

$$\boldsymbol{J}^{\mathbf{0}}=\begin{bmatrix}R_{k}^{0} & 0\\ 0 & R_{k}^{0}\end{bmatrix}\boldsymbol{J}^{\mathbb{k}} \tag{3-63}$$

(3) 静态力/力矩关系

在静态下，关节力矩完全与末端执行器的受力平衡。令 $\boldsymbol{F}$ 表示末端执行器处的力和力矩向量，令 $\boldsymbol{\tau}$ 表示对应的关节力矩向量，则 $\boldsymbol{F}$ 和 $\boldsymbol{\tau}$ 之间存在如下关系。

$$\boldsymbol{\tau}=(\boldsymbol{J}^{\mathbf{0}})^{\mathrm{T}}(\boldsymbol{q})\boldsymbol{F} \tag{3-64}$$

$$\boldsymbol{F}=\begin{bmatrix}F_x\\F_y\\F_z\\n_x\\n_y\\n_z\end{bmatrix}$$

$$\boldsymbol{\tau}=\begin{bmatrix}\tau_1\\\tau_2\\\vdots\\\tau_{N-1}\\\tau_N\end{bmatrix}$$

具体公式推导可参考文献［41］。

(4) 雅可比矩阵用于求解逆运动学

假设关节角度向量为 $\boldsymbol{\theta}=(\theta_1 \quad \cdots \quad \theta_n)^{\mathrm{T}}$，末端执行器位置 $\boldsymbol{t}=(t_1 \quad \cdots \quad t_k)^{\mathrm{T}}$ 用关节角度表示为 $\boldsymbol{s}=\boldsymbol{s}(\boldsymbol{\theta})$，因此可得如下公式[42]。

$$t_i=s_i(\boldsymbol{\theta})$$

雅可比矩阵

$$\boldsymbol{J}(\boldsymbol{\theta})=\left(\frac{\partial s_i}{\partial \theta_i}\right)_{i,j}$$

因此可得

$$\dot{\boldsymbol{s}}=\boldsymbol{J}(\boldsymbol{\theta})\dot{\boldsymbol{\theta}} \tag{3-65}$$

从以上公式可知，雅可比矩阵可引出一种迭代解决运动学逆解的方法。假设机器人关节角度变化量为 $\Delta\boldsymbol{\theta}$，则新的关节角度如下。

$$\boldsymbol{\theta}_{n+1}=\boldsymbol{\theta}_n+\Delta\boldsymbol{\theta}\Delta t$$

关节角度变化量为 $\Delta\boldsymbol{\theta}$ 对应末端执行器的变化量如下。

$$\dot{\boldsymbol{s}}=\boldsymbol{J}(\boldsymbol{\theta})\dot{\boldsymbol{\theta}}\Rightarrow\frac{\Delta s}{\Delta t}=\boldsymbol{J}(\boldsymbol{\theta})\frac{\Delta\boldsymbol{\theta}}{\Delta t}$$

$$\Delta \boldsymbol{s}=\boldsymbol{J}(\boldsymbol{\theta})\Delta\boldsymbol{\theta}$$

所以，可得 $\Delta\boldsymbol{\theta}$。

$$\Delta\boldsymbol{\theta}=\boldsymbol{J}^{-1}(\boldsymbol{\theta})\Delta \boldsymbol{s}$$

然而，很多时候，$\boldsymbol{J}^{-1}(\boldsymbol{\theta})$ 不一定有解。一方面其不一定是方阵，另一方面其未必可逆。因此，有如下几种方法对其进行修改。

① Gauss-Newton 法

$$\Delta\boldsymbol{\theta}\approx\underbrace{(\boldsymbol{J}^{\mathrm{T}}(\boldsymbol{\theta})\boldsymbol{J}(\boldsymbol{\theta}))^{-1}\boldsymbol{J}^{\mathrm{T}}(\boldsymbol{\theta})}_{\boldsymbol{J}^{\dagger}}\Delta \boldsymbol{s} \tag{3-66}$$

其中，$\boldsymbol{J}^{\dagger}$ 是伪逆矩阵，在 Matlab 中可用 J1＝pinv（J）得到。这一方法称为高斯牛顿法。

因此可得 $n+1$ 时刻的关节角度如下。

$$\boldsymbol{\theta}_{n+1}=\boldsymbol{\theta}_n+\boldsymbol{J}^{\dagger}\Delta \boldsymbol{s}\Delta t \tag{3-67}$$

② 梯度下降法

$$\Delta\boldsymbol{\theta}\approx\boldsymbol{\lambda}\boldsymbol{J}^{\mathrm{T}}(\boldsymbol{\theta})\Delta \boldsymbol{s} \tag{3-68}$$

其中，$\boldsymbol{\lambda}$ 用于控制梯度下降率，用 $\boldsymbol{J}^{\mathrm{T}}(\boldsymbol{\theta})$ 替代 $\boldsymbol{J}^{-1}(\boldsymbol{\theta})$。

因此可得 $n+1$ 时刻的关节角度如下。

$$\boldsymbol{\theta}_{n+1}=\boldsymbol{\theta}_n+\boldsymbol{\lambda}\boldsymbol{J}^{\mathrm{T}}(\boldsymbol{\theta})\Delta t \tag{3-69}$$

③ Levenberg-Marquardt 法

$$\Delta\boldsymbol{\theta}\approx(\boldsymbol{J}^{\mathrm{T}}(\boldsymbol{\theta})\boldsymbol{J}(\boldsymbol{\theta})+\boldsymbol{\lambda}\boldsymbol{I}(\boldsymbol{\theta}))^{-1}\boldsymbol{J}^{\mathrm{T}}(\boldsymbol{\theta})\Delta \boldsymbol{s} \tag{3-70}$$

Levenberg-Marquardt 法结合了 Gauss-Newton 法和梯度下降法。

因此可得 $n+1$ 时刻的关节角度如下。

$$\boldsymbol{\theta}_{n+1}=\boldsymbol{\theta}_n+(\boldsymbol{J}^{\mathrm{T}}(\boldsymbol{\theta})\boldsymbol{J}(\boldsymbol{\theta})+\boldsymbol{\lambda}\boldsymbol{I}(\boldsymbol{\theta}))^{-1}\boldsymbol{J}^{\mathrm{T}}(\boldsymbol{\theta})\Delta \boldsymbol{s}\Delta t \tag{3-71}$$

Levenberg-Marquardt 法对应的伪代码如下。

```
goal_pose=y
q=current joint angles
step_size=desired step size
tolerance=set tolerance
delta_s=goal_pose-current_pose
lambda=damping factor
while norm(delta_s)>=tolerance do
    J=Jacobian(q)
    J_T=Jacobian.transpose()
    J_inv=(J_T*J+lambda*I).inv()*J_T
    delta_q=J_inv*delta_s
    q+=step_size*delta_q
    q=check_joint_limits(q)
    delta_s=goal_pose-ForwardKinematics(q)
end while
```

3.3.2 牛顿欧拉方程

如图 3-21 所示为牛顿欧拉方程推导示意图，左图对应标准 DH 法规范下的牛顿欧拉递推动力学参数，右图对应 MDH 法规范下的牛顿欧拉递推动力学参数。

(1) 标准 DH 法规范下的牛顿欧拉递推动力学算法

外推：$\boldsymbol{i}$：$1\rightarrow n+1$

角速度 $\boldsymbol{w}_{\boldsymbol{i}}^{\boldsymbol{i}}$传播

$$\boldsymbol{w}_{\boldsymbol{i}}^{\boldsymbol{i}}=\boldsymbol{R}_{\boldsymbol{i}-1}^{\boldsymbol{i}}\boldsymbol{w}_{\boldsymbol{i}-1}^{\boldsymbol{i}-1}+\dot{\boldsymbol{\theta}}_{\boldsymbol{i}}\widehat{\boldsymbol{Z}}_{\boldsymbol{i}}^{\boldsymbol{i}} \tag{3-72}$$

角加速度 $\dot{\boldsymbol{w}}_{\boldsymbol{i}}^{\boldsymbol{i}}$传播

$$\dot{\boldsymbol{w}}_{\boldsymbol{i}}^{\boldsymbol{i}}=\boldsymbol{R}_{\boldsymbol{i}-1}^{\boldsymbol{i}}(\dot{\boldsymbol{w}}_{\boldsymbol{i}-1}^{\boldsymbol{i}-1}+\boldsymbol{w}_{\boldsymbol{i}-1}^{\boldsymbol{i}-1}\times\dot{\boldsymbol{\theta}}_{\boldsymbol{i}}\widehat{\boldsymbol{Z}}_{\boldsymbol{i}}^{\boldsymbol{i}}+\ddot{\boldsymbol{\theta}}_{\boldsymbol{i}}\widehat{\boldsymbol{Z}}_{\boldsymbol{i}}^{\boldsymbol{i}}) \tag{3-73}$$

连杆坐标系原点的线加速度 $\dot{\boldsymbol{v}}_{\boldsymbol{i}}^{\boldsymbol{i}}$传播

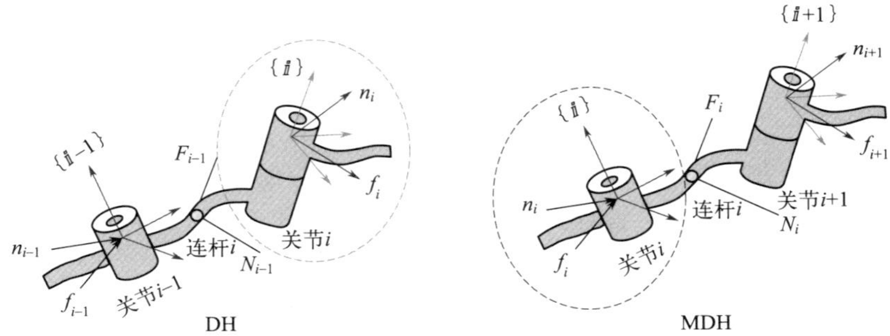

图 3-21　牛顿欧拉方程推导示意

$$\dot{\boldsymbol{v}}_i^i=\boldsymbol{R}_{i-1}^i\,\dot{\boldsymbol{v}}_{i-1}^{i-1}+\dot{\boldsymbol{w}}_i^i\times\boldsymbol{P}_{i-1,i}^i+\boldsymbol{w}_i^i\times(\boldsymbol{w}_i^i\times\boldsymbol{P}_{i-1,i}^i) \tag{3-74}$$

连杆质心的线加速度$\dot{\boldsymbol{v}}_{C_i}^i$

$$\dot{\boldsymbol{v}}_{C_i}^i=\dot{\boldsymbol{w}}_i^i\times\boldsymbol{P}_{C_i}^i+\boldsymbol{w}_i^i\times(\boldsymbol{w}_i^i\times\boldsymbol{P}_{C_i}^i)+\dot{\boldsymbol{v}}_i^i \tag{3-75}$$

连杆质心的惯性力 $\boldsymbol{F}_i^i$和惯性力矩 $\boldsymbol{N}_i^i$

$$\boldsymbol{F}_i^i=m_i\,\dot{\boldsymbol{v}}_{C_i}^i \tag{3-76}$$

$$\boldsymbol{N}_i^i=\boldsymbol{I}_i^{C_i}\,\dot{\boldsymbol{w}}_i^i+\boldsymbol{w}_i^i\times\boldsymbol{I}_i^{C_i}\,\boldsymbol{w}_i^i \tag{3-77}$$

内推：i：$n+2\rightarrow 2$

连杆 $i-2$ 作用在连杆 $i-1$ 上的力 $\boldsymbol{f}_{i-1}^{i-1}$ 和力矩 $\boldsymbol{n}_{i-1}^{i-1}$

$$\boldsymbol{f}_{i-1}^{i-1}=\boldsymbol{R}_i^{i-1}\,\boldsymbol{f}_i^i+\boldsymbol{F}_{i-1}^{i-1} \tag{3-78}$$

$$\boldsymbol{n}_{i-1}^{i-1}=\boldsymbol{N}_{i-1}^{i-1}+\boldsymbol{R}_i^{i-1}\,\boldsymbol{n}_i^i+\boldsymbol{P}_{C_{i-1}}^{i-1}\times\boldsymbol{F}_{i-1}^{i-1}+\boldsymbol{P}_{i-2,i-1}^{i-1}\times\boldsymbol{f}_{i-1}^{i-1} \tag{3-79}$$

关节力矩 $\boldsymbol{\tau}_{i-1}$

$$\boldsymbol{\tau}_{i-1}=(\boldsymbol{n}_{i-1}^{i-1})^{\mathrm{T}}\hat{\boldsymbol{Z}}_{i-1}^{i-1} \tag{3-80}$$

(2) MDH 法规范下的牛顿欧拉递推动力学算法

外推：i：$0\rightarrow n$

角速度 $\boldsymbol{w}_{i+1}^{i+1}$ 传播

$$\boldsymbol{w}_{i+1}^{i+1}=\boldsymbol{R}_i^{i+1}\,\boldsymbol{w}_i^i+\dot{\boldsymbol{\theta}}_{i+1}\hat{\boldsymbol{Z}}_{i+1}^{i+1} \tag{3-81}$$

角加速度$\dot{\boldsymbol{w}}_{i+1}^{i+1}$ 传播

$$\dot{\boldsymbol{w}}_{i+1}^{i+1}=\boldsymbol{R}_i^{i+1}\,\dot{\boldsymbol{w}}_i^i+\boldsymbol{R}_i^{i+1}\,\boldsymbol{w}_i^i\times\dot{\boldsymbol{\theta}}_{i+1}\hat{\boldsymbol{Z}}_{i+1}^{i+1}+\ddot{\boldsymbol{\theta}}_{i+1}\hat{\boldsymbol{Z}}_{i+1}^{i+1} \tag{3-82}$$

连杆坐标系原点的线加速度$\dot{\boldsymbol{v}}_{i+1}^{i+1}$ 传播

$$\dot{\boldsymbol{v}}_{i+1}^{i+1}=\boldsymbol{R}_i^{i+1}\,[\dot{\boldsymbol{w}}_i^i\times\boldsymbol{P}_{i,i+1}^i+\boldsymbol{w}_i^i\times(\boldsymbol{w}_i^i\times\boldsymbol{P}_{i,i+1}^i)+\dot{\boldsymbol{v}}_i^i] \tag{3-83}$$

连杆质心的线加速度$\dot{\boldsymbol{v}}_{C_{i+1}}^{i+1}$

$$\dot{\boldsymbol{v}}_{C_{i+1}}^{i+1}=\dot{\boldsymbol{w}}_{i+1}^{i+1}\times\boldsymbol{P}_{C_{i+1}}^{i+1}+\boldsymbol{w}_{i+1}^{i+1}\times(\boldsymbol{w}_{i+1}^{i+1}\times\boldsymbol{P}_{C_{i+1}}^{i+1})+\dot{\boldsymbol{v}}_{i+1}^{i+1} \tag{3-84}$$

连杆质心的惯性力 $\boldsymbol{F}_{i+1}^{i+1}$ 和惯性力矩 $\boldsymbol{N}_{i+1}^{i+1}$

$$\boldsymbol{F}_{i+1}^{i+1}=m_{i+1}\,\dot{\boldsymbol{v}}_{C_{i+1}}^{i+1} \tag{3-85}$$

$$\boldsymbol{N}_{i+1}^{i+1}=\boldsymbol{I}_{i+1}^{C_{i+1}}\,\dot{\boldsymbol{w}}_{i+1}^{i+1}+\boldsymbol{w}_{i+1}^{i+1}\times\boldsymbol{I}_{i+1}^{C_{i+1}}\,\boldsymbol{w}_{i+1}^{i+1} \tag{3-86}$$

内推：i：$n+1\rightarrow 1$

连杆 $i-1$ 作用在连杆 i 上的力 $\boldsymbol{f}_i^i$和力矩 $\boldsymbol{n}_i^i$

$$\boldsymbol{f}_i^i=\boldsymbol{R}_{i+1}^i\boldsymbol{f}_{i+1}^{i+1}+\boldsymbol{F}_i^i \tag{3-87}$$

$$\boldsymbol{n}_i^i=\boldsymbol{N}_i^i+\boldsymbol{R}_{i+1}^i\boldsymbol{n}_{i+1}^{i+1}+\boldsymbol{P}_{C_i}^i\times\boldsymbol{F}_i^i+\boldsymbol{P}_{i,i+1}^i\times\boldsymbol{R}_{i+1}^i\boldsymbol{f}_{i+1}^{i+1} \tag{3-88}$$

关节力矩 $\boldsymbol{\tau}_i$

$$\boldsymbol{\tau}_i=(\boldsymbol{n}_i^i)^{\mathrm{T}}\widehat{\boldsymbol{Z}}_i^i \tag{3-89}$$

具体公式推导过程可参考文献［40］，涉及牛顿方程、欧拉方程、角速度和线速度在连杆之间的传递、移动关节线加速度方程等，本书仅介绍旋转关节动力学方程。

3.3.3　机器人动力学方程应用案例

本小节采用典型的两杆机械臂作为示例，如图 3-22 所示为两杆机械臂牛顿欧拉方程标准 DH 参数和 MDH 参数图示。即使是两杆机械臂，机器人动力学方程解析式也将非常复杂，因此自由度更多或结构更为复杂的机器人动力学方程建立可参考对应的机器人工具箱，借助软件计算动力学结果。

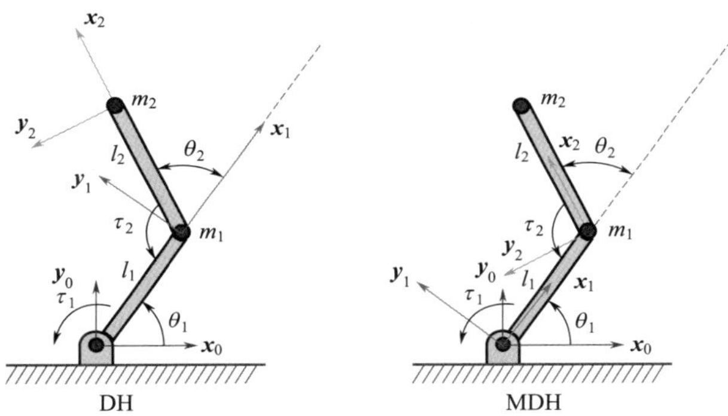

图 3-22　两杆机械臂动力学分析

(1) 标准 DH 法

① DH 表（表 3-5）

表 3-5　两杆机械臂标准 DH 法的 DH 表

i	θ_i	d_i	a_i	α_i
1	θ_1	0	l_1	0
2	θ_2	0	l_2	0

② 相邻连杆系之间的齐次变换矩阵

$$\boldsymbol{H}_i^{i-1}=\begin{bmatrix}\boldsymbol{R}_i^{i-1} & \boldsymbol{d}_{i-1,i}^{i-1}\\ \boldsymbol{0} & \boldsymbol{1}\end{bmatrix}=\begin{bmatrix}c\theta_i & -s\theta_i & 0 & a_ic\theta_i\\ s\theta_i & c\theta_i & 0 & a_is\theta_i\\ 0 & 0 & 1 & d_i\\ 0 & 0 & 0 & 1\end{bmatrix}$$

$$\boldsymbol{H}_i^0=\begin{bmatrix}\boldsymbol{R}_i^0 & \boldsymbol{d}_{0,i}^0\\ \boldsymbol{0} & \boldsymbol{1}\end{bmatrix}$$

$$\boldsymbol{R}_i^0=(\boldsymbol{R}_i^0)^{-1}=(\boldsymbol{R}_i^0)^{\mathrm{T}}$$

$$\boldsymbol{P}_{i-1,i}^{i}=\boldsymbol{R}_{0}^{i}(\boldsymbol{d}_{0,i}^{0}-\boldsymbol{d}_{0,i-1}^{0})$$

$$\boldsymbol{P}_{0,1}^{1}=\boldsymbol{R}_{0}^{1}(\boldsymbol{d}_{0,1}^{0}-\boldsymbol{d}_{0,0}^{0})=\begin{bmatrix}c\theta_1 & s\theta_1 & 0\\ -s\theta_1 & c\theta_1 & 0\\ 0 & 0 & 1\end{bmatrix}\left(\begin{bmatrix}l_1c\theta_1\\ l_1s\theta_1\\ 0\end{bmatrix}-\begin{bmatrix}0\\0\\0\end{bmatrix}\right)=\begin{bmatrix}l_1\\0\\0\end{bmatrix}$$

$$\boldsymbol{H}_2^0=\boldsymbol{H}_1^0\boldsymbol{H}_2^1=\begin{bmatrix}\boldsymbol{R}_2^0 & \boldsymbol{d}_{0,2}^0\\ \boldsymbol{0} & \boldsymbol{1}\end{bmatrix}=\begin{bmatrix}c\theta_1 & -s\theta_1 & 0 & l_1c\theta_1\\ s\theta_1 & c\theta_1 & 0 & l_1s\theta_1\\ 0 & 0 & 1 & 0\\ 0 & 0 & 0 & 1\end{bmatrix}\begin{bmatrix}c\theta_2 & -s\theta_2 & 0 & l_2c\theta_2\\ s\theta_2 & c\theta_2 & 0 & l_2s\theta_2\\ 0 & 0 & 1 & 0\\ 0 & 0 & 0 & 1\end{bmatrix}$$

$$=\begin{bmatrix}c(\theta_1+\theta_2) & -s(\theta_1+\theta_2) & 0 & l_1c\theta_1+l_2c(\theta_1+\theta_2)\\ s(\theta_1+\theta_2) & c(\theta_1+\theta_2) & 0 & l_1s\theta_1+l_2s(\theta_1+\theta_2)\\ 0 & 0 & 1 & 0\\ 0 & 0 & 0 & 1\end{bmatrix}$$

$$\boldsymbol{P}_{1,2}^{2}=\boldsymbol{R}_{0}^{2}(\boldsymbol{d}_{0,2}^{0}-\boldsymbol{d}_{0,1}^{0})$$

$$=\begin{bmatrix}c(\theta_1+\theta_2) & s(\theta_1+\theta_2) & 0\\ -s(\theta_1+\theta_2) & c(\theta_1+\theta_2) & 0\\ 0 & 0 & 1\end{bmatrix}\left(\begin{bmatrix}l_1c\theta_1+l_2c(\theta_1+\theta_2)\\ l_1s\theta_1+l_2s(\theta_1+\theta_2)\\ 0\end{bmatrix}-\begin{bmatrix}l_1c\theta_1\\ l_1s\theta_1\\ 0\end{bmatrix}\right)=\begin{bmatrix}l_2\\0\\0\end{bmatrix}$$

③ 基座和末端执行器力分析

$$\boldsymbol{P}_{C_1}^{1}=\begin{bmatrix}0\\0\\0\end{bmatrix}\quad \boldsymbol{P}_{C_2}^{2}=\begin{bmatrix}0\\0\\0\end{bmatrix}\quad \boldsymbol{P}_{0,1}^{1}=\begin{bmatrix}l_1\\0\\0\end{bmatrix}\quad \boldsymbol{P}_{1,2}^{2}=\begin{bmatrix}l_2\\0\\0\end{bmatrix}$$

$$\boldsymbol{I}_1^{C_1}=\boldsymbol{0}\quad \boldsymbol{I}_2^{C_2}=\boldsymbol{0}$$

末端执行器没有作用力，因而

$$\boldsymbol{f}_3^3=\boldsymbol{0}\quad \boldsymbol{n}_3^3=\boldsymbol{0}$$

机器人基座不旋转

$$\boldsymbol{w}_0^0=\boldsymbol{0}\quad \dot{\boldsymbol{w}}_0^0=\boldsymbol{0}$$

包括重力因素，重力方向为 y_0

$$\dot{\boldsymbol{v}}_0^0=\begin{bmatrix}0\\g\\0\end{bmatrix}$$

④ 连杆 1 外推

$$\boldsymbol{w}_1^1=\boldsymbol{R}_0^1\boldsymbol{w}_0^0+\dot{\boldsymbol{\theta}}_1\widehat{\boldsymbol{Z}}_1^1=\dot{\boldsymbol{\theta}}_1\widehat{\boldsymbol{Z}}_1^1=\dot{\theta}_1\,[0\quad 0\quad 1]^{\mathrm{T}}$$

$$\dot{\boldsymbol{w}}_1^1=\boldsymbol{R}_0^1(\dot{\boldsymbol{w}}_0^0+\boldsymbol{w}_0^0\times\dot{\boldsymbol{\theta}}_1\widehat{\boldsymbol{Z}}_1^1+\ddot{\boldsymbol{\theta}}_1\widehat{\boldsymbol{Z}}_1^1)=\boldsymbol{R}_0^1\ddot{\boldsymbol{\theta}}_1\widehat{\boldsymbol{Z}}_1^1=\ddot{\theta}_1\,[0\quad 0\quad 1]^{\mathrm{T}}$$

$$\dot{\boldsymbol{v}}_1^1=\boldsymbol{R}_0^1\ \dot{\boldsymbol{v}}_0^0+\dot{\boldsymbol{w}}_1^1\times\boldsymbol{P}_{0,1}^1+\boldsymbol{w}_1^1\times(\boldsymbol{w}_1^1\times\boldsymbol{P}_{0,1}^1)$$

$$=\begin{bmatrix}c\theta_1 & s\theta_1 & 0\\ -s\theta_1 & c\theta_1 & 0\\ 0 & 0 & 1\end{bmatrix}\begin{bmatrix}0\\g\\0\end{bmatrix}+\begin{bmatrix}0\\0\\ \ddot{\theta}_1\end{bmatrix}\times\begin{bmatrix}l_1\\0\\0\end{bmatrix}+\begin{bmatrix}0\\0\\ \dot{\theta}_1\end{bmatrix}\times\left(\begin{bmatrix}0\\0\\ \dot{\theta}_1\end{bmatrix}\times\begin{bmatrix}l_1\\0\\0\end{bmatrix}\right)=\begin{bmatrix}gs\theta_1-\dot{\theta}_1^2l_1\\ gc\theta_1+\ddot{\theta}_1l_1\\ 0\end{bmatrix}$$

$$\dot{\boldsymbol{v}}_{C_1}^1=\dot{\boldsymbol{w}}_1^1\times\boldsymbol{P}_{C_1}^1+\boldsymbol{w}_1^1\times(\boldsymbol{w}_1^1\times\boldsymbol{P}_{C_1}^1)+\dot{\boldsymbol{v}}_1^1$$

$$=\begin{bmatrix}0\\0\\\ddot{\theta}_1\end{bmatrix}\times\begin{bmatrix}0\\0\\0\end{bmatrix}+\begin{bmatrix}0\\0\\\dot{\theta}_1\end{bmatrix}\times\left(\begin{bmatrix}0\\0\\\dot{\theta}_1\end{bmatrix}\times\begin{bmatrix}0\\0\\0\end{bmatrix}\right)+\begin{bmatrix}gs\theta_1-\dot{\theta}_1^2 l_1\\gc\theta_1+\ddot{\theta}_1 l_1\\0\end{bmatrix}=\begin{bmatrix}gs\theta_1-\dot{\theta}_1^2 l_1\\gc\theta_1+\ddot{\theta}_1 l_1\\0\end{bmatrix}$$

$$\boldsymbol{F}_1^1=\boldsymbol{m}_1\dot{\boldsymbol{v}}_{C_1}^1=\begin{bmatrix}m_1 gs\theta_1-m_1\dot{\theta}_1^2 l_1\\m_1 gc\theta_1+m_1\ddot{\theta}_1 l_1\\0\end{bmatrix}$$

$$\boldsymbol{N}_1^1=\boldsymbol{I}_1^{C_1}\dot{\boldsymbol{w}}_1^1+\boldsymbol{w}_1^1\times\boldsymbol{I}_1^{C_1}\boldsymbol{w}_1^1=\begin{bmatrix}0\\0\\0\end{bmatrix}$$

⑤ 连杆 2 外推

$$\boldsymbol{w}_2^2=\boldsymbol{R}_1^2\boldsymbol{w}_1^1+\dot{\boldsymbol{\theta}}_2\hat{\boldsymbol{Z}}_2^2=\begin{bmatrix}c\theta_2 & s\theta_2 & 0\\-s\theta_2 & c\theta_2 & 0\\0 & 0 & 1\end{bmatrix}\begin{bmatrix}0\\0\\\dot{\theta}_1\end{bmatrix}+\begin{bmatrix}0\\0\\\dot{\theta}_2\end{bmatrix}=\begin{bmatrix}0\\0\\\dot{\theta}_1+\dot{\theta}_2\end{bmatrix}$$

$$\dot{\boldsymbol{w}}_2^2=\boldsymbol{R}_1^2(\dot{\boldsymbol{w}}_1^1+\boldsymbol{w}_1^1\times\dot{\boldsymbol{\theta}}_2\hat{\boldsymbol{Z}}_2^2+\ddot{\boldsymbol{\theta}}_2\hat{\boldsymbol{Z}}_2^2)$$

$$=\begin{bmatrix}c\theta_2 & s\theta_2 & 0\\-s\theta_2 & c\theta_2 & 0\\0 & 0 & 1\end{bmatrix}\left(\begin{bmatrix}0\\0\\\ddot{\theta}_1\end{bmatrix}+\begin{bmatrix}0\\0\\\dot{\theta}_1\end{bmatrix}\times\begin{bmatrix}0\\0\\\dot{\theta}_2\end{bmatrix}+\begin{bmatrix}0\\0\\\ddot{\theta}_2\end{bmatrix}\right)$$

$$=\begin{bmatrix}c\theta_2 & s\theta_2 & 0\\-s\theta_2 & c\theta_2 & 0\\0 & 0 & 1\end{bmatrix}\left(\begin{bmatrix}0\\0\\\ddot{\theta}_1\end{bmatrix}+\begin{bmatrix}0\\0\\0\end{bmatrix}+\begin{bmatrix}0\\0\\\ddot{\theta}_2\end{bmatrix}\right)=\begin{bmatrix}0\\0\\\ddot{\theta}_1+\ddot{\theta}_2\end{bmatrix}$$

$$\dot{\boldsymbol{v}}_2^2=\boldsymbol{R}_1^2\,\dot{\boldsymbol{v}}_1^1+\dot{\boldsymbol{w}}_2^2\times\boldsymbol{P}_{1,2}^2+\boldsymbol{w}_2^2\times(\boldsymbol{w}_2^2\times\boldsymbol{P}_{1,2}^2)$$

$$=\begin{bmatrix}c\theta_2 & s\theta_2 & 0\\-s\theta_2 & c\theta_2 & 0\\0 & 0 & 1\end{bmatrix}\begin{bmatrix}gs\theta_1-\dot{\theta}_1^2 l_1\\gc\theta_1+\ddot{\theta}_1 l_1\\0\end{bmatrix}+\begin{bmatrix}0\\0\\\ddot{\theta}_1+\ddot{\theta}_2\end{bmatrix}\times\begin{bmatrix}l_2\\0\\0\end{bmatrix}+\begin{bmatrix}0\\0\\\dot{\theta}_1+\dot{\theta}_2\end{bmatrix}\times\left(\begin{bmatrix}0\\0\\\dot{\theta}_1+\dot{\theta}_2\end{bmatrix}\times\begin{bmatrix}l_2\\0\\0\end{bmatrix}\right)$$

$$=\begin{bmatrix}l_1\ddot{\theta}_1 s\theta_2-l_1\dot{\theta}_1^2 c\theta_2+gs(\theta_1+\theta_2)-l_2(\dot{\theta}_1+\dot{\theta}_2)^2\\l_1\ddot{\theta}_1 c\theta_2+l_1\dot{\theta}_1^2 s\theta_2+gc(\theta_1+\theta_2)+l_2\ddot{\theta}_1+l_2\ddot{\theta}_2\\0\end{bmatrix}$$

$$\dot{\boldsymbol{v}}_{C_2}^2=\dot{\boldsymbol{w}}_2^2\times\boldsymbol{P}_{C_2}^2+\boldsymbol{w}_2^2\times(\boldsymbol{w}_2^2\times\boldsymbol{P}_{C_2}^2)+\dot{\boldsymbol{v}}_2^2$$

$$=\begin{bmatrix}0\\0\\\ddot{\theta}_1+\ddot{\theta}_2\end{bmatrix}\times\begin{bmatrix}0\\0\\0\end{bmatrix}+\begin{bmatrix}0\\0\\\dot{\theta}_1+\dot{\theta}_2\end{bmatrix}\times\left(\begin{bmatrix}0\\0\\\dot{\theta}_1+\dot{\theta}_2\end{bmatrix}\times\begin{bmatrix}0\\0\\0\end{bmatrix}\right)$$

$$+\begin{bmatrix} gs\theta_1 c\theta_2+gc\theta_1 s\theta_2-l_2\dot{\theta}_1^2-l_2\dot{\theta}_2^2+\ddot{\theta}_1 l_1 s\theta_2-\dot{\theta}_1^2 l_1 c\theta_2-2l_2\dot{\theta}_1\dot{\theta}_2 \\ \dot{\theta}_1^2 l_1 s\theta_2+l_2\ddot{\theta}_1+l_2\ddot{\theta}_2+gc\theta_1 c\theta_2-gs\theta_1 s\theta_2+\ddot{\theta}_1 l_1 c\theta_2 \\ 0 \end{bmatrix}$$

$$=\begin{bmatrix} -l_2(\dot{\theta}_1+\dot{\theta}_2)^2+l_1\ddot{\theta}_1 s\theta_2-l_1\dot{\theta}_1^2 c\theta_2+gs(\theta_1+\theta_2) \\ l_2\ddot{\theta}_1+l_2\ddot{\theta}_2+l_1\ddot{\theta}_1 c\theta_2+l_1\dot{\theta}_1^2 s\theta_2+gc(\theta_1+\theta_2) \\ 0 \end{bmatrix}$$

$$\boldsymbol{F}_2^2=\boldsymbol{m}_2\dot{\boldsymbol{v}}_{C_2}^2=\begin{bmatrix} m_2 gs(\theta_1+\theta_2)-m_2 l_2(\dot{\theta}_1+\dot{\theta}_2)^2+m_2 l_1\ddot{\theta}_1 s\theta_2-m_2 l_1\dot{\theta}_1^2 c\theta_2 \\ m_2\ddot{\theta}_1 l_1 c\theta_2+m_2\dot{\theta}_1^2 l_1 s\theta_2+m_2 l_2\ddot{\theta}_1+m_2 l_2\ddot{\theta}_2+m_2 gc(\theta_1+\theta_2) \\ 0 \end{bmatrix}$$

⑥ 连杆 2 内推

$$\boldsymbol{f}_2^2=\boldsymbol{R}_3^2\boldsymbol{f}_3^3+\boldsymbol{F}_2^2=\boldsymbol{F}_2^2$$

$$=\begin{bmatrix} m_2 gs(\theta_1+\theta_2)-m_2 l_2(\dot{\theta}_1+\dot{\theta}_2)^2+m_2 l_1\ddot{\theta}_1 s\theta_2-m_2 l_1\dot{\theta}_1^2 c\theta_2 \\ m_2\ddot{\theta}_1 l_1 c\theta_2+m_2\dot{\theta}_1^2 l_1 s\theta_2+m_2 l_2\ddot{\theta}_1+m_2 l_2\ddot{\theta}_2+m_2 gc(\theta_1+\theta_2) \\ 0 \end{bmatrix}$$

$$\boldsymbol{n}_2^2=\boldsymbol{N}_2^2+\boldsymbol{R}_3^2\boldsymbol{n}_3^3+\boldsymbol{P}_{C_2}^2\times\boldsymbol{F}_2^2+\boldsymbol{P}_{1,2}^2\times\boldsymbol{f}_2^2=\boldsymbol{P}_{1,2}^2\times\boldsymbol{f}_2^2$$

$$=\begin{bmatrix} l_2 \\ 0 \\ 0 \end{bmatrix}\times\begin{bmatrix} m_2 gs(\theta_1+\theta_2)-m_2 l_2(\dot{\theta}_1+\dot{\theta}_2)^2+m_2 l_1\ddot{\theta}_1 s\theta_2-m_2 l_1\dot{\theta}_1^2 c\theta_2 \\ m_2\ddot{\theta}_1 l_1 c\theta_2+m_2\dot{\theta}_1^2 l_1 s\theta_2+m_2 l_2\ddot{\theta}_1+m_2 l_2\ddot{\theta}_2+m_2 gc(\theta_1+\theta_2) \\ 0 \end{bmatrix}$$

$$=\begin{bmatrix} 0 \\ 0 \\ m_2\ddot{\theta}_1 l_1 l_2 c\theta_2+m_2\dot{\theta}_1^2 l_1 l_2 s\theta_2+m_2 l_2 l_2\ddot{\theta}_1+m_2 l_2 l_2\ddot{\theta}_2+m_2 g l_2 c(\theta_1+\theta_2) \end{bmatrix}$$

$$\boldsymbol{\tau}_2=(\boldsymbol{n}_2^2)^{\mathrm{T}}\widehat{\boldsymbol{Z}}_2^2=m_2 l_1 l_2\ddot{\theta}_1 c\theta_2+m_2\dot{\theta}_1^2 l_1 l_2 s\theta_2+m_2 g l_2 c(\theta_1+\theta_2)+m_2 l_2 l_2\ddot{\theta}_1+m_2 l_2 l_2\ddot{\theta}_2$$

⑦ 连杆 1 内推

$$\boldsymbol{f}_1^1=\boldsymbol{R}_2^1\boldsymbol{f}_2^2+\boldsymbol{F}_1^1$$

$$=\begin{bmatrix} c\theta_2 & -s\theta_2 & 0 \\ s\theta_2 & c\theta_2 & 0 \\ 0 & 0 & 1 \end{bmatrix}\begin{bmatrix} m_2 l_1\ddot{\theta}_1 s\theta_2-m_2 l_1\dot{\theta}_1^2 c\theta_2+m_2 gs\ (\theta_1+\theta_2)\ -m_2 l_2\ (\dot{\theta}_1+\dot{\theta}_2)^2 \\ m_2 l_1\ddot{\theta}_1 c\theta_2+m_2 l_1\dot{\theta}_1^2 s\theta_2+m_2 gc\ (\theta_1+\theta_2)\ +m_2 l_2\ddot{\theta}_1+m_2 l_2\ddot{\theta}_2 \\ 0 \end{bmatrix}$$

$$+m_1\begin{bmatrix} -l_1\dot{\theta}_1^2+gs\theta_1 \\ l_1\ddot{\theta}_1+gc\theta_1 \\ 0 \end{bmatrix}=\begin{bmatrix} f_{1x}^1 \\ f_{1y}^1 \\ f_{1z}^1 \end{bmatrix}$$

$$f_{1x}^1=-m_2 l_1\dot{\theta}_1^2+m_2 gc\theta_2 s(\theta_1+\theta_2)-m_2 gs\theta_2 c(\theta_1+\theta_2)-m_2 l_2 c\theta_2(\dot{\theta}_1+\dot{\theta}_2)^2-m_2 l_2\ddot{\theta}_1 s\theta_2$$

$$-m_2 l_2 \ddot{\theta}_2 s\theta_2 - m_1 l_1 \dot{\theta}_1^2 + m_1 g s\theta_1$$

$$f_{1y}^1 = m_2 l_1 \ddot{\theta}_1 + m_2 g s\theta_2 s(\theta_1+\theta_2) + m_2 g c\theta_2 c(\theta_1+\theta_2) - m_2 l_2 s\theta_2 (\dot{\theta}_1+\dot{\theta}_2)^2 + m_2 l_2 \ddot{\theta}_1 c\theta_2$$

$$+ m_2 l_2 \ddot{\theta}_2 c\theta_2 + m_1 l_1 \ddot{\theta}_1 + m_1 g c\theta_1$$

$$f_{1z}^1 = 0$$

$$\boldsymbol{n}_1^1 = \boldsymbol{N}_1^1 + \boldsymbol{R}_2^1 \boldsymbol{n}_2^2 + \boldsymbol{P}_{C_1}^1 \times \boldsymbol{F}_1^1 + \boldsymbol{P}_{0,1}^1 \times \boldsymbol{f}_1^1 = \begin{bmatrix} n_{1x}^1 \\ n_{1y}^1 \\ n_{1z}^1 \end{bmatrix}$$

$$n_{1x}^1 = 0$$

$$n_{1y}^1 = 0$$

$$n_{1z}^1 = m_2 l_2^2 \ddot{\theta}_1 + m_2 l_2^2 \ddot{\theta}_2 + m_2 l_1 l_2 \ddot{\theta}_1 \cos\theta_2 + m_2 l_1 l_2 (\ddot{\theta}_1 + \ddot{\theta}_2) \cos\theta_2 + m_1 l_1^2 \ddot{\theta}_1 + m_2 l_1^2 \ddot{\theta}_1$$

$$- m_2 l_1 l_2 (\dot{\theta}_1 + \dot{\theta}_2)^2 \sin\theta_2 + m_2 l_1 l_2 \dot{\theta}_1^2 \sin\theta_2 + m_2 g l_2 \cos(\theta_1+\theta_2) + m_1 g l_1 \cos\theta_1$$

$$+ m_2 l_1 g \cos\theta_1$$

$$\boldsymbol{\tau}_1 = (\boldsymbol{n}_1^1)^{\mathrm{T}} \hat{\boldsymbol{Z}}_1^1 = n_{1z}^1$$

机器人动力学方程可改写为如下形式。

$$\boldsymbol{M}(\boldsymbol{q})\ddot{\boldsymbol{q}} + \boldsymbol{C}(\boldsymbol{q},\dot{\boldsymbol{q}})\dot{\boldsymbol{q}} + \boldsymbol{G}(\boldsymbol{q}) = \boldsymbol{\tau}$$

$$\boldsymbol{M}(\boldsymbol{q}) = \begin{bmatrix} (m_1+m_2) l_1^2 + m_2 l_2^2 + 2 m_2 l_1 l_2 c\theta_2 & m_2 l_2^2 + m_2 l_1 l_2 c\theta_2 \\ m_2 l_2^2 + m_2 l_1 l_2 c\theta_2 & m_2 l_2^2 \end{bmatrix}$$

$$\boldsymbol{C}(\boldsymbol{q},\dot{\boldsymbol{q}}) = \begin{bmatrix} -m_2 l_1 l_2 \dot{\theta}_2 s\theta_2 & -2 m_2 l_1 l_2 \dot{\theta}_1 s\theta_2 \\ m_2 l_1 l_2 \dot{\theta}_1 s\theta_2 & 0 \end{bmatrix}$$

$$\boldsymbol{G}(\boldsymbol{q}) = \begin{bmatrix} (m_1+m_2) l_1 g c\theta_1 + m_2 l_2 g c(\theta_1+\theta_2) \\ m_2 l_2 g c(\theta_1+\theta_2) \end{bmatrix}$$

(2) 改进 DH 法

① DH 表（表 3-6）

表 3-6　两杆机械臂 MDH 法对应的 DH 表

i	α_{i-1}	a_{i-1}	d_i	θ_i
1	0	0	0	θ_1
2	0	l_1	0	θ_2

② 相邻连杆系之间的齐次变换矩阵

$$\boldsymbol{H}_i^{i-1} = \begin{bmatrix} \boldsymbol{R}_i^{i-1} & \boldsymbol{d}_{i-1,i}^{i-1} \\ \boldsymbol{0} & \boldsymbol{1} \end{bmatrix} = \begin{bmatrix} c\theta_i & -s\theta_i & 0 & a_{i-1} \\ s\theta_i & c\theta_i & 0 & 0 \\ 0 & 0 & 1 & d_i \\ 0 & 0 & 0 & 1 \end{bmatrix}$$

③ 基座和末端执行器力分析

$$\boldsymbol{P}_{i-1,i}^{i-1}=\boldsymbol{d}_{i-1,i}^{i-1}=\begin{bmatrix}a_{i-1}\\0\\d_i\end{bmatrix}$$

$$\boldsymbol{P}_{0,1}^{0}=\begin{bmatrix}0\\0\\0\end{bmatrix}\quad \boldsymbol{P}_{1,2}^{1}=\begin{bmatrix}l_1\\0\\0\end{bmatrix}$$

$$\boldsymbol{P}_{C_1}^{1}=\begin{bmatrix}l_1\\0\\0\end{bmatrix}\quad \boldsymbol{P}_{C_2}^{2}=\begin{bmatrix}l_2\\0\\0\end{bmatrix}$$

$$\boldsymbol{I}_1^{C_1}=0\quad \boldsymbol{I}_2^{C_2}=0$$

末端执行器没有作用力，因而

$$\boldsymbol{f}_3^3=0\quad \boldsymbol{n}_3^3=0$$

机器人基座不旋转

$$\boldsymbol{w}_0^0=0\quad \dot{\boldsymbol{w}}_0^0=0$$

包括重力因素，重力方向为 y_0

$$\dot{\boldsymbol{v}}_0^0=\begin{bmatrix}0\\g\\0\end{bmatrix}$$

④ 连杆 1 外推

$$\boldsymbol{w}_1^1=\boldsymbol{R}_0^1\boldsymbol{w}_0^0+\dot{\boldsymbol{\theta}}_1\widehat{\boldsymbol{Z}}_1^1=\dot{\boldsymbol{\theta}}_1\widehat{\boldsymbol{Z}}_1^1=\dot{\theta}_1\begin{bmatrix}0&0&1\end{bmatrix}^{\mathrm{T}}$$

$$\dot{\boldsymbol{w}}_1^1=\boldsymbol{R}_0^1\dot{\boldsymbol{w}}_0^0+\boldsymbol{R}_0^1\boldsymbol{w}_0^0\times\dot{\boldsymbol{\theta}}_1\widehat{\boldsymbol{Z}}_1^1+\ddot{\boldsymbol{\theta}}_1\widehat{\boldsymbol{Z}}_1^1=\ddot{\boldsymbol{\theta}}_1\widehat{\boldsymbol{Z}}_1^1=\ddot{\theta}_1\begin{bmatrix}0&0&1\end{bmatrix}^{\mathrm{T}}$$

$$\begin{aligned}\dot{\boldsymbol{v}}_1^1&=\boldsymbol{R}_0^1[\dot{\boldsymbol{w}}_0^0\times\boldsymbol{P}_{0,1}^0+\boldsymbol{w}_0^0\times(\boldsymbol{w}_0^0\times\boldsymbol{P}_{0,1}^0)+\dot{\boldsymbol{v}}_0^0]=\boldsymbol{R}_0^1\ \dot{\boldsymbol{v}}_0^0\\&=\begin{bmatrix}c\theta_1&s\theta_1&0\\-s\theta_1&c\theta_1&0\\0&0&1\end{bmatrix}\begin{bmatrix}0\\g\\0\end{bmatrix}=\begin{bmatrix}gs\theta_1\\gc\theta_1\\0\end{bmatrix}\end{aligned}$$

$$\begin{aligned}\dot{\boldsymbol{v}}_{C_1}^1&=\dot{\boldsymbol{w}}_1^1\times\boldsymbol{P}_{C_1}^1+\boldsymbol{w}_1^1\times(\boldsymbol{w}_1^1\times\boldsymbol{P}_{C_1}^1)+\dot{\boldsymbol{v}}_1^1\\&=\begin{bmatrix}0\\0\\\ddot{\theta}_1\end{bmatrix}\times\begin{bmatrix}l_1\\0\\0\end{bmatrix}+\begin{bmatrix}0\\0\\\dot{\theta}_1\end{bmatrix}\times\left(\begin{bmatrix}0\\0\\\dot{\theta}_1\end{bmatrix}\times\begin{bmatrix}l_1\\0\\0\end{bmatrix}\right)+\begin{bmatrix}gs\theta_1\\gc\theta_1\\0\end{bmatrix}\\&=\begin{bmatrix}0\\\ddot{\theta}_1l_1\\0\end{bmatrix}+\begin{bmatrix}0\\0\\\dot{\theta}_1\end{bmatrix}\times\begin{bmatrix}0\\\dot{\theta}_1l_1\\0\end{bmatrix}+\begin{bmatrix}gs\theta_1\\gc\theta_1\\0\end{bmatrix}=\begin{bmatrix}gs\theta_1-l_1\dot{\theta}_1^2\\gc\theta_1+l_1\ddot{\theta}_1\\0\end{bmatrix}\end{aligned}$$

$$\boldsymbol{F}_1^1=\boldsymbol{m}_1\dot{\boldsymbol{v}}_{C_1}^1=m_1\begin{bmatrix}-l_1\dot{\theta}_1^2+gs\theta_1\\l_1\ddot{\theta}_1+gc\theta_1\\0\end{bmatrix}$$

$$\boldsymbol{N}_1^1=\boldsymbol{I}_1^{C_1}\dot{\boldsymbol{w}}_1^1+\boldsymbol{w}_1^1\times\boldsymbol{I}_1^{C_1}\boldsymbol{w}_1^1=\begin{bmatrix}0\\0\\0\end{bmatrix}$$

⑤ 连杆 2 外推

$$\boldsymbol{w}_2^2=\boldsymbol{R}_1^2\boldsymbol{w}_1^1+\dot{\boldsymbol{\theta}}_2\hat{\boldsymbol{Z}}_2^2=\begin{bmatrix}c\theta_2 & s\theta_2 & 0\\-s\theta_2 & c\theta_2 & 0\\0 & 0 & 1\end{bmatrix}\begin{bmatrix}0\\0\\\dot{\theta}_1\end{bmatrix}+\begin{bmatrix}0\\0\\\dot{\theta}_2\end{bmatrix}=\begin{bmatrix}0\\0\\\dot{\theta}_1+\dot{\theta}_2\end{bmatrix}$$

$$\dot{\boldsymbol{w}}_2^2=\boldsymbol{R}_1^2\ \dot{\boldsymbol{w}}_1^1+\boldsymbol{R}_1^2\boldsymbol{w}_1^1\times\dot{\boldsymbol{\theta}}_2\ \hat{\boldsymbol{Z}}_2^2+\ddot{\boldsymbol{\theta}}_2\ \hat{\boldsymbol{Z}}_2^2$$

$$=\begin{bmatrix}c\theta_2 & s\theta_2 & 0\\-s\theta_2 & c\theta_2 & 0\\0 & 0 & 1\end{bmatrix}\begin{bmatrix}0\\0\\\ddot{\theta}_1\end{bmatrix}+\begin{bmatrix}c\theta_2 & s\theta_2 & 0\\-s\theta_2 & c\theta_2 & 0\\0 & 0 & 1\end{bmatrix}\begin{bmatrix}0\\0\\\dot{\theta}_1\end{bmatrix}\times\begin{bmatrix}0\\0\\\dot{\theta}_2\end{bmatrix}+\begin{bmatrix}0\\0\\\ddot{\theta}_2\end{bmatrix}=\begin{bmatrix}0\\0\\\ddot{\theta}_1+\ddot{\theta}_2\end{bmatrix}$$

$$\dot{\boldsymbol{v}}_2^2=\boldsymbol{R}_1^2[\dot{\boldsymbol{w}}_1^1\times\boldsymbol{P}_{1,2}^1+\boldsymbol{w}_1^1\times(\boldsymbol{w}_1^1\times\boldsymbol{P}_{1,2}^1)+\dot{\boldsymbol{v}}_1^1]$$

$$=\begin{bmatrix}c\theta_2 & s\theta_2 & 0\\-s\theta_2 & c\theta_2 & 0\\0 & 0 & 1\end{bmatrix}\left[\begin{bmatrix}0\\0\\\ddot{\theta}_1\end{bmatrix}\times\begin{bmatrix}l_1\\0\\0\end{bmatrix}+\begin{bmatrix}0\\0\\\dot{\theta}_1\end{bmatrix}\times\left(\begin{bmatrix}0\\0\\\dot{\theta}_1\end{bmatrix}\times\begin{bmatrix}l_1\\0\\0\end{bmatrix}\right)+\begin{bmatrix}gs\theta_1\\gc\theta_1\\0\end{bmatrix}\right]$$

$$=\begin{bmatrix}l_1\ddot{\theta}_1 s\theta_2-l_1\dot{\theta}_1^2 c\theta_2+gs(\theta_1+\theta_2)\\l_1\ddot{\theta}_1 c\theta_2+l_1\dot{\theta}_1^2 s\theta_2+gc(\theta_1+\theta_2)\\0\end{bmatrix}$$

$$\dot{\boldsymbol{v}}_{C_2}^2=\dot{\boldsymbol{w}}_2^2\times\boldsymbol{P}_{C_2}^2+\boldsymbol{w}_2^2\times(\boldsymbol{w}_2^2\times\boldsymbol{P}_{C_2}^2)+\dot{\boldsymbol{v}}_2^2$$

$$=\begin{bmatrix}0\\0\\\ddot{\theta}_1+\ddot{\theta}_2\end{bmatrix}\times\begin{bmatrix}l_2\\0\\0\end{bmatrix}+\begin{bmatrix}0\\0\\\dot{\theta}_1+\dot{\theta}_2\end{bmatrix}\times\left(\begin{bmatrix}0\\0\\\dot{\theta}_1+\dot{\theta}_2\end{bmatrix}\times\begin{bmatrix}l_2\\0\\0\end{bmatrix}\right)+\begin{bmatrix}l_1\ddot{\theta}_1 s\theta_2-l_1\dot{\theta}_1^2 c\theta_2+gs(\theta_1+\theta_2)\\l_1\ddot{\theta}_1 c\theta_2+l_1\dot{\theta}_1^2 s\theta_2+gc(\theta_1+\theta_2)\\0\end{bmatrix}$$

$$=\begin{bmatrix}-l_2(\dot{\theta}_1+\dot{\theta}_2)^2+l_1\ddot{\theta}_1 s\theta_2-l_1\dot{\theta}_1^2 c\theta_2+gs(\theta_1+\theta_2)\\l_2\ddot{\theta}_1+l_2\ddot{\theta}_2+l_1\ddot{\theta}_1 c\theta_2+l_1\dot{\theta}_1^2 s\theta_2+gc(\theta_1+\theta_2)\\0\end{bmatrix}$$

$$\boldsymbol{F}_2^2=\boldsymbol{m}_2\dot{\boldsymbol{v}}_{C_2}^2=\begin{bmatrix}m_2 l_1\ddot{\theta}_1 s\theta_2-m_2 l_1\dot{\theta}_1^2 c\theta_2+m_2 gs(\theta_1+\theta_2)-m_2 l_2(\dot{\theta}_1+\dot{\theta}_2)^2\\m_2 l_1\ddot{\theta}_1 c\theta_2+m_2 l_1\dot{\theta}_1^2 s\theta_2+m_2 gc(\theta_1+\theta_2)+m_2 l_2\ddot{\theta}_1+m_2 l_2\ddot{\theta}_2\\0\end{bmatrix}$$

$$\boldsymbol{N}_2^2=\boldsymbol{I}_2^{C_2}\dot{\boldsymbol{w}}_2^2+\boldsymbol{w}_2^2\times\boldsymbol{I}_2^{C_2}\boldsymbol{w}_2^2=\begin{bmatrix}0\\0\\0\end{bmatrix}$$

⑥ 连杆 2 内推

$$\boldsymbol{f}_2^2=\boldsymbol{R}_3^2\boldsymbol{f}_3^3+\boldsymbol{F}_2^2=\boldsymbol{F}_2^2$$

$$=\begin{bmatrix} m_2l_1\ddot{\theta}_1 s\theta_2-m_2l_1\dot{\theta}_1^2 c\theta_2+m_2gs(\theta_1+\theta_2)-m_2l_2(\dot{\theta}_1+\dot{\theta}_2)^2 \\ m_2l_1\ddot{\theta}_1 c\theta_2+m_2l_1\dot{\theta}_1^2 s\theta_2+m_2gc(\theta_1+\theta_2)+m_2l_2\ddot{\theta}_1+m_2l_2\ddot{\theta}_2 \\ 0 \end{bmatrix}$$

$$\boldsymbol{n}_2^2=\boldsymbol{N}_2^2+\boldsymbol{R}_3^2\boldsymbol{n}_3^3+\boldsymbol{P}_{C_2}^2\times\boldsymbol{F}_2^2+\boldsymbol{P}_{2,3}^2\times\boldsymbol{R}_3^2\boldsymbol{f}_3^3=\boldsymbol{P}_{C_2}^2\times\boldsymbol{F}_2^2$$

$$=\begin{bmatrix} l_2 \\ 0 \\ 0 \end{bmatrix}\times\begin{bmatrix} m_2l_1\ddot{\theta}_1 s\theta_2-m_2l_1\dot{\theta}_1^2 c\theta_2+m_2gs(\theta_1+\theta_2)-m_2l_2(\dot{\theta}_1+\dot{\theta}_2)^2 \\ m_2l_1\ddot{\theta}_1 c\theta_2+m_2l_1\dot{\theta}_1^2 s\theta_2+m_2gc(\theta_1+\theta_2)+m_2l_2\ddot{\theta}_1+m_2l_2\ddot{\theta}_2 \\ 0 \end{bmatrix}$$

$$=\begin{bmatrix} 0 \\ 0 \\ m_2l_1l_2\ddot{\theta}_1 c\theta_2+m_2l_1l_2\dot{\theta}_1^2 s\theta_2+m_2gl_2c(\theta_1+\theta_2)+m_2l_2l_2\ddot{\theta}_1+m_2l_2l_2\ddot{\theta}_2 \end{bmatrix}$$

$$\boldsymbol{\tau}_2=(\boldsymbol{n}_2^2)^{\mathrm{T}}\hat{\boldsymbol{Z}}_2^2=m_2l_1l_2\ddot{\theta}_1 c\theta_2+m_2l_1l_2\dot{\theta}_1^2 s\theta_2+m_2gl_2c(\theta_1+\theta_2)+m_2l_2l_2\ddot{\theta}_1+m_2l_2l_2\ddot{\theta}_2$$

⑦ 连杆 1 内推

$$\boldsymbol{f}_1^1=\boldsymbol{R}_2^1\boldsymbol{f}_2^2+\boldsymbol{F}_1^1$$

$$=\begin{bmatrix} c\theta_2 & -s\theta_2 & 0 \\ s\theta_2 & c\theta_2 & 0 \\ 0 & 0 & 1 \end{bmatrix}\begin{bmatrix} m_2l_1\ddot{\theta}_1 s\theta_2-m_2l_1\dot{\theta}_1^2 c\theta_2+m_2gs(\theta_1+\theta_2)-m_2l_2(\dot{\theta}_1+\dot{\theta}_2)^2 \\ m_2l_1\ddot{\theta}_1 c\theta_2+m_2l_1\dot{\theta}_1^2 s\theta_2+m_2gc(\theta_1+\theta_2)+m_2l_2\ddot{\theta}_1+m_2l_2\ddot{\theta}_2 \\ 0 \end{bmatrix}$$

$$+m_1\begin{bmatrix} -l_1\dot{\theta}_1^2+gs\theta_1 \\ l_1\ddot{\theta}_1+gc\theta_1 \\ 0 \end{bmatrix}$$

$$\boldsymbol{n}_1^1=\boldsymbol{N}_1^1+\boldsymbol{R}_2^1\boldsymbol{n}_2^2+\boldsymbol{P}_{C_1}^1\times\boldsymbol{F}_1^1+\boldsymbol{P}_{1,2}^1\times\boldsymbol{R}_2^1\boldsymbol{f}_2^2$$

$$=\begin{bmatrix} c\theta_2 & -s\theta_2 & 0 \\ s\theta_2 & c\theta_2 & 0 \\ 0 & 0 & 1 \end{bmatrix}\begin{bmatrix} 0 \\ 0 \\ m_2l_1l_2\ddot{\theta}_1 c\theta_2+m_2l_1l_2\dot{\theta}_1^2 s\theta_2+m_2gl_2c(\theta_1+\theta_2)+m_2l_2l_2\ddot{\theta}_1+m_2l_2l_2\ddot{\theta}_2 \end{bmatrix}$$

$$+\begin{bmatrix} l_1 \\ 0 \\ 0 \end{bmatrix}\times m_1\begin{bmatrix} -l_1\dot{\theta}_1^2+gs\theta_1 \\ l_1\ddot{\theta}_1+gc\theta_1 \\ 0 \end{bmatrix}+\begin{bmatrix} l_1 \\ 0 \\ 0 \end{bmatrix}\times\begin{bmatrix} c\theta_2 & -s\theta_2 & 0 \\ s\theta_2 & c\theta_2 & 0 \\ 0 & 0 & 1 \end{bmatrix}$$

$$\begin{bmatrix} m_2l_1\ddot{\theta}_1 s\theta_2-m_2l_1\dot{\theta}_1^2 c\theta_2+m_2gs(\theta_1+\theta_2)-m_2l_2(\dot{\theta}_1+\dot{\theta}_2)^2 \\ m_2l_1\ddot{\theta}_1 c\theta_2+m_2l_1\dot{\theta}_1^2 s\theta_2+m_2gc(\theta_1+\theta_2)+m_2l_2\ddot{\theta}_1+m_2l_2\ddot{\theta}_2 \\ 0 \end{bmatrix}$$

$$\boldsymbol{\tau}_1=(\boldsymbol{n}_1^1)^{\mathrm{T}}\hat{\boldsymbol{Z}}_1^1$$

$$=m_2l_1l_2\ddot{\theta}_1 c\theta_2+m_2l_1l_2\dot{\theta}_1^2 s\theta_2+m_2gl_2c(\theta_1+\theta_2)+m_2l_2^2\ddot{\theta}_1+m_1l_1^2\ddot{\theta}_1+m_1l_1gc\theta_1$$

$$+m_2 l_2^2 \ddot{\theta}_2 + m_2 l_1^2 \ddot{\theta}_1 - m_2 l_1 l_2 (\dot{\theta}_1 + \dot{\theta}_2)^2 s\theta_2 + m_2 l_1 g s\theta_2 s(\theta_1 + \theta_2)$$

$$+m_2 l_1 g c\theta_2 c(\theta_1 + \theta_2) + m_2 l_1 l_2 (\ddot{\theta}_1 + \ddot{\theta}_2) c\theta_2$$

机器人动力学方程可改写为如下形式。

$$\boldsymbol{M}(\boldsymbol{q})\ddot{\boldsymbol{q}} + \boldsymbol{C}(\boldsymbol{q},\dot{\boldsymbol{q}})\dot{\boldsymbol{q}} + \boldsymbol{G}(\boldsymbol{q}) = \boldsymbol{\tau}$$

$$\boldsymbol{M}(\boldsymbol{q}) = \begin{bmatrix} (m_1+m_2) l_1^2 + m_2 l_2^2 + 2 m_2 l_1 l_2 c\theta_2 & m_2 l_2^2 + m_2 l_1 l_2 c\theta_2 \\ m_2 l_2^2 + m_2 l_1 l_2 c\theta_2 & m_2 l_2^2 \end{bmatrix}$$

$$\boldsymbol{C}(\boldsymbol{q},\dot{\boldsymbol{q}}) = \begin{bmatrix} -m_2 l_1 l_2 \dot{\theta}_2 s\theta_2 & -2 m_2 l_1 l_2 \dot{\theta}_1 s\theta_2 \\ m_2 l_1 l_2 \dot{\theta}_1 s\theta_2 & 0 \end{bmatrix}$$

$$\boldsymbol{G}(\boldsymbol{q}) = \begin{bmatrix} (m_1+m_2) l_1 g c\theta_1 + m_2 l_2 g c(\theta_1+\theta_2) \\ m_2 l_2 g c(\theta_1+\theta_2) \end{bmatrix}$$

3.4　机器人运动学与动力学仿真相关库介绍

本书主要介绍两大主流机器人工具箱：Matlab robot toolbox 和 Mujoco，其他的著名工具箱有 pybullet、RBDL、Pinocchio 等。

3.4.1　Matlab robot toolbox

Matlab robot toolbox 由 Peter Corke 开发并维护，可参阅相关网站获得详细信息。

编者亦著有 Robotics，Vision and Control Fundamental algorithms in MATLAB：Second Edition 一书作为配套教材。

下载 RTB10.4.mltbx 后，双击安装即可，注意 matlab 版本需 r2017a 及以上（Matlab 从 r2017a 开始支持使用双引号创建 string 类型）。运行以下代码即可查看相关 demo。见图 3-23。

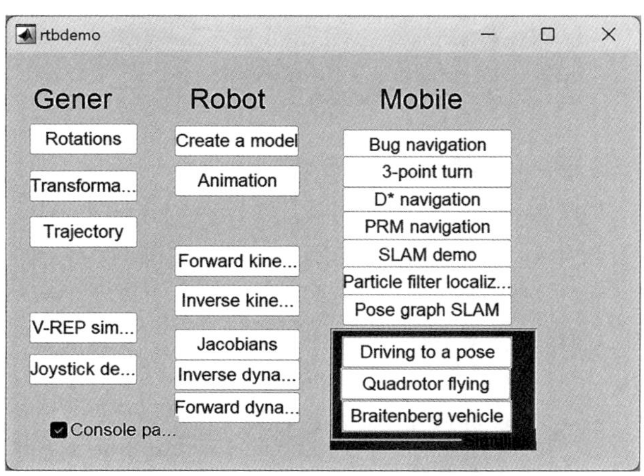

图 3-23　Matlab robot toolbox 界面

```
rtbdemo
```

以下代码均在 RTB10.4 版本下运行，不同版本之间存在参数和函数差异，其他版本可能存在报错。

例 3-5 MATLAB 工具箱建立 PUMA560 机器人正运动学、逆运动学、雅克比矩阵、牛顿欧拉动力学方程，如图 3-24 所示。

以下代码可查看本书电子版附录资料，程序名称为 PUMA560 _ RTB. m，其采用标准 DH 法建立 PUMA560 的示例程序，对应例 3-1。具体指令和函数如何使用可参考代码注释或文献［43］。

```
clear;clc;close all;
%%测试正运动学、逆运动学、雅克比矩阵、牛顿欧拉动力学方程
L(1)=Link([0,0,0,-pi/2,0]);
L(2)=Link([0,0.25,1,0,0]);
L(3)=Link([0,0,0.1,pi/2,0]);
L(4)=Link([0,0.7,0,-pi/2,0]);
L(5)=Link([0,0,0,pi/2,0]);
L(6)=Link([0,0.3,0,0,0]);
puma560_link=SerialLink(L,'name','puma560 link');
puma560_link.plot([0 0-pi 0 0 0])%设定机器人图示位置
puma560_link.teach%会改变上一条设定的机器人图示位置,用于示教机器人,可拖动进度条调节各个关节位置
qn=[0-pi/2 0 0 0 0];%设定的各个关节某一时刻的关节角度
dqn=[0-pi/2 0 0 0 0];%设定的各个关节某一时刻的关节角速度
ddqn=[0-pi/2 0 0 0 0];%设定的各个关节某一时刻的关节角加速度
qs=puma560_link.fkine(qn)%正运动学,得到设定的关节角度下的末端执行器在基座坐标系下齐次变换矩阵
ds=puma560_link.ikine(qs,[0 0 3 0 0 0])%逆运动学,[0 0 3 0 0 0]是指定的初始关节坐标,注意逆运动学解不唯一
new_qs=puma560_link.fkine(ds)%验证逆运动学解不唯一时是否等于 qs
J=puma560_link.jacob0(qn)%基座坐标系下的雅克比矩阵


%设定 puma560 的各个连杆质量,质心位置电机惯量
L(1).m=0;L(1).r=[0 0 0];L(1).Jm=0.0002;
L(2).m=17.4;L(2).r=[-0.3638 0.006 0.2275];L(2).Jm=0.0002;
L(3).m=4.8;L(3).r=[-0.0203-0.0141 0.07];L(3).Jm=0.0002;
L(4).m=0.82;L(4).r=[0 0.019 0];L(4).Jm=3.3e-05;
L(5).m=0.34;L(5).r=[0 0 0];L(5).Jm=3.3e-05;
L(6).m=0.09;L(6).r=[0 0 0.032];L(6).Jm=3.3e-05;
%设定 puma560 的各个连杆的惯量矩阵,顺序为 Ixx Iyy Izz Ixy Ixz Iyz
L(1).I=[0 0 0.35 0 0 0];L(2).I=[0.13 0.524 0.539 0 0 0];L(3).I=[0.066 0.086 0.0125 0 0 0];
```

```
L(4).I=[0.0018 0.0013 0.0018 0 0 0];L(5).I=[0.0003 0.0004 0.0003 0 0 0];L(6).I=
[0.00015 0.00015 4e-05 0 0 0];
%递归牛顿-欧拉算法计算关节力矩
Q=puma560_link.rne(qn,dqn,ddqn)
```

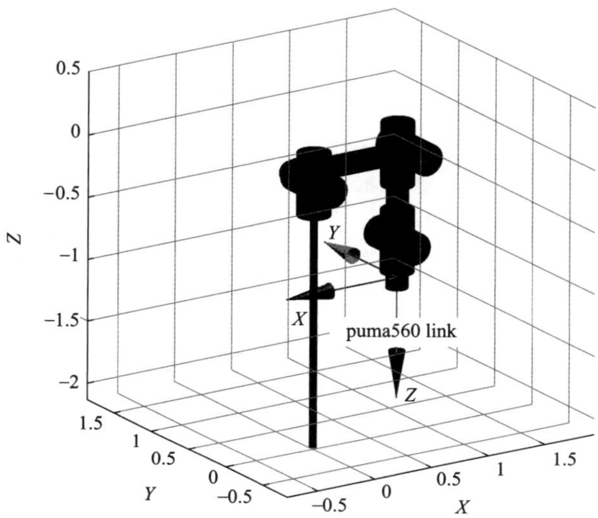

图 3-24　MATLAB 机器人工具箱建立 PUMA560 连杆模型

工具箱自带 puma560 模型，可通过如下代码调用和查看相关 DH 参数。

```
mdl_puma560;
p560
```

不过工具箱自带的模型与本书例 3-1 所建立的 DH 参数有一定差异，注意区别，本身 DH 法建立机器人坐标并非只有唯一解。

如果想采用 MDH 法建立 PUMA560，则需要添加一个参数如下。

```
L(1)=Link([0,0,0,-pi/2,0],'modified')
```

3. 4. 2　Mujoco

首先需安装 Python 集成开发环境（integrated development environment，IDE）和搭建程序运行环境。一般而言，推荐选用 Anaconda 和 Pycharm 搭配使用，其中 Anaconda 用于创建不同环境，Pycharm 用于编写 python 程序。具体细节可参考 13. 1. 3 小节内容，python IDE 和程序运行环境搭建后，需安装 mujoco 相关库，通过 Anaconda Powershell Prompt 输入如下指令安装。python 版本为 3. 8. 18，mujoco 版本为 3. 1. 3，numpy 版本为 1. 24. 4，scipy 版本为 1. 10. 1，mediapy 版本为 1. 2. 0。

```
pip install mujoco numpy scipy mediapy
```

例 3-6　Mujoco 基本仿真界面演示（图 3-25）

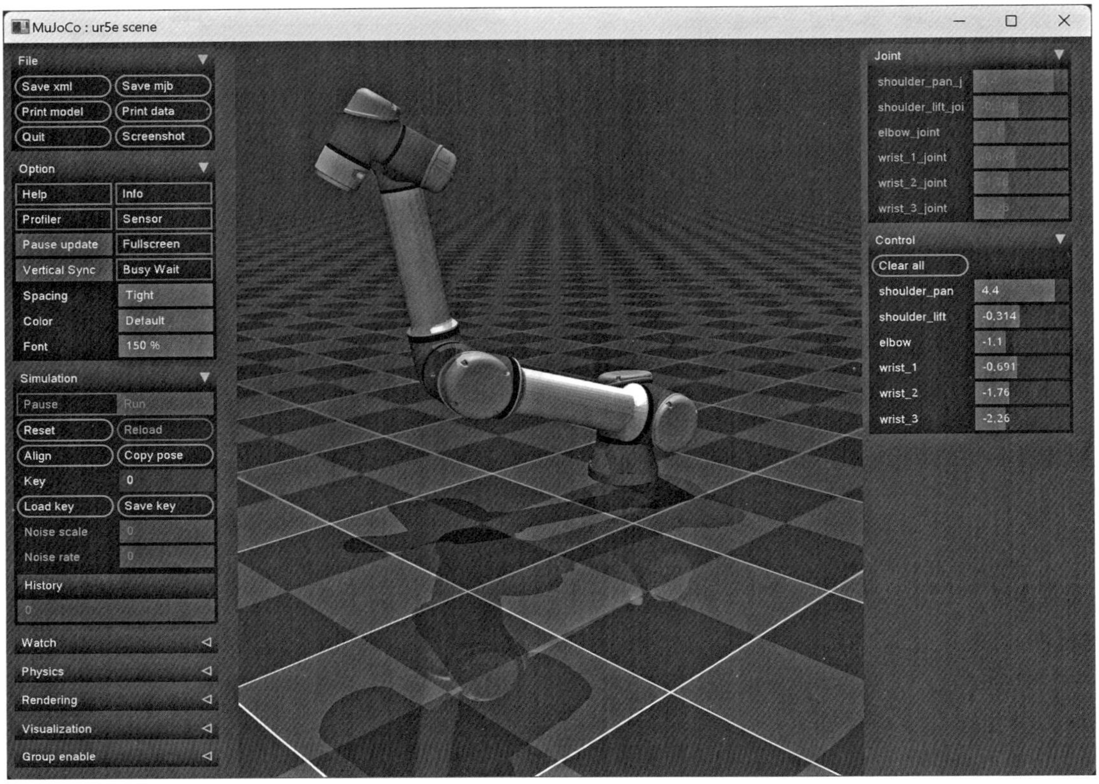

图 3-25　Mujoco 界面

具体代码如下：

```
import time
import mujoco
import mujoco.viewer
m=mujoco.MjModel.from_xml_path("universal_robots_ur5e/scene.xml"
)
d=mujoco.MjData(m)
with mujoco.viewer.launch_passive(m,d)as viewer:
  while True:
    step_start=time.time()#开始时间
    mujoco.mj_step(m,d)
    with viewer.lock():
      viewer.opt.flags[mujoco.mjtVisFlag.mjVIS_CONTACTPOINT]=int(d.time %2)
    viewer.sync()
```

例 3-7　Mujoco 逆运动学模拟（图 3-26）

以下例子来源于 Kevin Zakka 的 github mjctrl 示例，用于模拟 Ure5 机器人逆运动学，其中用到了利用雅克比矩阵求解运动学逆解的方法，如式(3-67）所示。

图 3-26　Mujoco 逆运动学模拟图例

```
import mujoco
import mujoco.viewer
import numpy as np
import time

integration_dt:float=1.0# 以秒为单位的集成时间步长。这对应于关节的时间,速度将被积分以获得期望的关节位置
damping:float=1e-4# 伪逆的阻尼项。这是用来防止关节速度在雅可比矩阵接近奇异时变得过大
gravity_compensation:bool=True# 是否启用重力补偿
dt:float=0.002# 模拟时间步长,以秒为单位
max_angvel=0.0# 最大允许关节速度,单位为 rad/s。设置为 0 表示禁用
def main()->None:
    assert mujoco.__version__>="3.1.0","Please upgrade to mujoco 3.1.0 or later."
    model=mujoco.MjModel.from_xml_path("universal_robots_ur5e/scene.xml")# 加载模型和数据
    data=mujoco.MjData(model)# 加载数据
    model.opt.timestep=dt# 覆盖模拟时间步长
    site_id=model.site("attachment_site").id# 我们希望控制的末端执行器位置,在本例中是连接到机器人的最后一个杆(wrist_3_link)的位置
    body_names= ["shoulder_link","upper_arm_link","forearm_link","wrist_1_link","wrist_2_link","wrist_3_link"]# 施加重力补偿对应的杆件名称
```

```
    body_ids=[model.body(name).id for name in body_names]
    if gravity_compensation:model.body_gravcomp[body_ids]=1.0
    joint_names=["shoulder_pan","shoulder_lift","elbow","wrist_1","wrist_2","wrist_3"]# 得到我们希望控制的关节的自由度和执行器 id
    dof_ids=np.array([model.joint(name).id for name in joint_names])
    actuator_ids=np.array([model.actuator(name).id for name in joint_names])# 注意,在这种情况下,执行器名称与接头名称相同
    key_id=model.key("home").id# 初始联合配置保存为 XML 文件中的关键帧
    mocap_id=model.body("target").mocapid[0]# 我们将用鼠标控制动作捕捉体
    jac=np.zeros((6,model.nv))# 预分配 numpy 数组
    diag=damping*np.eye(6)
    error=np.zeros(6)
    error_pos=error[:3]
    error_ori=error[3:]
    site_quat=np.zeros(4)
    site_quat_conj=np.zeros(4)
    error_quat=np.zeros(4)
    # 为末端执行器的位置定义一个轨迹
    def circle(t:float,r:float,h:float,k:float,f:float)->np.ndarray:
        """返回半径为 r,圆心为(h,k)的圆的(x,y)坐标作为时间 t 和频率 f 的函数。"""
        x=r*np.cos(2*np.pi*f*t)+h
        y=r*np.sin(2*np.pi*f*t)+k
        return np.array([x,y])

    with mujoco.viewer.launch_passive(model=model,data=data,show_left_ui=False,show_right_ui=False)as viewer:
        mujoco.mj_resetDataKeyframe(model,data,key_id)# 将模拟重置为初始关键帧
        mujoco.mjv_defaultFreeCamera(model,viewer.cam)# 初始化相机视图为空闲相机视图
        viewer.opt.frame=mujoco.mjtFrame.mjFRAME_SITE# 切换位置框架可视化
        while viewer.is_running():
            step_start=time.time()
            data.mocap_pos[mocap_id,0:2]=circle(data.time,0.1,0.5,0.0,0.5)# 设置末端执行器位置的目标位置
            error_pos[:]=data.mocap_pos[mocap_id]-data.site(site_id).xpos# 位置误差

            # 姿态误差
            mujoco.mju_mat2Quat(site_quat,data.site(site_id).xmat)
            mujoco.mju_negQuat(site_quat_conj,site_quat)
            mujoco.mju_mulQuat(error_quat,data.mocap_quat[mocap_id],site_quat_conj)
            mujoco.mju_quat2Vel(error_ori,error_quat,1.0)

            mujoco.mj_jacSite(model,data,jac[:3],jac[3:],site_id)# 得到关于末端执行器位置的雅可比矩阵
```

```
            dq=jac.T@ np.linalg.solve(jac@ jac.T+diag,error)# 解方程组:J@ dq=error.
            # 如果关节速度超过最大值,减小关节速度
            if max_angvel>0:
                dq_abs_max=np.abs(dq).max()
                if dq_abs_max>max_angvel:
                    dq*=max_angvel/dq_abs_max

            q=data.qpos.copy()# 对关节速度积分得到关节位置
            mujoco.mj_integratePos(model,q,dq,integration_dt)

            # 设置控制信号
            np.clip(q,*model.jnt_range.T,out=q)
            data.ctrl[actuator_ids]=q[dof_ids]
            mujoco.mj_step(model,data)# 分步模拟

            viewer.sync()
            time_until_next_step=dt-(time.time()-step_start)
            if time_until_next_step>0:
                time.sleep(time_until_next_step)

if __name__=="__main__":
    main()
```

3.5　机器人运动学与动力学前沿研究工作案例分析与总结

3.5.1　机器人运动学与动力学理论研究或应用

DH 法和 MDH 法是机器人运动学建模传统方法，然而，这些方法也并非完美的，存在或多或少的缺陷。因此，也有相关学者研究新的运动学建模方法，例如指数积（Product of Exponential，PoE）法[44]，其建模过程相比 DH 法更简单，可以转换为 DH 方法[45]。基于原始的 PoE 法，也有不少学者对其进行完善[46-49]，将 PoE 方法应用于并联机器人[50]、绳驱机器人[51] 和参数辨识[52] 等。

牛顿欧拉方程或拉格朗日方程是机器人动力学建模方法传统方法，不少学者尝试建立新的动力学方法，其中较为经典的方法是 Udwadia-Kalaba（UK）方程。UK 方程是一种推导受约束物体动力学方程的方法，该方法基于高斯最小约束原理。目前这一方法应用广泛，例如具有关节摩擦的冗余驱动并联机器人动力学建模[53]、自动导引车（Automatic Guided Vehicle，AGV）小车轨迹跟踪控制[54]、无人机动力学建模[55] 等。

从创新方法论角度分析，目前这一方面的研究多采用新方法研究旧问题，借助更为先进的数学方法描述机器人空间关系，或采用旧方法研究新问题，例如文献 [51，53]，或采用组合法，将其他理论（例如参数辨识、控制方法或机器学习）结合 PoE 或 UK 方程，开展相关研究。

3.5.2 冗余自由度机器人逆运动学问题

冗余自由度机器人指的是自由度大于 6 的机器人，例如 7 自由度机械臂。由于三维空间自由度为 6，因此，大于 6 自由度的机器人存在冗余自由度。人体手臂和腿整体自由度都是大于 6 自由度的，相应模仿人体肢体运动的机器人也是存在冗余自由度的。针对冗余自由度机器人的逆运动学问题，不少学者提出了相关方法，用于简化或优化奇异解问题，其中较为经典的方法出自文献［56］，其将仿人形机械臂的 7 自由度分为对应的肩、肘、腕三个关节上，利用几何法将其逆运动学解问题简化。也有其他学者针对其他冗余自由度或超冗余自由度问题开展相关逆运动学问题[57-59] 研究。

从创新方法论角度分析，目前这一方面的研究多依据特定冗余场景，结合代数法或几何法做相关理论建立与验证，或将冗余自由度逆运动学解应用于轨迹规划、避障等场景，或结合优化算法优化解算冗余自由度机器人逆运动学问题。

3.5.3 人体运动学或动力学模型构建

由于仿人机器人不仅结构上可模仿人类，其整体动力学运动学层面亦可模仿人类，因此，建立人体运动学和动力学模型一直是一个热点问题。机器人运动学与动力学基础理论在人体运动学和动力学模型建立相关研究中发挥重要作用，例如文献［60］利用机器人逆运动学理论，结合 Levenberg-Marquardt 法和 Pseudo 前向动力学构建人体肌肉骨骼逆运动学问题求解方法。文献［61］基于机器人动力学方程建立人体手部运动的肌肉骨骼动力学方程。文献［62］基于牛顿欧拉方程分析人体足部对踝关节的运动学和动力学建模的影响。

然而，人体结构非常复杂，即使是 Opensim 这种成熟的人体肌肉、骨骼仿真软件也只能部分模拟人体运动学和动力学特性，因此，这一方面的研究走向整体还是偏向于生物力学理论发展，或结合机器人运动学动力学、刚体动力学、柔性多体动力学等相关理论。

3.5.4 结合机器学习/强化学习

尽管机器人运动学和动力学方法一直在发展和推进，进而应用于机器人控制，然而，目前也有越来越多的学者结合机器学习和强化学习，通过数据或策略建立机器人动力学模型和运动控制策略。这一方面的研究非常多，主要侧重于如何结合机器学习/强化学习和机器人控制，应用最新的机器学习/强化学习理论到机器人控制中，多采用组合法，再针对特定问题（例如四足机器人行走、仿人机器人行走、机械臂抓取、机械臂避障、多机械臂协同作业、蜂群无人机协同作业与避障等）做特定优化，开展相关创新工作[63-67]。

第4章

智能机器人信息感知常用传感器

引言

上一章介绍了机器人运动学和动力学基本内容，其中的关节角度、关节速度、关节加速度、末端执行器受到的外力/力矩均需通过传感器采集得到。智能机器人主要涉及的传感器类型有两大类：本体输出信号感知传感器、外部输入信号感知传感器。本体输出信号感知传感器主要用于感知机器人本体输出的运动信号或力/力矩信号，包括角度、速度、加速度、力/力矩信号等。根据维度的不同可分为单维、三维、六维。外部输入信号感知传感器主要用于感知获取机器人与环境/人交互情景下的声音、图像、人体生物电信号等，这些信号均可用于机器人交互。本章主要介绍常用的力传感器、力矩传感器、角度传感器、姿态传感器、 EEG 传感器和 sEMG 传感器等。

4.1 力传感器

力传感器是许多技术系统的基本组成部分，其关键功能是将机械力转换为电信号，量化给定系统中的压力、负载、重量或应变。一般而言，力传感器主要通过应变材料变形引起电压变化、因外力引起压阻材料电阻变化、因变形引起材料电容变化等方式将力测量成为可能。选择正确的力传感器需要了解应用的需求。主要考虑因素包括要测量的力的范围、所需的灵敏度、环境条件、响应时间、尺寸和形状。

力传感器设计用于在特定范围内工作。超过这个值可能导致读数不准确，甚至损坏传感器。因此，为应用程序选择具有合适力范围的传感器至关重要。灵敏度是传感器能检测到的力的最小变化。一些应用需要高度精确的测量，需要具有高灵敏度的传感器。温度、湿度、腐蚀性物质等因素都会影响传感器的性能。根据应用的不同，可能需要具有适用特定环境的传感器。在某些情况下，传感器的尺寸或形状是一个关键因素。例如外骨骼机器人的腕关节和人形机器人腕关节部分尺寸较小且自由度多，此处就需要限制传感器的尺寸和形状。

4.1.1 拉压力传感器

拉压力传感器是单一维度传感器，主要用于检测物体受的压力、拉力或拉压力变化，如图 4-1 所示。

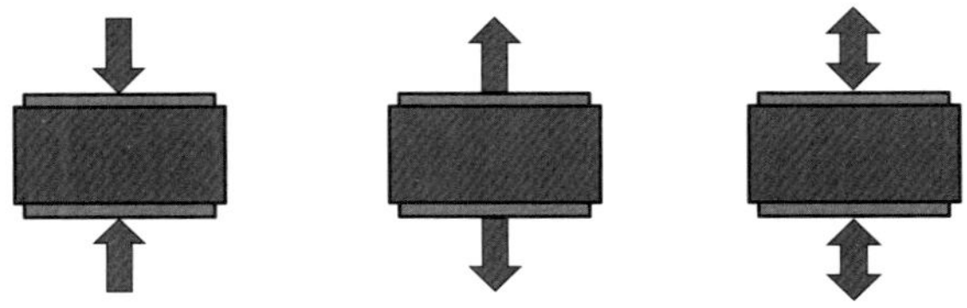

图 4-1 拉压力传感器力方向

为了测量电阻的变化，应变片必须连接到能够准确响应变化并产生差分电压变化的电路。多个应变片可用于被称为惠斯通电桥的分桥电路中。在惠斯通电桥中，激励电压施加在电路两端，输出信号电压在电桥中间的两点上测量。当传感器上没有负载时，惠斯通电桥平衡，输出电压为零。应变片下材料的任何微小变化都会导致输出电压的变化，如图 4-2 所示。测量得到的电压信号一般非常微弱，需经过滤波、信号放大、信号转换后才可被嵌入式系统或上位机系统识别。电压信号可直接输出原始信号，然而，模拟传感器信号易受电噪声或残余纹波电压的影响，这可能会使测量结果失真。因此，一般需经过模拟数字转换器（analog-to-digital converter，ADC）后为数字量信号，将数字信号通过 RS485、Inter-Integrated Circuit（I2C）或 Serial Peripheral Interface（SPI）协议进行传送。

$$V_o=\left(\frac{R_2}{R_1+R_2}-\frac{R_3}{R_3+R_4}\right)V_1 \tag{4-1}$$

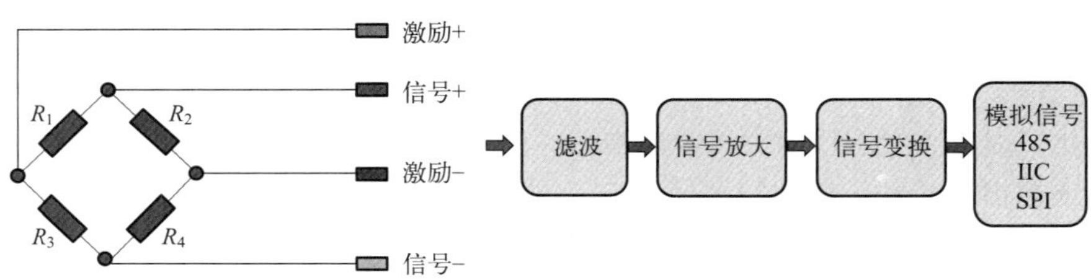

图 4-2 拉压力传感器电阻应变片桥路图

当 $R_1R_4=R_2R_3$ 时，电桥平衡，输出电压为零。

如图 4-3 所示为电阻应变片静态、受拉和受压三种状态下的电阻变化。当应变片受拉时，整体感知区域变薄变细（图中黑色曲线所示），对应整体电阻增大。当应变片受压时，则整体感知区域变厚变粗，对应整体电阻减小。

$$S_e=\frac{\mathrm{d}R/R}{e} \tag{4-2}$$

式中，S_e 是应变系数；e 是应变量；dR 是应变引起的电阻变化值；R 是未发生形变

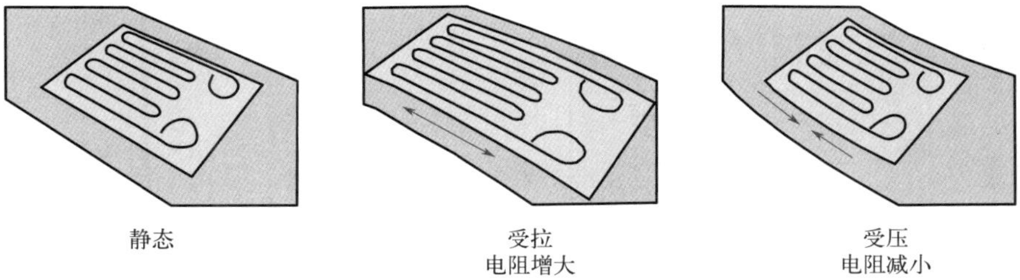

图 4-3　电阻应变片受外力作用时的状态变化

时的应变片电阻。

如图 4-4 所示为拉压力传感器电阻应变片粘贴位置示例，一般粘贴于传感器上下面。当传感器受到如图所示的 F 力作用时，根据图 4-3 可知，上面的应变片受拉变长，对应电阻 R_1 将增大，下面的应变片受挤压变短，对应电阻 R_2 将减小，对应的电桥接线图如图 4-4 所示。拉压力传感器的应变片粘贴位置、方位不唯一，如图 4-5、图 4-6 所示。

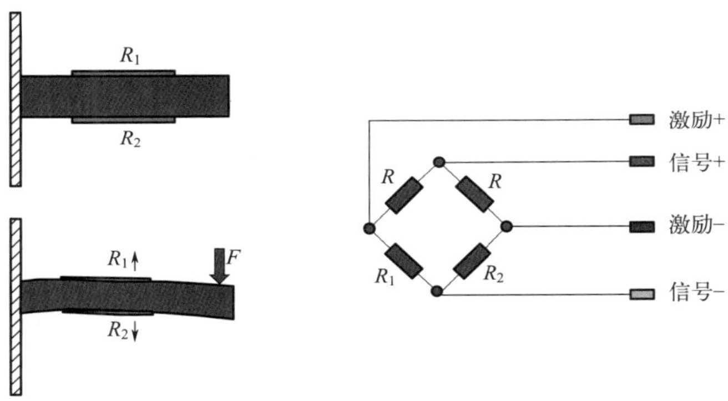

图 4-4　拉压力传感器电阻应变片粘贴位置示例 1

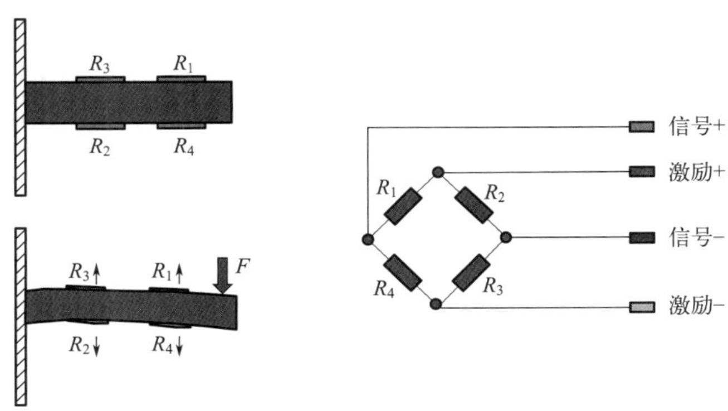

图 4-5　拉压力传感器电阻应变片粘贴位置示例 2

力传感器的测量误差可能由以下因素引起。

零偏移：偏移意味着零力下的传感器输出高于或低于理想输出。

非线性：很少有传感器具有完全线性的特性曲线，这意味着输出灵敏度在整个测量范围内以不同的速率变化。有些传感器在目标范围内足够线性，不会出现偏差，但有些传感

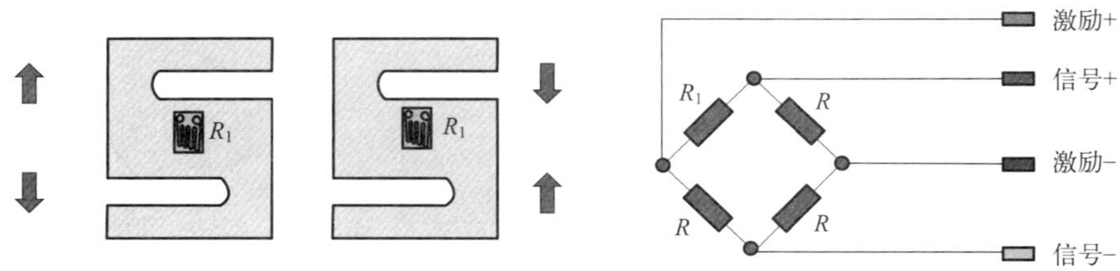

图 4-6　拉压力传感器电阻应变片粘贴位置示例 3

器需要更复杂的计算来线性化输出。因此，力传感器非线性是实际校准曲线与理想直线的最大偏差。

迟滞：迟滞是输入和输出之间的动态滞后，可以通过测量相同作用力下输出读数之间的最大差值来检测它。一个读数是通过从零开始增加力获得的，另一个是通过从额定输出开始减少力获得的。它通常在半额定输出下测量，并用额定输出的百分比表示。应尽可能快地进行测量，以尽量减少蠕变。

重复性：在相同的力和环境条件下，重复输入的传感器输出读数之间的最大差值。它转化为称重传感器/力传感器在重复施加相同力时保持一致输出的能力。

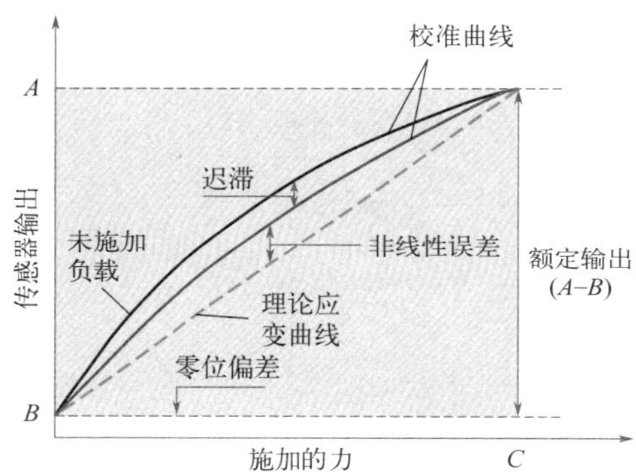

图 4-7　拉压力传感器校准曲线

温度偏移跨度和零点：由于力传感器温度的变化，输出和零点平衡分别发生变化。

由于力传感器存在测量误差，因此需出厂前对其进行校准。校准是对力传感器进行的一次调整或一组校正，以确保其尽可能准确无误地运行。除非经过正确校准，否则每个称重传感器/力传感器都容易出现测量误差，即使是最精确的力测量解决方案也可能产生错误的数据，如图 4-7 所示。

如图 4-8 所示为拉压力传感器应用于下肢外骨骼示例[68]，在外骨骼板和力作用板之间安装拉压力传感器，利用测得的力 F 和固定的力臂 R，可得到关节转矩 $T=FR$。

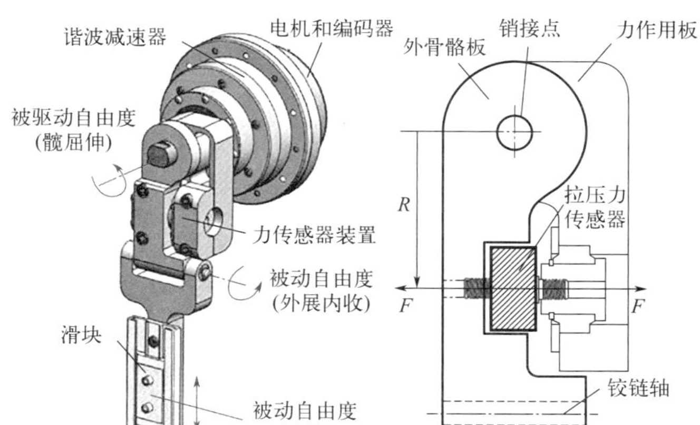

图 4-8　拉压力传感器应用于外骨骼[68]

4.1.2　薄膜力传感器

薄膜力传感器适用于空间较为受限场合，例如仿生手指触觉反馈时可利用薄膜力传感器测量手指接触力。薄膜力传感器本质上是由一种受外力作用时引起电阻变化的压阻材料制备而成。静态未受力时，薄膜力传感器电阻很大，施加力越大，电阻越小。

如图 4-9 所示为薄膜力传感器组成元件堆叠图。常见的薄膜力传感器分为两种类型：分流模式和直通模式。

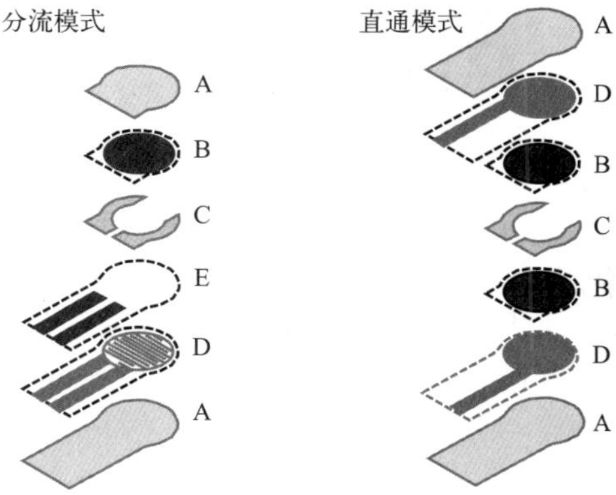

图 4-9　薄膜力传感器组成元件堆叠图

A—PET 基材；B—力敏层；C—隔圈；D—导电银胶；E—碳尾

（1）分流模式

分流模式薄膜力传感器是最常用的设计。从上到下分别为聚对苯二甲酸乙二醇酯（Polyethylene terephthalate，PET）基材、力敏层、隔圈、碳尾、导电银胶、PET 基材。电极可以根据应用设计成各种结构。

（2）直通模式

直通模式薄膜力传感器从上到下堆叠分别为 PET 基材、导电银胶、力敏层、隔圈、力敏层、导电银胶、PET 基材。

本质上，薄膜力传感器是一个可变电阻，将其接入到信号放大电路即可将可变电阻对应的微弱可变电压信号放大，如图 4-10 所示。需要注意的是，薄膜力传感器的电阻值变化与受到的外力作用之间并非线性关系，如图 4-11 所示。一般使用薄膜力传感器之前，需用标准的砝码对其进行基本的标定。由于薄膜力传感器输出电压与接触面积、接触材料、力的方向均有关，对其进行标定后，可根据记录的数据，绘制输出信号与实际压力值的曲线，并进行线性拟合，将其输出电压近似认为与受力呈线性关系。因此，薄膜力传感器仅提供压力的变化，不适用于精准力测量场合。

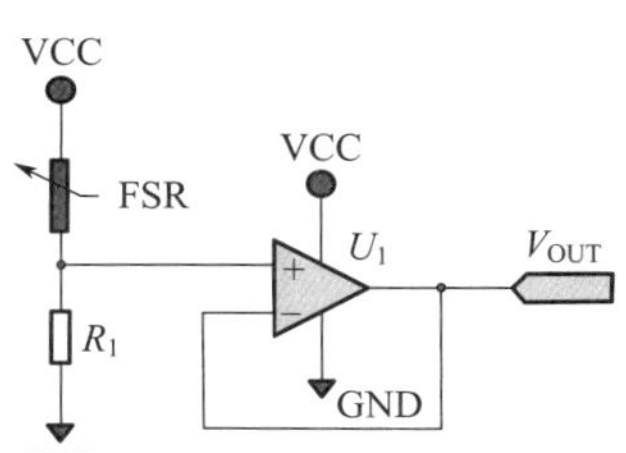

图 4-10　薄膜力传感器信号放大电路

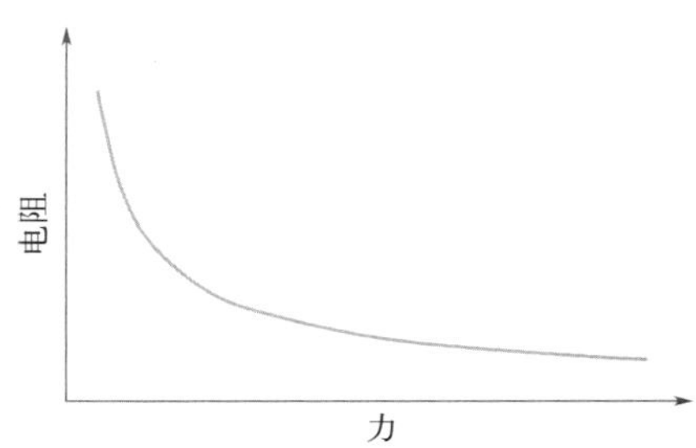

图 4-11　薄膜力传感器受力与电阻关系示例

由于薄膜力传感器尺寸和形状均较小，因此，其常通过阵列形式应用于多点受力测量场景，如图 4-12 所示。通过布置不同形状的薄膜力传感器阵列，可实现手掌、足掌不同部位接触力大小粗略测量并形成点云图，显示受力变化情况，从而应用于手部受力分析或步态分析。

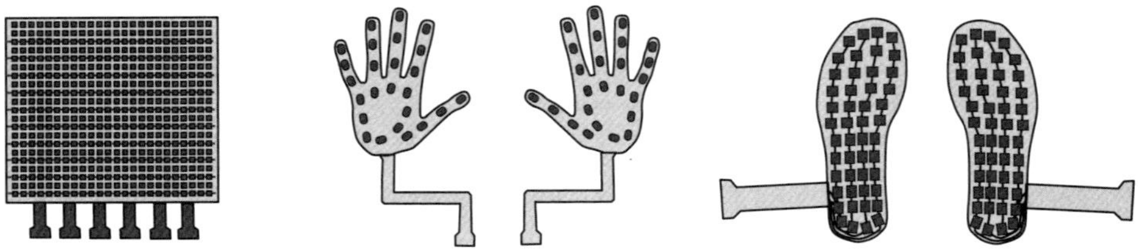

图 4-12 阵列式薄膜力传感器应用

由于阵列式薄膜力传感器分布点较多，将其放大信号后直接计入单片机输入输出(Input Output，IO)口将浪费大量 IO 资源，因此，一般采用扫描阵列方式减少 IO 占用。例如 4 行 8 列阵列式薄膜力传感器可采用 4 个行线接入单片机的 AD 采集口，8 个列线接入到模拟开关，通过分别扫描行线和列线 IO 便可获得对应位置的薄膜力传感器信息。某一时刻单片机同步采样 4 个通道 AD，通过模拟开关，可选择 8 列中的任意一列，通过顺序切换模拟开关，可依次将所有 8 列的薄膜力传感器数据采样，再经过运算放大器进行放大和滤波处理，输入到单片机，实现 4×8 个阵列分布的薄膜力传感器数据采集，如图 4-13 所示。

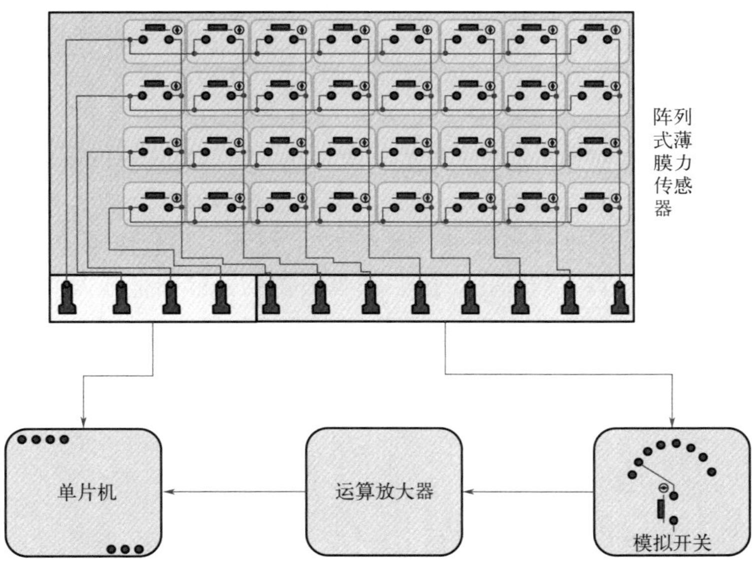

图 4-13 阵列式薄膜电阻传感器测量原理图

4.1.3 三维力传感器

机器人在三维空间内受到某个力时，其可分解为 x、y、z 三个方向的分量，因此，需具有专门的传感器检测机器人所受到的这一空间力。三维力传感器本质上和一维的拉压力传感器类似，只是测量维度增加了两个维度。如图 4-14 所示为典型的三维力传感器十字梁结构及其应变片布置图。

一般而言，传感器受力区域为其中间圆盘处。当中间圆盘在 x 正方向受力后，横杆发生拉伸变形，竖杆发生弯曲变形。对应应变片 R_5、R_{11} 同时受挤压，R_6、R_{12} 同时处

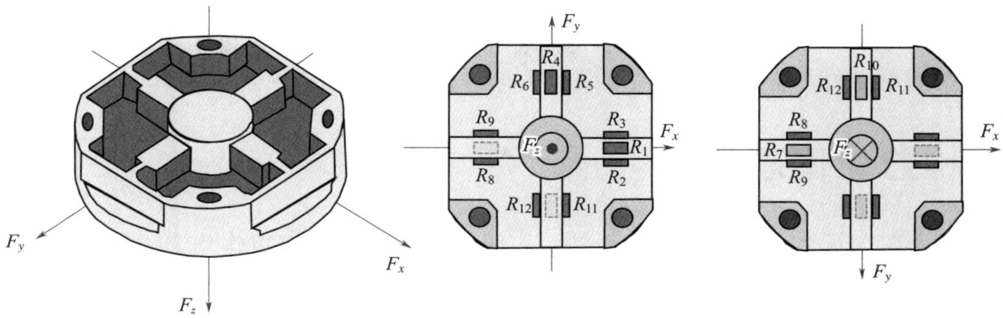

图 4-14　三维力传感器典型十字梁结构及应变片布置

于拉伸状态。根据图 4-3 可知，应变片 R_5、R_{11} 的电阻变小，应变片 R_6、R_{12} 的电阻变大。横杆的弯曲变形可忽略不计。

同理，当中间圆盘在 y 正方向受力后，竖杆发生拉伸变形，横杆发生弯曲变形。应变片 R_3、R_9 同时受挤压，R_2、R_8 同时处于拉伸状态。根据图 4-3 可知，应变片 R_3、R_9 的电阻变小，应变片 R_2、R_8 的电阻变大。

z 方向受力后，由于电阻应变片的横向效应比较小，即 R_2、R_3、R_8、R_9、R_5、R_6、R_{11}、R_{12} 的电阻变化较小，可忽略不计，与 z 方向受力相关联的主要应变片是 R_1、R_7、R_4、R_{10}。

综上总结可得：当传感器受到外载荷 F 时，弹性元件发生相应的变形，当 x 方向发生变形时，R_5、R_6、R_{11}、R_{12} 电阻变化对电压输出信号有影响，y 方向发生变形时，R_2、R_3、R_8、R_9 电阻变化对电压输出信号有影响，z 方向发生变形时，R_1、R_7、R_4、R_{10} 电阻变化对电压输出信号有影响。

通过如图 4-15 所示的电桥电路，三维力传感器把电阻变化转换为电压信号，具体为：

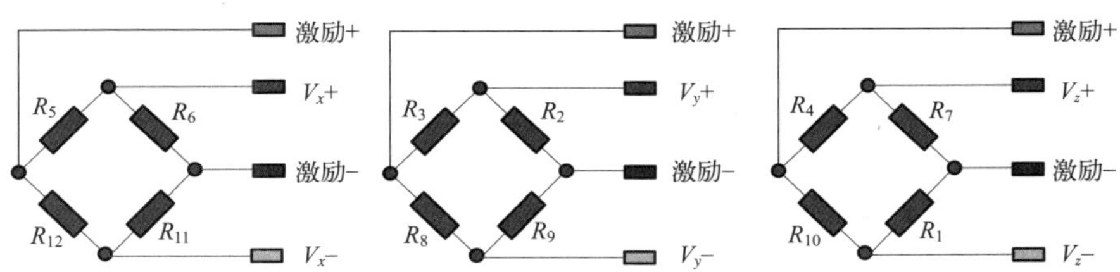

图 4-15　电阻应变片桥路图

$$V_x=\frac{R_{11}}{R_{11}+R_{12}}E-\frac{R_6}{R_6+R_5}E \tag{4-3}$$

$$V_y=\frac{R_9}{R_9+R_8}E-\frac{R_2}{R_2+R_3}E \tag{4-4}$$

$$V_z=\frac{R_1}{R_1+R_{10}}E-\frac{R_7}{R_7+R_4}E \tag{4-5}$$

E 为外部激励电压，也为供电电压。若需 x、y、z 三个方向的电桥单独供电，则需要 12 根线：x 激励＋、x 激励－、V_x＋、V_x－、y 激励＋、y 激励－、V_y＋、V_y－、z 激励＋、z 激励－、V_z＋、V_z－。

需要指出的是，三维力传感器并非只有十字梁结构，也有并联结构构型，具体可参考文献［69］。三维力传感器可用于人形机器人、外骨骼机器人等，用于测量外部力，进而应用于人机交互和力控制，一般可安装于人形机器人末端、外骨骼机器人与人穿戴部位。

4.2 力矩传感器

机器人在空间除了受到空间力以外，一般也将受到空间力矩作用。力矩亦可分解到 x、y、z 三个方向，如果只有一个方向，则为单维力矩。由于机器人绝大部分关节均为回转关节，因此，一般机器人关节所受到的力矩也为转矩。转矩是使物体发生转动的一种特殊的力矩。因此，一般机器人回转关节用力矩传感器也称为转矩传感器。

本小节主要介绍静态转矩传感器、动态转矩传感器和六维力/力矩传感器。其中，静态转矩传感器和动态转矩传感器主要安装于机器人回转关节，用于检测关节力矩；六维力/力矩传感器安装于机器人末端执行器，用于检测机器人末端受到的六维力/力矩信息。

机器人末端执行器所受到的力和力矩一般可分解为 x、y、z 三个方向的力 F_x、F_y、F_z 和绕着 x、y、z 三个方向的力矩 T_x、T_y、T_z。机器人末端执行器的 F_x、F_y、F_z 和 T_x、T_y、T_z 可利用雅可比矩阵或机器人动力学方程将其从笛卡儿空间（地面坐标系）转化为各个关节空间的关节力和关节力矩。因此，对于所有关节均为转动关节的机器人而言，每个关节均安装转矩传感器与仅在机器人末端执行器安装六维力/力矩传感器理论上是等效的。相对而言，每个关节均安装转矩传感器会使得关节尺寸变大，末端安装六维力/力矩传感器方式需将其从笛卡儿空间（地面坐标系）转化为各个关节空间的关节力和关节力矩，存在一定转化误差且无法测量作用到关节的外部力/力矩。

4.2.1 静态转矩传感器

静态转矩传感器的静态指的是传感器测量弹性体不参与相对运动，也就是说，可将静态转矩传感器近似认为是一种可测量转矩的联轴器，其外环面和内环面通过梁连接，外环面和内环面用于连接两个同步转动的轴。对于机器人关节，一般静态转矩传感器安装在减速器和机器人连杆中间。静态转矩传感器适合测量关节运动范围不超过 360° 的场景，例如仿人机器人和外骨骼机器人。如图 4-16 所示为典型的静态转矩传感器结构图[70,71]。

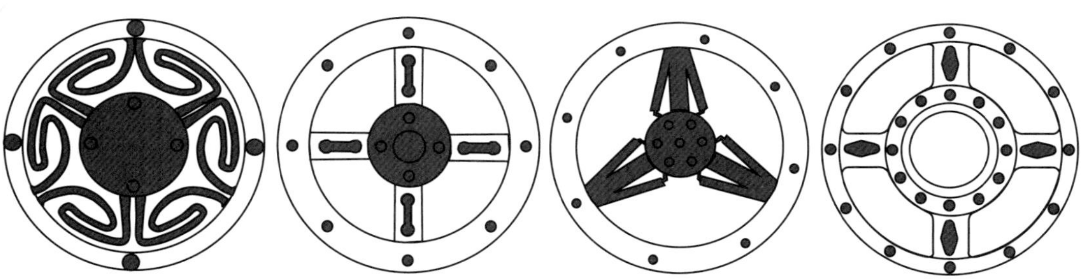

图 4-16 典型静态转矩传感器结构[70,71]

如图 4-17 所示为一种典型的静态转矩传感器应变片粘贴位置示意图及其全桥电路，其原理与拉压力传感器的全桥电路一样。静态转矩传感器可安装于机器人关节输出端，测量关节转矩，用于机器人关节力控、碰撞检测等。

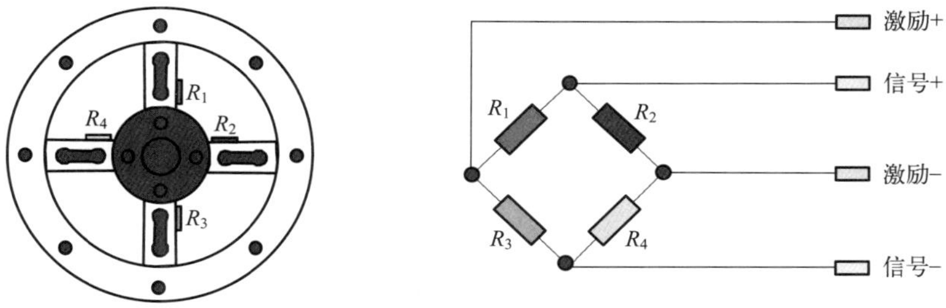

图 4-17　静态转矩传感器电阻应变片粘贴位置及桥路图

4.2.2　动态转矩传感器

动态转矩传感器与静态转矩传感器的区别在于其可以连续旋转超过 360°，为了防止连续旋转带来的断线问题，其设计时需考虑如何传递应变片信号，如图 4-18 所示。根据信号传递方式的不同，动态转矩传感器可细分为非接触式(电、磁、光感应）和炭刷接触式(导电滑环式)。一般而言，导电滑环的转动部分和固定部分的接触电阻很小，可忽略不计。一般采用铜制作导电滑环，银制作连接触点和滑臂。

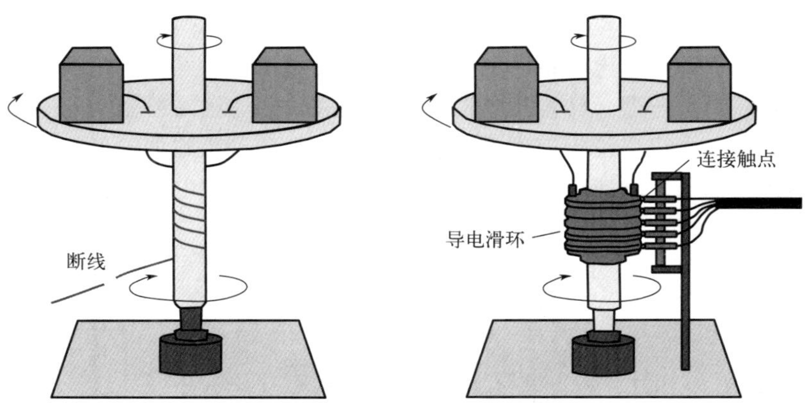

图 4-18　动态转矩传感器测量原理

如图 4-19 所示为一种动态转矩传感器电阻应变片粘贴图[72]，4 片应变片根据如图所示方位粘贴于弹性轴上。假设激励信号为 E，则输出信号 U 公式如下。

$$U=\left(\frac{R_1}{R_1+R_2}-\frac{R_3}{R_3+R_4}\right)E \tag{4-6}$$

当 $R_1R_4=R_2R_3$，则电桥输出为零。当传感器受到外力作用，则各个桥臂电阻发生变化，变为 R_1'、R_2'、R_3'、R_4'，此时平衡的电桥变为不平衡[72]，输出为 U'。

$$U'=\left(\frac{R_1'}{R_1'+R_2'}-\frac{R_3'}{R_3'+R_4'}\right)E \tag{4-7}$$

假设 R_1'、R_2'、R_3'、R_4' 公式如下

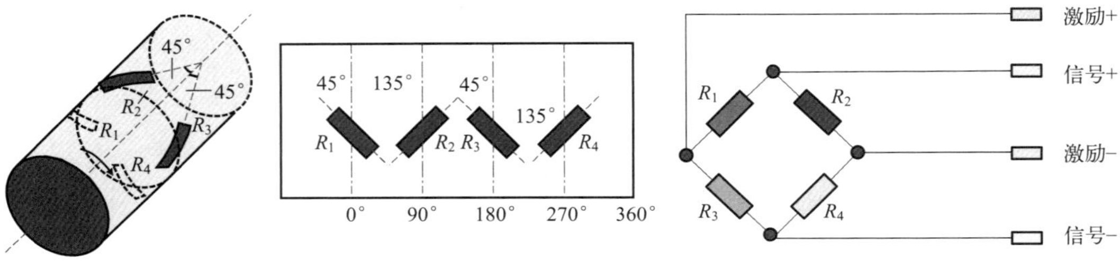

图 4-19 动态转矩传感器电阻应变片粘贴图

$$R_1' = R_1 + \Delta R_1 \tag{4-8}$$

$$R_2' = R_2 + \Delta R_2 \tag{4-9}$$

$$R_3' = R_3 + \Delta R_3 \tag{4-10}$$

$$R_4' = R_4 + \Delta R_4 \tag{4-11}$$

则可得如下公式

$$U' = \left(\frac{R_1 + \Delta R_1}{R_1 + \Delta R_1 + R_2 + \Delta R_2} - \frac{R_3 + \Delta R_3}{R_3 + \Delta R_3 + R_4 + \Delta R_4}\right) E \tag{4-12}$$

由于一般采用的应变片是一样的，即 $R_1 = R_2 = R_3 = R_4 = R$，并且根据粘贴位置可知 $\Delta R_1 = \Delta R_4 = \Delta R$，$\Delta R_2 = \Delta R_3 = -\Delta R$，可得如下公式[72]

$$U' = \frac{\Delta R}{R} E \tag{4-13}$$

动态转矩传感器可用于检测输出转矩、转速、功率和效率等关键参数，如图 4-20 所示为动态转矩传感器应用于电机检测测试及其安装使用示意。其中，电机为被测对象，通过联轴器连接到转矩传感器，转矩传感器进而通过联轴器连接磁粉制动器。磁粉制动器用于施加外部转矩。当电机以给定速度回转，改变磁粉制动器所施加的外部转矩大小，可利用转矩传感器提供的回转轴速度、力矩、功率等信息用于测试电机性能是否达标，绘制电机性能曲线图。

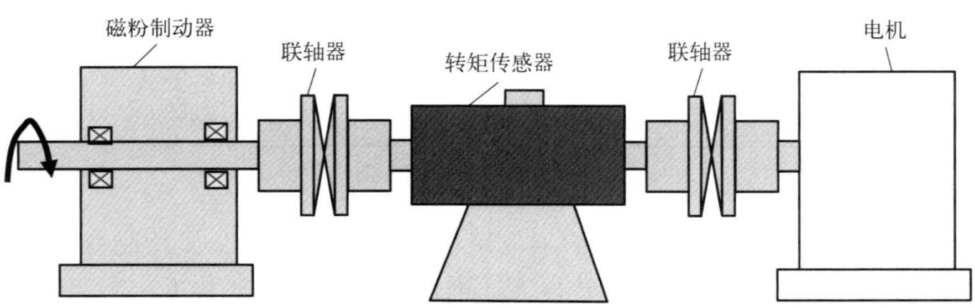

图 4-20 动态转矩传感器安装使用示意图

4.2.3 六维力/力矩传感器

六维力/力矩传感器典型结构图如图 4-21 所示[73]，为标准的十字梁结构。图中十字梁上粘贴了 24 片应变片，其对应命名规则："第一位数字 i 代表应变片属于哪一个桥路，第二位 j 代表属于本桥路的第几个应变片，$i=1,2,3,4,5,6$，$j=1,2,3,4$，括号内的数字为相对面表面上粘贴的应变片”。

24 个应变片构成 6 个全桥电路，图 4-22 为六维力传感器电阻应变片桥路。若统一供电，则需要 14 根线：激励 $U+$、激励 $U-$、$U_{o1}+$、$U_{o1}-$、$U_{o2}+$、$U_{o2}-$、$U_{o3}+$、$U_{o3}-$、$U_{o4}+$、$U_{o4}-$、$U_{o5}+$、$U_{o5}-$、$U_{o6}+$、$U_{o6}-$，输出电压 $U_o=[U_{o1}\quad U_{o2}\quad U_{o3}\quad U_{o4}\quad U_{o5}\quad U_{o6}]^T$ 与输出力/力矩向量具有如下关系。

$$U_{oi}=\frac{R_{i2}R_{i4}-R_{i1}R_{i3}}{(R_{i1}+R_{i2})(R_{i3}+R_{i4})}U \tag{4-14}$$

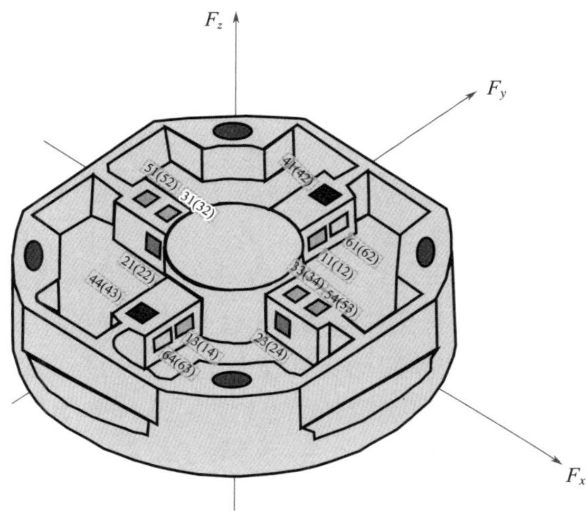

图 4-21　典型六维力传感器结构

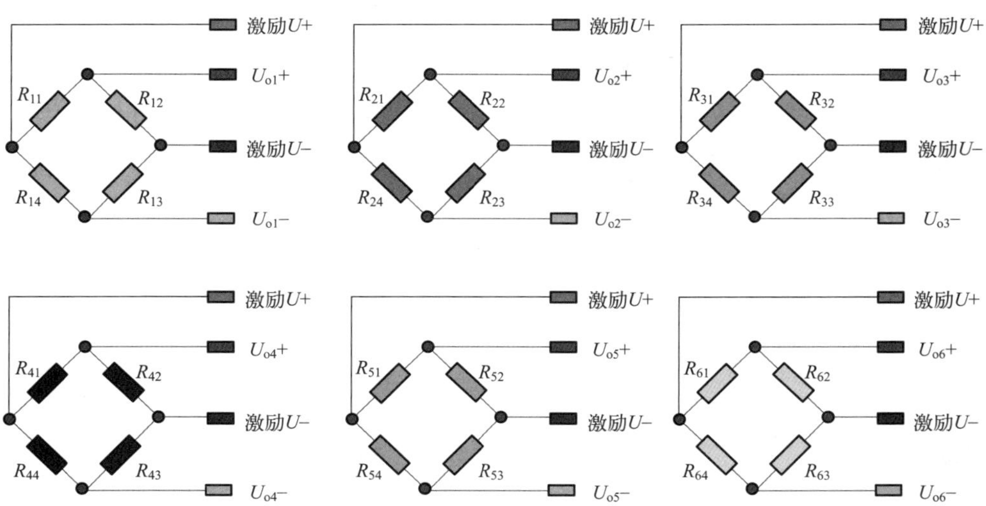

图 4-22　六维力传感器电阻应变片桥路

一般而言，实际的六维力传感器每个通道的输出电压与多个方向的力或力矩相关，换言之，每一个施加在传感器上的力/力矩都会对多个通道输出信号产生影响，这种效应称为维间耦合，如下公式所示。

$$
\begin{bmatrix} U_{o1} \\ U_{o2} \\ U_{o3} \\ U_{o4} \\ U_{o5} \\ U_{o6} \end{bmatrix} = \begin{bmatrix} R_{11} & R_{12} & R_{13} & R_{14} & R_{15} & R_{16} \\ R_{21} & R_{22} & R_{23} & R_{24} & R_{25} & R_{26} \\ R_{31} & R_{32} & R_{33} & R_{34} & R_{35} & R_{36} \\ R_{41} & R_{42} & R_{43} & R_{44} & R_{45} & R_{46} \\ R_{51} & R_{52} & R_{53} & R_{54} & R_{55} & R_{56} \\ R_{61} & R_{62} & R_{63} & R_{64} & R_{65} & R_{66} \end{bmatrix} \begin{bmatrix} F_x \\ F_y \\ F_z \\ M_x \\ M_y \\ M_z \end{bmatrix} = R_{UF} \begin{bmatrix} F_x \\ F_y \\ F_z \\ M_x \\ M_y \\ M_z \end{bmatrix} \tag{4-15}
$$

如图 4-23 所示为六维力传感器标定实验台示意图，图 4-23(a)～(c) 为静态标定实验台，图 4-23(d) 为动态标定实验台。六维力传感器标定的目的在于确定传感器输出电压和实际受力/力矩之间的关系。六维力传感器的标定分为静态性能标定和动态性能标定[73]。静态性能标定主要对线性度、迟滞、重复性、灵敏度等参数进行标定，动态性能标定主要对时间常数、固有频率、阻尼比等进行标定。图 4-23(a) 和 (b) 表示静态测量 F_z 和 F_y 示例，图 4-23(c) 表示静态测量 M_x。F_x、M_y 和 M_z 的测量方法类似，通过更换图 4-23(a)～(c) 中的砝码，即可得到不同标准受力下的传感器输出电压。理论上在保证施加的标准力/力矩无偏差以及传感器输入输出线性关系的条件下，只需要对每个力/力矩分量单独加载一次即可。但由于实际标定过程中加载力/力矩的偏差以及六维力/力矩传感器非线性的影响，只加载一次得到的数据误差较大，实际中往往采用多次加载取平均值的方法[73]。

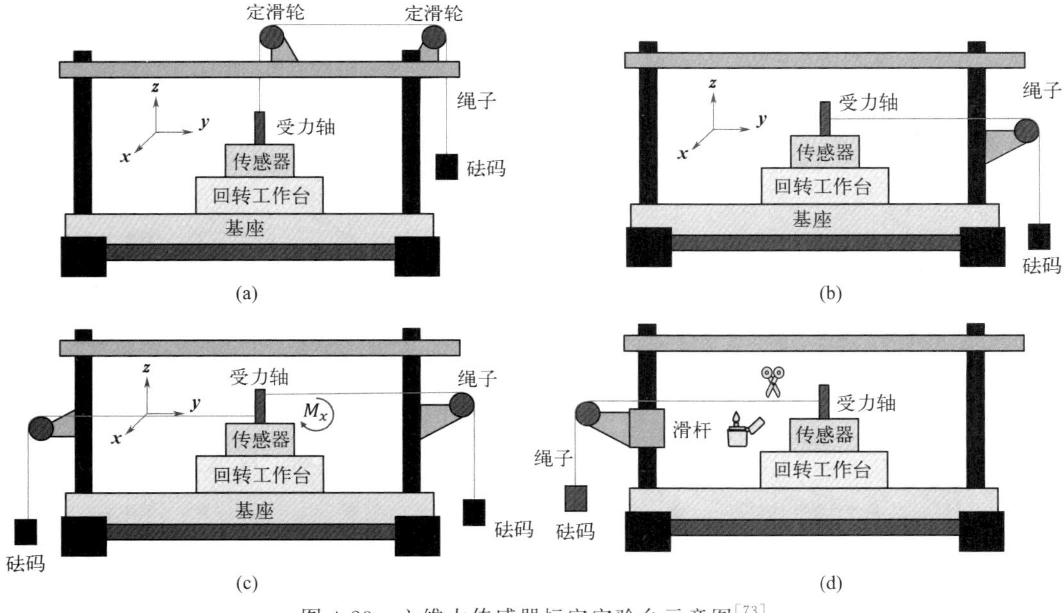

图 4-23　六维力传感器标定实验台示意图[73]

图 4-23(d) 所示的动态标定实验台与静态标定实验台类似，区别在于需采用剪刀或打火机将绳子剪断或烧断，数据采集卡采集传感器的输出数据。切断挂砝码的绳子相当于给传感器施加了一个负向阶跃激励，此激励导致传感器弹性梁的振动变形，从而最终导致测试通道输出电压的变化[73]。

六维力传感器相比于三维力传感器检测的信息更丰富，可更为方便地应用于机器人末端力检测与控制，也可布置于人机交互处，例如上肢外骨骼上臂与人体上臂捆绑处、前臂与人体前臂捆绑处，实现更为精确的人机交互力测量和外骨骼机器人力控算法。

4.3　角度传感器

机器人运动一般需经过驱动设备（例如电机）驱动机器人杆件。从电机到实际被驱动机器人杆件的机械传动必然不可避免地会带来传动误差。角度传感器实时测量反馈机器人关节角度，在机器人信息感知中具有非常重要的作用。再者，伺服电机末端也需布置角度传感器测量电机角度。基于角度信息获取速度信息，基于电流传感器获取电流反馈信息，建立伺服电机电流环、速度环和位置环三环控制（可参考本书 6.2.4 小节内容）。

角度传感器主要类型有霍尔传感器、光电编码器、对心磁编码器、环形磁编码器、环形电感编码器和薄膜弯曲传感器，其中，霍尔传感器、光电编码器、磁编码器和电感编码器主要测量圆周回转角度，薄膜弯曲传感器具有柔性、尺寸小等特点，主要测量杆件弯曲角度，例如人体手指弯曲角度。本小节主要介绍霍尔传感器、光电编码器、磁编码器和薄膜弯曲传感器。

4.3.1　霍尔传感器/霍尔编码器

霍尔传感器是一种磁性传感器，可用于检测永磁体或电磁体产生的磁场的强度和方向，其输出与被检测的磁场强度成比例变化。由于其非接触式且密封的霍尔效应器件不受振动、灰尘和水的影响，因此应用场景广泛。霍尔效应传感器通过外部磁场激活，磁场有两个重要的特性：磁通密度和南北（NS）极性。霍尔效应传感器的输出信号是设备周围磁场密度的函数。当传感器周围的磁通量密度超过某个预设阈值时，传感器会检测到它，并产生一个输出电压，称为霍尔电压，这种输出电压可能非常小，即使在强磁场下也只有几微伏，因此大多数商用霍尔效应器件都制造有内置直流放大器、逻辑开关电路和电压调节器，以提高传感器的灵敏度、迟滞和输出电压。

为了确保线性，需要高磁场强度的磁体，该磁体为所需的运动产生大的磁场强度变化。有许多不同类型的磁铁运动，如“正面”“侧面”“推拉”或“推-推”等感应运动。单个磁体的两种常见的检测配置：迎面检测和侧向检测，如图 4-24 所示。

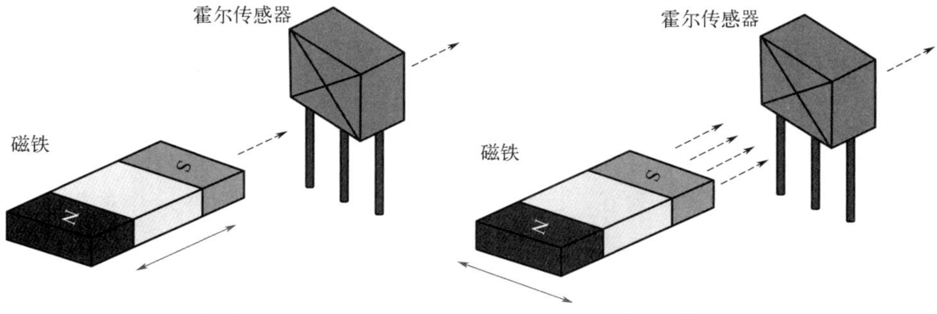

图 4-24　霍尔传感器迎面检测和侧向检测示意图

"迎面检测"要求磁场垂直于霍尔效应传感装置，并且为了进行检测，磁场直接朝向有源面接近传感器。这种迎面方法产生输出电压信号，磁场越近越强，输出电压就越大，反之亦然。

"侧向检测"需要以侧向运动的方式移动磁体穿过霍尔效应元件的表面。当磁场经过传感器的零场中心线时，根据磁场的位置，可以产生表示正输出和负输出的线性输出电压，这允许垂直和水平方向的运动检测。

霍尔传感器选用重要参数是线数 ppr（每转脉冲数），如图 4-25 所示为 24ppr 霍尔传感器，其磁铁 NS 极间隔布置，根据磁场变化可得变化的数字信号。电机末端转动一圈对应输出 24 个脉冲，其对应基础分辨率 360°/24=15°/ppr。常用的霍尔编码器是 AB 相，呈 90°布置，也称为正交 AB 相。一般为了提高采样精度，同时测量 A 相和 B 相的上升沿和下降沿全部计数，此方法也称为 4 倍频方法，此时分辨率为 15°/4=3.75°/ppr。假设电机减速比为 100，则对应电机输出轴的分辨率为 0.375°/ppr。

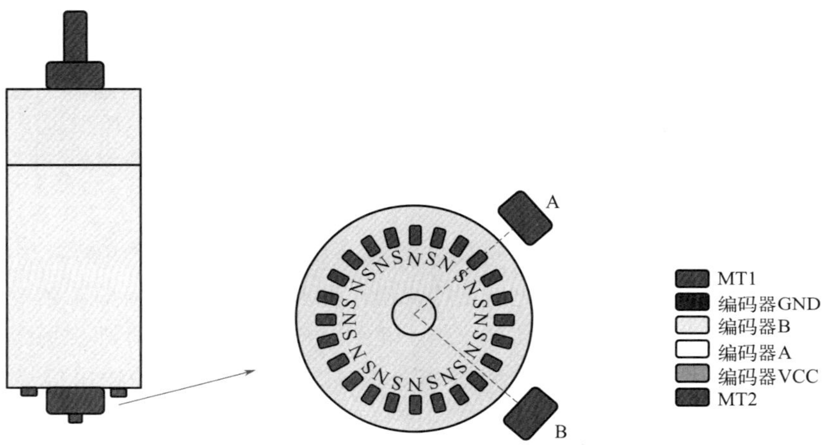

图 4-25　霍尔传感器应用于电机位置检测

根据测得的脉冲数，有三种常用方法用于测量转速：*M* 测速法、*T* 测速法、*M*/*T* 测速法，这些方法同样适用于下一节介绍的光电编码器。

（1）*M* 测速法

假设编码器单圈总脉冲数为 C，转动时间为 T_0，统计得到这一时间内的编码器脉冲数为 M_0，则转速 n 的计算公式如下。

$$n=\frac{M_0}{CT_0} \tag{4-16}$$

这一方法适用于转速较高情形，低速情形存在较大误差。

（2）*T* 测速法

假设编码器单圈总脉冲数为 C，已知一个频率为 F_1 的高频脉冲，并对其计数，捕获到编码器相邻两个脉冲的间隔时间为 T_1，其间的计数为 M_1，则转速 n 的计算公式如下。

$$n=\frac{1}{CT_1}=\frac{1}{C}\times\frac{F_1}{M_1} \tag{4-17}$$

这种方法是建立一个已知频率的高频脉冲并对其计数，适合测量低速。

(3) M/T 测速法

假设编码器单圈总脉冲数为 C，统计编码器脉冲数为 M_0，已知一个频率为 F_1 的高频脉冲，并对其计数，捕获到编码器相邻两个脉冲的间隔时间为 T_1，其间的计数为 M_1，则转速 n 的计算公式如下。

$$n=\frac{M_0}{C}\times\frac{F_1}{M_1} \tag{4-18}$$

M/T 测速法综合了 M 测速法和 T 测速法的优点，既测量编码器脉冲数，又测量一定时间内的高频脉冲数。

4.3.2 光电编码器

光电编码器利用穿过编码盘的光线来追踪轴的运动，如图 4-26 所示。编码器基于光的中断提供反馈，具体步骤如下：

① LED 发出的光束穿过一个透明的圆盘（编码盘），上面有不透明的线条，类似自行车车轮上的辐条；

② 光束被光电检测器（光电二极管阵列或光电传感器）组件拾取；

③ 光电探测器组件响应光束，产生正弦波形，进而被转换成方波或脉冲序列，有光对应开，无光对应闭；

④ 脉冲信号通过电子板发送到计数器或控制器；

⑤ 计数器或控制器发送信号产生适当的控制功能。

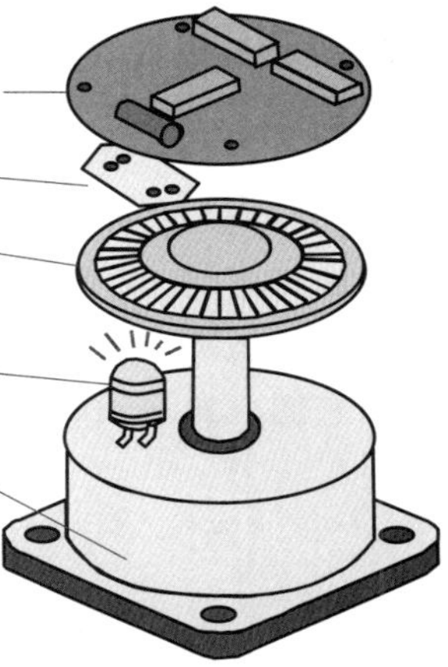

图 4-26　光电编码器组成原理示意图

检测从一个位置到下一个位置的移动量的编码器称为相对角度检测型，这种输出方式称为增量法。检测离原点位置有多远的编码器称为绝对角度检测型，以数字串行码或模拟电压输出当前绝对角度。如图 4-27 和图 4-28 所示为增量式光电编码器码盘和绝对式光电编码器码盘示例。增量法只有一排狭缝，绝对法有多排，比如有四排狭缝，就可以用二进制码求出从 0000 到 1111 的 16 个角的绝对位置。如果有 5 排狭缝，则从 00000 到 11111 有 32 个图案。将狭缝的行加倍为八，可以看到从 00000000 到 1111111 的 256 个不同角度的绝对位置。随着狭缝排数的增加，角度变化的分辨率增加，允许更精细地表示运动量。

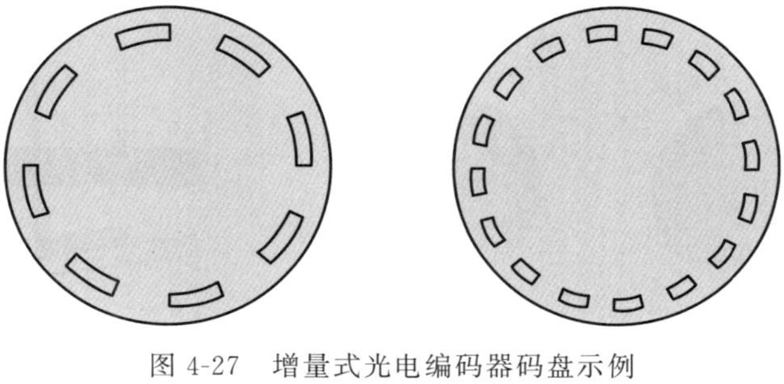

图 4-27　增量式光电编码器码盘示例

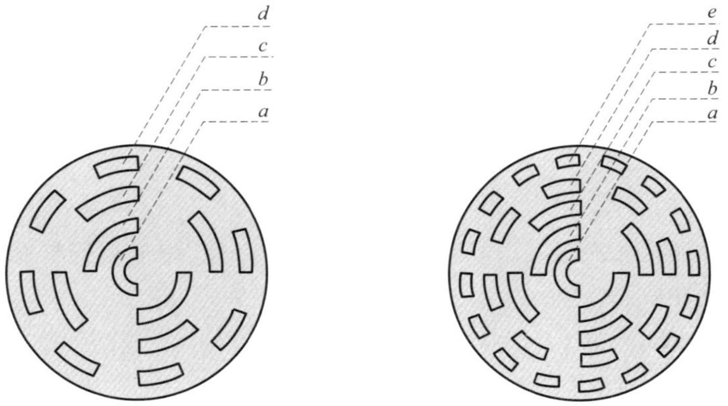

图 4-28 绝对式光电编码器码盘示例

4.3.3 磁编码器

磁编码器为非接触式的测量，其可以达到很多其他编码器不能达到的效果，如高抗震能力、耐污浊、装配要求低、高转速等，甚至可以做到完全防水，以及酸碱溶液里正常工作。磁编码器现已在更多领域，如交通装备、水下环境、无人机、生物医疗等对环境、体积有要求的场所。磁性编码器检测作为磁场变化的旋转位置信息，将它们转换成电信号，并输出它们。如图 4-29 所示。

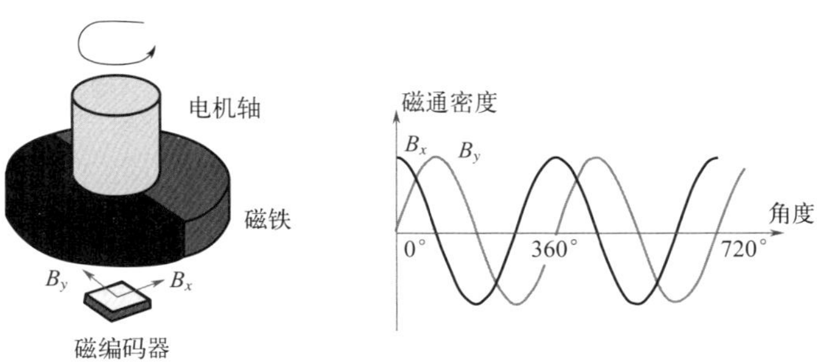

图 4-29 磁编码器及其测量原理

磁编码器可能因外部磁场引入干扰、磁铁和轴不对心，或磁铁相对于回转轴存在偏斜角引起对应测量误差，如图 4-30 所示。

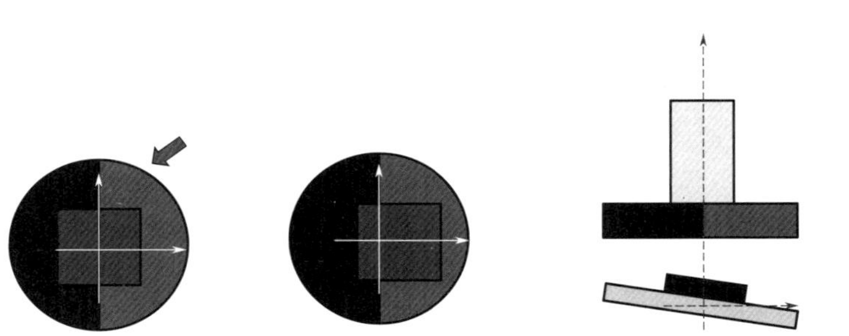

图 4-30 磁编码器误差产生示意图

4.3.4　薄膜弯曲传感器

薄膜弯曲传感器是一种广泛应用于各个领域的压阻式传感器。它的工作原理是利用薄膜材料的弯曲变形来测量其弯曲角度。薄膜弯曲传感器具有体积小、重量轻、灵敏度高和响应速度快的优点。因此，它们被广泛应用于医疗设备、汽车电子、智能机器人抓取等。如图 4-31 所示。

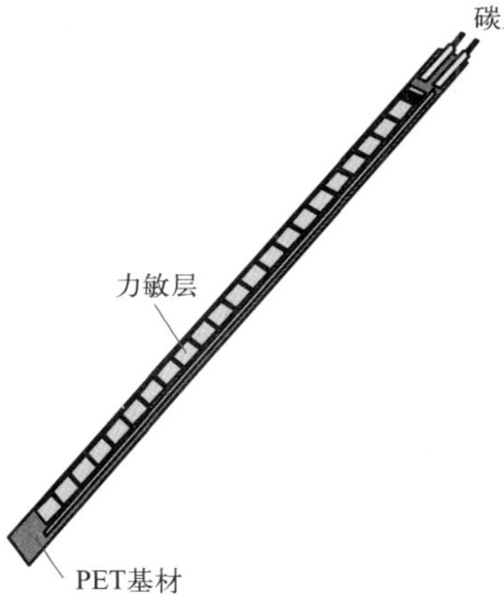

图 4-31　薄膜弯曲传感器组成原理图

薄膜弯曲传感器工作原理：当外界压力作用在传感区域时，薄膜材料会发生弯曲变形，从而引起电阻值的变化，通过测量电阻值的变化来间接计算压力的大小，如图 4-32 所示。一般需对薄膜弯曲传感器进行标定，确定其弯曲程度与测量弯曲角度之间的关系。此处需说明的是，薄膜弯曲传感器测量的弯曲角度存在一定误差，适用于一些难以放置霍尔传感器或光电编码器场合，例如智能假肢手指弯曲角度测量。

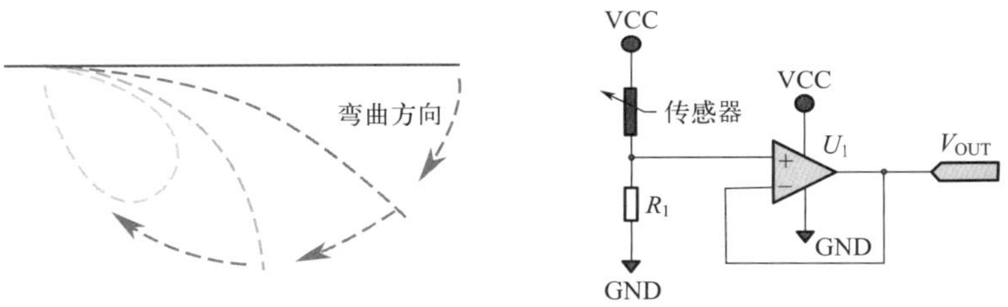

图 4-32　薄膜弯曲传感器测量原理

4.4　姿态传感器

4.4.1　惯性测量单元

惯性测量单元（inertial measurement unit，IMU）基于微电子机械系统（Micro-electromechanical Systems，MEMS）技术工作。带两个传感器的 IMU 类型包括加速度计和陀螺仪，至少可以收集 6 个自由度的角速度和加速度，但也有更高级的 IMU，包括气压计和磁力计。加速度计测得的加速度值和陀螺仪测得的角速度值是分开记录的，而使用两个传感器测得的角度经过校准以获得准确的数据。由于传感器噪声和陀螺仪的漂移问题，其精度会受到影响。磁力计测量偏航角旋转（围绕垂直轴的旋转），并根据陀螺仪数据进行校准，以解决漂移问题，主要用于漂移误差较小时动态定向计算。如果存在于磁场中，那么磁力计的测量可能会受到影响。

加速度计测量原理：想象一个立方体的盒子，里面有一个小球，如图 4-33 所示。这个盒子的壁是由压电晶体制成的。当倾斜盒子时，由于重力，球被迫向倾斜的方向移动。球碰撞的墙壁会产生微小的压电电流。长方体总共有三对相对的墙，每一对对应于 3D 空

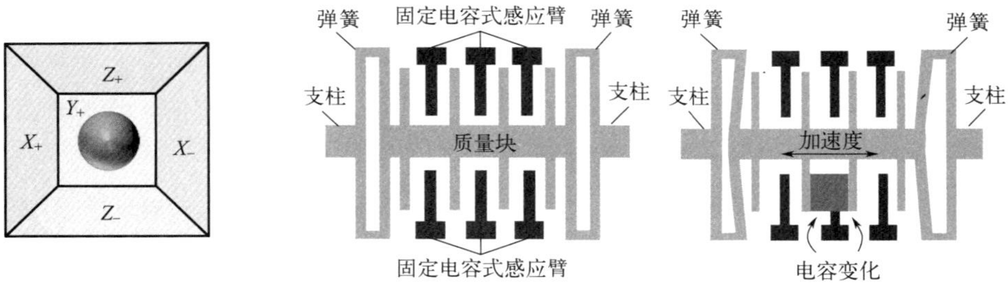

图 4-33　加速度计测量原理

间中的 X、Y 和 Z 轴。当 MEMS 加速度计经历加速度时，检测质量也会经历该加速度，蚀刻弹簧组抵抗这种加速。根据虎克定律和牛顿第二定律，检查质量移动的距离与其经历的加速度成正比。这种移动是利用电容的电特性来检测的，电容与两个导体之间的距离有关。然后，一组电子设备能够测量电容的变化，校准信号，并进一步处理它以给出加速度。

陀螺仪测量原理：陀螺仪测量角速度，即物体旋转或自旋的速度和方向。想象有一个像叉子一样的结构，它在不断地来回运动，它是用压电晶体固定的。在陀螺仪旋转过程中，由于科里奥利效应，质量将产生一个垂直于往复运动方向的力。该力被蚀刻的弹簧抵消，并被电容感测臂如加速度计感测。然后，信号处理电子设备处理相对于谐振质量往复运动的电容变化，如图 4-34 所示。

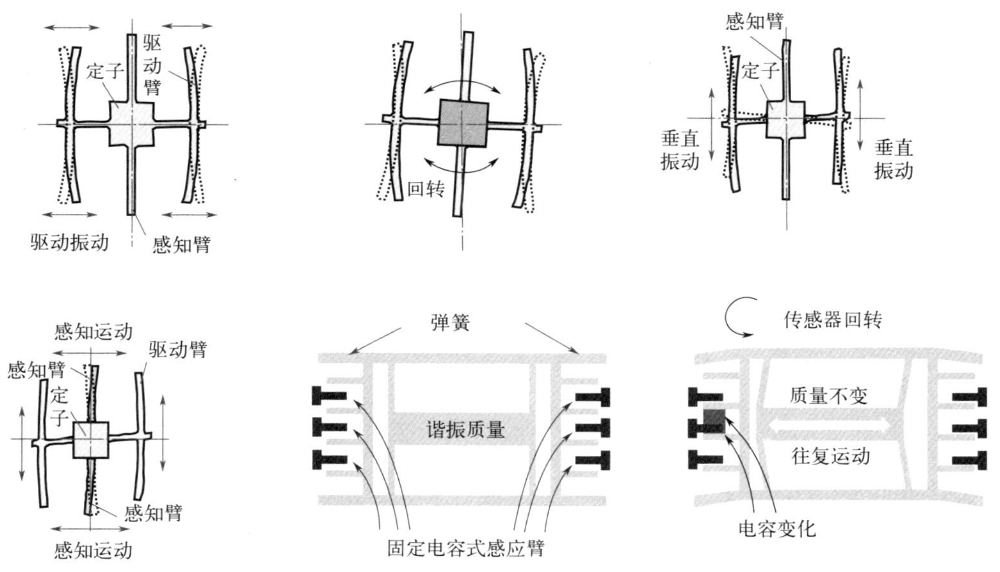

图 4-34　陀螺仪测量原理图

磁力计测量原理：磁力计可以提供设备在每个坐标轴上经历的磁场的数据，磁力计使用三个相互垂直的磁阻传感器。大多数磁力计使用霍尔效应来测量磁场强度。每个轴上的传感器检测该方向的地磁场强度，磁场强度的变化会引起磁阻传感器电阻值的变化。

磁力计测量磁场的基本前提是在导体中运动的电子会被导体所暴露的磁场偏转。当电荷通过磁场中的导电板时，磁场将电子偏转到导电板的一侧。随着更多的负电荷聚集在板的一侧，更多的正电荷聚集在板的另一侧，板的两侧之间存在可测量的电压，该电压与磁场的强度成比例，如图 4-35 所示。

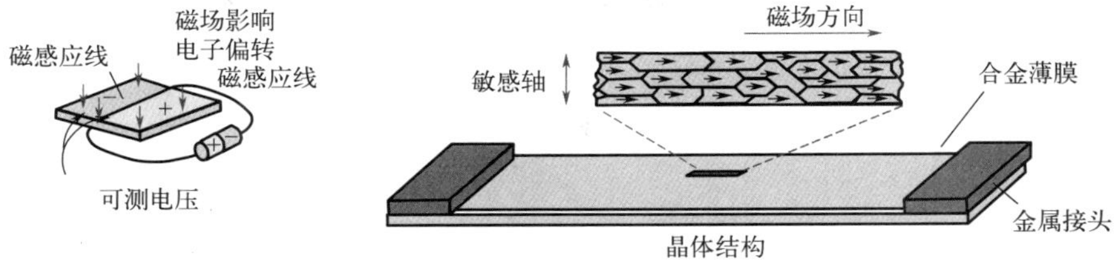

图 4-35　磁力计测量原理图

4.4.2　基于 IMU 的动作捕捉设备

惯性动作捕捉系统是通过多个惯性传感器来捕捉人的关键骨骼旋转信息。每个惯性传感器可以直接测量 *XYZ* 轴的转动量以及加速度。惯性设备是无法直接通过数据来还原人体姿态的，它还需要人体骨骼模型建立完整的人体姿态空间关系。惯性设备的安装和校准会比基于视觉的动作捕捉设备简单，整体造价也会低很多。目前市面的惯性设备都是绑带式或者紧身服式，如图 4-36 所示。IMU 的测量精度受到地磁场干扰，存在零漂和温漂。

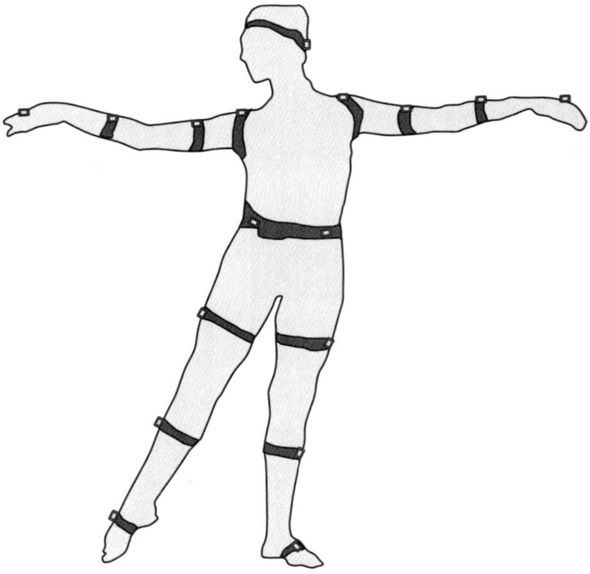

图 4-36　基于 IMU 的动作捕捉设备示意图

4.4.3　基于视觉的动作捕捉设备

如图 4-37 所示，基于视觉的动作捕捉设备由一组摄像机与数据处理服务器组成。摄像机发出红外光，人体穿着特定颜色衣服和采用特殊材质做成的 Maker 球，摄像机捕获到场景中 Maker 点的绝对位置信息，利用多个 Maker 点，结合人体骨骼模型建立完整的人体姿态空间关系。为了避免场景中其他反光体对捕捉造成的影响，也有不少采用主动式的发光体，也就是将 Maker 点换成主动发出红外光的设备。

相比于基于 IMU 的动作捕捉设备，基于视觉的动作捕捉设备存在如下优缺点。

优点：

① 测量精度高，可根据测量精度要求，增加摄像机数量和 Maker 点数量；

② 可用于捕捉脸部细微表情；

③ 干扰小，可通过特定颜色衣服和特定自发光 Maker 球提高摄像机抗干扰能力。

缺点：

① 造价贵；

② 不可移动，不方便携带；

③ 需要较大场地，且需较为烦琐的标定流程。

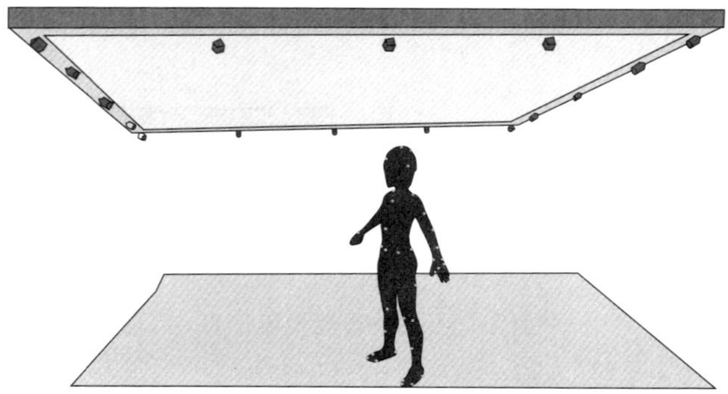

图 4-37　基于视觉的动作捕捉设备示意图

4.5　EEG 传感器

4.5.1　EEG 生理机理

皮层中的锥体神经元树突组织，彼此平行并垂直于皮层表面，产生大的细胞外电流，EEG 记录来自头皮的大脑内的这一生物电流[74]。EEG 是随时间绘制的两个不同大脑位置之间的电压差的图形表示。EEG 起源于细胞外空间神经元产生的离子电流的流动，它通过突触膜向内流向细胞，并通过突触外膜的大表面向外流动，然后将净离子电流记录为通过细胞外空间电阻存在的电压。因为与膜的高电阻相比，细胞外电阻非常低，所以跨膜电压等于电流与膜电阻的乘积。此外，流经膜的高电阻的离子电流确定了比电流流经细胞外电阻时引起的电位差更高的电位差，如图 4-38 所示。

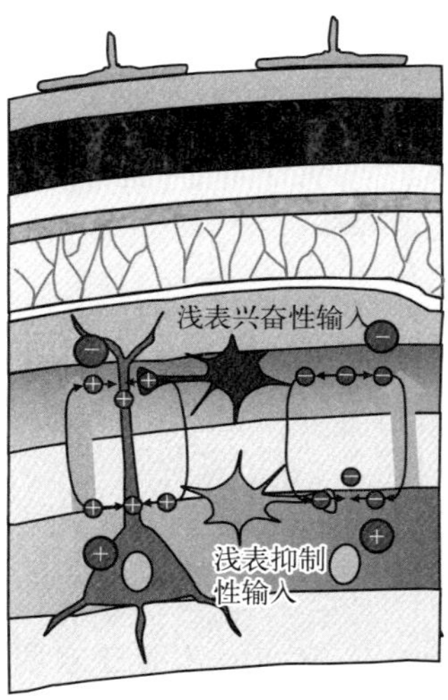

图 4-38　EEG 生理机理图[74]

EEG 必须穿过几层非神经组织，包括脑膜、头臂液体、颅骨和皮肤。每一层都有不同的传导特性，在电信号到达头皮上的电极之前衰减电信号。因此，需要数千个同时激活的神经元才能产生足够强的 EEG，以便从头皮表面的电极上检测到。

4.5.2　湿式/干式电极片

采集 EEG 需借助电极片和配套的传感器。电极是产生生物电活动或传导生物电活动的组织与放大器输入之间的连接系统。人体中的电流是离子流的结果，电极用于感应组织表面的离子流，并将其转化为电子流[74]。电极片大体上可分为湿式电极和干式电极，其中湿式电极需配合导电膏或凝胶使用。干式电极多为阵列针足形式，只要其中少部分针足接触到头皮，即可测量得到 EEG，一定程度解决因毛发隔开电极和头皮问题，如图 4-39 所示。

湿式电极普遍用于临床和研究应用中的生物电势记录，特点是皮肤电极阻抗低，减少了电缆运动引起的假象或干扰，具有出色的信号质量和良好的信噪比（Signal to Noise

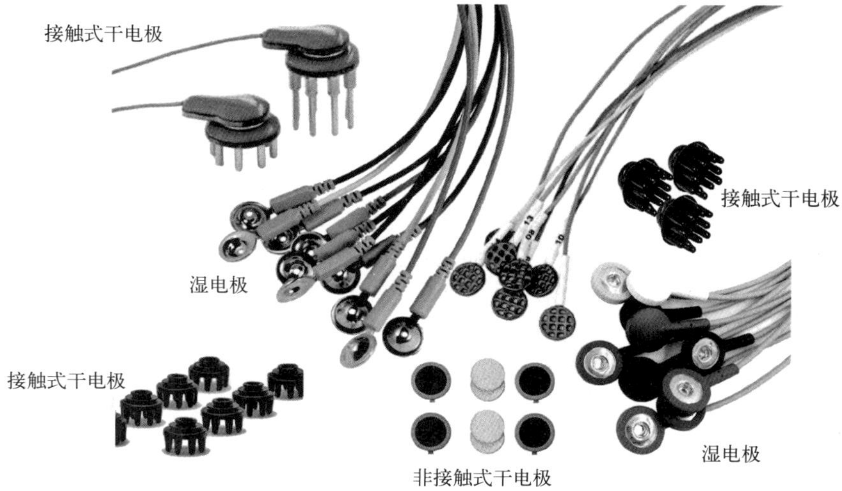

图 4-39　EEG 采集湿式/干式电极片

Ratio，SNR）。然而，湿电极需要皮肤准备（剃短或剃除毛发）和专业人员来正确放置它们。此外，它们的阻抗会在凝胶应用后的几个小时内变化，并且凝胶本身会变干。这些缺点限制了 Ag/AgCl 电极用于长期 EEG 监测的使用。

干式电极不需要使用导电膏或凝胶，也不需要任何皮肤/头皮准备，因此减少了设置时间并提高了受试者的舒适度。与 Ag/AgCl 电极相比，干电极呈现出更高的阻抗，导致对运动伪影的高度敏感性，并导致从环境中拾取的噪声和干扰的显著增加。此外，它们对皮肤状况更加敏感。

电极材料多为镀银/氯化银（Ag/AgCl），Ag/AgCl 电极具有与理想的非极化电极相似的特性。也可采用铂、铱和金等贵金属制成电极，电极表现类似于可完美极化的电极。一般电极需配合脑电帽使用。脑电帽可固定电极，一般采用硅胶材料制作，具有较好弹性和标准的测量位置标记。需说明的是，大部分用于采集 EEG 的电极片亦可用于采集 sEMG。

4.5.3　EEG 传感器示例电路

EEG 信号传感器示例电路如图 4-40 所示。

采用 ADS1299 作为 AD 芯片，采集 8 通道 EEG，其采样率为 250Hz～16kHz，标准模式下工作电流为 10mA，信噪比为 121dB，且内置偏置驱动放大器。ADS1299 芯片内置了滤波放大和 AD 转换功能模块，通过 SPI 通信与 STM32 芯片连接，STM32 芯片用于处理 SPI 接口传递过来的数字信号。ADS1299 和 STM32 芯片之间的 SPI 通信设置了隔离电路，减少电源电路和信号传输电路之间的干扰。

4.5.4　商用 EEG 采集设备简介

商用 EEG 采集设备生产厂商较多，本书选取几个较为典型的厂商产品如图 4-41 所示，分别为上海傲意信息科技有限公司的 OB-1000 型智能脑电图机、神念科技的 Neurosky Mindwave、Muse 公司的 Muse 系列、Emotiv 公司的 Emotiv Epoc 系列。其中 OB-1000 型智能脑电图机为 64 通道湿电极、最大采样率为 1000Hz，ADC 分辨率为 24bit，其自带

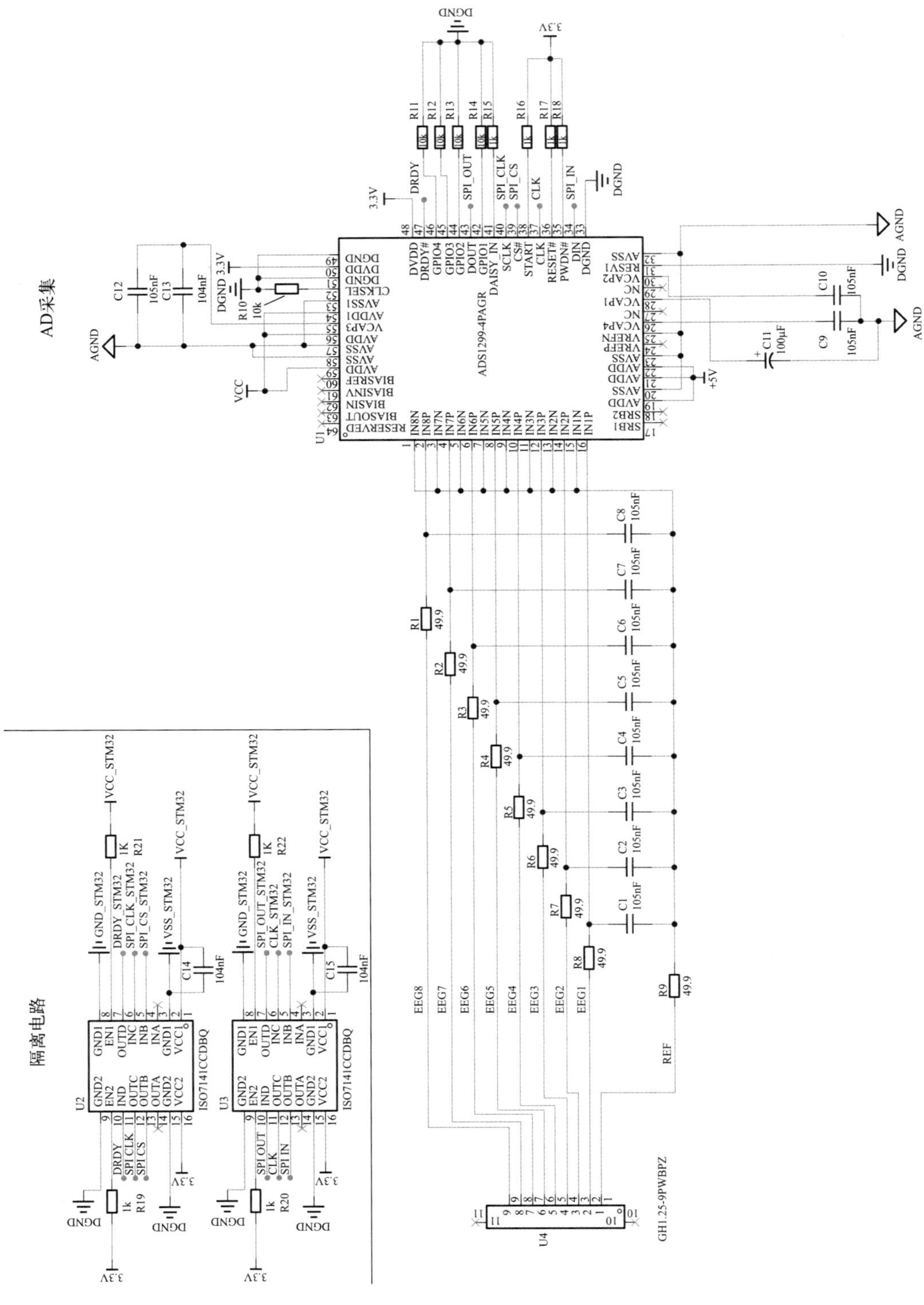

图 4-40　8 通道 EEG 传感器示例电路

IMU 模块，IMU 模块采样率为 50Hz。Neurosky Mindwave 是 1 通道设备，采用干电极，采样率为 512Hz，ADC 分辨率为 12bit。Muse 通道数为 4～6 通道，ADC 分辨率为 12bit，采样率为 256Hz。Emotiv Epoc 通道数为 16 通道，采样率为 256Hz，ADC 分辨率为 16bit。

图 4-41　商用 EEG 采集设备示例

4.6　sEMG 传感器

4.6.1　sEMG 生理机理

sEMG 通常传达关于肌肉激活的信息，例如肌肉运动、肌肉收缩的强度、肌肉疲劳的肌电表现和运动单位的募集。当大脑指示身体移动时，它会向脊髓发出电脉冲信号，并通过复杂的周围神经网络到达目标肌肉。这种神经元信号转换成肌肉收缩，每个运动单位有运动神经元、其轴突和它所支配的所有单个肌肉纤维。当来自大脑的电脉冲到达时，运动单位迅速对它们各自轴突末梢的细胞膜空间去极化，产生穿过肌肉纤维的传播动作电位波。由于来自大脑的激活脉冲可以招募多个运动单元，所有合成的运动单元动作电位（motor unit action potential，MUAPs）随着电信号通过肌肉辐射而叠加。产生的电信号可以通过表面电极在皮肤上感测，如图 4-42 所示。因此，sEMG 代表脊髓活动的运动神经元输出，通过放置在肌肉上方皮肤上的一系列电极来检测。由于运动单位不同步放电，并且包含正分量和负分量，叠加的 sEMG 波形基本上是随机的，但是总振幅与募集的运动单位的数量、大小和频率相关。由运动单位的单个纤维产生的 MUAPs 通过时间和空间上的振幅增强方式相加，允许肌肉激活的不同速度和力度。时间叠加使得连续的动作电位能够逐渐在肌肉纤维中建立张力，而空间叠加则召唤附近的额外肌肉纤维被招募，产生更大的张力[75]。

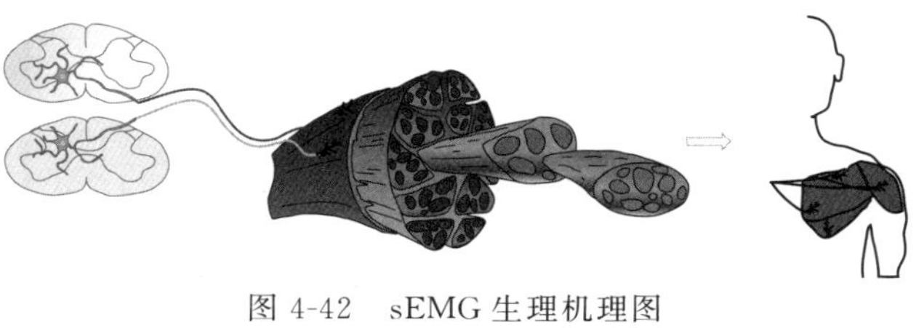

图 4-42　sEMG 生理机理图

4.6.2　sEMG 传感器示例电路

sEMG 传感器示例电路如图 4-43 所示。采用干电极差分输入获取，电路包含一级放

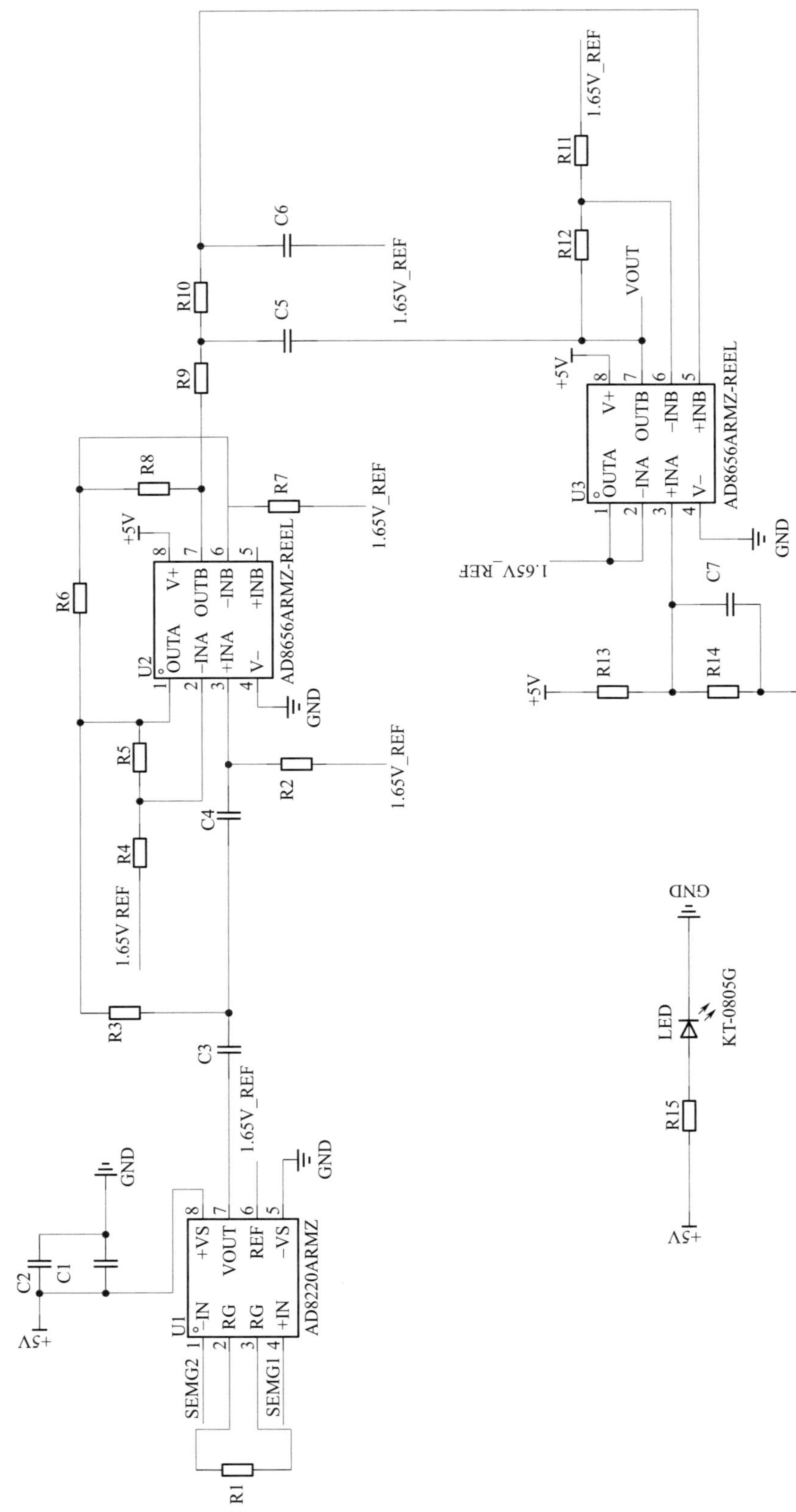

图 4-43 sEMG 传感器示例电路图

大电路、高通滤波电路、二级放大电路和低通滤波电路，有效信号范围为 20～500Hz。一级放大电路采用 AD8220 芯片，可通过设置外部增益电阻调整增益倍数。

2 片 AD8656 芯片分别用于完成高通滤波和二级放大、低通滤波。一级放大倍数为 5 倍，二级放大倍数为 50 倍，二级放大是对电路前级放大倍数不足的补充，并且是在 sEMG 经过一级放大、高通滤波后的再次放大，因此提高了信噪比[76]。

4.6.3 商用干式/湿式/高密度 sEMG 传感器简介

商用的 sEMG 传感器种类繁多，本书选取几个较为典型的厂商产品如图 4-44 所示，分别为上海傲意信息科技有限公司的 gForcePro+肌电臂环和 gForceOct 八通道无线肌电仪、TMSi 公司的柔性高密度肌电传感器、DELSYS 公司的 Trigno Centro System。其中 gForcePro+肌电臂环为 8 通道干电极式 sEMG 传感器，集成了 IMU 模块；gForceOct 八通道无线肌电仪为 8 通道湿式 sEMG 传感器，可无线传输；Trigno Centro System 为 16 通道高密度干式 sEMG 传感器。

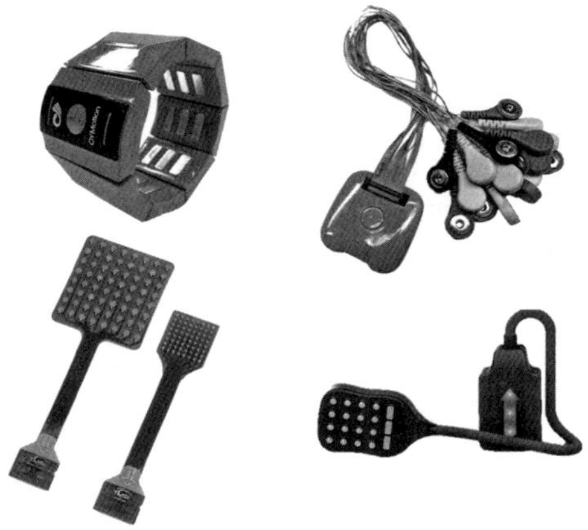

图 4-44　商用干式/湿式/高密度 sEMG 传感器示意图

4.7 智能机器人传感器前沿研究工作案例分析与总结

4.7.1 应用场景创新

传感器本质上是将信息从一种形式转换为另一种形式传递，或通过电、磁、液、气等基本方式将信息变化测量得到，并被精确检测获取数据。因此，很多时候，电阻、电压、电感、磁场、气压、颜色、纹理等均可应用转化为对应测量量。例如文献［77］采用气压传感器用于检测肌肉交互力，文献［78］采用摄像头用于检测手指接触力，文献［79］利用电感用于测指尖力，文献［80］采用加速度传感器测量肌动信息。文献［81］采用超声波检测肌肉状态图，利用其识别肌肉状态。因此，传感器应用场景创新是一种较为普遍的创新方式，通过分析具体应用场景，根据已有或可行条件，选择电阻、电压、电感、磁场、气压、颜色、纹理等中的某一种作为检测量，量化标定，进而应用对应场景。

4.7.2 多传感器融合

单一传感器感知信息完整度有限，因此，很多学者考虑利用多种传感器感知不同方面的传感信息，再进行合理融合，提高传感感知信息丰富度，例如可将 sEMG 结合气压传感器[82] 用于手部运动意图识别；将 sEMG 结合 IMU[83] 用于下肢外骨骼康复控制；将薄膜力传感器和 IMU 结合[84] 用于识别人体下肢连续运动意图，进而应用于下肢外骨骼仿生控制。文献［81］结合超声波和 sEMG 信号，建立肌肉希尔模型，预测踝关节跖屈力矩。

多传感器融合并非随意将任意的两种传感器强硬融合，而是需要遵循一定客观规律和传感信息特点。例如 sEMG 和气压传感器融合，其主要的原因是 sEMG 可感知肌肉出力，气压传感器可感知人机交互力，这两种力本身存在一定关联。再者，气压传感器体积小，可阵列布置，因此，sEMG 与气压传感器的结合是合理有效的。再比如超声波和 sEMG 的结合，主要原因是 sEMG 无法反映深层肌肉活动且容易受到来自相邻肌肉的干扰或串扰。超声波成像能够直接可视化表层和深层肌肉。因此，多传感器融合的创新方式的重点在于解释清楚为什么要融合这几个传感器信息，互相之间是否存在优势互补。再者，多传感器融合的创新方式亦可探究更为合理有效的多传感器融合算法，提高融合后的整体效果，传统的传感器融合算法多为卡尔曼滤波，近期流行的传感器融合算法多将传感器信息转化为图像或其他方式，结合深度学习算法完成融合。

4.7.3 仿生传感器设计与应用

仿生法一直是创新方法中较为常见的方法之一，传感器设计中采用仿生法亦是如此。人、动物或植物其感知世界的方式方法的解析是研究的重要源泉。例如文献［85］受蝉翼纹理表面结构特点启发，开发了一种高灵敏触觉传感器，可用于检测喉部的振动、手腕脉搏、肌肉的收缩和放松。文献［86］受捕蝇草超灵敏触发毛启发，研发了一种本体感觉机械传感器。捕蝇草的超灵敏感知依赖于 3 或 4 根触发毛，它们的叶子上有一个特殊的悬臂梁结构，触发毛是一种特殊的悬臂梁结构，由毛杆和基托组成，靠近毛根处有一个凹口结构。受触发毛发的特殊悬臂梁结构的启发，研究者开发了一种机械传感器，它对各种机械信号（如应力、压力、振动和位移）表现出极高的灵敏度。

4.7.4 材料科学

材料科学的发展对于传感器的设计与应用起到了非常重要的推动作用。例如电子皮肤[87]、柔性电阻和电容[88]、石墨烯[89] 等，在假肢、可穿戴设备、健康监测、力敏感映射等方面具有广泛的应用前景。这一方面创新工作多基于高空间分辨率、高电气性能、柔性可穿戴、顺应性、可靠性等要求，设计新的复合材料、微观机械结构、MEMS 系统等，重点关注传感器的信号精度、传感器的环境影响、传感器的接口电子电路、传感器的能源供应等问题[89]。

第5章

生物电信号处理基础

引言

生物电信号被传感器采集得到后，需对其进行对应的处理才能被机器人所应用。一般生物电信号处理包含时频域转换、滤波、分解、特征提取、去噪、特征映射等，涉及信号处理的基础知识。本章主要介绍信号处理基础、时域频域分析、成分分析、信号模态分解、EEG 采集与处理、sEMG 采集与处理等。

5.1 信号处理基础

5.1.1 各种形式的傅里叶变换与傅里叶级数

常规信号表示多为其时域表示形式，可直观看到信号随时间变化情况，例如 EEG、sEMG。然而，时域下并不能准确直观了解信号频率变化、整个信号段的频率分布范围（频带），因此，需要特定数学工具获得其频域定量表达。傅里叶变换可将信号从时域转换为频域或时频域，是适合这一问题的数学工具。

（1）连续时间傅里叶变换和连续时间傅里叶逆变换

连续时间傅里叶变换（Continuous time Fourier transform，CFT）是对连续信号 $s(t)$ 进行傅里叶变换，得到 $S(w)$，反之，可通过连续时间傅里叶逆变换（Inverse continuous time Fourier transform，ICFT）得到 $s(t)$。

$$S(w)=\int_{-\infty}^{\infty}s(t)\mathrm{e}^{-\mathrm{i}wt}\mathrm{d}t \tag{5-1}$$

$$s(t)=\int_{-\infty}^{\infty}S(w)\mathrm{e}^{\mathrm{i}wt}\mathrm{d}f \tag{5-2}$$

连续傅里叶变换式中 $w=2\pi f$。

（2）离散时间傅里叶变换和离散时间傅里叶逆变换

离散时间傅里叶变换（Discrete-time Fourier transform，DTFT）是通过对连续时间非周期信号 $x(t)$ 进行抽样，得到离散信号 $x(n)$，再求其傅里叶变换 $X(\mathrm{e}^{\mathrm{i}w})$，反之，通过离散时间傅里叶逆变换（Inverse discrete time Fourier transform，IDTFT）得到 $x(n)$。

$$X(\mathrm{e}^{\mathrm{i}w})=\sum_{n=-\infty}^{\infty}x(n)\mathrm{e}^{-\mathrm{i}wn} \tag{5-3}$$

$$x(n)=\frac{1}{2\pi}\int_{-\pi}^{\pi}x(\mathrm{e}^{\mathrm{i}w})\mathrm{e}^{\mathrm{i}wn}\mathrm{d}w \tag{5-4}$$

(3) 离散傅里叶变换、离散傅里叶逆变换和快速傅里叶变换

离散傅里叶变换（Discrete Fourier transform，DFT）是傅里叶变换在时域和频域上都呈离散的形式，离散傅里叶逆变换（Inverse discrete Fourier transform，IDFT）可从$\hat{x}[k]$得到$x[n]$。$x[n]$是通过对连续时间非周期信号$x(t)$进行抽样得到的离散信号。

$$\hat{x}[k]=\sum_{n=0}^{N-1}\mathrm{e}^{-\mathrm{i}\frac{2\pi}{N}nk}x[n],k=0,1,\cdots,N-1 \tag{5-5}$$

$$x[n]=\frac{1}{N}\sum_{n=0}^{N-1}\mathrm{e}^{\mathrm{i}\frac{2\pi}{N}nk}\hat{x}[k],n=0,1,\cdots,N-1 \tag{5-6}$$

直接计算 DFT 的公式计算量大且麻烦。因此，1965 年 Cooley 和 Tukey 提出了快速傅里叶变换（Fast Fourier Transform，FFT）方法，极大提高 DFT 的计算速度。Matlab 中对一维信号进行 FFT 计算的程序如下。

```
y=fft(x)%x是输入信号
y=fft(x,n)%x是输入信号,如果x的长度小于n,则为x补上尾零以达到长度n。如果x的长度大于n,则对x进行截断以达到长度n
```

(4) 傅里叶级数

傅里叶变换是一种非周期变换，傅里叶级数（Fourier series，FS）是周期变换。傅里叶级数是以三角函数为基对周期信号的无穷级数展开，如果把周期函数的周期取作无穷大，对傅里叶级数取极限即得到傅里叶变换。假设周期函数$s(t)$，其周期为$T_s=\frac{2\pi}{w_s}$，其傅里叶级数可表示如下形式。

$$s(t)=a_0+\sum_{n=1}^{\infty}a_n\cos(nw_st)+b_n\sin(nw_st) \tag{5-7}$$

其中，a_0、a_n 和 b_n 的计算公式如下。

$$a_0=\frac{1}{T_s}\int_{\frac{-T_s}{2}}^{\frac{T_s}{2}}s(t)\mathrm{d}t \tag{5-8}$$

$$a_n=\frac{2}{T_s}\int_{\frac{-T_s}{2}}^{\frac{T_s}{2}}s(t)\cos(nw_st)\mathrm{d}t \tag{5-9}$$

$$b_n=\frac{2}{T_s}\int_{\frac{-T_s}{2}}^{\frac{T_s}{2}}s(t)\sin(nw_st)\mathrm{d}t \tag{5-10}$$

(5) 离散傅里叶级数

周期序列$\tilde{x}(n)$是离散信号，可由如下公式表示

$$\tilde{x}(n)=\frac{1}{N}\sum_{k=0}^{N-1}\widetilde{X}(k)\mathrm{e}^{\mathrm{i}\frac{2\pi}{N}nk},n=0,\pm1,\cdots,N-1 \tag{5-11}$$

其中，$\widetilde{X}(k)$称为$\tilde{x}(n)$的离散傅里叶级数（discrete Fourier series，DFS）。

$$\widetilde{X}(k)=\sum_{n=0}^{N-1}\tilde{x}(n)\mathrm{e}^{-\mathrm{i}\frac{2\pi}{N}nk},k=0,\pm1,\cdots,N-1 \tag{5-12}$$

这五大类傅里叶变换的时域和频域信号对应关系如图 5-1 所示。

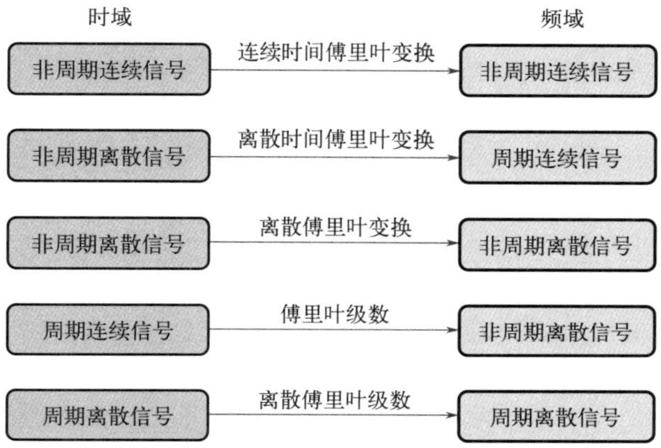

图 5-1　时域频域傅里叶变换各种形式的对应关系

例 5-1　DTFT 示例

设 $x(n)$ 是四点序列

$$x(n)=\begin{cases}1, & 0\leqslant n\leqslant 3\\ 0, & \text{其余 } n\end{cases}$$

计算 DTFT，并画出它的幅度和相位。

DTFT 公式如下：

$$X(\mathrm{e}^{\mathrm{i}w})=\sum_{0}^{3}x(n)\mathrm{e}^{-\mathrm{i}wn}=1+\mathrm{e}^{-\mathrm{i}w}+\mathrm{e}^{-\mathrm{i}2w}+\mathrm{e}^{-\mathrm{i}3w}$$

```
clear;clc;
w=0:0.001:2*pi;
X=1+exp(-i*w)+exp(-i*2*w)+exp(-i*3*w);
magX=abs(X);
phaX=angle(X)*180/pi;
figure;subplot(2,1,1);plot(w/pi,magX,'linewidth',2,'color','r');grid on;xlabel
('w/π');ylabel('幅度');
subplot(2,1,2);plot(w/pi,phaX,'linewidth',2,'color','b');grid on;xlabel('w/π');
ylabel('相位/°')
```

例 5-2　DFT 示例（图 5-2、图 5-3）

设 $x(n)$ 是四点序列

$$x(n)=\begin{cases}1, & 0\leqslant n\leqslant 3\\ 0, & \text{其余 } n\end{cases}$$

计算 x（n）的 8 点 DFT。

$$\hat{x}[k]=\sum_{n=0}^{N-1}\mathrm{e}^{-\mathrm{i}\frac{2\pi}{N}nk}x[n],k=0,1,\cdots,N-1\Rightarrow\hat{x}[k]=\sum_{n=0}^{7}\mathrm{e}^{-\mathrm{i}\frac{\pi}{4}nk}x[n]$$

$$\hat{x}[0]=\sum_{n=0}^{7}x[n]=4,\hat{x}[1]=\sum_{n=0}^{7}\mathrm{e}^{-\mathrm{i}\frac{\pi}{4}n}x[n]=1+\mathrm{e}^{-\mathrm{i}\frac{\pi}{4}}+\mathrm{e}^{-\mathrm{i}\frac{2\pi}{4}}+\mathrm{e}^{-\mathrm{i}\frac{3\pi}{4}}$$

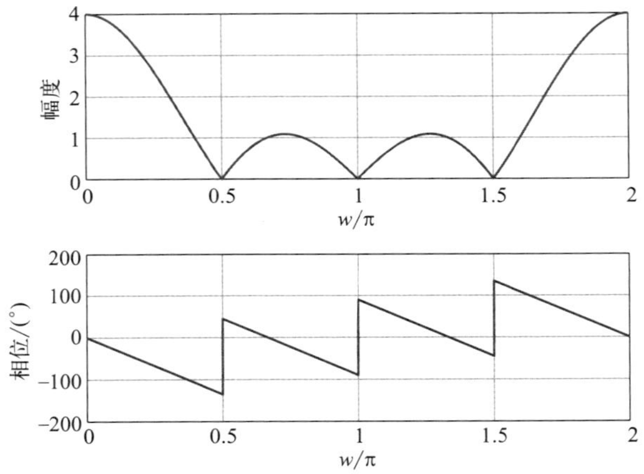

图 5-2 四点序列 DFT 的幅频图和相频图

$$\widehat{x}[2]=\sum_{n=0}^{7}\mathrm{e}^{-\mathrm{i}\frac{2n\pi}{4}}x[n]=1+\mathrm{e}^{-\mathrm{i}\frac{2\pi}{4}}+\mathrm{e}^{-\mathrm{i}\frac{4\pi}{4}}+\mathrm{e}^{-\mathrm{i}\frac{6\pi}{4}}$$

$$\widehat{x}[3]=\sum_{n=0}^{7}\mathrm{e}^{-\mathrm{i}\frac{3n\pi}{4}}x[n]=1+\mathrm{e}^{-\mathrm{i}\frac{3\pi}{4}}+\mathrm{e}^{-\mathrm{i}\frac{6\pi}{4}}+\mathrm{e}^{-\mathrm{i}\frac{9\pi}{4}}$$

$$\widehat{x}[4]=\sum_{n=0}^{7}\mathrm{e}^{-\mathrm{i}\frac{4n\pi}{4}}x[n]=1+\mathrm{e}^{-\mathrm{i}\frac{4\pi}{4}}+\mathrm{e}^{-\mathrm{i}\frac{8\pi}{4}}+\mathrm{e}^{-\mathrm{i}\frac{12\pi}{4}}$$

$$\widehat{x}[5]=\sum_{n=0}^{7}\mathrm{e}^{-\mathrm{i}\frac{5n\pi}{4}}x[n]=1+\mathrm{e}^{-\mathrm{i}\frac{5\pi}{4}}+\mathrm{e}^{-\mathrm{i}\frac{10\pi}{4}}+\mathrm{e}^{-\mathrm{i}\frac{15\pi}{4}}$$

$$\widehat{x}[6]=\sum_{n=0}^{7}\mathrm{e}^{-\mathrm{i}\frac{6n\pi}{4}}x[n]=1+\mathrm{e}^{-\mathrm{i}\frac{6\pi}{4}}+\mathrm{e}^{-\mathrm{i}\frac{12\pi}{4}}+\mathrm{e}^{-\mathrm{i}\frac{18\pi}{4}}$$

$$\widehat{x}[7]=\sum_{n=0}^{7}\mathrm{e}^{-\mathrm{i}\frac{7n\pi}{4}}x[n]\ 1+\mathrm{e}^{-\mathrm{i}\frac{7\pi}{4}}+\mathrm{e}^{-\mathrm{i}\frac{14\pi}{4}}+\mathrm{e}^{-\mathrm{i}\frac{21\pi}{4}}$$

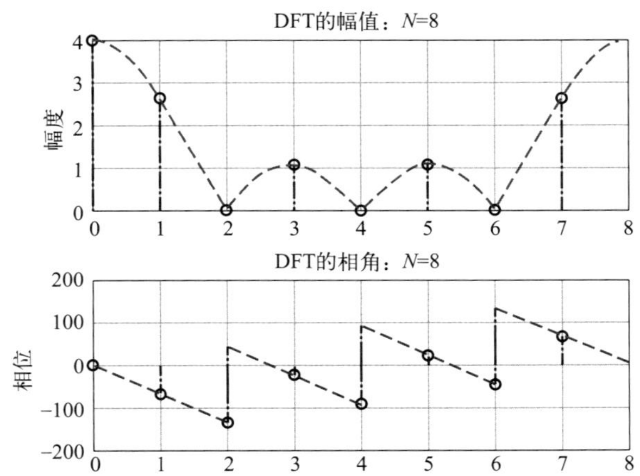

图 5-3 四点序列 8 点 DFT 的幅频图和相频图

```
clear;clc;
w=0:0.001:2*pi;
X=1+exp(-i*w)+exp(-i*2*w)+exp(-i*3*w);
magH=abs(X);
phaH=angle(X)*180/pi;
x0=4;
x1=1+exp(-i*1*pi/4)+exp(-i*1*2*pi/4)+exp(-i*1*3*pi/4);
x2=1+exp(-i*2*pi/4)+exp(-i*2*2*pi/4)+exp(-i*2*3*pi/4);
x3=1+exp(-i*3*pi/4)+exp(-i*3*2*pi/4)+exp(-i*3*3*pi/4);
x4=1+exp(-i*4*pi/4)+exp(-i*4*2*pi/4)+exp(-i*4*3*pi/4);
x5=1+exp(-i*5*pi/4)+exp(-i*5*2*pi/4)+exp(-i*5*3*pi/4);
x6=1+exp(-i*6*pi/4)+exp(-i*6*2*pi/4)+exp(-i*6*3*pi/4);
x7=1+exp(-i*7*pi/4)+exp(-i*7*2*pi/4)+exp(-i*7*3*pi/4);
XX=[x0,x1,x2,x3,x4,x5,x6,x7];
abs(XX)
angle(XX)*180/pi
N=8;
k=0:N-1;
x=[1,1,1,1,zeros(1,4)];
X=dft(x,N);
magX=abs(X);
phaX=angle(X)*180/pi;
subplot(2,1,1);plot(w*N/(2*pi),magH,'--','linewidth',2,'color','r');hold on;grid on;
stem(k,magX,'-.','linewidth',2,'color','k');
ylabel('幅度');title('DFT 的幅值:N=8')
subplot(2,1,2);plot(w*N/(2*pi),phaH,'--','linewidth',2,'color','b');hold on;grid on;
stem(k,phaX,'-.','linewidth',2,'color','k');
ylabel('相位');title('DFT 的相角:N=8');
function [Xk]=dft(xn,N)
n=[0:1:N-1];
k=[0:1:N-1];
WN=exp(-i*2*pi/N);
nk=n'*k;
WNnk=WN.^nk;
Xk=xn*WNnk;
end
```

5.1.2 有限冲激响应滤波器和无限冲激响应滤波器

根据冲激响应的不同，将数字滤波器分为有限冲激响应（Finite impulse response，FIR）滤波器和无限冲激响应（Infinite impulse response，IIR）滤波器。对于 FIR 滤波器，冲激响应在有限时间内衰减为零，其输出仅取决于当前和过去的输入信号值，是一种前馈型滤波器。对于 IIR 滤波器，冲激响应理论上应会无限持续，其输出不仅取决于当前和过去的输入信号值，也取决于过去的信号输出值，是一种反馈型滤波器。

IIR 滤波器设计可以通过差分方程、极点和零点等来实现。FIR 滤波器的设计方法主要是基于窗函数，通过选择窗函数、截止频率和滤波器阶数等来实现滤波器的设计。

（1）FIR 滤波器

理论上，FIR 滤波器应为如下形式。

$$y(k)=\sum_{i=-\infty}^{\infty} f_i x(k-i) \tag{5-13}$$

然而，实际上这是不现实的，需截取有限项，如下公式所示。

$$y(k)=\sum_{i=-N_1}^{N_2} f_i x(k-i) \tag{5-14}$$

f_i 是滤波因子，N_1+N_2+1 为滤波长度，$x(i)$ 为需要滤波的离散信号。N_1 和 N_2 越大，则越接近理想情形。然而，这种有限项代替无限项会引起高频部分“泄露”，因此，常需采用窗口法进行修正。常用的窗函数有汉宁窗、海明窗、布莱克曼窗等，具体可参考本书 5.2.3 小节。

例 5-3 FIR 滤波器例子

举一个简易例子，假设某信号如下。$u(t)$ 是需要保留的信号，$v(t)$ 是需要滤除的信号。

$$x(t)=u(t)+v(t)=\sin(2\pi\times 10t)+\sin(2\pi\times 100t)$$

假设对其进行离散化，采样间隔为 $\Delta t=0.002\text{s}$，则得到如下离散形式。

$$x(k\Delta t)=u(k\Delta t)+v(k\Delta t)=\sin(2\pi\times 10k\Delta t)+\sin(2\pi\times 100k\Delta t)$$

假设 $y(k\Delta t)$ 有如下形式。

$$y(k\Delta t)=\frac{x[(k-2)\Delta t]+x[(k-1)\Delta t]+x(k\Delta t)+x[(k+1)\Delta t]+x[(k+2)\Delta t]}{5}$$

则可得如下公式。

$$y(k\Delta t)=\frac{u_{k-2}+u_{k-1}+u_k+u_{k+1}+u_{k+2}}{5}+\frac{v_{k-2}+v_{k-1}+v_k+v_{k+1}+v_{k+2}}{5}$$

$$u_k=\sin(2\pi\times 0.02k)$$

$$v_k=\sin(2\pi\times 0.2k)$$

对于 v_k，其相邻 5 个等间隔点正好分布在一整个周期上，因此，$v_{k-2}+v_{k-1}+v_k+v_{k+1}+v_{k+2}=0$。

对于 u_k，可得如下近似公式，从而实现滤除 v_k，保留 u_k 目的。

$$u_k\approx\frac{u_{k-2}+u_{k-1}+u_k+u_{k+1}+u_{k+2}}{5}$$

此例子中的 FIR 滤波器公式如下。

$$y(k)=\sum_{i=-2}^{2}\frac{1}{5}x(k-i)$$

$$f_i=\frac{1}{5}$$

(2) IIR 滤波器

$$y(k)=\sum_{i=0}^{N} f_i x(k-i)-\sum_{i=1}^{L} g_i y(k-i) \tag{5-15}$$

L 是滤波器的阶次；f_i 和 g_i 是滤波因子；$x(i)$ 为需要滤波的离散信号。

综合以上两式，数字滤波器 z 变换传递函数一般表达式如下。

$$\hat{H}(z)=\frac{y(z)}{x(z)}=\frac{b(1)+b(2)z^{-1}+b(3)z^{-2}+\cdots+b(N+1)z^{-N}}{1+a(2)z^{-1}+a(3)z^{-2}+\cdots+a(L+1)z^{-L}} \tag{5-16}$$

将其转换为离散形式如下。

$$y(k)=b(1)x(k)+b(2)x(k-1)+b(3)x(k-2)+\cdots+b(N+1)x(k-N)-a(2)y(k-1)\\-a(3)y(k-2)-\cdots-a(L+1)y(k-L)$$

当 $a(2)=a(3)=\cdots=a(L+1)=0$ 时，则为 FIR 滤波器，$f_i=b(i+1)$。

其他时候，则为 IIR 滤波器，$f_i=b(i+1)$，$g_i=a(i+1)$。

例 5-4　IIR 滤波器例子

如图 5-4 所示电阻-电容（Resistor-Capacitance，RC）电路，其描述式如下

$$RC\frac{\mathrm{d}y(t)}{\mathrm{d}t}+y(t)=x(t)$$

对其离散化，令 $t=k\Delta t$，可得如下公式。

$$y(k\Delta t)=\frac{1}{1+\frac{RC}{\Delta t}}x(k\Delta t)+\frac{\frac{RC}{\Delta t}}{1+\frac{RC}{\Delta t}}y((k-1)\Delta t)$$

假设 $R=100\Omega$，$C=200\mu\text{F}$，$\Delta t=0.002\text{s}$，$x(k\Delta t)$ 如下公式。

$$x(k\Delta t)=u(k\Delta t)+v(k\Delta t)=\sin(2\pi\times 10k\Delta t)+\sin(2\pi\times 100k\Delta t)$$

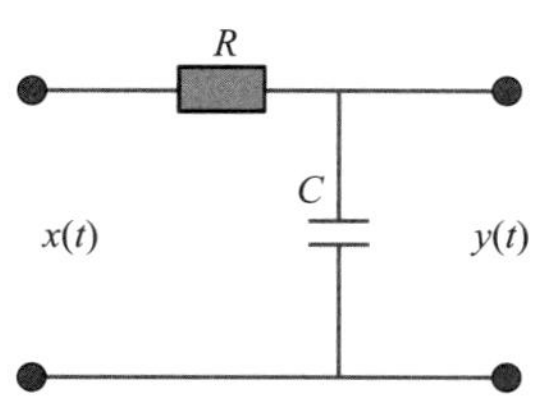

图 5-4　RC 电路

则可得原始信号和滤波后信号对比图如图 5-5 所示。这一例子中的 IIR 滤波器公式如下。

$$y(k)=\sum_{i=0}^{0}\frac{1}{1+\frac{RC}{\Delta t}}x((k-i)\Delta t)-\sum_{i=1}^{1}\frac{-\frac{RC}{\Delta t}}{1+\frac{RC}{\Delta t}}y((k-i)\Delta t)$$

(3) 滤波器设计-基于 MATLAB 信号处理工具箱

一般可通过 MATLAB 信号处理工具箱设计相关 FIR 和 IIR 滤波器参数，以下是常用的工具箱函数。

a. FIR 滤波器

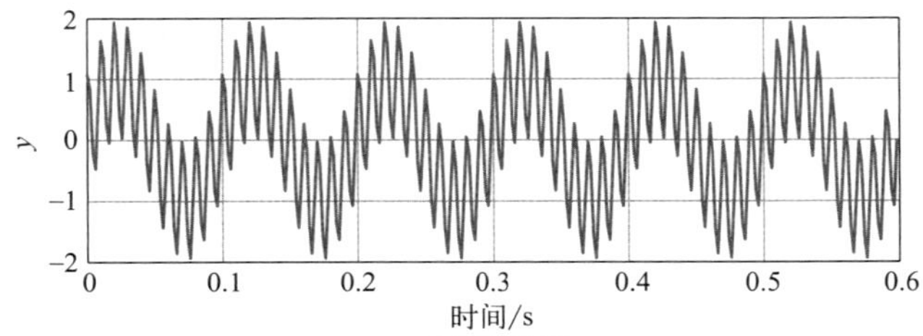

(a) 原始信号

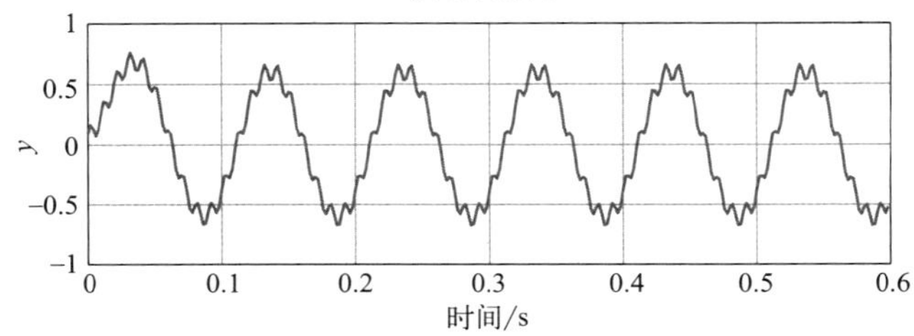

(b) 滤波后信号

图 5-5 IIR 滤波器前后信号对比图

• b=fir1(n,Wn,'ftype',Window)--基于窗函数的 FIR 滤波器的设计（标准响应）。其中，n 是阶次；Wn 是截止频率。此处，Wn∈[0,1]，Wn=1 相当于 $0.5f_s$，f_s 是采样频率。'ftype'表示滤波器类型，有'low'，'high'，'bandpass'等类型，分别表示低通、高通和带通类型。Window-窗口，默认是 Hanning(n) 汉明窗。

• b=fir2(n,f,m,Window)--基于窗函数的 FIR 滤波器的设计（任意响应）。[m,f]--构成期望频率响应，f∈[0,1]，f=1，相当于 $0.5f_s$，n 和 Window 同上定义。

• b=firls(n,f,m,Window,'ftype')--最小二乘 FIR 滤波器的设计。n、f、m、Window 和'ftype'同上定义。

b. IIR 滤波器

• [b,a]=butter(n,Wn,'ftype')--巴特沃斯滤波器，n、Wn 和'ftype'同上定义。

• [b,a]=besself(n,Wn,'ftype')--贝塞尔滤波器，n、Wn 和'ftype'同上定义。

例 5-5 低通滤波器示例（图 5-6）

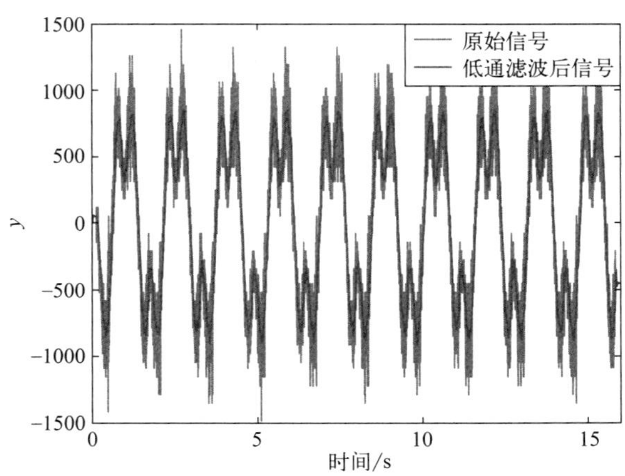

图 5-6 低通滤波器滤波效果示例

```
clear;clc;
load x.mat;
[b,a]=butter(4,20/250);%4 阶滤波器,采样率为 500Hz,低通滤波截止频率为 20Hz
x_2=0;x_3=0;x_4=0;x_5=0;
y_2=0;y_3=0;y_4=0;y_5=0;
temp1=0;temp2=0;
for i=1:1:size(x,1)
    Position(i)=x(i,2);
    x_5=x_4;x_4=x_3;x_3=x_2;x_2=temp1;
    y_5=y_4;y_4=y_3;y_3=y_2;y_2=temp2;
    temp(i)=a(2)*y_2+a(3)*y_3+a(4)*y_4+a(5)*y_5;
    y(i)=b(1)*Position(i)+b(2)*x_2+b(3)*x_3+b(4)*x_4+b(5)*x_5-temp(i);
    temp1=Position(i);temp2=y(i);
end
t=0:1/500:1/500*(length(y)-1);t=t';
plot(t,Position);hold on;plot(t,y)
```

以上程序除了[b,a]=butter(4,20/250)，其他都是通用程序，可适用于其他编程环境。切换到其他编程环境时，可先利用 matlab 获取 b、a 参数，其为常数，接着将这些参数抄录到其他编程环境下。

除了以上程序，也可以用 filter 函数或 filtfilt 函数，格式如下。

```
y=filter(b,a,x)
y=filtfilt(b,a,x)
```

其中，b 和 a 为滤波器参数；x 为待滤波信号；y 为滤波后的信号。然而，filter 函数是 matlab 工具箱函数，不适用于实际嵌入式或其他编程环境。

由于滤波必然会带来迟滞，因此，filtfilt 函数先将数据按顺序滤波，再将结果逆转后反向通过滤波器，可得到零相位失真。然而这一函数不适用于实时场景，仅可用于离线数据分析处理情形。

5.1.3　低通、高通、带通、陷波滤波器

滤波器的主要作用是根据信号频率的不同对信号进行处理，将特定频率范围内的信号通过并滤除其他频率成分。

低通滤波器可允许频率低于截止频率的信号通过，高于截止频率的信号衰减，越远离截止频率的信号，衰减越大。低通滤波器主要用于滤除高频噪声。例如电机电流采样信号、速度采样信号中存在较多高频噪声，一般需设计对应低通滤波器进行滤波。

高通滤波器可允许频率高于截止频率的信号通过，低于截止频率的信号衰减，越远离截止频率的信号，衰减越大。高通滤波器主要用于滤除低频信号。在无线通信系统中，高通滤波器可用于去除低频噪声和干扰，提高信号质量。在图像处理中，高通滤波器常被用于图像的锐化和增强，以及提取图像的边缘和纹理特征。

带通滤波器是一种可以通过一定范围内的频率信号，而阻止其他频率信号通过的电子滤波器。它只允许一定范围内的频率信号通过，同时阻止低于和高于该范围的频率信号通

过。例如人体 sEMG 的主频范围在 20～500Hz，EEG 的 δ 波主频范围为 0.5～4Hz，θ 波主频范围为 4～7Hz，α 波主频范围为 7～12Hz，β 波主频范围为 12～30Hz。然而采集的信号一般都是各种频段信号混合在一起，因此，带通滤波器便起到了重要作用。

陷波滤波器是一种削弱小范围频率信号并支持所有其他频率信号原样通过的滤波器。陷波滤波器可有效去除特定频率的干扰信号。陷波滤波器是一种带阻滤波器，由高通和低通滤波器组合而成。陷波滤波器也称为“带抑制滤波器”。例如采集 sEMG 和 EEG 时，经常存在工频干扰，一般为 50Hz 或 60Hz，此时可借助陷波滤波器将其去除。

例 5-6 sEMG 低通、高通、带通和陷波滤波器应用示例

有一段采样频率为 1000Hz 的 sEMG，对其分别进行 20Hz 低通、100Hz 高通、20～50Hz 带通和 50Hz 陷波滤波。其中，低通、高通、带通均可采用 butter 滤波器进行设计，陷波滤波器需借助 Matlab 的 Filger Designer 工具箱设计。如图 5-7～图 5-11 所示。

```
clear;clc;close all;
load data1.mat
semg=emg1;
semg=(semg-min(semg))/(max(semg)-min(semg));
semg=semg-mean(semg);
emg1=semg';
Fs=1000;
k=length(emg1);

%%低通滤波器示例
[b,a]=butter(4,20/500);
x_2=0;x_3=0;x_4=0;x_5=0;
y_2=0;y_3=0;y_4=0;y_5=0;
temp1=0;temp2=0;
for i=1:1:k
    x_5=x_4;x_4=x_3;x_3=x_2;x_2=temp1;
    y_5=y_4;y_4=y_3;y_3=y_2;y_2=temp2;
    temp(i)=a(2)*y_2+a(3)*y_3+a(4)*y_4+a(5)*y_5;
    y(i)=b(1)*emg1(i)+b(2)*x_2+b(3)*x_3+b(4)*x_4+b(5)*x_5-temp(i);
    temp1=emg1(i);temp2=y(i);
end
t=0:1/1000:1/1000*(length(y)-1);t=t';
figure;subplot(1,2,1);
plot(t,emg1);hold on;plot(t,y,'linewidth',1);grid on;
xlabel('时间/秒');ylabel('y/V');
title('原始信号与低通滤波后信号');
legend('原始信号','低通滤波后信号');

fff=fft(y);
fff=abs(fff);
```

```
f=(0:floor((k-1)/2))*Fs/k;
f=f';
subplot(1,2,2);
plot(f,fff(1:floor((k-1)/2)+1));grid on;xlabel('f/Hz');ylabel('PSD');title('低通滤波后的信号频谱');

%%高通滤波器
[b,a]=butter(4,100/500,'high');
x_2=0;x_3=0;x_4=0;x_5=0;
y_2=0;y_3=0;y_4=0;y_5=0;
temp1=0;temp2=0;
for i=1:1:k
    x_5=x_4;x_4=x_3;x_3=x_2;x_2=temp1;
    y_5=y_4;y_4=y_3;y_3=y_2;y_2=temp2;
    temp(i)=a(2)*y_2+a(3)*y_3+a(4)*y_4+a(5)*y_5;
    y(i)=b(1)*emg1(i)+b(2)*x_2+b(3)*x_3+b(4)*x_4+b(5)*x_5-temp(i);
    temp1=emg1(i);temp2=y(i);
end
t=0:1/1000:1/1000*(length(y)-1);t=t';
figure;subplot(1,2,1);
plot(t,emg1);hold on;plot(t,y,'linewidth',1);grid on;
xlabel('时间/秒');ylabel('y/V');
title('原始信号与高通滤波后信号');
legend('原始信号','高通滤波后信号');
fff=fft(y);
fff=abs(fff);
f=(0:floor((k-1)/2))*Fs/k;
f=f';
subplot(1,2,2);
plot(f,fff(1:floor((k-1)/2)+1));grid on;xlabel('f/Hz');ylabel('PSD');title('高通滤波后的信号频谱');

%%带通滤波器
[b,a]=butter(3,[20/500 50/500]);
x_2=0;x_3=0;x_4=0;x_5=0;x_6=0;x_7=0;
y_2=0;y_3=0;y_4=0;y_5=0;y_6=0;y_7=0;
temp1=0;temp2=0;
for i=1:1:k
    x_7=x_6;x_6=x_5;x_5=x_4;x_4=x_3;x_3=x_2;x_2=temp1;
    y_7=y_6;y_6=y_5;y_5=y_4;y_4=y_3;y_3=y_2;y_2=temp2;
    temp(i)=a(2)*y_2+a(3)*y_3+a(4)*y_4+a(5)*y_5+a(6)*y_6+a(7)*y_7;
    y(i)=b(1)*emg1(i)+b(2)*x_2+b(3)*x_3+b(4)*x_4+b(5)*x_5+b(6)*x_6+b(7)*x_7-temp(i);
```

```
    temp1=emg1(i);temp2=y(i);
end
t=0:1/1000:1/1000*(length(y)-1);t=t';
figure;subplot(1,2,1);
plot(t,emg1);hold on;plot(t,y,'linewidth',1);grid on;
xlabel('时间/秒');ylabel('y/V');
title('原始信号与带通滤波后信号');
legend('原始信号','带通滤波后信号');
fff=fft(y);
fff=abs(fff);
f=(0:floor((k-1)/2))*Fs/k;
f=f';
subplot(1,2,2);
plot(f,fff(1:floor((k-1)/2)+1));grid on;xlabel('f/Hz');ylabel('PSD');title('带通滤波后的信号频谱');
%%陷波滤波器示例
%求原始信号频带范围
fff=fft(emg1);
fff=abs(fff);
f=(0:floor((k-1)/2))*Fs/k;
f=f';
figure;subplot(1,2,1)
plot(f,fff(1:floor((k-1)/2)+1));grid on;xlabel('f/Hz');ylabel('PSD');title('原始信号频谱');
%信号滤波
a(1)=1;a(2)=-1.8527;a(3)=0.9481;
b(1)=0.9740;b(2)=-1.8527;b(3)=0.9740;
x_2=0;x_3=0;
y_2=0;y_3=0;
temp1=0;temp2=0;
for i=1:1:k
    x_3=x_2;x_2=temp1;
    y_3=y_2;y_2=temp2;
    temp(i)=a(2)*y_2+a(3)*y_3;
    y(i)=b(1)*emg1(i)+b(2)*x_2+b(3)*x_3-temp(i);
    temp1=emg1(i);temp2=y(i);
end
fff=fft(y);
fff=abs(fff);
f=(0:floor((k-1)/2))*Fs/k;
f=f';
subplot(1,2,2)
plot(f,fff(1:floor((k-1)/2)+1));grid on;xlabel('f/Hz');ylabel('PSD');title('滤波
```

```
后的信号频谱');
```

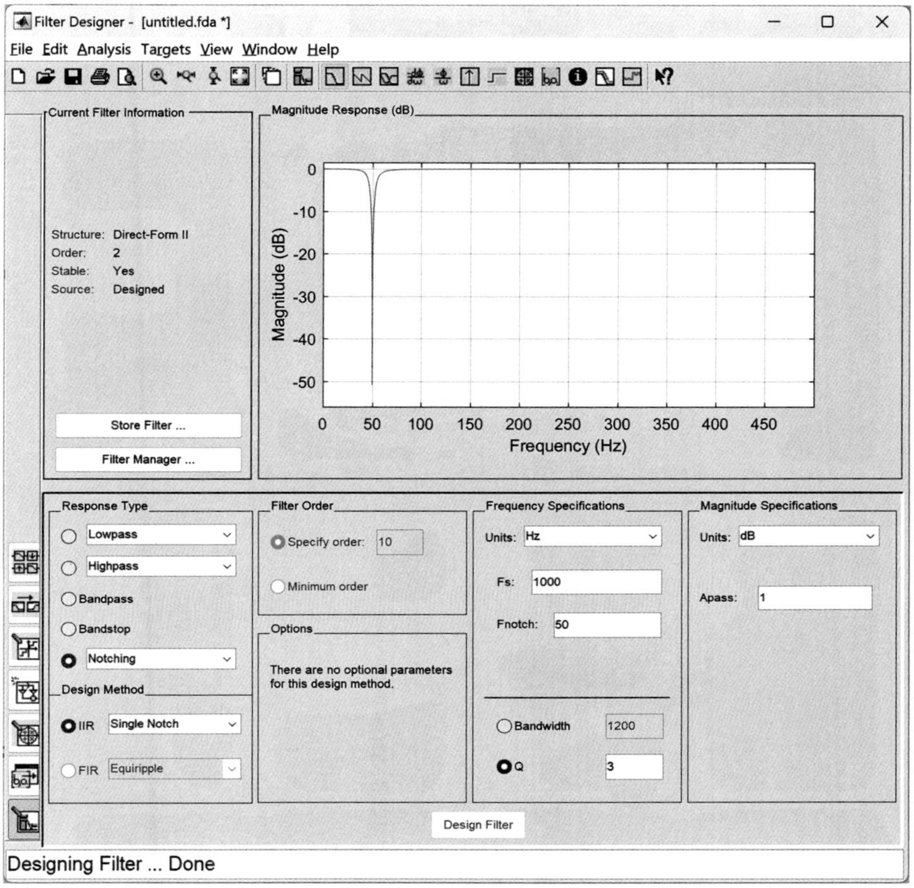

图 5-7　Matlab 陷波滤波器设计

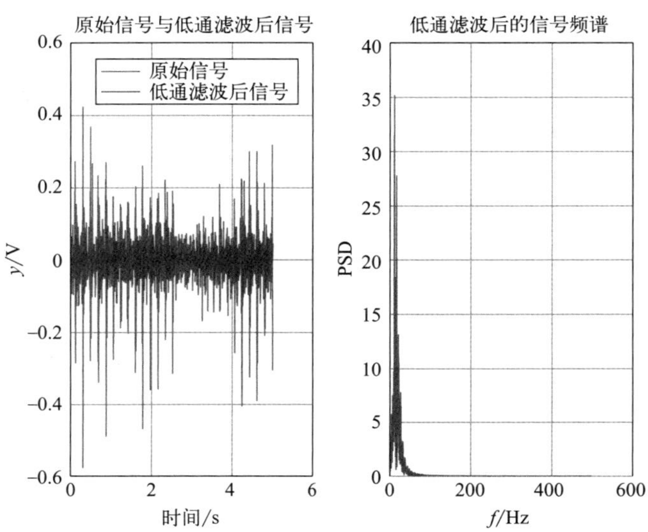

图 5-8　sEMG 低通滤波

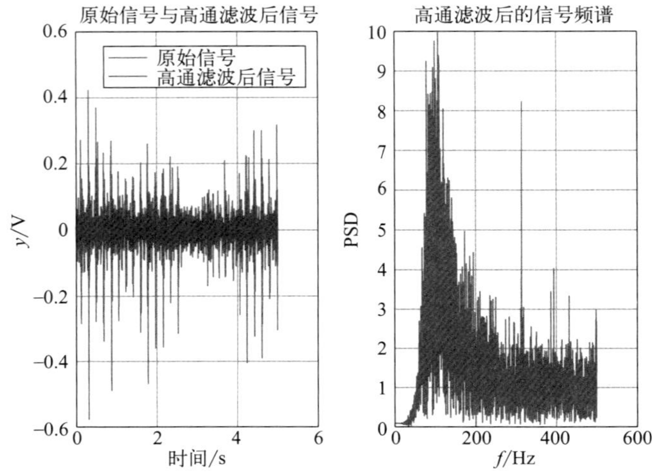

图 5-9　sEMG 高通滤波

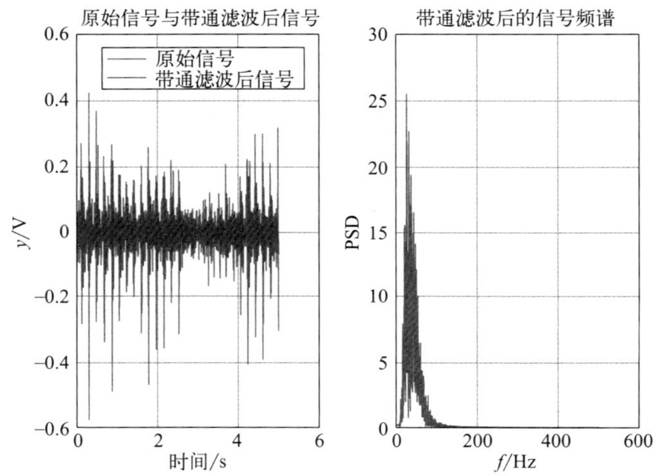

图 5-10　sEMG 带通滤波

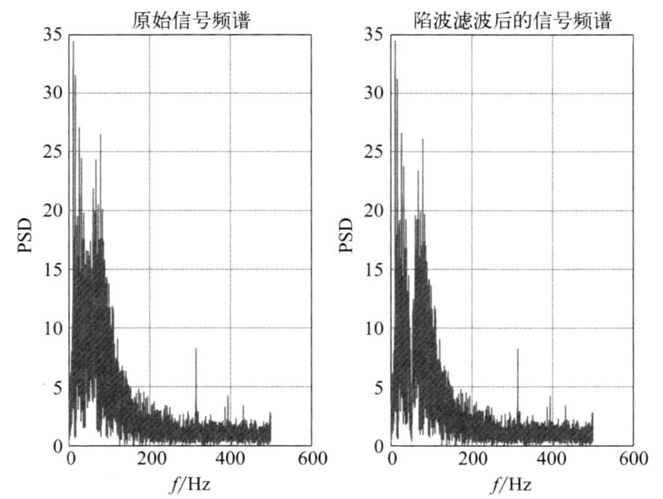

图 5-11　sEMG 陷波滤波

5.1.4 Nyquist-Shannon 采样定理

Nyquist-Shannon 采样定理建立了使用采样将连续模拟信号转换为数字信号的原理。要从采样信号中精确地重构连续模拟信号，采样率 f_s 必须至少是信号中最高频率 f_{max} 的两倍。这确保了每单位时间有足够的样本来捕捉原始波形的所有细节，而不会引入混叠。混叠会在重构信号中引起失真或伪像。

$$f_s > 2f_{max} \tag{5-17}$$

这一定理非常重要，一般模拟信号都必须转换为数字信号，进而应用于机器人信号处理和控制。例如 sEMG 频带在 20～500Hz，因此，为了不引起数字信号失真，sEMG 采样率不能低于 1000Hz，这也是为什么目前商用采集设备最低采样率均为 1000Hz 的重要原因，很多商用采集设备甚至采样率高达 2048Hz。

定理证明：

考虑一个连续信号 $x(t)$，其主频为 f_m，这意味着在 $|f|>f_m$ 的频带内，$x(t)$ 的频谱为 0。对于连续信号 $x(t)$ 进行采样可通过其乘以周期性脉冲信号 $\delta(t)$ 得到。假设周期性脉冲信号的周期为 T_s，因此可得如下公式。

$$y(t)=x(t)\delta(t) \tag{5-18}$$

将 $\delta(t)$ 用傅里叶级数表示如下。

$$\delta(t)=a_0+\sum_{n=1}^{\infty}a_n\cos(nw_st)+b_n\sin(nw_st) \tag{5-19}$$

则 a_0、a_n 和 b_n 的计算公式如下。

$$a_0=\frac{1}{T_s}\int_{-\frac{T_s}{2}}^{\frac{T_s}{2}}\delta(t)\mathrm{d}t=\frac{1}{T_s}\delta(0)=\frac{1}{T_s} \tag{5-20}$$

$$a_n=\frac{2}{T_s}\int_{-\frac{T_s}{2}}^{\frac{T_s}{2}}\delta(t)\cos(nw_st)\mathrm{d}t=\frac{2}{T_s}\delta(0)\cos(nw_s\times 0)=\frac{2}{T_s} \tag{5-21}$$

$$b_n=\frac{2}{T_s}\int_{-\frac{T_s}{2}}^{\frac{T_s}{2}}\delta(t)\sin(nw_st)\mathrm{d}t=\frac{2}{T_s}\delta(0)\sin(nw_s\times 0)=0 \tag{5-22}$$

所以可得 $\delta(t)$、$y(t)$ 表示如下。

$$\delta(t)=\frac{1}{T_s}+\sum_{n=1}^{\infty}\frac{2}{T_s}\cos(nw_st) \tag{5-23}$$

$$y(t)=x(t)\delta(t)=x(t)\left(\frac{1}{T_s}+\sum_{n=1}^{\infty}\frac{2}{T_s}\cos(nw_st)\right)=\frac{1}{T_s}\left(x(t)+2\sum_{n=1}^{\infty}\cos(nw_st)x(t)\right) \tag{5-24}$$

对两边傅里叶变换得到如下公式。

$$Y(w)=\frac{1}{T_s}\sum_{n=-\infty}^{\infty}X(w-nw_s),n=0,\pm 1,\pm 2,\cdots \tag{5-25}$$

图 5-12 为信号离散采样示例。

因此，为了重构 $x(t)$，必须从采样信号频谱 $Y(w)$ 中恢复输入信号频谱 $X(w)$，即在 $Y(w)$ 的周期之间没有重叠。图 5-13 给出了不同条件下采样频谱的几种情形，由图可知，当 $f_s>2f_{max}$ 时，不存在频谱重叠现象，即可从采样信号 $y(t)$ 中重构原始信号 $x(t)$。

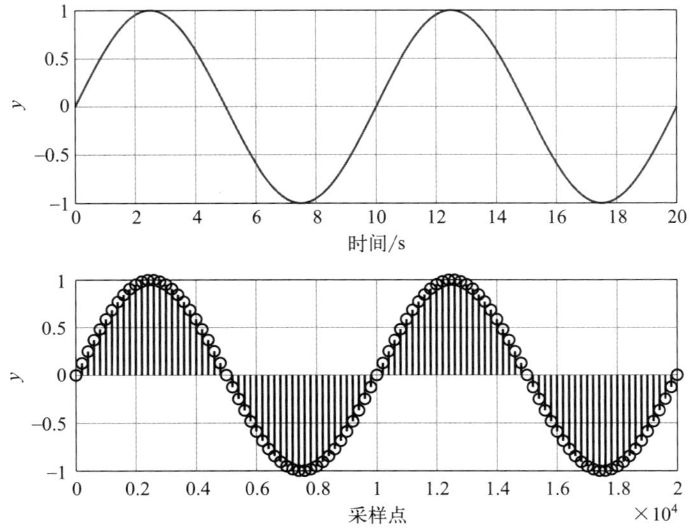

图 5-12 信号离散采样示例

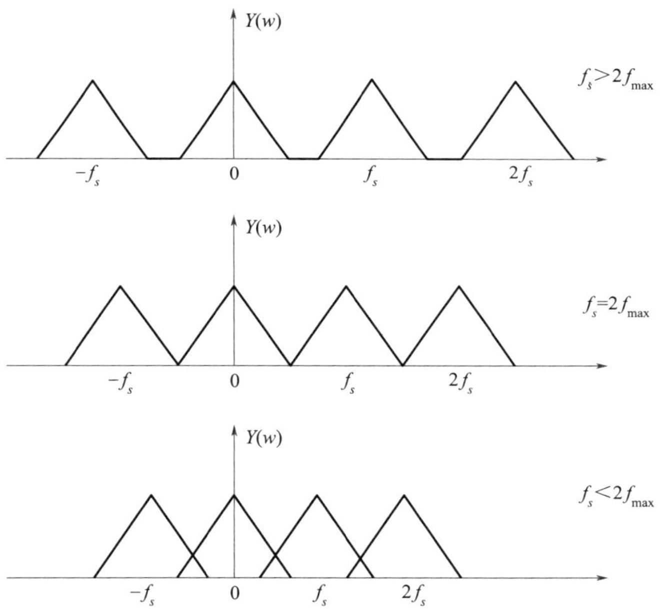

图 5-13 不同条件下采样频谱的几种情形

5.2 时域分析、频域分析、时频域分析、成分分析

5.2.1 时域分析方法

(1) 最大值、最小值、峰值、均值、均方值

信号最大值、最小值、峰值、均值、均方根值为有量纲特征值，其中峰值为最大值与

最小值的差值，均值（Mean）是信号的平均，均方根（Root mean square，RMS）是信号平方求和求均值再开平方。

$$\text{Mean}=\frac{\sum_{i=1}^{N}x_i}{N} \tag{5-26}$$

$$\text{RMS}=\sqrt{\frac{1}{N}\sum_{i=1}^{N}x_i^2} \tag{5-27}$$

对应 Matlab 代码如下。

```
y=max(x);
y=min(x);
y=max(x)-min(x);
y=mean(x);
y=rms(x);
```

(2) 标准差、方差、方差分析

标准差是离均差平方的算术平均数的平方根，计算公式如下。

$$s=\sqrt{\frac{\sum(x_i-\mu)^2}{N-1}} \tag{5-28}$$

其中，μ 表示均值。方差是衡量数据分布离散程度，方差越大，数据分布越离散；方差越小，数据分布越集中。

$$\sigma^2=\frac{\sum(x_i-\mu)^2}{N} \tag{5-29}$$

单因素方差分析是一种统计学假设检验方法，常用于分析单个因素的加入对变量的影响有无显著性。假设有两组数据，对应求得两组数据的标准差平方如下。

$$s^2=\frac{\sum(x_i-\mu)^2}{N-1} \tag{5-30}$$

$$s'^2=\frac{\sum(x_i'-\mu')^2}{N-1} \tag{5-31}$$

求得两组数据的标准差平方比值 F。

$$F=\frac{s^2}{s'^2} \tag{5-32}$$

通过计算得到的 F 值，查表求得对应的 p 值。

方差分析的计算步骤如下 Matlab 程序所示。

```
y=std(x);%标准差
y=var(x);%方差
p=anova1(x);%单因素一元方差分析
p=anova2(X,reps);%X 双因素一元方差分析,每一列对应因素 A 的一个水平,每行对应因素 B 的一个水平,reps 表示因素 A 和 B 下的每一个水平组合下重复实验的次数。
```

(3) 皮尔逊（Pearson）相关系数

两个变量之间的 Pearson 相关系数定义为两个变量之间的协方差和标准差的商，计算公式如下。

$$r=\frac{\sum_{i=1}^{n}(X_i-\overline{X})(Y_i-\overline{Y})}{\sqrt{\sum_{i=1}^{n}(X_i-\overline{X})^2}\sqrt{\sum_{i=1}^{n}(Y_i-\overline{Y})^2}}=\frac{\mathrm{cov}(X,Y)}{\sigma_X\sigma_Y} \tag{5-33}$$

对应 Matlab 代码如下。

```
R=corrcoef(x,y);
```

(4) 峰值因子、裕度因子、峭度因子、波形因子

峰值因子是信号峰值与均方根值的比值，裕度因子是信号峰值与方根幅值的比值，峭度因子表示波形平缓程度，波形因子是均方根值与整流平均值的比值。对应 Matlab 代码如下。

```
f=(max(x)-min(x))/rms(x);%峰值因子
y=(max(x)-min(x))/mean(sqrt(abs(x)),2).^2;%裕度因子
q=kurtosis(y);%峭度因子
b=rms(x)/mean(abs(x));%波形因子
```

5.2.2 频域分析方法

(1) 频谱

信号的频谱其实就是对信号做离散时间傅里叶变换或离散傅里叶变换，假设信号离散化后为 $x(n)$，其频谱计算公式如下。

$$X(\mathrm{e}^{\mathrm{i}w})=\sum_{n=-\infty}^{\infty}x(n)\mathrm{e}^{-\mathrm{i}wn} \tag{5-34}$$

对应 Matlab 代码如下。

```
y=fft(x,N)%N 表示信号长度,x 是离散信号,y 是频谱信号
```

(2) 幅度谱和相位谱

将信号频谱拆分为信号幅度谱 $|X(\mathrm{e}^{\mathrm{i}w})|$ 和信号相位谱 $\varphi(w)$

$$|X(\mathrm{e}^{\mathrm{i}w})|=\sqrt{X_{\mathrm{Real}}^2(\mathrm{e}^{\mathrm{i}w})+X_{\mathrm{Imag}}^2(\mathrm{e}^{\mathrm{i}w})} \tag{5-35}$$

$$\varphi(w)=\arctan\frac{X_{\mathrm{Real}}(\mathrm{e}^{\mathrm{i}w})}{X_{\mathrm{Imag}}(\mathrm{e}^{\mathrm{i}w})} \tag{5-36}$$

对应 Matlab 代码如下。

```
magY=abs(fft(x,N))%magY 是幅度谱
phaseY=unwrap(angle(fft(x,N)))%phaseY 是相位谱,unwrap 函数展开相位,以便我们可以看
到频率的连续函数
```

(3) 功率谱

信号功率谱表示信号功率在各频率上的分布，对功率谱在频率上积分，可得到信号功率。

$$S(e^{iw}) = \sum_{n=-\infty}^{\infty} R_{xx}(n) e^{-iwn} \tag{5-37}$$

$$R_{xx}(n) = \sum_{\tau=-\infty}^{\infty} x(\tau) x(\tau - n) \tag{5-38}$$

其中，$R_{xx}(n)$ 是自相关函数。对应 Matlab 代码如下。

```
Rxx=xcorr(x,'unbiased');  %计算序列的自相关函数
y=fft(Rxx,N);%对 Rxx 进行 fft 变换,N 表示信号长度,x 是离散信号,y 是频谱信号
```

（4）能量谱

信号能量谱 $X^2(e^{iw})$ 表示信号能量在各频率上的分布，对信号能量谱在频率上积分，可以得到信号能量，对应 Matlab 代码如下。

```
y=abs(fft(x,N)).^2
```

5.2.3　时频域分析方法

（1）短时傅里叶变换

连续短时傅里叶变换（short-time Fourier transform，STFT）如下所示，其中，$s(t)$ 为连续信号；$w(t)$ 为窗函数。

$$\mathrm{STFT}\{s(t)\}(\tau, w) = \int_{-\infty}^{\infty} s(t) w(t-\tau) e^{-iwt} dt \tag{5-39}$$

离散短时傅里叶变换如下所示，其中，$s[n]$ 为离散信号；$w[n]$ 为窗函数。

$$\mathrm{STFT}\{s[n]\}(m, w) = \sum_{n=-\infty}^{\infty} s[n] w[n-m] e^{-iwn} \tag{5-40}$$

常用窗函数如下：

① 矩形窗

$$w(t) = \begin{cases} 1, & |t| \leqslant \dfrac{T}{2} \\ 0, & \text{其他} \end{cases} \tag{5-41}$$

② 汉宁窗

$$w(t) = 0.5\left(1 - \cos\frac{2\pi t}{T}\right), t \in [0, T] \tag{5-42}$$

③ 海明窗

$$w(t) = 0.54 - 0.46\cos\frac{2\pi t}{T}, t \in [0, T] \tag{5-43}$$

④ 高斯窗

$$w(t) = e^{-\frac{1}{2}\left(\frac{t}{\sigma}\right)^2}, t \in [-T/2, T/2] \tag{5-44}$$

σ 是标准差。

⑤ 布莱克曼窗

$$w(t) = 0.42 - 0.5\cos\frac{2\pi t}{T} + 0.08\cos\frac{4\pi t}{T}, t \in [0, T] \tag{5-45}$$

Matlab 自带 STFT 函数，以下是使用示例，采用汉明窗作为窗函数。如图 5-14 所示。

```
t=-2:1/1e3:2;
fo=100;
f1=200;
x=chirp(t,fo,1,f1,'quadratic',[],'concave');
D=seconds(1e-3);
win=hamming(100,'periodic');%采用汉明窗
stft(x,D,'Window',win,'OverlapLength',98,'FFTLength',128)
```

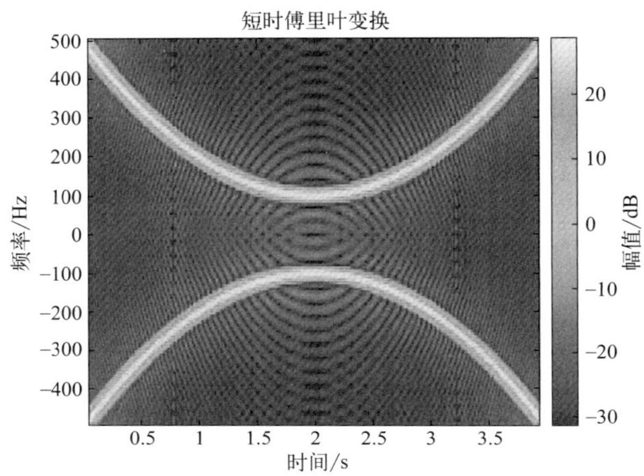

图 5-14　Chrip 函数的 STFT 时频图

(2) 小波变换

连续小波变换

$$F(\tau,s)=\frac{1}{\sqrt{|s|}}\int_{-\infty}^{\infty}f(t)\overline{\psi\left(\frac{t-\tau}{s}\right)}\mathrm{d}t \tag{5-46}$$

这里，s 是比例参数，等于频率的倒数。使用 $\overline{\psi}$ 作为函数 $\psi(t)$ 的复共轭，这是一个小波基函数。小波变换使用一系列小波基函数，这些函数根据参数进行压缩或分解 s 和 τ。$\psi(t)$ 是一个基本小波或母小波函数。小波函数用于信号的分解和重构，尺度函数用于构建小波函数与对信号的近似。尺度函数通常用于多尺度分析或尺度空间理论，本书不做详细介绍，仅介绍几种常用的小波函数及其对应尺度函数。

不同于傅里叶变换，小波变换有两个变量：尺度 s 和平移量 τ，尺度 s 控制小波基函数的伸缩，平移量 τ 控制小波基函数的平移。

连续小波逆变换

$$f(t)=\frac{1}{C_{\psi}}\int_{-\infty}^{\infty}\int_{-\infty}^{\infty}\frac{1}{s^2}F(\tau,s)\psi\left(\frac{t-\tau}{s}\right)\mathrm{d}s\,\mathrm{d}\tau \tag{5-47}$$

$$C_{\psi}=\int_{-\infty}^{\infty}\frac{(\Psi(w))^2}{|w|}\mathrm{d}w \tag{5-48}$$

$\Psi(w)$ 是 $\psi(t)$ 的连续傅里叶变换。

Matlab 中的连续小波变换函数为 cwt，调用格式如下。

```
coefs=cwt(x,scales,'wname');
%示例
Fs=1e3;
t=0:1/Fs:1;
x=cos(2*pi*32*t).*(t>=0.1&t<0.3)+sin(2*pi*64*t).*(t>0.7);
wgnNoise=0.05*randn(size(t));
x=x+wgnNoise;
cwt(x,1000)
```

coefs 返回小波系数矩阵，行是尺度大小，列是信号长度大小。x 是被分析的信号，scales 是需要计算的尺度范围，wname 是选用的小波基函数。

离散小波变换

$$W(m,n)=\int_{-\infty}^{\infty} f(t)\overline{\psi_{m,n}(t)}\mathrm{d}t \tag{5-49}$$

$$\psi_{m,n}(t)=2^{-\frac{m}{2}}\psi(2^{-m}t-n) \tag{5-50}$$

离散小波逆变换

$$f(t)=\frac{2}{A+B}\sum_{m,n}W(m,n)\psi_{m,n}(t) \tag{5-51}$$

其中，A 和 B 为 $\psi_{m,n}(t)$ 作为框架的上下界。

$$A\leqslant\int_{-\infty}^{\infty}\frac{(\Psi(w))^2}{|w|}\mathrm{d}w\leqslant B \tag{5-52}$$

Matlab 中的连续小波变换函数为 dwt，调用格式如下。

```
[cA,cD]=dwt(x,'wname')
```

其中，cA 是返回的近似系数，cD 表示返回的细节系数，x 是被分析的信号，wname 是选用的小波基函数。

常用小波基函数

① Haar 小波　$\psi(x)$ 是小波函数，$\phi(x)$ 是其对应的尺度函数。

$$\psi(x)=\begin{cases}1, & 0\leqslant x\leqslant 0.5\\ -1, & 0.5\leqslant x\leqslant 1\\ 0, & \text{其他}\end{cases} \tag{5-53}$$

$$\phi(x)=\begin{cases}1, & 0\leqslant x<1\\ 0, & \text{其他}\end{cases} \tag{5-54}$$

② Daubechies 小波　无显性表达式。

③ Coiflet 小波系　无显性表达式。

④ Morlet 小波

$$\psi(x)=\pi^{1/4}(\mathrm{e}^{-w_0 x}-\mathrm{e}^{-w_0^2/2})\mathrm{e}^{-x^2/2} \tag{5-55}$$

无尺度函数。

⑤ MexicanHat 小波

$$\psi(x)=\frac{2}{\sqrt{3}}\pi^{-1/4}(1-x^2)e^{-x^2/2} \tag{5-56}$$

无尺度函数。

⑥ Meyer 小波　Meyer 小波函数和尺度函数都是在频域定义的，是具有紧支撑的正交小波。$\psi(w)$ 是小波函数，$\phi(w)$ 是其对应的尺度函数。

$$\psi(w)=\begin{cases}(2\pi)^{-1/2}e^{jw/2}\sin\left(\frac{\pi}{2}v\left(\frac{3}{2\pi}|\overline{w}|-1\right)\right), & \frac{2\pi}{3}\leqslant|w|\leqslant\frac{4\pi}{3}\\(2\pi)^{-1/2}e^{jw/2}\cos\left(\frac{\pi}{2}v\left(\frac{3}{2\pi}|\overline{w}|-1\right)\right), & \frac{4\pi}{3}\leqslant|w|\leqslant\frac{8\pi}{3}\\0, & |w|\notin\left[\frac{2\pi}{3}\quad\frac{8\pi}{3}\right]\end{cases} \tag{5-57}$$

$$\phi(w)=\begin{cases}(2\pi)^{-1/2}, & |w|\leqslant\frac{2\pi}{3}\\(2\pi)^{-1/2}\cos\left(\frac{\pi}{2}v\left(\frac{3}{2\pi}|\overline{w}|-1\right)\right), & \frac{2\pi}{3}\leqslant|w|\leqslant\frac{4\pi}{3}\\0, & |w|>\frac{4\pi}{3}\end{cases} \tag{5-58}$$

其中，$v(x)$ 是任意连续可导函数。例如一阶连续可导函数和四阶连续可导函数

$$v(x)=\begin{cases}0, & x\leqslant0\\\sin^2\left(\frac{\pi}{2}x\right), & 0<x<1\\1, & x\geqslant1\end{cases} \tag{5-59}$$

$$v(x)=\begin{cases}0, & x\leqslant0\\x^4(35-84x+80x^2-20x^3), & 0<x<1\\1, & x\geqslant1\end{cases} \tag{5-60}$$

例 5-7　常见小波函数及其尺度函数图例

对应 Matlab 代码如下。如图 5-15 所示。

```
clc,close all,clear all;
%第一种:haar 小波函数
[phi,psi,x]=wavefun('haar',20);
figure
subplot(2,1,1)
plot(x,phi,'r','linewidth',1);grid on;grid minor;
grid on
title('haar 尺度函数',fontsize=16,FontWeight='bold');
subplot(2,1,2)
plot(x,psi,'r','linewidth',1);grid on;grid minor;
grid on
title('haar 小波函数',fontsize=16,FontWeight='bold');

%第二种 dbN 小波
```

```
[phi,psi,x]=wavefun('db4',20);
figure
subplot(2,1,1)
plot(x,phi,'r','linewidth',1);grid on;grid minor;
grid on
title('db4 尺度函数',fontsize=16,FontWeight='bold');
subplot(2,1,2)
plot(x,psi,'r','linewidth',1);grid on;grid minor;
grid on
title('db4 小波函数',fontsize=16,FontWeight='bold');

%第三种 CoifetN 小波
[phi,psi,x]=wavefun('coif4',20);
figure
subplot(2,1,1)
plot(x,phi,'r','linewidth',1);grid on;grid minor;
grid on
title('coif4 尺度函数',fontsize=16,FontWeight='bold');
subplot(2,1,2)
plot(x,psi,'r','linewidth',1);grid on;grid minor;
grid on
title('coif4 小波函数',fontsize=16,FontWeight='bold');

%第四种 morlet 小波函数
d=-8;h=8;n=1024;
[g41,xval]=morlet(d,h,n);
figure
plot(xval,g41,'r','linewidth',1);grid on;grid minor;
title('morlet 小波函数',fontsize=16,FontWeight='bold');

%第五种 Mexican hat 小波函数
d=-8;h=8;n=1024;
[g31,xval]=mexihat(d,h,n);
figure
plot(xval,g31,'r','linewidth',1);grid on;grid minor;
title('Mexican hat 小波函数',fontsize=16,FontWeight='bold');

%第六种 Meyer 小波函数
lb=-8;ub=8;n=1024;
[phi,psi,x]=meyer(lb,ub,n);
figure
subplot(2,1,1)
plot(x,phi,'r','linewidth',1);grid on;grid minor;
```

```
grid on
title('Meyer 尺度函数',fontsize=16,FontWeight='bold');
subplot(2,1,2)
plot(x,psi,'r','linewidth',1);grid on;grid minor;
grid on
title('Meyer 小波函数',fontsize=16,FontWeight='bold');
```

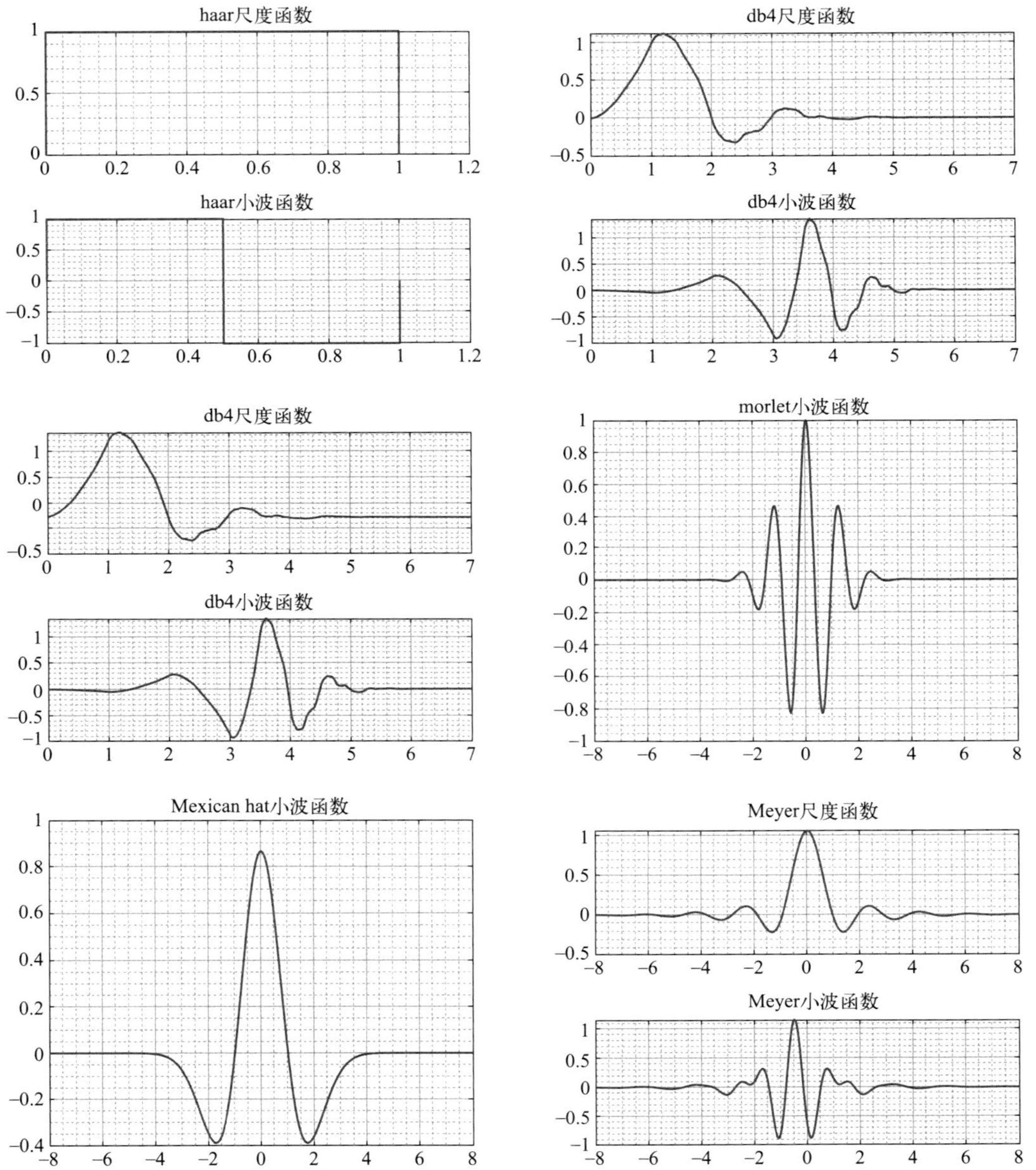

图 5-15　常用小波函数及其尺度函数

例 5-8　小波变换用于信号去噪示例

此处对干净的 sEMG 进行小波去噪，需用到小波工具箱自带的 wden 函数。wden 函数介绍如下：

```
wden[x,TPTR,SORH,SCAL,N,'wname']
```

- x 是输入的原始信号。
- TPTR 指定阈值选取规则，可选'modwtsqtwolog'、'rigrsure'、'heursure'、'sqtwolog'、'minimaxi'。
- SORH 明确是软阈值还是硬阈值，对应可选's'、'h'。
- SCAL 定义阈值重新缩放的类型，对应可选'one'、'sln'、'mln'。
- N 是小波变换的阶数。
- 'wname'是选取的小波基函数。

如图 5-16 所示。

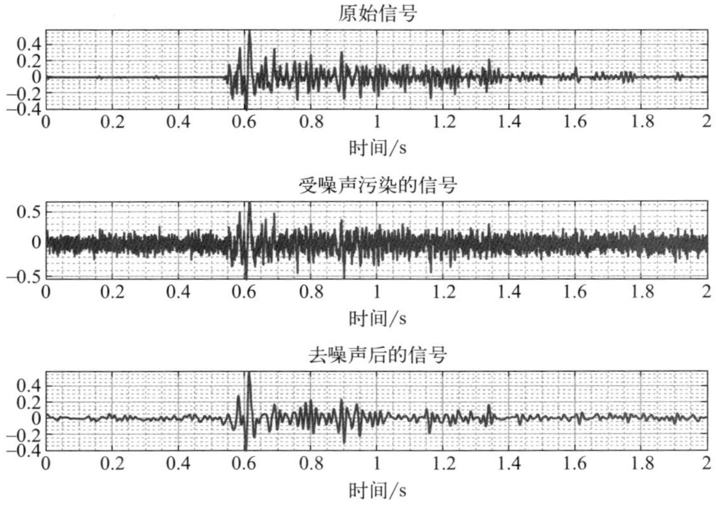

图 5-16　小波变换用于信号去噪示例效果图

```
clear;clc;
load data3.mat
ff=2048;
rawemg1=emg1(1,1:4096)';
clearvars-except rawemg1
rawemg1=(rawemg1-min(rawemg1))/(max(rawemg1)-min(rawemg1));
rawemg1=rawemg1-mean(rawemg1);
t=0:1/2048:1/2048*(size(rawemg1,1)-1);t=t';
[noiseemg1,NOISE]=noisegen(rawemg1(:,1),0);%人为添加噪声
%去噪
cleanemg1=wden(noiseemg1,'minimaxi','s','one',4,'db4');%小波工具箱自带的信号去噪函数
figure;
subplot(3,1,1)
```

```
plot(t,rawemg1,'r','linewidth',1);grid on;grid minor;
xlabel('时间/秒',fontsize=14);
title('原始信号',fontsize=16,FontWeight='bold');
subplot(3,1,2)
plot(t,noiseemg1,'r','linewidth',1);grid on;grid minor;
xlabel('时间/秒',fontsize=14);
title('受噪声污染的信号',fontsize=16,FontWeight='bold');
subplot(3,1,3)
plot(t,cleanemg1,'r','linewidth',1);grid on;grid minor;
xlabel('时间/秒',fontsize=14);
title('去噪声后的信号',fontsize=16,FontWeight='bold');
```

5.2.4 成分分析

(1) 主成分分析

主成分分析（principal component analysis，PCA）是一种多变量数据降维技术，旨在减少变量数量并揭示变量间关系。这是一种统计过程，它使用正交变换将一组可能相关变量的观测值转换为一组线性不相关变量的值，称为主成分。

主成分分析可以分为五个步骤：

① 标准化连续初始变量的范围　这一步的目的是使连续初始变量的范围标准化，以便它们中的每一个对分析的贡献相等。更具体地说，在PCA之前进行标准化是至关重要的，因为后者对初始变量的方差非常敏感。也就是说，如果初始变量的范围之间存在较大差异，则范围较大的变量将优于范围较小的变量（例如，范围在0和100之间的变量将优于范围在0和1之间的变量），这将导致有偏差的结果。因此，将数据转换为可比尺度可以防止这个问题。

数学上，这可以通过减去每个变量的每个值的平均值并除以标准偏差来完成。

$$\boldsymbol{X}=\frac{\boldsymbol{Z}-\mu}{\sigma} \tag{5-61}$$

这里，μ 是独立特征的平均值；σ 是独立特征的标准偏差。

② 计算协方差矩阵以识别相关性　协方差衡量两个或多个变量之间的联合可变性的强度，表明它们相对于彼此的变化程度。要计算协方差，我们可以使用以下公式。$\mathrm{cov}(x_i, x_j)$ 如果为正，则两个变量 x_i 和 x_j 一起增加或减少，如果为负，则一个增加，另一个会减少。

$$\mathrm{cov}(x_i,x_j)=\frac{1}{n-1}\sum_{n=1}^{N}(x_{in}-\bar{x}_i)(x_{jn}-\bar{x}_j) \tag{5-62}$$

$$\boldsymbol{A}=\begin{bmatrix}\mathrm{cov}(x_1,x_1) & \mathrm{cov}(x_1,x_2) & \cdots & \mathrm{cov}(x_1,x_n)\\ \mathrm{cov}(x_2,x_1) & \mathrm{cov}(x_2,x_2) & \cdots & \mathrm{cov}(x_2,x_n)\\ \vdots & \vdots & \vdots & \vdots\\ \mathrm{cov}(x_n,x_1) & \mathrm{cov}(x_n,x_2) & \cdots & \mathrm{cov}(x_n,x_n)\end{bmatrix} \tag{5-63}$$

③ 计算协方差矩阵的特征向量和特征值，以识别主成分

$$AX=\lambda X \tag{5-64}$$

λ 是 A 矩阵的特征值，X 是 A 矩阵的特征向量，$\lambda=[\lambda_1 \quad \lambda_2 \quad \cdots \quad \lambda_n]$，按照特征值大小降序排列。

④ 创建一个特征向量来决定保留哪些主成分　正如在上一步中看到的，计算特征向量并按其特征值降序排列，按重要性顺序找到主成分。在这一步中，选择是保留所有这些分量，还是丢弃那些不太重要的分量（低特征值的分量），并用剩下的分量形成一个向量矩阵，称之为特征向量。

根据特征值的大小排序，选择前 k 个最大的特征值对应的特征向量作为主要成分，组成主要成分矩阵 W。

⑤ 沿着主成分轴重铸数据　将原始数据投影到选定的主要成分构成的新特征空间中。

$$U=XW \tag{5-65}$$

其中，U 是投影后的数据，X 是标准化后的原始数据，W 是主要成分矩阵（由选定的特征向量构成）。最终的映射结果即为降维后的数据，可以用于进一步的分析和处理。以下是采用 Matlab 自带的 PCA 函数进行数据处理示例。

```
clear;clc;
load hald
[coeff,score,latent,tsquared,explained,mu]=pca(X,'Algorithm','eig');
a=cumsum(latent)./sum(latent);  %计算特征的累计贡献率
idx=find(a>0.9);%将特征的累计贡献率不小于 0.9 的维数作为 PCA 降维后特征的个数
k=idx(1);
Feature=score(:,1:k);%取转换后的矩阵 score 的前 k 列为 PCA 降维后特征
```

也可用如下函数，可更为直观地观察对照如上所列 PCA 计算步骤。

```
function [Zpca,U,mu,eigVecs]=PCA(Z,r)
%
%Syntax:  Zpca=PCA(Z,r);
%      [Zpca,U,mu]=PCA(Z,r);
%      [Zpca,U,mu,eigVecs]=PCA(Z,r);
%
%Inputs:  Z is an d x n matrix containing n samples of d-dimensional
%      data
%
%      r is the number of principal components to compute
%
%Outputs:  Zpca is an r x n matrix containing the r principal
%      components-scaled to variance 1-of the input samples
%
%      U is a d x r matrix of coefficients such that
%      Zr=U*Zpca+repmat(mu,1,n);
%      is the r-dimensional PCA approximation of Z
%
```

```
%     mu is the d x 1 sample mean of Z
%
%     eigVecs is a d x r matrix containing the scaled
%     eigenvectors of the sample covariance of Z
%
%Description:Performs principal component analysis(PCA)on the input
%     data
%
%Author:  Brian Moore
%     brimoor@ umich.edu
%
%Date:   April 26,2015
%     November 7,2016
%

%Center data
[Zc,mu]=centerRows(Z);

%Compute truncated SVD
%[U,S,V]=svds(Zc,r);%Equivalent,but usually slower than svd()
[U,S,V]=svd(Zc,'econ');
U=U(:,1:r);
S=S(1:r,1:r);
V=V(:,1:r);

%Compute principal components
Zpca=S * V';
%Zpca=U' * Zc;%Equivalent but slower

if nargout>=4
  %Scaled eigenvectors
  eigVecs=bsxfun(@ times,U,diag(S)'/sqrt(size(Z,2)));
end
```

（2）独立成分分析

独立成分分析（independent component analysis，ICA）假设混合信号是由若干个相互独立的信号源线性组合而成的，而目标是通过观测到的混合信号来估计原始的独立成分信号，是一种用于将混合信号分离成独立信号源的技术。概率论认为，如果两个随机变量 $\boldsymbol{X}$ 和 $\boldsymbol{Y}$ 在统计上是独立的，配对的联合概率分布等于它们个体的乘积概率分布，这意味着知道一个变量的结果不会改变另一个结果的概率。

$$P(X \cap Y)=P(X)P(Y) \tag{5-66}$$

ICA 方法假设源信号在统计上彼此独立并且每个源信号呈现非高斯分布。假设观测的信号为 $\boldsymbol{Z}$，寻找独立成分 $\boldsymbol{S}$，计算混合矩阵 $\boldsymbol{A}$、残差矩阵为 $\boldsymbol{E}$，其互相关系如下。

$$\boldsymbol{Z}=\boldsymbol{AS}+\boldsymbol{E} \tag{5-67}$$

ICA 的具体计算步骤如下：

① 中心化

$$\boldsymbol{X}=\boldsymbol{Z}-\mu \tag{5-68}$$

这里，μ 是独立特征的平均值。

② 白化

$$\boldsymbol{D}=\frac{1}{n}\boldsymbol{XX}^{\mathrm{T}} \tag{5-69}$$

再对 $\boldsymbol{D}$ 进行特征值分解表示如下形式。

$$\boldsymbol{D}=\boldsymbol{U\Lambda U}^{\mathrm{T}} \tag{5-70}$$

其中，$\boldsymbol{U}$ 的第 i 列是 $\boldsymbol{D}$ 的特征向量。$\boldsymbol{\Lambda}$ 是对角矩阵，其对角线上的元素为对应的特征值白化处理后可表示为如下形式。

$$\boldsymbol{H}=\boldsymbol{\Lambda}^{-1/2}\boldsymbol{U}^{\mathrm{T}}\boldsymbol{X} \tag{5-71}$$

③ 寻找分离矩阵

$$\boldsymbol{W}=\boldsymbol{\Lambda}^{-1/2}\boldsymbol{U}^{\mathrm{T}}\boldsymbol{A\Lambda}^{-1/2}\boldsymbol{U}^{\mathrm{T}} \tag{5-72}$$

④ 分离信号

$$\widehat{\boldsymbol{S}}=\boldsymbol{WZ} \tag{5-73}$$

如何寻找估计矩阵 $\boldsymbol{W}$ 是 ICA 的重点，FastICA 方法通常使用非线性函数 $g(\cdot)$ 来近似负熵的最大化，用于捕捉非高斯性。选择一个随机的单位向量 $\boldsymbol{w}$ 作为权值向量的初始值，对权值向量 $\boldsymbol{w}$ 应用以下更新规则，直至收敛。

$$\boldsymbol{w}'=E(Hg(\boldsymbol{w}^{\mathrm{T}}H))-E(g'(\boldsymbol{w}^{\mathrm{T}}H))\boldsymbol{w} \tag{5-74}$$

其中，$g'(\cdot)$ 是 $g(\cdot)$ 的导数。

$g(\cdot)$ 常用函数如下

$$g(x)=\tanh(ax) \tag{5-75}$$

$$g(x)=x\mathrm{e}^{-\frac{a^2x^2}{2}} \tag{5-76}$$

$$g(x)=x^3 \tag{5-77}$$

其中，$\tanh(ax)$ 适用于具有厚尾分布的信号，$x\mathrm{e}^{-\frac{a^2x^2}{2}}$ 特别适用于那些在零附近有尖峰而在尾部较平坦的分布，x^3 适用于具有尖峰分布的信号。

w'更新后需要对其进行归一化。接着进行正交化并检查是否收敛。

$$\overline{w}=\frac{w'}{\|w'\|} \tag{5-78}$$

$$\overline{w}_i=\overline{w}_i-\sum_{j=1}^{i=1}(w^{\mathrm{T}}\overline{w}_j)\overline{w}_j \tag{5-79}$$

如果 $\overline{w}_i$ 不收敛，则继续迭代，直至找到独立分量，一旦找到所有权重向量 $\boldsymbol{W}=[\overline{w}_1\quad\overline{w}_2\quad\cdots\quad\overline{w}_n]$，则 $\widehat{\boldsymbol{S}}=\boldsymbol{WZ}$ 估计得到独立成分。

5.3 信号模态分解

5.3.1 信号模态分解概述

信号分解背后的基本思想是将一个复杂的信号“分解”成更简单但相似的成分，这些分量（或模态）应该尽可能相互独立。最终，它们应该优选地具有一些稀疏特性，例如在频域中带宽受限，并且在中心频率附近紧凑。所有这些分量的组合应理想地还原原始信号，而不会丢失所携带的信息。

5.3.2 经验模态分解

经验模态分解（empirical mode decomposition，EMD）是一种信号处理技术，它将信号分解成其内在的振荡分量，称为固有模态函数（intrinsic mode function，IMF）。这是一种数据驱动的方法，不需要事先了解信号的频率成分或潜在振荡的特征[90]。EMD 算法将信号分解成一系列 IMF，这些 IMF 是通过一个称为筛选的过程获得的。筛选包括识别信号的局部极值，并为该极值拟合包络，然后计算信号与其包络之间的差，并对该差重复该过程，直到获得局部平滑的 IMF。得到的 IMF 代表信号中不同的振荡标度，第一个 IMF 捕获最高频率的振荡，最后一个 IMF 捕获最低频率的振荡。在提取了所有的 IMF 之后获得的最终残差信号代表了原始信号的趋势。

EMD 已被用于各种应用，包括信号去噪、特征提取和趋势分析。它在分析非平稳信号时特别有效，在非平稳信号中，信号的频率成分随时间变化。

可以通过一种称为移位过程的迭代方法从信号中提取 IMF，方法如下：

① 利用三次样条插值方法，分别从信号 $x(t)$ 连接检测到的最大值和最小值，构造上包络 $e_{\max}$ 和下包络 $e_{\min}$；

② 计算平均值 $m(t) = (e_{\max}+e_{\min})/2$；

③ 提取信号 $x(t)$ 与计算出的 $m(t)$ 之间的差 $d(t)$，$d(t)=x(t)-m(t)$；

④ 检查 $d(t)$ 是否满足 IMF 的基本条件，重复步骤①～步骤③，直到 $d(t)$ 满足 IMF 条件；

⑤ 如果 d(t) 满足一次 IMF 的条件，定义第一个 IMF 为 $\mathrm{IMF1}=d(t)$；

⑥ 通过生成残差 $r(t)=x(t)-\mathrm{IMF1}$ 得到下一个 IMF，并将这些残差作为下一次迭代的原始数据；

⑦ 当最终剩余是一个不能再产生任何 IMF 的函数或最终剩余是常数/单调函数时，迭代将停止。

原始信号可以表示为所有 IMFs 和最终残差的和。

$$x(t)=\sum_{i=1}^{K}\mathrm{IMF}_i+r_K(t) \tag{5-80}$$

其中，IMF_i 为第 i 个 IMF，K 为 IMF 个数，$r_K(t)$ 为最终残差。

例 5-9 EMD 应用示例

EMD 程序可参考本书电子附录代码（emd. m 和 io. m），以下是 EMD 应用示例，用于分解 sEMG。如图 5-17 所示。

```
load data3.mat
emg1=emg1(1,1:4000);
u1=emd(emg1);
u1=u1';
m=size(u1,2);
figure;
subplot(7,2,1);plot(emg1,'r','linewidth',1);title('原始信号',fontsize=10,FontWeight='bold');grid on;grid minor;
subplot(7,2,2);plot(u1(:,1),'r','linewidth',1);title('IMF1',fontsize=10,FontWeight='bold');grid on;grid minor;
subplot(7,2,3);plot(u1(:,2),'r','linewidth',1);title('IMF2',fontsize=10,FontWeight='bold');grid on;grid minor;
subplot(7,2,4);plot(u1(:,3),'r','linewidth',1);title('IMF3',fontsize=10,FontWeight='bold');grid on;grid minor;
subplot(7,2,5);plot(u1(:,4),'r','linewidth',1);title('IMF4',fontsize=10,FontWeight='bold');grid on;grid minor;
subplot(7,2,6);plot(u1(:,5),'r','linewidth',1);title('IMF5',fontsize=10,FontWeight='bold');grid on;grid minor;
subplot(7,2,7);plot(u1(:,6),'r','linewidth',1);title('IMF6',fontsize=10,FontWeight='bold');grid on;grid minor;
subplot(7,2,8);plot(u1(:,7),'r','linewidth',1);title('IMF7',fontsize=10,FontWeight='bold');grid on;grid minor;
subplot(7,2,9);plot(u1(:,8),'r','linewidth',1);title('IMF8',fontsize=10,FontWeight='bold');grid on;grid minor;
subplot(7,2,10);plot(u1(:,9),'r','linewidth',1);title('IMF9',fontsize=10,FontWeight='bold');grid on;grid minor;
subplot(7,2,11);plot(u1(:,10),'r','linewidth',1);title('IMF10',fontsize=10,FontWeight='bold');grid on;grid minor;
subplot(7,2,12);plot(u1(:,11),'r','linewidth',1);title('IMF11',fontsize=10,FontWeight='bold');grid on;grid minor;
subplot(7,2,13);plot(u1(:,12),'r','linewidth',1);title('IMF12',fontsize=10,FontWeight='bold');grid on;grid minor;
subplot(7,2,14);plot(u1(:,13),'r','linewidth',1);title('IMF13',fontsize=10,FontWeight='bold');grid on;grid minor;
```

5.3.3 变分模态分解

变分模态分解（variational mode decomposition，VMD）方法是将经典的维纳滤波器推广到多个自适应波段[91]。VMD 方法将对模态的估计转变为变分问题的求解，在频域不断更新各模态及其中心频率，最后各模态经傅里叶逆变换到时域。该模型寻找一组模态及其各自的中心频率，这样模态就能共同再现输入信号，而且每个模态在解调成基带后都

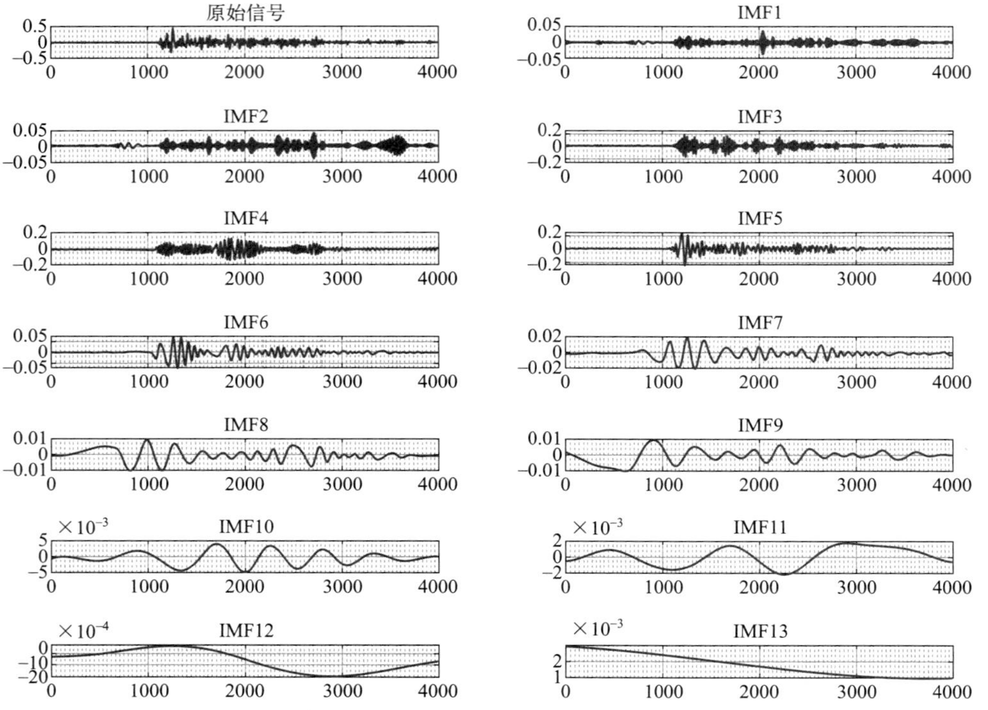

图 5-17　EMD 分解 sEMG 示例

是平滑的。

对于原始信号 $f(t)$，假设观测信号为 $f_0(t)$，则

$$f_0(t)=f(t)+\eta \tag{5-81}$$

恢复未知信号是典型的不适定问题，因此，一般的解决方法是使用 Tikhonov 正则化方法。

$$\min_f\{\|f(t)-f_0(t)\|_2^2+\alpha\|\partial_t f(t)\|_2^2\} \tag{5-82}$$

$f(w)$ 是 $f(t)$ 的傅里叶变换。

$$f(w)=\frac{1}{\sqrt{2\pi}}\int f(t)\mathrm{e}^{-\mathrm{j}wt}\mathrm{d}t \tag{5-83}$$

上式可直接在频域等价如下。

$$\min_{f(w)}\{\|f(w)-f_0(w)\|_2^2+\alpha\|\mathrm{j}wf(w)\|_2^2\} \tag{5-84}$$

对以上求偏导。

$$J=(f(w)-f_0(w))^2+\alpha w^2(f(w))^2$$

$$\frac{\partial J}{\partial f(w)}=2(f(w)-f_0(w))+2\alpha w^2 f(w)=0\Rightarrow f(w)=\frac{f_0(w)}{1+\alpha w^2}$$

希尔伯特变换

$$H[g(t)]=g(t)*\frac{1}{\pi t}=\frac{1}{\pi}\int_{-\infty}^{\infty}\frac{g(\tau)}{t-\tau}\mathrm{d}\tau \tag{5-85}$$

$$H(w)=-\mathrm{j}sgn(w)=\frac{-\mathrm{j}w}{|w|} \tag{5-86}$$

VMD的目标是将一个输入信号 f 分解为多个子信号（模态）u_k，而且这些子信号 u_k 的叠加信号可以重构为 f，如下公式所示，其中，$\overline{f}$ 是纯净信号，Δ 是噪声部分，r_n 为余项。

$$f=\overline{f}+\Delta=\sum_{k=1}^{M}u_k+r_n \tag{5-87}$$

在这里，每个模态 u_k 基本上都围绕着一个中心频率 w_k，并且具备有限带宽，这个中心频率 w_k 是随着分解而确定的。

$$\min_{\{u_k\},\{w_k\}}\left\{\sum_k\left\|\partial_t\left[\left(\delta(t)+\frac{\mathrm{j}}{\pi t}\right)*u_k(t)\right]\mathrm{e}^{-\mathrm{j}w_k t}\right\|_2^2\right\}\quad \text{s. t.}\sum_k u_k=f \tag{5-88}$$

通过引入二次惩罚项和拉格朗日乘子，以使问题不受约束，因此，得到如下公式

$$L(\{u_k\},\{w_k\},\lambda)=\alpha\sum_k\left\|\partial_t\left[\left(\delta(t)+\frac{\mathrm{j}}{\pi t}\right)*u_k(t)\right]\mathrm{e}^{-\mathrm{j}w_k t}\right\|_2^2+\left\|f(t)-\sum_k u_k(t)\right\|_2^2+\left\langle\lambda(t),\ f(t)-\sum_k u_k\right\rangle \tag{5-89}$$

式中，α 为惩罚因子，λ 为拉格朗日乘子。引入 Alternate direction method of multipliers 法[92,93] 计算上式。对应公式为

$$u_k^{n+1}=\underset{u_k\in X}{\operatorname{argmin}}\left\{\alpha\left\|\partial_t\left[\left(\delta(t)+\frac{\mathrm{j}}{\pi t}\right)*u_k(t)\right]\mathrm{e}^{-\mathrm{j}w_k t}\right\|_2^2+\left\|f(t)-\sum_i u_i(t)+\frac{\lambda(t)}{2}\right\|_2^2\right\} \tag{5-90}$$

现在，利用范数下的Parseval/Plancherel傅里叶等距法，这个问题可以在频域中得到解决。

$$\hat{u}_k^{n+1}(w)=\frac{\hat{f}(w)-\sum_{i\neq k}\hat{u}_i(w)+\frac{\hat{\lambda}(w)}{2}}{1+2\alpha(w-w_k)^2} \tag{5-91}$$

$$w_k^{n+1}=\frac{\int_0^{\infty}w\,|\hat{u}_k(w)|^2\mathrm{d}w}{\int_0^{\infty}|\hat{u}_k(w)|^2\mathrm{d}w} \tag{5-92}$$

$$\hat{\lambda}^{n+1}(w)\leftarrow\hat{\lambda}^{n}(w)+\tau\left(\hat{f}(w)-\sum_k\hat{u}_k^{n+1}(w)\right) \tag{5-93}$$

其中，τ 为噪声容忍参数。以上公式的收敛条件为

$$\frac{\sum_k\|\hat{u}_k^{n+1}-\hat{u}_k^{n}\|_2^2}{\|\hat{u}_k^{n}\|_2^2}<\varepsilon \tag{5-94}$$

对于给定判别精度 $\varepsilon>0$，结束整个循环，最终根据实际信号的频域特性得到 K 个窄带分量，完成信号频带的自适应分割，有效地避免了模态混叠。

例5-10　VMD应用示例

VMD方法的原始程序可参考本书电子附录代码（vmd. m），以下是VMD应用示例，用于分解sEMG，图5-18中用VMFi 表示信号分量。

```
load data3.mat
emg1=emg1(1,1:4000);
alpha=3000;  %惩罚因子
tau=0;  %噪声容忍参数
K=13;  %13个分解数
DC=0;  %no DC part imposed
init=1;  %initialize omegas uniformly
tol=1e-7;

%VMD变换
[u1,u_hat1,omega1]=VMD(emg1,alpha,tau,K,DC,init,tol);
u1=u1';
figure;
subplot(7,2,1);plot(emg1,'r','linewidth',1);title('原始信号',fontsize=10,FontWeight='bold');grid on;grid minor;
subplot(7,2,2);plot(u1(:,1),'r','linewidth',1);title('VMF1',fontsize=10,FontWeight='bold');grid on;grid minor;
subplot(7,2,3);plot(u1(:,2),'r','linewidth',1);title('VMF2',fontsize=10,FontWeight='bold');grid on;grid minor;
subplot(7,2,4);plot(u1(:,3),'r','linewidth',1);title('VMF3',fontsize=10,FontWeight='bold');grid on;grid minor;
subplot(7,2,5);plot(u1(:,4),'r','linewidth',1);title('VMF4',fontsize=10,FontWeight='bold');grid on;grid minor;
subplot(7,2,6);plot(u1(:,5),'r','linewidth',1);title('VMF5',fontsize=10,FontWeight='bold');grid on;grid minor;
subplot(7,2,7);plot(u1(:,6),'r','linewidth',1);title('VMF6',fontsize=10,FontWeight='bold');grid on;grid minor;
subplot(7,2,8);plot(u1(:,7),'r','linewidth',1);title('VMF7',fontsize=10,FontWeight='bold');grid on;grid minor;
subplot(7,2,9);plot(u1(:,8),'r','linewidth',1);title('VMF8',fontsize=10,FontWeight='bold');grid on;grid minor;
subplot(7,2,10);plot(u1(:,9),'r','linewidth',1);title('VMF9',fontsize=10,FontWeight='bold');grid on;grid minor;
subplot(7,2,11);plot(u1(:,10),'r','linewidth',1);title('VMF10',fontsize=10,FontWeight='bold');grid on;grid minor;
subplot(7,2,12);plot(u1(:,11),'r','linewidth',1);title('VMF11',fontsize=10,FontWeight='bold');grid on;grid minor;
subplot(7,2,13);plot(u1(:,12),'r','linewidth',1);title('VMF12',fontsize=10,FontWeight='bold');grid on;grid minor;
subplot(7,2,14);plot(u1(:,13),'r','linewidth',1);title('VMF13',fontsize=10,FontWeight='bold');grid on;grid minor;
```

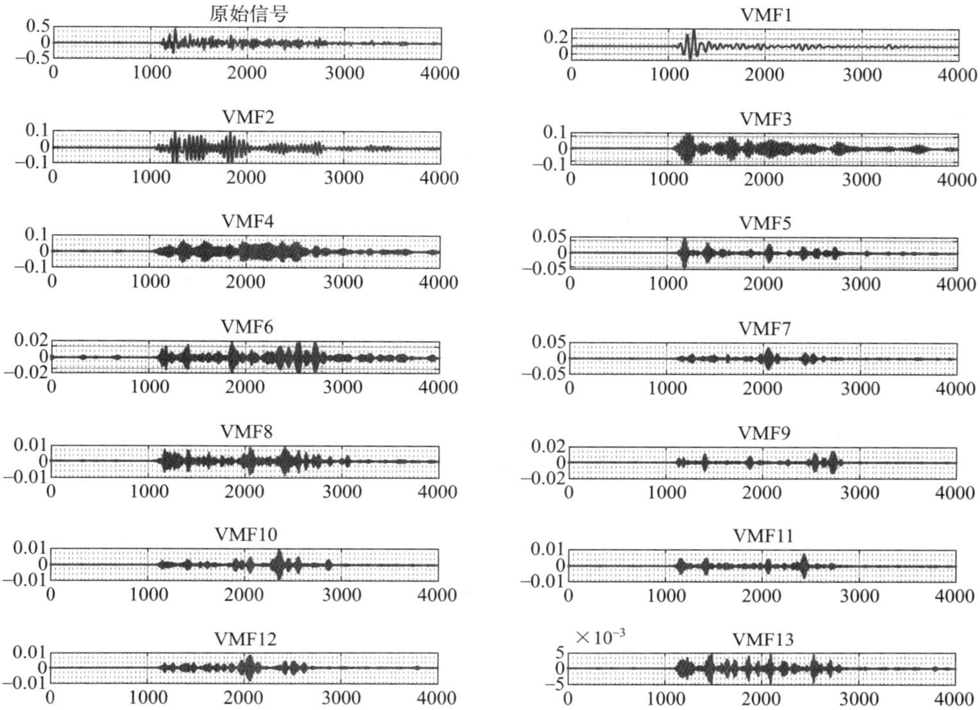

图 5-18 VMD 分解 sEMG 示例

5.3.4 经验小波变换

经验小波变换（empirical wavelet transform，EWT）方法是一种结合小波变换数学理论和经验模态分解方法的完全自适应、数据驱动的信号处理方法[94]。该方法假设每个模态的傅里叶频谱具有紧支撑。建立一组适合于处理信号的小波，从傅里叶变换的角度来看，这个结构等价于建立一组带通滤波器，然后分别用一系列小波滤波器提取所有模态[95]。EWT 将每个信号的标准化频谱（具备 2π 周期性）分成 N 段，因此，只需要在 $w \in [0 \quad \pi]$ 内进行讨论。即将傅里叶支撑集 $\bigcup_{n=1}^{N} \Lambda_n = [0 \quad \pi]$ 分割为 N 个连续段 $\Lambda_n = [w_{n-1} \quad w_n]$。在每一个 w_n 的领域，定义一个过渡区域 $[w_n - \tau_n \quad w_n + \tau_n]$。其中，最简单的 τ_n 选取方式为 $\tau_n = \gamma w_n$，$0 < \gamma < 1$。而且，γ 需要满足如下条件

$$\gamma < \min_n \left(\frac{w_{n+1} - w_n}{w_{n+1} + w_n} \right) \tag{5-95}$$

经验小波定义为在每一个连续段 Λ_n 上的带通滤波器组。为了构建带通滤波器组，借鉴了 Littlewood-Paley and Meyer 小波的构建思想。定义经验尺度函数和经验小波函数如下。

尺度函数定义为

$$\hat{\phi}_n(w) = \begin{cases} 1, & |w| \leqslant w_n - \tau_n \\ \cos\left[\frac{\pi}{2}\beta\left(\frac{1}{2\tau_n}(|w| - w_n + \tau_n)\right)\right], & w_n - \tau_n \leqslant |w| \leqslant w_n + \tau_n \\ 0, & \text{其他} \end{cases} \tag{5-96}$$

小波函数定义为

$$\hat{\psi}_n(w)=\begin{cases}1, & w_n+\tau_n\leqslant|w|\leqslant w_{n+1}-\tau_{n+1}\\ \cos\left[\frac{\pi}{2}\beta\left(\frac{1}{2\tau_{n+1}}(|w|-w_{n+1}+\tau_{n+1})\right)\right], & w_{n+1}-\tau_{n+1}\leqslant|w|\leqslant w_{n+1}+\tau_{n+1}\\ \sin\left[\frac{\pi}{2}\beta\left(\frac{1}{2\tau_n}(|w|-w_n+\tau_n)\right)\right], & w_n-\tau_n\leqslant|w|\leqslant w_n+\tau_n\\ 0, & \text{其他}\end{cases} \tag{5-97}$$

其中，函数 $\beta(x)$ 满足如下公式。

$$\beta(x)=\begin{cases}0, & x\leqslant 0\\ 1-\beta(1-x), & 0\leqslant x\leqslant 1\\ 1, & x\geqslant 1\end{cases} \tag{5-98}$$

最常用的 $\beta(x)$ 为

$$\beta(x)=x^4(35-84x+70x^2-20x^3) \tag{5-99}$$

此处定义经验小波变换 $W_f^{\varepsilon}(n,t)$ 为

$$W_f^{\varepsilon}(n,t)=\langle f,\psi_n\rangle=\int f(\tau)\overline{\psi_n(\tau-t)}\mathrm{d}\tau \tag{5-100}$$

近似系数 $W_f^{\varepsilon}(0,t)$ 为

$$W_f^{\varepsilon}(0,t)=\langle f,\phi_1\rangle=\int f(\tau)\overline{\phi_1(\tau-t)}\mathrm{d}\tau \tag{5-101}$$

则原始函数 $f(t)$ 可重构为

$$f(t)=W_f^{\varepsilon}(0,t)*\phi_1(t)+\sum_{n=1}^{N}W_f^{\varepsilon}(n,t)*\psi_n(t)=f_0(t)+\sum_{k=1}^{N}f_k(t) \tag{5-102}$$

其中，$f_0(t)$ 和 $f_k(t)$ 为对应分解得到的分量。

例 5-11 EWT 应用示例

EWT 程序可参考本书电子附录代码（EWT 文件夹），以下是 EWT 应用示例，用于分解 sEMG，图 5-19 中用 EIMFi 表示信号分量。

```
clear;clc;close all
load data3.mat;
addpath(genpath(pwd));%添加当前文件夹以及所有子文件夹的路径
emg1=emg1(1,1:4000);
[m,n]=size(emg1);
params.SamplingRate=1000;%put-1 if you don't know the sampling rate
%Choose the wanted global trend removal(none,plaw,poly,morpho,tophat)
params.globtrend='none';
params.degree=6;%degree for the polynomial interpolation
```

```
%Choose the wanted regularization(none,gaussian,avaerage,closing)
params.reg='none';
params.lengthFilter=10;
params.sigmaFilter=1.5;
%Choose the wanted detection method(locmax,locmaxmin,ftc,
%adaptive,adaptivereg,scalespace)
params.detect='scalespace';
params.typeDetect = 'otsu';% for scalespace:otsu,halfnormal,empiricallaw,mean,
kmeans
params.N=3;%maximum number of bands
params.completion=0;%choose if you want to force to have params.N mode in case the
algorithm found less ones(0 or 1)
%params.InitBounds=[4 8 13 30];
params.InitBounds=[2 25];
%Perform the detection on the log spectrum instead the spectrum
params.log=0;
[ewt,mfb,boundaries]=EWT1D(emg1',params);
for i=1:1:size(ewt,1)
    subemg(:,i)=ewt{i,:};
end
u1=subemg;
figure;
subplot(5,2,1);plot(u1(:,1),'r','linewidth',1);title('EIMF1',fontsize=10,
FontWeight='bold');grid on;grid minor;
subplot(5,2,2);plot(u1(:,2),'r','linewidth',1);title('EIMF2',fontsize=10,
FontWeight='bold');grid on;grid minor;
subplot(5,2,3);plot(u1(:,3),'r','linewidth',1);title('EIMF3',fontsize=10,
FontWeight='bold');grid on;grid minor;
subplot(5,2,4);plot(u1(:,4),'r','linewidth',1);title('EIMF4',fontsize=10,
FontWeight='bold');grid on;grid minor;
subplot(5,2,5);plot(u1(:,5),'r','linewidth',1);title('EIMF5',fontsize=10,
FontWeight='bold');grid on;grid minor;
subplot(5,2,6);plot(u1(:,6),'r','linewidth',1);title('EIMF6',fontsize=10,
FontWeight='bold');grid on;grid minor;
subplot(5,2,7);plot(u1(:,7),'r','linewidth',1);title('EIMF7',fontsize=10,
FontWeight='bold');grid on;grid minor;
subplot(5,2,8);plot(u1(:,8),'r','linewidth',1);title('EIMF8',fontsize=10,
FontWeight='bold');grid on;grid minor;
subplot(5,2,9);plot(u1(:,9),'r','linewidth',1);title('EIMF9',fontsize=10,
FontWeight='bold');grid on;grid minor;
subplot(5,2,10);plot(u1(:,10),'r','linewidth',1);title('EIMF10',fontsize=10,
FontWeight='bold');grid on;grid minor;
```

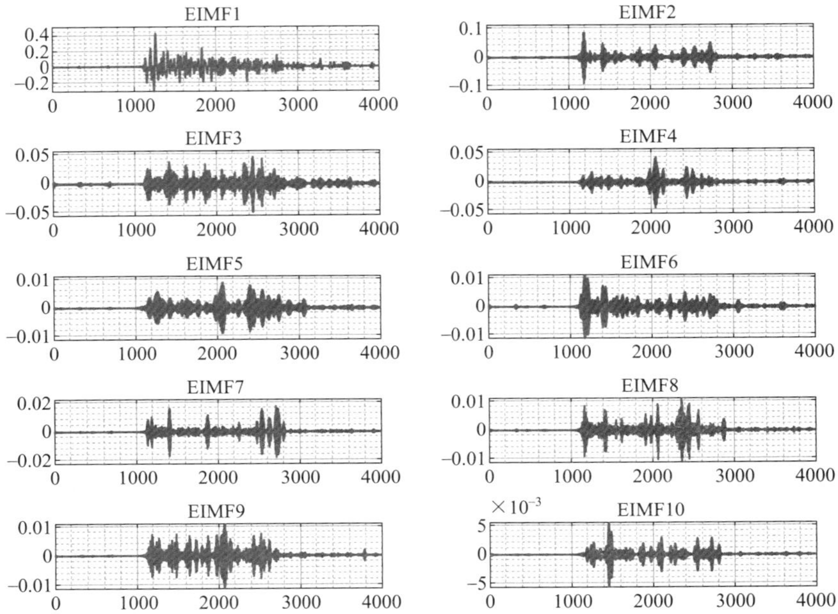

图 5-19 EWT 分解 sEMG 示例

5.4 EEG 采集与处理

5.4.1 EEG 类型

脑机接口包括两种类型：基于自发脑电的脑机接口和基于诱发脑电的脑机接口。自发脑电是人进行特定思维活动，是内源性的。诱发脑电是通过一些刺激（视觉或其他）而产生的电信号，是外源性的。

常见的诱发脑电：视觉稳态诱发（steady-state visual evoked potential，SSVEP）。

常见的自发脑电：运动想象（motor imagery，MI）。

（1）SSVEP

一般而言，人类的大脑电位活动在正常状态下是杂乱无章的。当施加一定刺激，例如视觉闪烁，此时闪烁频率和与之同频的神经网络产生谐振，从而产生了 SSVEP 信号。

使用基于 SSVEP 的系统可实现少量培训实现多种类型任务。用户只需要将目光和注意力转移到不同的刺激上。如果用户眼睛肌肉存在一定缺陷或失能，则不能使用 SSVEP 方法。在对采集到的 SSVEP 信号进行分类时，使用典型相关分析（本书 5.4.6 小节内容）计算采集到的信号与具有不同频率参考信号的相关系数，相关程度最高的是 SSVEP 信号所传递的频率。

一般可通过时间调制、频谱调制或编码调制三种方式，实现视觉诱发刺激。以字母表为例，使用 SSVEP 进行打字的界面示意图如图 5-20 所示，每个方块以一个固定的频率呈现闪烁刺激，不同方块的闪烁频率不一样。使用者注视期望的输出字母对应的刺激方块，例如字母 S。通过计算 EEG 特征信号，例如频谱，频谱通常显示了一个峰值，该峰值匹配用户正注视的刺激速率，进而识别得到该刺激对应的输出字符。

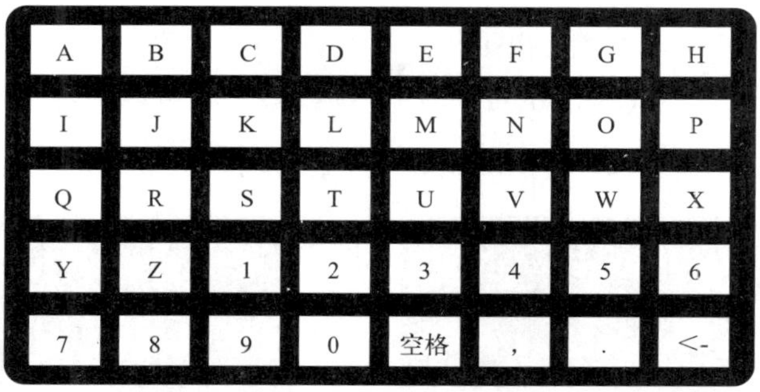

图 5-20　SSVEP 打字视野闪烁界面示意图

当用户注视某个字母（例如 M），则其闪烁会引起产生 EEG_X1，用户注视另一个字母（例如 N），则其闪烁也会引起产生 EEG_X2。由于两个字母块的闪烁频率不一样，则对应的 EEG_X1 和 EEG_X2 也会有一定差异。通过分析 EEG_X1 和 EEG_X2 的差异，就可以判定出用户具体注视的是哪个字母块。SSVEP 方法需要用户能够自主地控制眼睛，如果存在眼部肌肉控制障碍，则这一方法不可用。再者，这种方法长时间使用会由于长时间闪烁和视觉专注，容易引起视觉疲劳。

（2）P300 经典范式介绍

P300 属于事件相关电位的一种，是一种内源性的且和认知功能相关的特殊诱发电位。P300 是在事件（如听觉、视觉刺激）发生后大约 300ms 出现的信号波，它是以 δ 波为主和 θ 波响应的融合。P300 是时域上的响应，SSVEP 是频域上的特征。Farwell 和 Donchin 在 1988 年提出 P300 经典范式虚拟键盘，包含 26 个字母、1～9 数字和下划线，如图 5-21 所示。

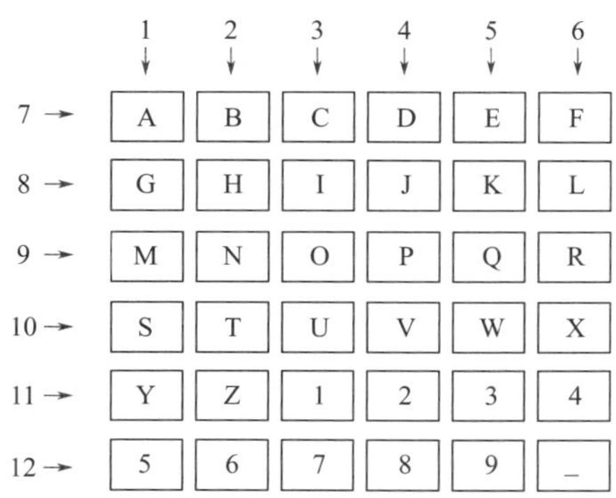

图 5-21　P300 视野界面示意图

行和列的每次闪烁（或明暗度增强）持续 100ms，闪烁间隔固定为 500ms 或者 125ms。随机高亮某一行或者某一列，当包含受试者想要的字符时，受试者对此做出反应，并计数，产生 P300 波形。不包含时，则不做出反应，不计数。通过解析 EEG 中的 P300 时序位置，并对照刺激序列的时序，进而确定刺激的行列位置，从而确定出受试者注视的字符，达到根据思维打字的目的。为了有助于保持受试者的注意力，通常要求受试者对目标字符高亮的次数进行计数。值得注意的是，重复高亮次数越多，识别准确率越好，但会增加拼写时间。例如，要打字符“N”，12 次刺激当中，理论上只有编号为 2 的行和编号为 9 的列加强才可以诱发出 P300 脑电波形图，如图 5-22 所示。根据这个特性利用识别算法找到 12 次中 2 次（行和列）的 P300 波形，就可以确定一个字符。

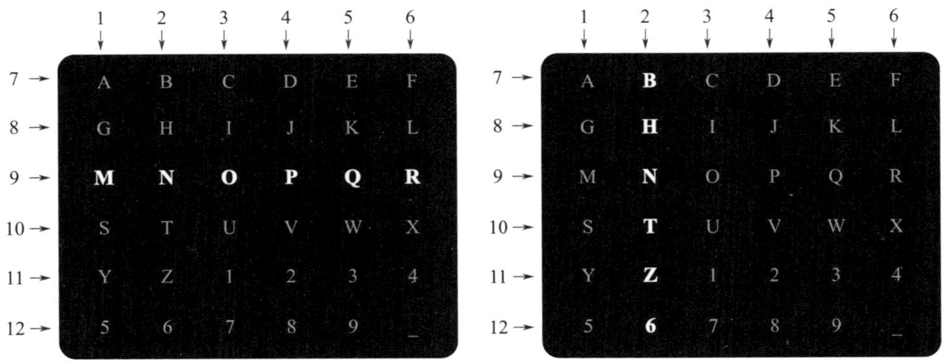

图 5-22　P300 字符 N 诱发示意图

（3）MI

MI 必须与视觉意象区分开来，因为它表现出不同的性质：虚拟环境不是在第三人的视角中想象的，而是在第一人称视角下运动的内省的运动感觉。MI 是利用大脑意念想象动作，用控制器实现后续实际动作。在对 MI 中不同心理状态进行分类的基础上，建立了许多利用 EEG 的无创脑机接口（brain-computer interface，BCI）系统。在这些系统中，通常想象一定的肢体动作，例如，移动左手或右手的想象力，对应一个心理状态翻译成一个方向的控制，四个独立的心理状态通常对应一个完整的二维控制[96]。

脑电图在感觉运动皮层上测量的节律性大脑活动统称为感觉运动节律，想象运动时主大脑感觉运动皮层 μ 节律和 β 节律的能量会发生变化[96]。大脑控制躯体运动是对侧控制的。在单手执行动作时，对侧脑对应区域被激活，该区域内代谢加快，血流速加快，消耗能量变多，信号中 μ 节律和 β 节律振幅降低，表示受激活的皮质 EEG 振幅降低，称为事件相关去同步（event-related desynchronization，ERD）现象；同时同侧脑处于静息状态时，信号中 μ 节律和 β 节律振幅升高，称为事件相关同步（event related synchronization，ERS）现象。ERD 和 ERS 是指在 EEG 中观察到的一种事件相关的时域和频域变化现象[96]。ERD 表示事件相关的脑电活动降低，而 ERS 则表示脑电活动增强。具体地说，当人执行某个运动或进行某项认知任务时，与此任务相关的脑区域的神经元会发生放电，导致相应频带的脑电活动增强或减弱。这种变化通常在任务开始前就开始出现，并在任务结束后持续一段时间。在频域上，ERD 通常表现为特定频带的功率下降，而 ERS 则表现为功率增强。在时域上，ERD 通常表现为与事件相关的脑电活动的振幅减小，而 ERS 则表现为振幅增大。例如想象右手运动时，大脑左侧出现 ERD，同时右侧出现 ERS；想象左手运动时，左侧出现 ERS 而右侧出现 ERD，两侧信号的能量会出现明显差异[96]。

5.4.2　EEG 采集

EEG 是一种人类的生理电活动信号，通过人类大脑内神经元放电产生。通常 EEG 是指在头皮上记录的波动电波，皮质电图（electrocorticogram，ECoG）指的是直接从皮层获得的类似记录，局部场电位（local field potential，LFP）也称为颅内脑电图，指的是通过插入大脑的小尺寸电极记录得到的 EEG[97]，如图 5-23 所示。EEG 由头皮上的多个单电极记录，并在大面积上进行整合，可以视为 LFP 的时空平滑版本。

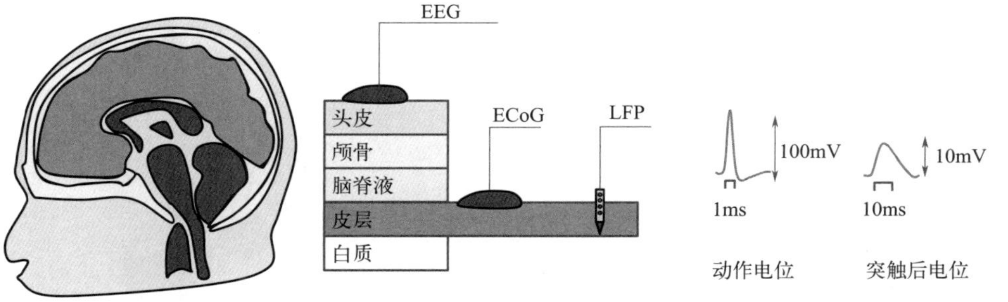

图 5-23　EEG 产生与记录

有两种不同类型的细胞内电位可能对头皮 EEG 的产生有潜在的贡献，即动作电位和突触后电位，如图 5-23 所示。动作电位是由胞内、胞外离子动态运动引起的。突触后电位通过一对相邻的神经元膜产生。如果突触后电位超过阈值水平，一个神经元的动作电位就会传递给另一个神经元。在大量神经元中，动作电位并不同步放电。虽然突触后电位的幅度一般小于动作电位，但其持续时间相对较长，使得大量神经元突触后电位能够同步产生，在一个小的皮质区域内的电位可以产生足够大的颅外电场，从而可以在头皮表面测量[98]。因此，一般认为突触后电位比动作电位对可测量的颅外电场的产生贡献更大。

1958 年，国际脑电图和临床神经生理学联合会提出了一种国际 10-20 系统范式，用于规范脑电电极布置位置[99]。该系统包含了 75 个电极的头皮上标准化位置，如图 5-24 所示。首先在系统中定义基准（鼻根 NZ，枕骨隆突 IZ 和两个耳前点 A1、A2），其他电极的位置可以根据这些基准点确定。电极被放置在纬度和经度线上的 10%和 20%点，这就是为什么该系统被称为 10-20 系统的原因。

每个电极的名称包含字母和数字两个部分。字母代表大脑区域：FP 表示额极，F 表示额，C 表示中央，P 表示顶骨，O 表示枕骨，T 表示颞骨。数字表示到中线的距离，左半球使用奇数，右半球使用偶数数字，数字越大，它离中线的距离就越大。中线上的电极用 Z 表示零。为了减少信号失真，电极和头皮接触面的阻抗应小于 10kΩ。一般可选用 CZ、C7、连耳、连乳突、同侧耳、对侧耳和鼻尖作为 EEG 记录参考电极位置。

EEG 记录系统的放大器从电极获取电压，并将微伏信号放大，然后转换为数字信号。为了获得高质量的数据，EEG 记录系统中所使用的共模抑制应至少为 100dB。一般来说，EEG 采样率在 250～1000Hz 之间就足够了，在 EEG 数据采集中不需要记录快于 1000Hz 的信号。

EEG 记录系统的建议参数如下[97]：

① 电极的类型：推荐使用带有导电浆料的 Ag-AgCl 圆盘电极，干电极可能不如湿电极稳定。

② 电极数量：在大多数情况下推荐使用 32～64 个活性电极。

③ 电极位置：国际 10-20 系统范式是唯一推荐的选择。

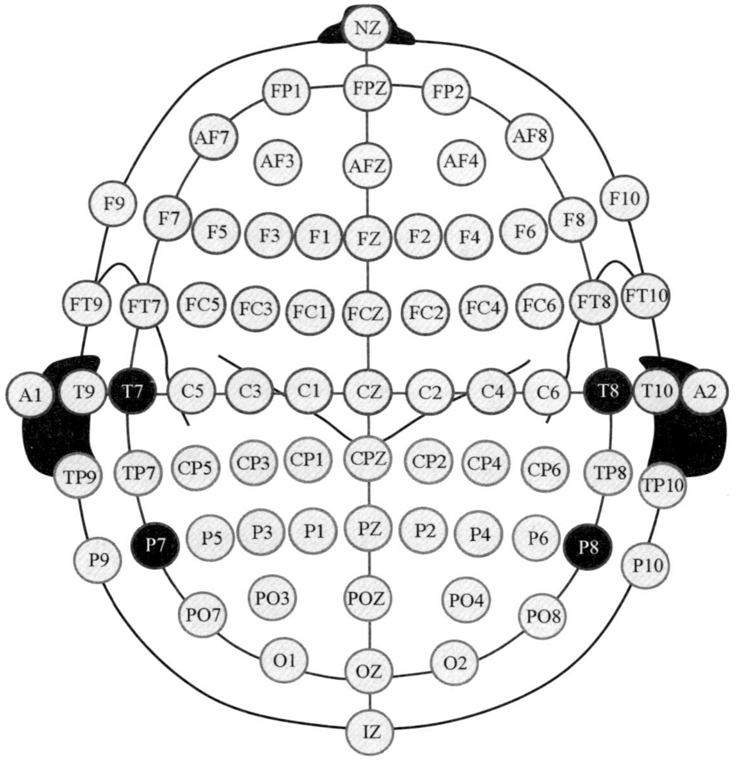

图 5-24 脑电电极位置国际 10-20 系统范式[99]

④ 参考电极：一般可选用 CZ、C7、连耳、连乳突、同侧耳、对侧耳和鼻尖作为脑电图记录参考电极位置。

⑤ 放大器和转换器：具有高输入阻抗（至少 100MΩ）的放大器和高共模抑制比（至少 100dB）是推荐的，分辨率超过 20 位的 AD 转换器是最佳的。

⑥ 模拟滤波器：如果转换器的电压分辨率足够高，不建议在 EEG 数据采集期间应用任何模拟滤波器，因为它优于使用数字滤波器来离线过滤数据。如果没有高分辨率转换器，建议在数据采集期间使用半幅截止频率在 0.01～0.1Hz 之间的高通滤波器。

⑦ 采样率：在大多数情况下，为 250～1000Hz。

5.4.3 EEG 去噪与滤波

（1）EEG 噪声来源

EEG 噪声来源有以下可能：

① 伪影　伪影大致可分为两类：生理性和非生理性伪影。生理性伪影包括由器官生理活动引起的电位，例如眼睛、肌肉或心脏的生理活动。非生理性伪影包括电极-头皮界面变化、设备和环境变化[97]。

② 电磁干扰　由于采集 EEG 所用 ADC 分辨率非常高，EEG 非常微弱，因此，外部环境的各种电磁干扰会影响 EEG 采集，通常会引入噪声或工频干扰（50Hz 或 60Hz）。

（2）EEG 去噪方法

① 眼球运动和眨眼在常规脑电图记录中很容易检测到。当眼睛移动时，带正电的角

膜和带负电的视网膜之间的电偶极子也会移动，进而产生一个大的电位。为了避免伪影，实验人员经常指示受试者抑制眼球运动和眨眼。然而，这些伪影的出现是不可避免的，因为眼球运动和眨眼可能是不自觉的。可采用 ICA 一定程度上分离出伪影，从 EEG 中去除与伪影相关的分量。

② 肌肉运动产生 sEMG 干扰 EEG。产生肌肉伪影的主要部位是额肌和颞肌。额肌主要参与闭眼运动或扬起眉毛，颞肌主要参与咬牙、咀嚼或磨牙运动。通常可采用低通滤波方式滤出高频的 sEMG，或采用 ICA 方法也可以一定程度分离出 sEMG 成分。

③ 心电信号同样也会引入干扰，心脏的规律性跳动产生的信号可通过 EEG 电极片或 sEMG 电极片检测得到（通常心电信号采集所用电极片和 sEMG 采集所需电极片可通用）。一般可采用 ICA 方法或自适应滤波器，或采用信号模态分解方法将混合信号分解，再对每一个模态信号进行分析。

④ 头皮汗液会通过在电极之间产生不必要的电连接而产生伪影。汗液引起的直流电极电位的变化可能导致基线不稳定和相邻通道中描记线的交叉。一般可采用 ICA 方法或自适应滤波器，可以采用信号模态分解方法将混合信号分解，再对每一个模态信号进行分析。

⑤ 受试者的运动引起导线或电极的移动也会引入干扰。电极在头皮上放置不当也会引起伪影，例如被头发挡住或电极表面因出汗存在腐蚀现象。一般可采用 ICA 方法或自适应滤波器，可以采用信号模态分解方法将混合信号分解，再对每一个模态信号进行分析。

⑥ 皮肤的角质层和颗粒层之间存在明显的直流电位，皮肤的任何局部变形都会改变这种电位。一般可通过皮肤清洁（例如擦拭酒精）在皮肤层中创建低阻抗通道。

⑦ 电干扰可以通过屏蔽电缆、使用屏蔽室或将受试者移至远离干扰源的地方来减少。在房间里将受试者与地连接，且电极线尽量取短一些，降低信号噪声和运动伪影。电源线干扰也可以通过应用 50Hz/60Hz 的陷波滤波器来消除。

(3) EEG 滤波-共同平均参考方法

共同平均参考（common average reference，CAR）方法表达式如下。

$$V_i^{CAR} = V_i^{ER} - \frac{1}{n}\sum_{j=1}^{n} V_j^{ER} \tag{5-103}$$

其中，n 是通道数，V_i^{ER} 是第 i 个通道和参考电极的相对电势。

5.4.4 EEG 特征提取

以下介绍常用的 EEG 时域、频域、分解域和时频域特征[100]。

(1) 时域特征信号

① 自回归系数　自回归（autoregression，AR）建模使用早期的观测值来创建线性回归模型。当使用 AR 建模进行特征提取时，信号由 AR 系数表示，AR 系数形成特征向量。这是时域中最流行的特征提取形式之一，也用于基于脑电图的脑机接口系统。这是因为该技术非常有利于数据压缩和低功耗应用，此外，即使在数据中存在比例变化的情况下，AR 系数也保持不变。然而，在确定模型顺序方面存在挑战。如果阶数较低，则不能准确地表示数据，但如果阶数过高，则会增加噪声。

$$\hat{s}(t)=\sum_{k=1}^{P}a(k)\hat{s}(t-k)+e(t) \tag{5-104}$$

其中，$s(t)$ 表示分割后的 EEG 数据，P 为模型阶数，$e(t)$ 为白噪声，$a(k)$ 表示待估计的 AR 系数。

② Higuichi 分形维数

$$FD_j(t)=\frac{\left(\sum_{i-1}^{A-jt}\left|X(j+it)-X(j+(i-1)t)\right|\right)\frac{A-1}{A-j}}{t} \tag{5-105}$$

式中，$X(1):X(N)$ 为有限时间序列样本，$j=1:t$ 为区间时间的初始时间。

③ 平均值

$$\mu_x=\frac{1}{N}\sum_{n=1}^{N}x(n) \tag{5-106}$$

其中，$x(n)$ 表示原始信号的第 n 个样本值，取原始信号中的 N 个数据点。

④ 标准差

$$\sigma_x=\sqrt{\frac{1}{N-1}\sum_{n=1}^{N}(x(n)-\mu_x)^2} \tag{5-107}$$

其中，μ_x 为平均值，$x(n)$ 表示原始信号的第 n 个样本值。

⑤ 去趋势分析

$$F(n)=\sqrt{\frac{1}{N}\sum_{k=1}^{N}\left[y(k)-y_n(k)\right]^2} \tag{5-108}$$

其中，N 为时间序列信号的长度，$y(k)$ 为信号的累积和，$y_n(k)$ 为直线拟合后的分段序列。

（2）频域特征信号

① 傅里叶变换　同 5.1.1 节内容。

② 功率谱密度　将功率谱的每个频带除以频域分辨率，将其归一化为单位频率下的功率，即为功率谱密度。功率谱的介绍可参考本书 5.2.2 小节内容。

③ 频带能量　参考本书 5.2.2 小节式(5-37) 和式(5-38) 计算 $X^2(e^{iw})$，得到频带能量。

（3）分解域特征信号

① 自适应 Hermite 分解　自适应 Hermite 分解使用 Hermite 函数，利用进化优化算法自适应选择 EEG 的 Hermite 函数。扩张因子 p 和第 k 阶 Hermite 函数记为 $f_{k,p}(t)$，定义如下。

$$f_{k,p}(t)=\frac{1}{\sqrt{p2^k k!\sqrt{\pi}}}e^{-\left(\frac{t^2}{2p^2}\right)}h_k\left(\frac{t}{p}\right) \tag{5-109}$$

$$c_k=\langle x,f_{k,p}\rangle=\int_{-\infty}^{\infty}x(t)f_{k,p}(t)\mathrm{d}t,(0\leqslant k\leqslant n-1) \tag{5-110}$$

其中，$h_k\left(\frac{t}{p}\right)$是 $h_k(t)$ 的扩张形式，是一个 Hermite 多项式，c_k 是将用作特征基础的 Hermite 系数。从 Hermite 系数来看，将采取统计措施作为特征。第一个四分位数、中位数、范围和能量是将被提取的统计特征。

② 局部特征尺度分解方法 局部特征尺度分解用于分解原始 EEG 数据，并创建传递原始信号属性的片段。信号被分解成各种固有尺度分量（intrinsic scale component，ISC），其中每个 ISC 的瞬时频率具有重要意义。分解方法如下：

$$x(t)=\sum_{p=1}^{n}ISC_{p}(t)+u_{n}(t) \tag{5-111}$$

其中，$x(t)$ 是原始信号，$u_n(t)$ 是剩余项。

③ EMD、VMD、EWT EMD、VMD、EWT 相关内容可参考 5.3.2 小节内容。

(4) 时频域特征信号

① STFT 短时傅里叶变换可将一维 EEG 转换成时频域的二维图像，STFT 相关内容可参考 5.3.2 小节内容。

② 小波变换 小波变换将信号投影到时频域，小波变换可以作为一种有效的 EEG 分类特征提取技术，其定义可参考 5.2.3 小节。

(5) 空域特征信号-共空间模式

空域分析法的优点是利用信号的空间相关性有效地提取信号在空间上的特征。空间过滤方法将脑电波转换成一个独特的空间。在这个独特的空间中，一组的方差被放大，而另一组的方差较小。然而，共空间模式(common spatial pattern，CSP）技术存在局限性，它不能达到理想的性能。因此，研究人员一直在开发 CSP 的变体以克服其局限性，例如 Fuzzy Time-Delay common spatio-spectral pattern、common sparse spatio-spectral patterns、sub-band common spatial patterns、sub-band common spatial patterns。以下介绍 Fuzzy Time-Delay common spatio-spectral pattern 算法。

$$\overline{x}=\sum_{i}w_{i}x_{i} \tag{5-112}$$

其中，$\overline{x}$ 为空间滤波后的 EEG，w_i 为空间滤波权值，x_i 为包含通道 i 在空间滤波前的 EEG 的行向量。Fuzzy Time-Delay common spatio-spectral pattern 算法定义如下。

$$Z^{k}=\sum_{\tau=0}^{2}\mu_{(\tau)}\boldsymbol{W}^{(\tau)}*(\delta^{\tau}X^{(k)})=[\boldsymbol{W}^{(0)}\quad \boldsymbol{W}^{(1)}\quad \boldsymbol{W}^{(2)}]\begin{bmatrix}\mu_{(0)}X^{(k)}\\ \mu_{(1)}X^{(k-1)}\\ \mu_{(2)}X^{(k-2)}\end{bmatrix} \tag{5-113}$$

其中，δ^{τ} 为延迟算子，$\mu_{(\tau)}$ 为 τ 的模糊隶属度值，$\boldsymbol{W}^{(\tau)}$ 为优化后的 Fuzzy Time-Delay common spatio-spectral pattern 权重矩阵，$X^{(k)}$ 为第 k 次实验的预处理脑电图记录。

5.4.5 EEG 盲源信号分离

盲源分离（blind source separation，BSS）是指在不借助源信号或混合过程的相关信息或信息很少的情况下，将源信号从一组混合信号中分离（观测）出来。通常，从一组传感器的输出处获得观测值，其中每个传感器接收不同的源信号组合。PCA、ICA 和非负矩阵分解（nonnegative matrix factorization，NMF 或 NNMF）是常用的盲源信号分离方法。

(1) PCA 和 ICA 方法

PCA 和 ICA 具体可参考 5.2.4 小节。

(2) NMF 方法

NMF 主要是将非负矩阵 $\boldsymbol{X}\in R^{m\times n}$ 分解为两个非负矩阵 $\boldsymbol{U}\in R^{m\times k}$ 和 $\boldsymbol{V}\in R^{k\times n}$。

$$\boldsymbol{X}=\boldsymbol{UV}+\Delta \tag{5-114}$$

其中，$\boldsymbol{U}$ 和 $\boldsymbol{V}$ 的维数小于 $\boldsymbol{X}$ 的维数，Δ 是逼近误差，NMF 通过最小化重构误差来逼近原始矩阵 $\boldsymbol{X}$，常见的损失函数如下。

$$J_{NMF}=\|\boldsymbol{X}-\boldsymbol{UV}\|_F^2 \tag{5-115}$$

其中，$\|\cdot\|_F$ 表示 Frobenius 范数。

求解 NMF 问题可转化为目标函数为损失函数的优化问题，采用如下优化算法。

$$\boldsymbol{U}^{t+1}=\boldsymbol{U}^t\odot\frac{\boldsymbol{X}(\boldsymbol{V}^t)^{\mathrm{T}}}{\boldsymbol{U}^t\boldsymbol{V}(\boldsymbol{V}^t)^{\mathrm{T}}} \tag{5-116}$$

$$\boldsymbol{V}^{t+1}=\boldsymbol{V}^t\odot\frac{(\boldsymbol{U}^{t+1})^{\mathrm{T}}\boldsymbol{X}}{(\boldsymbol{U}^{t+1})^{\mathrm{T}}\boldsymbol{U}^{t+1}\boldsymbol{V}^t} \tag{5-117}$$

其中，$\boldsymbol{U}^t$ 和 $\boldsymbol{V}^t$ 分别表示第 t 次迭代的矩阵 $\boldsymbol{U}$ 和 $\boldsymbol{V}$，$\boldsymbol{U}^{t+1}$ 和 $\boldsymbol{V}^{t+1}$ 表示第 $t+1$ 次迭代的矩阵 $\boldsymbol{U}$ 和 $\boldsymbol{V}$。$\odot$表示 Hadamard 积。

Matlab 自带 NMF 工具箱，调用格式如下。

```
[W,H]=nnmf(A,K)
```

5.4.6 EEG 模式识别

(1) 典型相关分析方法

如前所述相关系数公式如下。

$$\rho(X,Y)=\frac{\mathrm{cov}(X,Y)}{\sigma_X\sigma_Y}=\frac{\mathrm{cov}(X,Y)}{\sqrt{D(X)}\sqrt{D(Y)}} \tag{5-118}$$

其中，$\mathrm{cov}(X,Y)$ 是 X 和 Y 的协方差，σ_X 和σ_Y 分别是 X 和 Y 的方差。相关系数适用于一维数据相关分析，但是对于高维数据不能直接使用。典型相关分析（canonical correlation analysis，CCA）方法是将多维的 X 和 Y 用线性变换方式转换为一维的 X' 和 Y'。

$$X'=a^{\mathrm{T}}X \tag{5-119}$$

$$Y'=b^{\mathrm{T}}Y \tag{5-120}$$

降维的标准是 X 和 Y 的相关系数最大。

$$\underbrace{\mathrm{argmax}}_{a,b}\frac{\mathrm{cov}(X',Y')}{\sigma_{X'}\sigma_{Y'}}=\frac{\mathrm{cov}(X',Y')}{\sqrt{D(X')}\sqrt{D(Y')}}=\frac{\mathrm{cov}(a^{\mathrm{T}}X,b^{\mathrm{T}}Y)}{\sqrt{D(a^{\mathrm{T}}X)}\sqrt{D(b^{\mathrm{T}}Y)}} \tag{5-121}$$

其中，$\mathrm{cov}(X',Y')$、$D(X')$、$D(Y')$ 推导如下。

$$\mathrm{cov}(X',Y')=\mathrm{cov}(a^{\mathrm{T}}X,b^{\mathrm{T}}Y)=a^{\mathrm{T}}\mathrm{cov}(X,Y)b \tag{5-122}$$

$$D(X')=a^{\mathrm{T}}\mathrm{cov}(X,X)a \tag{5-123}$$

$$D(Y')=b^{\mathrm{T}}\mathrm{cov}(Y,Y)b \tag{5-124}$$

因此可得如下公式。

$$\underset{a,b}{\underbrace{\operatorname{argmax}}}\frac{\operatorname{cov}(X',Y')}{\sigma_{X'}\sigma_{Y'}}=\underset{a,b}{\underbrace{\operatorname{argmax}}}\frac{ca^{\mathrm{T}}\operatorname{cov}(X,Y)b}{\sqrt{a^{\mathrm{T}}\operatorname{cov}(X,X)a}\sqrt{b^{\mathrm{T}}\operatorname{cov}(Y,Y)b}} \tag{5-125}$$

对应的优化方法可以是奇异值分解（singular value decomposition，SVD）或特征分解，以下介绍 SVD 分解方法。

$$\begin{cases}a=\sqrt{\operatorname{cov}(X,X)}\,u\\ b=\sqrt{\operatorname{cov}(Y,Y)}\,v\end{cases} \tag{5-126}$$

则

$$\begin{cases}a^{\mathrm{T}}\operatorname{cov}(X,X)a=1\Rightarrow u^{\mathrm{T}}u=1\\ b^{\mathrm{T}}\operatorname{cov}(Y,Y)b=1\Rightarrow v^{\mathrm{T}}v=1\end{cases} \tag{5-127}$$

因此可得

$$\underset{a,b}{\underbrace{\operatorname{argmax}}}\frac{\operatorname{cov}(X',Y')}{\sigma_{X'}\sigma_{Y'}}=\underset{u,v}{\underbrace{\operatorname{argmax}}}(u^{\mathrm{T}}Mv) \tag{5-128}$$

$$M=\sqrt{\operatorname{cov}(X,X)}\operatorname{cov}(X,Y)\sqrt{\operatorname{cov}(Y,Y)} \tag{5-129}$$

具体计算步骤如下：

① 计算 X 的方差 $\operatorname{cov}(X,X)$、Y 的方差 $\operatorname{cov}(Y,Y)$、X 和 Y 的协方差 $\operatorname{cov}(X,Y)$。

② 计算矩阵 $\boldsymbol{M}=\sqrt{\operatorname{cov}(X,X)}\operatorname{cov}(X,Y)\sqrt{\operatorname{cov}(Y,Y)}$。

③ 对矩阵 $\boldsymbol{M}$ 进行奇异值分解，得到最大的奇异值 ρ 和对应的左右奇异向量 $\boldsymbol{u}$ 和 $\boldsymbol{v}$。

④ 计算 X 和 Y 的线性系数向量 $\boldsymbol{a}$ 和 $\boldsymbol{b}$，$\boldsymbol{a}=\sqrt{\operatorname{cov}(X,X)}\boldsymbol{u}$，$\boldsymbol{b}=\sqrt{\operatorname{cov}(Y,Y)}\boldsymbol{v}$

在 Matlab 中，典型相关分析命令如下。

```
[a,b,r,U,V,stats]=canoncorr(X,Y)
```

其中，输入 X 表示第一组向量的观测矩阵，Y 表示第二组向量的观测矩阵。输出 a 和 b 是典型相关变量的系数矩阵。r 表示典型相关系数，U 和 V 表示典型相关变量的得分。输出 stats 包括一些统计量和相应概率。

（2）人工智能方法

从 EEG 识别对应动作类型基本框架如图 5-25 所示。经过 SSVEP、MI 或 P300 或其他更为复杂的诱发方式诱发后，产生对应 EEG，采集 EEG，再对其预处理。预处理一般包含去噪、滤波、BSS。预处理后可对其提取相关特征信号，将特征信号作为分类器的输入信号，基于训练模型，识别对应动作。此处的分类器一般分为两大类：

① 机器学习类：神经网络、支持向量机（support vector machine，SVM）、决策树、集成学习（随机森林、Adaboost 等）、无监督学习（聚类、k 近邻等）等；

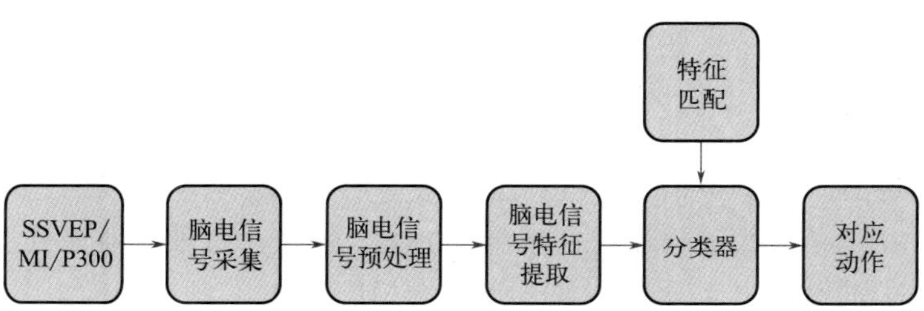

图 5-25 EEG 模式识别基本框架图

② 深度学习类：卷积神经网络、循环神经网络、长短期记忆网络（long short term memory，LSTM）、Transformer、图神经网络等。

分类器相关知识可参考机器学习或深度学习相关教材。

5.5 sEMG采集与处理

5.5.1 sEMG采集

sEMG采集示意图如图5-26所示，其基本规范和流程可分为如下几个方面：

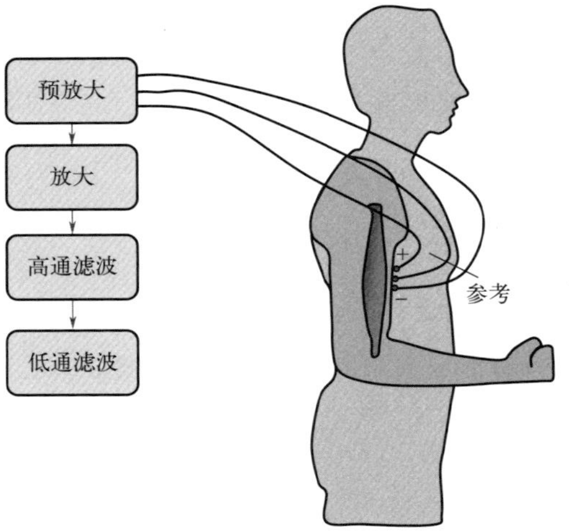

图5-26 sEMG采集示意图

(1) 采集前要求

采集前需签订伦理协议，通过本单位伦理委员会伦理审查。采集前需对需采集部位肌肉皮肤表面进行脱毛处理，并涂抹一定酒精，去除因皮肤干燥、死皮等引起皮肤阻抗大的问题。

(2) 采集环境

采集环境尽量选择空旷的房间，无电磁干扰，防止大量电器引起的电磁干扰引入噪声。

(3) 电极、电极粘贴位置要求

采集电极分为干式、湿式两大类，具体可参考本书4.6小节，采集电极多为3极（正、负和参考极），极与极的间距不大于20mm。采集电极具体粘贴位置有特定要求，具体可参考文献[101]。对于干式电极，必要时亦可涂抹一定的导电膏，提高导电性能。

(4) 采集过程要求

采集过程需端正肢体姿势，例如采集手部运动相关动作时，一般要求上臂和前臂不要有过多的运动。再者，采集一定时间后，如还需继续采集，需考虑肌肉疲劳问题，一般可间断地休息。采集过程中，尽量不要挤压电极，拖拽电极线，防止引入干扰信号。采集得到的原始sEMG一般需通过sEMG传感器进行放大、滤波处理。

(5) 采集后要求

采集实验结束后，一般需注意撕落固定传感器的医用胶带时，需涂抹酒精，防止暴力撕落引起皮肤拉伤或采集部位周围的毛发脱落。

5.5.2 sEMG去噪

sEMG可能受到一些噪声信号干扰，比如采集信号硬件电路，线的运动，或者外部噪声。目前，最常用的信号去噪方法是基于传统的滤波方法，比如低通滤波、维纳滤波、自适应滤波、卡尔曼滤波。以下介绍小波去噪与VMD方法（本书5.3.3小节已详细介绍）结合用于sEMG去噪方法，其大致分为三个步骤：信号分解、参数阈值化处理、信号重构。

首先采用 VMD 方法对 sEMG 进行分解，得到多个分量。如果信号受到 50Hz 工频干扰，则可直接对其进行去除。如果信号受到因线拖拽或挤压引入干扰，则可将低频 VMD 分量去除，这样剩下的可能噪声多为类白噪声信号。接下来主要介绍如何去除这一类噪声信号，主要采用小波软阈值（wavelet soft thresholding，WST）方法和软间隔阈值（soft interval thresholding，SIT）方法。

（1）WST 方法

$$\tilde{u}_i(t)=\begin{cases}\operatorname{sgn}(u_i(t))(|u_i(t)|-T_i), & |u_i(t)|>T_i\\ 0, & |u_i(t)|\leqslant T_i\end{cases} \tag{5-130}$$

其中，$u_i(t)$ 表示 VMD 分解的第 i 个分量信号，$\tilde{u}_i(t)$ 代表 VMD 分解的第 i 个分量经过 WST 处理之后的结果，T_i 表示对应的软阈值。然而，这种方式所重构的信号容易出现不连续性。

（2）SIT 方法

由于 VMD 分解的各个分量类似于 IMF，因此，可以将 VMD 分解的各个分量根据相邻过零点分解为多个间隔。$\boldsymbol{z}_{i,j}=[z_{i,j},z_{i,j+1}]$ 表示第 i 个分量的第 j 个以相邻过零点获得的间隔。那么在时间间隔 $z_{i,j}<t_{i,j}<z_{i,j+1}$ 内，经过软阈值处理之后的信号 $\tilde{u}_i(z_{i,j})$ 可表示如下。

$$\tilde{u}_i(z_{i,j})=\begin{cases}u_i(z_{i,j})\dfrac{|u_i(t_{i,j})|-T_i}{|u_i(t_{i,j})|}, & |u_i(t_{i,j})|>T_i\\ 0, & |u_i(t_{i,j})|\leqslant T_i\end{cases} \tag{5-131}$$

这里，$u_i(z_{i,j})$ 和 $\tilde{u}_i(z_{i,j})$ 分别表示在 $\boldsymbol{z}_{i,j}=[z_{i,j},\ z_{i,j+1}]$ 间隔内的第 i 个分量原始信号和软阈值处理后的信号。$u_i(t_{i,j})$ 表示在区间 $\boldsymbol{z}_{i,j}=[z_{i,j},\ z_{i,j+1}]$ 内的单极值，T_i 表示对应的软阈值，其表达式如下。

$$T_i=\sigma_i\sqrt{2\ln L} \tag{5-132}$$

其中，L 表示信号长度，σ_i 表示第 i 个信号分量的噪声水平，其计算公式如下。

$$\sigma_i=\frac{\operatorname{median}(|u_i(t)|)}{0.6745} \tag{5-133}$$

各个子信号去噪之后，组合为新的信号即为去除噪声之后的信号，公式如下。

$$\hat{f}=\sum_{k=1}^{NN}\tilde{u}_k \tag{5-134}$$

其中，$\hat{f}$ 为去除噪声之后的信号，NN 表示第二步选取的 VMD 分量个数。

WST 方法对应 Matlab 参考代码如下。

```
%VMD 变换
[u1,u_hat1,omega1]=VMD(emg1,alpha,tau,K,DC,init,tol);
%去噪
for i=1:1:K
  tt(i,1)=1*std(u1(i,1:500));
  for j=1:1:m
```

```
            temp1(i,j)=abs(u1(i,j))-tt(i,1);
            if temp1(i,j)>0||temp1(i,j)==0
              temp2(i,j)=temp1(i,j);
            else
              temp2(i,j)=0;
            end
            uu1(i,j)=sign(u1(i,j)) * temp2(i,j);
          end
        end
```

SIT 方法对应的 Matlab 参考代码如下。

```
%VMD 变换
[u1,u_hat1,omega1]=VMD(emg1,alpha,tau,K,DC,init,tol);
uuu=u1;
%去噪
for i=1:1:K
    deta(i,1)=median(abs(u1(:,i)))/0.6745;%求解σ
    Ti(i,1)=deta(i,1) * sqrt(2 * log(m));%求解 Ti
    tempp=find(u1(i,1:m-1). * u1(i,2:m)<0);%找到过零点
    indexx(i,1:size(tempp,2))=tempp;%过零点索引
    valueindex(i,1)=size(tempp,2);
    clearvars tempp;
    %寻找每一个间隔区间的极值点
    j=1;
    while(j<valueindex(i,1))
      if u1(i,indexx(i,j)+1)>0
        maxvalue(i,j)=max(u1(i,indexx(i,j):indexx(i,j+1)));
      else
        maxvalue(i,j)=min(u1(i,indexx(i,j):indexx(i,j+1)));
      end

      if abs(maxvalue(i,j))>Ti(i,1)
        u1(i,indexx(i,j):indexx(i,j+1))=u1(i,indexx(i,j):indexx(i,j+1)) * (abs
(maxvalue(i,j))-Ti(i,1))/abs(maxvalue(i,j));
      else
        u1(i,indexx(i,j):indexx(i,j+1))=0;
      end
      j=j+1;
    end
end
```

5.5.3 sEMG 特征提取

sEMG 特征信号主要分为时域特征信号、频域特征信号和时频域特征信号。

(1) 时域特征信号

① 积分 sEMG　积分 sEMG（integrated electromyography，IEMG）特征的定义为 sEMG 幅度绝对值的求和，定义如下。

$$\mathrm{IEMG}=\sum_{i=1}^{N}|x_i| \tag{5-135}$$

式中，x_i 为第 i 次采样的 sEMG，N 为 sEMG 的长度。

② 平均绝对值　平均绝对值（mean absolute value，MAV）特征是 sEMG 幅值绝对值在一段内的平均值，定义如下。

$$\mathrm{MAV}=\frac{1}{N}\sum_{i=1}^{N}|x_i| \tag{5-136}$$

③ 均方根　RMS 信号类似于标准偏差法，RMS 特征的数学定义如下。

$$\mathrm{RMS}=\sqrt{\frac{1}{N}\sum_{i=1}^{N}x_i^2} \tag{5-137}$$

④ 简单平方积分　简单平方积分（simple square integral，SSI）或平方积分使用 sEMG 的能量作为特征，它是 sEMG 振幅平方值的总和。一般将该参数定义为能量指标，定义如下。

$$\mathrm{SSI}=\sum_{i=1}^{N}x_i^2 \tag{5-138}$$

⑤ 方差　通常，方差（variance，VAR）被定义为该变量偏差的平方值的平均值。然而，sEMG 的平均值接近于零，因此 sEMG 的方差也可以定义如下。

$$\mathrm{VAR}=\frac{1}{N-1}\sum_{i=1}^{N}x_i^2 \tag{5-139}$$

⑥ 波形长度　波形长度（waveform length，WL）是 sEMG 复杂性的度量，定义为肌电波形在时间段内的累积长度，计算公式如下。

$$\mathrm{WL}=\sum_{i=1}^{N-1}|x_{i+1}-x_i| \tag{5-140}$$

⑦ 差分绝对标准差　差分绝对标准差（difference absolute standard deviation value，DASDV）与 RMS 特征相似，即波长的标准偏差值，定义如下。

$$\mathrm{DASDV}=\sqrt{\frac{1}{N-1}\sum_{i=1}^{N-1}(x_{i+1}-x_i)^2} \tag{5-141}$$

⑧ 零交叉　零交叉（zero crossing，ZC）是对信号的频率信息的度量在时域中定义的 sEMG。sEMG 的振幅值跨越零振幅电平的次数。为避免低电压波动或背景噪声，实现阈值条件，计算公式如下。

$$\mathrm{ZC}=\sum_{i=1}^{N-1}[\mathrm{sgn}(x_i \times x_{i+1}) \cap |x_i-x_{i+1}| \geqslant \tau] \tag{5-142}$$

$$\mathrm{sgn}(x)=\begin{cases}1, & x \geqslant \tau \\ 0, & \text{其他}\end{cases} \tag{5-143}$$

⑨ 对数特征　提供肌肉收缩力的估计而将非线性检测器的定义改为基于对数特性，定义如下。

$$\mathrm{LOG}=e^{\frac{1}{N}\sum_{i=1}^{N}\log(|x_i|)} \tag{5-144}$$

⑩ 斜率符号变化　斜率符号变化（slope sign change，SSC）是另一种表示 sEMG 频率信息的方法。这是 sEMG 斜率改变符号的次数。为了避免 sEMG 信号中的背景噪声，使用阈值函数对三个连续段的正负斜率之间的变化次数进行计算。这可以在数学上表示为如下形式。

$$\mathrm{SSC}=\sum_{i=1}^{N-1}\{f[(x_i-x_{i-1})\times(x_i-x_{i+1})]\} \tag{5-145}$$

$$f(x)=\begin{cases}1, & x\geqslant\tau\\ 0, & \text{其他}\end{cases} \tag{5-146}$$

⑪ AR 系数　AR 模型是一种预测模型，它将 sEMG 的每个样本描述为先前样本 x_{i-p} 加上白噪声误差项 w_i 的线性组合，在 sEMG 的分类中，使用 AR 模型的系数 a_p 作为特征向量。模型基本表示为如下形式。其中 P 是 AR 阶数。

$$x_i=\sum_{p=1}^{P}a_p x_{i-p}+w_i \tag{5-147}$$

⑫ 低通滤波特征　低通滤波特征（low pass filtering electromyography，LPFEMG）表达式如下

$$\mathrm{LPFEMG}=\frac{c_1+c_2z^{-1}+c_3z^{-2}+c_4z^{-3}+c_5z^{-4}}{1+d_2z^{-1}+d_3z^{-2}+d_4z^{-3}+d_5z^{-4}}x_i \tag{5-148}$$

其中，$c_1 \sim c_5$ 和 $d_2 \sim d_5$ 为滤波器的参数，滤波器为 2Hz 的四阶巴特沃斯低通滤波器，则可以确定 $c_1 \sim c_5$ 和 $d_2 \sim d_5$ 的对应值，x_i 为 sEMG 原始信号。

其他的时域特征信号可参考文献 [102]。

(2) 频域特征信号

① 频谱　可参考本书 5.2.2 小节内容。

② 功率谱　可参考本书 5.2.2 小节内容。

③ 功率谱密度　可参考本书 5.2.2 小节内容。

④ 频带能量　可参考本书 5.2.2 小节内容。

(3) 时频域特征信号

① 短时傅里叶变换　可参考本书 5.2.3 小节内容。

② 小波变换　可参考本书 5.2.3 小节内容。

5.5.4 sEMG 分解

(1) EMD

相关内容可参考 5.3.2 小节内容。

(2) VMD

相关内容可参考 5.3.2 小节内容。

(3) EWT

相关内容可参考 5.3.2 小节内容。

（4）基于振荡理论的 sEMG 分解方法

采集得到的 sEMG 信号首先经过 10～500Hz 的带通滤波（4 阶巴特沃斯带通滤波器）。所发展的方法基于振荡机理，在多重线性傅里叶函数组合基础上[103,104]，加入衰减因子 $e^{-\vartheta(k\Delta t)^2/2}$，构成如下基本函数，形成多重振荡特性建模。

$$x_{jk}=\sin\left(2\pi\left(f_0+\frac{j}{G}\right)k\Delta t\right)e^{\frac{-\vartheta(k\Delta t)^2}{2}} \tag{5-149}$$

$$z_{jk}=\cos\left(2\pi\left(f_0+\frac{j}{G}\right)k\Delta t\right)e^{\frac{-\vartheta(k\Delta t)^2}{2}} \tag{5-150}$$

$$\boldsymbol{a}_k=[x_{1k},x_{2k},\cdots,x_{Jk},z_{1k},z_{2k},\cdots,z_{Jk}] \tag{5-151}$$

其中，j 是分因子索引，取值范围是从 $1\sim J$。k 表示数据采样索引，取值范围是从 $1\sim N$。G 表示分频因子，其数值越大，分频数越密集。

$$\hat{y}_{m,k}=\sum_{j=1}^{J}w_{mjk}x_{jk}+v_{mjk}z_{jk} \tag{5-152}$$

其中，m 表示第几个肌肉，m 是从 $1\sim5$，w_{mjk} 和 v_{mjk} 为权值，构成权值向量 $\boldsymbol{w}_{m,k}$ 如下。

$$\boldsymbol{w}_{m,k}=[w_{m,1k},w_{m,2k},\cdots,w_{m,Jk},v_{m,1k},v_{m,2k},\cdots,v_{m,Jk}] \tag{5-153}$$

采用卡尔曼滤波器[105] 作为权值更新方法，具体如下。

$$\boldsymbol{K}_{m,k}=\frac{\boldsymbol{P}_{m,k}\boldsymbol{a}_k}{\boldsymbol{a}_k^{\mathrm{T}}\boldsymbol{P}_{m,k}\boldsymbol{a}_k+\boldsymbol{R}} \tag{5-154}$$

$$\boldsymbol{w}_{m,k+1}=\boldsymbol{w}_{m,k}+\boldsymbol{K}_{m,k}(y_k-\sum_{m=1}^{M}\hat{y}_{m,k}) \tag{5-155}$$

$$\boldsymbol{P}_{m,k+1}=[\boldsymbol{I}-\boldsymbol{K}_{m,k}\boldsymbol{a}_k^{\mathrm{T}}]\boldsymbol{P}_{m,k}+\boldsymbol{Q} \tag{5-156}$$

其中，$\boldsymbol{K}_{m,k}$ 表示 k 时刻第 m 个分量的 Kalman 增益，$\boldsymbol{P}_{m,k}$ 表示 k 时刻第 m 个分量的误差矩阵，$\boldsymbol{Q}$ 表示预测噪声协方差矩阵，$\boldsymbol{R}$ 表示测量噪声协方差矩阵，$\boldsymbol{I}$ 为单位矩阵。这一方法的详细分解效果可参考编者的研究工作[106]。

5.5.5 sEMG 与关节力矩/关节角度映射

从 sEMG 到关节力矩或关节角度严格意义上并无精确唯一解，其原因在于肌肉力并不能通过无创的方式直接测量得到[107]，只能通过如图 5-27 所示的间接测量方式测量关节力或力矩，这使得当 sEMG 相同时，如果关节角度不一样（例如图中所示的肘关节角度），测得的力是不一样的。关节角度越大，同样的 sEMG 下，力也越大。力一样时，关节角度越小，对应的 sEMG 越强烈[107]。再者，当输出力不变时，随着时间的推移，sEMG 也会缓慢增大[107]。尽管无精确唯一解，但是大体上而言，从 sEMG 到关节力矩或关节角度映射具有趋势一致性和近似解。

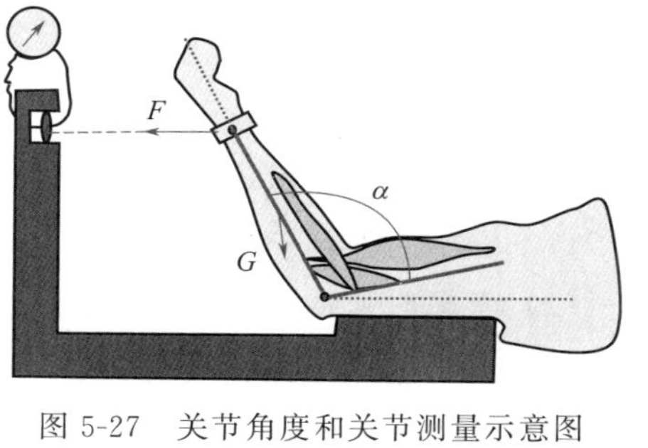

图 5-27　关节角度和关节测量示意图

（1）sEMG 到关节力矩或关节角度映射方法分类

目前，从 sEMG 到关节力矩或关节角度映射大体上可分为两大类方法：

① 肌肉骨骼生物力学模型　这一类方法通过建立 sEMG 活化度、肌肉活化度到肌肉力矩模型、Hill 模型等，实现从 sEMG 到关节力矩模型构建，进而通过肢体运动学和动力学方程（可利用第 3 章介绍的机器人运动学和动力学知识建立），得到关节角度信息，具体可参考文献［108］。这一类方法需要辨识的参数较多，不同个体对应的生理参数存在一定差异。以下介绍一种简化的肌肉骨骼生物力学模型方法。

基于 Twitch 模型的关节力估计方法

基于 Twitch 模型的关节力估计方法参考文献［109］，是一种简化的肌肉骨骼生物力学模型，具体介绍如下。

$$F_{tot}(t)=\sum_{i=1}^{N}F_i(t)=\sum_{i=1}^{N}\ \sum X_i(t)T(t)=\sum X_i(t)*T(t) \tag{5-157}$$

其中，$F_{tot}(t)$ 是关节力，$X_i(t)$ 是从 sEMG 中提取的脉冲序列，$T(t)$ 是 Twitch 模型。$*$ 表示卷积运算。$X_i(t)$ 和 $T(t)$ 的具体表达式如下。

$$X_i(t)=\begin{cases}y_{i-1}(t), & y_i(t)>\alpha \text{ 并且}(y_{i-1}(t)-y_{i-2}(t))(y_i(t)-y_{i-1}(t))<0\\0, & \text{其他}\end{cases} \tag{5-158}$$

$$T(t)=\frac{Pt\mathrm{e}^{\left(1-\frac{t}{t_{CT}}\right)}}{t_{CT}} \tag{5-159}$$

其中，$y_i(t)$ 是 t 时刻的归一化 sEMG，$X_i(t)$ 是提取的脉冲序列，α 是阈值，用于避免噪声。P 是 Twitch 峰值，t_{CT} 是到达峰值的收缩时间。P、α 和 t_{CT} 需通过如下公式寻找最优值。

$$J=\|f_{mea}(t)-F_{tot}(t)\| \tag{5-160}$$

以下以肘关节为例，列出肘关节力 $F_{tot}(t)$、肱二头肌肌电脉冲序列 $X_{BB}(t)$ 和肱桡肌肌电脉冲序列 $X_{BR}(t)$ 之间的关系式如下。

$$\begin{aligned}F_{tot}(t)&=\sum X_{BB}(t)*T_{BB}(t)+\sum X_{BR}(t)*T_{BR}(t)\\&=\sum X_{BB}(t)*\frac{P_{BB}(\theta_i)t\mathrm{e}^{\left(1-\frac{t}{t_{BB,CT}}\right)}}{t_{BB,CT}}+\sum X_{BR}(t)*\frac{P_{BR}(\theta_i)t\mathrm{e}^{\left(1-\frac{t}{t_{BR,CT}}\right)}}{t_{BR,CT}}\end{aligned} \tag{5-161}$$

② 基于人工智能的黑箱模型　这一类方法基于人工智能方法，从 sEMG 提取对应特征信号，将特征信号作为黑箱模型输入信号，关节力/力矩信号/关节角度作为输出信号。通过训练数据训练黑箱模型，当新的 sEMG 输入进来训练好的黑箱模型后，即可输出对应估计的关节力/力矩/关节角度信号。基于人工智能的黑箱模型方法用于识别关节力/力矩的基本框架如图 5-28 所示，基于人工智能的黑箱模型方法用于识别关节角度的基本框架如图 5-29 所示。常用的人工智能方法如下：

机器学习类：神经网络、SVM、集成学习（随机森林、Adaboost 等）等；

深度学习类：卷积神经网络、循环神经网络、LSTM、Transformer 等。

以下介绍两种基于人工智能的黑箱模型方法用于识别关节角度。

(2) 考虑时延特征的关节角度估计方法

本节内容选择编者的研究工作[110]，主要探索 sEMG 特征信号的时延信号中是否存在一些很重要的运动信息，用于提高运动意图识别准确率，并且在此基础上提高计算速度。

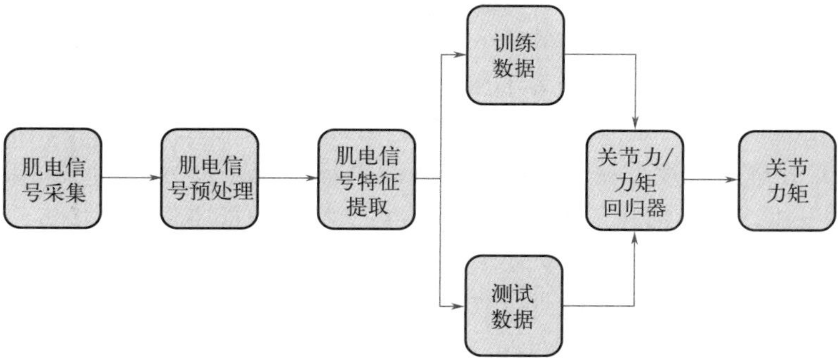

图 5-28　基于人工智能的黑箱模型方法用于识别关节力/力矩的基本框架

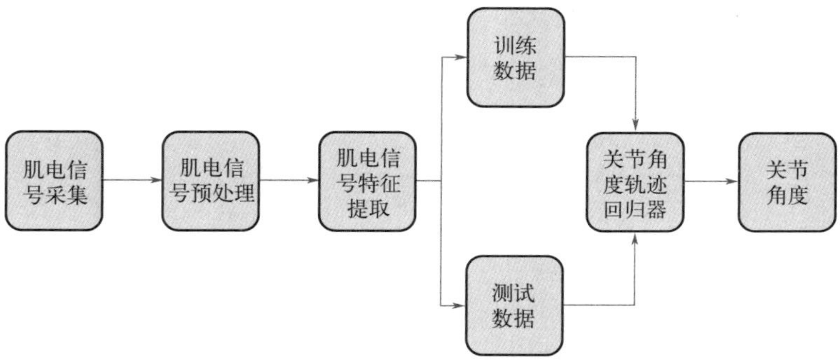

图 5-29　基于人工智能的黑箱模型方法用于识别关节角度的基本框架

考虑到单个时域特征信号不充分，因此本节采用 MAV、ZC、WL、SSC 和 DASDV 特征信号，并且应用其时延信号一起构建一个新的特征向量组。时延特征信号计算公式如下所示。

① 时延 MAV

$$\mathrm{MAV}(j-nk)=\frac{1}{N}\sum_{i=j-nk-N+1}^{j-nk}\left|emg_i\right|, n=1,2,3,\cdots \tag{5-162}$$

② 时延 ZC

$$\mathrm{ZC}(j-nk)=\sum_{i=j-nk-N+2}^{j-nk}\mathrm{sgn}(-emg_i emg_{i-1}), n=1,2,3,\cdots \tag{5-163}$$

③ 时延 WL

$$\mathrm{WL}(j-nk)=\sum_{i=j-nk-N+2}^{j-nk}\left|emg_{i+1}-emg_i\right|, n=1,2,3,\cdots \tag{5-164}$$

④ 时延 SSC

$$\mathrm{SSC}(j-nk)=\sum_{i=j-nk-N+3}^{j-nk}\mathrm{sgn}\left[-(emg_i-emg_{i-1})(emg_{i-1}-emg_{i-2})\right], n=1,2,3,\cdots \tag{5-165}$$

⑤ 时延 DASDV

$$\mathrm{DASDV}(j-nk)=\sqrt{\frac{1}{N}\sum_{i=j-nk-N+2}^{j-nk}(emg_{i-1}-emg_i)^2}, n=1,2,3,\cdots \tag{5-166}$$

MAV、ZC、WL、SSC 和 DASDV 特征信号和它们对应的时延信号一起构建一个新的特征向量组。然而新的特征向量组是一个高维数据集，它将增加运动估计的执行时间，因此需要采取措施减小执行时间。为了解决这个问题，引入随机森林（RF）算法。与人工神经网络和 SVM 相比，随机森林的优势可归纳为：快速执行时间、可避免过拟合以及抗噪能力好。在处理高维度数据时，随机森林的执行时间远远小于径向基函数神经网络和 SVM。更进一步地，随机森林还可以用于描述各个特征的重要程度。

为了减小执行时间，随机森林算法被引入用于构建多个时延特征和关节角度之间的映射模型。多特征时延与随机森林构成时延多特征随机森林（random forests using multiple time-delayed features，RF using MTDF）算法，算法框图如图 5-30 所示。

图中蓝色部分代表训练过程，红色部分表示学习过程。随机森林的输入数据 X 为时域特征 MAV、WL、ZC、SSC、DASDV 和它们的时延特征序列构成的向量，输出信号为关节角度 Y。

$$\begin{cases} X=[x,x(t-\Delta t),x(t-2\Delta t),\cdots,x(t-n\Delta t)] \\ x=[x_1,x_2] \\ x_1=[\mathrm{MAV}_1,\mathrm{WL}_1,\mathrm{ZC}_1,\mathrm{SSC}_1,\mathrm{DASDV}_1] \\ x_2=[\mathrm{MAV}_2,\mathrm{WL}_2,\mathrm{ZC}_2,\mathrm{SSC}_2,\mathrm{DASDV}_2] \end{cases} \tag{5-167}$$

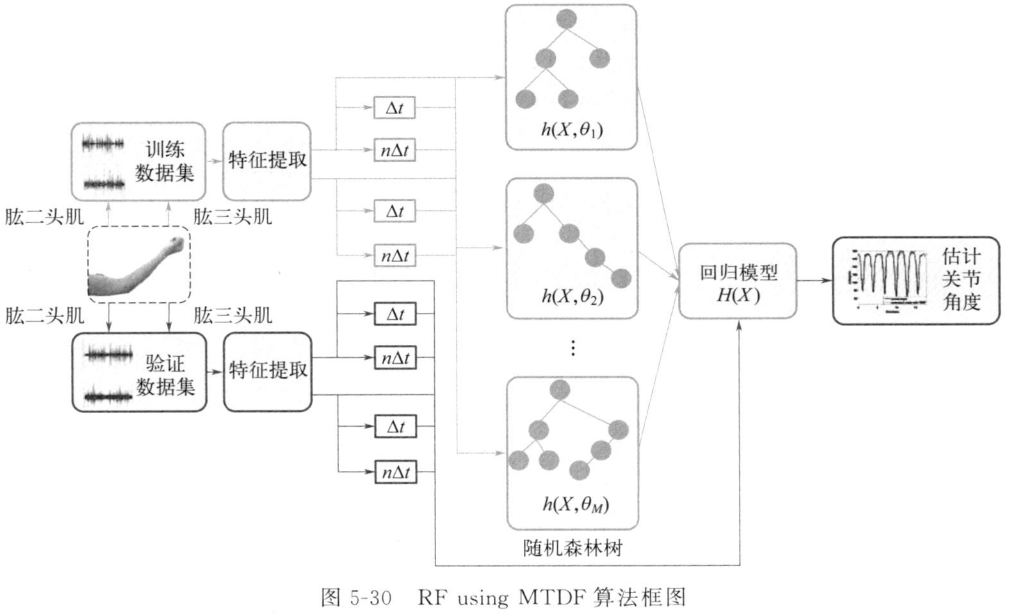

图 5-30　RF using MTDF 算法框图

其中，x_1 和 x_2 分别代表肱二头肌和肱三头肌的特征信号，时延值 $\Delta t=k/2048$。给定训练样本 $D_n=(X_{\mathrm{train}},Y_{\mathrm{train}})$，根据训练样本 D_n，构建回归模型 $H(X)$。随机森林树由 M 个随机回归树 $h(X,\theta_i)$ 构成，其中 θ_1、θ_2、⋯、θ_M 为独立的随机变量，它们被用来重新采样训练数据集并且选择修剪方向。回归模型 $H(X)$ 可表示为如下表达式。

$$H(X)=\frac{\sum_{i=1}^{M}h(X,\theta_i)}{M} \tag{5-168}$$

当新的数据集 X_{new} 用于验证算法估计性能时，估计出来的关节角度计算公式如下。

$$\hat{y}=H(X_{\text{new}};\theta_1,\cdots,\theta_M,D_n)=\frac{1}{M}\sum_{j=1}^{M}h(X_{\text{new}};\theta_j,D_n) \tag{5-169}$$

(3) 考虑不同负重的关节角度估计方法

如何确定参与者所承担的负荷是一个需要解决的重要问题。图 5-31 是 Adaboost-AF 算法的框图，选自编者的研究工作[111]。图中，灰色部分为 sEMG 的预处理部分，蓝色部分为负载识别部分。在这项工作中，提出了计算特征信号的平均值来识别相应的负载。sEMG 特征信号的平均值计算如下。

$$A\_\text{Feature}=\frac{\sum_{i=1}^{M}\text{Feature}(i)}{(M-1)\Delta t} \tag{5-170}$$

Feature(i) 描述 sEMG 特征，它可以是 RMS、WL、DASDV、IEMG 和 LPFEMG 中的一种。A_Feature 表示 sEMG 特征信号的平均值，以上五个特征分别表示为 ARMS、AWL、ADASDV、AIEMG 和 ALPFEMG。M 表示一个周期内滑动窗特征信号的个数。使用特征信号的平均值的原因是消除运动速度的影响。Δt 为采样周期，等于 1/2048。由于肘关节的运动与肱二头肌、肱三头肌和肱桡肌有关，因此计算不同速度和负荷条件下各肌肉对应的 A_Feature 值进行比较。

计算出 A_Feature 后，利用多项式回归方法建立 A_Feature 与负荷之间的关系。具体计算公式如下：

$$\text{load}=ax^3+bx^2+cx+d \tag{5-171}$$

其中，x 代表 A_Feature，可以是一维到三维的，对应于一个肌肉、两个肌肉或三个肌肉。因此，有 10 种情况。然而，这使得问题变得复杂。为简化起见，本工作仅讨论单个肌肉的 A_Feature 值，即 x 为一维。参数 a、b、c、d 为多项式系数。通过训练对它们进行了识别，识别后可以得到它们对应的值。当然，由于 load 公式是连续的，即使没有出现过的重量，也可以通过识别多项式公式进行识别。这是多项式回归方法相对于分类器方法的一个优点。此外，多项式回归方法的计算量比分类器方法更简单。

图 5-31 中黄色部分为运动意图估计部分。通过训练识别出相应的负荷并获得 Adaboost 回归算法对应的最优参数后，当新数据到来时，提取 sEMG 的特征，利用 Adaboost 回归算法计算出相应的运动意图。采用决策树回归算法作为 Adaboost 回归算法的弱学习器。在运动意图估计过程中，80%的数据作为训练数据，其余的作为测试数据。输入特征信号为 sEMG 的 5 个时域特征信号。Adaboost 对应的 Matlab 代码可调用 fitensemble 函数或 Python 语言的 sklearn 库对应的 AdaBoostRegressor 函数。

5.5.6 sEMG 模式识别

从 sEMG 识别对应动作类型基本框架如图 5-32 所示。采集 sEMG，再对其预处理。预处理一般包含去噪、滤波。预处理后可对其提取相关特征信号，将特征信号作为分类器的输入信号，基于训练模型，识别对应动作。

此处的分类器一般分为两大类：

机器学习类：神经网络、SVM、决策树、集成学习（随机森林、Adaboost 等）、无

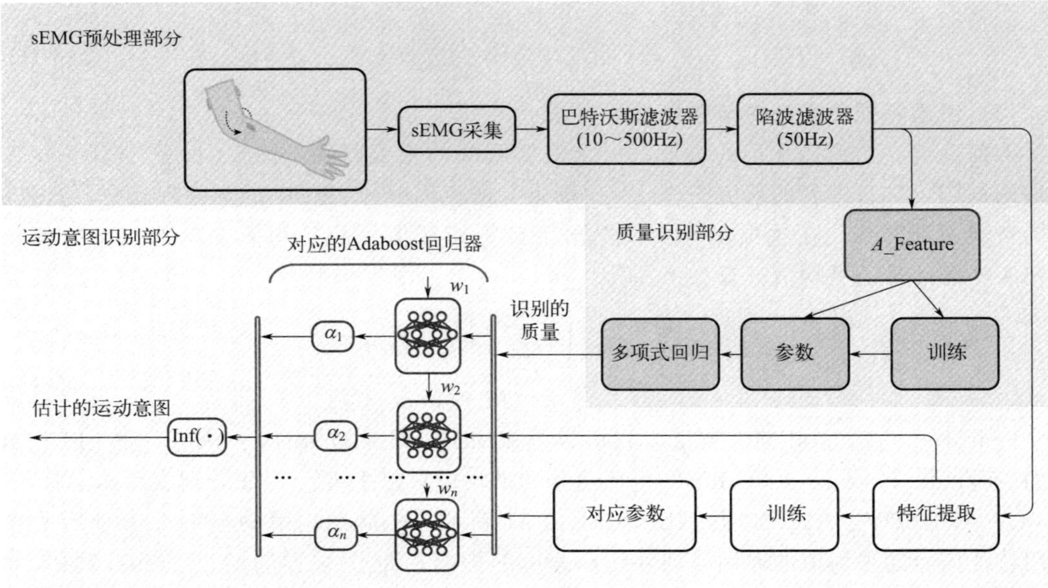

图 5-31　考虑不同负重的关节角度估计方法框图

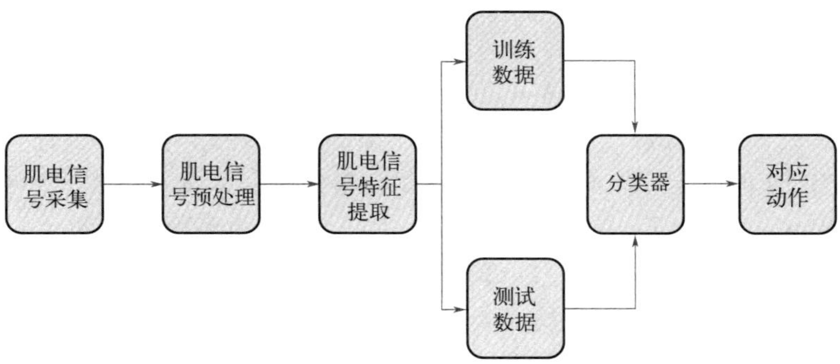

图 5-32　从 sEMG 识别对应动作类型基本框架

监督学习（聚类、k 近邻等）等；

深度学习类：卷积神经网络、循环神经网络、LSTM、Transformer、图神经网络等。

以下介绍一种基于 Gramian Angular Difference/Summation Field（GADF/GASF）-Histogram of Oriented Gradient（HOG）特征与集成学习结合的手部动作肌电模式识别方法，选自编者的研究工作[112]。整体示意图如图 5-33 所示，主要分为三个部分：sEMG 预处理，sEMG 信号图像编码及特征提取，手势分类。以下介绍对应部分具体细节。

（1）sEMG 预处理

首先用 4 阶巴特沃斯带通滤波器（带通频率为 10～500Hz）对采集到的 sEMG 信号进行带通滤波。然后，采用 50Hz 陷波滤波器滤波（$Q=3$）[113]。再进行标准化，将其归一化到[−1　1]。

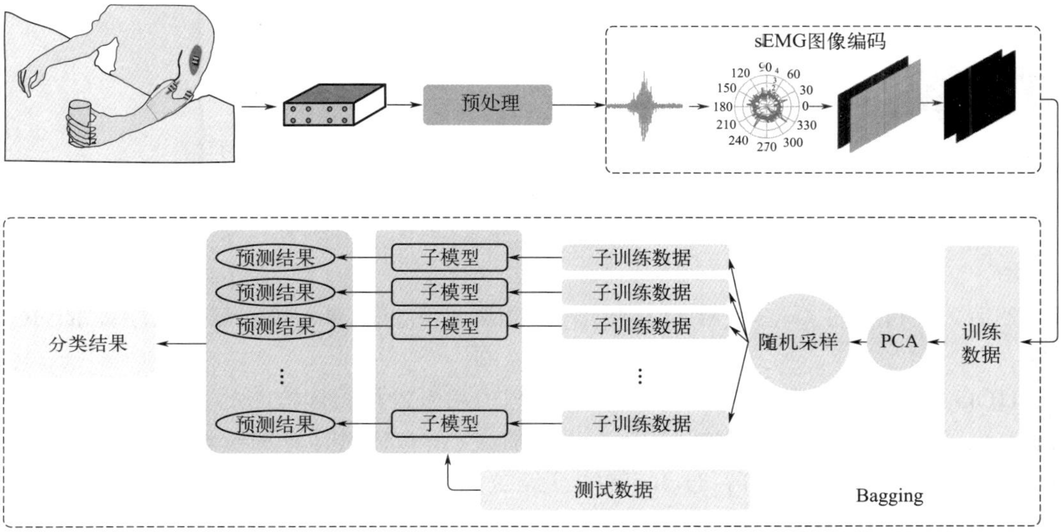

图 5-33　基于 GADF/GASF-HOG 特征与集成学习结合的手部动作肌电模式识别方法

$$\tilde{x}=\frac{(x-\max(X))+(x-\min(X))}{\max(X)-\min(X)} \tag{5-172}$$

由于 sEMG 可能存在噪声，这里采用 VMD-SIT 方法[114] 进行噪声消除。

(2) sEMG 信号图像编码及特征提取

首先将预处理后的 sEMG 信号改写为极坐标下的表示形式。

$$\begin{cases}\phi=\arccos(\tilde{x})\\ r=\dfrac{t}{n}\end{cases} \tag{5-173}$$

这里，$\tilde{x}$ 表示预处理后的 sEMG 信号，ϕ 和 r 分别表示对应的弧度和对应的半径。t 是时间戳，n 是正则化极坐标系统张成空间的常数因子，定义如下算子[115,116]。

$$\text{GASF}=[\cos(\phi_i+\phi_j)]=\tilde{x}_i\tilde{x}_j-\sqrt{1-\tilde{x}_i^{\,2}}\times\sqrt{1-\tilde{x}_j^{\,2}} \tag{5-174}$$

$$\text{GADF}=[\sin(\phi_i-\phi_j)]=\tilde{x}_j\sqrt{1-\tilde{x}_i^{\,2}}-\tilde{x}_i\sqrt{1-\tilde{x}_j^{\,2}} \tag{5-175}$$

构建如下矩阵

$$\text{GASF\_M}=\begin{bmatrix}\cos(\phi_1+\phi_1) & \cdots & \cos(\phi_1+\phi_n)\\ \vdots & & \vdots\\ \cos(\phi_n+\phi_1) & \cdots & \cos(\phi_n+\phi_n)\end{bmatrix} \tag{5-176}$$

$$\text{GADF\_M}=\begin{bmatrix}\sin(\phi_1+\phi_1) & \cdots & \sin(\phi_1+\phi_n)\\ \vdots & & \vdots\\ \sin(\phi_n+\phi_1) & \cdots & \sin(\phi_n+\phi_n)\end{bmatrix} \tag{5-177}$$

GASF 和 GADF 的 Matlab 示例代码如下。

```
for kkk=1:1:size(partemg1,2)
  emg1=importdata('sinx.csv');
  x2=emg1;
```

```
  M=size(x2,2);
  [x2,xxx]=mapminmax(x2);
for i=1:1:M
  for j=1:1:M
    GASF1(i,j)=x2(1,i)*x2(1,j)-sqrt(1-x2(1,i)^2)*sqrt(1-x2(1,j)^2);
    GADF1(i,j)=sqrt(1-x2(1,i)^2)*x2(1,j)-x2(1,i)*sqrt(1-x2(1,j)^2);
  end
end
```

然后，便可以将 GASF_M 和 GADF_M 矩阵转化为图像，接着可以从中提取 HOG 特征。

HOG 特征是一种在计算机视觉和图像处理中用来进行物体检测的特征描述子，是法国研究人员 Dalal 在 2005 年的 CVPR 上提出的[117]。它通过计算和统计图像局部区域的梯度方向直方图来构成特征。HOG 特征已经被广泛应用于图像识别中，尤其在行人检测[118] 中获得了极大的成功。

HOG 特征提取算法的实现过程：

① 对扫描窗口的图像进行灰度化；

② 采用 Gamma 校正法对输入图像进行颜色空间的标准化；

③ 计算图像每个像素的梯度；

④ 将图像划分成 cells（本书采用 8×8 像素）；

⑤ 统计每个 cell 的梯度直方图（不同梯度的个数），即可形成每个 cell 的 descriptor；

⑥ 将每几个 cell 组成一个 block（本书采用 2×2 cells），一个 block 内所有 cell 的特征串联起来便得到该 block 的 HOG 特征；

⑦ 将图像 image 内的所有 block 的 HOG 特征串联起来就可以得到该 image 的 HOG 特征，这个就是最终的可供分类使用的特征向量。

HOG 特征提取方法可直接调用 Matlab 自带函数 extractHOGFeatures，示例如下。

```
featuresTrain(i,:)=extractHOGFeatures(imageTrain,'CellSize',[8 8]);
```

(3) 手势识别

采用 Bagging 分类方法，Bagging 是 Bootstrap aggregating 的缩写[119]。在集成算法中，bagging 方法会在原始训练集的随机子集上构建一类黑盒估计器的多个实例，然后把这些估计器的预测结果结合起来形成最终的预测结果。该方法通过在构建模型的过程中引入随机性，来减少基估计器的方差（例如，决策树）。在多数情况下，Bagging 方法提供了一种非常简单的方式来对单一模型进行改进，而无需修改背后的算法。因为 bagging 方法可以减小过拟合，所以通常在强分类器和复杂模型上使用时表现很好。Matlab 中应用 bagging 方法的代码如下。fitensemble 为自带函数，支持 AdaBoostM2、LPBoost、RUSBoost、Bag 等方法。

```
classifer= fitensemble(featuresTrain,trainLabels,'Bag' ,100,'tree','type',
'classification');%Bag方法训练
[predictIndex(1,i),score]=predict(classifer,featureTest);%预测
```

5.6 生物电信号处理前沿研究工作案例分析与总结

5.6.1 新型生物电信号特征提取方法

正如前文所述，生物电信号原始信号并不能直接应用，无论是EEG还是sEMG，其都是局部区域生物电位综合而得，因此，其中混杂了多种因素。为了保证尽量多的信息被应用，高密度sEMG采集和64通道脑电结合近红外成像等多种方式被实际应用。如前所述，现有特征信号可分为时域、频域、时频域、空域、分解域五大类，对于sEMG，其还可提取MUAPs[120,121]。然而，不管通道数变多还是传感器更为精确，或是采用植入式替代非侵入式规避表皮影响等手段，如何从原始信号提取适合的特征信号一直以来是生物电信号处理方向重要研究点。例如文献［122］提出了一种top and slope（TAS）特征提取算法，用于基于sEMG的下肢人体运动检测。TAS特征提取算法通过将最高活动的时间周期的比率作为整数，将sEMG活动的变化作为跨越总时间周期的分数来计算特征值，属于时域特征。文献［113］将sEMG转化为图像，提取图像HOG特征。文献［106］对sEMG建立其振荡模型，从振荡模型中提取权值特征。

总体来说，在新型特征提取方法这一方向，可多借助信号处理工具、生物电信号趋势分析、生物电信号内在产生机理等方面，通过建立生物电信号描述模型、域转换、信号分解、信号融合等方式，提取出信息集成度更高的特征信号。再者，有些时候，sEMG相关特征提取方法可适当迁移到EEG特征提取，反之亦可，这种方式亦有可能产生一些有意思的工作与应用效果。

5.6.2 建立具有生理机理特性支撑的生物电信号建模方法

目前，针对EEG和sEMG的产生与传递过程有着对应的丰富的数学模型。EEG的建模多以脉冲网络[123]或振荡网络[124]为主，sEMG的建模多以Hill肌肉模型[125]或Hodgkin-Huxley模型[126]为主，Hodgkin-Huxley模型亦可简化为Leaky Integrate and Fire模型、Izhikevich模型或Twitch模型，它们也是脉冲网络的基础。文献［106］基于sEMG振荡机理，建立其振荡模型。文献［108］基于Hill肌肉模型，建立sEMG的状态空间方程，基于状态空间方程和卡尔曼滤波器，识别关节角度。文献［127］建立Hindmarsh-Rose神经元网络模型，该模型可模拟EEG信号，显示大脑外层局部的活动。

因此，建立具有生理机理特性支撑的生物电信号建模方法需具有一定的学科交叉思想，综合分析神经学模型内在机理、信号处理方法基础内涵、人工智能方法发展的生理机理支撑理论、控制方法模型理论建立过程，发现各自之间的内在共通点。再者，也可对经典模型进行改进或简化，发展对应特定使用场景的生物电信号建模方法。

5.6.3 结合新型人工智能方法开展模式识别或连续信号映射方法研究

结合新型人工智能方法开展模式识别或连续信号映射方法研究是目前较为热门的方法。通过引入人工智能（尤其是深度学习类相关方法）相关最新研究成果，例如Transformer、图神经网络、LSTM、卷积神经网络（convolutional neural network,

CNN）等，通过一定有机组合方式，应用于模式识别或连续信号映射。这一类有很多样例，此处不再列举。结合新型人工智能方法开展模式识别或连续信号映射方法研究是可取的，但是，为什么要引入，如何保证平衡实时性与准确性，这两个问题需解释清楚。如果仅为了引入而引入，为了组合而组合，不能给出充足理由解释，这是不可取的。与其如此，何不如多关注人工智能方法是否具有生理机理支撑理论；其是否与生物电信号产生机理存在内在关联；多关注所发展方法的实用性和可靠性，平衡好实时性与准确性。

5.6.4 考虑特定场景或因素的生物电信号应用研究

从生物电信号获取相关信息，进而用于机器人需考虑一些特定使用场景或因素。例如，前臂运动会引起和手部运动相关的肌肉活动，进而影响手部运动模式识别[128]；传感器移位影响采集数据的一致性[129]；不同关节角度时关节力/力矩存在较大差异[130]；肌肉被挤压、皮肤出汗、外部扰动等引起采集数据异常[131]；肌肉疲劳引起 sEMG 采集异常，进而影响关节力估计[109]；只有一个传感器如何实现多个运动意图识别并保证实时性[132]。

这一方向的研究多从工程或实用角度出发，考虑一些实际应用会面临的各种问题或因素，发展一定方法去克服解决对应工程问题，进而提炼科学问题和方法。从生物电信号应用于机器人的角度来看，这一方向的研究意义是重大的。生物电信号产生于人类，机器人是人造物，人和人造物如何合理共存、人机交互与协同作业这一大的课题将引申出很多有意思且具有一定挑战的工作。

第6章

智能机器人控制基础

引言

机器人按照期望轨迹或期望力运动，控制算法用于保证机器人能够稳定跟随期望轨迹或期望力。机器人控制算法内容非常广，本章主要介绍现代控制理论基础，节选智能机器人常用的比例积分微分（proportion integration differentiation，PID）控制、名义模型、重力补偿、鲁棒控制、自抗扰控制、阻抗控制和导纳控制方法。

6.1 现代控制理论基础

6.1.1 矩阵基础

(1) 矩阵特征值、特征向量与矩阵对角化

① 矩阵特征值与特征向量　在控制系统工程中，特征值和特征向量被用来分析动态系统的稳定性和响应。系统状态矩阵的特征值决定了系统的稳定性。如果所有特征值都有负实部，则系统是稳定的。通过控制策略操纵特征值，工程师可以稳定不稳定的系统并优化系统性能。特征向量提供了对系统主要模式的洞察，有助于控制系统的设计和优化。

特征值和特征向量在图像和信号处理任务中有应用，例如图像压缩、去噪和特征提取。在图像压缩中，像 PCA 这样的技术利用特征向量在降维空间中表示图像。特征值决定了每个特征向量所捕获的信息量，从而可以有效地表示和压缩图像。在信号处理中，特征向量被用于诸如源分离和盲信号去卷积的任务中，使得能够从噪声或混合信号中提取有价值的信息。

存在 n 阶方阵 $\boldsymbol{A}$ 和非零向量 $\boldsymbol{x}$ 满足 $\boldsymbol{A}\boldsymbol{x}=\lambda\boldsymbol{x}$，则 λ 是方阵 $\boldsymbol{A}$ 的特征值，$\boldsymbol{x}$ 是其特征向量。其表达的意义是一个矩阵 $\boldsymbol{A}$ 作用于非零向量 $\boldsymbol{x}$，只是让该向量 $\boldsymbol{x}$ 伸缩，未使其方向发生改变。

矩阵特征值具有如下性质：

- 矩阵所有特征值的乘积等于矩阵的行列式；
- 矩阵所有特征值的求和等于矩阵的对角线元素之和。

② 矩阵对角化　矩阵的特征值和特征向量关系式 $\boldsymbol{A}\boldsymbol{x}_i=\lambda_i\boldsymbol{x}_i$ 可写成矩阵形式：$\boldsymbol{A}\boldsymbol{X}=\boldsymbol{X}\boldsymbol{\Lambda}$。$\boldsymbol{\Lambda}$ 是对角矩阵，对角线上每一个元素都是矩阵的特征值。

$\boldsymbol{X}$ 的每一个列向量是矩阵 $\boldsymbol{A}$ 的特征向量。

因此，如果 $\boldsymbol{X}$ 可逆，则矩阵 $\boldsymbol{A}$ 可被对角化：$\boldsymbol{A}=\boldsymbol{X\Lambda X}^{-1}$。

(2) 正交矩阵、对称矩阵、相似矩阵、正定矩阵

① 正交矩阵　如果多个向量两两点乘为0，即这些向量正交，由这些向量按列向量组成一个正交向量组，如果组成的矩阵是一个 $n\times n$ 矩阵，若每一列向量的长度为1，则这个矩阵就是正交矩阵。

正交矩阵也可以定义如下：若一个 n 阶方阵 $\boldsymbol{Q}$ 是正交矩阵，当且仅当 $\boldsymbol{Q}^{\mathrm{T}}\boldsymbol{Q}=\boldsymbol{I}$。

正交矩阵性质：

- 正交矩阵的逆等于正交矩阵的转置 $\boldsymbol{Q}^{\mathrm{T}}=\boldsymbol{Q}^{-1}$；
- 正交矩阵的行列式取值只能等于1或−1；
- 正交矩阵的列向量两两相互正交，行向量两两相互正交；
- 正交矩阵的特征值等于1或者−1；
- $y=\boldsymbol{Q}x$ 为一个正交变换。

② 对称矩阵　若一个 n 阶方阵 $\boldsymbol{Q}$，对角线元素可任意取值，其余位置的元素 $q_{ij}=q_{ji}$，那么矩阵 $\boldsymbol{Q}$ 为对称矩阵。

对称矩阵性质：

- 对称矩阵 $\boldsymbol{A}$ 的特征值一定是实数，一定有 n 个线性无关的特征向量，对称矩阵一定可以对角化，$\boldsymbol{A}=\boldsymbol{Q\Lambda Q}^{-1}$，其中，$\boldsymbol{Q}$ 为正交矩阵，所以 $\boldsymbol{Q}^{-1}=\boldsymbol{Q}^{\mathrm{T}}$，$\boldsymbol{\Lambda}$ 为实对角矩阵；
- 对称矩阵特征向量是正交的。

③ 相似矩阵　设矩阵 $\boldsymbol{A}$ 和 $\boldsymbol{B}$ 都是 n 阶方阵，若存在可逆矩阵 $\boldsymbol{P}$，使得 $\boldsymbol{P}^{-1}\boldsymbol{AP}=\boldsymbol{B}$，则称 $\boldsymbol{B}$ 是 $\boldsymbol{A}$ 的相似矩阵，记 $\boldsymbol{A}\sim\boldsymbol{B}$。对 $\boldsymbol{A}$ 进行 $\boldsymbol{P}^{-1}\boldsymbol{AP}$ 运算称为对 $\boldsymbol{A}$ 进行相似变换。

相似矩阵性质：

- 相似矩阵有相同的特征值；
- 若 $\boldsymbol{A}$ 相似于对角矩阵 $\boldsymbol{\Lambda}$，那么 $\boldsymbol{\Lambda}$ 对角线上元素是 $\boldsymbol{A}$ 的 n 个特征值；
- 相似矩阵的行列式相等、秩相等、迹相等。

④ 正定矩阵　对于所有非零向量 $\boldsymbol{x}$，都有 $\boldsymbol{x}^{\mathrm{T}}\boldsymbol{Ax}>0$ 成立，且 $\boldsymbol{A}$ 是实对称矩阵，则 $\boldsymbol{A}$ 是正定矩阵。

正定矩阵性质：

- 实对称矩阵 $\boldsymbol{A}$ 是正定矩阵等价于 $\boldsymbol{A}$ 的特征值全是正数；
- 若 $\boldsymbol{A}$、$\boldsymbol{B}$ 都是正定矩阵，则 $\boldsymbol{AB}$ 的特征值都是正数；
- $\boldsymbol{A}$ 是正定矩阵，则 $|\boldsymbol{A}|\leqslant a_{11}a_{22}\cdots a_{nn}$。

(3) 矩阵的秩

矩阵的秩：在 $m\times n$ 矩阵 $\boldsymbol{A}$ 中，任取 k 行 k 列（$k\leqslant m$，$k\leqslant n$），则 k^2 个元素按照原次序所组成的行列式称为矩阵 $\boldsymbol{A}$ 的 k 阶子式，矩阵 $\boldsymbol{A}$ 的 k 阶子式共有 $C_m^kC_n^k$ 个，那么 r 阶子式 D 不等于零，$r+1$ 阶子式全都为0的矩阵的秩为 r，记作 $R(\boldsymbol{A})$，D 称为 $\boldsymbol{A}$ 的最高阶非零子式。

矩阵的秩的性质：

- 如果矩阵 $\boldsymbol{A}$ 和 $\boldsymbol{B}$ 是相似矩阵，那么 $R(\boldsymbol{A})=R(\boldsymbol{B})$；
- $R(\boldsymbol{A})\leqslant\min\{m,n\}$；

- $R(\boldsymbol{A}+\boldsymbol{B}) \leqslant R(\boldsymbol{A})+R(\boldsymbol{B})$；
- $R(\boldsymbol{AB}) \leqslant \min\{R(\boldsymbol{A}), R(\boldsymbol{B})\}$；
- 若 $\boldsymbol{P}$ 是 m 阶方阵且 $R(\boldsymbol{P})=m$，则 $R(\boldsymbol{PA})=R(\boldsymbol{A})$，即满秩方阵乘某个方阵，不会改变该矩阵的秩。

(4) 矩阵的迹

矩阵的迹：定义为矩阵的对角线元素之和，采用符号 tr(・) 表示。给定任意方阵 $\boldsymbol{X} \in R^{n \times n}$，其迹为

$$\operatorname{tr}(X)=\sum_{i=1}^{n} x_{ii} \tag{6-1}$$

矩阵的迹的性质：

- 给定任意方阵 $\boldsymbol{X}, \boldsymbol{Y} \in R^{n \times n}$，矩阵 $\boldsymbol{X}+\boldsymbol{Y}$ 的迹 $\operatorname{tr}(\boldsymbol{X}+\boldsymbol{Y})=\operatorname{tr}(\boldsymbol{X})+\operatorname{tr}(\boldsymbol{Y})$；
- 给定矩阵 $\boldsymbol{X} \in R^{m \times n}$，$\boldsymbol{Y} \in R^{n \times m}$，恒有 $\operatorname{tr}(\boldsymbol{XY})=\operatorname{tr}(\boldsymbol{YX})$；
- 矩阵的迹等于其所有特征值之和：$\operatorname{tr}(\boldsymbol{X})=\sum_{k=1}^{n} \lambda_{k}$；
- $\dfrac{\partial \operatorname{tr}(\boldsymbol{A}^{\mathrm{T}} \boldsymbol{X})}{\partial \boldsymbol{X}}=\dfrac{\partial \operatorname{tr}(\boldsymbol{A} \boldsymbol{X}^{\mathrm{T}})}{\partial \boldsymbol{X}}=\boldsymbol{A}$；
- $\dfrac{\partial \operatorname{tr}(\boldsymbol{X}^{\mathrm{T}} \boldsymbol{A} \boldsymbol{X})}{\partial \boldsymbol{X}}=(\boldsymbol{A}+\boldsymbol{A}^{\mathrm{T}}) \boldsymbol{X}$，$\dfrac{\partial \operatorname{tr}(\boldsymbol{X} \boldsymbol{A} \boldsymbol{X}^{\mathrm{T}})}{\partial \boldsymbol{X}}=\boldsymbol{X}(\boldsymbol{A}+\boldsymbol{A}^{\mathrm{T}})$；
- $\dfrac{\partial \operatorname{tr}(\boldsymbol{X} \boldsymbol{A} \boldsymbol{X}^{\mathrm{T}} \boldsymbol{B})}{\partial \boldsymbol{X}}=\boldsymbol{B}^{\mathrm{T}} \boldsymbol{X} \boldsymbol{A}^{\mathrm{T}}+\boldsymbol{B} \boldsymbol{X} \boldsymbol{A}$；
- $\dfrac{\partial \operatorname{tr}(\boldsymbol{X})}{\partial \boldsymbol{X}}=\dfrac{\partial \operatorname{tr}(\boldsymbol{X}^{\mathrm{T}})}{\partial \boldsymbol{X}}=\boldsymbol{I}$。

(5) 向量范数与矩阵范数

向量范数：若向量 $\boldsymbol{x}=\begin{bmatrix} x_1 & x_2 & \cdots & x_n \end{bmatrix}^{\mathrm{T}}$，则其 L_p 范数的定义为 $\|\boldsymbol{x}\|_p=\left(\sum_{i=1}^{n} x_i^p\right)^{\frac{1}{p}}$

常用向量范数：

① L_0 范数

$$\|\boldsymbol{x}\|_0=\sqrt[0]{\sum_{i} x_i^0} \tag{6-2}$$

L_0 范数表示向量 $\boldsymbol{x}$ 中非 0 元素的个数。

② L_1 范数

$$\|\boldsymbol{x}\|_1=\sum_{i=1}^{n} |x_i| \tag{6-3}$$

L_1 范数表示向量 $\boldsymbol{x}$ 中非 0 元素的绝对值之和。

③ L_2 范数

$$\|\boldsymbol{x}\|_2=\sqrt{\sum_{i=1}^{n} x_i^2} \tag{6-4}$$

L_2 范数表示向量元素的平方和再开平方。

④ L_∞ 范数

$$\|\boldsymbol{x}\|_{\infty}=\max(|x_1|,|x_2|,\cdots,|x_n|) \tag{6-5}$$

L_{∞}范数为绝对值最大的元素。

⑤ 矩阵范数　对于矩阵 $\boldsymbol{A}\in R^{n\times m}$，其 L_p 范数为 $\|\boldsymbol{A}\|_p=(\sum_{i=1}^{n}\sum_{j=1}^{m}|a_{ij}|^p)^{\frac{1}{p}}$。

常用矩阵范数如下：

- $\|\boldsymbol{A}\|_1=\max\limits_{1\leqslant j\leqslant n}\sum_{j=1}^{n}|a_{ij}|$（列和范数）；
- $\|\boldsymbol{A}\|_{\infty}=\max\limits_{1\leqslant i\leqslant n}\sum_{j=1}^{n}|a_{ij}|$（行和范数）；
- $\|\boldsymbol{A}\|_2=\sqrt{\lambda}$，其中，$\lambda=\max\limits_{1\leqslant i\leqslant n}|\lambda_i|$，$\lambda_i$ 是 $\boldsymbol{A}^{\mathrm{T}}\boldsymbol{A}$ 的特征值。

6.1.2 控制系统的状态空间表达式

控制系统状态空间表达式有如下四种不同形式[133]。

① 连续时间线性状态系统

$$\begin{cases}\dot{\boldsymbol{x}}(t)=\boldsymbol{A}_{n\times n}x(t)+\boldsymbol{B}_{n\times m}u(t)\\ \boldsymbol{y}(t)=\boldsymbol{C}_{p\times n}x(t)+\boldsymbol{D}_{p\times m}u(t)\end{cases} \tag{6-6}$$

② 离散时间线性状态系统

$$\begin{cases}\boldsymbol{x}(k+1)=\boldsymbol{A}_{n\times n}x(k)+\boldsymbol{B}_{n\times m}u(k)\\ \boldsymbol{y}(k)=\boldsymbol{C}_{p\times n}x(k)+\boldsymbol{D}_{p\times m}u(k)\end{cases} \tag{6-7}$$

③ 连续时间非线性状态系统

$$\begin{cases}\dot{\boldsymbol{x}}(t)=f[\boldsymbol{x}(t),\boldsymbol{u}(t)]\\ \boldsymbol{y}(t)=c\boldsymbol{x}(t)\end{cases} \tag{6-8}$$

④ 离散时间非线性状态系统

$$\begin{cases}\dot{\boldsymbol{x}}(k+1)=f[\boldsymbol{x}(k),\boldsymbol{u}(k)]\\ \boldsymbol{y}(k)=c\boldsymbol{x}(k)\end{cases} \tag{6-9}$$

6.1.3 机器人状态空间一般形式

考虑一个 n 关节机器人，其一般可由二阶非线性微分方程描述[134]。

$$\boldsymbol{M}(\boldsymbol{q})\ddot{\boldsymbol{q}}+\boldsymbol{C}(\boldsymbol{q},\dot{\boldsymbol{q}})\dot{\boldsymbol{q}}+\boldsymbol{G}(\boldsymbol{q})+\boldsymbol{F}(\dot{\boldsymbol{q}})+\boldsymbol{\tau}_d=\boldsymbol{\tau} \tag{6-10}$$

其中，$\boldsymbol{q}$ 是关节角位移量，$\dot{\boldsymbol{q}}$ 是关节角速度位移量，$\ddot{\boldsymbol{q}}$ 是关节角加速度位移量。$\boldsymbol{M}(\boldsymbol{q})$ 是 $n\times n$ 机器人惯性矩阵，$\boldsymbol{C}(\boldsymbol{q},\dot{\boldsymbol{q}})$ 是机器人离心力和哥式力项，$\boldsymbol{G}(\boldsymbol{q})$ 是重力项，$\boldsymbol{F}(\dot{\boldsymbol{q}})$ 是摩擦力矩，$\boldsymbol{\tau}_d$ 是外加扰动，$\boldsymbol{\tau}$ 是机器人控制力矩。

有的时候，也会将以上公式简化为如下形式。

$$\boldsymbol{M}(\boldsymbol{q})\ddot{\boldsymbol{q}}+\boldsymbol{C}(\boldsymbol{q},\dot{\boldsymbol{q}})\dot{\boldsymbol{q}}+\boldsymbol{G}(\boldsymbol{q})=\boldsymbol{\tau} \tag{6-11}$$

$\boldsymbol{M}(\boldsymbol{q})$、$\boldsymbol{C}(\boldsymbol{q},\dot{\boldsymbol{q}})$ 和 $\boldsymbol{G}(\boldsymbol{q})$ 有如下特性[135]。

(1) $\boldsymbol{M}(\boldsymbol{q})$ 特性

① 存在一个正数 α，使得如下公式成立。

$$\boldsymbol{M}(\boldsymbol{q})\geqslant\alpha\boldsymbol{I} \tag{6-12}$$

② $\boldsymbol{M}(\boldsymbol{q})$ 是对称正定矩阵，并且存在正数 m_1 和 m_2，满足如下不等式。

$$m_1\|\boldsymbol{x}\|^2 \leqslant \boldsymbol{x}^{\mathrm{T}}\boldsymbol{M}(\boldsymbol{q})\boldsymbol{x} \leqslant m_2\|\boldsymbol{x}\|^2 \tag{6-13}$$

③ 对于只有转动关节的机器人，存在常数 $\beta \geqslant n(\max\limits_{i,j,q}|\boldsymbol{M}_{ij}(\boldsymbol{q})|)>0$，满足

$$\lambda_{\max}\{\boldsymbol{M}(\boldsymbol{q})\} \leqslant \beta \tag{6-14}$$

$\boldsymbol{M}_{ij}(\boldsymbol{q})$ 表示 $\boldsymbol{M}(\boldsymbol{q})$ 的第 ij 个元素，$\lambda\{\boldsymbol{M}(\boldsymbol{q})\}$ 表示矩阵 $\boldsymbol{M}(\boldsymbol{q})$ 的特征值。

④ 对于只有转动关节的机器人，存在常数 $k_{M1}>0$，满足如下关系式。

$$\|\boldsymbol{M}(\boldsymbol{x})\boldsymbol{y}\| \leqslant k_{M1}\|\boldsymbol{y}\| \tag{6-15}$$

⑤ 对于只有转动关节的机器人，存在一个常数 $k_{M2}>0$，满足如下条件。

$$\|\boldsymbol{M}(\boldsymbol{x})\boldsymbol{z}-\boldsymbol{M}(\boldsymbol{y})\boldsymbol{z}\| \leqslant k_{M2}\|\boldsymbol{x}-\boldsymbol{y}\|\|\boldsymbol{z}\| \tag{6-16}$$

k_{M2} 可由如下公式得到。

$$k_{M2} \geqslant n^2\left(\max_{i,j,k,q}\left|\frac{\partial \boldsymbol{M}_{ij}(\boldsymbol{q})}{\partial q_k}\right|\right) \tag{6-17}$$

（2）$\boldsymbol{C}(\boldsymbol{q},\dot{\boldsymbol{q}})$ 特性

① 对于给定的机器人，$\boldsymbol{C}(\boldsymbol{q},\dot{\boldsymbol{q}})$可能不唯一，但是 $\boldsymbol{C}(\boldsymbol{q},\dot{\boldsymbol{q}})\dot{\boldsymbol{q}}$ 是唯一的。

② $\boldsymbol{C}(\boldsymbol{q},0)=0$。

③ $\boldsymbol{C}(\boldsymbol{q},\boldsymbol{x})\boldsymbol{y}=\boldsymbol{C}(\boldsymbol{q},\boldsymbol{y})\boldsymbol{x},\boldsymbol{C}(\boldsymbol{q},\boldsymbol{z}+\alpha\boldsymbol{x})\boldsymbol{y}=\boldsymbol{C}(\boldsymbol{q},\boldsymbol{z})\boldsymbol{y}+\alpha\boldsymbol{C}(\boldsymbol{q},\boldsymbol{x})\boldsymbol{y}$。

④ 对于只有转动关节的机器人，存在正数 $k_{C1}>0$，使得如下不等式成立。

$$\|\boldsymbol{C}(\boldsymbol{q},\boldsymbol{x})\boldsymbol{y}\| \leqslant k_{C1}\|\boldsymbol{x}\|\|\boldsymbol{y}\| \tag{6-18}$$

⑤ 对于只有转动关节的机器人，存在正数 k_{C1}，$k_{C2}>0$，使得如下不等式成立。

$$\|\boldsymbol{C}(\boldsymbol{x},\boldsymbol{z})\boldsymbol{w}-\boldsymbol{C}(\boldsymbol{y},\boldsymbol{v})\boldsymbol{w}\| \leqslant k_{C1}\|\boldsymbol{z}-\boldsymbol{v}\|\|\boldsymbol{w}\|+k_{C2}\|\boldsymbol{x}-\boldsymbol{y}\|\|\boldsymbol{w}\|\|\boldsymbol{z}\| \tag{6-19}$$

⑥ $\dot{\boldsymbol{M}}(\boldsymbol{q})-2\boldsymbol{C}(\boldsymbol{q},\dot{\boldsymbol{q}})$是斜对称矩阵，$\boldsymbol{x}^{\mathrm{T}}(\dot{\boldsymbol{M}}(\boldsymbol{q})-2\boldsymbol{C}(\boldsymbol{q},\dot{\boldsymbol{q}}))\boldsymbol{x}=0$，例如，$\dot{\boldsymbol{q}}^{\mathrm{T}}(\dot{\boldsymbol{M}}(\boldsymbol{q})-2\boldsymbol{C}(\boldsymbol{q},\dot{\boldsymbol{q}}))\dot{\boldsymbol{q}}=0$。

（3）$\boldsymbol{G}(\boldsymbol{q})$ 特性

① $\int_0^T \boldsymbol{g}(\boldsymbol{q}(t))^{\mathrm{T}}\dot{\boldsymbol{q}}(t)\mathrm{d}t=\mathcal{U}(\boldsymbol{q}(T))-\mathcal{U}(\boldsymbol{q}(0))$，其中，$\boldsymbol{u}(\cdot)$ 表示重力势能。

② 对于只有转动关节的机器人，存在一个数 $k_{g1}=\min\limits_{\boldsymbol{q}}\{\boldsymbol{u}(\boldsymbol{q})\}$，使得如下关系式成立。

$$\int_0^T \boldsymbol{g}(\boldsymbol{q}(t))^{\mathrm{T}}\dot{\boldsymbol{q}}(t)\mathrm{d}t+\boldsymbol{u}(\boldsymbol{q}(0))=\boldsymbol{u}(\boldsymbol{q}(T)) \geqslant k_{g1} \tag{6-20}$$

③ 对于只有转动关节的机器人，存在如下关系式成立。

$$\|\boldsymbol{g}(x)-\boldsymbol{g}(y)\| \leqslant k_{g2}\|\boldsymbol{x}-\boldsymbol{y}\| \tag{6-21}$$

计算 k_{g2} 的方法如下。

$$k_{g2} \geqslant n\left(\max_{i,j,q}\left|\frac{\partial g_i(\boldsymbol{q})}{\partial q_j}\right|\right) \tag{6-22}$$

并且，k_{g2} 满足如下不等式。

$$k_{g2} \geqslant \left\|\frac{\partial \boldsymbol{g}(\boldsymbol{q})}{\partial \boldsymbol{q}}\right\| \geqslant \lambda_{\max}\left\{\frac{\partial \boldsymbol{g}(\boldsymbol{q})}{\partial \boldsymbol{q}}\right\} \tag{6-23}$$

④ 对于只有转动关节的机器人，存在一个常数 k_{g3}，使得如下关系式成立。

$$\|\boldsymbol{g}(\boldsymbol{q})\| \leqslant k_{g3} \tag{6-24}$$

(4) 剩余项 $\boldsymbol{h}(t,\tilde{\boldsymbol{q}},\dot{\tilde{\boldsymbol{q}}})$

剩余项定义如下

$$\boldsymbol{h}(t,\tilde{\boldsymbol{q}},\dot{\tilde{\boldsymbol{q}}})=[M(\boldsymbol{q}_d)-M(\boldsymbol{q}_d-\tilde{\boldsymbol{q}})]\ddot{\boldsymbol{q}}_d+[C(\boldsymbol{q}_d,\dot{\boldsymbol{q}}_d)-C(\boldsymbol{q}_d-\tilde{\boldsymbol{q}},\dot{\boldsymbol{q}}_d-\dot{\tilde{\boldsymbol{q}}})]\ddot{\boldsymbol{q}}_d+\boldsymbol{g}(\boldsymbol{q}_d)-\boldsymbol{g}(\boldsymbol{q}_d-\tilde{\boldsymbol{q}}) \tag{6-25}$$

其具有如下特性：

存在常数 k_{h1}，$k_{h2}\geqslant 0$，使得如下公式成立。

$$\|\boldsymbol{h}(t,\tilde{\boldsymbol{q}},\dot{\tilde{\boldsymbol{q}}})\|\leqslant k_{h1}\|\dot{\tilde{\boldsymbol{q}}}\|+k_{h2}\|\mathbf{tanh}(\tilde{\boldsymbol{q}})\| \tag{6-26}$$

其中，$\mathbf{tanh}(\boldsymbol{x})$ 公式如下表示。

$$\tanh(x)=\frac{e^{x}-e^{-x}}{e^{x}+e^{-x}}$$

$$\mathbf{tanh}(\boldsymbol{x})=\begin{bmatrix}\tanh(x_1)\\ \vdots \\ \tanh(x_n)\end{bmatrix}$$

$$\frac{\partial\tanh(x)}{\partial x}=\frac{1}{e^{x}-e^{-x}}$$

$$\frac{\partial\mathbf{tanh}(\boldsymbol{x})}{\partial\boldsymbol{x}}=\begin{bmatrix}\dfrac{\partial\tanh(x_1)}{\partial x_1}\\ \vdots \\ \dfrac{\partial\tanh(x_n)}{\partial x_n}\end{bmatrix}$$

$\mathbf{tanh}(\boldsymbol{x})$ 有如下性质。

① $\|\mathbf{tanh}(\boldsymbol{x})\|\leqslant\alpha_1\|x\|=\|x\|$；

② $\|\mathbf{tanh}(\boldsymbol{x})\|\leqslant\alpha_2=\sqrt{n}$；

③ $\|\mathbf{tanh}(\boldsymbol{x})\|^2\leqslant\alpha_3\,\mathbf{tanh}(\boldsymbol{x})^{\mathrm{T}}x\leqslant\mathbf{tanh}(\boldsymbol{x})^{\mathrm{T}}\boldsymbol{x}$；

④ $\left\|\left(\dfrac{\partial\mathbf{tanh}(\boldsymbol{x})}{\partial\boldsymbol{x}}\right)^2\dot{\boldsymbol{x}}\right\|\leqslant\alpha_4\|\dot{\boldsymbol{x}}\|=\|\dot{\boldsymbol{x}}\|$。

6.1.4 稳定性与李雅普诺夫方法

Lyapunov 稳定中的渐进稳定性指内稳，要求系统内全部传递函数的信号均稳。输入输出稳定性指外稳，即输入到输出的稳定性，而内部状态有可能发散。

上述两种在线性定常系统下，内稳一定外稳，而外稳不一定内稳。对于输入-状态稳定，无输入情况下，针对完全能控能观的线性系统，以上三者等价。而对于更一般的非线性系统，输入-状态稳定是一个比一致渐进稳定性更严格的性质。

自治系统是不受外部影响即没有输入作用的动态系统。李雅普诺夫稳定性指的是自治系统的稳定性。

(1) 李雅普诺夫稳定性定义

稳定性可指系统受到扰动后，是否可以回到平衡态，如果可以则认为是稳定的，如果不可以，则认为发散了，或不稳定。如图 6-1 所示。

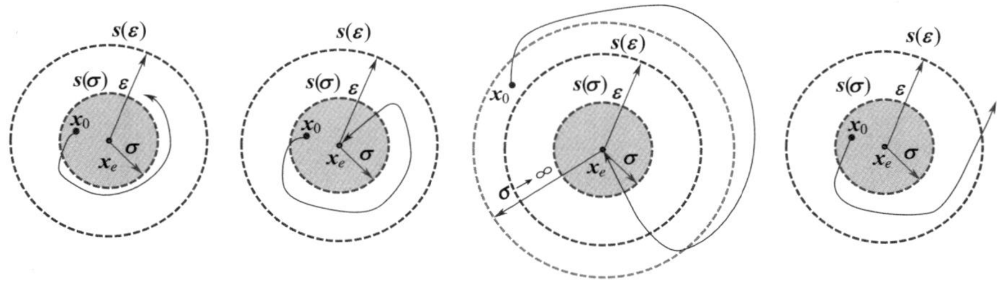

图 6-1　稳定示意图

李雅普诺夫稳定性理论对于系统稳定性定义如下：

① 稳定　假设平衡状态为 $\boldsymbol{x}_e$，从状态 $\boldsymbol{x}_0$ 出发，对于任意选定的实数 $\boldsymbol{\varepsilon}>0$，都存在 $\|\boldsymbol{x}_0-\boldsymbol{x}_e\|\leqslant\boldsymbol{\delta}$，其中，$\boldsymbol{\delta}>0$，假设系统受到扰动后，状态 $\boldsymbol{x}$ 最终被约束在 $\|\boldsymbol{x}-\boldsymbol{x}_e\|\leqslant\boldsymbol{\varepsilon}$ 这一范围，那么认为其是李雅普诺夫稳定。

② 渐近稳定　假设平衡状态为 $\boldsymbol{x}_e$，从状态 $\boldsymbol{x}_0$ 出发，对于任意选定的实数 $\boldsymbol{\varepsilon}>0$，都存在 $\|\boldsymbol{x}_0-\boldsymbol{x}_e\|\leqslant\boldsymbol{\delta}$，其中，$\boldsymbol{\delta}>0$，假设系统受到扰动后，状态 $\boldsymbol{x}$ 最终都会收敛到 $\boldsymbol{x}_e$，那么认为其是李雅普诺夫渐近稳定。

③ 大范围渐近稳定　假设平衡状态为 $\boldsymbol{x}_e$，从状态 $\boldsymbol{x}_0$ 出发，对于任意选定的实数 $\boldsymbol{\varepsilon}>0$，都存在 $\|\boldsymbol{x}_0-\boldsymbol{x}_e\|\leqslant\boldsymbol{\delta}$，其中，$\boldsymbol{\delta}>0$，假设系统受到任何扰动后，状态 $\boldsymbol{x}$ 最终都会收敛到 $\boldsymbol{x}_e$，那么认为其是李雅普诺夫大范围渐近稳定。

④ 不稳定　假设平衡状态为 $\boldsymbol{x}_e$，从状态 $\boldsymbol{x}_0$ 出发，对于任意选定的实数 $\boldsymbol{\varepsilon}>0$，都存在 $\|\boldsymbol{x}_0-\boldsymbol{x}_e\|\leqslant\boldsymbol{\delta}$，其中，$\boldsymbol{\delta}>0$，假设系统受到某种扰动后，状态 $\boldsymbol{x}$ 最终都会偏离 $\boldsymbol{x}_e$，使得 $\|\boldsymbol{x}-\boldsymbol{x}_e\|>\boldsymbol{\varepsilon}$，那么认为其是李雅普诺夫不稳定。

(2) 李雅普诺夫稳定性第一法（间接法）

李雅普诺夫稳定性第一法适用于线性定常、线性时变及平衡态附近可线性化的非线性系统，利用系统状态方程解特性判断系统稳定性。

对于线性系统方程

$$\dot{\boldsymbol{x}}(t)=\boldsymbol{A}_{n\times n}\boldsymbol{x}(t) \tag{6-27}$$

状态稳定：A 的所有特征值均具有非负实部。

对于非线性系统方程

$$\dot{\boldsymbol{x}}(t)=f[\boldsymbol{x}(t)] \tag{6-28}$$

将其在平衡态附近线性化。

$$\Rightarrow\dot{\boldsymbol{x}}(t)=\frac{\partial f}{\partial\boldsymbol{x}}\boldsymbol{x}\xrightarrow{\boldsymbol{A}=\left(\frac{\partial f}{\partial\boldsymbol{x}}\right)_{\boldsymbol{x}=\boldsymbol{x}_e}}\dot{\boldsymbol{x}}(t)=\boldsymbol{A}\boldsymbol{x} \tag{6-29}$$

接着便可以利用线性系统的状态稳定和输出稳定方法判定其是否稳定。

(3) 李雅普诺夫稳定性第二法（直接法）

选择一个标量函数，通常设定为 $\boldsymbol{V}(\boldsymbol{x},t)$。

- 当 $\boldsymbol{V}(\boldsymbol{x},t)>0,\boldsymbol{x}\neq0$ 且 $\boldsymbol{V}(\boldsymbol{x},t)=0,\boldsymbol{x}=0$，则函数 $\boldsymbol{V}(\boldsymbol{x},t)$ 正定。

- 当 $\boldsymbol{V}(\boldsymbol{x},t)\geqslant 0$，$\boldsymbol{x}\neq 0$ 且 $\boldsymbol{V}(\boldsymbol{x},t)=0$，$\boldsymbol{x}=0$，则函数 $\boldsymbol{V}(\boldsymbol{x},t)$ 半正定。
- 当 $\boldsymbol{V}(\boldsymbol{x},t)<0$，$\boldsymbol{x}\neq 0$ 且 $\boldsymbol{V}(\boldsymbol{x},t)=0$，$\boldsymbol{x}=0$，则函数 $\boldsymbol{V}(\boldsymbol{x},t)$ 负定。
- 当 $\boldsymbol{V}(\boldsymbol{x},t)\leqslant 0$，$\boldsymbol{x}\neq 0$ 且 $\boldsymbol{V}(\boldsymbol{x},t)=0$，$\boldsymbol{x}=0$，则函数 $\boldsymbol{V}(\boldsymbol{x},t)$ 半负定。

李雅普诺夫稳定性第二法判定规则如下。

- 若 $\boldsymbol{V}(\boldsymbol{x},t)$ 正定，$\dot{\boldsymbol{V}}(\boldsymbol{x},t)$ 负定，则系统在原点平衡状态处是渐近稳定。若 $\|\boldsymbol{x}\|\rightarrow\infty$ 时，有 $\boldsymbol{V}(\boldsymbol{x},t)\rightarrow\infty$，则系统在平衡处是大范围渐近稳定的。
- 若 $\boldsymbol{V}(\boldsymbol{x},t)$ 正定，$\dot{\boldsymbol{V}}(\boldsymbol{x},t)$ 半负定，$\dot{\boldsymbol{V}}(\boldsymbol{x},t)$ 在非零状态不恒等于零，则系统在原点平衡状态处是渐近稳定。若 $\|\boldsymbol{x}\|\rightarrow\infty$ 时，有 $\boldsymbol{V}(\boldsymbol{x},t)\rightarrow\infty$，则系统在平衡处是大范围渐近稳定的。
- 若 $\boldsymbol{V}(\boldsymbol{x},t)$ 正定，$\dot{\boldsymbol{V}}(\boldsymbol{x},t)$ 半负定，则原点是李雅普诺夫意义下稳定的，但非渐近稳定。
- 若 $\boldsymbol{V}(\boldsymbol{x},t)$ 正定，$\dot{\boldsymbol{V}}(\boldsymbol{x},t)$ 正定，则原点是不稳定的。
- 若 $\boldsymbol{V}(\boldsymbol{x},t)$ 正定，$\dot{\boldsymbol{V}}(\boldsymbol{x},t)$ 半正定，且 $\dot{\boldsymbol{V}}(\boldsymbol{x},t)$ 在非零状态不恒为零时，则原点不稳定。
- 若 $\boldsymbol{V}(\boldsymbol{x},t)$ 正定，$\dot{\boldsymbol{V}}(\boldsymbol{x},t)$ 半正定，若 $\boldsymbol{x}\neq 0$ 时，仍有 $\dot{\boldsymbol{V}}(\boldsymbol{x},t)\equiv 0$，则原点是李雅普诺夫意义上稳定。

6.2 PID 控制

PID 控制法在工业上具有非常广泛的应用。PID 控制器的区别特征是能够使用对控制器输出的比例、积分和微分影响的三个控制项来应用精确和最佳的控制。

6.2.1 PID 控制基础

PID 控制方法主要是根据误差 $e(t)=r(t)-y(t)$，应用比例调节 $K_p e(t)$、积分调节 $K_i\int_0^t e(\tau)\mathrm{d}\tau$ 和微分调节 $K_d\dfrac{\mathrm{d}e(t)}{\mathrm{d}t}$模块调整控制输入 $u(t)$，使得误差 $e(t)$ 趋近于零，如图 6-2 所示。

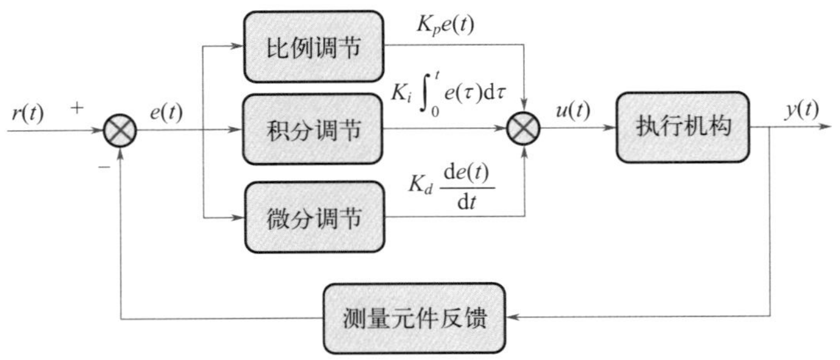

图 6-2　PID 控制基本框图

比例调节模块等比例于误差 $e(t)$，如果误差越大，那么控制输入 $u(t)$ 将越大。单独使用比例调节模块将无法完全消除误差，因为控制器需要误差来产生比例输出响应。在稳态过程条件下，达到平衡，具有稳定的误差“偏移”。如果比例增益太高，系统会变得不稳定。相比之下，小增益导致对大输入误差的小输出响应，以及响应较慢或较不灵敏的控制器。如果比例增益太低，当响应系统扰动时，控制作用可能太小。实践表明，比例项应该贡献大部分输出变化。

积分调节模块考虑了误差 $e(t)$ 的过去值，并在一段时间内对其进行积分，从而产生比例调节项。例如，如果应用比例控制后存在残余误差，积分项会通过增加误差历史累积值的控制效应来消除残余误差。当误差消除后，积分项将停止增长。这将导致比例效应随着误差的减小而减小，但这可以通过不断增加的积分效应来补偿。积分项的贡献与误差大小和误差持续时间成正比。PID 控制器中的积分是一段时间内瞬时误差的总和，给出了之前应该校正的累积偏移。然后，累计误差乘以积分增益，并与控制器输出相加。积分项加速了过程向设定点的移动，并消除了纯比例控制器产生的残余稳态误差。然而，由于积分项响应来自过去的累积误差，它可能导致当前值超过设定值。

微分调节模块是基于当前误差的变化率，通过施加由误差变化率产生的控制影响，有效地寻求降低误差的影响，变化越快，控制或阻尼作用越大。很多时候，直接计算微分作用将引入高频增益和噪声，因此一般还需加入一个低通滤波，以限制高频增益和噪声，因此，微分调节模块在实践中较少使用。

控制输入的表示形式如下。

$$u(t)=K_p e(t)+K_i\int_0^t e(\tau)\mathrm{d}\tau+K_d\frac{\mathrm{d}e(t)}{\mathrm{d}t} \tag{6-30}$$

其中，K_p、K_i 和 K_d 分别为比例系数、积分系数、微分系数。

以上 PID 控制输入可表示如下另外一种形式。

$$u(t)=K_p\left(e(t)+\frac{1}{T_i}\int_0^t e(\tau)\mathrm{d}\tau+T_d\frac{\mathrm{d}e(t)}{\mathrm{d}t}\right) \tag{6-31}$$

其中，T_i 和 T_d 分别表示积分时间和微分时间。K_pT_d 是控制器试图接近设定值的时间常数，$\frac{K_p}{T_i}$是控制器能容忍输出持续高于或低于设定值多长时间。

6.2.2　比例微分＋重力补偿控制方法

$$\boldsymbol{M}(\boldsymbol{q})\ddot{\boldsymbol{q}}+\boldsymbol{C}(\boldsymbol{q},\dot{\boldsymbol{q}})\dot{\boldsymbol{q}}+\boldsymbol{G}(\boldsymbol{q})=\boldsymbol{\tau} \tag{6-32}$$

$$\boldsymbol{\tau}=\underbrace{\boldsymbol{K}_p\left(\boldsymbol{e}(t)+\boldsymbol{T}_d\frac{\mathbf{d}\boldsymbol{e}(t)}{\mathbf{d}t}\right)}_{\text{PD}}+\underbrace{\hat{\boldsymbol{G}}(\boldsymbol{q})}_{\text{重力补偿项}}=\underbrace{\boldsymbol{K}_p\boldsymbol{e}+\boldsymbol{K}_d\dot{\boldsymbol{e}}}_{\text{PD}}+\underbrace{\hat{\boldsymbol{G}}(\boldsymbol{q})}_{\text{重力补偿项}} \tag{6-33}$$

$$\boldsymbol{e}(t)=\boldsymbol{q}_d-\boldsymbol{q} \tag{6-34}$$

$\hat{\boldsymbol{G}}(\boldsymbol{q})$ 是对重力项 $\boldsymbol{G}(\boldsymbol{q})$ 的估计。PD 表示比例微分（proportion differentiation）控制器部分。

推导定点控制下的稳定性：

对于定点控制（或称阶跃轨迹跟踪），$\boldsymbol{q}_d$ 为常数，$\dot{\boldsymbol{q}}_d=\ddot{\boldsymbol{q}}_d=\boldsymbol{0}$。将控制律代入到机器人动力学方程中，得到如下形式。

$$\boldsymbol{M}(\boldsymbol{q})(\ddot{\boldsymbol{q}}-\ddot{\boldsymbol{q}}_d)+\boldsymbol{C}(\boldsymbol{q},\dot{\boldsymbol{q}})(\dot{\boldsymbol{q}}-\dot{\boldsymbol{q}}_d)+\boldsymbol{G}(\boldsymbol{q})=\boldsymbol{K}_p\boldsymbol{e}+\boldsymbol{K}_d\dot{\boldsymbol{e}}+\hat{\boldsymbol{G}}(\boldsymbol{q})$$

$$-\boldsymbol{M}(\boldsymbol{q})\ddot{\boldsymbol{e}}-\boldsymbol{C}(\boldsymbol{q},\dot{\boldsymbol{q}})\dot{\boldsymbol{e}}+\boldsymbol{G}(\boldsymbol{q})=\boldsymbol{K}_p\boldsymbol{e}+\boldsymbol{K}_d\dot{\boldsymbol{e}}+\hat{\boldsymbol{G}}(\boldsymbol{q})$$

$$\boldsymbol{M}(\boldsymbol{q})\ddot{\boldsymbol{e}}+\boldsymbol{C}(\boldsymbol{q},\dot{\boldsymbol{q}})\dot{\boldsymbol{e}}+\boldsymbol{K}_p\boldsymbol{e}=-\boldsymbol{K}_d\dot{\boldsymbol{e}}+\boldsymbol{G}(\boldsymbol{q})-\hat{\boldsymbol{G}}(\boldsymbol{q})$$

采用李雅普诺夫稳定性第二法，假定李雅普诺夫函数如下

$$\boldsymbol{V}=\frac{1}{2}\dot{\boldsymbol{e}}^{\mathrm{T}}\boldsymbol{M}(\boldsymbol{q})\dot{\boldsymbol{e}}+\frac{1}{2}\boldsymbol{e}^{\mathrm{T}}\boldsymbol{K}_p\boldsymbol{e} \tag{6-35}$$

$\boldsymbol{M}(\boldsymbol{q})$ 和 $\boldsymbol{K}_p$ 是正定的，因此，$\boldsymbol{V}$ 是正定的。

$$\dot{\boldsymbol{V}}=\dot{\boldsymbol{e}}^{\mathrm{T}}\boldsymbol{M}(\boldsymbol{q})\ddot{\boldsymbol{e}}+\frac{1}{2}\dot{\boldsymbol{e}}^{\mathrm{T}}\dot{\boldsymbol{M}}(\boldsymbol{q})\dot{\boldsymbol{e}}+\dot{\boldsymbol{e}}^{\mathrm{T}}\boldsymbol{K}_p\dot{\boldsymbol{e}} \tag{6-36}$$

根据 $\boldsymbol{C}(\boldsymbol{q},\dot{\boldsymbol{q}})$ 的第 6 条特性，$\dot{\boldsymbol{M}}(\boldsymbol{q})-2\boldsymbol{C}(\boldsymbol{q},\dot{\boldsymbol{q}})$是斜对称矩阵

$$\boldsymbol{x}^{\mathrm{T}}(\dot{\boldsymbol{M}}(\boldsymbol{q})-2\boldsymbol{C}(\boldsymbol{q},\dot{\boldsymbol{q}}))\boldsymbol{x}=0$$

$$\dot{\boldsymbol{e}}^{\mathrm{T}}\dot{\boldsymbol{M}}(\boldsymbol{q})\dot{\boldsymbol{e}}=2\dot{\boldsymbol{e}}^{\mathrm{T}}\boldsymbol{C}(\boldsymbol{q},\dot{\boldsymbol{q}})\dot{\boldsymbol{e}}$$

$$\begin{aligned}\dot{\boldsymbol{V}}&=\dot{\boldsymbol{e}}^{\mathrm{T}}\boldsymbol{M}(\boldsymbol{q})\ddot{\boldsymbol{e}}+\frac{1}{2}\dot{\boldsymbol{e}}^{\mathrm{T}}\dot{\boldsymbol{M}}(\boldsymbol{q})\dot{\boldsymbol{e}}+\dot{\boldsymbol{e}}^{\mathrm{T}}\boldsymbol{K}_p\dot{\boldsymbol{e}}=\dot{\boldsymbol{e}}^{\mathrm{T}}(\boldsymbol{M}(\boldsymbol{q})\ddot{\boldsymbol{e}}+\boldsymbol{C}(\boldsymbol{q},\dot{\boldsymbol{q}})\dot{\boldsymbol{e}}+\boldsymbol{K}_p\dot{\boldsymbol{e}})\\&=\dot{\boldsymbol{e}}^{\mathrm{T}}(-\boldsymbol{K}_d\dot{\boldsymbol{e}}+\boldsymbol{G}(\boldsymbol{q})-\hat{\boldsymbol{G}}(\boldsymbol{q}))\end{aligned}$$

如果 $\boldsymbol{G}(\boldsymbol{q})=\hat{\boldsymbol{G}}(\boldsymbol{q})$

$$\dot{\boldsymbol{V}}=-\dot{\boldsymbol{e}}^{\mathrm{T}}\boldsymbol{K}_d\dot{\boldsymbol{e}}\leqslant\boldsymbol{0}$$

$\dot{\boldsymbol{V}}$ 是半负定。$\dot{\boldsymbol{V}}$ 在非零状态不恒等于零，因此系统在原点平衡状态处是渐近稳定。

6.2.3 比例积分+名义模型+鲁棒控制方法

本小节主要选自文献 [134]，并做了少部分修改。

$$\boldsymbol{M}(\boldsymbol{q})\ddot{\boldsymbol{q}}+\boldsymbol{C}(\boldsymbol{q},\dot{\boldsymbol{q}})\dot{\boldsymbol{q}}+\boldsymbol{G}(\boldsymbol{q})+\boldsymbol{F}(\dot{\boldsymbol{q}})+\boldsymbol{\tau}_d=\boldsymbol{\tau}$$

$$\boldsymbol{M}(\boldsymbol{q})=\hat{\boldsymbol{M}}(\boldsymbol{q})+\Delta\boldsymbol{M}$$

$$\boldsymbol{C}(\boldsymbol{q},\dot{\boldsymbol{q}})=\hat{\boldsymbol{C}}(\boldsymbol{q},\dot{\boldsymbol{q}})+\Delta\boldsymbol{C}$$

$$\boldsymbol{G}(\boldsymbol{q})=\hat{\boldsymbol{G}}(\boldsymbol{q})+\Delta\boldsymbol{G}$$

$$\boldsymbol{F}(\dot{\boldsymbol{q}})+\boldsymbol{\tau}_d=\boldsymbol{d}(\dot{\boldsymbol{q}})$$

因此，得到如下公式

$$\hat{\boldsymbol{M}}(\boldsymbol{q})\ddot{\boldsymbol{q}}+\hat{\boldsymbol{C}}(\boldsymbol{q},\dot{\boldsymbol{q}})\dot{\boldsymbol{q}}+\hat{\boldsymbol{G}}(\boldsymbol{q})+\underbrace{\Delta\boldsymbol{M}\ddot{\boldsymbol{q}}+\Delta\boldsymbol{C}\dot{\boldsymbol{q}}+\Delta\boldsymbol{G}}_{\Delta\boldsymbol{E}}+\underbrace{\boldsymbol{F}(\dot{\boldsymbol{q}})+\boldsymbol{\tau}_d}_{\boldsymbol{d}(\dot{\boldsymbol{q}})}=\boldsymbol{\tau}$$

$$\hat{\boldsymbol{M}}(\boldsymbol{q})\ddot{\boldsymbol{q}}+\hat{\boldsymbol{C}}(\boldsymbol{q},\dot{\boldsymbol{q}})\dot{\boldsymbol{q}}+\hat{\boldsymbol{G}}(\boldsymbol{q})+\Delta\boldsymbol{E}+\boldsymbol{d}(\dot{\boldsymbol{q}})=\boldsymbol{\tau}$$

定义 $\boldsymbol{q}_d(t)$ 为理想的位置指令，$\boldsymbol{q}(t)$ 为实际位置，定义误差 $\boldsymbol{e}$ 和误差函数 $\boldsymbol{r}$ 如下。

$$\boldsymbol{e}(t)=\boldsymbol{q}_d(t)-\boldsymbol{q}(t)$$

$$\boldsymbol{r}=\dot{\boldsymbol{e}}+\boldsymbol{\Lambda}\boldsymbol{e}=(\dot{\boldsymbol{q}}_d-\dot{\boldsymbol{q}})+\boldsymbol{\Lambda}(\boldsymbol{q}_d-\boldsymbol{q})$$

$$\dot{\boldsymbol{r}}=\ddot{\boldsymbol{e}}+\boldsymbol{\Lambda}\dot{\boldsymbol{e}}=(\ddot{\boldsymbol{q}}_d-\ddot{\boldsymbol{q}})+\boldsymbol{\Lambda}(\dot{\boldsymbol{q}}_d-\dot{\boldsymbol{q}})$$

$\boldsymbol{\Lambda}$ 为常数对角矩阵，则定义 $\boldsymbol{q}_r$ 和$\dot{\boldsymbol{q}}_r$如下。

$$\boldsymbol{q}_r=\boldsymbol{r}+\dot{\boldsymbol{q}}=\dot{\boldsymbol{q}}_d+\boldsymbol{\Lambda}\boldsymbol{e}$$

$$\dot{\boldsymbol{q}}_r=\dot{\boldsymbol{r}}+\ddot{\boldsymbol{q}}=\ddot{\boldsymbol{q}}_d+\boldsymbol{\Lambda}\dot{\boldsymbol{e}}$$

因此可得如下公式。

$$\boldsymbol{M}(\boldsymbol{q})\ddot{\boldsymbol{q}}+\boldsymbol{C}(\boldsymbol{q},\dot{\boldsymbol{q}})\dot{\boldsymbol{q}}+\boldsymbol{G}(\boldsymbol{q})+\boldsymbol{d}(\dot{\boldsymbol{q}})=\boldsymbol{\tau}$$

$$\boldsymbol{M}(\boldsymbol{q})(\dot{\boldsymbol{q}}_r-\dot{\boldsymbol{r}})+\boldsymbol{C}(\boldsymbol{q},\dot{\boldsymbol{q}})(\boldsymbol{q}_r-\boldsymbol{r})+\boldsymbol{G}(\boldsymbol{q})+\boldsymbol{d}(\dot{\boldsymbol{q}})=\boldsymbol{\tau}$$

$$\boldsymbol{M}(\boldsymbol{q})\dot{\boldsymbol{q}}_r+\boldsymbol{C}(\boldsymbol{q},\dot{\boldsymbol{q}})\boldsymbol{q}_r+\boldsymbol{G}(\boldsymbol{q})-\boldsymbol{M}(\boldsymbol{q})\dot{\boldsymbol{r}}-\boldsymbol{C}(\boldsymbol{q},\dot{\boldsymbol{q}})\boldsymbol{r}+\boldsymbol{d}(\dot{\boldsymbol{q}})=\boldsymbol{\tau}$$

$$(\hat{\boldsymbol{M}}(\boldsymbol{q})+\Delta\boldsymbol{M})\dot{\boldsymbol{q}}_r+(\hat{\boldsymbol{C}}(\boldsymbol{q},\dot{\boldsymbol{q}})+\Delta\boldsymbol{C})\boldsymbol{q}_r+\hat{\boldsymbol{G}}(\boldsymbol{q})+\Delta\boldsymbol{G}-\boldsymbol{M}(\boldsymbol{q})\dot{\boldsymbol{r}}-\boldsymbol{C}(\boldsymbol{q},\dot{\boldsymbol{q}})\boldsymbol{r}+\boldsymbol{d}(\dot{\boldsymbol{q}})=\boldsymbol{\tau}$$

$$\boldsymbol{\tau}=\hat{\boldsymbol{M}}(\boldsymbol{q})\dot{\boldsymbol{q}}_r+\hat{\boldsymbol{C}}(\boldsymbol{q},\dot{\boldsymbol{q}})\boldsymbol{q}_r+\hat{\boldsymbol{G}}(\boldsymbol{q})-\boldsymbol{M}(\boldsymbol{q})\dot{\boldsymbol{r}}-\boldsymbol{C}(\boldsymbol{q},\dot{\boldsymbol{q}})\boldsymbol{r}+\underbrace{\boldsymbol{d}(\dot{\boldsymbol{q}})+\underbrace{\Delta\boldsymbol{M}\dot{\boldsymbol{q}}_r+\Delta\boldsymbol{C}\boldsymbol{q}_r+\Delta\boldsymbol{G}}_{\Delta\boldsymbol{E}'}}_{\boldsymbol{E}}$$

$$\boldsymbol{\tau}=\hat{\boldsymbol{M}}(\boldsymbol{q})\dot{\boldsymbol{q}}_r+\hat{\boldsymbol{C}}(\boldsymbol{q},\dot{\boldsymbol{q}})\boldsymbol{q}_r+\hat{\boldsymbol{G}}(\boldsymbol{q})-\boldsymbol{M}(\boldsymbol{q})\dot{\boldsymbol{r}}-\boldsymbol{C}(\boldsymbol{q},\dot{\boldsymbol{q}})\boldsymbol{r}+\boldsymbol{E}$$

设计控制律如下

$$\boldsymbol{\tau}=\underbrace{\boldsymbol{K}_p\boldsymbol{r}+\boldsymbol{K}_i\int_0^t\boldsymbol{r}\mathrm{d}\tau}_{\text{PI控制项}}+\underbrace{\hat{\boldsymbol{M}}(\boldsymbol{q})\dot{\boldsymbol{q}}_r+\hat{\boldsymbol{C}}(\boldsymbol{q},\dot{\boldsymbol{q}})\boldsymbol{q}_r+\hat{\boldsymbol{G}}(\boldsymbol{q})}_{\text{名义模型控制项}}+\underbrace{\boldsymbol{K}_r\,\mathbf{sgn}(\boldsymbol{r})}_{\text{鲁棒控制项}} \tag{6-37}$$

$$\boldsymbol{K}_r=\begin{bmatrix} k_{11} & 0 & 0 & 0\\ 0 & k_{22} & 0 & 0\\ \cdots & \cdots & \cdots & \cdots\\ 0 & 0 & 0 & k_{nn}\end{bmatrix}$$

其中，PI 表示比例微分（proportion integration）控制器，将控制律代入系统方程可得如下公式。

$$\boldsymbol{K}_p\boldsymbol{r}+\boldsymbol{K}_i\int_0^t\boldsymbol{r}\mathrm{d}\tau+\boldsymbol{K}_d\dot{\boldsymbol{r}}+\hat{\boldsymbol{M}}(\boldsymbol{q})\dot{\boldsymbol{q}}_r+\hat{\boldsymbol{C}}(\boldsymbol{q},\dot{\boldsymbol{q}})\boldsymbol{q}_r+\hat{\boldsymbol{G}}(\boldsymbol{q})+\boldsymbol{K}_r\,\mathbf{sgn}(\boldsymbol{r})$$
$$=\hat{\boldsymbol{M}}(\boldsymbol{q})\dot{\boldsymbol{q}}_r+\hat{\boldsymbol{C}}(\boldsymbol{q},\dot{\boldsymbol{q}})\boldsymbol{q}_r+\hat{\boldsymbol{G}}(\boldsymbol{q})-\boldsymbol{M}(\boldsymbol{q})\dot{\boldsymbol{r}}-\boldsymbol{C}(\boldsymbol{q},\dot{\boldsymbol{q}})\boldsymbol{r}+\boldsymbol{E}$$

$$\boldsymbol{K}_p\boldsymbol{r}+\boldsymbol{K}_i\int_0^t\boldsymbol{r}\mathrm{d}\tau+\boldsymbol{K}_r\,\mathbf{sgn}(\boldsymbol{r})=-\boldsymbol{M}(\boldsymbol{q})\dot{\boldsymbol{r}}-\boldsymbol{C}(\boldsymbol{q},\dot{\boldsymbol{q}})\boldsymbol{r}+\boldsymbol{E}$$

稳定性证明

李雅普诺夫函数取为如下形式。

$$\boldsymbol{V}=\frac{1}{2}\boldsymbol{r}^{\mathrm{T}}\boldsymbol{M}(\boldsymbol{q})\boldsymbol{r}+\frac{1}{2}\left(\int_0^t\boldsymbol{r}\mathrm{d}\tau\right)^{\mathrm{T}}\boldsymbol{K}_i\left(\int_0^t\boldsymbol{r}\mathrm{d}\tau\right) \tag{6-38}$$

则其导数如下。

$$\dot{\boldsymbol{V}}=\frac{1}{2}\dot{\boldsymbol{r}}^{\mathrm{T}}\boldsymbol{M}(\boldsymbol{q})\boldsymbol{r}+\frac{1}{2}\boldsymbol{r}^{\mathrm{T}}\dot{\boldsymbol{M}}(\boldsymbol{q})\boldsymbol{r}+\frac{1}{2}\boldsymbol{r}^{\mathrm{T}}\boldsymbol{M}(\boldsymbol{q})\dot{\boldsymbol{r}}+\frac{1}{2}\boldsymbol{r}^{\mathrm{T}}\boldsymbol{K}_i\left(\int_0^t\boldsymbol{r}\mathrm{d}\tau\right)+\frac{1}{2}\left(\int_0^t\boldsymbol{r}\mathrm{d}\tau\right)^{\mathrm{T}}\boldsymbol{K}_i\boldsymbol{r}$$

$$\dot{\boldsymbol{V}}=\frac{1}{2}\boldsymbol{r}^{\mathrm{T}}\dot{\boldsymbol{M}}(\boldsymbol{q})\boldsymbol{r}+\boldsymbol{r}^{\mathrm{T}}\boldsymbol{M}(\boldsymbol{q})\dot{\boldsymbol{r}}+\boldsymbol{r}^{\mathrm{T}}\boldsymbol{K}_i\left(\int_0^t\boldsymbol{r}\mathrm{d}\tau\right)$$

$$\dot{\boldsymbol{V}}=\boldsymbol{r}^{\mathrm{T}}\left(\frac{1}{2}\dot{\boldsymbol{M}}(\boldsymbol{q})\boldsymbol{r}+\boldsymbol{M}(\boldsymbol{q})\dot{\boldsymbol{r}}+\boldsymbol{K}_i\left(\int_0^t\boldsymbol{r}\mathrm{d}\tau\right)\right)$$

考虑到 $\dot{\boldsymbol{M}}(\boldsymbol{q})-2\boldsymbol{C}(\boldsymbol{q},\dot{\boldsymbol{q}})$ 的斜对称特性，有如下公式。

$$\dot{\boldsymbol{V}}=\boldsymbol{r}^{\mathrm{T}}\left(\dot{\boldsymbol{M}}(\boldsymbol{q})\boldsymbol{r}+\boldsymbol{C}(\boldsymbol{q},\dot{\boldsymbol{q}})\dot{\boldsymbol{r}}+\boldsymbol{K}_i\left(\int_0^t\boldsymbol{r}\mathrm{d}\tau\right)\right)$$

由闭环系统方程

$$\boldsymbol{K}_p\boldsymbol{r}+\boldsymbol{K}_i\int_0^t\boldsymbol{r}\mathrm{d}\tau+\boldsymbol{K}_r\,\mathbf{sgn}(\boldsymbol{r})=-\boldsymbol{M}(\boldsymbol{q})\dot{\boldsymbol{r}}-\boldsymbol{C}(\boldsymbol{q},\dot{\boldsymbol{q}})\boldsymbol{r}+\boldsymbol{E}$$

$$-\boldsymbol{K}_p\boldsymbol{r}-\boldsymbol{K}_i\int_0^t\boldsymbol{r}\mathrm{d}\tau-\boldsymbol{K}_r\,\mathbf{sgn}(\boldsymbol{r})+\boldsymbol{E}=\boldsymbol{M}(\boldsymbol{q})\dot{\boldsymbol{r}}+\boldsymbol{C}(\boldsymbol{q},\dot{\boldsymbol{q}})\boldsymbol{r}$$

可得

$$\dot{\boldsymbol{V}}=-\boldsymbol{r}^{\mathrm{T}}\boldsymbol{K}_{p}\boldsymbol{r}+\boldsymbol{r}^{\mathrm{T}}(\boldsymbol{E}-\boldsymbol{K}_{r}\mathbf{sgn}(\boldsymbol{r})) \tag{6-39}$$

如果 $\boldsymbol{E}-\boldsymbol{K}_r\mathbf{sgn}(\boldsymbol{r})\leqslant\mathbf{0}$，则 $\dot{\boldsymbol{V}}\leqslant\mathbf{0}$，满足稳定性要求，所以要求 $k_{ii}\geqslant E_i$。$\boldsymbol{E}=\boldsymbol{d}(\dot{\boldsymbol{q}})+\Delta\boldsymbol{M}\dot{\boldsymbol{q}}_r+\Delta\boldsymbol{C}\boldsymbol{q}_r+\Delta\boldsymbol{G}$，如果系统名义模型非常接近系统真实的动力学模型，则 E_i 将很小，但为了保险起见，一般 $\boldsymbol{K}_r$ 对应的值取大一些。

例 6-1 PID+名义模型+鲁棒控制示例（图 6-3～图 6-5）

$$\boldsymbol{M}(\boldsymbol{q})\ddot{\boldsymbol{q}}+\boldsymbol{C}(\boldsymbol{q},\dot{\boldsymbol{q}})\dot{\boldsymbol{q}}+\boldsymbol{G}(\boldsymbol{q})=\boldsymbol{\tau}$$

$$\boldsymbol{M}(\boldsymbol{q})=\begin{bmatrix}(m_1+m_2)l_1^2+m_2l_2^2+2m_2l_1l_2c\theta_2 & m_2l_2^2+m_2l_1l_2c\theta_2\\ m_2l_2^2+m_2l_1l_2c\theta_2 & m_2l_2^2\end{bmatrix}$$

$$\boldsymbol{C}(\boldsymbol{q},\dot{\boldsymbol{q}})=\begin{bmatrix}-m_2l_1l_2\dot{\theta}_2s\theta_2 & -2m_2l_1l_2\dot{\theta}_1s\theta_2\\ m_2l_1l_2\dot{\theta}_1s\theta_2 & 0\end{bmatrix}$$

$$\boldsymbol{G}(\boldsymbol{q})=\begin{bmatrix}(m_1+m_2)l_1gc\theta_1+m_2l_2gc(\theta_1+\theta_2)\\ m_2l_2gc(\theta_1+\theta_2)\end{bmatrix}$$

定义如下参数

$$m_1=m_2=2,l_1=l_2=0.5$$

取位置指令

$$\dot{q}_{d1}=0.5\sin(\pi t),\dot{q}_{d1}=\sin(\pi t)$$

取控制器参数

$$\boldsymbol{K}_p=\begin{bmatrix}100 & 0\\ 0 & 100\end{bmatrix},\boldsymbol{K}_i=\begin{bmatrix}100 & 0\\ 0 & 100\end{bmatrix},\boldsymbol{K}_r=\begin{bmatrix}15 & 0\\ 0 & 15\end{bmatrix},\boldsymbol{\Lambda}=\begin{bmatrix}5 & 0\\ 0 & 5\end{bmatrix}$$

```
clear;clc;close all;
m1=2;m2=2;
l1=0.5;l2=0.5;

p1=(m1+m2)*l1^2;
p2=m2*l2^2;
p3=m2*l1*l2;
p4=m1*l1+m2*l2;
p5=m2*l2;
p=[p1,p2,p3,p4,p5];

g=9.8;

Kp=[100,0;0,100];Ki=[100,0;0,100];
Kr=15;Fai=5*eye(2);

%系统方程
T=10;%时间为 10 秒
delta_t=0.0001;%采样时间
```

```
    T_data=T/delta_t;
    q1=[0.09;zeros(T_data,1)];d_q1=zeros(T_data+1,1);%第一个自由度的实际位移为 q1,
速度为 dq1;
    q2=[-0.09;zeros(T_data,1)];d_q2=zeros(T_data+1,1);%第二个自由度的实际位移为 q2,
速度为 dq2;
    dd=0.001;

    temp1=0;temp2=0;
    %%循环控制
    for i=1:1:T_data
        t(i,1)=(i-1)*delta_t;
        %%误差信号
        qd1(i,1)=0.5*sin(pi*t(i,1));
        d_qd1(i,1)=0.5*pi*cos(pi*t(i,1));
        dd_qd1(i,1)=-0.5*pi*pi*sin(pi*t(i,1));



        qd2(i,1)=sin(pi*t(i,1));
        d_qd2(i,1)=pi*cos(pi*t(i,1));
        dd_qd2(i,1)=-pi*pi*sin(pi*t(i,1));

        e1(i,1)=qd1(i,1)-q1(i,1);
        e2(i,1)=qd2(i,1)-q2(i,1);
        e=[e1(i,1);e2(i,1)];

        de1(i,1)=d_qd1(i,1)-d_q1(i,1);
        de2(i,1)=d_qd2(i,1)-d_q2(i,1);
        de=[de1(i,1);de2(i,1)];
        r=de+Fai*e;
        I1=temp1+r(1);
        temp1=r(1);
        I2=temp2+r(2);
        temp2=r(2);
        I=[I1;I2];
        qd=[qd1(i,1);qd2(i,1)];
        dqd=[d_qd1(i,1);d_qd2(i,1)];
        ddqd=[dd_qd1(i,1);dd_qd2(i,1)];
        dqr=dqd+Fai*e;
        ddqr=ddqd+Fai*de;

        %%系统方程
        x(1)=q1(i,1);x(2)=d_q1(i,1);
```

```
    x(3)=q2(i,1);x(4)=d_q2(i,1);
    M=[p(1)+p(2)+2*p(3)*cos(x(3))p(2)+p(3)*cos(x(3));p(2)+p(3)*cos(x(3))p(2)];
    C=[-p(3)*x(4)*sin(x(3))-2*p(3)*x(2)*sin(x(3));p(3)*x(2)*sin(x(3))0];
    G=[p(4)*g*cos(x(1))+p(5)*g*cos(x(1)+x(3));p(5)*g*cos(x(1)+x(3))];
    dq=[x(2);x(4)];
    dqr=dqd+Fai*e;
    ddqr=ddqd+Fai*de;



    %%控制律
    tolm=M*ddqr+C*dqr+G;
%      tolr=Kr*sign(r);
    tolr=Kr*(r/(abs(r)+dd));
    tolr_1(i,1)=tolr(1);
    tolr_2(i,1)=tolr(2);
    tolpi=Kp*r+Ki*I;
    tol=tolpi+tolm+tolr;
    tol_1(i,1)=tol(1);%控制力矩 1
    tol_2(i,1)=tol(2);%控制力矩 2
    S=inv(M)*(tol-C*dq-G);

    %%系统状态更新
    q1(i+1,1)=q1(i,1)+d_q1(i,1)*delta_t;
    q2(i+1,1)=q2(i,1)+d_q2(i,1)*delta_t;
    d_q1(i+1,1)=d_q1(i,1)+S(1)*delta_t;
    d_q2(i+1,1)=d_q2(i,1)+S(2)*delta_t;
end

%%画图
figure(1);
subplot(211);
plot(t,qd1,'r--',t,q1(1:T_data),'b','linewidth',1);grid on;grid minor
xlabel('时间/秒',fontsize=14);ylabel('y',fontsize=14);
title('杆 1 位置跟踪',fontsize=16,FontWeight='bold');
legend('杆 1 参考位置','杆 1 实际位置',fontsize=10);
subplot(212);
plot(t,qd2(:,1),'r--',t,q2(1:T_data),'b','linewidth',1);grid on;grid minor
xlabel('时间/秒',fontsize=14);ylabel('y',fontsize=14);
title('杆 2 位置跟踪',fontsize=16,FontWeight='bold');
legend('杆 2 参考位置','杆 2 实际位置',fontsize=10);
figure(2);
subplot(211);
```

```
plot(t,d_qd1,'r--',t,d_q1(1:T_data),'b','linewidth',1);grid on;grid minor
xlabel('时间/秒',fontsize=14);ylabel('y',fontsize=14);
title('杆 1 速度跟踪',fontsize=16,FontWeight='bold');
legend('杆 1 参考速度','杆 1 实际速度',fontsize=10);
subplot(212);
plot(t,d_qd2,'r--',t,d_q2(1:T_data),'b','linewidth',1);grid on;grid minor
xlabel('时间/秒',fontsize=14);ylabel('y',fontsize=14);
title('杆 2 速度跟踪',fontsize=16,FontWeight='bold');
legend('杆 2 参考速度','杆 2 实际速度',fontsize=10);
figure(3);
subplot(211);
plot(t,tol_1,'r','linewidth',1);grid on;grid minor
xlabel('时间/秒',fontsize=14);ylabel('u',fontsize=14);
title('杆 1 控制输入',fontsize=16,FontWeight='bold');
subplot(212);
plot(t,tol_2,'r','linewidth',1);grid on;grid minor
xlabel('时间/秒',fontsize=14);ylabel('u',fontsize=14);
title('杆 2 控制输入',fontsize=16,FontWeight='bold');
```

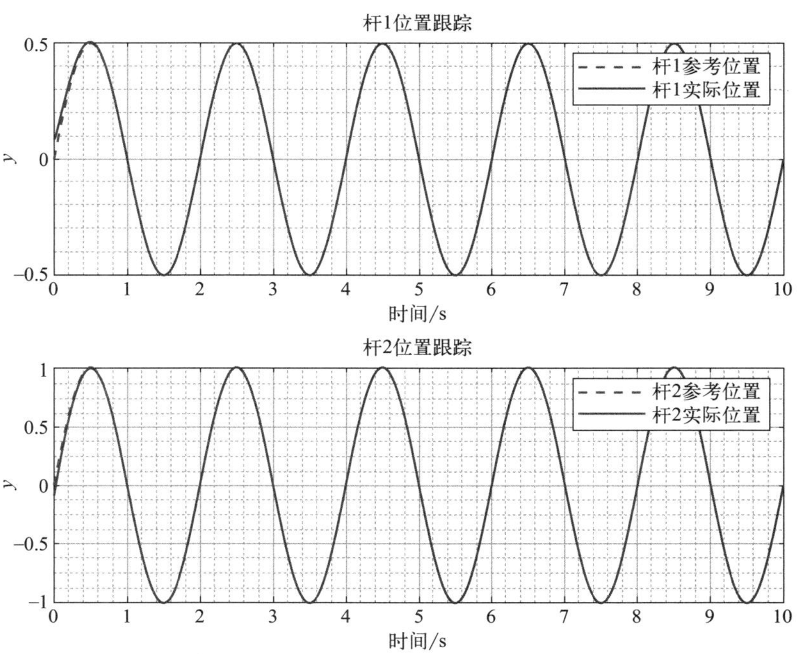

图 6-3　位置跟踪效果

6.2.4　伺服电机电流环、速度环和位置环的 PID 控制

伺服电机电流环、速度环和位置环组成框图如图 6-6 所示，伺服电机在闭环系统中运行，该系统包括反馈元件、驱动器和控制器。控制器使用反馈装置的输出将指令值（位

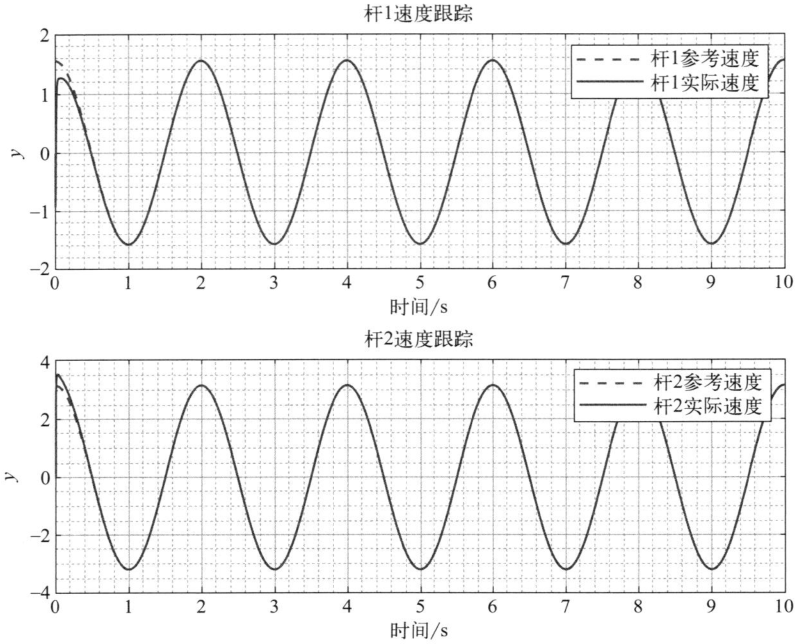

图 6-4　速度跟踪效果

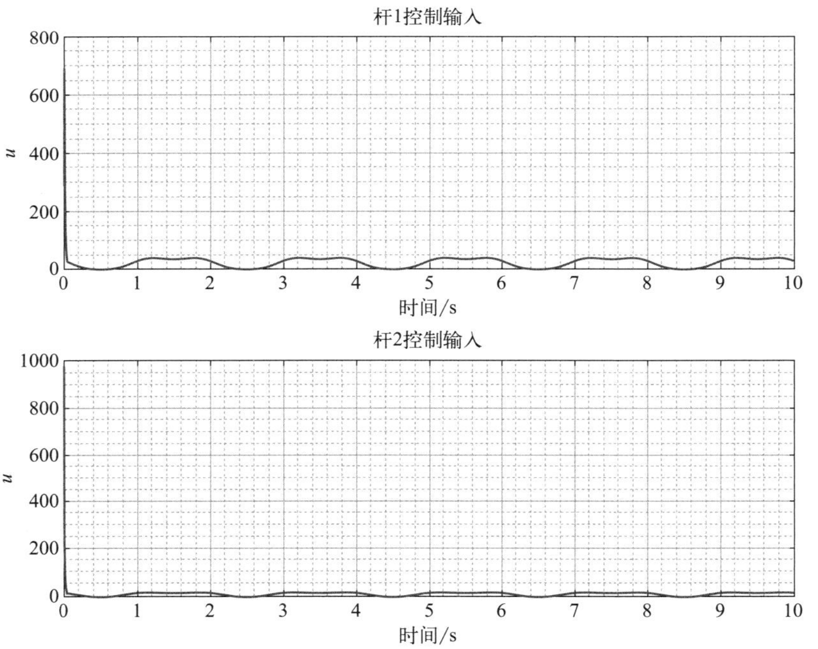

图 6-5　控制输入

置、速度或转矩）与实现值进行比较，并向驱动器发出指令以纠正误差。根据应用和性能要求，伺服系统可以包括三种控制回路的任意组合：位置回路、速度回路和电流回路。在典型的无刷直流伺服系统中，内环（电流环）由速度环控制，而速度环又由位置环控制。

电流回路始终位于驱动器中，而速度和位置回路则位于驱动器或控制器中。电流环路使用电机电流传感器来测量电机绕组中的电流，而速度环路使用速度传感器（通常为编码器）来测量电机速度，同时提供位置信息来闭合位置环路。

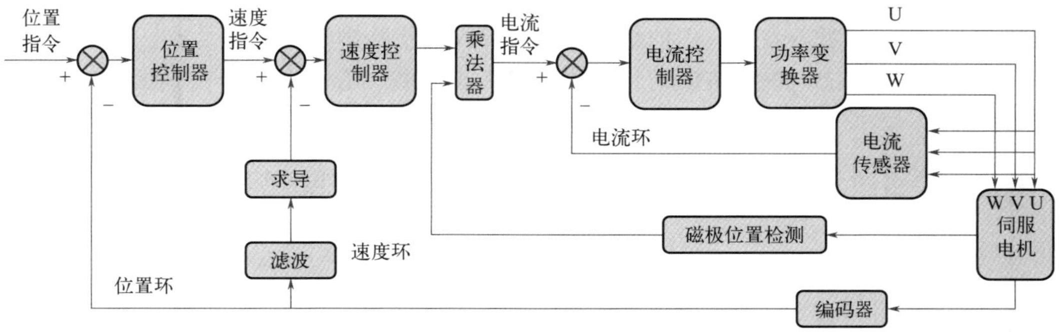

图 6-6　伺服电机电流环、速度环和位置环组成框图

• 在需要特定转矩的转矩控制应用中，只需要一个电流环路。由于转矩与电流成正比，转矩由传感器调节，传感器向伺服驱动器提供电流反馈。

• 在速度控制应用中，经常会发现电流和速度环路。速度回路监控向伺服驱动器提供速度信息的传感器，然后使用该数据来调整电流回路以增加或减少转矩。

• 最后，位置环路应用采用耦合至电机的反馈传感器，将位置信息发送至伺服驱动器或运动控制器，伺服驱动器或运动控制器进而向速度环路发送信号以提高或降低速度，速度环路再将信息传递至电流环路以调节转矩。

6.3　自抗扰控制

6.3.1　PID 与自抗扰

(1) 经典 PID 的缺陷

经典 PID 采用误差反馈消除误差，其缺陷为如下四个方面[136]：

① 控制对象的被控输出是系统动态环节输出 $y(t)$，有一定的惯性，其变化不可能跳变。设定值 $r(t)$，直接采用它们之间的误差信息 $e(t)=r(t)-y(t)$ 消除误差存在一定不合理。

② PID 控制中经常不用微分项，但是由于采集的信号一般都存在噪声，如果不对噪声进行处理，直接计算微分作用将引入高频增益和噪声，因此一般还需加入一个低通滤波，以限制高频增益和噪声，因此，微分调节模块在实践中较少使用。

③ PID 控制中的误差反馈律是误差的比例项＋积分项＋微分项，对应误差的现在、过去和将来的线性加权和，这些项的线性加权求和不一定是最合适的组合形式。

④ PID 控制中的误差积分反馈对抑制常值扰动的作用是显著的，然而，常常使闭环系统反应迟钝，容易产生振荡和控制量饱和等负作用。

(2) 自抗扰控制的改进点

自抗扰控制主要从以下四个方面对以上问题进行改进[136]：

① 根据系统所能承受的能力、被控量变化的合理性和系统提供控制力的能力，根据设定值 $r(t)$，安排跟踪微分器或适当的函数发生器实现过渡。

② 误差的微分信号可以用噪声放大效应很低的跟踪微分器、状态观测器或扩张状态观测器来提取。

③ 在非线性领域寻找更合适的组合形式来形成误差反馈律。

④ 采用扩张状态观测器实时估计出作用于系统的扰动总和并给予补偿的方法替代误差积分反馈作用。

6.3.2 过渡过程、跟踪微分器、非光滑反馈、扩展观测器

(1) 过渡过程

自动控制系统的过渡过程是指系统在初始状态与最终稳定状态之间所经历的一段时间内，系统输出量的变化过程。考虑到微分容易引入噪声，因此，相当一部分 PID 控制只用到 PI 控制，此时增大比例环节可加快过渡过程，但是容易引起超调；增大积分环节可缓解超调问题，但是会使得过渡过程变慢。因此，快速性和超调存在一定矛盾。

过渡过程的作用在于降低起始误差，这里主要用于定点位置跟踪情形。定义函数如下。

$$\mathrm{trns}(T_0,t)=\begin{cases}\dfrac{1}{2}\left(1+\sin\left(\pi\left(\dfrac{t}{T_0}-\dfrac{1}{2}\right)\right)\right), & t\leqslant T_0\\ 1, & t>T_0\end{cases} \tag{6-40}$$

$$\mathrm{dtrns}(T_0,t)=\begin{cases}\dfrac{\pi}{2T_0}\cos\left(\pi\left(\dfrac{t}{T_0}-\dfrac{1}{2}\right)\right), & t\leqslant T_0\\ 1, & t>T_0\end{cases} \tag{6-41}$$

$\mathrm{trns}(T_0,t)$ 和 $\mathrm{dtrns}(T_0,t)$ 分别用于输出和输出导数的过渡。例如对于如下系统方程。

$$\begin{cases}\ddot{x}=-a_1x-a_2\dot{x}+u\\ y=x\end{cases}$$

设参考输出为 v_0，实际输出 $y=x$，因此，误差 $e=v_0-x$。PD 控制律如下。

$$u=K_pe+K_d\dot{e}=K_p(v_0-x)+K_d(\dot{v}_0-\dot{x})=K_p(v_0-x)-K_d(\dot{v}_0-\dot{x})$$

代入系统方程可得闭环系统方程。

$$\ddot{x}=-a_1x-a_2\dot{x}+K_p(v_0-x)-K_d(\dot{v}_0-\dot{x})=K_pv_0-(a_1+K_p)x-(a_2+K_d+\dot{v}_0)\dot{x}$$

可将其改写为如下具有过渡过程的闭环系统方程。

$$\ddot{x}=K_pv_0\mathrm{trns}(T_0,t)-(a_1+K_p)x-(a_2+K_d+v_0\mathrm{dtrns}(T_0,t))\dot{x}$$

例 6-2 过渡过程示例

假设 $a_1=a_2=2$，$v_0=1$，$T_0=0.5$，$K_p=1000$，$K_d=12$，可得在未加入过渡过程和加入了过渡过程的对比图。从图 6-7 中可知，加入了过渡过程后，同样 PD 控制器下，

超调现象得到了有效遏制。

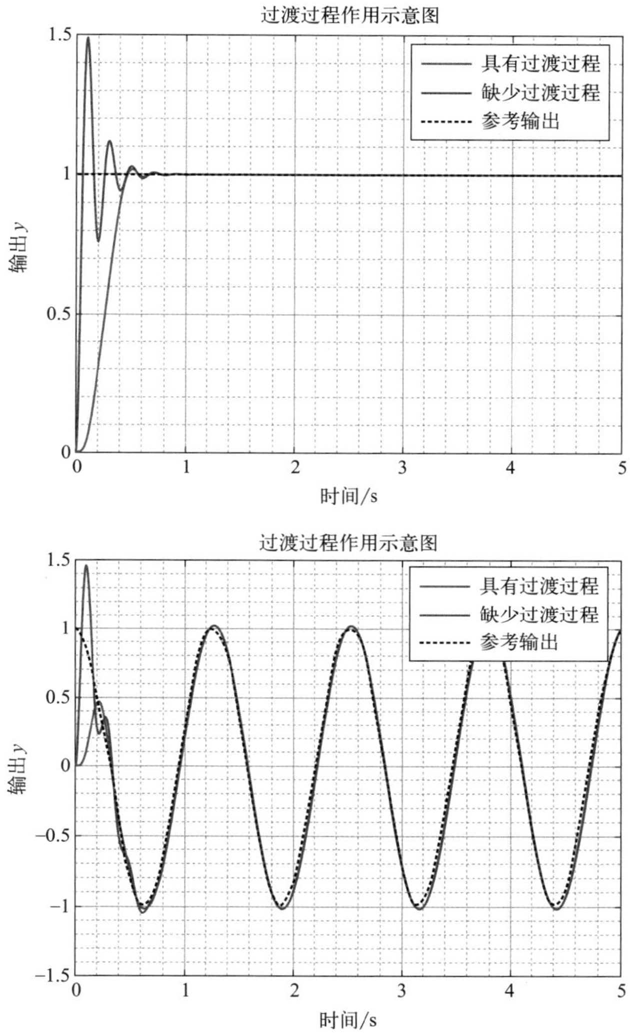

图 6-7　未加入过渡过程和加入了过渡过程的对比图

```
clear all;clc;
a1=2;a2=2;%系统参数
Kp=1000;Kd=12;%PD 控制器参数
h=0.0001;%控制周期
N=5/h;%5 秒钟
T0=0.5;%过渡过程时间常数
delta_delta_x=zeros(1,N);delta_x=zeros(1,N);
delta_delta_x0=zeros(1,N);delta_x0=zeros(1,N);
x=zeros(1,N);t=zeros(1,N);
x0=zeros(1,N);
for i=1:N-1
    t(i)=h*i;
```

```
        v0(i)=1;
        %常规 PD 控制下的闭环系统方程
        delta_delta_x0(i)=Kp*v0(i)-(a1+Kp)*x0(i)-(a2+Kd+0)*delta_x0(i);
        delta_x0(i+1)=delta_x0(i)+h*delta_delta_x0(i);
        x0(i+1)=x0(i)+h*delta_x0(i+1);

        %加入了过渡过程的 PD 控制下的闭环系统方程
        delta_delta_x(i)=Kp*v0(i)*trns(T0,t(i))-(a1+Kp)*x(i)-(a2+Kd+v0(i)*
dtrns(T0,t(i)))*delta_x(i);
        delta_x(i+1)=delta_x(i)+h*delta_delta_x(i);
        x(i+1)=x(i)+h*delta_x(i+1);
    end
    t(N)=N*h;
    plot(t,x,'linewidth',1);grid on;hold on;grid minor
    plot(t,x0,'linewidth',1);
    plot(t(1:N-1),v0,'k--','linewidth',1);
    xlabel('时间/秒',fontsize=14);ylabel('输出 y',fontsize=14);
    title('过渡过程作用示意图',fontsize=16,FontWeight='bold');
    legend('具有过渡过程','缺少过渡过程','参考输出',fontsize=14);

    function u=trns(T0,t)
        if t <=T0
          u=(1+sin(pi*(t/T0-1/2)))/2;
        else
          u=1;
        end
    end

    function u=dtrns(T0,t)
        if t <=T0
          u=cos(pi*(t/T0-1/2))*pi/T0/2;
        else
          u=0;
        end
    end
```

(2) 跟踪微分器

① 线性跟踪微分器。

普通微分方法

$$\begin{cases}\bar{v}(k+1)=\bar{v}(k)-\dfrac{h}{T}(\bar{v}(k)-v(k))\\ y_1(k)=\dfrac{v(k)-\bar{v}(k)}{\tau}\end{cases}\tag{6-42}$$

其中，τ 为时间常数，h 为积分步长。输入信号 $v(k)$，其被噪声污染。$\overline{v}(k)$ 为通过惯性环节$\frac{1}{\tau s+1}$后所得信号，$y_1(k)$ 为微分信号。

线性跟踪微分器

$$
\begin{cases}
x_1(k+1)=x_1(k)+hx_2(k) \\
x_2(k+1)=x_2(k)-h\left(\frac{1}{\tau_1\tau_2}(x_1(k)-v(k))+\frac{\tau_1+\tau_2}{\tau_1\tau_2}x_2(k)\right) \\
y_2(k)=x_2(k)
\end{cases}
\tag{6-43}
$$

其中，τ_1 和 τ_2 分别为惯性环节$\frac{1}{\tau_1 s+1}$和$\frac{1}{\tau_2 s+1}$对应的时间常数，h 为积分步长，输入信号 $v(k)$，$y_2(k)$ 为微分信号。

例 6-3　跟踪微分器示例（图 6-8）

假设输入信号为被噪声污染的正弦信号。

$$v(t)=\sin t+\gamma n(t)$$

式中，$n(t)$ 为$[-1,1]$上均匀分布的白噪声。

假设取如下参数。

$$\tau=\tau_1=0.01, \tau_2=0.02, \gamma=0.01, \cdots, h=0.001$$

```
clear all;
clc;
tol=0.01;tol1=0.01;tol2=0.02;gamma=0.01;
h=0.001;N=20000;
x1=zeros(1,N);
x2=zeros(1,N);
v=zeros(1,N);%输入信号 v
v_v=zeros(1,N);%输入信号 v 通过惯性环节后的信号
y1=zeros(1,N);y2=zeros(1,N);
n=2*rand(1,N)-1;
for i=1:N-1
    t(i)=h*i;

    %常规微分器
    v(i+1)=sin(t(i))+gamma*n(i);
    v_v(i+1)=v_v(i)-h*(v_v(i)-v(i))/tol;
    y1(i+1)=(v(i)-v_v(i))/tol;

    %线性跟踪微分器
    x1(i+1)=x1(i)+h*x2(i);
    x2(i+1)=x2(i)-h*((x1(i)-v(i))/tol1/tol2+(tol1+tol2)*x2(i)/tol1/tol2);
    y2(i+1)=x2(i+1);
end
t(N)=h*N;
```

```
figure;
subplot(2,1,1)
plot(t,sin(t),t,y1,'linewidth',1);grid on;grid minor
xlabel('时间/秒',fontsize=14);ylabel('输出 y',fontsize=14);
title('常规微分器',fontsize=16,FontWeight='bold');
legend('无噪声信号','常规微分器微分信号',fontsize=10);
subplot(2,1,2)
plot(t,sin(t),t,y2,'linewidth',1);grid on;grid minor
xlabel('时间/秒',fontsize=14);ylabel('输出 y',fontsize=14);
title('线性跟踪微分器',fontsize=16,FontWeight='bold');
legend('无噪声信号','线性跟踪微分器微分信号',fontsize=10);
```

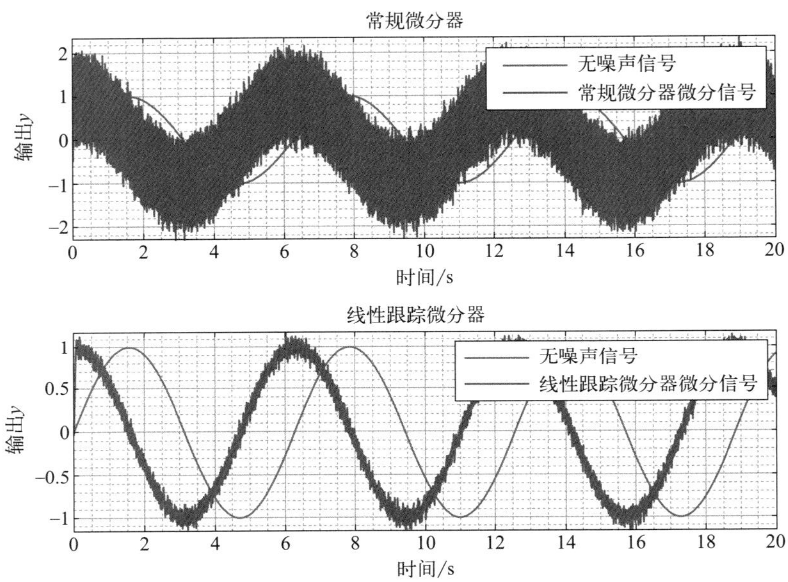

图 6-8 常规微分器和线性跟踪微分器对比图

② 非线性跟踪微分器。

第一种形式

$$\begin{cases} x_1(k+1)=x_1(k)+hx_2(k) \\ x_2(k+1)=x_2(k)-h\left(r\operatorname{sign}\left(x_1(k)-v(k)+\dfrac{x_2(k)\,|x_2(k)|}{2r}\right)\right) \\ y(k+1)=x_2(k+1) \end{cases} \tag{6-44}$$

例 6-4 非线性分总微分器示例（图 6-9）

假设输入信号为被噪声污染的正弦信号。

$$v(t)=\sin t+\gamma n(t)$$

式中，$n(t)$ 为 $[-1,1]$ 上均匀分布的白噪声。

假设取如下参数。

$$r=10,\gamma=0.01,h=0.001$$

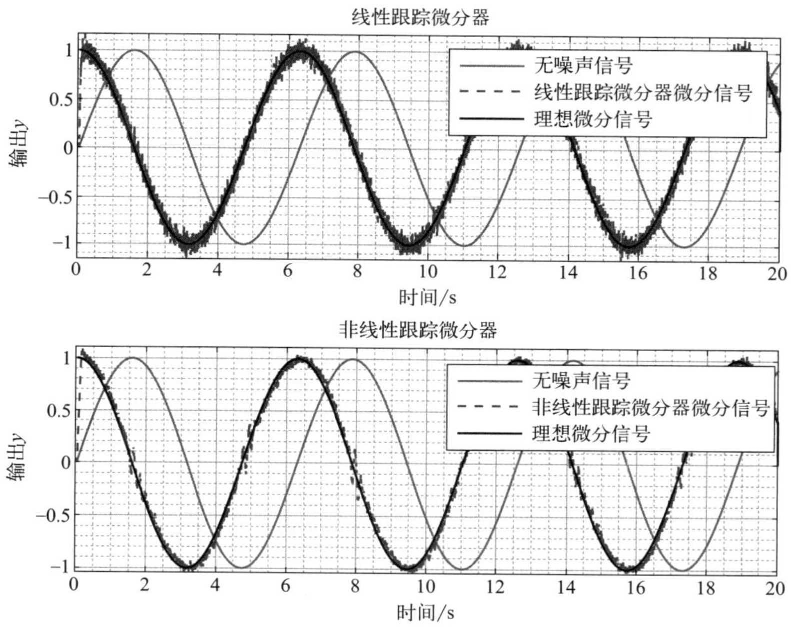

图 6-9　线性跟踪微分器和非线性跟踪微分器对比图

```
clear all;
clc;
r=10;gamma=0.01;
h=0.001;N=20000;
tol=0.01;tol1=0.01;tol2=0.02;
x1=zeros(1,N);x11=zeros(1,N);
x2=zeros(1,N);x22=zeros(1,N);
v=zeros(1,N);
y=zeros(1,N);
y2=zeros(1,N);y22=zeros(1,N);
n=2*rand(1,N)-1;
for i=1:N-1
    t(i)=h*i;
    v(i+1)=sin(t(i))+gamma*n(i);

    y(i)=cos(t(i));


    %线性跟踪微分器
    x11(i+1)=x11(i)+h*x22(i);
    x22(i+1)=x22(i)-h*((x11(i)-v(i))/tol1/tol2+(tol1+tol2)*x22(i)/tol1/tol2);
```

```
    y22(i+1)=x22(i+1);

    %非线性跟踪微分器
    x1(i+1)=x1(i)+h*x2(i);
    x2(i+1)=x2(i)-r*sign(x1(i)-v(i)+x2(i)*abs(x2(i))/2/r)*h;
    y2(i+1)=x2(i+1);
end
t(N)=h*N;
figure;
subplot(2,1,1)
plot(t,sin(t),t,y22,'r--','linewidth',1);hold on;plot(t,y,'k','linewidth',1);grid
on;grid minor;
xlabel('时间/秒',fontsize=14);ylabel('输出 y',fontsize=14);
title('线性跟踪微分器',fontsize=16,FontWeight='bold');
legend('无噪声信号','线性跟踪微分器微分信号','理想微分信号',fontsize=10);
subplot(2,1,2)
plot(t,sin(t),t,y2,'r--','linewidth',1);hold on;plot(t,y,'k','linewidth',1);grid
on;grid minor;
xlabel('时间/秒',fontsize=14);ylabel('输出 y',fontsize=14);
title('非线性跟踪微分器',fontsize=16,FontWeight='bold');
legend('无噪声信号','非线性跟踪微分器微分信号','理想微分信号',fontsize=10);
```

第二种形式

$$\begin{cases} x_1(k+1)=x_1(k)+hx_2(k) \\ x_2(k+1)=x_2(k)+h\,\mathrm{fhan}(x_1(k)-v(k),x_2(k),r,h) \\ y(k+1)=x_2(k+1) \end{cases} \tag{6-45}$$

r、h 为常数，$\mathrm{fhan}(x_1(k),x_2(k),r,h)$ 函数定义如下

$$\begin{cases} d=rh^2 \\ a_0(k)=hx_2(k) \\ y(k)=x_1(k)-v(k)+a_0(k) \\ a_1(k)=\sqrt{d(d+8|y(k)|)} \\ a_2(k)=a_0(k)+\dfrac{(a_1(k)-d)\mathrm{sign}(y(k))}{2} \\ a(k)=(a_0(k)+y(k))(\mathrm{fsg}(y(k),d))+a_2(k)(1-\mathrm{fsg}(y(k),d)) \\ \mathrm{fhan}(x_1(k)-v(k),x_2(k),r,h)=-r\left(\dfrac{a(k)}{d}\right)\mathrm{fsg}(a(k),d)-r\mathrm{sign}(a(k))(1-\mathrm{fsg}(a(k),d)) \end{cases} \tag{6-46}$$

$\mathrm{fsg}(x,y)$ 函数定义如下

$$\mathrm{fsg}(x,d)=\frac{\mathrm{sign}(x+y)-\mathrm{sign}(x-y)}{2} \tag{6-47}$$

例 6-5 两种非线性微分器对比示例（图 6-10）

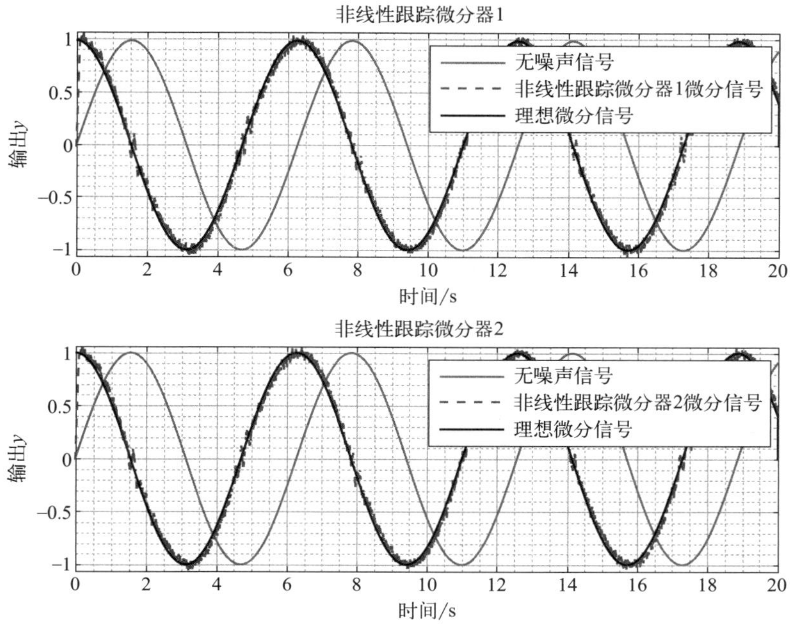

图 6-10　两种非线性跟踪微分器对比图

```
clear all;close all;
clc;
r=10;gamma=0.01;
h=0.001;N=20000;
tol=0.01;tol1=0.01;tol2=0.02;
x1=zeros(1,N);x11=zeros(1,N);
x2=zeros(1,N);x22=zeros(1,N);
v=zeros(1,N);
y=zeros(1,N);
y2=zeros(1,N);y22=zeros(1,N);
n=2*rand(1,N)-1;
for i=1:N-1
    t(i)=h*i;
    v(i+1)=sin(t(i))+gamma*n(i);
    y(i)=cos(t(i));


    %非线性跟踪微分器 1
    x11(i+1)=x11(i)+h*x22(i);
    x22(i+1)=x22(i)-r*sign(x11(i)-v(i)+x22(i)*abs(x22(i))/2/r)*h;
    y22(i+1)=x22(i+1);
```

```
    %非线性跟踪微分器 2
    x1(i+1)=x1(i)+h*x2(i);
    x2(i+1)=x2(i)+h*fhan(x1(i)-v(i),x2(i),r,h);
    y2(i+1)=x2(i+1);


end
t(N)=h*N;
figure;
subplot(2,1,1)
plot(t,sin(t),t,y22,'r--','linewidth',1);hold on;plot(t,y,'k','linewidth',1);grid on;grid minor;
xlabel('时间/秒',fontsize=14);ylabel('输出 y',fontsize=14);
title('非线性跟踪微分器 1',fontsize=16,FontWeight='bold');
legend('无噪声信号','非线性跟踪微分器 1 微分信号','理想微分信号',fontsize=10);
subplot(2,1,2)
plot(t,sin(t),t,y2,'r--','linewidth',1);hold on;plot(t,y,'k','linewidth',1);grid on;grid minor;
xlabel('时间/秒',fontsize=14);ylabel('输出 y',fontsize=14);
title('非线性跟踪微分器 2',fontsize=16,FontWeight='bold');
legend('无噪声信号','非线性跟踪微分器 2 微分信号','理想微分信号',fontsize=10);
```

③ 跟踪微分器用于安排过渡过程。

$$\begin{cases}\ddot{x}=-a_1x-a_2\dot{x}+u\\y=x\end{cases}$$

设参考输入为 v_0，实际输出 $y=x$，因此，误差 $e=v_0-x$。PD 控制律如下。

$$u=K_p(v_0-x)-K_d(\dot{v}_0-\dot{x})$$

设 $x_1=x$，$x_2=\dot{x}$。

安排过渡过程

$$\begin{cases}e(k)=v_1(k)-v_0(k)\\v_1(k+1)=v_1(k)+hv_2(k)\\v_2(k+1)=v_2(k)+h\,\mathrm{fhan}(e(k),v_2(k),r_0,h)\end{cases}$$

其中，v_1 为参考输入 v_0 的替换，v_2 为参考输入 $\dot{v}_0$ 的替换。

$$u(k)=K_p(v_1(k)-x)-K_d(v_2(k)-\dot{x})$$

代入系统方程可得闭环系统方程。

$$\ddot{x}=K_pv_1-(a_1+K_p)x-(a_2+K_d+v_2)\dot{x}$$

例 6-6 跟踪微分器用于安排过渡过程示例（图 6-11）

假设 $a_1=a_2=2$，$v_0=1$，$T_0=0.5$，$K_p=1000$，$K_d=12$，$r_0=\dfrac{4}{T_0^2}$

```
clear all;clc;
a1=2;a2=2;%系统参数
```

```
Kp=1000;Kd=12;%PD 控制器参数
h=0.0001;%控制周期
N=5/h;%5 秒
T0=0.5;%过渡过程时间常数
r0=4/T0*T0;
delta_delta_x=zeros(1,N);
delta_x=zeros(1,N);
delta_delta_x0=zeros(1,N);
delta_x0=zeros(1,N);
x=zeros(1,N);t=zeros(1,N);
x0=zeros(1,N);
v1=zeros(1,N);v2=zeros(1,N);
e=zeros(1,N);
for i=1:N-1
    t(i)=h*i;
%     v0(i)=sin(t(i));
    v0(i)=1;
    %加入了过渡过程 1 的 PD 控制下的闭环系统方程
    delta_delta_x(i)=Kp*v0(i)*trns(T0,t(i))-(a1+Kp)*x(i)-(a2+Kd+v0(i)*
dtrns(T0,t(i)))*delta_x(i);
    delta_x(i+1)=delta_x(i)+h*delta_delta_x(i);
    x(i+1)=x(i)+h*delta_x(i+1);
    %加入了过渡过程 2 的 PD 控制下的闭环系统方程
    e(i)=v1(i)-v0(i);
    v1(i+1)=v1(i)+h*v2(i);
    v2(i+1)=v2(i)+h*fhan(e(i),v2(i),r0,h);
    delta_delta_x0(i)=Kp*v1(i)-(a1+Kp)*x0(i)-(a2+Kd+v2(i))*delta_x0(i);
    delta_x0(i+1)=delta_x0(i)+h*delta_delta_x0(i);
    x0(i+1)=x0(i)+h*delta_x0(i+1);
end
t(N)=N*h;
plot(t,x,'linewidth',1);grid on;hold on;grid minor
plot(t,x0,'linewidth',1);
plot(t(1:N-1),v0,'k--','linewidth',1);
xlabel('时间/秒',fontsize=14);ylabel('输出 y',fontsize=14);
title('过渡过程作用示意图',fontsize=16,FontWeight='bold');
legend('trns 函数过渡','fhan 函数过渡','参考输出',fontsize=14);
```

(3) 扩展观测器

$$\mathrm{fal}(e,\alpha,\delta)=\begin{cases}\dfrac{e}{\delta^{\alpha-1}}, & |e|\leqslant\delta\\ |e|^{\alpha}\mathrm{sign}(e), & |e|>\delta\end{cases} \tag{6-48}$$

第一种扩展观测器方程

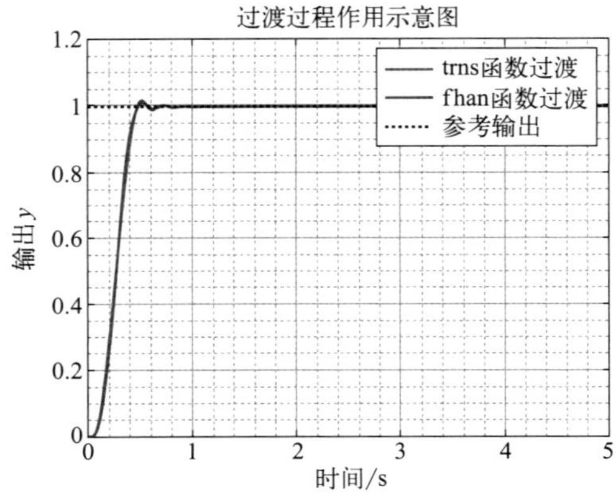

图 6-11　过渡过程效果对比

第一种中，b 是已知，u 是输入，也是已知。

$$\begin{cases} e=z_1-y \\ fe=\mathrm{fal}(e,\frac{1}{2},\delta) \\ fe_1=\mathrm{fal}\left(e,\frac{1}{4},\delta\right) \\ z_1=z_1+h(z_2-\beta_{01}e) \\ z_2=z_2+h(z_3-\beta_{02}fe)+bu \\ z_3=z_3+h(-\beta_{03}fe_1) \end{cases} \tag{6-49}$$

第二种扩展观测器方程

第二种将输入部分也作为未知部分进行观测。

$$\begin{cases} e=z_1-y \\ fe=\mathrm{fal}\left(e,\frac{1}{2},\delta\right) \\ fe_1=\mathrm{fal}\left(e,\frac{1}{4},\delta\right) \\ z_1=z_1+h(z_2-\beta_{01}e) \\ z_2=z_2+h(z_3-\beta_{02}fe) \\ z_3=z_3+h(-\beta_{03}fe_1) \end{cases} \tag{6-50}$$

例 6-7　扩展观测器示例（图 6-12、图 6-13）

系统方程

$$\begin{cases} \dot{x}_1=x_2 \\ \dot{x}_2=f(t)+bu \\ y=x_1 \\ f(t)=a\,\mathrm{sign}(\sin(wt)) \end{cases}$$

$$a=1,b=3,w=1,u=\cos\left(\frac{t}{2}\right)$$

$f(t)$ 为未知部分。$h=0.001$，$\beta_{01}=100$，$\beta_{02}=300$，$\beta_{03}=1000$

$$\begin{cases}\dot{x}_1=x_2\\ \dot{x}_2=f(t)\\ y=x_1\\ f(t)=a\,\mathrm{sign}(\sin(wt))+bu\end{cases}$$

```
clear all;close all;
clc;
h=0.0001;N=200000;
delta=h;
a=1;w=0.5;b=3;
x1=zeros(1,N);
x2=zeros(1,N);
y=zeros(1,N);
e=zeros(1,N);
z1=zeros(1,N);
z2=zeros(1,N);
z3=zeros(1,N);
t=zeros(1,N);
f=zeros(1,N);
u=zeros(1,N);
x1(1)=0;
for i=1:N-1
    t(i)=h*i;

    %%f+bu全部估计
%     x1(i+1)=x1(i)+h*x2(i);
%     f(i+1)=a*sign(sin(w*t(i)))+3*cos(t(i)/2);
%     x2(i+1)=x2(i)+f(i)*h;
%     y(i+1)=x1(i+1);
%
%     e(i)=z1(i)-y(i);
%     fe=fal(e(i),0.5,delta);
%     fe1=fal(e(i),0.25,delta);
%     z1(i+1)=z1(i)+h*(z2(i)-100*e(i));
%     z2(i+1)=z2(i)+h*(z3(i)-300*fe);
%     z3(i+1)=z3(i)+h*(-1000*fe1);

    %%f估计
    x1(i+1)=x1(i)+h*x2(i);
    f(i)=a*sign(sin(w*t(i)));
    u(i)=cos(t(i)/2);
    x2(i+1)=x2(i)+(f(i)+b*u(i))*h;
```

```
    y(i+1)=x1(i+1);

    e(i)=z1(i)-y(i);
    fe=fal(e(i),0.5,delta);
    fe1=fal(e(i),0.25,delta);
    z1(i+1)=z1(i)+h*(z2(i)-100*e(i));
    z2(i+1)=z2(i)+h*(z3(i)-500*fe+b*u(i));
    z3(i+1)=z3(i)+h*(-1000*fe1);
end
t(N)=N*h;
e(N)=z1(N)-y(N);
figure;
subplot(3,1,1);
plot(t,y,t,z1,'r--','linewidth',1);grid on;grid minor;
ylabel('输出 y',fontsize=14);
title('状态变量 x1 跟踪效果',fontsize=16,FontWeight='bold');
legend('状态变量 x1','估计值 z1',fontsize=10);
subplot(3,1,2);
plot(t,x2,t,z2,'r--','linewidth',1);grid on;grid minor;
ylabel('输出 y',fontsize=14);
title('状态变量 x2 跟踪效果',fontsize=16,FontWeight='bold');
legend('状态变量 x2','估计值 z2',fontsize=10);
subplot(3,1,3);
plot(t,f,t,z3,'linewidth',1);grid on;grid minor;
xlabel('时间/秒',fontsize=14);ylabel('输出 y',fontsize=14);
title('未知量 f 跟踪效果',fontsize=16,FontWeight='bold');
legend('未知量 f','估计值 z3',fontsize=10);
```

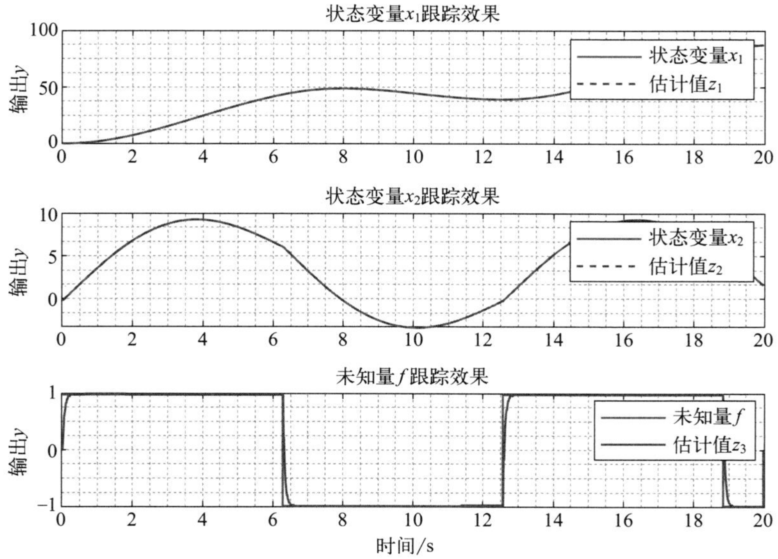

图 6-12　扩展观测器跟踪效果示意图 1

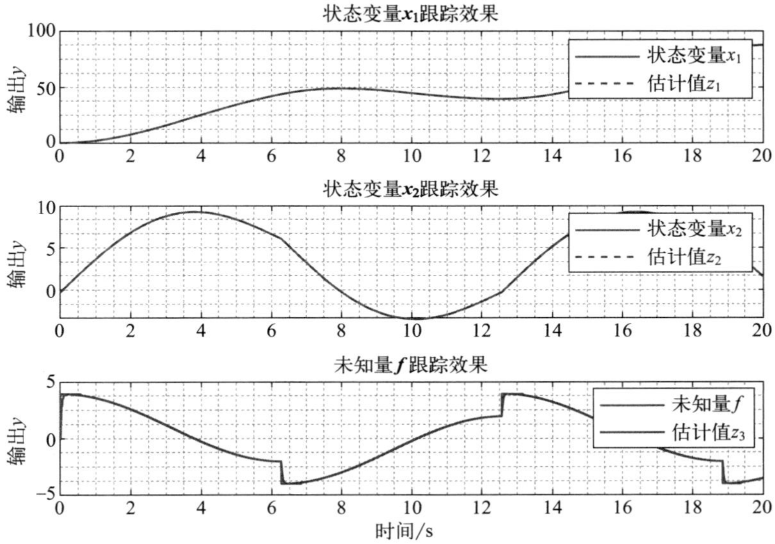

图 6-13　扩展观测器跟踪效果示意图 2

第三种扩展观测器方程

线性扩展状态观测器

$$\begin{cases} e = z_1 - y \\ z_1 = z_1 + h(z_2 - \beta_{01} e) \\ z_2 = z_2 + h(z_3 - \beta_{02} e + bu) \\ z_3 = z_3 + h(-\beta_{03} e) \end{cases} \tag{6-51}$$

$$\beta_{01} = 3w, \beta_{02} = 3w^2, \beta_{03} = w^3 \tag{6-52}$$

例 6-8　线性扩展观测器示例 1（图 6-14）

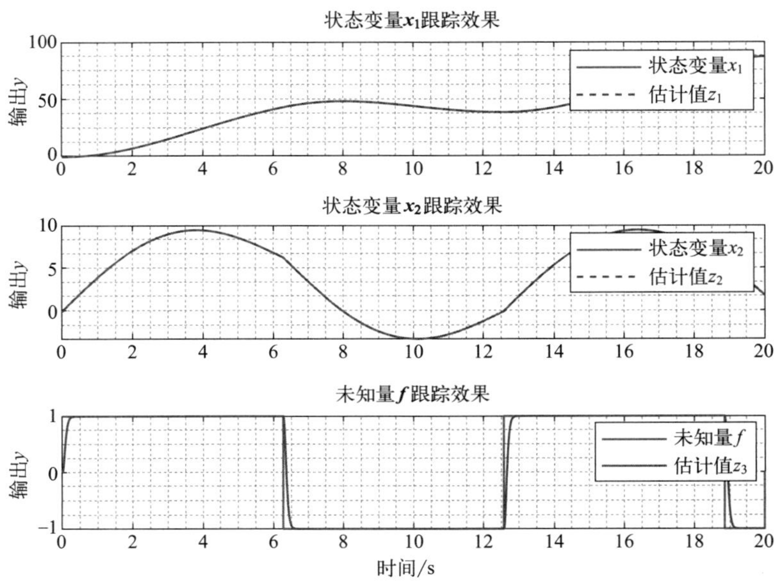

图 6-14　线性扩展观测器跟踪效果示意图 1

$$\begin{cases}\dot{x}_1 = x_2 \\ \dot{x}_2 = f(t) + bu \\ y = x_1 \\ f(t) = a\,\text{sign}(\sin t)\end{cases}$$

$$a=1, b=3, u=\cos\frac{t}{2}, h=0.001, w=30$$

```
clear all;close all;
clc;
h=0.001;N=20000;
delta=h;
a=1;ww=0.5;b=3;
w=30;
beta01=3*w;beta02=3*w^2;beta03=w^3;
x1=zeros(1,N);
x2=zeros(1,N);
y=zeros(1,N);
e=zeros(1,N);
z1=zeros(1,N);
z2=zeros(1,N);
z3=zeros(1,N);
t=zeros(1,N);
f=zeros(1,N);
u=zeros(1,N);
x1(1)=0;
for i=1:N-1
    t(i)=h*i;

    x1(i+1)=x1(i)+h*x2(i);
    f(i)=a*sign(sin(ww*t(i)));
    u(i)=cos(t(i)/2);
    x2(i+1)=x2(i)+(f(i)+b*u(i))*h;
    y(i+1)=x1(i+1);

    e(i)=z1(i)-y(i);
    z1(i+1)=z1(i)+h*(z2(i)-beta01*e(i));
    z2(i+1)=z2(i)+h*(z3(i)-beta02*e(i)+b*u(i));
    z3(i+1)=z3(i)+h*(-beta03*e(i));

end
t(N)=N*h;
e(N)=z1(N)-y(N);
```

```
figure;
subplot(3,1,1);
plot(t,y,t,z1,'r--','linewidth',1);grid on;grid minor;
ylabel('输出 y',fontsize=14);
title('状态变量 x1 跟踪效果',fontsize=16,FontWeight='bold');
legend('状态变量 x1','估计值 z1',fontsize=10);
subplot(3,1,2);
plot(t,x2,t,z2,'r--','linewidth',1);grid on;grid minor;
ylabel('输出 y',fontsize=14);
title('状态变量 x2 跟踪效果',fontsize=16,FontWeight='bold');
legend('状态变量 x2','估计值 z2',fontsize=10);
subplot(3,1,3);
plot(t,f,t,z3,'linewidth',1);grid on;grid minor;
xlabel('时间/秒',fontsize=14);ylabel('输出 y',fontsize=14);
title('未知量 f 跟踪效果',fontsize=16,FontWeight='bold');
legend('未知量 f','估计值 z3',fontsize=10);
```

例 6-9　线性扩展观测器示例 2（图 6-15）

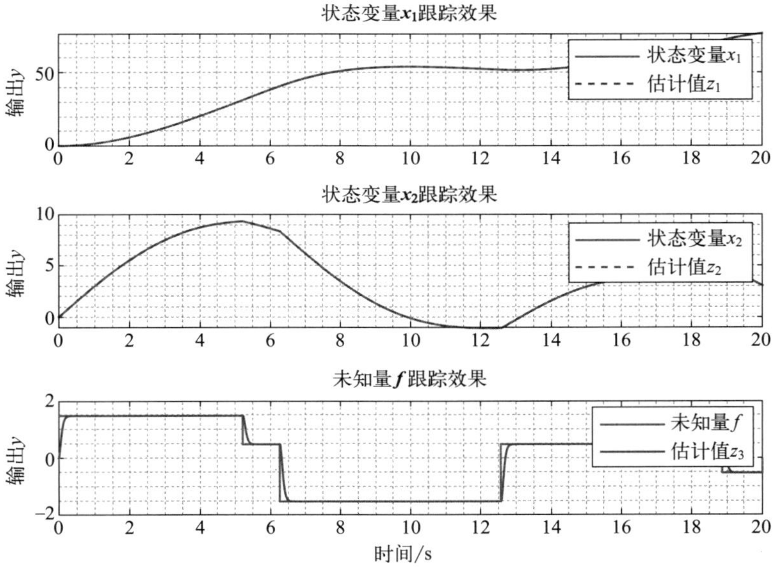

图 6-15　线性扩展观测器跟踪效果示意图 2

系统方程

$$
\begin{cases}
\dot{x}_1 = x_2 \\
\dot{x}_2 = f(t) + bu \\
y = x_1 \\
f(t) = \operatorname{sign}(\sin(0.5t)) + 0.5\operatorname{sign}(\cos(0.3t)) + 1.5u \\
u = \cos(0.5t)
\end{cases}
$$

$$h=0.001, w=30$$

```
clear all;close all;
clc;
h=0.001;N=20000;
delta=h;
b=1.5;
w=30;
beta01=3*w;beta02=3*w^2;beta03=w^3;
x1=zeros(1,N);
x2=zeros(1,N);
y=zeros(1,N);
e=zeros(1,N);
z1=zeros(1,N);
z2=zeros(1,N);
z3=zeros(1,N);
t=zeros(1,N);
f=zeros(1,N);
u=zeros(1,N);
x1(1)=0;
for i=1:N-1
    t(i)=h*i;

    x1(i+1)=x1(i)+h*x2(i);
    f(i)=sign(sin(0.5*t(i)))+0.5*sign(cos(0.3*t(i)));
    u(i)=cos(t(i)/2);
    x2(i+1)=x2(i)+(f(i)+b*u(i))*h;
    y(i+1)=x1(i+1);

    e(i)=z1(i)-y(i);
    z1(i+1)=z1(i)+h*(z2(i)-beta01*e(i));
    z2(i+1)=z2(i)+h*(z3(i)-beta02*e(i)+b*u(i));
    z3(i+1)=z3(i)+h*(-beta03*e(i));

end
t(N)=N*h;
e(N)=z1(N)-y(N);

figure;
subplot(3,1,1);
plot(t,y,t,z1,'r--','linewidth',1);grid on;grid minor;
ylabel('输出 y',fontsize=14);
title('状态变量 x1 跟踪效果',fontsize=16,FontWeight='bold');
```

```
legend('状态变量 x1','估计值 z1',fontsize=10);
subplot(3,1,2);
plot(t,x2,t,z2,'r--','linewidth',1);grid on;grid minor;
ylabel('输出 y',fontsize=14);
title('状态变量 x2 跟踪效果',fontsize=16,FontWeight='bold');
legend('状态变量 x2','估计值 z2',fontsize=10);
subplot(3,1,3);
plot(t,f,t,z3,'linewidth',1);grid on;grid minor;
xlabel('时间/秒',fontsize=14);ylabel('输出 y',fontsize=14);
title('未知量 f 跟踪效果',fontsize=16,FontWeight='bold');
legend('未知量 f','估计值 z3',fontsize=10);
```

6.3.3 自抗扰控制组成

(1) 自抗扰控制器 1

系统方程

$$\begin{cases}\dot{x}_1=x_2\\ \dot{x}_2=f(x_1,x_2,t)+bu\\ y=x_1\end{cases}\tag{6-53}$$

其中，$f(x_1,x_2,t)$ 未知，b 已知，u 为输入。

分为四个部分：

① 以设定值 v_0 为参考输入，安排过渡过程

$$\begin{cases}e(k)=v_1(k)-v_0(k)\\ v_1(k+1)=v_1(k)+hv_2(k)\\ v_2(k+1)=v_2(k)+h\,\mathrm{fhan}(e(k),v_2(k),r_0,h)\end{cases}\tag{6-54}$$

② 以系统输出 y 和输入 u 来跟踪估计系统状态和扰动

$$\begin{cases}z_1(k+1)=z_1(k)+h(z_2(k)-\beta_{01}(z_1(k)-y(k)))\\ z_2(k+1)=z_2(k)+h(z_3(k)-\beta_{02}\mathrm{fal}(z_1(k)-y(k),\dfrac{1}{2},\delta)+bu(k))\\ z_3(k+1)=z_3(k)+h(-\beta_{03}\mathrm{fal}(z_1(k)-y(k),\dfrac{1}{4},\delta))\end{cases}\tag{6-55}$$

此处也可以用线性扩展观测器。

$$\begin{cases}z_1(k+1)=z_1(k)+h(z_2(k)-\beta_{01}(z_1(k)-y(k)))\\ z_2(k+1)=z_2(k)+h(z_3(k)-\beta_{02}(z_1(k)-y(k))+bu(k))\\ z_3(k+1)=z_3(k)+h(-\beta_{03}(z_1(k)-y(k)))\end{cases}\tag{6-56}$$

③ 状态误差反馈律

$$\begin{cases}e_1(k)=v_1(k)-z_1(k)\\ e_2(k)=v_2(k)-z_2(k)\\ u_0(k)=k(e_1(k),e_2(k),\cdots)\end{cases}\tag{6-57}$$

其中，函数 $k(e_1(k),e_2(k),\cdots)$ 可以取如下形式。

$$k(e_1(k),e_2(k),\cdots)=\beta_1 e_1(k)+\beta_2 e_2(k)$$

$$k(e_1(k),e_2(k),\cdots)=\beta_1 \mathrm{fal}(e_1(k),\alpha_1,\delta)+\beta_2 \mathrm{fal}(e_2(k),\alpha_2,\delta),0<\alpha_1<1<\alpha_2$$

$$k(e_1(k),e_2(k),\cdots)=-\mathrm{fhan}(e_1(k),e_2(k),r,h_1)$$

$$k(e_1(k),e_2(k),\cdots)=-\mathrm{fhan}(e_1(k),ce_2(k),r,h_1)$$

④ 扰动补偿过程

$$u(k)=u_0(k)-\frac{z_3(k)}{b_0} \tag{6-58}$$

(2) 自抗扰控制器 2

如果系统方程修改为如下形式。

$$\begin{cases}\dot{x}_1=x_2\\ \dot{x}_2=f(x_1,x_2,t)+f_0(x_1,x_2,t)+bu\\ y=x_1\end{cases}$$

其中，$f(x_1,x_2,t)$ 为未知部分，$f_0(x_1,x_2,t)$ 为已知部分。

① 以设定值 v_0 为参考输入，安排过渡过程

$$\begin{cases}e(k)=v_1(k)-v_0(k)\\ v_1(k+1)=v_1(k)+hv_2(k)\\ v_2(k+1)=v_2(k)+h\,\mathrm{fhan}(e(k),v_2(k),r_0,h)\end{cases} \tag{6-59}$$

② 以系统输出 y 和输入 u 来跟踪估计系统状态和扰动

$$\begin{cases}z_1(k+1)=z_1(k)+h(z_2(k)-\beta_{01}(z_1(k)-y(k)))\\ z_2(k+1)=z_2(k)+h(f_0(z_1(k),z_2(k))+z_3(k)-\beta_{02}\mathrm{fal}(z_1(k)-y(k),\frac{1}{2},\delta)+bu(k))\\ z_3(k+1)=z_3(k)+h(-\beta_{03}\mathrm{fal}(z_1(k)-y(k),\frac{1}{4},\delta))\end{cases} \tag{6-60}$$

此处也可以用线性扩展观测器

$$\begin{cases}z_1(k+1)=z_1(k)+h(z_2(k)-\beta_{01}(z_1(k)-y(k)))\\ z_2(k+1)=z_2(k)+h(f_0(z_1(k),z_2(k))+z_3(k)-\beta_{02}(z_1(k)-y(k))+bu(k))\\ z_3(k+1)=z_3(k)+h(-\beta_{03}(z_1(k)-y(k)))\end{cases} \tag{6-61}$$

③ 状态误差反馈律

$$\begin{cases}e_1(k)=v_1(k)-z_1(k)\\ e_2(k)=v_2(k)-z_2(k)\\ u_0(k)=k(e_1(k),e_2(k),\cdots)\end{cases} \tag{6-62}$$

④ 扰动补偿过程

$$u(k)=u_0(k)-\frac{f_0(z_1(k),z_2(k))+z_3(k)}{b_0} \tag{6-63}$$

例 6-10 自抗扰控制器示例（图 6-16）

$$\begin{cases}\dot{x}_1=x_2\\ \dot{x}_2=\gamma_1\cos(w_1t)|x_1|x_1+\gamma_2\cos(w_2t)(3-x_1^2)x_2+\varphi(t)+bu\\ y=x_1\end{cases}$$

其中

$$\gamma_1=\gamma_2=1, w_1=0.6, w_2=0.7, b=1.5, h=0.001, r_0=5$$

$$\varphi(t)=0.5\mathrm{sign}(\sin t)$$

$$w=100, \beta_{01}=3w, \beta_{02}=3w^2, \beta_{03}=w^3$$

$$v_0(t)=\cos(5t)$$

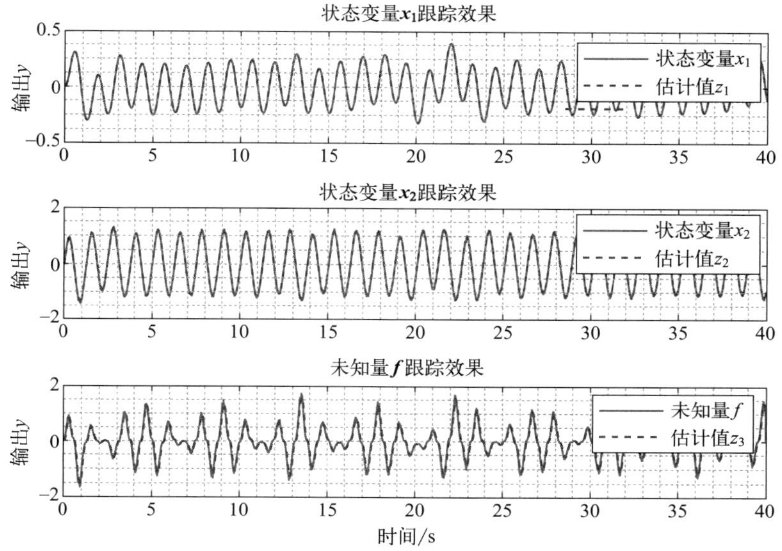

图 6-16　自抗扰控制效果示意图

```
clear all;close all;
clc;
h=0.001;N=40000;
gama1=1;gama2=1;w1=0.6;w2=0.7;b=1.5;
w=100;
beta01=3*w;beta02=3*w^2;beta03=w^3;
r0=5;r=5;h1=0.001;
x1=zeros(1,N);
x2=zeros(1,N);
y=zeros(1,N);

z1=zeros(1,N);
z2=zeros(1,N);
z3=zeros(1,N);
t=zeros(1,N);
f=zeros(1,N);
```

```
u=zeros(1,N);

v1=zeros(1,N);
v0=zeros(1,N);
v2=zeros(1,N);
e=zeros(1,N);
ee=zeros(1,N);
n=2*rand(1,N)-1;
for i=1:N-1
    t(i)=h*i;
    v0(i)=cos(5*t(i))+n(i);
    v00(i)=cos(5*t(i));
    v000(i)=-5*sin(5*t(i));

    %系统方程
    x1(i+1)=x1(i)+h*x2(i);
    f(i)=gama1*cos(w1*t(i))*abs(x1(i))*x1(i)+gama2*cos(w2*t(i))*abs(x2(i))*x2(i);
    x2(i+1)=x2(i)+(f(i)+b*u(i))*h;
    y(i+1)=x1(i+1);

    %安排跟踪微分器用于滤波和过渡过程
    e(i)=v1(i)-v0(i);
    v1(i+1)=v1(i)+h*v2(i);
    v2(i+1)=v2(i)+h*fhan(e(i),v2(i),r0,h);

    %线性扩展观测器
    ee(i)=z1(i)-y(i);
    z1(i+1)=z1(i)+h*(z2(i)-beta01*ee(i));
    z2(i+1)=z2(i)+h*(z3(i)-beta02*ee(i)+b*u(i));
    z3(i+1)=z3(i)+h*(-beta03*ee(i));

    %状态误差反馈律
    e1(i)=v1(i)-z1(i);
    e2(i)=v2(i)-z2(i);
    u0(i+1)=-fhan(e1(i),e2(i),r,h1);

    %扰动补偿过程
    u(i+1)=u0(i+1)-z3(i+1)/b;

end
t(N)=N*h;
```

```
figure;
subplot(3,1,1);
plot(t,y,t,z1,'r--','linewidth',1);grid on;grid minor;
ylabel('输出 y',fontsize=14);
title('状态变量 x1 跟踪效果',fontsize=16,FontWeight='bold');
legend('状态变量 x1','估计值 z1',fontsize=10);
subplot(3,1,2);
plot(t,x2,t,z2,'r--','linewidth',1);grid on;grid minor;
ylabel('输出 y',fontsize=14);
title('状态变量 x2 跟踪效果',fontsize=16,FontWeight='bold');
legend('状态变量 x2','估计值 z2',fontsize=10);
subplot(3,1,3);
plot(t,f,t,z3,'r--','linewidth',1);grid on;grid minor;
xlabel('时间/秒',fontsize=14);ylabel('输出 y',fontsize=14);
title('未知量 f 跟踪效果',fontsize=16,FontWeight='bold');
legend('未知量 f','估计值 z3',fontsize=10);
```

6.4 阻抗控制与导纳控制

6.4.1 阻抗与导纳概念

如图 6-17 所示为机械系统的阻抗导纳示意图，对于弹簧系统、质量系统和阻尼系统，其对应阻抗和导纳计算公式如图所示，阻抗控制由 Hogan 提出[137-139]。阻抗控制和导纳控制可用于机器人碰撞检测、拖动示教（力跟随）。阻抗/导纳控制使得机器人呈现质量-阻尼-弹簧的二阶系统的动态特性，如图 6-18 所示。

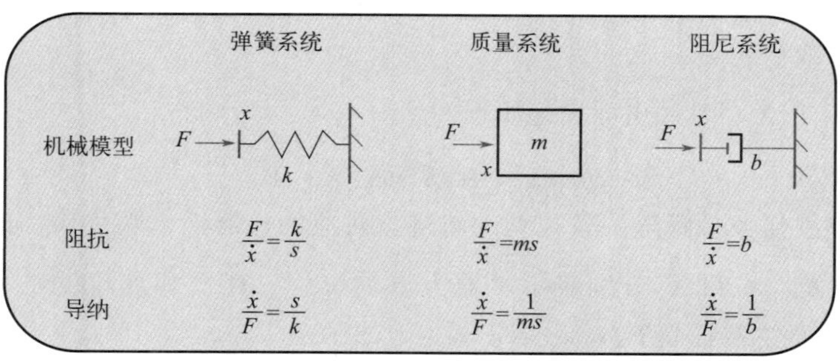

图 6-17　机械系统阻抗导纳概念

6.4.2 阻抗控制

阻抗控制把控制器等效为阻抗系统，输入位置输出力。阻抗控制是基于测量的位置（差值）来控制外力。

机器人动力学方程如下

$$\boldsymbol{M}(\boldsymbol{q})\ddot{\boldsymbol{q}}+\boldsymbol{C}(\dot{\boldsymbol{q}},\boldsymbol{q})\dot{\boldsymbol{q}}+\boldsymbol{G}(\boldsymbol{q})=\boldsymbol{\tau}-\boldsymbol{J}^{\mathrm{T}}(\boldsymbol{q})\boldsymbol{F}_e=\boldsymbol{\tau}-\boldsymbol{\tau}_e \tag{6-64}$$

假设机器人共有 n 个关节，其中，$\boldsymbol{q}$、$\dot{\boldsymbol{q}}$、$\ddot{\boldsymbol{q}}$ 分别表示机器人各个关节的角度、角速度和角加速度。$\boldsymbol{M}(\boldsymbol{q})$、$\boldsymbol{C}(\dot{\boldsymbol{q}},\boldsymbol{q})$ 和 $\boldsymbol{G}(\boldsymbol{q})$ 分别表示机器人惯量矩阵、机器人离心力和哥氏力矩阵、机器人重力矩阵。$\boldsymbol{\tau}$ 是机器人关节驱动力/力矩，$\boldsymbol{F}_e$ 为外界作用于机器人末端的 m 维力/力矩向量。根据静力平衡原理，$\boldsymbol{\tau}_e=\boldsymbol{J}^{\mathrm{T}}(\boldsymbol{q})\boldsymbol{F}_e$，将笛卡儿空间的力转化为关节空间力。$\boldsymbol{J}^{\mathrm{T}}(\boldsymbol{q})\in\boldsymbol{R}^{n\times m}$ 表示机器人雅克比矩阵转置。

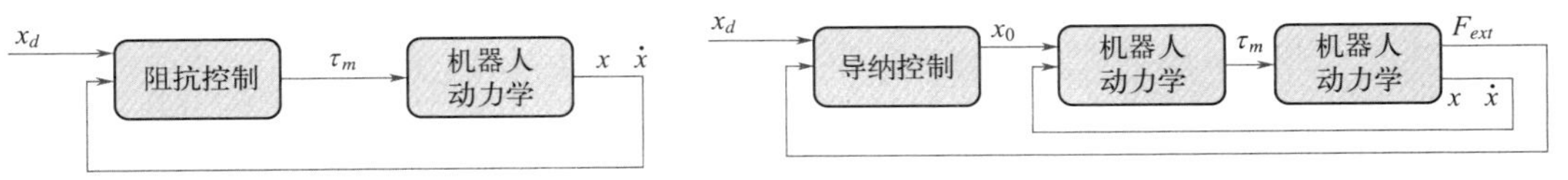

图 6-18　阻抗控制和导纳控制框图

(1) 笛卡儿空间阻抗控制

机器人阻抗控制根据机器人末端的位置、速度、加速度和力反馈，通过调整目标阻抗参数达到控制作用力的目的。机器人期望阻抗模型本质上是一个理想的机器人位置、速度和与作用力间的动态关系。机器人末端受到的作用力与位置偏离目标轨迹的差之间建立的二阶阻抗关系式称为期望阻抗模型[140]，机器人阻抗控制中期望阻抗模型一般具有如下形式。

$$\boldsymbol{M}_d(\ddot{\boldsymbol{X}}_d-\ddot{\boldsymbol{X}})+\boldsymbol{B}_d(\dot{\boldsymbol{X}}_d-\dot{\boldsymbol{X}})+\boldsymbol{K}_d(\boldsymbol{X}_d-\boldsymbol{X})=\boldsymbol{F}_e \tag{6-65}$$

其中，$\boldsymbol{M}_d$、$\boldsymbol{B}_d$ 和 $\boldsymbol{K}_d$ 分别表示期望阻抗模型的惯性矩阵、阻尼矩阵和刚度矩阵，$\boldsymbol{X}$、$\dot{\boldsymbol{X}}$ 和 $\ddot{\boldsymbol{X}}$ 分别表示机器人末端位移、速度和加速度。$\boldsymbol{X}_d$、$\dot{\boldsymbol{X}}_d$ 和 $\ddot{\boldsymbol{X}}_d$ 分别表示期望的机器人末端位移、速度和加速度。$\boldsymbol{F}_e$ 为机器人末端与环境接触时受到的外部作用力。应根据不同任务和场合调整 $\boldsymbol{M}_d$、$\boldsymbol{B}_d$ 和 $\boldsymbol{K}_d$ 取值，一般取为对角正定矩阵，从而方便机器人关节解耦控制。当期望外部环境具有柔顺特性且对位置控制精度要求高，则刚度矩阵 $\boldsymbol{K}_d$ 取值较大；当需要加快能量消耗，则阻尼矩阵 $\boldsymbol{B}_d$ 取值较大；当希望提高接触过程稳定性，则惯性矩阵 $\boldsymbol{M}_d$ 取值较大。

假设 $\widetilde{\boldsymbol{X}}=\boldsymbol{X}_d-\boldsymbol{X}$，则上式可表达如下[141]。

$$\boldsymbol{M}_d\ddot{\widetilde{\boldsymbol{X}}}+\boldsymbol{B}_d\dot{\widetilde{\boldsymbol{X}}}+\boldsymbol{K}_d\widetilde{\boldsymbol{X}}=\boldsymbol{F}_e \tag{6-66}$$

机器人的控制任务是跟随一条规划的轨迹，对应的机器人末端位移、速度和加速度为 $\boldsymbol{X}_d$、$\dot{\boldsymbol{X}}_d$ 和 $\ddot{\boldsymbol{X}}_d$。$\boldsymbol{X}$、$\dot{\boldsymbol{X}}$ 和 $\ddot{\boldsymbol{X}}$ 分别表示机器人末端位移、速度和加速度，其与关节角度 q 和关节角速度 $\dot{q}$ 的关系式如下。

$$\dot{\boldsymbol{X}}=\boldsymbol{J}(\boldsymbol{q})\dot{\boldsymbol{q}} \tag{6-67}$$

$$\ddot{\boldsymbol{X}}=\boldsymbol{J}(\boldsymbol{q})\ddot{\boldsymbol{q}}+\dot{\boldsymbol{J}}(\dot{\boldsymbol{q}},\boldsymbol{q})\dot{\boldsymbol{q}} \tag{6-68}$$

可推导得到如下公式。

$$\begin{cases}\dot{\boldsymbol{q}}=\boldsymbol{J}^{-1}(\boldsymbol{q})\dot{\boldsymbol{X}}\\ \ddot{\boldsymbol{q}}=\boldsymbol{J}^{-1}(\boldsymbol{q})(\ddot{\boldsymbol{X}}-\dot{\boldsymbol{J}}(\dot{\boldsymbol{q}},\boldsymbol{q})\dot{\boldsymbol{q}})\end{cases} \tag{6-69}$$

代入机器人动力学方程可得如下公式。

$$\boldsymbol{J}^{-\mathrm{T}}(\boldsymbol{q})\boldsymbol{M}(\boldsymbol{q})\boldsymbol{J}^{-1}(\boldsymbol{q})\ddot{\boldsymbol{X}}+(\boldsymbol{J}^{-\mathrm{T}}(\boldsymbol{q})\boldsymbol{C}(\dot{\boldsymbol{q}},\boldsymbol{q})\boldsymbol{J}^{-1}(\boldsymbol{q})-\boldsymbol{J}^{-\mathrm{T}}(\boldsymbol{q})\boldsymbol{M}(\boldsymbol{q})\boldsymbol{J}^{-1}(\boldsymbol{q})\dot{\boldsymbol{J}}(\dot{\boldsymbol{q}},\boldsymbol{q})\boldsymbol{J}^{-1}(\boldsymbol{q}))\dot{\boldsymbol{X}}+\boldsymbol{J}^{-\mathrm{T}}(\boldsymbol{q})\boldsymbol{G}(\boldsymbol{q})=\boldsymbol{J}^{-\mathrm{T}}(\boldsymbol{q})\boldsymbol{\tau}-\boldsymbol{F}_e$$

令

$$\boldsymbol{\Lambda}(\boldsymbol{q})=\boldsymbol{J}^{-\mathrm{T}}(\boldsymbol{q})\boldsymbol{M}(\boldsymbol{q})\boldsymbol{J}^{-1}(\boldsymbol{q})$$

$$\boldsymbol{\mu}(\dot{\boldsymbol{q}},\boldsymbol{q})=\boldsymbol{J}^{-\mathrm{T}}(\boldsymbol{q})\boldsymbol{C}(\dot{\boldsymbol{q}},\boldsymbol{q})\boldsymbol{J}^{-1}(\boldsymbol{q})-\boldsymbol{J}^{-\mathrm{T}}(\boldsymbol{q})\boldsymbol{M}(\boldsymbol{q})\boldsymbol{J}^{-1}(\boldsymbol{q})\dot{\boldsymbol{J}}(\dot{\boldsymbol{q}},\boldsymbol{q})\boldsymbol{J}^{-1}(\boldsymbol{q})$$

$$\boldsymbol{F}_\tau=\boldsymbol{J}^{-\mathrm{T}}(\boldsymbol{q})\boldsymbol{\tau}$$

$$\boldsymbol{F}_g(\boldsymbol{q})=\boldsymbol{J}^{-\mathrm{T}}(\boldsymbol{q})\boldsymbol{G}(\boldsymbol{q})$$

则

$$\boldsymbol{\Lambda}(\boldsymbol{q})\ddot{\boldsymbol{X}}+\boldsymbol{\mu}(\dot{\boldsymbol{q}},\boldsymbol{q})\dot{\boldsymbol{X}}+\boldsymbol{F}_g(\boldsymbol{q})=\boldsymbol{F}_\tau-\boldsymbol{F}_e \tag{6-70}$$

其中，$\boldsymbol{\Lambda}(\boldsymbol{q})$ 和 $\boldsymbol{\mu}(\dot{\boldsymbol{q}},\boldsymbol{q})$ 分别为惯量矩阵和科氏矩阵。它们有如下性质：

- $\boldsymbol{\Lambda}(\boldsymbol{q})$ 是对称正定矩阵。
- $\boldsymbol{\Lambda}(\boldsymbol{q})-2\boldsymbol{\mu}(\boldsymbol{q},\dot{\boldsymbol{q}})$ 是斜对称矩阵，$\boldsymbol{x}^{\mathrm{T}}(\dot{\boldsymbol{\Lambda}}(\boldsymbol{q})-2\boldsymbol{\mu}(\boldsymbol{q},\dot{\boldsymbol{q}}))\boldsymbol{x}=0$，例如，$\dot{\boldsymbol{q}}^{\mathrm{T}}(\boldsymbol{\Lambda}(\boldsymbol{q})-2\boldsymbol{\mu}(\boldsymbol{q},\dot{\boldsymbol{q}}))\dot{\boldsymbol{q}}=0$。

由式（6-70）可得

$$\boldsymbol{\tau}=\boldsymbol{M}(\boldsymbol{q})\boldsymbol{J}^{-1}(\boldsymbol{q})\boldsymbol{M}_d^{-1}(\boldsymbol{M}_d\ddot{\boldsymbol{X}}_d+\boldsymbol{B}_d\dot{\tilde{\boldsymbol{X}}}+\boldsymbol{K}_d\tilde{\boldsymbol{X}}-\boldsymbol{M}_d\dot{\boldsymbol{J}}(\dot{\boldsymbol{q}},\boldsymbol{q})\boldsymbol{J}^{-1}(\boldsymbol{q})\dot{\boldsymbol{X}})+\boldsymbol{C}(\dot{\boldsymbol{q}},\boldsymbol{q})\boldsymbol{J}^{-1}(\boldsymbol{q})\dot{\boldsymbol{X}}-(\boldsymbol{M}(\boldsymbol{q})\boldsymbol{J}^{-1}(\boldsymbol{q})\boldsymbol{M}_d^{-1}-\boldsymbol{J}^{\mathrm{T}}(\boldsymbol{q}))\boldsymbol{F}_e+\boldsymbol{G}(\boldsymbol{q})$$

① 如果不能提供关节力矩的实时反馈，则可设计 $\boldsymbol{M}_d=\boldsymbol{J}^{-\mathrm{T}}(\boldsymbol{q})\boldsymbol{M}(\boldsymbol{q})\boldsymbol{J}^{-1}(\boldsymbol{q})$，则 $\boldsymbol{M}_d^{-1}=\boldsymbol{J}(\boldsymbol{q})\boldsymbol{M}^{-1}(\boldsymbol{q})\boldsymbol{J}^{\mathrm{T}}(\boldsymbol{q})$代入上面方程可得如下公式。

$$\boldsymbol{\tau}=\boldsymbol{J}^{\mathrm{T}}(\boldsymbol{q})(\boldsymbol{M}_d\ddot{\boldsymbol{X}}_d+\boldsymbol{B}_d\dot{\tilde{\boldsymbol{X}}}+\boldsymbol{K}_d\tilde{\boldsymbol{X}})-\boldsymbol{M}(\boldsymbol{q})\boldsymbol{J}^{-1}(\boldsymbol{q})\dot{\boldsymbol{J}}(\dot{\boldsymbol{q}},\boldsymbol{q})\boldsymbol{J}^{-1}(\boldsymbol{q})\dot{\boldsymbol{X}}+\boldsymbol{C}(\dot{\boldsymbol{q}},\boldsymbol{q})\boldsymbol{J}^{-1}(\boldsymbol{q})\dot{\boldsymbol{X}}+\boldsymbol{G}(\boldsymbol{q}) \tag{6-71}$$

代入系统方程可得如下方程，机器人仍能对外体现阻抗特性。

$$\boldsymbol{F}_e=\boldsymbol{J}^{-\mathrm{T}}(\boldsymbol{q})\boldsymbol{M}(\boldsymbol{q})\boldsymbol{J}^{-1}(\boldsymbol{q})\ddot{\tilde{\boldsymbol{X}}}+\boldsymbol{B}_d\dot{\tilde{\boldsymbol{X}}}+\boldsymbol{K}_d\tilde{\boldsymbol{X}} \tag{6-72}$$

② 如果定点阻抗控制，$\dot{\boldsymbol{X}}_d=\ddot{\boldsymbol{X}}_d=0$

$$\boldsymbol{\tau}=\boldsymbol{J}^{\mathrm{T}}(\boldsymbol{q})(-\boldsymbol{B}_d\dot{\boldsymbol{X}}+\boldsymbol{K}_d\tilde{\boldsymbol{X}})-\boldsymbol{M}(\boldsymbol{q})\boldsymbol{J}^{-1}(\boldsymbol{q})\dot{\boldsymbol{J}}(\dot{\boldsymbol{q}},\boldsymbol{q})\boldsymbol{J}^{-1}(\boldsymbol{q})\dot{\boldsymbol{X}}+\boldsymbol{C}(\dot{\boldsymbol{q}},\boldsymbol{q})\boldsymbol{J}^{-1}(\boldsymbol{q})\dot{\boldsymbol{X}}+\boldsymbol{G}(\boldsymbol{q}) \tag{6-73}$$

（2）关节空间阻抗控制

机器人动力学方程

$$\boldsymbol{M}(\boldsymbol{q})\ddot{\boldsymbol{q}}+\boldsymbol{C}(\dot{\boldsymbol{q}},\boldsymbol{q})\dot{\boldsymbol{q}}+\boldsymbol{G}(\boldsymbol{q})=\boldsymbol{\tau}-\boldsymbol{F}_{eq} \tag{6-74}$$

假设 $\tilde{\boldsymbol{q}}=\boldsymbol{q}_d-\boldsymbol{q}$，设计 $\boldsymbol{\tau}$ 具有如下形式

$$\boldsymbol{\tau}=\underbrace{\boldsymbol{M}(\boldsymbol{q})\ddot{\boldsymbol{q}}+\boldsymbol{C}(\dot{\boldsymbol{q}},\boldsymbol{q})\dot{\boldsymbol{q}}+\boldsymbol{G}(\boldsymbol{q})}_{\text{机器人动力学方程}}+\underbrace{\boldsymbol{M}(\boldsymbol{q})\ddot{\tilde{\boldsymbol{q}}}+\left(\boldsymbol{I}-\frac{\boldsymbol{M}(\boldsymbol{q})}{\boldsymbol{M}_d}\right)\boldsymbol{F}_{eq}}_{\text{期望阻抗闭环补偿}}+\underbrace{\frac{\boldsymbol{M}(\boldsymbol{q})}{\boldsymbol{M}_d}(\boldsymbol{B}_d\dot{\tilde{\boldsymbol{q}}}+\boldsymbol{K}_d\tilde{\boldsymbol{q}})}_{\text{阻抗特性}} \tag{6-75}$$

代入机器人动力学方程可得如下关节空间阻抗控制公式。

$$\boldsymbol{M}_d\ddot{\tilde{\boldsymbol{q}}}+\boldsymbol{B}_d\dot{\tilde{\boldsymbol{q}}}+\boldsymbol{K}_d\tilde{\boldsymbol{q}}=\boldsymbol{F}_{eq} \tag{6-76}$$

控制输入为

$$\boldsymbol{\tau}=\boldsymbol{M}(\boldsymbol{q})\ddot{\boldsymbol{q}}+\boldsymbol{C}(\dot{\boldsymbol{q}},\boldsymbol{q})\dot{\boldsymbol{q}}+\boldsymbol{G}(\boldsymbol{q})+\underbrace{\boldsymbol{M}_d\ddot{\tilde{\boldsymbol{q}}}+\boldsymbol{B}_d\dot{\tilde{\boldsymbol{q}}}+\boldsymbol{K}_d\tilde{\boldsymbol{q}}}_{\boldsymbol{F}_{eq}} \tag{6-77}$$

① 如果缺少力/力矩传感器，则一般会设计 $\boldsymbol{M}_d=\boldsymbol{M}(\boldsymbol{q})$，则控制输入如下。

$$\boldsymbol{\tau}=\boldsymbol{M}(\boldsymbol{q})\ddot{\boldsymbol{q}}+\boldsymbol{C}(\dot{\boldsymbol{q}},\boldsymbol{q})\dot{\boldsymbol{q}}+\boldsymbol{G}(\boldsymbol{q})+\boldsymbol{M}(\boldsymbol{q})\ddot{\tilde{\boldsymbol{q}}}+\boldsymbol{B}_d\dot{\tilde{\boldsymbol{q}}}+\boldsymbol{K}_d\tilde{\boldsymbol{q}} \tag{6-78}$$

代入到系统方程可得

$$\boldsymbol{M}(\boldsymbol{q})\ddot{\tilde{\boldsymbol{q}}}+\boldsymbol{B}_d\dot{\tilde{\boldsymbol{q}}}+\boldsymbol{K}_d\tilde{\boldsymbol{q}}=\boldsymbol{F}_{eq} \tag{6-79}$$

② 如果期望关节速度 $\dot{\boldsymbol{q}}_d$ 和关节加速度 $\ddot{\boldsymbol{q}}_d$ 较小或机器人定点阻抗控制，可令 $\dot{\boldsymbol{q}}_d=0$，$\ddot{\boldsymbol{q}}_d=0$，进一步简化公式。

$$\boldsymbol{\tau}=\boldsymbol{C}(\dot{\boldsymbol{q}},\boldsymbol{q})\dot{\boldsymbol{q}}+\boldsymbol{G}(\boldsymbol{q})-\boldsymbol{B}_d\dot{\boldsymbol{q}}+\boldsymbol{K}_d\tilde{\boldsymbol{q}} \tag{6-80}$$

将控制输入代入到系统方程。

$$\boldsymbol{F}_{eq}=-\boldsymbol{M}(\boldsymbol{q})\ddot{\boldsymbol{q}}-\boldsymbol{B}_d\dot{\boldsymbol{q}}+\boldsymbol{K}_d\tilde{\boldsymbol{q}} \tag{6-81}$$

6.4.3 导纳控制

(1) 笛卡儿空间导纳控制

导纳控制是基于位置的阻抗控制，机器人等效为导纳系统，则输入力输出位置。导纳控制根据接触力调整机器人运动，输入力输出位置。

$$\boldsymbol{M}_d\ddot{\tilde{\boldsymbol{X}}}+\boldsymbol{B}_d\dot{\tilde{\boldsymbol{X}}}+\boldsymbol{K}_d\tilde{\boldsymbol{X}}=\boldsymbol{F}_e\Rightarrow\ddot{\tilde{\boldsymbol{X}}}=\frac{\boldsymbol{F}_e-\boldsymbol{B}_d\dot{\tilde{\boldsymbol{X}}}-\boldsymbol{K}_d\tilde{\boldsymbol{X}}}{\boldsymbol{M}_d} \tag{6-82}$$

其中，$\ddot{\tilde{\boldsymbol{X}}}$ 公式如下。

$$\begin{cases}\tilde{\boldsymbol{X}}=\boldsymbol{X}_d-\boldsymbol{X}\\ \dot{\tilde{\boldsymbol{X}}}=\dot{\boldsymbol{X}}_d-\dot{\boldsymbol{X}}\\ \ddot{\tilde{\boldsymbol{X}}}=\ddot{\boldsymbol{X}}_d-\ddot{\boldsymbol{X}}\end{cases} \tag{6-83}$$

代入上式可得

$$\ddot{\boldsymbol{X}}=\ddot{\boldsymbol{X}}_d-\frac{\boldsymbol{F}_e-\boldsymbol{B}_d\dot{\tilde{\boldsymbol{X}}}-\boldsymbol{K}_d\tilde{\boldsymbol{X}}}{\boldsymbol{M}_d} \tag{6-84}$$

又有

$$\begin{cases}\dot{\boldsymbol{X}}=\boldsymbol{J}(\boldsymbol{q})\dot{\boldsymbol{q}}\\ \ddot{\boldsymbol{X}}=\boldsymbol{J}(\boldsymbol{q})\ddot{\boldsymbol{q}}+\dot{\boldsymbol{J}}(\dot{\boldsymbol{q}},\boldsymbol{q})\dot{\boldsymbol{q}}\end{cases}$$

因此可得

$$\ddot{\boldsymbol{q}}=\boldsymbol{J}^{-1}(\boldsymbol{q})\ddot{\boldsymbol{X}}_d-\boldsymbol{J}^{-1}(\boldsymbol{q})\frac{\boldsymbol{F}_e-\boldsymbol{B}_d(\dot{\boldsymbol{X}}_d-\dot{\boldsymbol{X}})-\boldsymbol{K}_d(\boldsymbol{X}_d-\boldsymbol{X})}{\boldsymbol{M}_d}-\boldsymbol{J}^{-1}(\boldsymbol{q})\dot{\boldsymbol{J}}(\dot{\boldsymbol{q}},\boldsymbol{q})\dot{\boldsymbol{q}} \tag{6-85}$$

其中，$\boldsymbol{F}_e$ 为末端受力或力矩，一般可通过六维力传感器采集得到，以上公式不包含系统动力学方程中的 $\boldsymbol{M}(\boldsymbol{q})$、$\boldsymbol{C}(\dot{\boldsymbol{q}},\boldsymbol{q})$ 和 $\boldsymbol{G}(\boldsymbol{q})$，即不需要机器人动力学模型。

① 如果设置机器人为定点导纳控制，则 $\dot{\boldsymbol{X}}_d=0$，$\ddot{\boldsymbol{X}}_d=0$，代入可得定点笛卡儿空间导纳控制公式如下。

$$\ddot{\boldsymbol{q}}=-\boldsymbol{J}^{-1}(\boldsymbol{q})\frac{\boldsymbol{F}_e+\boldsymbol{B}_d\dot{\boldsymbol{X}}-\boldsymbol{K}_d(\boldsymbol{X}_d-\boldsymbol{X})}{\boldsymbol{M}_d}-\boldsymbol{J}^{-1}(\boldsymbol{q})\dot{\boldsymbol{J}}(\dot{\boldsymbol{q}},\boldsymbol{q})\dot{\boldsymbol{q}}$$

此处需考虑雅可比矩阵是否一定可逆，因此将伪逆矩阵 $\underbrace{(\boldsymbol{J}^{\mathrm{T}}\boldsymbol{J})^{-1}\boldsymbol{J}^{\mathrm{T}}}_{\boldsymbol{J}^{\dagger}}$ 替代 $\boldsymbol{J}^{-1}(\boldsymbol{q})$。

$$\ddot{\boldsymbol{q}}=-\boldsymbol{J}^{\dagger}(\boldsymbol{q})\frac{\boldsymbol{F}_e+\boldsymbol{B}_d\dot{\boldsymbol{X}}-\boldsymbol{K}_d(\boldsymbol{X}_d-\boldsymbol{X})}{\boldsymbol{M}_d}-\boldsymbol{J}^{\dagger}(\boldsymbol{q})\dot{\boldsymbol{J}}(\dot{\boldsymbol{q}},\boldsymbol{q})\dot{\boldsymbol{q}} \tag{6-86}$$

② 实际应用时，可采用如下方法重新简化推导思路。

$$\begin{cases}\widetilde{\boldsymbol{X}}=\boldsymbol{X}_d-\boldsymbol{X}\\ \dot{\widetilde{\boldsymbol{X}}}=\dot{\boldsymbol{X}}_d-\dot{\boldsymbol{X}}\\ \ddot{\widetilde{\boldsymbol{X}}}=\ddot{\boldsymbol{X}}_d-\ddot{\boldsymbol{X}}\\ \ddot{\widetilde{\boldsymbol{X}}}=\dfrac{\boldsymbol{F}_e-\boldsymbol{B}_d\dot{\widetilde{\boldsymbol{X}}}-\boldsymbol{K}_d\widetilde{\boldsymbol{X}}}{\boldsymbol{M}_d}\end{cases} \tag{6-87}$$

由于

$$\ddot{\widetilde{\boldsymbol{X}}}(t+1)=\frac{\boldsymbol{F}_e(t)-\boldsymbol{B}_d\dot{\widetilde{\boldsymbol{X}}}(t)-\boldsymbol{K}_d\widetilde{\boldsymbol{X}}(t)}{\boldsymbol{M}_d}$$

$$\dot{\widetilde{\boldsymbol{X}}}(t+1)=\dot{\widetilde{\boldsymbol{X}}}(t)+\ddot{\widetilde{\boldsymbol{X}}}(t+1)\Delta t$$

$$\widetilde{\boldsymbol{X}}(t+1)=\widetilde{\boldsymbol{X}}(t)+\dot{\widetilde{\boldsymbol{X}}}(t+1)\Delta t$$

$$\dot{\boldsymbol{X}}(t+1)=\boldsymbol{J}(\boldsymbol{q})\dot{\boldsymbol{q}}(t+1)$$

$$\begin{aligned}\Rightarrow\dot{\boldsymbol{q}}(t+1)&=\boldsymbol{J}^{\dagger}(\boldsymbol{q})\dot{\boldsymbol{X}}(t+1)=\boldsymbol{J}^{\dagger}(\boldsymbol{q})\frac{\boldsymbol{X}(t+1)-\boldsymbol{X}(t)}{\Delta t}\\ &=\boldsymbol{J}^{\dagger}(\boldsymbol{q})\frac{(\boldsymbol{X}_d(t+1)-\widetilde{\boldsymbol{X}}(t+1))-(\boldsymbol{X}_d(t)-\widetilde{\boldsymbol{X}}(t))}{\Delta t}\\ &=\boldsymbol{J}^{\dagger}(\boldsymbol{q})\frac{\boldsymbol{X}_d(t+1)-\boldsymbol{X}_d(t)}{\Delta t}-\boldsymbol{J}^{\dagger}(\boldsymbol{q})\frac{\widetilde{\boldsymbol{X}}(t+1)-\widetilde{\boldsymbol{X}}(t)}{\Delta t}\\ &=\boldsymbol{J}^{\dagger}(\boldsymbol{q})\frac{\boldsymbol{X}_d(t+1)-\boldsymbol{X}_d(t)}{\Delta t}-\boldsymbol{J}^{\dagger}(\boldsymbol{q})\dot{\widetilde{\boldsymbol{X}}}(t+1)\end{aligned}$$

$$\boldsymbol{q}(t+1)=\boldsymbol{q}(t)+\dot{\boldsymbol{q}}(t+1)\Delta t=\boldsymbol{q}(t)+\boldsymbol{J}^{\dagger}(\boldsymbol{q})(\boldsymbol{X}_d(t+1)-\boldsymbol{X}_d(t))-\boldsymbol{J}^{\dagger}(\boldsymbol{q})\dot{\widetilde{\boldsymbol{X}}}(t+1)\Delta t \tag{6-88}$$

其中，$\boldsymbol{J}^{\dagger}=(\boldsymbol{J}^{\mathrm{T}}\boldsymbol{J})^{-1}\boldsymbol{J}^{\mathrm{T}}$，是雅克比矩阵的伪逆矩阵。如果是定点导纳控制，则 $\boldsymbol{X}_d(t+1)=\boldsymbol{X}_d(t)$，可得如下公式。

$$\boldsymbol{q}(t+1)=\boldsymbol{q}(t)+\dot{\boldsymbol{q}}(t+1)\Delta t=\boldsymbol{q}(t)-\boldsymbol{J}^{\dagger}(\boldsymbol{q})\dot{\widetilde{\boldsymbol{X}}}(t+1)\Delta t \tag{6-89}$$

把机器人整体看成是一个质量-弹簧-阻尼系统，希望机器人表现为质量-弹簧-阻尼系统运动特性。当外部环境作用力到机器人本体时，利用六维力传感器采集得到的末端环境力 $\boldsymbol{F}_e$，获取笛卡儿空间关节当前位置 $\boldsymbol{X}$ 和速度 $\dot{\boldsymbol{X}}$。根据期望位置 $\boldsymbol{X}_d$ 和期望速度$\dot{\boldsymbol{X}}_d$，得到偏差 $\widetilde{\boldsymbol{X}}$、偏差导数$\dot{\widetilde{\boldsymbol{X}}}$，利用导纳控制公式，得到偏差二阶导$\ddot{\widetilde{\boldsymbol{X}}}$。根据期望的加速度$\ddot{\boldsymbol{X}}_d$，得到加速度 $\ddot{\boldsymbol{X}}$。对加速度积分，得到位移增量 $\dot{\boldsymbol{X}}(t+1)$，利用雅克比矩阵换算为关节空间位移增量 $\dot{\boldsymbol{q}}(t+1)$，最后得到当前关节位置 $\boldsymbol{q}(t+1)$。

③ 一般为了保证控制效果，还需修正以上公式，去除自身期望运动产生的偏差。

设定

$$\widetilde{\boldsymbol{X}}_e(t+1)=\widetilde{\boldsymbol{X}}(t+1)-\dot{\boldsymbol{X}}_d(t+1)\Delta t=\boldsymbol{X}_d(t+1)-\boldsymbol{X}(t+1)-\dot{\boldsymbol{X}}_d(t+1)\Delta t \tag{6-90}$$

$$\dot{\widetilde{\boldsymbol{X}}}_e(t+1)=\dot{\widetilde{\boldsymbol{X}}}(t+1)-\ddot{\boldsymbol{X}}_d(t+1)\Delta t=\dot{\boldsymbol{X}}_d(t+1)-\dot{\boldsymbol{X}}(t+1)-\ddot{\boldsymbol{X}}_d(t+1)\Delta t \tag{6-91}$$

$$\ddot{\widetilde{\boldsymbol{X}}}_e(t+1)=\frac{\boldsymbol{F}_e(t)-\boldsymbol{B}_d\dot{\widetilde{\boldsymbol{X}}}_e(t)-\boldsymbol{K}_d\widetilde{\boldsymbol{X}}_e(t)}{\boldsymbol{M}_d} \tag{6-92}$$

则

$$\dot{\widetilde{\boldsymbol{X}}}_e(t+1)=\dot{\widetilde{\boldsymbol{X}}}_e(t)+\ddot{\widetilde{\boldsymbol{X}}}_e(t+1)\Delta t$$

$$\widetilde{\boldsymbol{X}}_e(t+1)=\widetilde{\boldsymbol{X}}_e(t)+\dot{\widetilde{\boldsymbol{X}}}_e(t+1)\Delta t$$

$$\dot{\boldsymbol{X}}(t+1)=\boldsymbol{J}(\boldsymbol{q})\dot{\boldsymbol{q}}(t+1)$$

$$\begin{aligned}\Rightarrow\dot{\boldsymbol{q}}(t+1)&=\boldsymbol{J}^{\dagger}(\boldsymbol{q})\dot{\boldsymbol{X}}(t+1)=\boldsymbol{J}^{\dagger}(\boldsymbol{q})(\dot{\boldsymbol{X}}_d(t+1)-\dot{\widetilde{\boldsymbol{X}}}_e(t+1)-\ddot{\boldsymbol{X}}_d(t+1)\Delta t)\\&=\boldsymbol{J}^{\dagger}(\boldsymbol{q})\dot{\boldsymbol{X}}_d(t+1)-\boldsymbol{J}^{\dagger}(\boldsymbol{q})\dot{\widetilde{\boldsymbol{X}}}_e(t+1)-\boldsymbol{J}^{\dagger}(\boldsymbol{q})\dot{\boldsymbol{X}}_d(t+1)+\boldsymbol{J}^{\dagger}(\boldsymbol{q})\dot{\boldsymbol{X}}_d(t)\\&=\boldsymbol{J}^{\dagger}(\boldsymbol{q})\dot{\boldsymbol{X}}_d(t)-\boldsymbol{J}^{\dagger}(\boldsymbol{q})\dot{\widetilde{\boldsymbol{X}}}_e(t+1)\end{aligned}$$

$$\boldsymbol{q}(t+1)=\boldsymbol{q}(t)+\dot{\boldsymbol{q}}(t+1)\Delta t=\boldsymbol{q}(t)+(\boldsymbol{J}^{\dagger}(\boldsymbol{q})\dot{\boldsymbol{X}}_d(t)-\boldsymbol{J}^{\dagger}(\boldsymbol{q})\dot{\widetilde{\boldsymbol{X}}}_e(t+1))\Delta t \tag{6-93}$$

(2) 关节空间导纳控制

$$\boldsymbol{M}_d\ddot{\tilde{\boldsymbol{q}}}+\boldsymbol{B}_d\dot{\tilde{\boldsymbol{q}}}+\boldsymbol{K}_d\tilde{\boldsymbol{q}}=\boldsymbol{F}_{eq}\Rightarrow\ddot{\tilde{\boldsymbol{q}}}=\frac{\boldsymbol{F}_{eq}-\boldsymbol{B}_d\dot{\tilde{\boldsymbol{q}}}-\boldsymbol{K}_d\tilde{\boldsymbol{q}}}{\boldsymbol{M}_d} \tag{6-94}$$

其中，$\ddot{\tilde{\boldsymbol{q}}}$ 公式如下。

$$\ddot{\tilde{\boldsymbol{q}}}=\ddot{\boldsymbol{q}}_d-\ddot{\boldsymbol{q}}$$

因此，可得如下公式。

$$\ddot{\boldsymbol{q}}=\ddot{\boldsymbol{q}}_d-\frac{\boldsymbol{F}_{eq}-\boldsymbol{B}_d(\dot{\boldsymbol{q}}_d-\dot{\boldsymbol{q}})-\boldsymbol{K}_d(\boldsymbol{q}_d-\boldsymbol{q})}{\boldsymbol{M}_d} \tag{6-95}$$

其中，$\boldsymbol{F}_{eq}$ 为关节力，一般可通过关节力传感器采集得到。如果是定点关节空间导纳控制，$\dot{\boldsymbol{q}}_d=0$，$\ddot{\boldsymbol{q}}_d=0$，则对应公式如下。

$$\ddot{\boldsymbol{q}}=-\frac{\boldsymbol{F}_{eq}+\boldsymbol{B}_d\dot{\boldsymbol{q}}-\boldsymbol{K}_d(\boldsymbol{q}_d-\boldsymbol{q})}{\boldsymbol{M}_d} \tag{6-96}$$

例 6-11 Matlab 环境 Ur5e 六自由度机械臂笛卡儿空间定点导纳控制示例

本例用于验证 Matlab 环境 Ur5e 六自由度机械臂笛卡儿空间定点导纳控制。在 0.5s

内，x、y、z 三个方向具有外部恒定力 10N，在 0.5s 后撤除力。在导纳控制模型的约束下，其能够具有一定柔性地保持在初始位置 [0，−3.14/2，3.14/2，3 * 3.14/2，−3.14/2，0]。M、B 和 K 分别取值为 10、20、50。如图 6-19 所示。

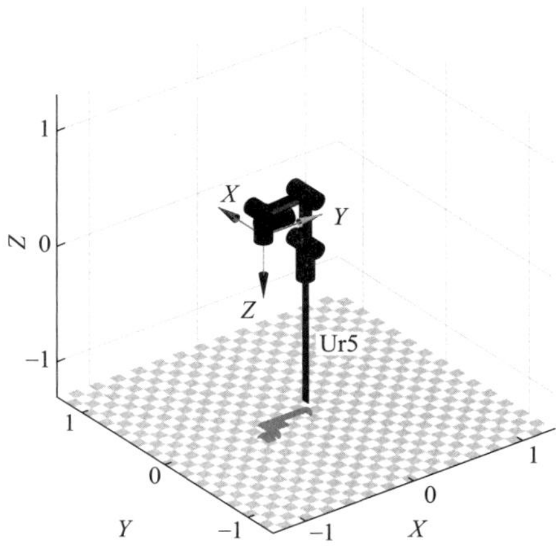

图 6-19　Matlab 环境 Ur5e 六自由度机械臂笛卡儿空间导纳控制示例图

```
%ur5e
clear all
a=[0,-0.425,-0.3922,0,0,0]';
d=[0.1625,0,0,0.1333,0.0997,0.0996]';
alpha=[pi/2,0,0,pi/2,-pi/2,0]';
theta=zeros(6,1);
DH=[theta d a alpha];

robot=SerialLink(DH,'name','UR5','manufacturer','Universal Robotics');

theta_offset=[0-pi/2 pi/2 3*pi/2-pi/2 0]';%设定的初始位置
theta_forplot=theta_offset';
robot.plot(theta_offset')
hold on

%阻抗模型参数,M,B,K 分别为质量,阻尼,刚度
M=10;  B=20;  K=50;

%设置的末端执行器受力
Fxe=[10*ones(50,1);0*ones(150,1)];%x 轴方向受的力
Fye=[10*ones(50,1);0*ones(150,1)];%y 轴方向受的力
Fze=[10*ones(50,1);0*ones(150,1)];%z 轴方向受的力
Txe=0*ones(200,1);%x 轴方向受的力矩
Tye=0*ones(200,1);%y 轴方向受的力矩
Tze=0*ones(200,1);%z 轴方向受的力矩
```

```
Fe=[Fxe,Fye,Fze,Txe,Tye,Tze];

dt=0.01 ;  %时间间隔 0.01
detq=[0 0 0 0 0 0]';%关节角度增量初始化
xe(1)=0;  dxe(1)=0;  ddxe(1)=0;%x 轴方向力引起的位移,速度,加速度增量
ye(1)=0;  dye(1)=0;  ddye(1)=0;%y 轴方向力引起的位移,速度,加速度增量
ze(1)=0;  dze(1)=0;  ddze(1)=0;%z 轴方向力引起的位移,速度,加速度增量
Txe(1)=0;  dTxe(1)=0;  ddTxe(1)=0;%x 轴方向力矩引起的位移,速度,加速度增量
Tye(1)=0;  dTye(1)=0;  ddTye(1)=0;%y 轴方向力矩引起的位移,速度,加速度增量
Tze(1)=0;  dTze(1)=0;  ddTze(1)=0;%z 轴方向力矩引起的位移,速度,加速度增量

for i=1:199
    ddxe(i+1)=[Fxe(i)-B*dxe(i)-K*xe(i)]/M;
    dxe(i+1)=dt*ddxe(i+1)+dxe(i);
    xe(i+1)=dt*dxe(i+1)+xe(i);
    ddye(i+1)=[Fye(i)-B*dye(i)-K*ye(i)]/M;
    dye(i+1)=dt*ddye(i+1)+dye(i);
    ye(i+1)=dt*dye(i+1)+ye(i);
    ddze(i+1)=[Fze(i)-B*dze(i)-K*ze(i)]/M;
    dze(i+1)=dt*ddze(i+1)+dze(i);
    ze(i+1)=dt*dze(i+1)++ze(i);

    ddTxe(i+1)=[Txe(i)-B*dTxe(i)-K*Txe(i)]/M;
    dTxe(i+1)=dt*ddTxe(i+1)+dTxe(i);
    Txe(i+1)=dt*dTxe(i+1)+Txe(i);
    ddTye(i+1)=[Tye(i)-B*dTye(i)-K*Tye(i)]/M;
    dTye(i+1)=dt*ddTye(i+1)+dTye(i);
    Tye(i+1)=dt*dTye(i+1)+Tye(i);
    ddTze(i+1)=[Tze(i)-B*dTze(i)-K*Tze(i)]/M;
    dTze(i+1)=dt*ddTze(i+1)+dTze(i);
    Tze(i+1)=dt*dTze(i+1)+Tze(i);
    j=robot.jacobe(theta_forplot);%机器人笛卡儿坐标系下的雅克比矩阵
    Jw=pinv(j);%机器人雅克比矩阵伪逆矩阵
    qv=Jw*[dxe(i+1),dye(i+1),dze(i+1),dTxe(i+1),dTye(i+1),dTze(i+1)]';%
    theta_offset=theta_offset-qv*dt;
    theta_forplot=theta_offset';%更新当前关节角度
    qq(i,:)=theta_forplot;
    robot.plot(theta_forplot)
end
```

例 6-12 Mujoco 环境 Ur5e 六自由度机械臂笛卡儿空间定点导纳控制示例

本例用于验证 Mujoco 环境 Ur5e 六自由度机械臂笛卡儿空间定点导纳控制，通过双击 mujoco 仿真软件中机器人任意一个杆件，当其颜色变了后，按住键盘 Ctrl 键，鼠标左

键拖动选中的杆件而给机械臂施加外部力，在导纳控制模型的约束下，其能够具有一定柔性地保持在初始位置［0,－3.14/2,3.14/2,3 * 3.14/2,－3.14/2,0］。M、B 和 K 分别取值为 10、20、50。注意鼠标不能拖动范围过大，即机器人受到的外部力不能过大。这里也一样，需安装 python IDE 和搭建程序运行环境，一般而言，推荐选用 Anaconda 和 Pycharm 搭配使用，其中 Anaconda 用于创建不同环境，Pycharm 用于编写 Python 程序。具体细节可参考 13.1.3 小节内容，Python IDE 和程序运行环境搭建后，需安装 Mujoco 相关库，通过 Anaconda Powershell Prompt 输入如下指令安装。Python 版本为 3.8.18，Mujoco 版本为 3.1.3，Numpy 版本为 1.24.4，Scipy 版本为 1.10.1，Mediapy 版本为 1.2.0。如图 6-20 所示。

```
pip install mujoco numpy scipy mediapy
```

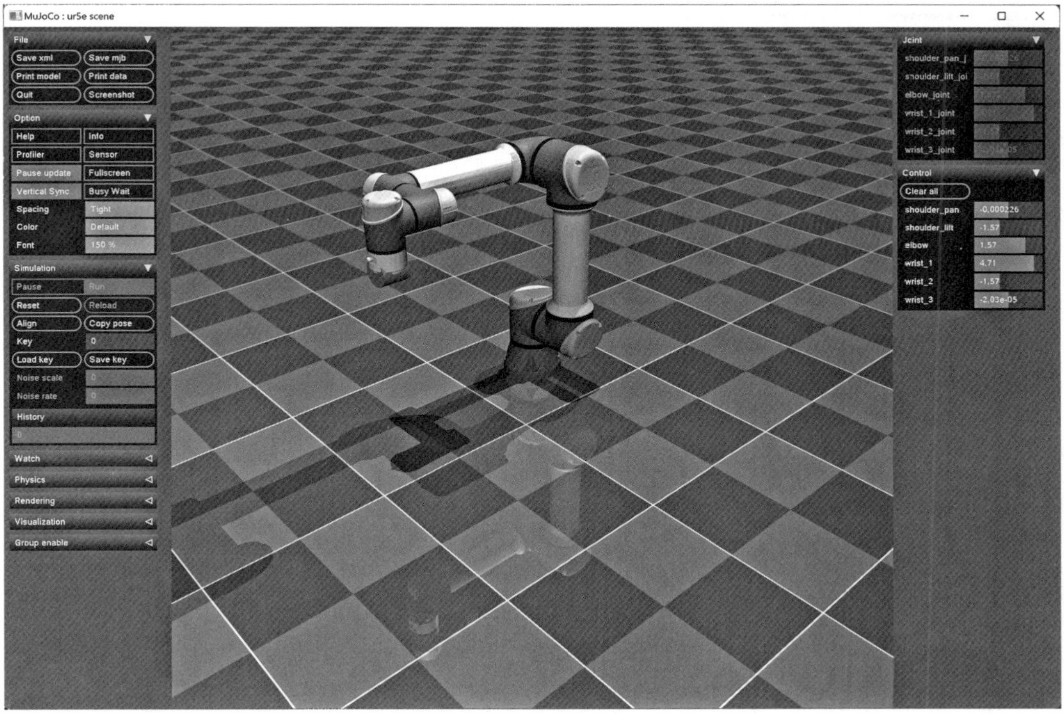

图 6-20　Mujoco 环境 Ur5e 六自由度机械臂笛卡儿空间导纳控制示例

```
import numpy as np
import mujoco.viewer
from scipy.spatial.transform import Rotation

np.set_printoptions(precision=5,suppress=True,linewidth=100)
model=mujoco.MjModel.from_xml_path("./universal_robots_ur5e/scene.xml")

data=mujoco.MjData(model)
renderer=mujoco.Renderer(model)
mujoco.mj_forward(model,data)
```

```
renderer.update_scene(data)
frames=[]
model.opt.gravity=(0,0,0)
DURATION=1000  # seconds
FRAMERATE=60  # Hz

mujoco.mj_resetDataKeyframe(model,data,1)

camera=mujoco.MjvCamera()
mujoco.mjv_defaultFreeCamera(model,camera)
camera.distance=2

mujoco.mj_resetDataKeyframe(model,data,0)

jacp=np.zeros((3,6))
jacr=np.zeros((3,6))

theta_offset=[0,-3.14/2,3.14/2,3*3.14/2,-3.14/2,0]

with mujoco.viewer.launch_passive(model,data)as viewer:
    r=Rotation.from_matrix(data.geom_xmat[-1].reshape(3,3))
    rpy=r.as_euler('xyz',degrees=False)
    init_pose=np.append(data.geom_xpos[-1],rpy.copy())#获取初始位置
    error_array=np.zeros(6)
    k=50
    b=20
    m=10
    dt=0.001
    xe=0;dxe=0;ddxe=0
    ye=0;dye=0;ddye=0
    ze=0;dze=0;ddze=0
    Txe=0;dTxe=0;ddTxe=0
    Tye=0;dTye=0;ddTye=0
    Tze=0;dTze=0;ddTze=0
    f_init=np.append(data.sensor(0).data,data.sensor(1).data)#受力情况获取
    while data.time<DURATION:
      mujoco.mj_jacBody(model,data,jacp,jacr,7)
      #mujoco.mj_jac(model,data,jacp,jacr,[0,0,0],7)
      jacob=np.vstack((jacp,jacr))
      f=np.append(data.sensor(0).data,data.sensor(1).data)#受力情况获取

      ddxe=(f[0]-b*dxe-k*xe)/m
      dxe=dt*ddxe+dxe
```

```
xe=dt*dxe+xe

ddye=(f[1]-b*dye-k*ye)/m
dye=dt*ddye+dye
ye=dt*dye+ye

ddze=(f[2]-b*dze-k*ze)/m
dze=dt*ddze+dze
ze=dt*dze++ze

ddTxe=(f[3]-b*dTxe-k*Txe)/m
dTxe=dt*ddTxe+dTxe
Txe=dt*dTxe+Txe

ddTye=(f[4]-b*dTye-k*Tye)/m
dTye=dt*ddTye+dTye
Tye=dt*dTye+Tye

ddTze=(f[5]-b*dTze-k*Tze)/m
dTze=dt*ddTze+dTze
Tze=dt*dTze+Tze

v=[dxe,dye,dze,dTxe,dTye,dTze]
jw=jacob.dot(theta_offset)
qv=jw*v
print(theta_offset)
theta_offset=theta_offset-qv*dt
data.ctrl=theta_offset
mujoco.mj_step(model,data)
viewer.sync()
```

6.5 智能机器人控制方法前沿研究工作案例分析与总结

6.5.1 结合人工智能方法的控制方法研究

人工智能方法在智能机器人控制中一直具有重要作用，根据 Universal approximation theorem，神经网络可以以任意精度逼近任何函数，进而逼近任意的机器人系统动力学方程或模型，因此，不少研究基于此开展相关工作[134]，替代或部分替代传统机器人动力学方程项。早期多是以神经网络为代表的机器学习相关方法，例如 Back Propagation 神经网络控制、Radial basis function 神经网络控制、模糊神经网络控制。除了机器人动力学方程，在其他较难建立精确数学模型的方面亦可应用神经网络建模，例如生物电信号到人体关节角度/关节力/关节力矩映射模型[142]、串联弹性致动器（series elastic actuator，SEA）输出力模型[143]。

除了神经网络，强化学习在机器人控制中的应用也非常广泛。强化学习主要通过机器人与环境的交互来学习最优策略。机器人不断尝试，通过试错的方式，逐步形成稳定的轨迹或最优控制参数，例如下肢外骨骼的步态参数调整[144]、手部外骨骼的自适应力控抓取[145]、PID参数自适应调整[146]。一般机器人可通过仿真环境进行试错，避免机器人损坏，或通过实际机器人试错，结合力控（阻抗控制、导纳控制）或环境防护，保证其碰撞安全性和柔顺性。

总体而言，随着算力的提升，仿真软件的迭代进步，很多原本较难建立精确数学模型或函数的场景，可通过大量数据样本，利用人工智能相关方法或工具，得到超过传统方法的效果。在这一方面的工作开展，可多针对实际机器人应用场景特点，所面临的特殊工况或要求，以基本的控制算法、动力学模型为基础，结合人工智能方法，进一步提升机器人整体的应用表现，扩展机器人的应用场景、提升机器人的智能化水平。

6.5.2 考虑应用场景特定因素的控制方法研究

智能机器人应用场景多样，具体的外部因素或内部因素也很多，例如外部扰动[147]、肌肉痉挛[148]、假肢感知反馈[149]。考虑特定因素的目的在于提高机器人整体应用鲁棒性、安全性和可靠性。从控制的角度来看，可以把这些特定因素大体上归纳为外部/内部扰动、新增的反馈环、新增的动力学模型不确定部分/动力学特性变化、在线轨迹/力规划四大类。总体上还是围绕机器人控制的扰动估计、反馈律、动力学建模、轨迹规划基本问题展开，但是所引申出来的新问题用旧方法、新问题新理论发展或旧理论优化补充是很有价值的。

6.5.3 将生物电信号引入到机器人控制中的研究

智能机器人除了与环境进行交互，也很大一部分会涉及与人交互，例如假肢与人的交互、外骨骼与人的交互、人形机器人与人的协同作业。生物电信号种类很多，在机器人控制方面应用较多的有sEMG、EEG、眼电信号（electrooculogram，EOG）。

在这一方面的研究工作的开展，可多将生物电信号处理相关研究（特征提取、映射模型构建）与机器人控制（轨迹控制、力控）相结合，例如Hill模型和导纳控制的结合[150]、比例肌电与套索迟滞补偿控制的结合[151]、比例肌电与阻抗控制的结合[152]。在这一方面的研究多侧重机器人在线轨迹/力规划，实现人在控制环路（人在环）的控制[153]，也有部分学者将生物电信号作为反馈量，调整人机交互的控制律[154,155]。因此，在这一方向的研究要多关注人作为控制环路中的重要组成部分，如何合理利用或调控其作用，亦或是抑制其可能对控制环路带来的干扰，更为详细的关于生物电信号机器人控制方面的内容可参考本书第9～11章。

总体来说，基于sEMG（与肌肉出力直接相关）开展的工作多应用于机器人力控或位置控制。基于EEG或EOG（与动作意图直接相关）的机器人控制多用于路径规划、动作识别。当然，也有不少工作将多种生物电信号结合，进行优势互补，具体可参考本书第11章。

6.5.4　针对特定结构机器人对应控制方法研究

不同的结构对应不同的控制方法和控制难度。很多时候可以把机械结构看成是前馈控制的重要部分，传动精度高对应着前馈控制律越接近实际。然而，很多时候，机械结构并非仅考虑控制方面，还需考虑能量来源、整体传动布局、关节柔性等。随之而来就引入很多新的控制问题需解决，例如套索迟滞补偿控制[156]、功能性电刺激（functional electrical stimulation，FES）和外骨骼结合控制[157]、仿人下肢机器人 SEA 关节控制[158]、柔性关节力控制[141]。在这一方面的工作多对特定结构进行数学建模，例如套索传动模型、SEA 模型，结合机器人动力学方程，统一到经典的控制框架中。也可能将特定结构设定为未知量，通过观测模型（例如扩张观测器）估计或鲁棒控制估计上下界方式处理。

6.5.5　对经典方法的改进

本章所介绍的控制方法众多学者的应用过程中，不少学者对其进行了改进优化，例如降阶扩展观测器自抗扰控制[159]、基于扩展观测器的反演控制[160]、深度强化学习用于 PID 参数寻优[146]、阻抗控制与导纳控制结合[161]、内模控制提高阻抗控制精确度[162]、统一力阻抗控制[163]。因此，经典方法依然存在不少可改进提升的点值得我们去深挖。除了本章所介绍的 PID 控制、自抗扰控制、阻抗控制与导纳控制，还有诸如模糊控制、滑模控制、反演控制、迭代控制、模型预测控制、鲁棒控制[134] 等，这些方法均还存在一定的改进空间。

第7章

智能机器人构型设计

引言

智能机器人的构型设计需在机构设计基础上，分析不同类型机器人的设计要求和功能需求。本章主要针对康复机器人、外骨骼机器人、智能假肢和人形机器人四种机器人类型展开讨论，通过分析人体上肢、下肢、手部和足部四个部分的结构特点和运动特点，讨论对应机器人的构型、驱动、传动形式和设计要点。

7.1 人体肢体生物结构与运动学分析

7.1.1 人体上肢生物结构与运动学分析

人体上肢单侧包含 32 块骨骼和 34 块肌肉群，各个关节运动存在复杂的耦合关系[122,123]。一般而言，人体上肢运动主要分为肩部、肘部和腕部三个主要部分的运动。其中肩部负责人体上肢绝大多数的运动，肘部实现下臂的屈伸运动和自旋运动，腕部是人体中最复杂的关节，负责手掌以及手指运动。

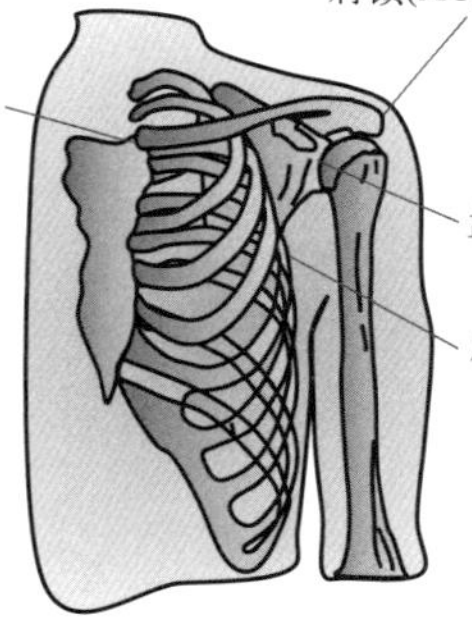

图 7-1　肩胛带结构

人体肩部结构较为复杂，主要体现在单一运动有可能由多个关节共同参与。肩部运动主要是肩锁（acromioclavicular，AC）关节的运动，而胸锁（sternoclavicular，SC）关节、盂肱（glenohumeral，GH）关节和肩胛胸壁关节辅助其作用，各个关节示意图如图 7-1 所示。肩胛复合体的骨在三个滑膜关节处连接：①锁骨与胸骨柄在 SC 关节处连接；②锁骨与肩胛骨在 AC 关节处连接；③肱骨与肩胛骨在 GH 关节相连。

肩胛骨运动是肩胛骨、AC 关节和 SC 关节运动的结果。AC 关节和 SC 关节的运动引起胸上肩胛骨的运动。SC 关节负责肩胛骨的大部分运动，而 AC 关节提供最小的运动，更多的是作为肩胛骨运动的微调者而不是其运动的产生者。肩胛骨运动包含肩胛上抬/下压、肩胛后缩/前突、肩胛向上转动/向下转动，如图 7-2 所示。

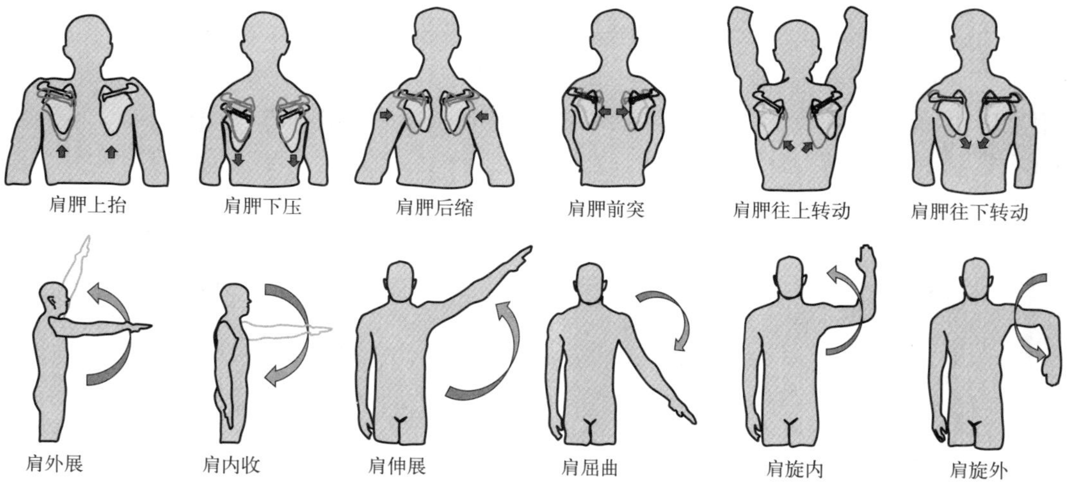

图 7-2　肩部运动示意

肩胛骨运动不包括肩关节运动。肩部外展内收运动、肩部屈曲伸展运动、肩部外旋内旋运动属于 GH 关节的活动。屈曲、伸展发生在额轴周围的矢状面。屈曲是从 0°～180°，伸展是从 180°～0°。外展和内收发生在矢状轴周围的额平面，可进行 180°运动。肩部旋内/旋外发生在垂直轴周围的横向平面上。

人体肘部结构如图 7-3 所示，主要骨架包括肱骨、尺骨和桡骨。肱骨用于支撑上臂，尺骨和桡骨作为下臂主要支撑骨架。肱骨和尺骨、桡骨的连接处即为肘关节部分。肘关节部分被中部并行韧带、侧部并行韧带、环形韧带和胶囊包裹。中部并行韧带形如三角形，跨越整个肘关节中部。侧部并行韧带也是三角状，它连接肱骨的外侧上髁和尺骨的外侧

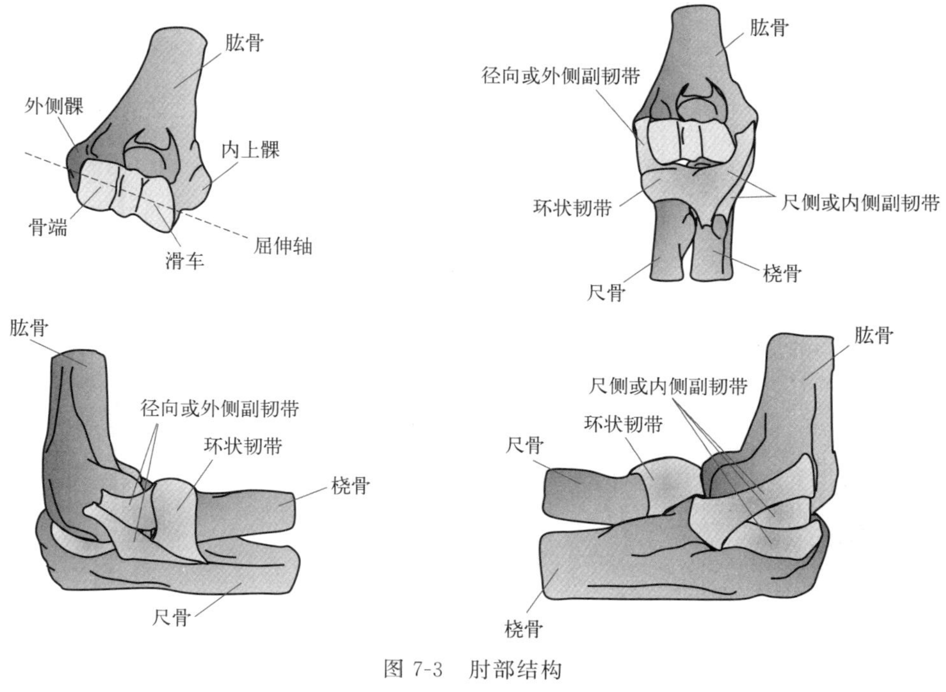

图 7-3　肘部结构

端。中部并行韧带和侧部并行韧带为肘关节提供中部和侧部的稳定性。环形韧带前部和后部附着在尺骨的径向切口，包裹着桡骨的头部，桡骨紧贴着尺骨。在尺骨和桡骨接合处是桡尺关节，桡骨头部在尺骨径向凹槽中旋转，实现前臂旋前和旋后运动。前臂旋前旋后运动使得人体前臂绕着肘部自旋，除此之外，肘部还包括肘部屈曲伸展运动，如图 7-4 所示。

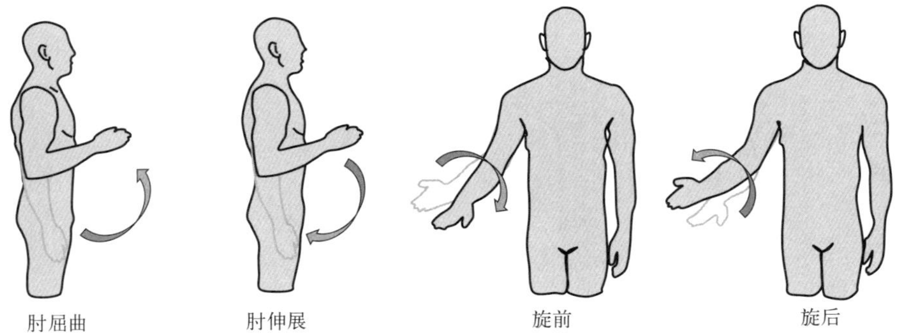

图 7-4　肘部运动

腕部结构如图 7-5 所示。腕关节是一个复合关节，用于连接人前臂和手。腕关节骨架为双排结构，每一排骨架由四个骨头构成。其中靠近人手掌的为第一排骨架，包括角骨、梯形骨、头状骨和钩状骨；靠近人前臂的为第二排骨架，包括舟状骨、月骨、三角骨和豆状骨。人手掌和腕关节连接处的骨架为第一掌骨到第五掌骨，共五个部分。而人前臂与腕部连接处的骨架包括桡骨和尺骨两部分。腕关节运动一般由腕关节桡偏尺偏运动和腕关节屈曲伸展运动组成，如图 7-6 所示。

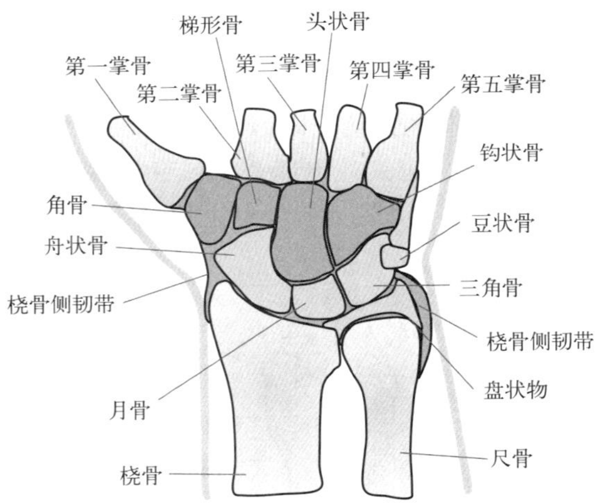

图 7-5　腕关节结构

综合分析可知，设计机器人辅助人体上肢运动时，上肢完整运动需要考虑肩关节三个自由度、肘部两个自由度和腕部两个自由度，共七个自由度。有的时候也需考虑肩胛骨的运动。

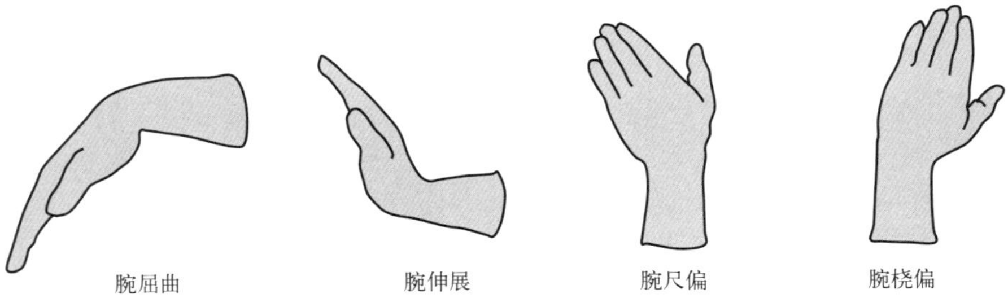

图 7-6　腕部运动

人体骨架用于支撑人体并提供运动副，但是真正给各个运动副提供能量的是遍布人体全身的各个肌肉和肌肉群。肌肉或者肌肉群拉动对应骨骼绕着对应的运动副运动，从而实现各个关节运动。与人体上肢运动相关的主要肌肉分布图如图 7-7 所示。

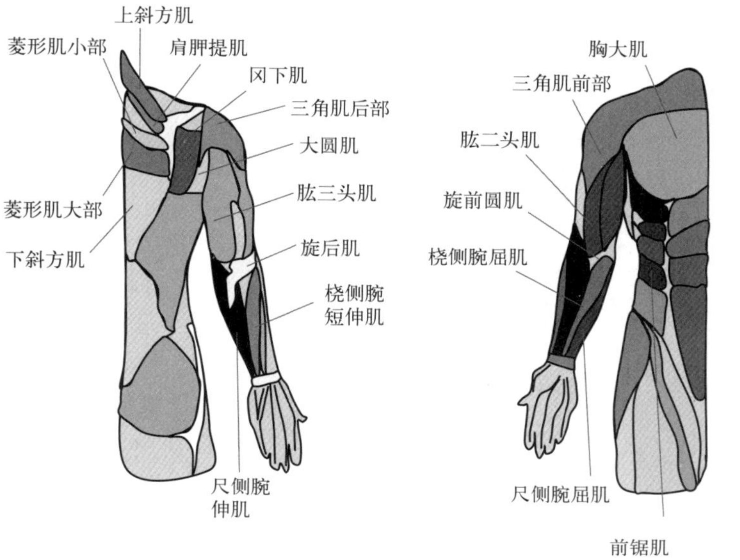

图 7-7　人体上肢运动主要相关肌肉分布图

上肢主要运动与对应相关肌肉如下，注意一些肌肉参与多个不同运动，这里只列主要相关运动。

- 肩胛上抬：斜方肌上部、菱形肌、肩胛提肌。
- 肩胛下压：斜方肌下部、胸小肌、前锯肌下部、背阔肌。
- 肩胛后缩（内收）：斜方肌、菱形肌、背阔肌。
- 肩胛前突（外展）：前锯肌、胸小肌。
- 肩胛向上转动（外旋）：前锯肌下部、斜方肌上下部。
- 肩胛向下转动（内旋）：菱形肌、胸小肌、肩胛提肌。
- 肩部屈曲：三角肌、胸大肌、喙肱肌、肱二头肌长头。
- 肩部伸展：三角肌、背阔肌、大圆肌、胸大肌、肱三头肌长头。
- 肩部外展：三角肌、冈上肌、胸大肌。
- 肩部内收：三角肌、胸大肌。
- 肩部内旋：三角肌、胸大肌、背阔肌、大圆肌、肩胛下肌。
- 肩部外旋：三角肌、小圆肌、冈下肌。
- 肘部屈曲：肱二头肌、肱肌、肱桡肌、桡侧腕屈肌、指浅屈肌。
- 肘部伸展：肱三头肌。
- 前臂旋前：旋前圆肌和旋前方肌。
- 前臂旋后：旋后肌和肱二头肌。
- 腕部屈曲：指浅屈肌、指深屈肌、尺侧腕屈肌、拇长屈肌、桡侧腕屈肌。
- 腕部伸展：指伸肌、桡侧腕长伸肌、桡侧腕短伸肌、示指伸肌、拇长伸肌、小指伸肌。

- 腕部外展：桡侧腕长伸肌、拇长展肌、拇长伸肌、桡侧腕屈肌、拇长屈肌。
- 腕部内收：尺侧腕伸肌、尺侧腕屈肌、指伸肌、小指伸肌。

7.1.2 人体下肢生物结构与运动学分析

下肢包括骨盆、大腿、腿和足，如图 7-8 所示。骨盆部分包含髋骨、骶骨和尾骨。髋骨由三块骨头（髂骨、坐骨和耻骨）融合在一起组成。大腿包括股骨和髌骨。足部包括 7 块跗骨、5 块跖骨和 14 块趾骨。

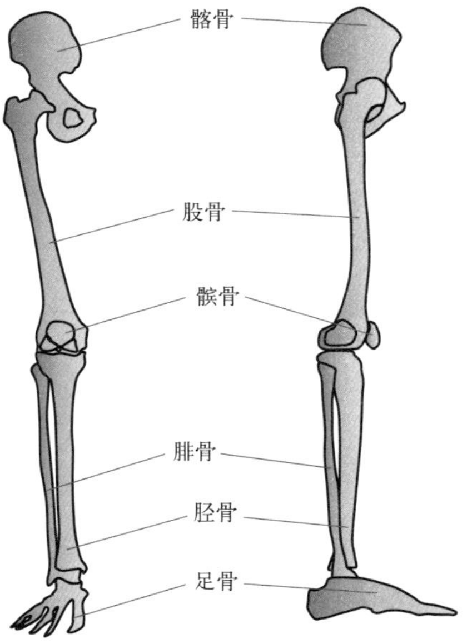

图 7-8 下肢结构

腓骨位于胫骨外侧，小于胫骨。它从胫骨前表面向后放置，为肌肉附着留出较大空间。这一特征使小腿的周长呈圆形。腓骨不是膝关节的一部分，因为它不与股骨相连。虽然它为一些膝关节结构提供了一个附着点，但它在足踝处的作用更大。腿（下肢从膝盖延伸到足踝的部分）由胫骨和腓骨组成。一层坚固的骨间膜将两根骨头保持在一起，并为肌肉附着提供更大的表面积。胫骨是两块骨头中较大的一块，是腿部唯一真正承重的骨头。胫骨的顶点位于前面，将长而细的腓骨与胫骨后表面对齐。胫骨外侧形成一条通道，以骨间膜为底，这样就可以在不扭曲腿形的情况下连接几块肌肉。

在站姿开始阶段，足跟着地时，踝关节和足起到减震器的作用，适应地面，提供稳定的支撑基础，推动身体向前。踝关节由胫骨远端和胫骨内踝组成，胫骨远端位于距骨内侧。胫骨内踝位于距骨内侧，腓骨外踝位于距骨外侧。踝关节连接腿和足，并负责控制相对于腿的大部分足部运动。总之，踝关节是一个单轴铰链关节，由胫骨远端和内踝以及腓骨外踝与距骨之间的关节组成。踝关节允许大约 30°～50°的足底屈曲和 20°的背屈。在解剖位置上，踝关节处于中立位置。

作为一个三轴关节，髋关节在三个平面上都有运动。屈曲、伸展和过伸发生在矢状面，约为屈曲 120°，过伸 15°。外展和内收发生在额平面，约有 45°。内收通常被认为是回到解剖位置，尽管在解剖位置之外可能还有大约 25°的运动。在横向平面上，内侧和外侧旋转有时分别被称为内旋和外旋。从解剖位置出发，每个方向可旋转约 45°。如图 7-9

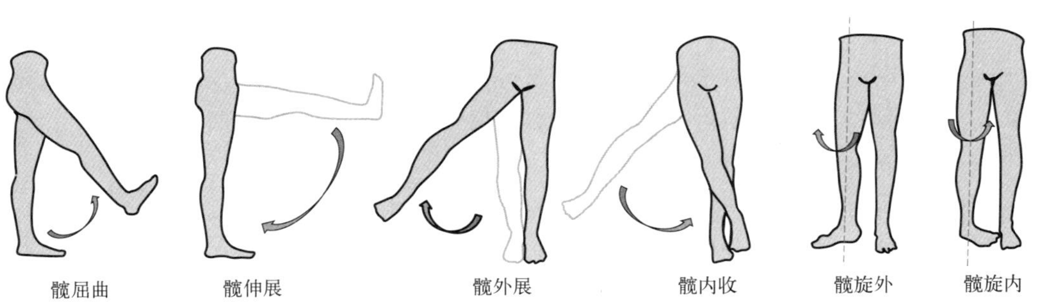

图 7-9 髋关节运动

所示。

膝关节是人体最大的关节，膝关节的运动是屈曲和伸展。膝关节不是一个真正的铰链，因为它有一个旋转部分，这一旋转伴随屈曲和扩展辅助运动。股骨凸髁在胫骨凹髁上移动，股骨髁的关节面比胫骨髁的关节面大得多。如果股骨在胫骨上从屈曲到伸展运动，则在运动完成之前，股骨会从胫骨上滚出。因此，股骨滚动伸展时必须在胫骨上向后滑动。如图 7-10 所示。

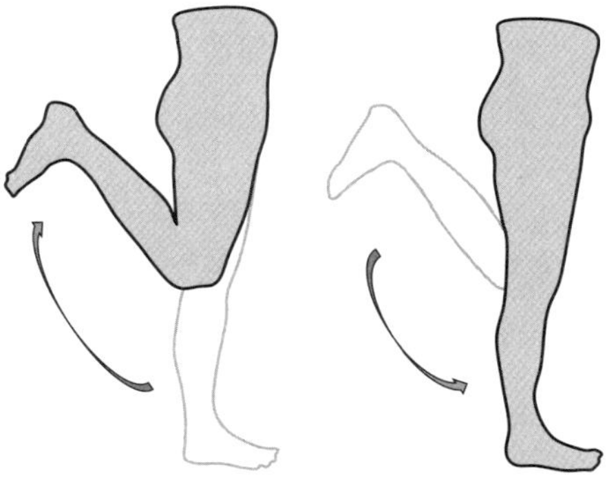

图 7-10　膝关节运动

足底屈曲是指向足底表面移动，而背屈是指足背表面向腿前表面移动。横平面上的足部运动称为内收和外展。近年来，临床医生开始使用旋前和旋后来描述踝关节和足部运动，如图 7-11 所示。旋前是足底背屈、外翻和外展的组合。旋后是足底屈曲、内翻和内收的组合。

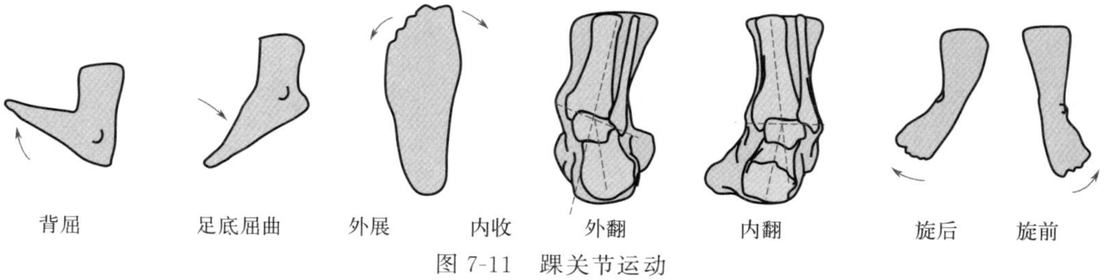

图 7-11　踝关节运动

下肢部分运动的肌肉分析如下（图 7-12）：

- 髋关节屈曲：髂腰肌、股直肌、缝匠肌、耻骨肌和阔筋膜张肌。
- 髋关节伸展：臀大肌、半膜肌、半腱肌和股二头肌长头。
- 髋关节内收：耻骨肌，内收长肌、内收短肌、内收大肌和臀大肌的下部。
- 髋关节外展：臀中肌、臀小肌及梨状肌。
- 髋关节旋内：臀中、小肌的前部纤维、阔筋膜张肌、大收肌、半膜肌和半腱肌。
- 髋关节旋外：臀大肌、臀中肌、臀小肌的后部纤维、梨状肌、闭孔内、外肌、股方肌和缝匠肌。
- 膝关节屈曲：半腱肌、半膜肌、股二头肌、腓肠肌、腘肌和跖肌。
- 膝关节伸展：股四头肌。

- 膝关节旋内：半膜肌、半腱肌、缝匠肌、股薄肌和腘肌。
- 膝关节旋外：股二头肌。
- 踝关节背屈：胫骨前肌、拇长伸肌、趾长伸肌以及第三腓骨肌。
- 踝关节屈曲：腓肠肌、比目鱼肌、胫骨后肌、拇长屈肌、趾长屈肌、腓骨长、短肌。
- 踝关节内翻：胫骨前、后肌、拇长屈、伸肌、趾长屈肌。
- 踝关节外翻：腓骨长、短肌、第三腓骨肌和趾长伸肌。
- 踝关节旋前：胫前肌、趾长伸肌和拇长伸肌。
- 踝关节旋后：胫后肌和腓骨长肌。

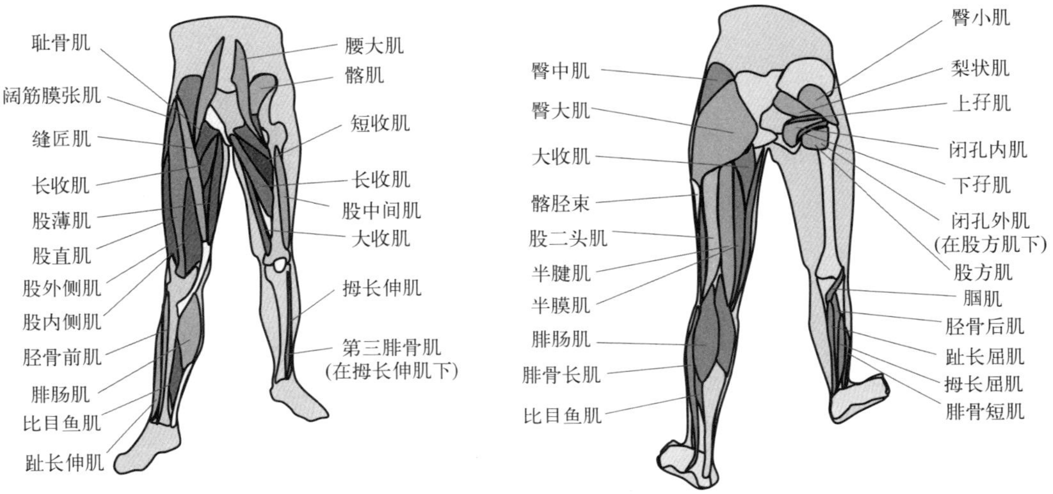

图 7-12 人体下肢运动主要相关肌肉分布图

7.1.3 人体手部生物结构与运动学分析

人体手部结构如图 7-13 所示，第一掌骨～第五掌骨中的每一个都有一个基部，连接腕掌（carpometacarpal，CMC）关节和掌指（metacarpophalangeal，MCP）关节。为了

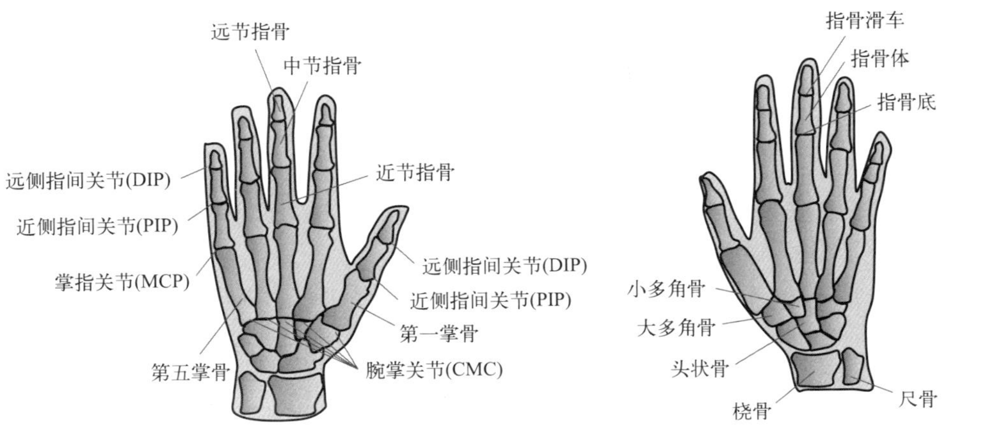

图 7-13 手部结构

区分拇指指骨，近端、中端和远端术语用来描述每个手指的三个指骨。第 2、3、4、5 指，分别俗称食指、中指、无名指和小指，各有四个关节。2～5 的每个手指都有两个指间关节，称为近端指间（proximal interphalangeal，PIP）关节和远端指间（distal interphalangeal，DIP）关节。所有的指间（interphalangeal，IP）关节都是一个自由度的铰链关节。拇指有三个关节：CMC、MCP 和 IP。CMC 由与第一掌骨基部相连的斜方骨组成。每个手指末端称为指尖（fingertip，TIP）。

手指 MCP 关节允许的活动是屈曲、伸展、外展和内收，如图 7-14 所示。中指是外展和内收的参考点。当第 2、第 4 和第 5 指远离中指时，以及中指向任何方向移动时，发生外展。内收是指外展后的复位，发生在第 2、第 4 和第 5 指。没有中指内收，只有两个方向的外展。拇指的 CMC 关节比其他四个手指的 CMC 关节更灵活，它允许屈伸、外展和内收，以及对指和复位。拇指的运动不同于通常所说的关节运动。屈伸发生在与手掌平行的平面上，外展和内收发生在与手掌垂直的平面上。换句话说，前臂旋后，手掌朝上，拇指在手掌上左右移动就是屈伸。拇指向上移动远离手掌是外展，其返回是内收。对指是屈曲和外展的结合。

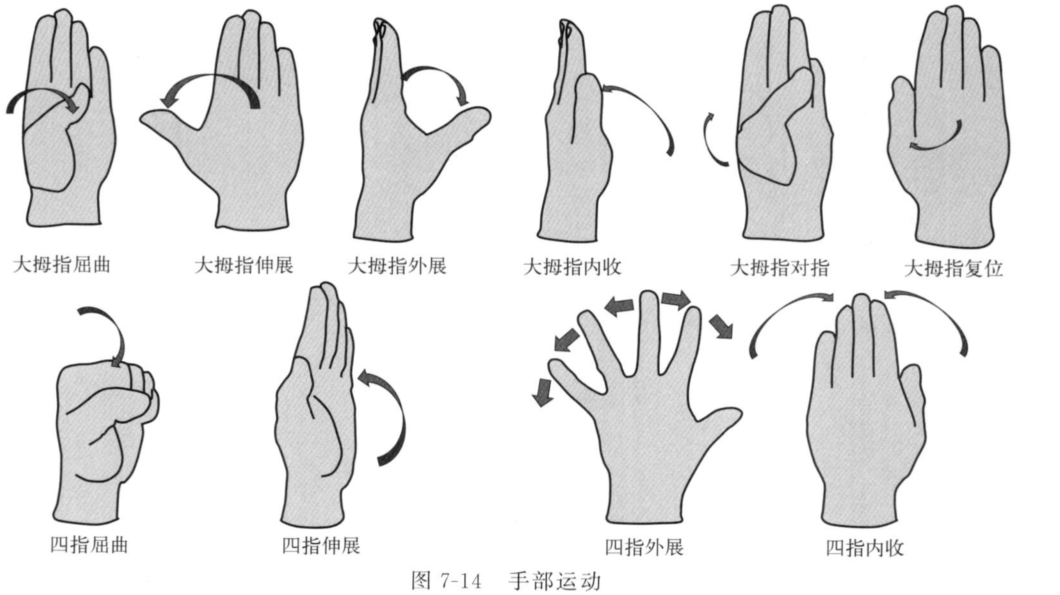

图 7-14　手部运动

如图 7-15 所示，手外在肌包含浅屈肌、指深屈肌、拇长屈肌、拇长展肌、拇短伸肌、拇长伸肌、伸肌、食指伸肌、小指伸肌。手内在肌包括拇短展肌、拇短屈肌、拇对掌肌、拇收肌、蚓状肌、骨间掌侧肌、骨间背侧肌、掌短肌、小指展肌、小指短屈肌和小指对掌肌。手指的主要伸肌是指伸肌和手指内在肌。其中内在肌的掌指关节产生屈曲力矩，防止指伸肌过度伸展掌指关节。手指屈曲主要用的是指深屈肌和指浅屈肌，以及少量骨间肌。

7.1.4　人体足部生物结构与运动学分析

人体足部主要包含趾骨、跖骨和跗骨。跖骨编号 1～5，正常情况下，第 1 和第 5 跖骨是承重骨。足趾骨的组成与手趾骨相同，第 1 趾，即大足趾，有近端指骨和远端指骨，

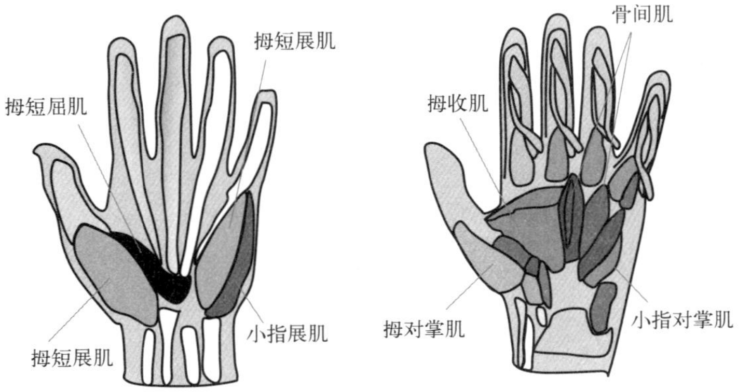

图 7-15　手部主要肌肉分布图

但没有中指骨。第 2 趾～第 5 趾，也称为四个小足趾，每个都有近端、中端和远端趾骨，如图 7-16 所示。足部运动包含足部屈曲伸展，足部外展内收运动，如图 7-17 所示。

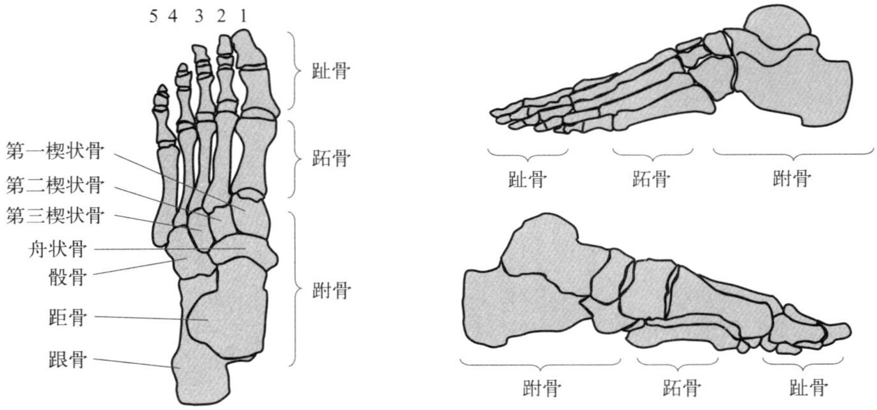

图 7-16　足部结构

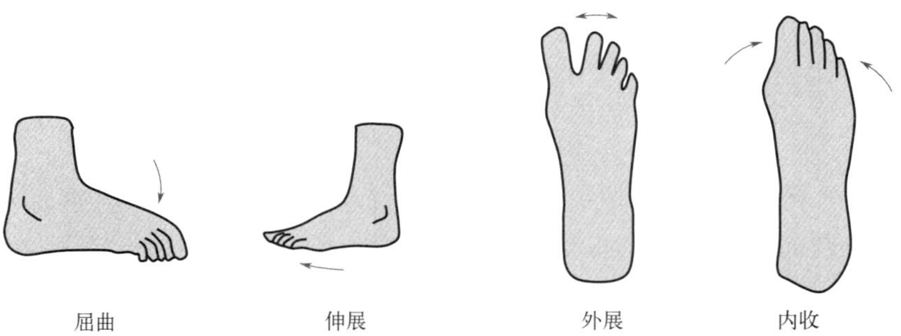

图 7-17　足部运动

足部也有外在肌和内在肌，如图 7-18 所示。外在肌起源于腿，内在肌肉起源于跗骨。外在肌分布在四个解剖区域。这四个解剖区域也代表了腿的四个隔室，由厚筋膜隔开。内在肌在足底表面，基本上是分层的。例外情况是趾短伸肌和背骨间肌，位于跖骨和足底骨间肌背侧之间。

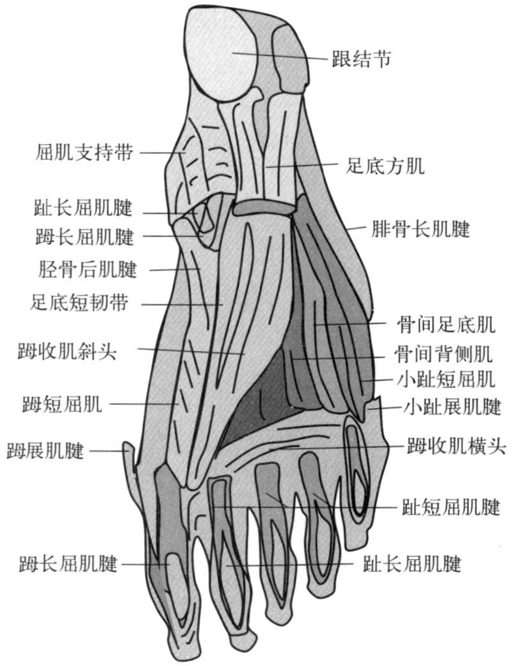

图 7-18　足部主要肌肉分布图

7.2　自由度解析

7.2.1　上肢

依据上一节关于人体上肢的运动学分析可知，上肢主要的主动自由度包括肩胛骨上抬下压运动、肩部屈曲伸展、肩部外展内收、肩部旋内旋外、肘部屈曲伸展、前臂旋前旋后、腕部屈曲伸展、腕部桡偏尺偏，如图 7-19 所示。除此以外，还可能需设计一定被动自由度，用于调节

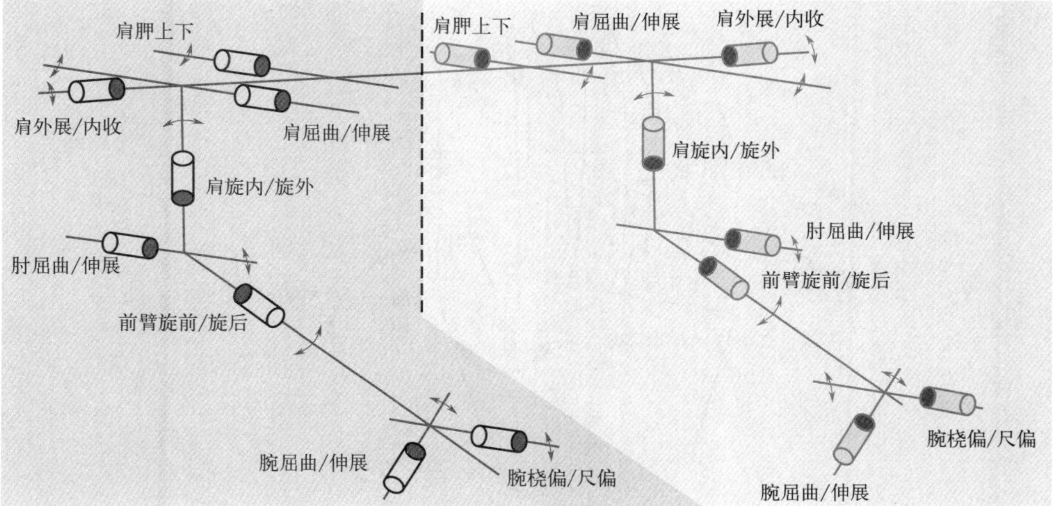

图 7-19　上肢自由度分布

上臂前臂长度、背部上下高度和左右宽度。人机连接处增加一定被动自由度提高交互顺应性。

7.2.2 下肢

下肢包含髋部屈曲伸展、髋部外展内收、髋部旋内旋外、膝屈曲伸展、小腿旋前旋后、踝部屈曲伸展、踝部桡偏尺偏，如图 7-20 所示。除此之外，还可能需设计一定被动自由度，用于调节大腿小腿长度。人机连接处增加一定被动自由度提高交互顺应性。

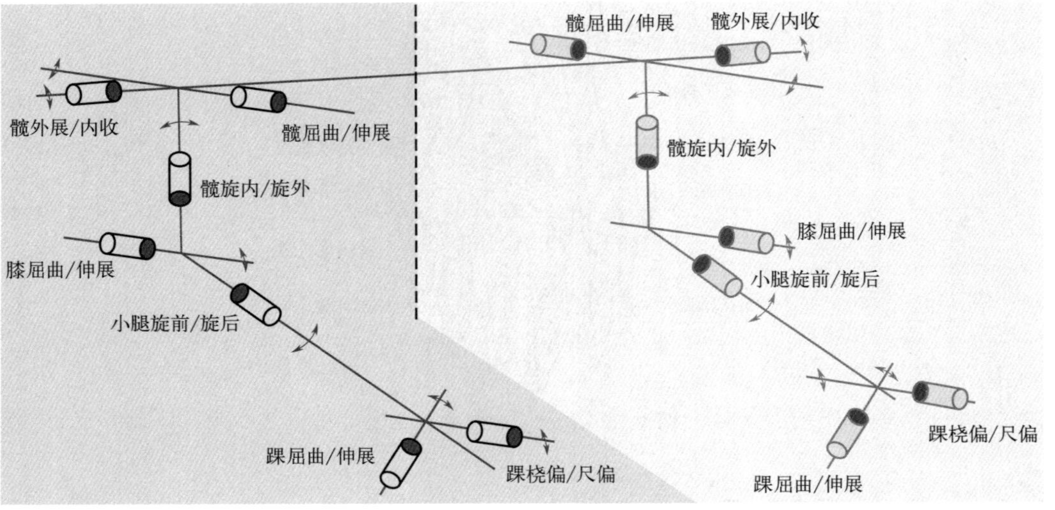

图 7-20　下肢自由度分布

7.2.3 手部

手部自由度包含大拇指屈曲伸展、大拇指外展内收、大拇指对指复位、四指屈曲伸

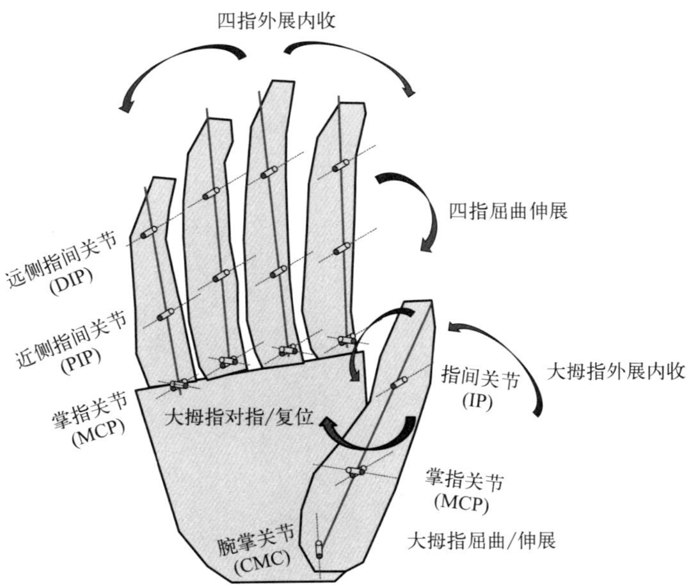

图 7-21　手部自由度分布

展、四指外展内收自由度，如图 7-21 所示。四指屈曲伸展可再细分，可相对 MCP 关节、PIP 关节、DIP 关节三个关节分别屈曲伸展运动。不过很多时候四指中每一手指仅设置一个自由度，通过传动机构将其整体屈曲伸展运动按照一定曲线规律完成。

7.3　驱动形式

机构运动需原动机驱动，原动机的运动特点、控制方式、安装方式等均影响机器人构型设计。常用的机器人驱动形式有回转伺服电机、直线伺服电机、液压驱动、气压驱动和新型驱动材料。

7.3.1　回转伺服电机

回转伺服电机多用于回转关节。一般而言，回转伺服电机包含定子、转子、减速器、伺服驱动板、第一编码器、第二编码器、刹车、转矩传感器。其中定子和转子组成电机，抱闸、转矩传感器、第二编码器并非必需。转矩传感器内容可参考本书 4.2.1 和 4.2.2 小节。

- 定子包含线圈和硅钢片。
- 转子包含永磁体和回转件，其中回转件用于分隔永磁体。永磁体具有南北极，相邻的永磁体同侧磁性应不同。
- 减速器可大体分为行星齿轮减速器、谐波减速器、摆线减速器三大类。对于行星齿轮减速器，其可采用多级减速实现较大传动比，但是带来的问题是整体长度较长。谐波减速器和摆线减速器可实现同等尺寸下大传动比，整体尺寸紧凑。
- 编码器多布置于电机尾部，检测转子输出角度，也可在输出轴布置第二编码器，检测输出轴角度（可参考本书 8.2.1 小节内容）。
- 刹车也可称为抱闸，当通电时，其打开，未通电时，其抱紧电机转子轴。目前市面上多分为弹簧加压式抱闸和永磁体抱闸两大类，永磁体抱闸整体性能更为优越。

如图 7-22 所示为回转伺服电机结构图。根据电机外形可将回转伺服电机分为盘式、柱式两大类。人形机器人和外骨骼机器人多采用盘式电机。柱式电机也可用，只是其需利用圆锥齿轮传动，便于电机合理布局（可参考本书 7.5.2 小节内容）。

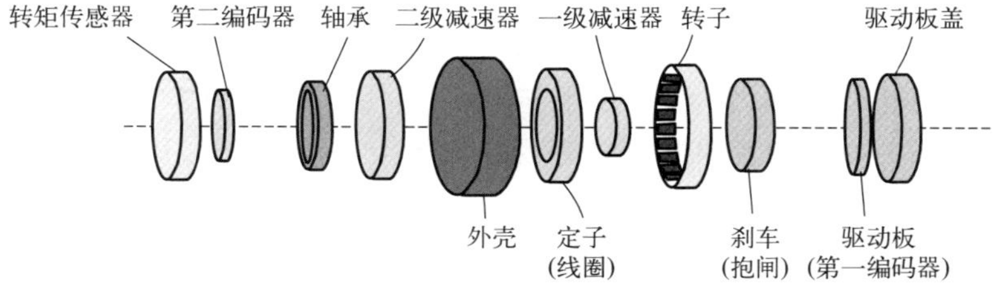

图 7-22　回转伺服电机结构图

7.3.2　直线伺服电机

直线伺服电机和回转伺服电机主要区别在于其输出运动形式。根据第 2 章可知，回转电机运动转换为直线运动一般可通过滚珠丝杠或行星滚珠丝杠实现。因此，其运动输入部

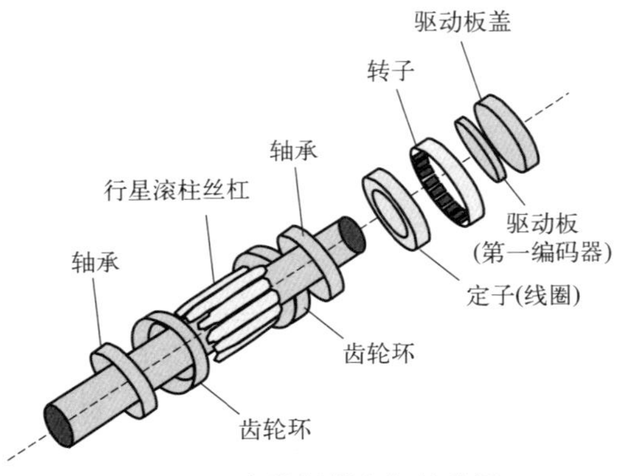

图 7-23　直线伺服电机结构图

分和回转伺服电机一样，都是定子+转子组成的电机。如图 7-23 所示为带行星滚珠丝杠的直线伺服电机。行星滚柱丝杠传动方式是在主螺纹丝杠的周围行星布置了多个螺纹滚柱丝杠，这样将电机的旋转运动转换为丝杠或螺母的直线运动，类似行星齿轮。行星滚柱丝杠与滚珠丝杠的结构相似，区别在于行星滚柱丝杠载荷传递元件为螺纹滚柱，主要优势是有众多的接触点来支撑负载，能够提供高于滚珠丝杠的额定动载和静载。螺纹滚柱替代滚珠将使负载通过众多接触线迅速释放，从而能有更高的抗冲击能力。直线电机-丝杠方案的优势是功耗低、负载能力强。

直线伺服电机主要用于需要完成直线运动、适合布置直线伺服电机的机器人关节或需要自锁功能的部位，例如手指屈伸、足部绕着踝关节屈伸、腕关节屈伸运动和桡偏尺偏运动。直线执行器的螺杆传动机构通过合理设计可具备自锁能力，可以形成一个低功耗且稳定的底部支架。如果采用传统抱闸制动电机方案，制动器需要占用额外重量且提供的制动力矩相对较小。

7.3.3　液压驱动

液压驱动传动平稳，结构紧凑、惯性小，易控制。但是液压传动对液压油温度的变化较敏感，并且会发生一定程度的漏油，易污染环境，传动过程中不能严格保证传动比，使用效率低。液压驱动大多用于抗震救灾和士兵作战等用途的外骨骼机器人，其承受负载能力强。如图 7-24 为液压驱动系统基本组成图，包含液体库、过滤器、泵、压力安全阀、方向安全阀、液压马达等。其中过滤器保护液压系统免受污染损坏。泵将驱动马达的机械能转化为流量和压力的液压能，用作移动致动器和旋转液压马达的原动力。安全阀将液压系统压力限制在特定压力，从而为泵提供过压保护。方向安全阀控制液压流体的启动、停止和方向改变。液压马达将液压能转化为机械能，以产生线性运动。其中输出力与液压流体压力和致动器活塞面积成比例。液压驱动方式功率密度高、极端工况适应能力强，适用于负重助力外骨骼设备、人形机器人。

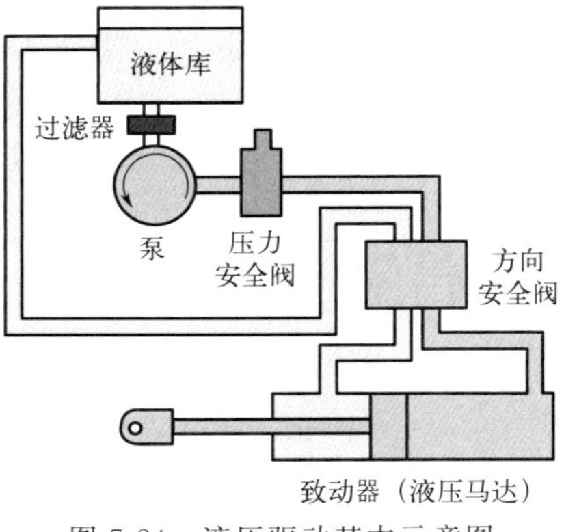

图 7-24　液压驱动基本示意图

7.3.4　气压驱动

在各种工业中，使用压缩空气来传输和控制能量的系统称为气动系统。这些系统主要通过使用由空气压缩机提供的恒定压缩空气供应来工作。压缩机从大气中吸入空气，并储存在一个叫作高压罐的容器中，之后，压缩空气通过一系列阀门或管道供应给系统。气压驱动与液压驱动原理类似，其优点是使用安全、介质不产生污染、工作压力低。其缺点是由于空气具有可压缩性，导致运动速度易发生变化，不利于精确控制其速度及位置，一般多用于小功率传动。气动系统管线图如图 7-25 所示。

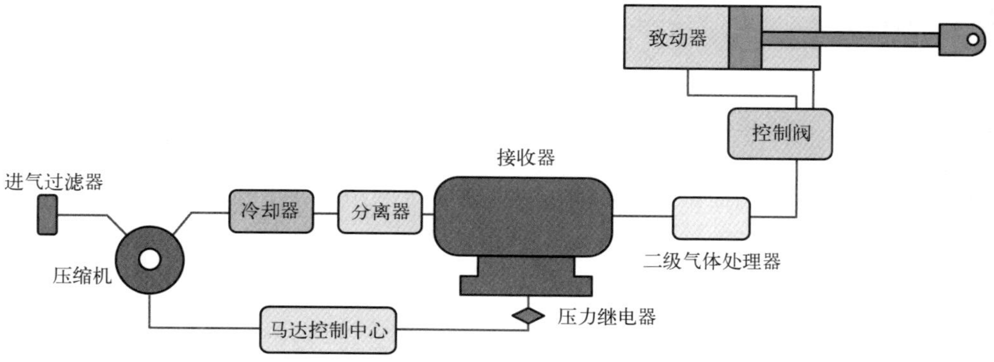

图 7-25　气动系统管线图

气压驱动具有反应速度快、抗冲击、过载能力强、易实现无级变速等特点。气动系统的构造可以通过使用不同的部件来完成。气动系统部件主要包括进气过滤器、压缩机、冷却器、分离器、电机控制中心、接收器、压力开关、二次气体处理器、控制阀和驱动器。进气过滤器用于过滤空气中的污染物，也称为空气过滤器。压缩机的主要功能是减少空气量和增加空气压力。马达控制中心用于向压缩机提供机械能。冷却器用于降低压缩空气的温度。分离器用于分离空气中的水分或水蒸气。接收器是一个高压罐，用于储存来自空气冷却器的压缩空气。压力继电器用于检测气压的增加或减少。控制阀用于改变气流方向。致动器利用压缩空气的能量，将其转化为机械能，得到最终输出。气压驱动多应用于手部外骨骼、手部假肢、医疗辅助型上肢外骨骼中，气压驱动也可用于人工气动肌肉中，进而应用于外骨骼或人形机器人。

7.4　构型分类

智能机器人构型一般可分为串联、并联和混联三大类，如图 7-26 所示。串联构型的

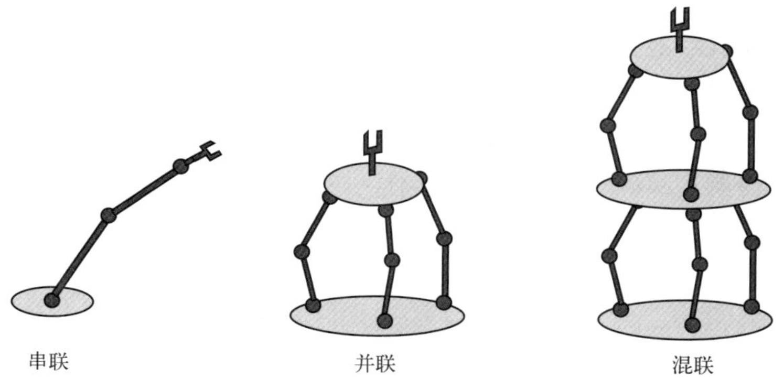

图 7-26　串联并联混联构型示意图

末端执行器和基座中间存在若干依次连接的杆件，末端执行器的运动由其中的所有杆件运动叠加而来，上一个杆件是下一个杆件的机架。并联构型的基座和末端执行器之间存在多个杆组，末端执行器的运动由这多个杆组运动综合而来，杆组与杆组之间的运动是独立的。混联构型是串联与并联的综合。

7.4.1 串联

串联构型机器人从基座开始，通过一系列的连杆和关节顺次连接。当前杆件的运动受到基座到该杆件上一级连杆和关节的运动影响，是它们的运动的叠加，这是最常见的机器人构型。

串联构型机器人结构简单，运动学关系明确，可利用第 3 章介绍的运动学和动力学知识建立其运动关系、力学关系等。一个主动关节对应一个原动件，其自由度数等于机器人所具有的主动关节数。一般而言，串联构型机器人正运动学解算较为容易，逆运动学解算较为麻烦。

如图 7-27 所示为串联构型示例，分别为串联机械臂（UR5e）和串联上肢外骨骼（编者自行设计）。其中串联机械臂为 6 个自由度，串联上肢外骨骼是双臂外骨骼结构，单臂具有 3 个主动自由度、1 个肩部自旋被动自由度、肩部上下左右调整被动自由度、上臂前臂长度调整被动自由度。

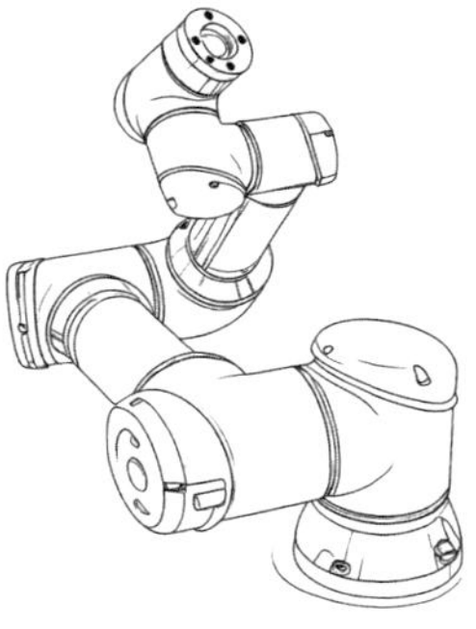

串联机械臂

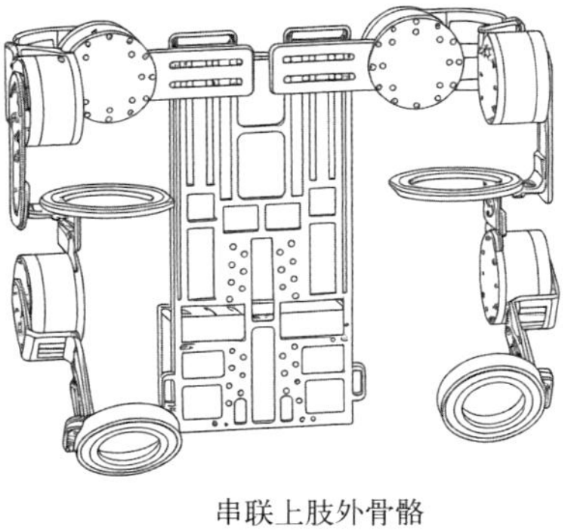

串联上肢外骨骼

图 7-27　串联构型示例

7.4.2 并联

并联构型机器人一般具有静平台、动平台和平台间连接件，通过多组平台间连接件的运动，改变动平台的位置和姿态。并联构型机器人整体刚度好、稳定性高且承载能力强，然而，并联构型机器人一般工作空间比串联构型机器人小。一般而言，并联构型机器人正运动学解算较为麻烦，逆运动学解算较为容易。如图 7-28 所示为并联平台和并联足部训练仪示意图。

7.4.3 混联

混联构型结合了串联和并联构型，依据不同位置的结构特点和需求，综合了串联结构和并联结构的特点。例如在刚度要求高、工作空间较小的区域采用并联构型，在需要大的

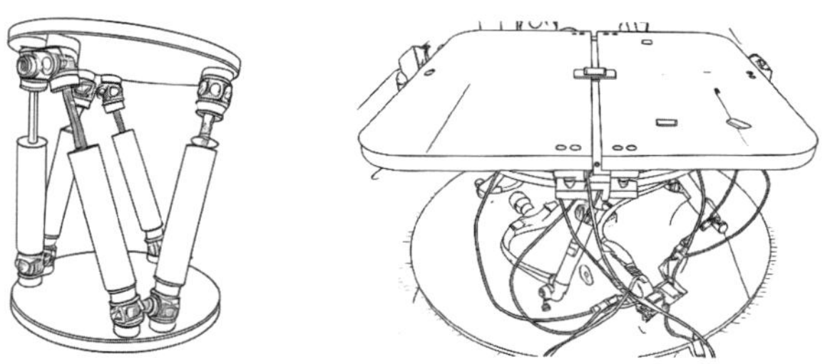

并联平台　　　　并联足部训练仪

图 7-28　并联构型示例

工作空间区域采用串联构型。如图 7-29 所示为混联构型机器人示例。该仿生假肢腿髋关节部分为两个串联的回转关节，大腿部分为连杆机构，小腿部分为并联平台。

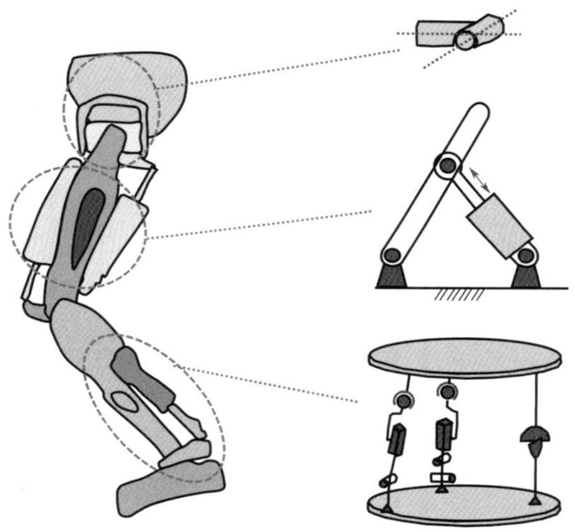

图 7-29　混联构型机器人示例[164]

7.5　康复机器人与外骨骼机器人分类、传动形式与设计要点

7.5.1　类型

康复机器人与外骨骼机器人可大致分为三类：穿戴移动式、末端接触式、穿戴不可移动式，如图 7-30 和图 7-31 所示。

（1）穿戴移动式

穿戴移动式的外骨骼或康复机器人整体相对轻便、便携，一般对应的主动自由度不多。主动自由度多将使得机器人整体重量较重，可将驱动电机部分布置于后背，通过重力平衡装置将主要重量传递到地面，减轻人体肢体负重压力。穿戴移动式整体机构的重力分布对于穿戴舒适性方面具有较大影响。再者，使用过程中，机器人是否移位将较大程度影响用户整体使用体验和安全性。

(2) 末端接触式

末端接触式是机器人末端执行器部分与人体肢体接触，通过末端执行器的运行轨迹带动人体肢体运动。例如上肢机械臂带动手臂运动，足踏机带动下肢运动，或床用康复训练设备带动肢体运动等。这种方式的人机连接部位多仅在末端和人手部位，使用方便，但是其运动具有不唯一性，一般适用于平面或床用，如图 7-30 和图 7-31 所示。

图 7-30 上肢康复机器人与外骨骼机器人常用构型[165]

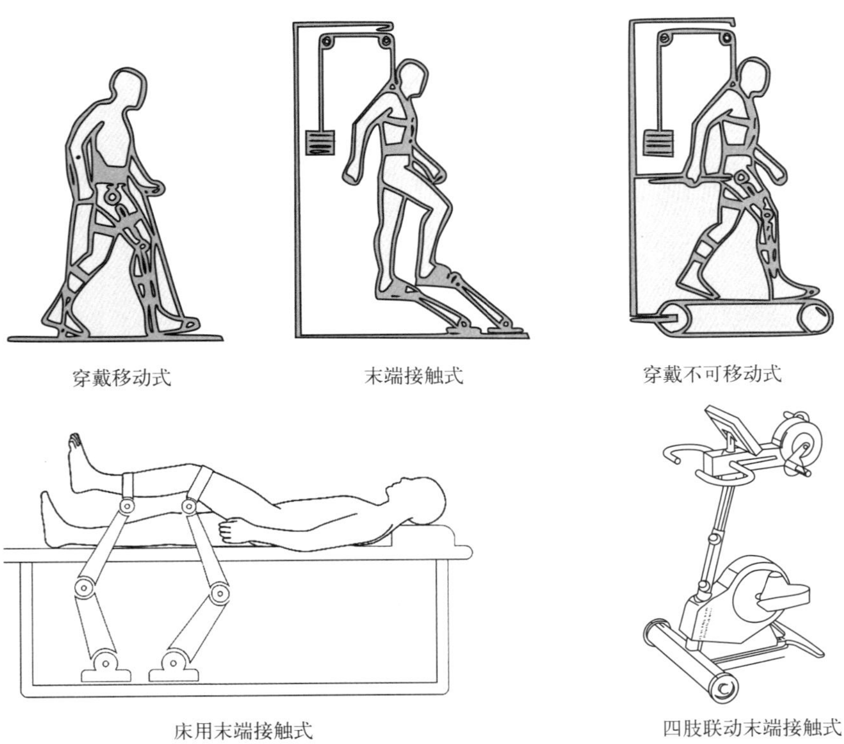

图 7-31 下肢康复机器人与外骨骼机器人常用构型

(3) 穿戴不可移动式

穿戴不可移动式多为较为笨重的康复设备，一般放置于专门的康复训练室。使用者并非时时刻刻穿戴，只有需要康复时才会穿戴使用。穿戴不可移动式可充分考虑用户肢体自由度，通过基座或重力平衡装置将整体机构悬挂。

7.5.2　传动形式

（1）直连式

目前大部分外骨骼属于直连式，通过采用盘式电机布置于各个运动关节处。盘式电机集成了电机、减速器、驱动器等，整体较为紧凑，使得外骨骼或康复机器人整体较为符合人体肢体流线特点，如图 7-32 所示。然而，人体腕部较小，采用直连式还是会显得整体不够协调，因此，也有不少研究者省略腕部结构或布置电机于合理位置，配合传动机构传递运动到腕关节。

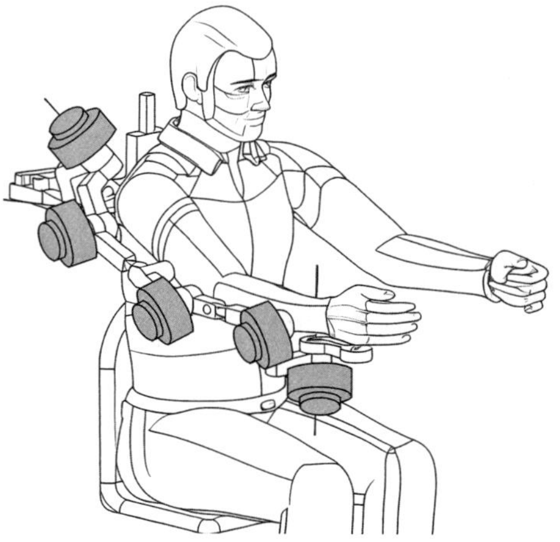

图 7-32　直连式示意图

（2）齿轮传动

一般运动减速部分已经在伺服电机减速器或减速箱完成了，齿轮安装精度要求较高。再者，齿轮整体偏重，因此，直齿轮或斜齿轮传动在康复机器人和外骨骼机器人中应用较少。一般可能采用锥齿轮或蜗轮蜗杆用来传递交错运动或 90°换向，例如长筒状伺服电机需配合锥齿轮或蜗轮蜗杆使用。当采用长筒状伺服电机时，如果直连，如图 7-33 左图所示，整体并不美观且一定程度影响运动。因此，一般需结合锥齿轮或蜗轮蜗杆，从而可将长筒状伺服电机布置于连杆流线方位，如图 7-33 右图所示。

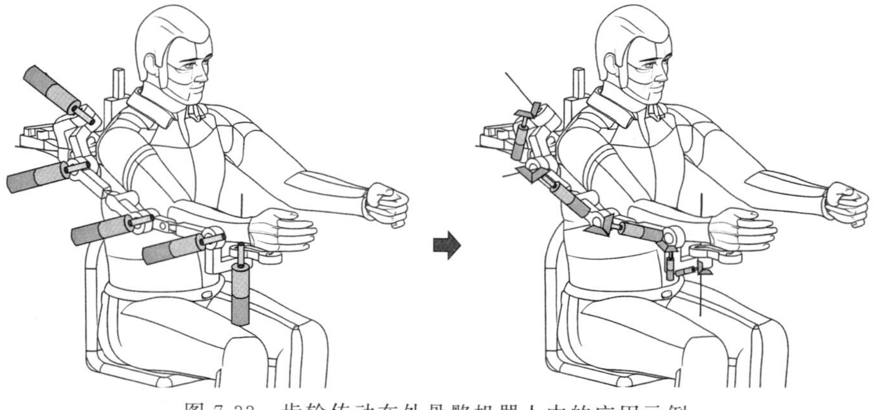

图 7-33　齿轮传动在外骨骼机器人中的应用示例

（3）钢丝绳传动

钢丝绳兼具较好强度和柔性特点。钢丝绳传动具有两大类形式，一类是将钢丝绳等价为柔性连杆，一类将钢丝绳传动等价替换齿轮传动和带传动等，具体可参考本书 2.5 小节内容。如图 7-34 和图 7-35 所示为钢丝绳传动应用实例，将如图 7-34(a) 和图 7-35(a) 所示的差速齿轮传动机构转化为钢丝绳形式。钢丝绳缠绕方式如图 7-34(c) 和图 7-35(c) 所示，传统的钢丝绳槽设计如图 7-34(b) 和图 7-35(b) 所示为台阶形式。驱动轮是斜面结构，从而更可靠地将钢丝绳缠绕在钢丝绳槽中，如图 7-34(c) 和图 7-35(c) 所示。图中蓝色和洋红色线代表第一驱动轮的一对钢丝绳，而红色和绿色线代表第二驱动轮的一对钢丝绳。由于钢丝绳是柔性的，其需提前张紧，故采用如图 7-34(c) 和图 7-35(c) 所示的两对张紧轮张紧钢丝绳。图 7-34(d) 和图 7-35(d) 所示为对应差速传动机构实物图。

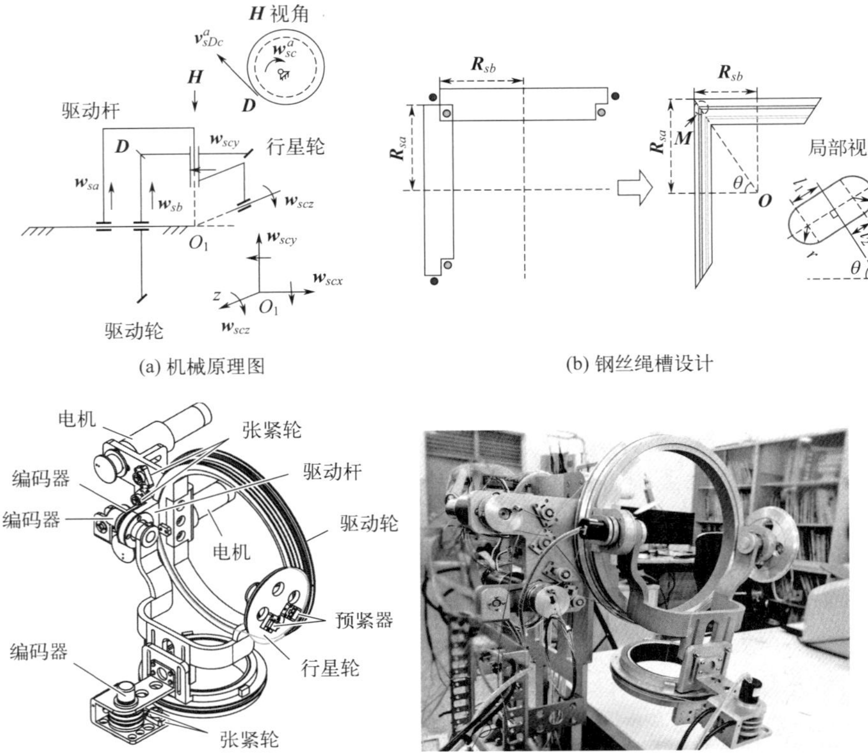

(a) 机械原理图　(b) 钢丝绳槽设计　(c) 钢丝绳缠绕示意图　(d) 实物图

图 7-34　钢丝绳传动肩关节

(4) 同步带传动

同步带传动多用于肢体自旋部分，这一部分的特点是肢体整体重量较大，直接采用齿轮传动将较重。同步带的优点是整体较为轻便，具有较好的柔性和准确的传动比。然而，同步带整体使用寿命不如齿轮传动且需定期张紧，保证传动可靠。

(5) 套索传动

当电机直接驱动关节时，将增加作用于人体的机器人本体重量。电机安装在关节处时，也需要占据一定空间，从而减小实际关节工作空间。更进一步地，电机的重量将增加整体负重从而增加上一级驱动电机的额定功率，这也导致所选电机的重量和体积更大。

为了减轻作用在人体肢体的机器人本体重量，采用套索传动机构实现电机与驱动关节分离，套索结构包含两部分：套和索。对应的关节由索拉动，套提供索运动通道，拉紧器提供预紧力并调整索长度。如图 7-36 所示为套索传动应用于上肢外骨骼的示例图。套索传动类似钢丝绳传动，只是其运动轨道通过波登管套规范，波登管套具有较好的刚度和柔性综合。套索传动必须设置预紧装置并结合换向迟滞补偿算法，保证传动准确性。

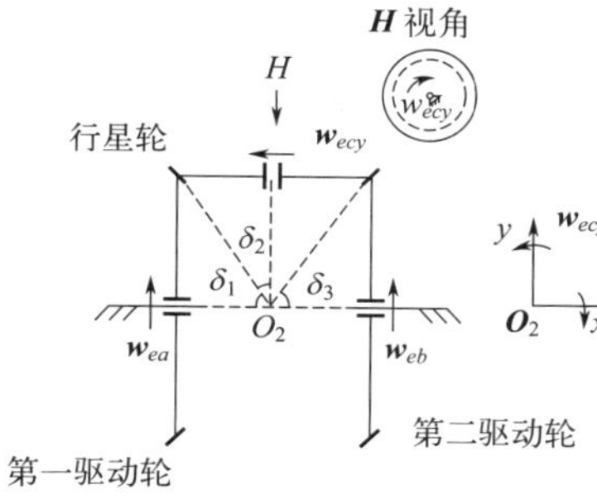

(a) 机械原理图

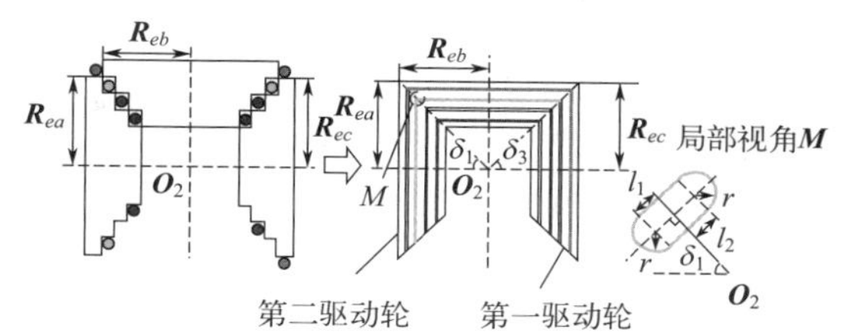

(b) 钢丝绳槽设计

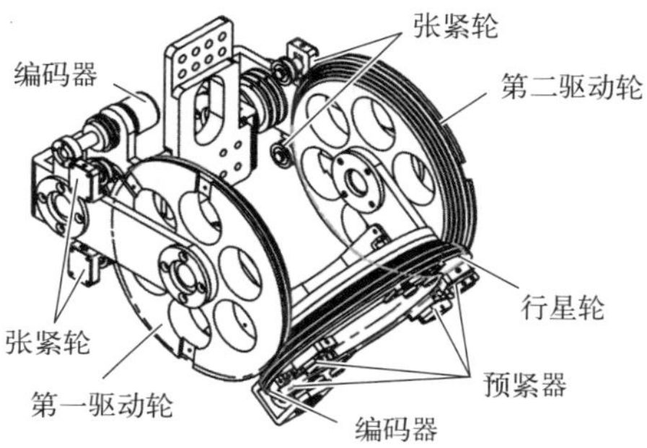

(c) 钢丝绳缠绕示意图

(d) 实物图

图 7-35　钢丝绳传动肘关节

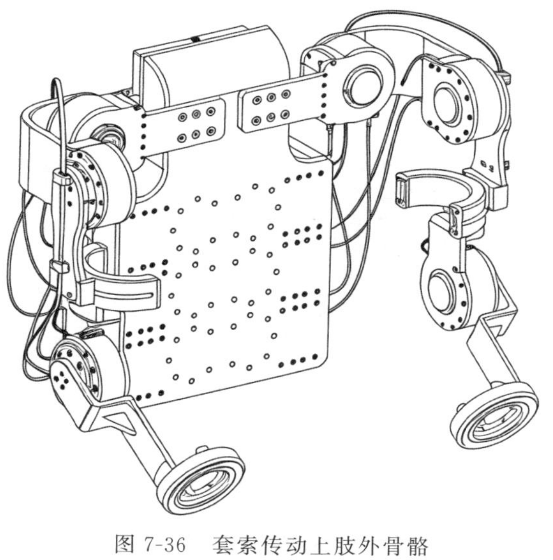

图 7-36　套索传动上肢外骨骼

（6）连杆传动

连杆传动多利用曲柄摇杆、曲柄滑块等典型机构，用于实现关节摆动或关节受拉回转运动。一般用连杆可实现多个关节同步按照一定规律运动，可实现耦合运动，例如康复手爪。如图 7-37 所示为连杆传动应用于手部外骨骼示例，来源于课题组工作[166]。该工作采用空间四连杆 RSSR（命名规则和代号参照图 2-2）机构传递动力，采用如图所示的平行四边形远程投影中心机构驱动 MCP 关节。其中平行四边形连杆 $EDFG$ 中 $ED=GF$，$EG=DF$，设置杆长 $GI=FN$。对此机构进行分析可知，铰接点 I 围绕着 N 点旋转，N 点是相对机架 DF 静止。平行四边形连杆 $HJIG$ 中 $HJ=GI$，$HG=JI$，为保证 PIP 关节的运动，保证四连杆机构有足够的空间，从而避免构件的干涉。双平行四边形机构驱动近节指骨挡板 JKL 围绕着 N 点旋转，整个机构围绕 MCP 关节运动，瞬时中心相对于地面连杆 DF 保持固定。

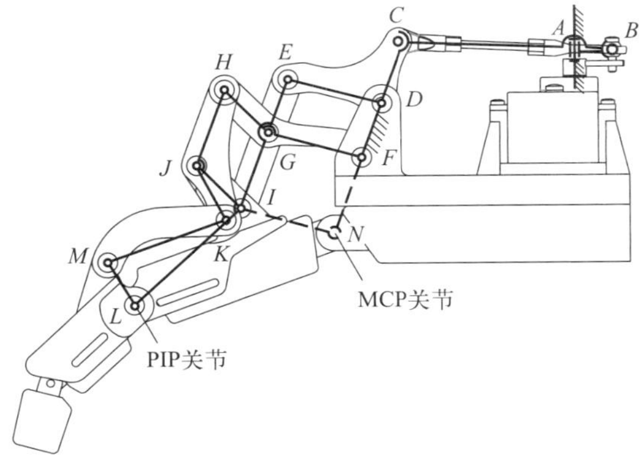

图 7-37　连杆传动手部外骨骼

(7) 气动波纹管传动

气动波纹管主要用于手部康复器械，其驱动能力较弱，手掌部分比较轻便。圆形波纹管结构软体致动器能够提供较大的驱动力，但是实际使用过程中致动器在正压驱动时容易产生不定向的扭曲，影响康复效果。如图 7-38 所示为本课题组所研制的基于偏心波纹管的手部康复软体机器人装置。

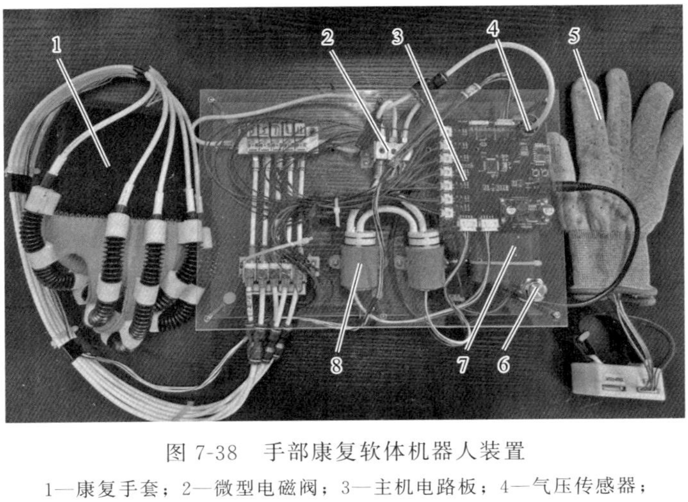

图 7-38　手部康复软体机器人装置

1—康复手套；2—微型电磁阀；3—主机电路板；4—气压传感器；
5—数据手套；6—电源开关；7—24V 锂电池；8—微型气泵

7.5.3　设计要点与思路

(1) 肢体运动还原

不论是穿戴式还是末端牵引式康复机器人和外骨骼机器人，本质上是希望能够带动人体肢体按照正常运动范围、运动特性等而运动。因此，机器人的运动需能够牵引肢体或同步肢体而运动。

① 穿戴式康复机器人和外骨骼机器人

a. 肩部和髋部　涉及的自由度和需还原的运动最多。如果完整参考人体结构，则肩部肩胛骨 3 个自由度，肩部 3 个自由度，髋部 3 个自由度。可根据实际情况需要，适当减少部分自由度。

b. 腕部和踝部　腕部和踝部的特点是结构紧凑、空间小、自由度多，一般为了保证自由度完整性，需通过传动机构，将布置于其他位置的驱动件能量传递到关节位置。

c. 肘关节和膝关节　肘关节和膝关节均为 1 自由度，不少研究会重点考虑其非标准旋转铰链结构特点，设计一些被动自由度，或设计一些连杆机构用于适应这一特点，实现关节中心对准。

d. 上臂、前臂、大腿和小腿自旋部分的设计考量　早期不少学者考虑采用同步带传动或齿轮传动实现自旋部分[167-169]，然而，这种直接包裹形式存在一定安全隐患。再者，不同使用者臂围不同，需设计对应调整机构。因此，后来不少学者考虑采用重新布局连杆连接顺序或采用连杆机构近似同步带机构实现[170,171]，从而规避这一问题，如图 7-39 所示。

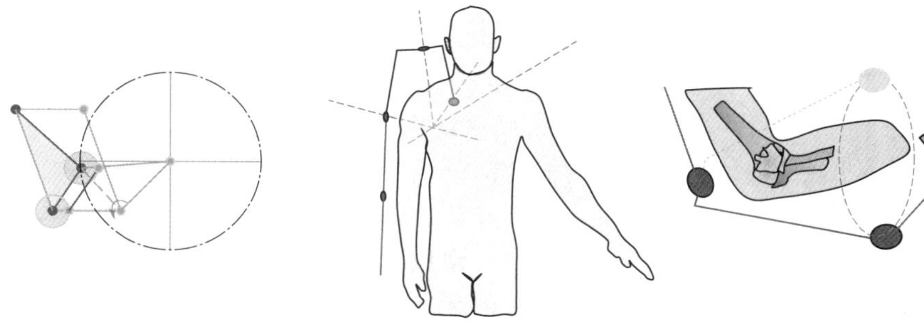

双平行四边形机构模拟前臂自旋　　上臂自旋自由度布局　　模拟前臂自旋构型

图 7-39　自旋运动构型设计示例[170,171]

② 末端牵引式康复机器人和外骨骼机器人　末端牵引式康复机器人和外骨骼机器人同样涉及肢体动作还原问题。正如上文描述的那样，末端牵引式机器人的关节与人体关节无固定匹配关系。通过减少机器人与人的接触点/接触位置而减少机器人对人的干涉或穿戴等问题，其整体设计可一定程度参考仿人机械臂，保证被牵引患者肢体末端运动在其正常运动范围内。然而，不能对上肢各关节进行精确的运动引导。具体而言：

a. 直接采用机械臂的设计思路，设计成桌面式、躺卧式、平衡台式。这几类的区别在于被连接位置是手掌、手臂、足还是腿部。

b. 采用多臂牵引思路，弥补单臂的无固定匹配关系的缺陷。

c. 利用连杆结构实现耦合运动，实现不同特定轨迹，减少驱动电机。这种方式轨迹相对单一，成本较低。

d. 上肢下肢构型需根据人体四肢联动协调性和规律，设计对应四肢联动结构，实现所需轨迹，一般多以连杆机构为基础进行设计。

(2) 杆长调节

这一部分的讨论主要适用于穿戴式。对于不同使用者或患者，其身高臂长存在较大差异，一般上臂、前臂、大腿、小腿、上下高度、左右间距（双臂外骨骼）位置均需要设计对应的杆长调节结构。杆长调节结构可根据有无驱动分为两大类：

① 有源杆长调节　一般适合布置于上下高度、左右间距（双臂外骨骼）位置的调节。因为这些部分的空间较为宽裕，且可通过机构或支架将这部分重量支撑抵消。

② 无源杆长调节　多适用在臂长和腿长调节位置，有卡扣式、摩擦式、滑动丝杠等结构。卡扣式可利用凸轮结构、带孔杆结构实现。也可通过摩擦式实现，例如调节螺钉孔位，但是这种方式装拆较为麻烦。滑动丝杠具有较好优点，可利用其结构自锁特点调节（参照本书 2.3.2 小节内容）。

(3) 穿戴舒适性

机器人与人需要连接，一般可捆绑肢体与外骨骼杆件；或人用手握住机器人末端；或足部固定在机器人末端；或手指外骨骼首末两端用魔术贴捆绑。一般可分为三大类：

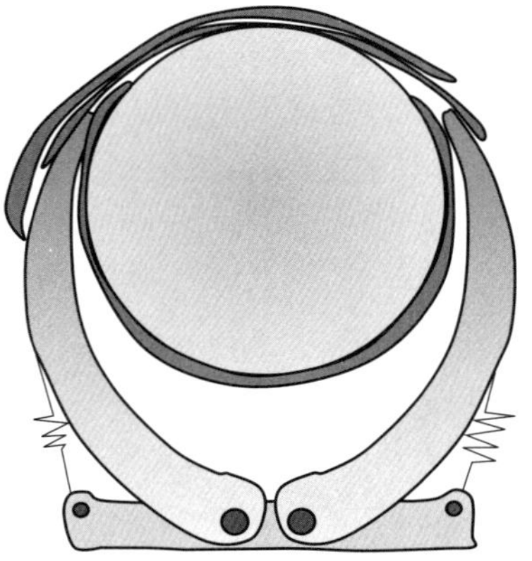

图 7-40　绑带式人机连接示意图[172]

① 绑带式　绑带式一般采用魔术贴或医用绷带等通过结构穿孔位置后，缠绕人体肢体固定，如图 7-40 所示。也可采用全包覆柔性布料裹紧肢体，这种方式设计时重点考虑如何调节捆绑松紧程度，如何避开传感器（例如 sEMG 传感器），是否影响和干扰被捆绑肌肉产生的 sEMG。

② 硬质结构件＋内衬　这种方式包含硬质结构件和内衬两部分。硬质结构件需根据肢体结构匹配对应外观、尺寸或自适应调节。内衬用于保护肢体，防止刮伤或挤压伤。硬质结构件的设计尽量适用不同用户或患者，需重点考虑硬质结构件如何和内衬连接固定。

③ 定制模具　这种方式和假肢接受腔类似，区别在于其是包裹在完整肢体外面。定制模具可采用软材料、硬质结构件或两者结合方式，区别点主要在于定制化带来的更加舒适的穿戴体验和更加昂贵的花费。

(4) 重力平衡

对于外骨骼或康复机器人应用场景，由于其整体关节运动速度和加速度相对较小，因此，重力项 G 占据机器人动力方程较大比重。如果能够通过机构设计将这部分平衡抵消，则将带来很多益处。当机器人自由度多时，未考虑重力平衡的结构将带来一些问题，具体如下：

① 穿戴不方便　如果电机不具有抱闸功能，无重力平衡的装置在未通电时的每个关节都是自由活动的。自由度越多，机器人整体运动可能性就越大。穿戴机器人时需提拉机器人杆件，机器人整体重量重，使得穿戴时较为困难，易引起穿戴者受伤问题。

② 底盘电机负载压力大　自由度越多，底盘电机需负载的驱动电机和被驱动杆组叠加重量越多。力越大，杆组越多，力臂越长，进而使得驱动力矩越大。

③ 关节电机控制难度增大　重力项抵消本质是前馈控制。通过结构实现重力平衡，相当于前馈调节。此时起始点和目标点之间的差值较小，再进行关节力/力矩控制将较为容易。反之，则关节电机控制难度增大。

重力平衡问题可通过以下一些方式解决：

① 驱动单元与被驱动件分离　一般而言，驱动单元包含电机、减速器、驱动器等，占据机器人整体重量比重大。这一部分可通过将驱动单元和被驱动件分离的方式减轻机器人本体重量。钢丝绳传动和套索传动等方式可实现远端传动，进而驱动单元可放置于背板或其他固定位置，使得机器人本体部分重量变轻。可参考本书 7.5.2 小节套索传动设计或钢丝绳传动设计内容。

② 牵引式重力平衡　类似提线木偶，在机器人整体关键部位，例如末端、底盘处、中间位置，布置柔性绳，将机器人整体重量由这部分牵引抵消，如图 7-41 所示。由于采用柔性绳，即使机器人运动，其也可随之变形顺应。

③ 关键关节重力平衡　借助连杆机构和弹簧结构，将重力通过弹簧储能系统抵消，如图 7-42 所示。或通过滑轮和钢丝绳，钢丝绳连接弹簧，弹簧吸收或释放能量，可参考本书 2.2.3 小节内容。

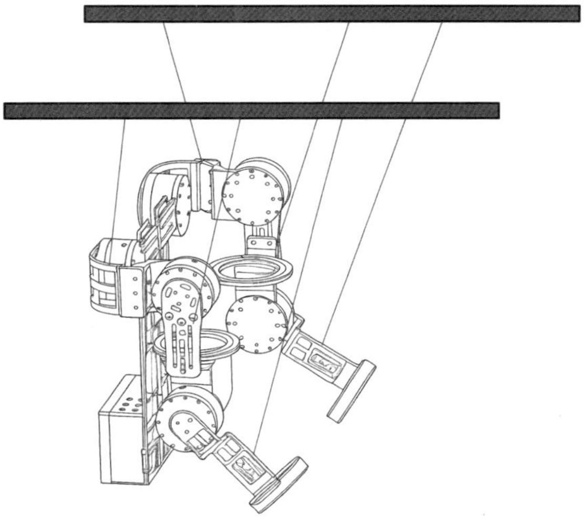

图 7-41　牵引式重力平衡示例

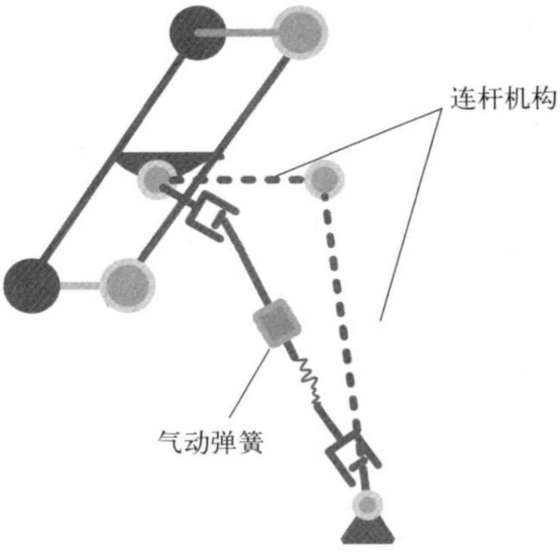

图 7-42　关键关节重力平衡示例

(5) 关节中心对准

人体肩关节、腕关节、髋关节和踝关节并非严格意义的球关节，肘关节和膝关节也并非严格意义的铰链关节。因此，实际关节运动时，其回转轴并非相对于被连接肢体保持不动。基于这一认识，关节中心对准问题被引出，目的在于机器人模仿人体关节运动特点，使得辅助患者或用户运动时，机器人关节回转中心轴或回转轴交点与人体关节中心保持对准状态。现有技术多采用连杆模拟膝关节或肘关节回转特性；或增加被动自由度，使得其被动适应回转轴。例如本书 2.2.3 小节图 2-11 所示四杆机构实现关节中心对准。如图 7-43 所示为一种膝关节中心对准结构设计[12]。

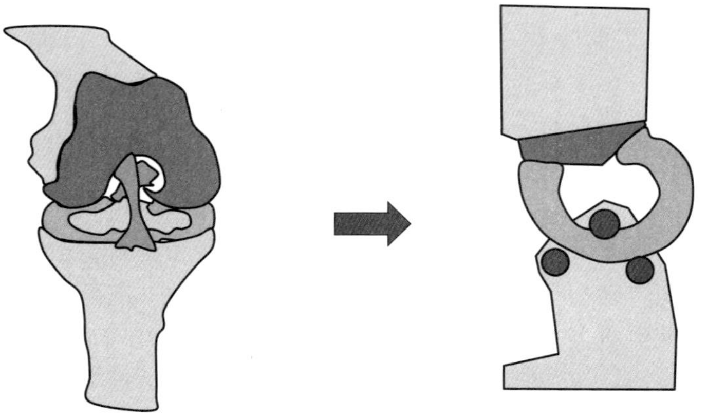

图 7-43　关节中心对准结构示例[12]

(6) 左右互换

人体手臂、手、腿、足左右镜像对称。很多时候，单侧康复或外骨骼机器人只能用在一侧，另一侧因为镜像问题无法使用。因此，如何设计可镜像使用，具有左右互换功能的机器人是重要的且有必要的。一般需考虑如下几个方面：

① 驱动单元与传动单元　一般而言，电机驱动单元都是圆周对称分布布局。但是也有少部分电机驱动单元的电机输出轴是偏心布置，此时就需考虑是否可镜像使用。传动单元部分一般可通过调整连接部位而实现左右互换，设计时需考虑调整结构。

② 连接件开孔和螺纹布置　连接件是实现左右互换的主要考察点。连接件外形、镜像轴（有些时候是多个镜像轴）、螺纹打孔位置分布、缺口等均需考虑对称设计或冗余设计。

(7) 柔性关节

人体关节都是具有一定柔性的，设计机器人关节时亦可考虑这一设计要点。通过增加柔性单元，使得机器人具有柔性特点，在受到冲击时，具有较好的缓冲性和安全性。如图 7-44 为一种柔性关节设计方案，采用多组弹簧实现关节柔性。

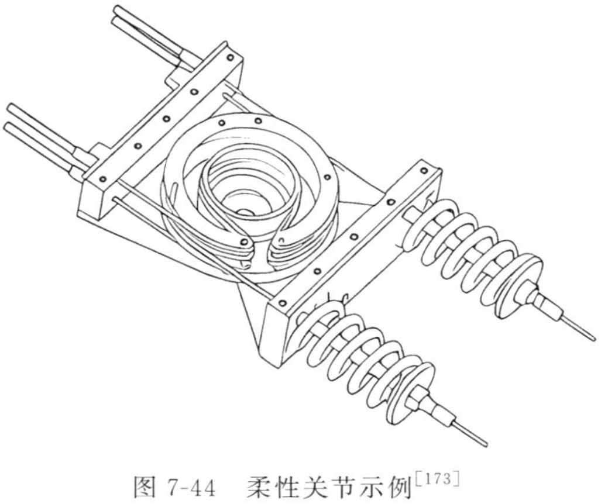

图 7-44　柔性关节示例[173]

7.6　智能假肢分类、传动形式与设计要点

假肢因其替代人体肢体功能需求、接受度、伦理等原因，其整体结构和功能均以模仿人体肢体为主要出发点。因此，假肢结构外观结构较少出现非常规非拟人构型。一般根据患者肢体残缺程度，设计或配置不同自由度和功能的假肢。

7.6.1　类型

可简单将假肢分为被动式假肢和主动式假肢两大类，如图 7-45 所示。两者主要区别在于假肢体部分是否存在传动和动力源系统。

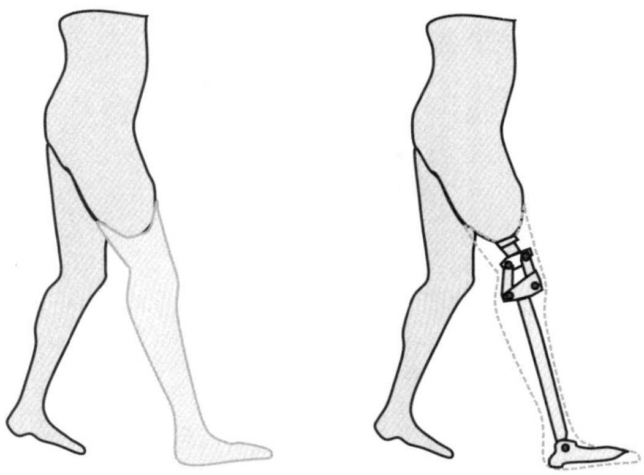

被动式假肢　　主动式假肢

图 7-45　被动式假肢与主动式假肢示例

（1）被动式假肢

无驱动单元，通过结构、材料、被动自由度等形式实现一定智能化水平的假肢。其整体特点是较为轻便，功能较少，有一定辅助支撑作用。

（2）主动式假肢

根据人体肢体结构特点，布置主动驱动单元，仿生设计对应假肢，一般包含接受腔、假肢主体、驱动单元、传感单元等。需根据需求、续航等折中选择和设计功能。例如针对下肢截肢患者设计的下肢假肢多仅保留踝关节屈伸、膝关节屈伸两个自由度，其他关节及其运动均省略。

7.6.2　传动形式

假肢传动形式与其驱动形式密切相关。假肢驱动可分为耦合驱动、全驱动和欠驱动三大类。其中耦合驱动是利用多个关节之间的运动耦合关系，利用一个执行器通过传动机构控制所有关节自由度；全驱动机构则在每一个关节处均布置独立的执行器，具有高灵活性和完整自由度，但是其整体重量较重且传动机构布局会比较臃肿；欠驱动是执行器少于实际自由度。大多数假肢的传动形式多采用连杆、拉索、气动肌肉等类肌肉拉伸效果的传动方式，配合耦合驱动或欠驱动方式，从而较为方便地布置驱动单元于非关节处。

(1) 连杆式

连杆式是最为常见的假肢传动形式。对于假肢手爪，一般需增加弹簧用于防止连杆关节松动。对于假肢膝关节，一般采用交叉布置形式连杆结构，提高整体刚度。连杆传动可利用多个连杆的相对运动关系，实现近似的多关节同步运动。连杆传动分为平面连杆和空间连杆。图 7-46 为编者设计的连杆式假肢手。

(2) 拉索式

拉索式是利用拉索，模拟人体肌肉、肌腱作用骨骼的效果，具有更好的灵活性。其缺点在于负载较低，拉索需要被拉紧才能起作用，不耐磨损。再者，拉索一般需成对使用，实现拉和松两个方向的运动，一般需在假肢对应关节处设置一定的拉索固定点。拉索式多配合气动肌肉或直线电机等作为执行器完成拉和松两个方向运动，如图 7-47 所示为 Shadow hand 拉索式假肢图例。

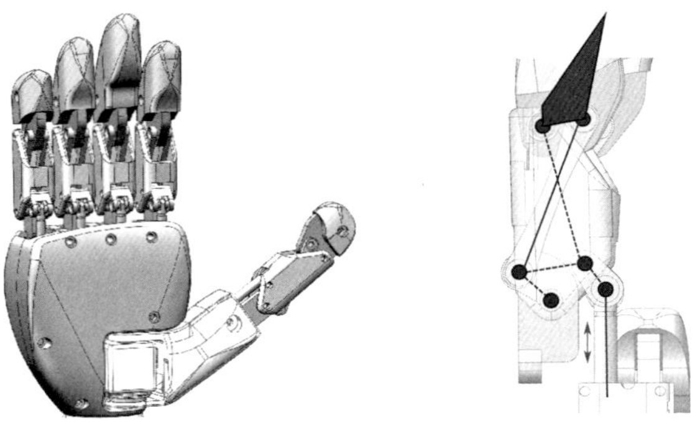

假肢手　　　　假肢手单指原理图

图 7-46　连杆式假肢手

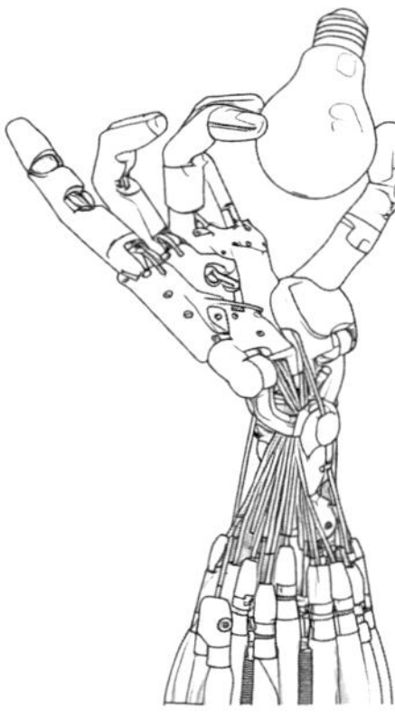

图 7-47　拉索式假肢示例（Shadow hand）

(3) 气动肌肉式

气动肌肉由硅胶管内芯、覆盖硅胶管的聚碳酸酯编织网、密封两端的密封件、从一端提供气压的聚氨酯软管组成。其具有较好的柔性，负载能力较弱，需配置对应的气动元器件，便携性较差。如图 7-48 所示为 Festo 公司研制的气动假肢手。

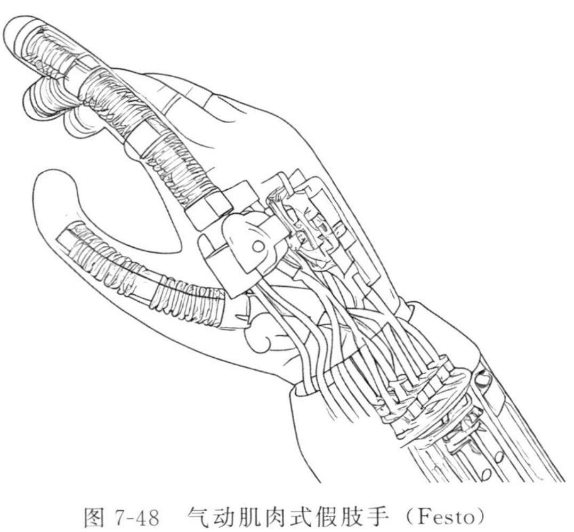

图 7-48　气动肌肉式假肢手（Festo）

(4) 齿轮传动

对于大关节，采用齿轮传动较为适合，小关节也可以用齿轮传动，但是整体尺寸受限较大，一般采用模数小齿数少或变位的齿轮，存在较大背隙。再者，齿轮传动整体负载不如蜗轮蜗杆或丝杠结构。

(5) 蜗轮蜗杆

蜗轮蜗杆传动本质上也是齿轮传动的一种，其主要特点在于具有自锁。例如假肢手可利用蜗轮蜗杆传动将电机运动传递到假肢手指，方便布置电机于手指指向方位手掌部。如图 7-49 所示为蜗轮蜗杆和齿轮传动在假肢手中的应用示例，图 7-50 为蜗轮蜗杆和齿轮传动在假肢腿中的应用示例。

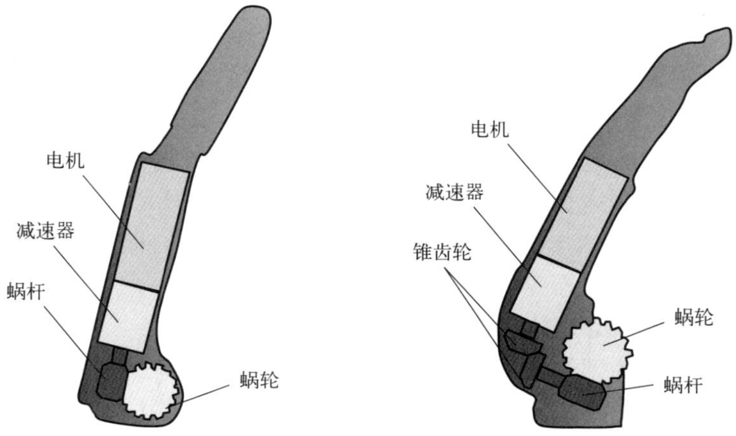

图 7-49　蜗轮蜗杆和齿轮传动在假肢手中的应用示例[174]

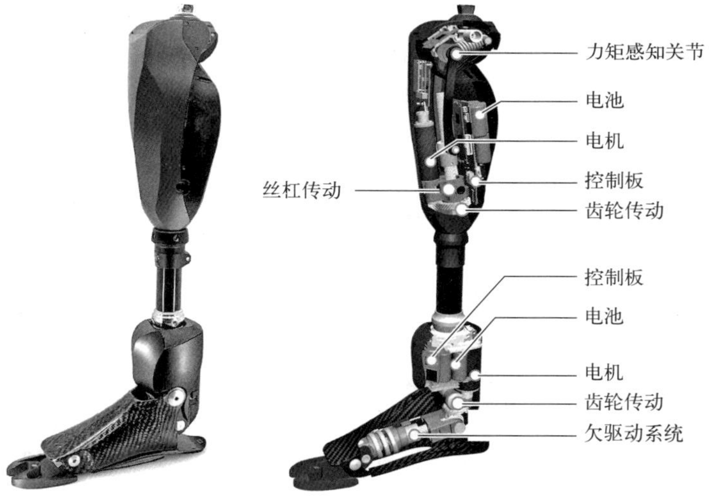

图 7-50　蜗轮蜗杆和齿轮传动在假肢腿中的应用示例[175]

7.6.3　设计要点与思路

（1）仿生结构

智能假肢的特点之一是其仿生结构，仿照人体肢体运动、肢体生物力学结构、肌肉骨骼肌腱布局与受力等。一方面应从功能和运动学方面尽量贴近正常人体肢体运动；另一方面，由于现有驱动、材料等的限制，为了保证整体尺寸大小与人体肢体一致，保证适当的续航能力、适当的重量等，并非完全仿照人体肌肉骨骼肌腱布局和受力，需有选择地采用欠驱动、耦合驱动等形式，简化驱动单元数。例如尽管人体真实手指运动存在多个指关节运动，考虑到结构紧凑，现有智能手爪多将手指屈伸运动简化为一个自由度。假肢足部一般多考虑踝关节运动，将足趾运动省略，一方面是足趾运动在行走过程中可忽略，另一方面，足趾部分支撑整个肢体重量，若设计较为复杂的结构，其整体刚度强度需重点考量。

(2) 结合面舒适性

假肢是残疾人缺失肢体的延续与补充，其机械结构如何与人体柔软肢体结合是重要的。结合面舒适性直接影响假肢使用效果。结合面未做好将直接影响使用体验，甚至带来二次伤害。假肢接受腔是保证结合面舒适性的重要部件，一般需根据人体肢体断面形状做定制化设计。

接受腔一般分为全接触式接受腔和框架式接受腔。其中全接触式接受腔可分为真空辅助吸附接受腔、可变几何接受腔、电控式可调式接受腔。框架式接受腔的接受腔与残肢不完全接触，可分为压缩/释放稳定接受腔、可调节接受腔。结合面舒适性问题是接触力学、接触面皮肤摩擦学、材料学等多学科问题。

(3) 工程学与工业设计、外观造型与强度

假肢结构一般需分为两部分：主体结构件、外观件。其中主体结构件多采用金属制作，强度好，形状相对单一。外观件需考虑仿生设计和工业设计要求，多采用硅胶、塑料等制作，同时需兼顾整体耐用性和合适的强度。例如目前商用假肢手爪多在手掌部分主体结构件外再覆盖一层硅胶保护套，仿照人体手掌肌肉和大拇指结构而设计。为了不干涉大拇指运动，多在大拇指和手掌结合处设置多褶皱硅胶结构，兼顾强度、外观工业设计和耐用性。足部假肢表面和仿生手背部多采用塑料或碳纤维，在保证强度的同时，兼顾轻便。

(4) 工况复杂性：灰尘、防水、安全、耐用

假肢的理想作用在于能够完全替代缺失肢体功能。正常人体经历的场景多样，不可避免地存在灰层、水汽、电磁干扰等。因此，假肢结构设计时亦需考虑防水防尘问题，防水防尘问题在 2.7.3 小节有所论述，具体到假肢则需根据肢体仿生结构特点做一些调整。例如足部假肢主要保留踝关节自由度，那么足掌部分则只需要考虑静态防水防尘，上肢、下肢运动关节处则需考虑动态防水防尘。假肢手部分因其结构非常紧凑，一般多整合医用级硅胶包覆层用于保护手部分，避免灰层和水。

(5) 功能与结构紧凑、整体重量的权衡问题

需合理权衡假肢整体功能与自身结构是否紧凑、重量是否符合日常使用。例如目前上肢假肢多仅保留肘关节和手掌手指功能，省略肩关节、腕关节功能；下肢假肢多仅保留膝关节和踝关节屈伸自由度，省略髋关节、踝关节和足掌足趾其他自由度运动功能。然而，从整体重量和结构紧凑方面考虑，可通过调整驱动单元、供电单元和被驱动单元分布来合理布置，增加假肢关节运动自由度和功能，例如供电单元和部分驱动单元可后置于后背背包位置。

(6) 其他

智能假肢的其他设计要点和思路与上一节类似，例如杆长调节、柔性关节、重力平衡，这些问题在假肢设计时亦可重点考虑，优化提升假肢使用体验。

7.7 人形机器人分类、传动形式与设计要点

人形机器人发展至今，其结构设计这一方面，相对于康复机器人、外骨骼机器人和假肢存在较多开放性。一部分原因在于绝大部分人形机器人并不需要被人体穿戴，其一般独

立于人而工作。尽管与人类也有不少的交互和接触，但是人类与人形机器人的交互和接触绝大部分属于末端执行器的外部受力或关键杆组受力。理想状态下，人形机器人应完全仿照人类的行走能力、肢体活动协调能力、手部灵活抓取能力。本质上，人形机器人肢体部分，即手臂部分可等同于双机械臂结构，手爪部分可等同于假肢手部分。这两部分在几乎所有的人形机器人中均存在。区分不同人形机器人类型主要在其足部结构。因此，大体而言，人形机器人可分为足式、轮式和轮足式。其中足式是最接近人类形态的人形机器人，然而其缺点在于为了维持足式稳定性，需耗费一定能量。轮式人形机器人可理解为安装于轮式车上的双机械臂，其整体能量利用率是最高的。轮足式则综合了轮式和足式的优点，可通过结构变形适应不同使用需求或地形。

7.7.1　类型

（1）足式

足式人形机器人具有和人类接近的腿部形态，其行走方式也和人类接近，如图 7-51 所示。根据行走需求、人体腿部关节和自由度布局，可设计人形机器人腿部结构。理论上足式人形机器人的地形适应能力是最强的，但是其稳定行走控制是一个重点。足底结构、传感器、驱动、控制算法等均影响其整体稳定行走效果。

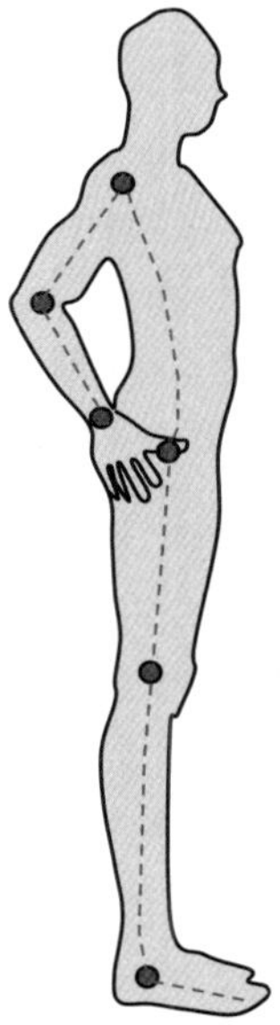

图 7-51　足式人形机器人示意图

（2）轮式

由于足式结构人形机器人的行走稳定性较差，腿部行走能量需求较大等原因，发展出轮式人形机器人，代替足式人形机器人。轮式人形机器人稳定性比足式人形机器人高且不需要耗费大量能量去维持整体稳定。轮式人形机器人的足部可设计为整体式底盘，也可以设计为分离式底盘。对于整体式轮式底盘，其可看成是双机械臂安装于移动底盘系统，其最大的益处在于具有较为稳定的滑行能力，对于比较崎岖的地面，则需将底盘更换为越野履带式。分离式底盘结构形式人形机器人相对于整体式底盘更为灵活适应不同地面和任务需求，如图 7-52 所示为课题组设计的整体式轮式底盘人形机器人。

（3）轮足式

轮足式人形机器人完全保留髋关节、膝关节和踝关节，仅仅将其足部换成轮式，使得其兼具行走和滑行能力，在足式和轮式中间获得一个较好平衡。不同于以上论述的轮足式具有轮式足式同步并存运动，还有一类轮足式，是一类可自由切换足部为轮式和足式，通过改变足部结构，使得其可从轮式结构变换为足式结构，反之亦可。如图 7-53 所示为课题组设计的轮足自主切换的双足人形机器人。

7.7.2　传动形式

（1）直连式

目前绝大多数人形机器人采用的传动形式是电机直连式，采用集成了电机、减速器、驱动器和传感器的盘式扁平电机放置于对应关节处，配合杆件组合，形成串联结构。然

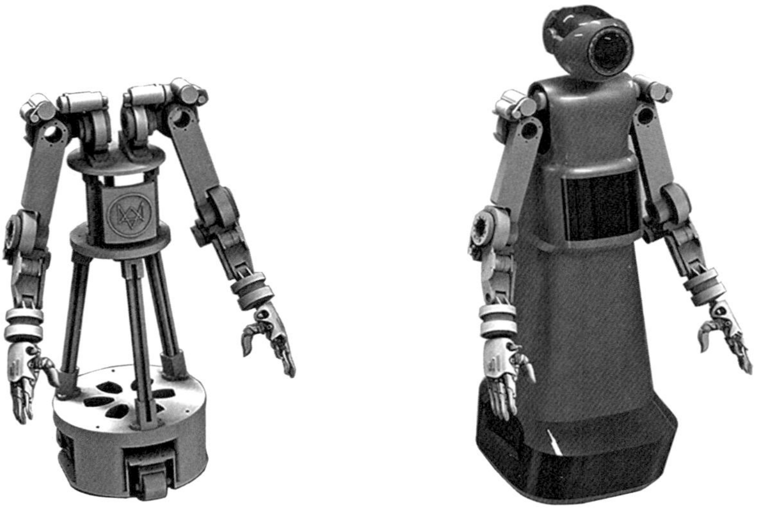

图 7-52 轮式人形机器人三维模型示例

图 7-53 轮足自主切换的双足人形机器人三维模型示例

而，在腕关节、踝关节这种自由度高、关节尺寸小的位置，直接采用直连式将使得整体结构不协调。

（2）齿轮齿条传动、皮带传动和蜗轮蜗杆传动

一般多用小齿轮、不完全齿轮、齿轮齿条用于运动传递。齿轮齿条传动可实现回转运动转直线运动。锥齿轮传动和蜗轮蜗杆传动可实现 90°运动传递，可用于垂直布置驱动单元和传动机构场景，例如仿人机器人手爪运动传递。

（3）连杆传动式

连杆在仿人机器人中应用较多，典型应用包括前臂腕关节两自由度并联机构运动、仿生手指结构、手臂躯干连接处重力平衡机构等。

（4）钢丝绳传动

人形机器人中钢丝绳传动因其兼具刚柔特性应用较多，并且部分已商用，钢丝绳传动可实现驱动单元与被驱动关节分离，因此其可实现机器人手臂轻量化。钢丝绳传动类型可参考本书第 2 章介绍，在人形机器人中，亦有差动钢丝绳传动机构的应用。

（5）滑动丝杠和滚动丝杠

滑动丝杠和滚动丝杠主要作用在于直线运动传递，在拟人肩关节、仿生手、仿生前臂、小腿等部分应用较多。再者，也可利用其自锁特性，用于一些无驱动单元结构处。如图 7-54 所示为丝杠在人形机器人中的应用示例。

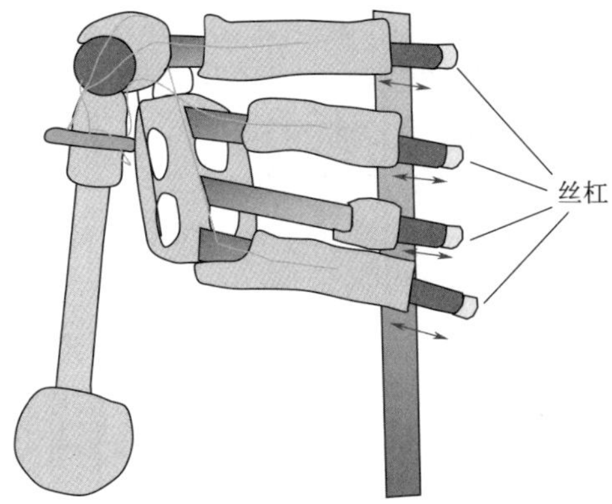

图 7-54　丝杠在人形机器人中的应用示例[176]

7.7.3　设计要点与思路

（1）人体肢体结构模拟

仿人机器人模拟人体肢体结构是重要设计要点，一般需综合考虑关节特点、驱动单元选用、传动形式配合等。对于大关节，例如肩关节、髋关节、腰部关节，一般其布置驱动单元和关节相对简单一些，可按照常规串联机械臂思路设计布置。对于小关节且自由度多部位，例如腕关节、踝关节、手部关节，一般不能完全采用串联机械臂思路。现有对于小关节的设计思路多采用两类：一类是采用直线电机或直线传动形式，另一类采用驱动单元与被驱动单元远离策略。如图 7-55 所示为直线电机应用于腕部结构。腕部结构空间有限，因此，一般采用 2 自由度并联结构。剩余的前臂自旋自由度，采用常规电机直连形式，只是将其布置于 2 自由度并联机构首末端的其中一端，这样前臂结构更像人类前臂，如图 7-55 所示。肩关节这种大关节可方便利用串联机械臂思路，电机直连布置，其整体尺寸也和人类肩部尺寸接近，不突兀。但是如果腕关节这种小关节处也采用机械臂思路，则其显得较为突兀。因此，可采用驱动单元与被驱动单元远离策略将驱动单元与被驱动单元远离，通过平行四边形连杆机构或钢丝绳传动等传动结构，实现驱动单元布置于大关节位置。关于手部结构模拟的讨论可参考上一节。再者，也有部分学者考虑完全模拟人体肌肉骨骼运动机理，通过布置人造肌肉或拉索，模拟肌肉拉动骨骼运动，如图 7-54 所示。

（2）行走能力与能量利用率问题

人形机器人行走过程中，其踝关节和足部需承载整体机器人所有重量，耗能较大。目

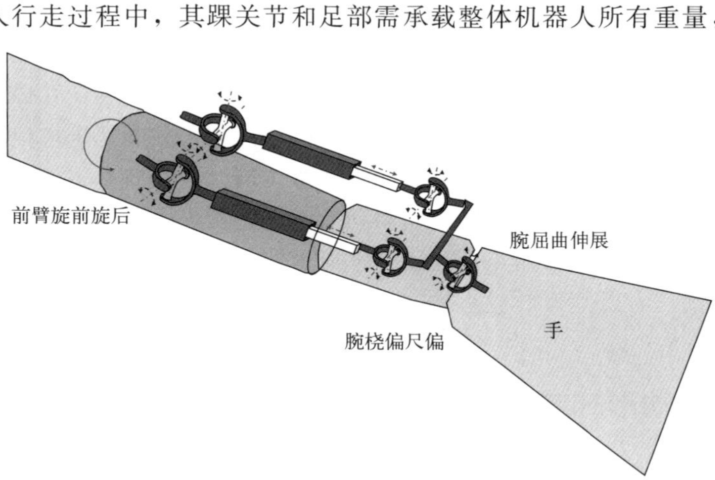

图 7-55　仿人机器人前臂结构示例（Tesla Optimus-Gen2）

前多通过结构和步态优化两种策略提高能量利用率。结构设计方面：通过设计足部，调整其整体刚度和柔性；设计平行弹性元件于小腿部位、大腿部位，利用弹性元件，合理吸收和释放能量，提高能量利用率。

(3) 轮式足式切换机构

轮足式切换主要目的是适应不同路面，合理的切换可提高能量利用率和行走能力，如何切换轮式足式在结构方面具有非常多的有意思的思路和方案：

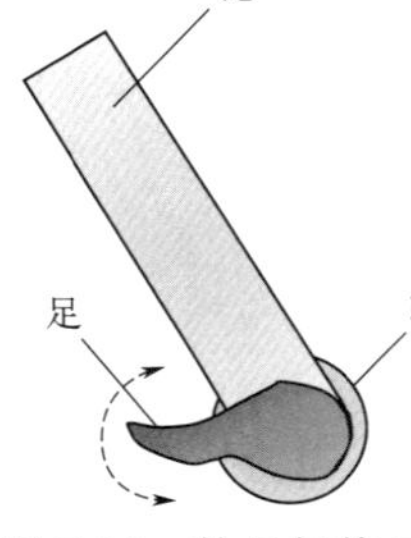

图 7-56　轮足切换示例（腾讯“小五”）

① 例如图 7-56 所示的是腾讯 Robotic X 实验室设计的轮足机器人对应的切换思路，在轮侧面增加了足式结构，通过调节足式结构夹角，切换轮式足式。

② 例如图 7-53 思路，通过变形结构，将轮式结构变形为足式结构。设计切换机构时需考虑齐全整体结构稳定性、可靠性、切换顺畅等，再者，切换后其应具有自锁特性。

(4) 其他

人形机器人结构设计方面还存在重力平衡问题、柔性关节、工程学与工业设计、工况复杂性问题、功能与结构紧凑问题，这些部分可参考上一节关于假肢、康复机器人方面的讨论，整体是相通的。

7.8　智能机器人构型前沿研究工作案例分析与总结

7.8.1　仿生构型

如前所述，以康复机器人、外骨骼机器人、假肢、人形机器人为主要代表的智能机器人整体，是围绕人类而展开相关研究和设计工作的。因此，如何模仿人类的动力输出、传动特性、肌肉或骨骼分布等，开展仿生构型设计工作一直以来是重要的前沿工作方向。例如图 7-54 所示的完全仿照人体肌肉生长状态来模拟的机器人，图 7-43 所示的模拟膝关节非完全铰链形态。在设计仿生构型机器人时，很多时候需有所取舍，毕竟现如今所发展起来的经典传动方式或驱动方式整体是按照标准统一通用场景而设计，人造物和自然生长的物体还是存在较大的能量利用率和构型差异的。设计的时候，更多的是取通用传动或驱动方式优点，有针对性地进行改进，适配模拟人体肢体构型，或发展新式传动形式，尽可能地模拟人体肌肉和骨骼机理。只是相对而言，需综合评判，并非完全模拟人类就一定是最佳技术路线，而需结合现有材料或技术做适当调整。例如，假肢手多采用耦合驱动，目前很少能够在有限空间内，放置这么多独立驱动的电机，实现全驱动假肢手，此时就舍弃了完全模仿人类手指运动驱动，而是部分模拟，通过结构耦合实现。例如人形机器人多并不会考虑肩胛骨运动、背部运动，这些方面的运动对于实际功能需求而言较低，一般选择舍弃。

7.8.2　新型驱动形式或传动形式

新型驱动形式可参考本书 2.8.4 小节，这一小节主要介绍新型传动形式。传动是机构设计的灵魂，合理的传动将实现良好的运动传递。如前所述，常规的传动形式的合理组合将产生新的传动方式，例如钢丝绳传动与套索传动的结合[177]、如图 7-54 所示的丝杠传动与钢丝绳传动组合、气动波纹管与套索传动的组合[178]。也有对传统传动形式进行改进的工作，例如文献提出的基于球齿轮的球关节传动机构[179]，文献［9］提出的变刚度钢丝绳传动关节，文献［180］提出的新型差速机构应用于上肢外骨骼。

7.8.3　结构重构和机构变胞

结构重构或机构变胞的目的在于通过改变机构应对不同使用场景。例如具有左右手互换功能的上肢外骨骼[181]、轮足切换适应不同地形的人形机器人通过结构重构，适应不同应用场景。文献［147］提出的模块化可重构外肢体机器人应用于上肢辅助。文献［182］提出基于折纸变胞机构的外骨骼。总体而言，结构重构和机构变胞能够使得机器人结构快速转变，实现结构智能[183]。

7.8.4　重力平衡

重力平衡问题的解决思路主要体现在通过合理的结构将较为重的部分抵消或传递到地面，减轻驱动关节的驱动器或电机的驱动压力。本章和第 2 章也介绍了一部分重力平衡的方法，如图 2-10、图 7-41、图 7-42 所示。文献［184］介绍了一种恒力悬挂机构，结合下肢外骨骼，减少负重时冲击力对人体造成的能量消耗。文献［185］介绍了一种基于凸轮和弹簧结构的紧凑可变重力补偿关节。关于机器人重力补偿的详细内容可参考文献［186］。

7.8.5　柔性关节

柔性关节可提高机器人关节安全性。尽管可通过第 6 章介绍的阻抗导纳控制方法实现关节柔性，但是，这种方式毕竟是算法层面实现，和结构柔性存在一定差距。一般实现柔性关节可通过变刚度关节或变刚度驱动器来实现。为了实现机器人高度柔顺，串联弹性致动器和可变阻抗致动器被提出，但是这些都属于高弹性元件，其自身也会引入振荡或控制难度加大问题。文献［187］提出了一种具有非线性弹簧特性的柔顺驱动人形机器人。文献［188］提出了一种可变阻抗致动器，应用于下肢外骨骼，适应臀部和膝盖刚度。总体而言，柔性关节的目标是保证可靠安全的物理人机交互。

第8章

智能机器人信息感知与人机交互

引言

机器人体现智能的重要方面在于根据传感器采集得到的外部信息和内部信息，做出对应决策或规划合理的人机交互策略。本章主要介绍智能机器人信息感知与人机交互内容，首先引入人体信息感知器官与生物特性，接着介绍智能机器人信息感知方式、人机交互方法和注意事项。

8.1 人体信息感知器官与信息处理机制

8.1.1 人体视觉及大脑处理视觉信息的机制

(1) 视觉信息处理

人类视觉系统能够在复杂环境中进行视觉信息感知、预处理、多目标识别和记忆。人类的视觉系统主要由眼球、传递神经和大脑视觉皮层组成。来自环境和外界物体的光线通过眼球前部的瞳孔进入晶状体，经过折射后最终到达视网膜。视网膜具有清晰的层次结构，用于光电信息的转换、预处理和传递。典型的视网膜细胞有 5 种，从外到内依次为神经节细胞、无突细胞、双极细胞、水平细胞和光感受器细胞，如图 8-1 所示。光感受器细胞在将光信号转换为电信号中起主导作用。

光线穿过角膜和晶状体，在视网膜光感受器上产生视觉世界的清晰图像。视网膜上的图像是颠倒的，来自视网膜的信息以电信号形式通过丘脑的外侧膝状体传递到大脑初级视觉皮层，大脑处理图像并让我们看到。

当看某样东西时，一个叫作脑桥的脑干结构就会被激活。它控制眼球运动朝着光刺激方向移动。低级大脑区域中的神经元提取视觉信息基本特征，例如线方向、深度和局部图像元素的颜色。它们将信息发送到大脑的几个中层区域。这些区域的神经元编码其他特征，如运动方向、颜色和形状片段。中层区域的神经元将信息发送到更高层，对视觉场景进行更抽象的分析。这些更高级别的神经元编码物体的类别，甚至编码特定个体的身份。因此，每一个视觉对象都会激活一个复杂的表征，这个表征由跨越许多大脑区域的大量神经元来携带。在空间中定位物体的能力和相对于外部物体定位自身能力依赖于神经系统中视觉空间的表现。

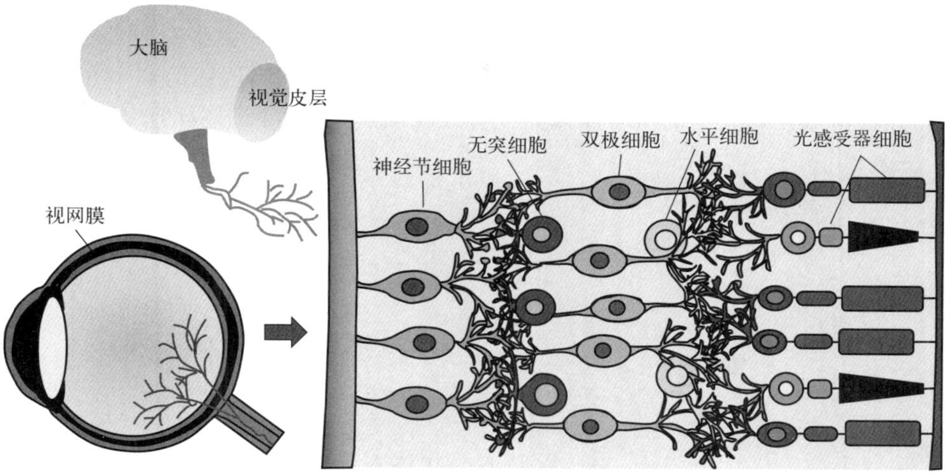

图 8-1　视觉信息处理示意图[189]

(2) 单目视野与双目视野

单眼视野是在遮住一只眼睛的情况下确定的。一只眼睛的视野与另一只眼睛的视野重叠的区域称为双眼视野，如图 8-2 所示。当两只眼睛都睁开时，观察一个物体大多数人会看到一个物体。然而，如果交替地快速闭眼，将看到物体从左向右“跳跃”。这是因为每只眼睛的图像略有不同。每只眼睛观察空间的角度略有不同，因此，对应空间图像在每只眼睛中略有不同。神经系统融合双目图像以产生单个图像，从两幅不同的单目图像生成一幅图像的过程称为双目融合。双目融合允许感知一个单一的清晰图像，还提供额外的深度信息。两个图像之间的双眼视差被神经系统用来感知三维世界，确定物体的近似距离。当差异太大时，神经系统不能融合不同的双目图像。当正常双眼视野的相应区域没有对齐时，神经系统不能融合不同的图像，并通过“忽略”来自偏离的眼睛的图像来逐渐适应。

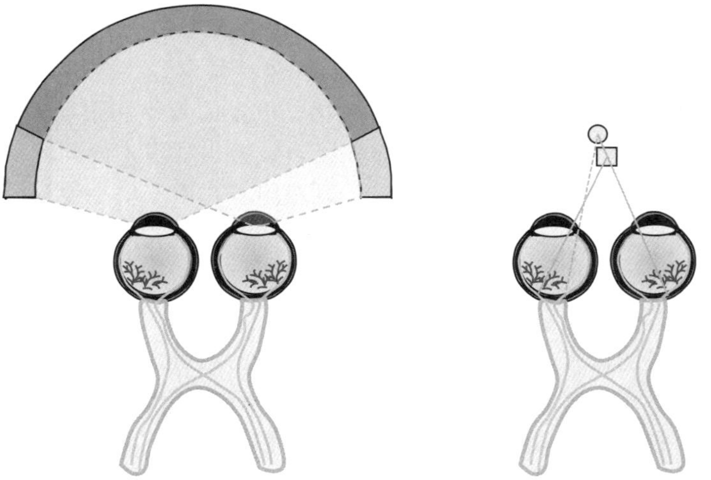

图 8-2　双目视野示意图

（3）图像形成过程

眼睛的透明介质晶状体起到双凸透镜的作用，其折射进入眼睛的光并将外部世界的图像聚焦到光敏视网膜上。双凸透镜仅在其中心是平的，中心周围区域的表面是弯曲的，不垂直于平行光线。因此，双凸透镜的曲面将使平行光线弯曲，从而将发射光的物体的图像聚焦在透镜后面一小段距离处的焦点上，如图 8-3 所示。只有当透镜的曲率在所有子午线上对称，并且由点光源发出的所有发散光线会聚在焦点上时，所形成的图像才是清晰的。

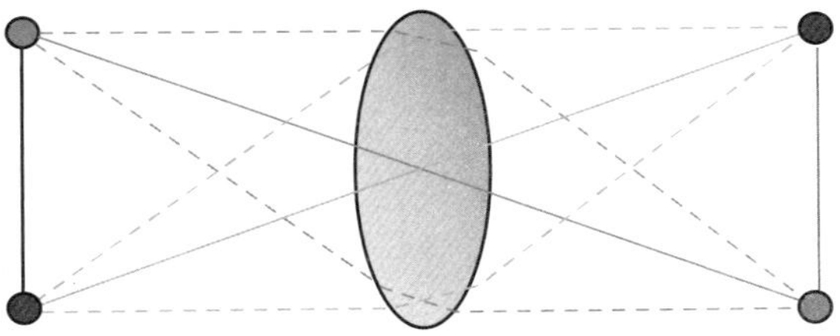

图 8-3　图像双凸透镜成像示意图

图 8-4　晶状体系统成像示意图

眼睛的晶状体系统形成的图像比观察到的物体小，而且该图像是倒置反转，如图 8-4 所示。当图像被透镜系统反转时，每只眼睛的上半部分视野被投射到每只眼睛的下半部分视网膜上。此外，当晶状体产生反转图像时，每个视野的颞侧部分被投射到每只眼睛视网膜的鼻侧部分。因此，左眼的颞侧半视场被投射到左眼视网膜的鼻侧半视场上，右眼的鼻侧半视场被投射到右眼视网膜的颞侧半视场上。因此，双眼的左半视野投射到两个视网膜的相应右半部。

8.1.2　人体听觉及大脑处理听觉信息的机制

（1）耳朵结构

耳朵的结构分为外耳、中耳和内耳，外耳包括耳廓、外耳道，中耳包括耳膜、听骨链、肌肉、韧带、咽鼓管，内耳器官包括耳蜗、半规管、椭圆囊和球囊等，如图 8-5 所示。声音是空气中一系列的压力变化。声音的频率和强度经常随时间而变化。当声音出现时，它进入外耳，即耳廓。接下来，声波撞击耳膜，使其运动。耳膜是一层纸一样薄的薄膜，声波一碰到它，它就会振动。耳膜附着在由三块小骨头组成的链条上，称为听小骨。这三块骨头是身体里最小的骨头。当耳膜响应声波而振动时，这些骨骼也开始运动。直接连接到鼓膜的骨头是锤骨，它的另一端连接到砧骨。砧骨依次连接到镫骨。耳膜后面是中耳，声波在传送到内耳之前被放大。

耳蜗是一个长长的盘管，有三个被两层薄膜分开的通道。人的耳蜗转动紧密盘绕的形状使耳蜗得名。高频声音刺激耳蜗的底部，而低频声音刺激顶部。声波导致耳蜗底部的椭圆形和圆形窗口向相反的方向移动。这导致基底膜移位，并产生从耳蜗底部向顶部扫描的行波。基底膜像一个蜿蜒的斜坡一样沿着耳蜗内部延伸。这种弹性膜从椭圆形窗口附近的

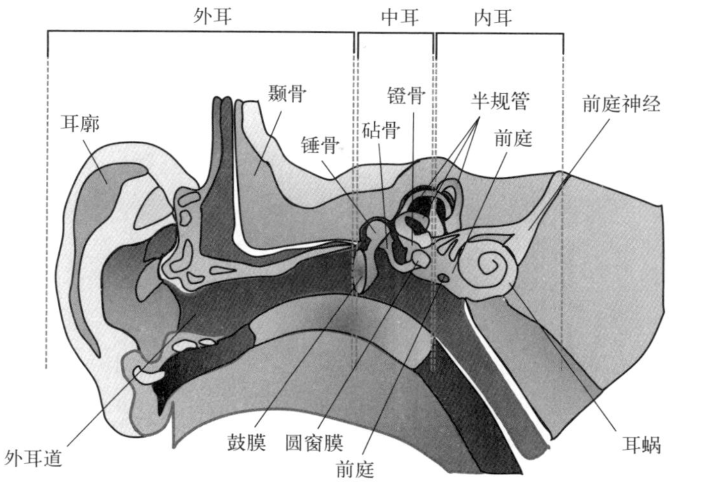

图 8-5　耳朵结构

外部线圈螺旋到最里面的线圈。基膜沿着它的长度被“调谐”到不同的频率或音高。当耳蜗内的液体响应中耳结构的移动而波动时，它就会移动。更高音调的声音，如音频反馈的尖叫声，会振动椭圆形窗口附近的薄膜。膜的中心对低音有反应，就像低音鼓一样。行波的振幅随着移动而增加，并在与声音频率直接相关的位置达到峰值。行波使基底膜上下移动，从而使 Corti 器官上下移动。当基底膜和覆盖膜随着行波上下移动时，铰链机构使覆盖膜在毛细胞上横向移动。这种横向剪切运动使毛细胞顶部的纤毛弯曲，拉动精细的尖端链接，并打开活板门通道，钾和钙的流入导致神经递质释放，进而导致兴奋性突触后电位，在神经的传入中引发动作电位。听觉系统将大范围的微弱机械信号转变为中枢神经系统中一系列复杂的电信号。

（2）声音信号处理

一旦声音在耳蜗中转化为电信号，这些信号就会传播通过听觉神经通路的复杂回路到达听觉皮层和其他大脑中调节意识和感官知觉的部分，如图 8-6 所示。声音处理可能同时发生在耳蜗和大脑中。但是大多数对声音的神经处理发生在大脑中。被称为感觉神经元的脑细胞将声音信息传输到大脑的各个区域，包括丘脑、颞叶和听觉皮层。丘脑位于脑干上方，是大脑接收感觉信息的中继站，然后信息传到大脑皮层的听觉部分。丘脑利用来自双耳的信息来计算声音的方向和位置。在初级听觉皮层里，不同的听觉神经元对不同的频率做出反应，这维持了毛细胞产生的频率图。一些皮层神经元对声音质量做出反应，包括强度、持续时间或频率的变化，而其他神经元则对复杂的声音有选择性。在大脑的更高层次，神经元可以处理和声、节奏和旋律。这些神经元结合不同类型的听觉信息，用于识别声音或乐器。

突触允许大脑中不同的神经元一起工作。突触能够改变它们连接两个神经元的方式，这种变化被称为可塑性。当学习和形成新的记忆时，突触可塑性允许大脑中的物理变化。随着学习，脑细胞的连接方式会发生变化，一些新的连接被建立，一些现有的连接变得更强或更弱。这可以让大脑识别熟悉的事物，比如声音，准确度和精确度越来越高。为了区分两种不同的频率，大脑中的神经元群必须学会只对一种频率或一系列频率做出反应，而不是对其他频率做出反应。突触可塑性允许这些脑细胞通过加强和削弱这些神经元之间的连接来学习如何区分不同的频率。

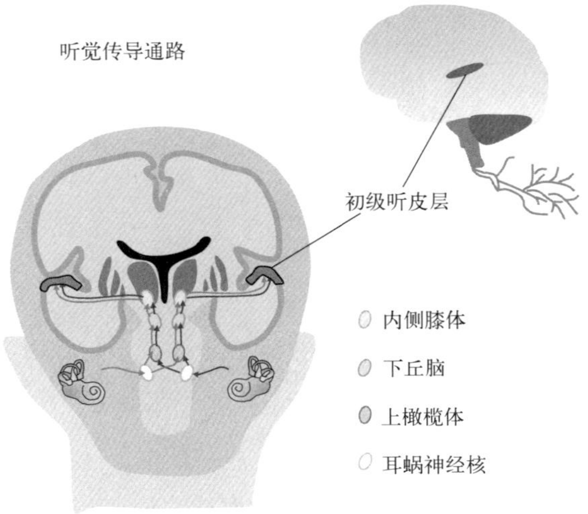

图 8-6　听觉传导通路示意图

8.1.3　人体触觉及大脑处理触觉信息的机制

（1）触觉

感知触觉的能力使得我们能够感知物体的形状、纹理和温度。触觉是通过皮肤的感觉神经末梢和专门的感觉感受器来实现的。除了皮肤的特殊感觉感受器，遍布全身的一般感觉感受器也与触觉有关。体感系统中的大多数感受器是机械感受器，这些对物理变形特别敏感。触觉依赖于感受器的复杂排列，这些感受器检测周围环境和身体内部的物理刺激。信息沿着感觉神经元传递到大脑半球顶叶的躯体感觉皮层。这有助于环境中物体的触觉感知，产生与形状、纹理和温度相关的信息。触觉是专门的神经元从皮肤和其他器官感知触觉信息，并将这些信息传递给大脑，在大脑中，这些信息被感知为压力、温度、振动和疼痛等感觉。躯体感觉指的是皮肤中的感觉神经元系统，这些神经元帮助区分物体，感受不同温度，或感知风速。体感系统负责对触觉的感知，还监测关节和肌肉的位置、膀胱和直肠的充盈以及皮肤表面的温度。它可以迅速对疼痛和潜在有害的刺激做出反应，从而将对身体的物理伤害降至最低。如果接触皮肤的物体从手指，穿过手掌，从前臂到肩膀，我们可以跟踪它的位置、压力的变化和运动的速度。这些信息被皮肤的感觉感受器持续检测和跟踪，并沿着手臂的感觉神经元传递。

（2）皮肤结构与功能

皮肤从外到内，分别是表皮、真皮、皮下组织。人体的皮肤包含多种触觉感受器，常见的机械感受器：帕西尼小体、鲁菲尼末端、克劳斯末端球、默克尔圆盘、迈斯纳小体，如图 8-7 所示。

① 帕西尼小体　帕西尼小体发现于真皮深处，在那里它们对深层压力和振动刺激做出反应。它们分布广泛，由许多非常薄的上皮细胞同心层组成，层与层之间有充满液体的空间。帕西尼小体非常敏感，可以对小到 1μm 的皮肤压痕做出反应。

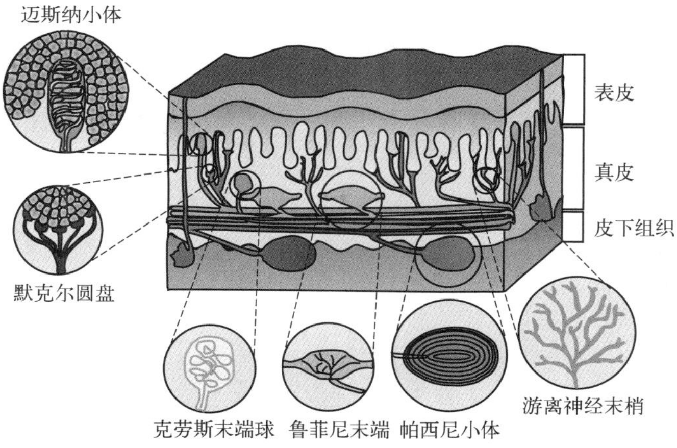

图 8-7　皮肤结构

② 鲁菲尼末端　鲁菲尼末端的末梢略小于帕西尼小体，存在于薄皮和厚皮中。鲁菲尼末端检测各种刺激，包括皮肤拉伸、恒定压力和低频振动。它们在指甲周围密度最高，对于产生与手握物体相关的信号非常重要。这允许调节握力以防止物体从手中滑落。鲁菲尼末端非弹性胶原蛋白的存在使感觉末梢的变形得以维持。

③ 克劳斯末端球　克劳斯末端球存在于干燥皮肤和黏膜区域的边缘，如嘴唇和生殖器周围。它们的神经末梢像一个打结的线团。尽管它们的大小和形状各不相同，但它们通常呈球形。人们对它们的功能知之甚少，但认为它们作为热感受器发挥作用，特别是在检测冷刺激方面。

④ 默克尔圆盘　默克尔圆盘存在于厚皮肤和薄皮肤的表皮最深层，其功能相当于轻触感受器。每个默克尔椎间盘都包含一个与非神经元上皮细胞形成突触的神经末梢，这形成了默克尔圆盘的形状。

⑤ 迈斯纳小体　迈斯纳小体是细长的被包裹的末梢，其大小约为帕西尼小体的十分之一。迈斯纳小体一个或多个有髓纤维连接到小体的底部，在那里它失去了髓鞘覆盖物，并在囊内堆叠的细胞之间来回缠绕。迈斯纳小体主要集中在指尖、嘴唇、舌头及以下。它们在很大程度上负责我们的指尖能够对物体进行的精细触觉辨别。

皮肤可以振动、按压、针刺和抚摸，它的毛发可以弯曲或拉伸。这些不同类型的机械刺激通常可以很容易地区分，因为机械感受器在其优选的刺激频率、压力和感受野大小方面有所不同。不同类型的皮肤感受器的感受野在大小上显著不同。例如，帕西尼小体和鲁菲尼末端具有较大的感受野，可以覆盖半个甚至整个手掌，而迈斯纳小体和默克尔圆盘具有较小的感受野，只有几毫米宽。皮肤中神经分布密度较高的区域比神经分布密度较低的区域更有利于触觉辨别。皮肤上的触觉分辨率差别很大。感受野越小，可以达到的空间分辨率越高。

8.1.4　人体肌肉及肌肉控制生理机制

这里主要介绍与运动相关的骨骼肌。运动系统中描述的肌肉均属骨骼肌，骨骼肌与人体运动的关系最为密切，一般附着于骨骼，可随人的意志而收缩。骨骼肌的主要功能通过其内在的兴奋-收缩耦合过程发生。当肌肉附着在骨筋上时，肌肉的收缩导致骨的运动，从而允许进行特定的运动。骨骼肌还提供结构支持，并有助于保持身体的姿势。

（1）肌肉组成

每块肌肉由多种组织组成，包括血管、淋巴管、肌肉纤维和结缔组织鞘。覆盖每块肌肉的结缔组织的最外层鞘被称为肌筋膜，也叫肌外膜。肌外膜有助于将每一块肌肉与相邻的肌肉分开。肌外膜的结缔组织层将肌肉细分。肌肉的每一部分都是一个肌束，肌束由很多肌肉纤维组成，被称为肌束膜的结缔组织层包围。肌肉纤维是肌肉系统的核心，是肌肉的基本结构，如图 8-8 所示。

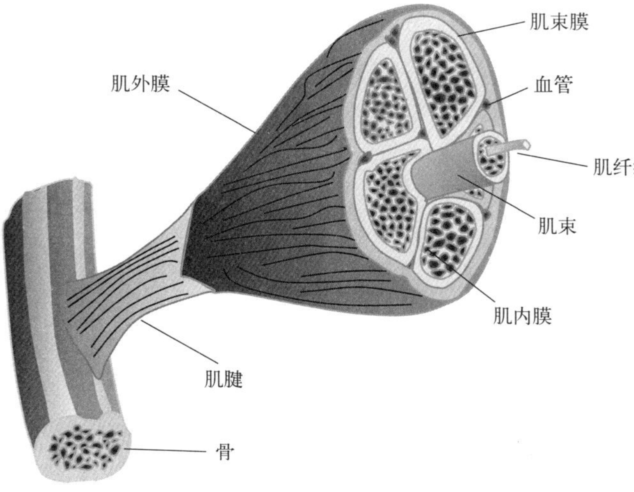

图 8-8　肌肉组成

每条肌纤维由多个杆状肌原纤维组成，横跨肌纤维的整个长度。当捆绑在一起时，所有的肌原纤维以独特的条纹模式排列，形成肌节，肌节是骨骼肌的基本收缩单位。每个肌束内的单个肌肉纤维的多个单位被一种结缔组织鞘——内膜所包围。覆盖每个纤维束的结缔组织鞘被称为肌周膜，包围单个肌肉纤维的最内层鞘被称为肌内膜。肌丝由肌动蛋白（细丝）和肌球蛋白（粗丝）这两种蛋白质分子的细线组成。肌动蛋白和肌球蛋白丝排列独特，在骨骼肌上形成各种条带。

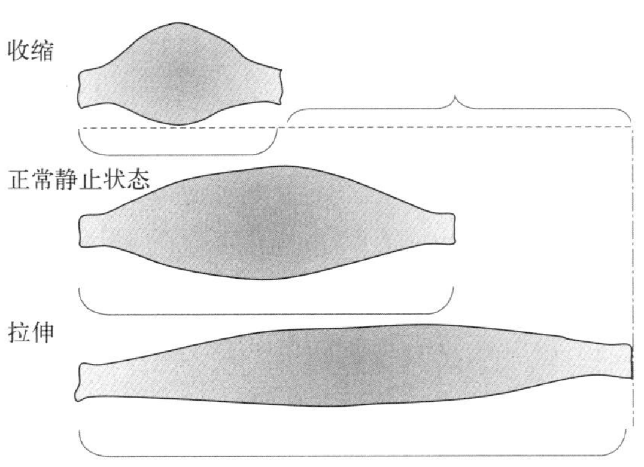

图 8-9　骨骼肌长度调节示意图

（2）骨骼肌长度调节

决定肌肉张力大小的因素之一是它的长度。骨骼肌可伸展可收缩。通过伸展和收缩，改变肌肉长度。虽然肌肉之间存在差异，但一般来说，肌肉能够缩短到其正常静止长度的一半左右，如图 8-9 所示。此外，肌肉可以拉伸的距离是它可以缩短的距离的两倍。肌肉的位移是从最大伸长到最大缩短的距离。

（3）骨骼肌神经支配

骨骼肌的神经支配通常包括感觉神经

纤维、运动神经纤维和神经肌肉接头。神经纤维由有髓神经纤维和无髓神经纤维组成。神经元的细胞体产生大的轴突，其通常是无分支的，并行进到靶肌肉进行神经支配。在目标肌肉附近，轴突分成多个更小的分支，以支配多个肌肉纤维。肌肉纤维的突触后膜具有大量的神经递质受体。这些受体是跨膜配体门控离子通道。一旦神经递质激活这些离子通道，运动终板就会快速去极化，从而在肌肉纤维中启动动作电位，导致肌肉收缩。

8.1.5 大脑皮层与中枢神经系统

(1) 大脑与大脑皮层组合

如图 8-10 所示，大脑由灰质和白质组成，表面是大脑皮层，包含在脑膜并且通常被称为灰质，大脑皮层覆盖内部白质。大脑皮层的表面有许多褶皱，褶皱由许多被称为沟的深槽和被称为脑回的凸起区域组成。这些褶皱增加了大脑皮层的表面积，允许更多的神经细胞处理大量的信息。大脑皮层约占大脑总质量的一半。大脑皮层由六层神经细胞组成，包含 140 亿～160 亿个神经细胞。它的厚度为 2～4mm。

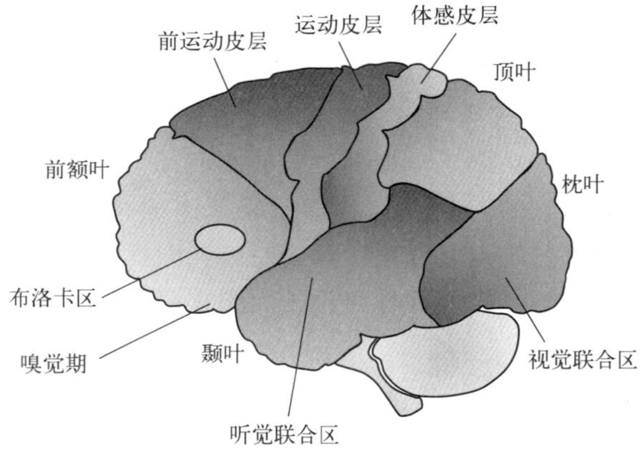

图 8-10　大脑皮层分区图

大脑皮层分为四个部分：额叶、顶叶、颞叶和枕叶。每个脑叶负责处理不同类型的信息。大脑皮层负责人类大脑的更高层次的过程，包括语言、记忆、推理、思维、学习、决策、情感、智力和个性。

大脑外层的灰质由神经细胞体组成，包括称为树突的神经末端部分。树突是神经细胞的一部分，接收来自其他细胞的化学信息。白质由成束的轴突组成，轴突是神经细胞的长中心部分，被髓鞘包裹。

额叶的功能包含决策、有意识的思考、情绪、行为控制、演讲制作、智力、身体运动等。额叶在中央沟的前面和外侧裂的上面，位于头骨中的额骨下方。额叶通常由大脑表面解剖结构中的回旋划分成四个主要区域：中央前回、额上回、中回、额下回。额叶进一步分为初级运动皮层、前运动皮层、正面视野、前额叶皮层和布洛卡区。

枕叶的功能：视觉处理和解释；关于颜色、运动和方向的视觉数据收集；物体和面部识别；深度和距离感；视觉世界映射。枕叶是大脑中最小的脑叶，位于顶枕沟的后面。它接收和处理视觉信息。每个枕叶接收来自每只眼睛的对侧和同侧视野的混合输入。枕叶包括初级视觉皮层和次级视觉皮层。

顶叶的功能：感觉信息（触觉、压力、疼痛、位置、振动、温度）处理。空间处理和空间操作。顶叶位于中央沟之后，顶枕沟之前，外侧裂之上。这个脑叶主要整合感知和感觉。

颞叶的功能：语言理解、言语形成、学习、记忆、听力、非语言解释和声音-视觉图像转换。颞叶位于外侧裂下方，负责记忆、听觉和语言。它包括初级听觉皮层、听觉联想区和韦尼克区。

根据大脑皮层的三种主要功能类型可分类为感觉区、运动区和关联区。

感觉区理解视觉信息和物体识别，评估来自身体的触摸、温度、位置、振动、压力和疼痛信息，处理听觉信息等。

运动区负责肌肉运动的协调性和复杂动作的规划等。

关联区组织来自感觉和运动区域的信息、人格与控制情绪行为、空间意识和推理、记忆处理。

（2）神经系统

从解剖学上讲，神经系统分为 CNS 和 PNS，如图 8-11 所示。CNS 由大脑和脊髓组成，包括在这些区域内相互交流的所有神经。这些神经结构被封闭在脊柱和颅骨内。另一方面，PNS 包括颅神经、传入感觉神经到脊髓和传出运动神经元从脊髓到肌肉。胸椎脊髓节段的横截面以及主要运动束和感觉束的位置如图所示。“束”一词描述了一组具有共同起源、功能和终止的轴突。神经束的名称通常表示组成神经束的轴突的一般起源和终点。例如，脊髓小脑束将感觉冲动从脊髓传递到小脑。同样，皮质脊髓束的轴突从大脑皮层下降并终止于脊髓内。上运动神经元轴突位于大脑皮层，下行至脊髓。

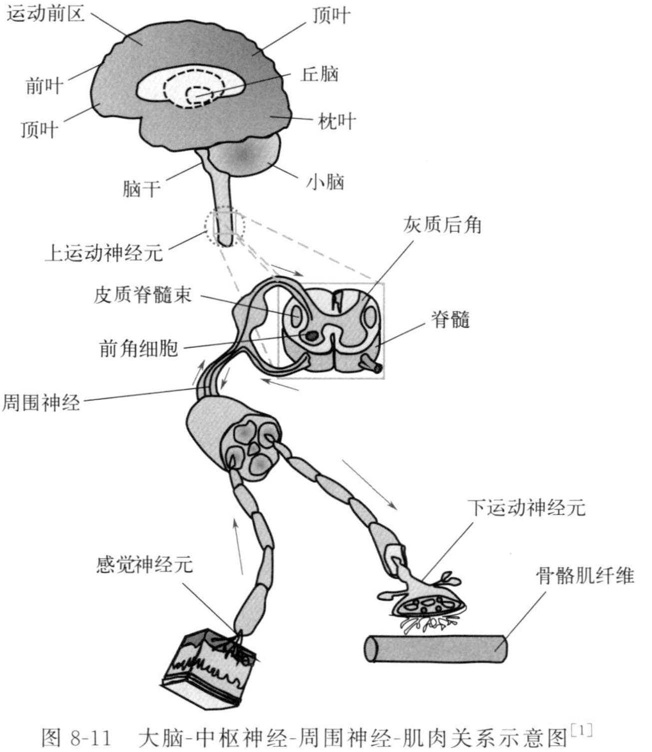

图 8-11　大脑-中枢神经-周围神经-肌肉关系示意图[1]

这些上运动神经元形成轴突束作为皮质脊髓通路或束。皮质脊髓束位于脊髓的外侧和内侧，分别为外侧和内侧皮质脊髓束。皮质脊髓束的轴突通常通过中间神经元与下部运动神经元进行突触接触。下部运动神经元位于脊髓的腹角灰质中。每一个较低的运动神经元支配肌肉中的一组肌纤维。神经和肌肉之间的这些联系如图 8-11 所示。在功能上，神经系统的划分与解剖学上的系统相似。例如，PNS 包括传入神经和传出神经。在功能方面，传入系统包括所有与向 CNS 传递感觉信息有关的神经。

8.2　智能机器人信息感知

8.2.1　关节角度

关节角度是智能机器人最基本的传感信息。一般电机末端配置了一个编码器，用于电机电控。如果需要掉电获取关节角度，则需配置电池、只读存储器（Read-only memory，ROM）或增加第二编码器获取电机输出轴角度。第二编码器配置形式一般有 3 种，如图 8-12 所示。具体介绍如下：

① 一种是电机内部，通过中空形式布局，测量输出轴角度。

② 另一种是在电机端设置两个差 1 齿齿轮（薄塑料齿轮即可），两者齿数差 1，例如 36 减速比电机可选用 37 齿和 36 齿。36 齿齿轮布置于电机正中，37 齿布置于旁边。两者模数一致，磁铁（非中空形式）放置于齿轮中心位置，一个用于测量电机轴角度（37 齿齿轮回转角度），另一个测量 36 齿齿轮回转的角度。两者测量角度因齿差原因，存在不一致。两者之间的误差值在 36 圈内是不重复的。利用这一不一致原理，可测量 36 减速比电机输出轴单圈绝对位置。具体测量方法可参考文献［190］。

③ 第三种则在输出轴位置外接一个磁环编码器或普通磁编码器，测量输出轴角度。

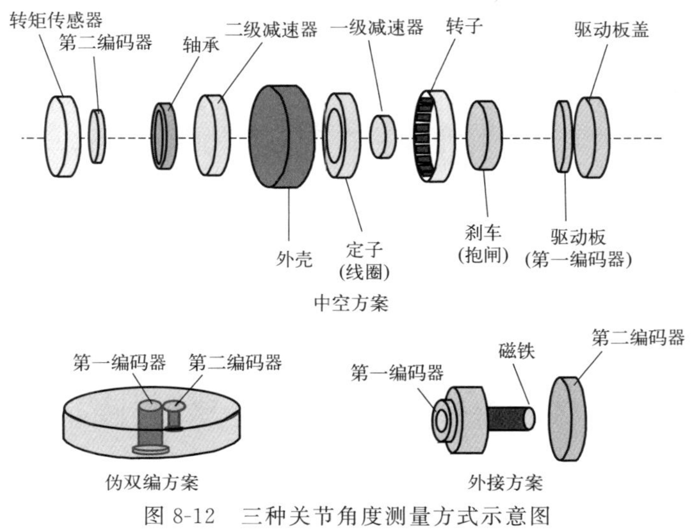

图 8-12　三种关节角度测量方式示意图

三种方式中第一种和第三种是真实的，第二种严格意义是伪双编，因齿轮传动微小误差，测量结果与真实结果存在一定误差。第一种和第二种方便走线，第三种走线较为麻烦。

在采用钢丝绳传动、套索传动时，由于存在换向迟滞，第二编码器显得尤为重要。一般此时只能选用第三种布置形式，外接角度编码器，测量输出关节真实的角度。利用这一角度反馈信息，结合位置控制算法，保证控制精度。

关节角度信息主要应用场景：关节角度获取进而用于软件限位、关节位置控制。

8.2.2 弯曲角度

弯曲角度传感器可用于手指弯曲程度的定量测量。弯曲角度反馈在仿生手、假肢手具有重要应用，通过获取手指弯曲程度，可实现位置闭环控制和弯曲限位保护。弯曲角度测量还可应用于手部遥操作，进而用于控制手部外骨骼、假肢手、仿人机器人手部。

弯曲角度传感器测量的角度如第 4 章所述，其存在一定非线性。弯曲角度也可通过 IMU 方式检测得到，通过解算相对位置和姿态，确定弯曲角度，如图 8-13 所示。

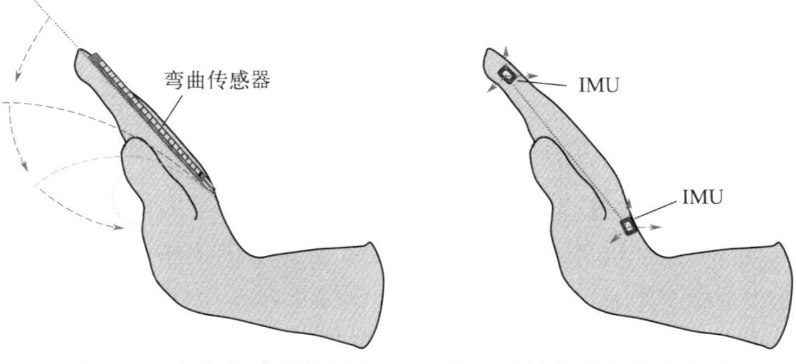

图 8-13　弯曲传感器使用和 IMU 使用测量弯曲角度示意图

8.2.3 关节力矩

如本书 4.2 小节所述，关节力矩信息一般分为静态力矩和动态力矩。目前在机器人关节处布置动态力矩传感器较为麻烦，其尺寸较大。多采用静态转矩传感器或盘式薄款六维力传感器布置于关节输出轴，如图 8-14 所示。电机直连式传动可以利用电机内部的电流传感器估算关节力矩信息，但是这种方式存在一定误差和噪声干扰。关节力矩信息可用于关节力控和关节阻抗控制。

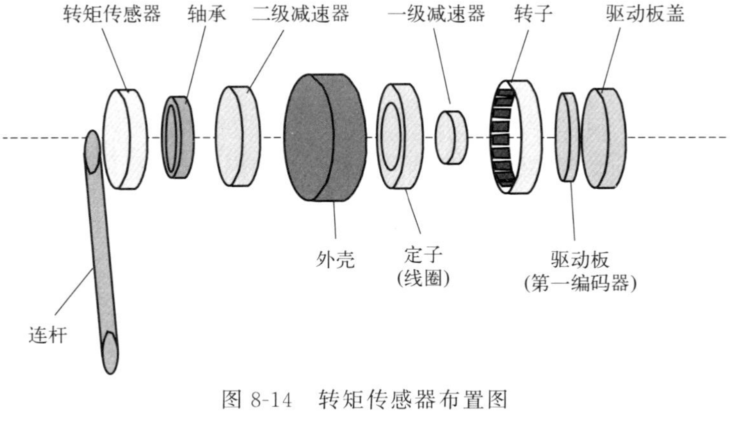

图 8-14　转矩传感器布置图

如图 8-15 所示为另一种通过布置多个六维力传感器于人机交互接触位置测量人机交互力，进而控制关节电机输出力的方式。六维力传感器测量得到的力对于机器人系统而言属于外部力或外部扰动$\boldsymbol{\tau}_d$，通过如下机器人动力学方程可解算其对于机器人运动的影响。

$$\boldsymbol{M}(\boldsymbol{q})\ddot{\boldsymbol{q}}+\boldsymbol{C}(\boldsymbol{q},\dot{\boldsymbol{q}})\dot{\boldsymbol{q}}+\boldsymbol{G}(\boldsymbol{q})+\boldsymbol{F}(\dot{\boldsymbol{q}})+\boldsymbol{\tau}_d=\boldsymbol{\tau}$$

其中，$\boldsymbol{q}$ 是关节角位移量，$\dot{\boldsymbol{q}}$ 是关节角速度量，$\ddot{\boldsymbol{q}}$ 是关节角加速度量。$\boldsymbol{M}(\boldsymbol{q})$ 是 $n\times n$ 机器人惯性矩阵，$\boldsymbol{C}(\boldsymbol{q},\dot{\boldsymbol{q}})$是机器人离心力和哥式力项，$\boldsymbol{G}(\boldsymbol{q})$ 是重力项，$\boldsymbol{F}(\dot{\boldsymbol{q}})$ 是摩擦力矩，$\boldsymbol{\tau}_d$ 是外加扰动，$\boldsymbol{\tau}$ 是机器人控制力矩。

8.2.4　末端力和力触觉

很多时候机器人通过末端执行器与外界进行交互。例如一般在仿人机器人腕关节位置布置一个六维力传感器，用于测量末端受到的力和力矩，如图 8-16 所示。末端力和力矩获取后，可进行笛卡儿空间力控和阻抗控制，具体可参考本书 6.4.2 小节内容。

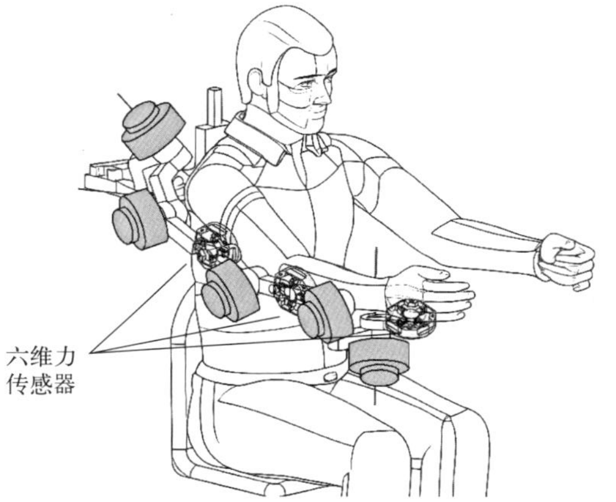

图 8-15　六维力传感器外骨骼布置图

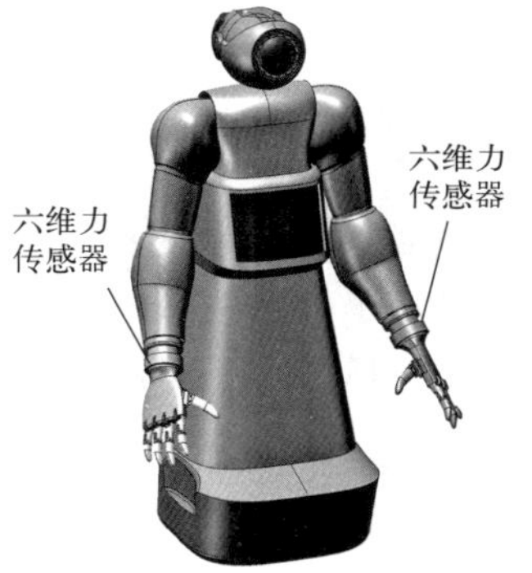

图 8-16　末端六维力传感器布置于人形机器人腕关节示意图

力触觉多见于人形机器人或假肢的手、足掌部位、手臂面、腿面。手的力触觉多布置于指尖、指腹、指掌连接区域、手掌手腕连接处，通过布置阵列式力触觉传感器，检测接触力。如图 8-17 所示为假肢手力触觉传感器布置图示例。接触力反馈结合力控算法控制仿生手抓取力大小、康复机器人足底压力检测与评估、人形机器人足底力反馈。基于此调整步态，调节人形机器人或假肢手臂面、腿面接触力控，实现碰撞检测，防止人形机器人或假肢运行过程中猛烈撞击人类，造成伤害。

8.2.5　人机交互力-气压传感器阵列、薄膜力传感器阵列

康复机器人或外骨骼机器人需与人进行连接或固定。固定位置存在交互，测量交互过程的力，可用于实现交互力控、运动意图复现等。本质而言，这一交互力也是外界施加给机器人的，其与末端力/力矩类似，只是其交互区域多为肢体中间部位，例如上臂、前臂捆绑处，如图 8-18 所示。

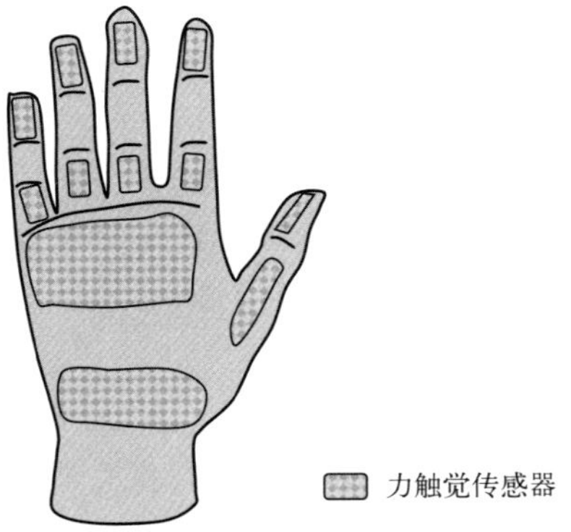

图 8-17　假肢手力触觉传感器布置图

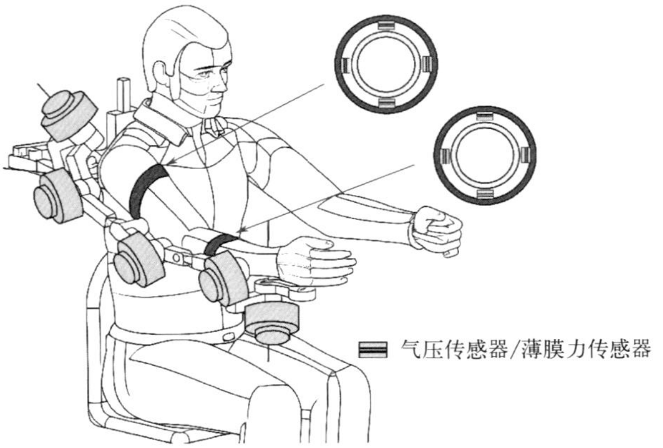

图 8-18　康复机器人 8 通道阵列气压传感器布置图

假肢佩戴位置一般需根据人类断肢形状、大小等因素，定制化接受腔。接受腔与人类肢体直接接触，接触部位的交互力检测非常重要，其可实时监测假肢穿戴效果，通过交互力反馈，动态调整接受腔布局，提高结合面舒适性，如图 8-19 所示。

8.2.6 视觉

视觉传感器，例如普通 red-green-blue（RGB）摄像头、深度摄像头、双目视觉、激光传感器，可用于检测外部环境和机器人本体的空间相对位置，进而应用于机器人空间轨迹规划、避障、抓取、外部物体运动监测等。

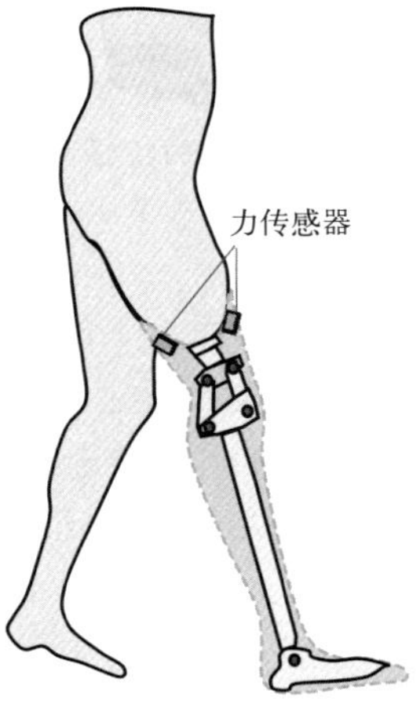

图 8-19　假肢接受腔布置力传感器图

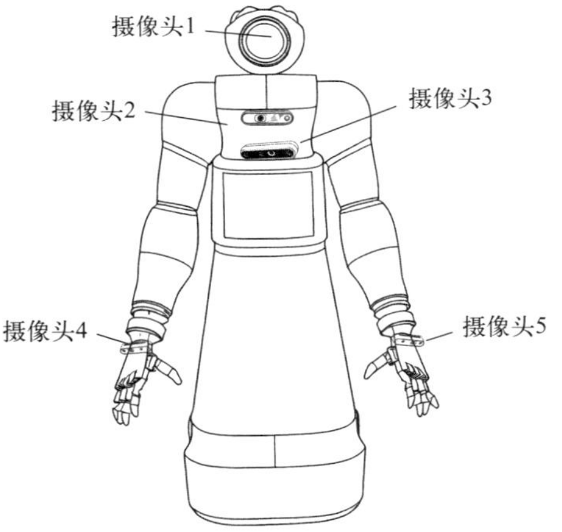

图 8-20　人形机器人视觉布置方案（头部 1 个，胸前 2 个，手部各 1 个）

视觉传感器在康复机器人中多用于运动意图识别、空间轨迹规划、患者情绪识别与状态监测。视觉传感器在人形机器人中具有较为重要的作用，相当于人形机器人的眼睛。因此，人类需要眼睛的地方，人形机器人也需要，例如行走轨迹规划、避障、物体抓取、表情识别、文字识别、物体类型识别，如图 8-20 所示。视觉传感器在假肢中应用相对少，可用于识别使用者的运动意图，或者配合健康肢体进行协调作业。

8.2.7　听觉

机器人听觉主要借助语音识别与交互技术，结合听觉交互，接入 Chat Generative Pretrained Transformer（ChatGPT）类的人工智能技术驱动的自然语言处理工具，使得机器人通过语音交互获取人类的操作意图或知识交流等。康复机器人中多应用听觉技术于运动意图识别、患者情绪识别与状态监测。人形机器人中多应用听觉技术于环境语音交互，执行语音指令或播报机器人自身生成的交互语音，如图 8-21 所示。假肢中听觉应用相对少，可用于语音识别使用者的运动意图。

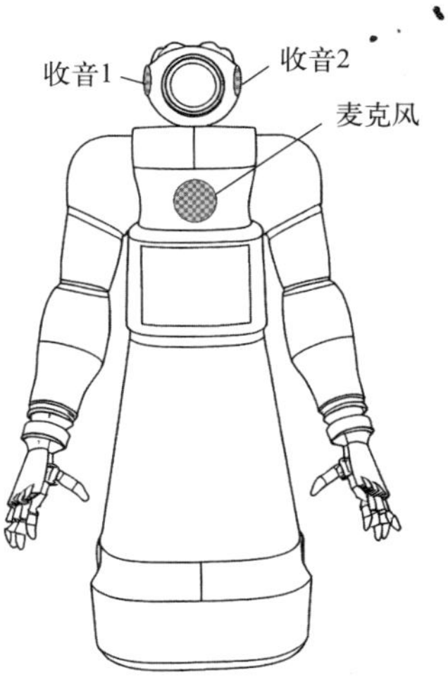

图 8-21　人形机器人听觉传感器布置图

8.2.8　sEMG

sEMG 信息主要用于人类与机器人之间的交互，可用于获取人类的运动意图、肌肉状态等。康复机器人和假肢中多应用 sEMG 信息控制机器人依据使用者的运动意图而运动，或采集患者 sEMG 信息检测其肌肉状态，用于疾病诊断、康复训练策略调整，如图 8-22 所示。假肢中还可以通过采集接受腔区域的肌肉 sEMG 信息，检测肌肉是否受到不合适的压迫力。一般而言，对于假肢使用者，其多采用肌电臂环或在假肢接受腔内特定位置设定放置固定好的肌电传感器采集信息，如图 8-23 所示。

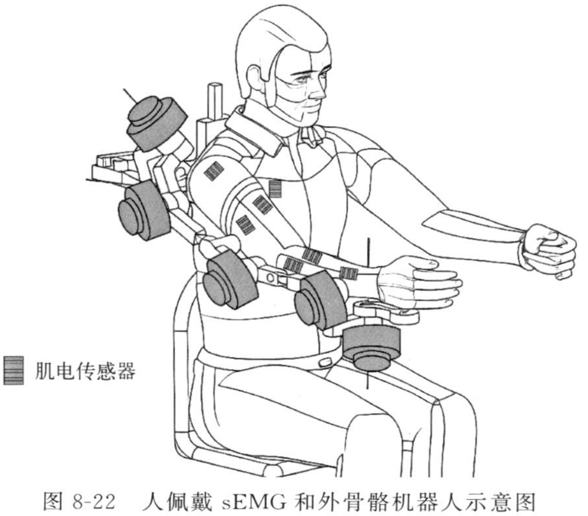

图 8-22　人佩戴 sEMG 和外骨骼机器人示意图

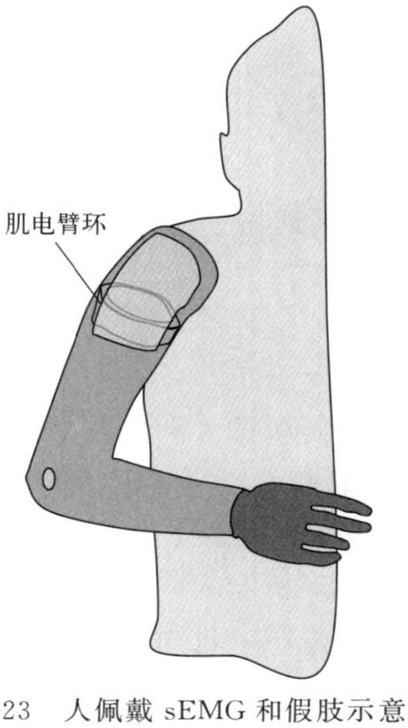

图 8-23　人佩戴 sEMG 和假肢示意图

人形机器人中一般并不能在机器人本体配置安装传感器，主要用于与人类交互，例如变刚度协同作业，通过检测人类肢体刚度，调整实现人机阻抗控制等，如图 8-24 所示。

sEMG 信息相对更容易受到外部力交互影响，例如人体肢体碰撞、捆绑位置变化、运动引起传感器滑动等。

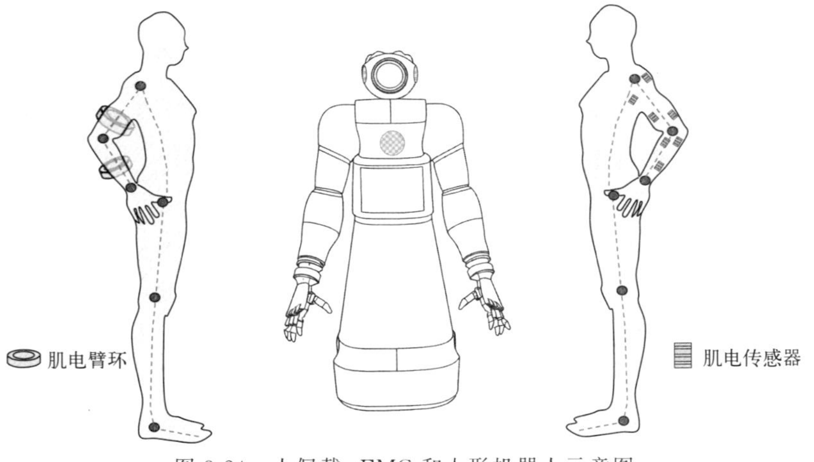

图 8-24 人佩戴 sEMG 和人形机器人示意图

8.2.9 EEG

EEG 信息主要用于获取人类的运动意图、疾病诊断，进而用于控制或调整机器人相关运动或控制策略，如图 8-25 所示。

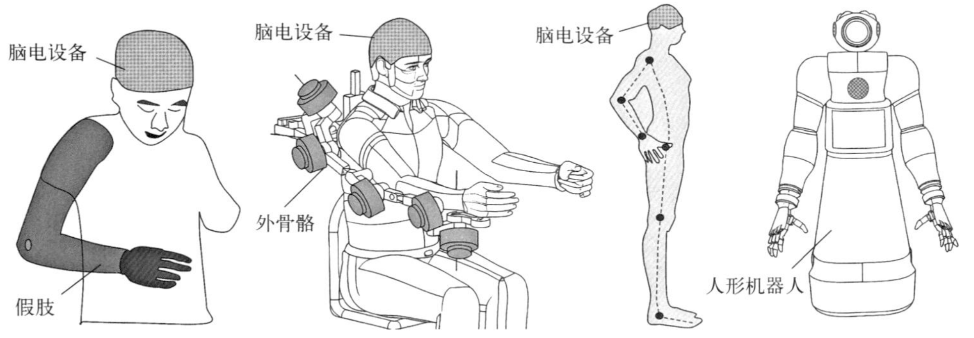

图 8-25 人佩戴 EEG 和人形机器人、外骨骼机器人、假肢示意图

在康复机器人和假肢中多应用 EEG 信息控制机器人依据使用者的运动意图而运动。EEG 信息相对于 sEMG 信息，不太容易受到外部力交互影响，但是其信号微弱，容易受到眼部运动、心跳、头部肌肉运动产生的电信号影响。

在人形机器人中，主要采集人类 EEG 信息，借助 SSVEP、P300 或 MI 等技术，识别人类运动意图，进而控制机器人按照人类意图而运动。

8.3 智能机器人人机交互

智能机器人人机交互包含非接触交互和接触交互两大类，一般而言，接触交互是基于人与机器人直接接触过程测量对应反映接触状态传感信息，进而利用该信息控制机器人运动。非接触式交互是人和机器人不存在直接接触，通过中间媒介方式传递人和机器人的状态信息或指令，如图 8-26 所示。

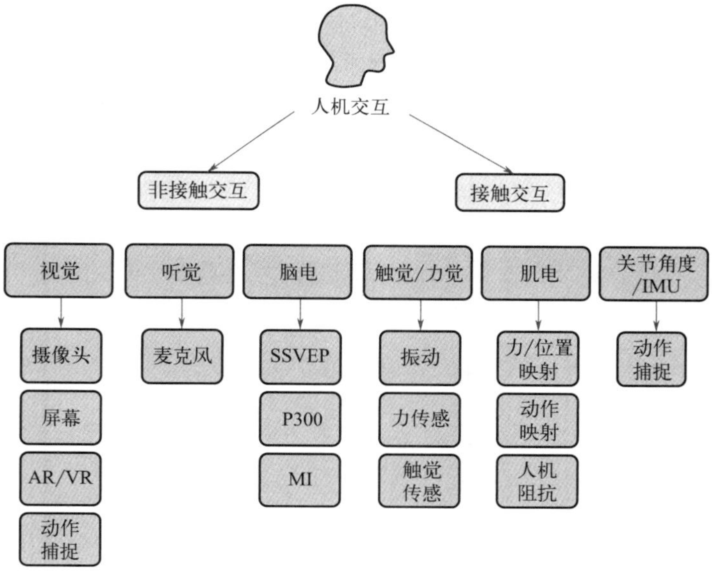

图 8-26　智能机器人人机交互整体框架

8.3.1　交互形式

如上所述，智能机器人人机交互方式分为非接触交互和接触交互两大类。区分接触交互和非接触交互主要取决于人与机器人是否存在力交互，同一种信息感知方式既可以是非接触交互也可以是接触交互。例如人类利用力传感器或关节角度传感器控制人形机器人时，人与机器人可不直接接触，当人类控制穿戴式外骨骼时，则需直接接触，对应的交互形式属于接触交互。

一般而言，如果存在末端接触（末端执行器）、肢体接触（康复机器人捆绑位置、假肢接受腔），人与机器人的力/力矩交互属于接触式交互，如图 8-27 所示接触交互例子。语音交互（机器人识别人类的语音或识别其他自然声音，人类反过来识别机器人的语音）、视觉交互（摄像头检测环境、人观察机器人运动）或交互界面（按钮、曲线、视觉展示等，交互界面整合信息和控制功能，分类、层级等）属于非接触式交互，如图 8-28 所示非接触交互例子。

8.3.2　反馈形式

位置反馈、速度反馈、电流反馈和力反馈是最常规的反馈形式，如图 8-29 所示。人机交互接触部位多为力交互，力大小不同，人体肌肉皮肤感受到的挤压不一样。一般而言，位置反馈、速度反馈、电流反馈和力反馈是机器人动力学控制的基础，可应用第 6 章介绍的位置、速度、力矩、阻抗/导纳控制等方法，根据反馈信号调节控制机器人。

如图 8-30 为多种反馈形式示意图，反馈动作执行后的结果，告知人类。通过一问一答的信息交互、视觉交互、增强现实（augmented reality，AR）、虚拟现实（virtual

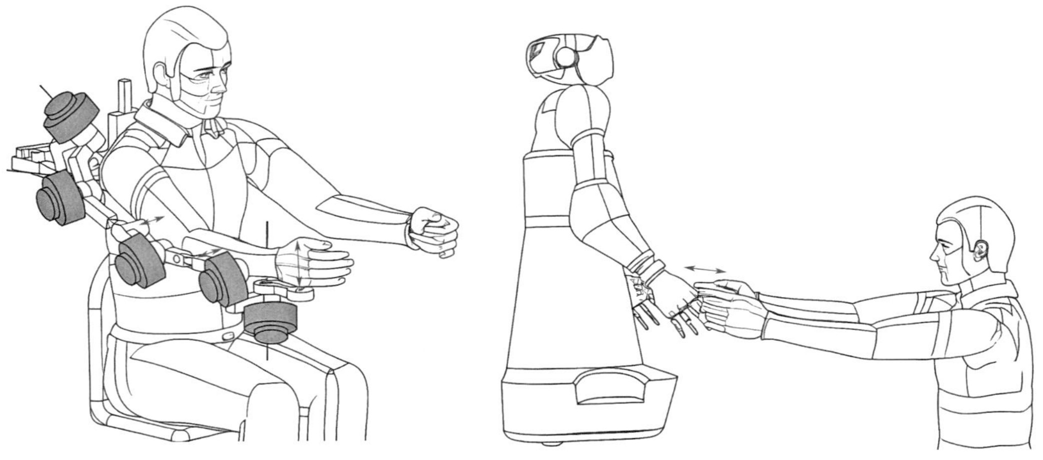

图 8-27 接触交互示意图

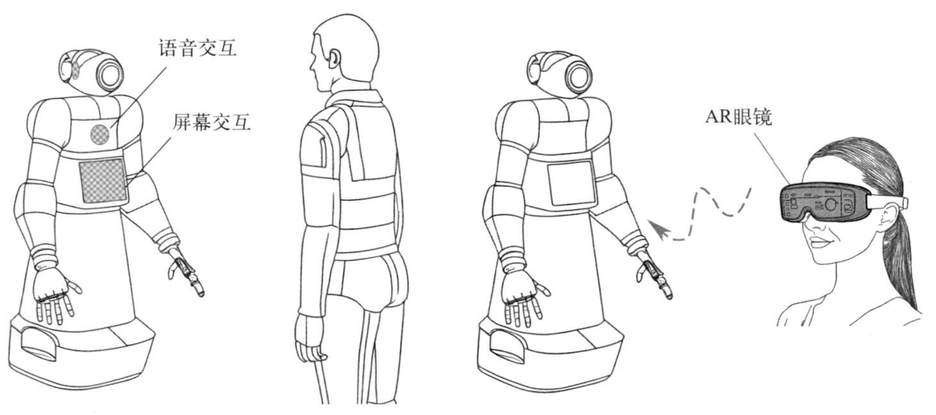

图 8-28 非接触交互示意图

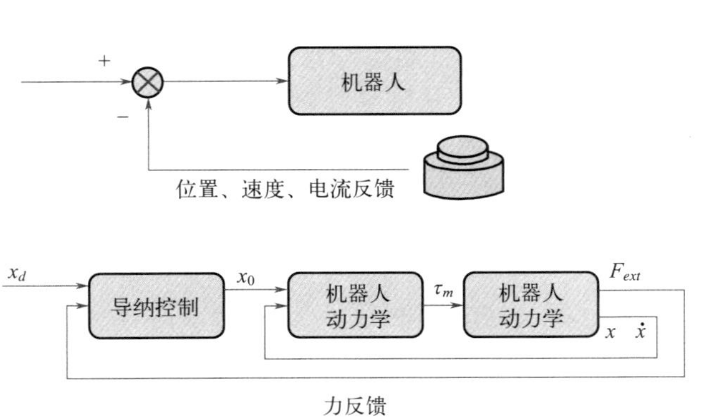

图 8-29 位置、速度、电流、力反馈示意图

reality，VR）、按钮、EOG、EEG、sEMG 等方式将人的指令下发给机器人。振动反馈通过力和振动反馈形式反馈信息，利用振动电机、线性推杆、皮肤拉伸器或压力袖作用于触觉感受器。电刺激反馈通过微弱电流刺激肌肉，进而获得反馈。神经反馈通过做手术，植入微电极，通过微弱电流刺激周围神经，实现反馈。

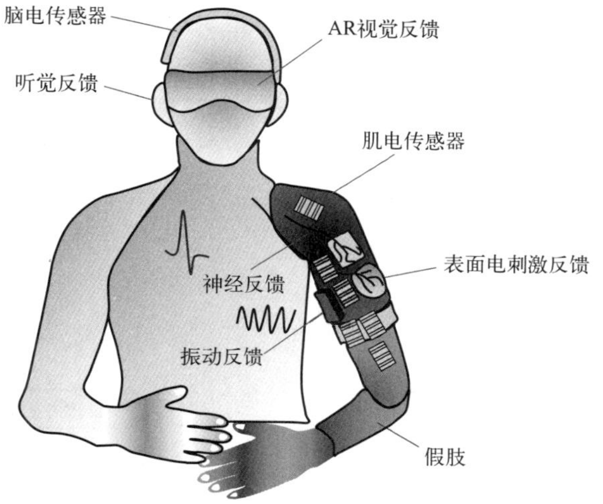

图 8-30　多种反馈形式示意图

8.3.3　交互关键技术

智能机器人人机交互主要涉及的关键技术有传感信息处理、力控制和位置控制、人工智能，如图 8-31～图 8-33 所示。传感信息处理一般通过传感电路、信号初步处理（滤波、去干扰）、信号特征提取、特征映射后将处理后的信息发送给机器人。

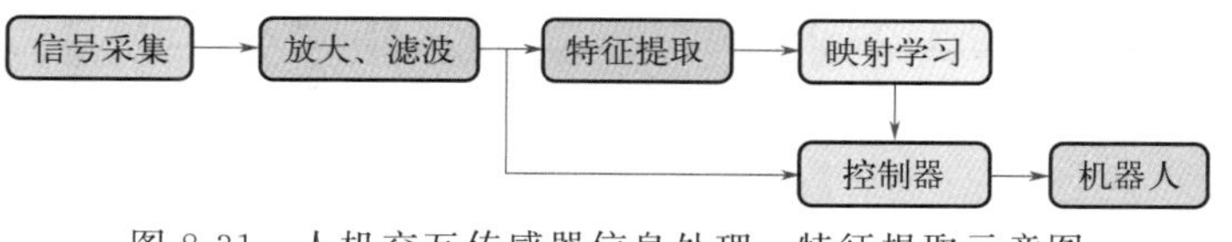

图 8-31　人机交互传感器信息处理、特征提取示意图

力控制和位置控制本质上控制机器人按照预想的力特性或轨迹特性运动，如图 8-32 为位置控制和力控制基本方法示意图，位置控制和力控制方法非常多样，可根据实际情况和条件，修改对应的控制方法，具体可参考本书第 6 章内容。

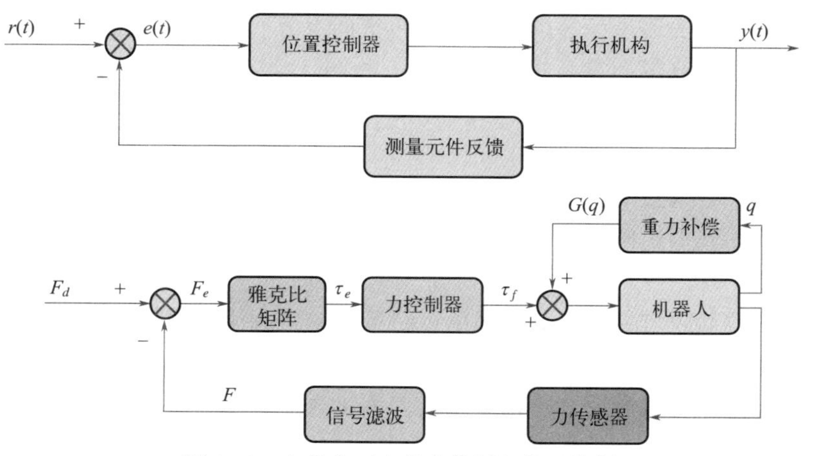

图 8-32　人机交互中的力控制和位置控制

智能机器人人机交互中应用的人工智能技术主要涉及手势识别（模式识别）、自主导航、动作映射、语音识别、大模型语音交互、语音合成、意图识别、力控模型、传感模型等，如图 8-33 所示。其基础核心技术是机器学习、深度学习、强化学习或与之相关衍生的技术，具体需参阅对应专业书籍。

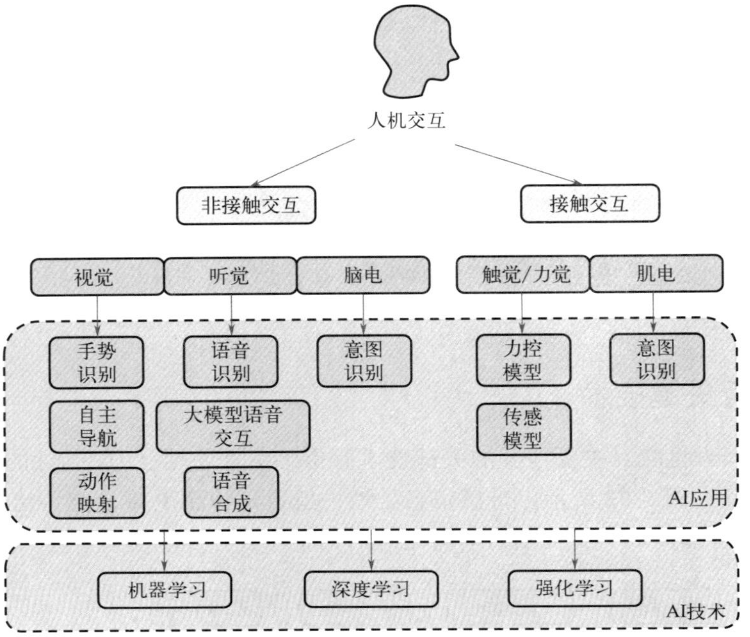

图 8-33 人机交互中的人工智能

8.3.4 交互安全技术

智能机器人与人的交互过程需重点关注交互安全问题，一般可分为物理防护界限方法、限位、机械保护、电子保护、力控、状态判断等方法。

(1) 物理防护界限方法

物理防护界限方法通过计算机器人的工作空间及其行进路径，在机器人运动过程中，人类远离其工作空间范围和其行进路径范围，杜绝人类与机器人的直接接触，如图 8-34 所示。

(2) 机械限位方法

机械限位方法一般可通过设置限位块、电机抱闸、弹簧、限位开关（机械式、光电式）等方式实现。其中，限位块的设置主要根据机器人关节运动的上下界限，设置对应限位，如图 8-35 所示。

限位块的方式简单可靠，但是容易给电机带来一定损害或堵转引起电流过大，烧掉电机。电机抱闸方式是通过电机端设置抱闸，通断电方式控制抱闸开合。由于未经过减速器，因此所需的力和电流较小。抱闸方式主要用于突然断电情形的关节位置固定，防止突然断电使得电机失能，进而因机器人自重而发生猛烈撞击或损坏问题。弹簧相对于限位块更为柔顺，通过弹簧吸收机器人关节越位能量。限位开关与限位块功能类似，只是它通过电子通断方式，将关节越位信息及时传递给机器人电机控制器，因此，更为准确迅速。缺点在于如果存在限位开关掉电情形，则其失去保护作用，易引起安全问题。因此，一般限位开关和限位块配合使用，限位开关作为一级限位，限位块作为二级限位。

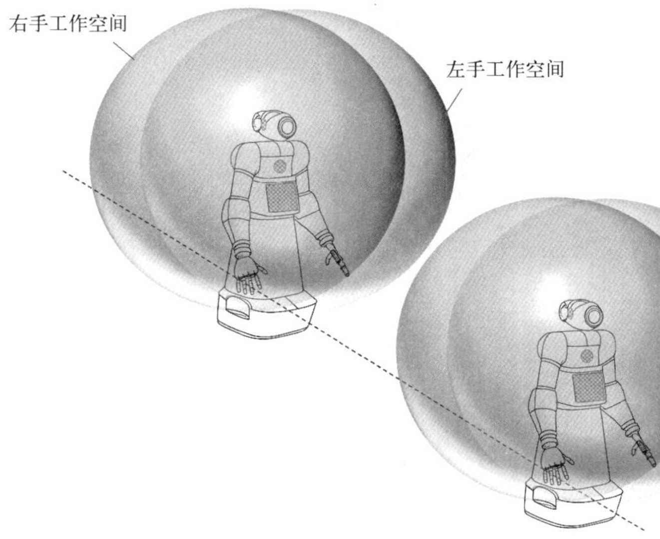

图 8-34　机器人物理防护界限

(3) 机械保护方法

机械保护方法可通过过载切断连接件或传动件方式，例如钢丝绳或皮带传动。当过载时，钢丝绳和皮带会被急剧拉长直至断裂，进而切断动力传递到对应机器人关节。电子保护方式可通过急停开关或过流保护等方式实现。急停开关一般设置在人类易接触到的位置，例如图 8-36 所示的足底部位。通过按下急停开关，紧急断电，使得电机失能。过流保护可通过设置熔丝或设置最大电流值方式实现，当超过最大电流时，熔丝熔断或软件控制对应关节电机失能。

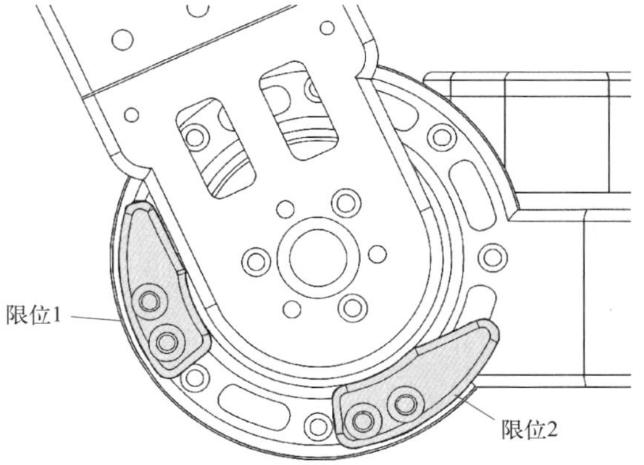

图 8-35　机器人限位块示意图

(4) 软件限位方法

软件限位通过编程方式，设置最大电流、最大位置、最大速度等参数。当反馈元件检测到实际电流、位置、速度超过设定值时，则执行对应保护程序。软件限位的前提条件是反馈元件正常工作，能够正常收发正确的位置、速度或电流，进而限制关节运动的位置、速度或电流。如果反馈元件本身不能正常工作，那么软件限位方式也依然存在很大风险，因此，一般软件限位和机械限位配合使用。

(5) 状态判断方法

状态判断方法主要通过一些手段判断机器人当前是否处在异常状态。例如通过利用雅可比矩阵可解算得到奇异性，判断机器人奇异位置；对肌电传感器采集得到的 sEMG 提取特征，进而依据特征判断肌肉状态异常（例如肌肉痉挛、肌肉疲劳）；利用心电或生理状态监测系统监测人体的身体机能和情绪等是否异常；利用电机驱动器返回的数据进行状态判断，查看电机是否处在异常状态，进而设置状态保护等程序。

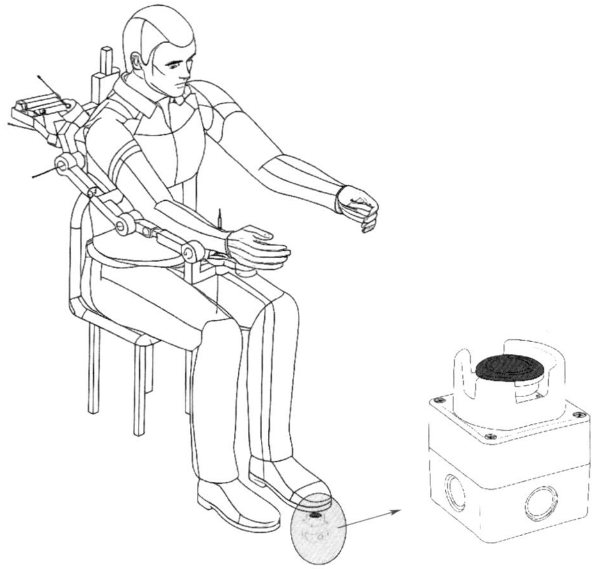

图 8-36 急停开关示意图

（6）力控方法

力控方法通过碰撞检测、力控算法软件保护等形式规划机器人关节电机输出力大小，实现柔顺的运动。如图 8-37 所示人机柔顺交互示意图，一般需配合柔性关节、末端六维力传感器或关节力/力矩传感器实现。

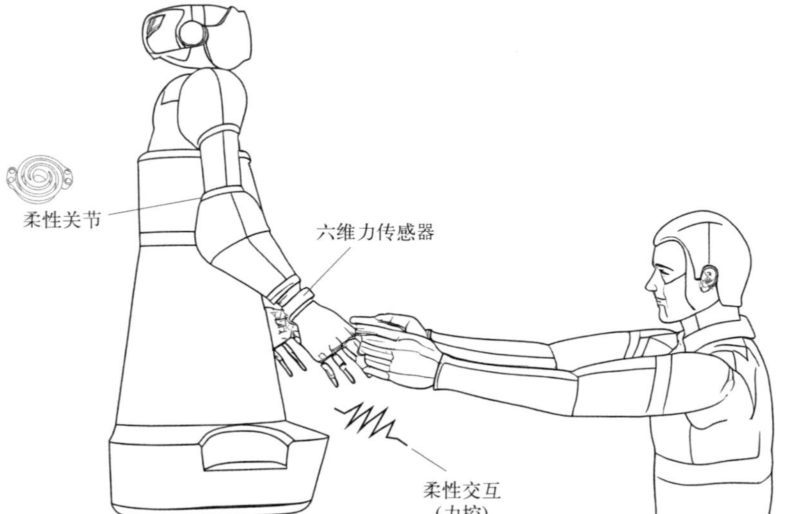

图 8-37 人机柔顺交互示意图

8.4 智能机器人信息感知与人机交互前沿研究工作案例分析与总结

8.4.1 人信息处理的机制模拟

本章第一小节简要介绍了人体信息感知器官与信息处理机制，如何模拟人类的信息处理机制是很多学者在深入开展的方向，并且产生了很多具有深远意义和应用价值的工作。例如，谷歌 Ashish Vaswani 等人通过分析人体视网膜不同部位处理信息的敏锐度不同，依据注意力机制，开发了 Transformer[191]，进而 Nisan Stiennon 等人开发了 ChatGPT[192]。再比如研究者基于分层预测开发语音理解模型，探索人类大脑如何实时处理语音并提取多层次的语义信息，模拟了人类大脑在语音理解中的层次性处理机制[193]。例如受皮质-丘脑-皮质回路的启发，其中不同模态的感觉处理机制通过非丘系感觉丘脑相互调制，研究者们提出了一种新的用于视听语音分离的皮质-丘脑-皮质神经网络[194]。研究者们开发了一种简化的转导功能，揭示了从传入触觉信号到传出运动命令的机理，并可以有效地将传入的触觉信号转化为前臂肌肉的激活，从而在仿生手上实现类似人类的感觉运动性能[195]。因此，对于人体的信息感知与信息处理机制的探索一直在进行，从器官感知外部环境信息（图像、声音、触觉等）、信息处理、到信息解码，这些过程存在不少可供模拟应用的方向。

8.4.2 感知反馈

人与智能机器人交互过程中，人类接收到的反馈非常重要。感知反馈与机器人反馈不一样，机器人反馈可通过传感器反馈对应位置、速度、电流或接触力。感知反馈是感官上的信息反馈，在控制机器人时，充分告知操编者机器人状态，使得操编者具有身临其境的体验。如前所述，存在触觉反馈、视觉反馈、神经反馈、听觉反馈等。对于佩戴假肢的患者而言，假肢的接触情况、抓取情况等需通过一定反馈使得用户能够更好地感知到假肢所处环境[196]。外骨骼机器人辅助人体运动时，也需要力反馈、视觉反馈等用于提高人体意图控制外骨骼机器人的精确度、使用积极性、应用效果评估[197]。很多时候感知反馈较难定量描述反馈量与被控制量的关系函数，只能确定一定范围，因此，如何定量描述这一关系函数是一直以来的问题。

8.4.3 人机交互

如前所述，人机交互分为接触式交互和非接触式交互。对于接触式交互，人机交互过程中，保证柔顺可靠的使用需保证交互力安全、碰撞安全，对于人形机器人，其还需具有一定的环境自主导航功能。对于非接触式交互，主要需提高人机交互的智能化水平，例如随着大语言模型的发展，机器人与人的语音交互功能得到了较大程度的提高。尽管目前已经发展了很多可靠重要的交互方法、控制算法或防护手段，但是，制约机器人真正走入千家万户的一个重要原因正是无法保证在任意环境下的安全交互[198]。因此，如何进一步提高机器人环境安全交互是重要问题。

8.4.4 不同应用场景下的信息感知与人机交互

康复机器人、外骨骼机器人、假肢、人形机器人不同应用场景下的信息感知与人机交互具有不同的侧重点和研究点。人类和机器人，以协调的方式根据它们各自的策略选择动作以实现共同的任务。例如假肢用于可变形物体感知与抓取、外骨骼从陆地使用到水下使用的环境迁移[199]、外骨骼不同使用者之间的用户数据或模型迁移[200]、人形机器人不同应用场景下的智能决策[201]。因此，设计个性化、定制化的信息感知与人机交互方法是一种应对不同应用场景使用的方法之一。

第9章

智能机器人EEG控制

引言

EEG 是一种常见的用于智能机器人运动控制的生物电信号，本章主要介绍 EEG 如何应用到机器人控制中，列举了轮椅、外骨骼、智能假肢和人形机器人四大类机器人的 EEG 控制示例。本章内容需结合本书第 6 章关于 EEG 处理相关内容，以期更好地理解智能机器人 EEG 控制原理方法。

9.1 智能机器人 EEG 控制框架

智能机器人 EEG 控制框架如图 9-1 所示，目前大部分从 EEG 识别运动意图的方法多用于动作分类，例如轮椅前进后退、加速减速；外骨骼机器人关节运动到特定位置；人形机器人前进后退、加速减速。因此，从 EEG 识别的运动意图信号多为离散分类动作标签，依据标签切换动作或机器人状态，再通过轨迹规划器规划轨迹，机器人结合自身的传感器和驱动器，运行运动控制算法，根据实际运动轨迹与参考运动轨迹误差，控制机器人整体运动精确执行对应运动轨迹。

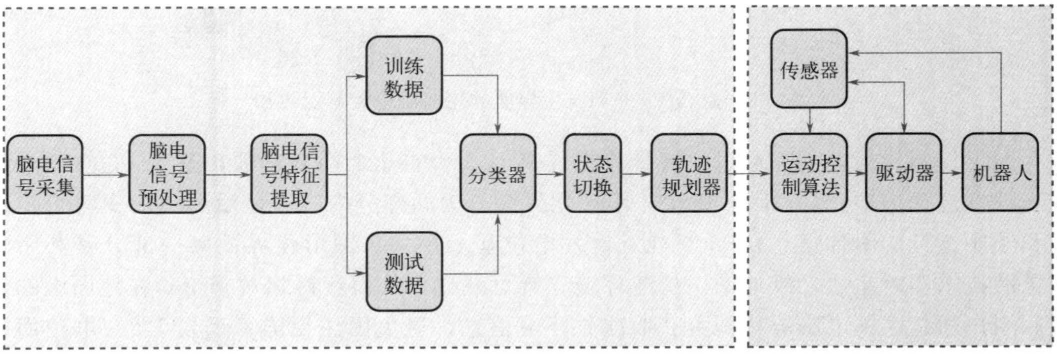

图 9-1　智能机器人 EEG 控制框架

因此，一般 EEG 控制框架分为六大块：信号采集、信号预处理、特征提取、学习与分类、状态与轨迹规划、机器人执行。

信号采集：在特定范式下（例如 SSVEP、P300 或 MI）采集得到多通道原始 EEG。

信号预处理：对采集得到的 EEG 进行滤波、分解或信号分离等。

特征提取：对预处理后的 EEG 提取时域、频域、时频域或其他域的特征信号。

学习与分类：根据提取得到的 EEG 特征信号和对应的分类结果，训练模型，对于新使用的特征信号，应用模型得到预测的分类结果。

状态与轨迹规划：依据分类结果更新机器人运动状态或规划轨迹。

机器人执行：机器人依据变换的状态或规划的轨迹执行对应动作。

9.2 轮椅 EEG 状态控制

9.2.1 融合 P300 和自主导航的轮椅脑电控制方法

这个方法和工作来源于文献［202］，其整体的示意图如图 9-2 所示。使用者佩戴脑电设备，结合交互界面，基于 P300 刺激范式，用于控制轮椅的运动。轮椅运动亦结合了自主导航技术。依据 10-20 系统范式（参考本书 5.4.2 小节）布置 EEG 传感器，采集 FP1、FP2、F3、F4、C3、C4、P3、P4、T7、T8、CP3、CP4、Fz、Pz、Cz 和 Oz 位置的 EEG 信号，FPz 位置作为参考电极位置。轮椅主传感器是放置在车辆前部的平面激光器，以 5Hz 的频率工作，具有 180°视野和 0.5°分辨率，供车辆前方障碍物的信息，用于轮椅自主导航系统。轮椅还配备了轮式编码器来测量轮椅位置和方向。

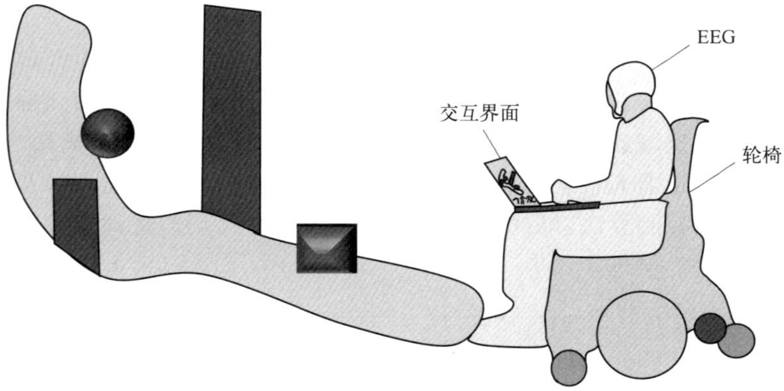

图 9-2　融合 P300 和自主导航的轮椅脑电控制示意图

为了控制轮椅，用户通过注视计算机屏幕上显示的几个控制选项，基于 P300 刺激范式来识别选择选项，如图 9-3 所示。图形化界面分为两部分内容：显示环境的实时重建信息和顺序选择的附加信息；P300 视觉诱发电位显示模块。图形化界面第一部分是利用自主导航技术实时生成二维地图，构建环境三维可视化，从而获得相对于轮椅在地图上的位置。用户通过注视电脑屏幕即可获取前方环境信息，避免因注视屏幕诱发 P300 电位而影响眼睛获取前方环境信息。三维环境地图中，可通过程序设置预定义的多个目的地，这些目的地对应于参与者可能选择到达的环境中的位置，如图 9-3 所示。这些位置在显示器中由参考轮椅的 $N \times M$ 极坐标网格表示。网格交叉点表示场景中的真实位置，其维度可自定义。障碍物由墙壁描绘，隐藏了网格中无法到达的目的地。图形化界面第二部分是一些特定的操作按钮图标，按钮图标可程序控制按照一定频率闪烁，当用户将注意力集中在给定选项上时，会引起 P300 视觉诱发电位。按钮图标位于可视显示器的下部。第一组按钮对应动作是使轮椅参照其当前位置±90°转动，图标分别位于屏幕下方的左右两侧，并在各自的方向上用一个旋转箭头表示；第二组按钮图标为交通灯按钮，用于验证用户的命令或停止车辆，图标分别位于第一组按钮旁边，第三组图标在下方正中间，用一个橡皮表示，代表“清除”选项。

采用有限状态机建立轮椅状态，如图 9-4 所示。一开始轮椅处在等待命令，在这种状态下，轮椅不执行任何动作。当用户将注意力集中在操作按钮图标中的某一个选项时，引起 P300 视觉诱发电位，如果模式识别没有出错，则选择所需的选项。当选项是左转或右转时，状态变为等待验证。用户此时将注意力集中在验证按钮图标，通过 BCI 系统，传递确认左转或右转指令，将相关动作传递给轮椅自主系统，状态变为轮椅移动；如果没有集中注意力在验证按钮图标，则继续等待。因此，轮椅移动需要命令加验证两个步骤，防止出错。此外，“停止”和“清除”选项不会改变状态或先前的选择，将保持状态或先前的选择。当轮椅在移动状态时，刺激过程被阻塞，BCI 系统等待来自自主导航系统状态标记信息，防止轮椅移动过程擅自更改命令，当轮椅移动到目的位置后，此时告知系统，轮椅移动命令已执行，轮椅状态变为等待命令。关于这一工作更为详细的内容介绍可参考文献 [202]。

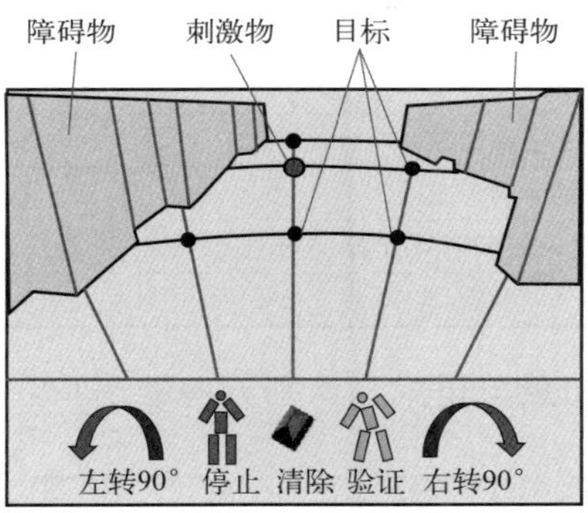

图 9-3　屏幕界面

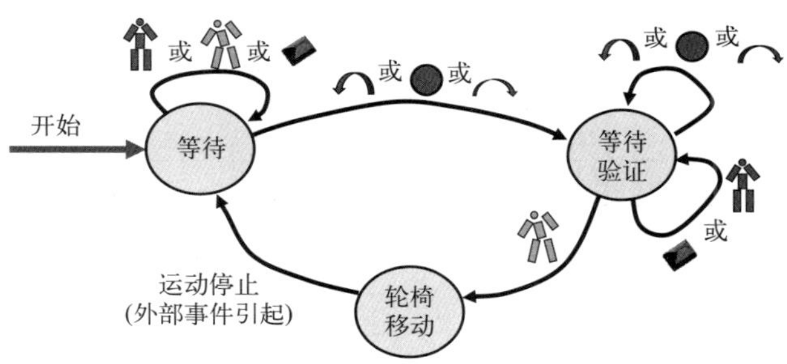

图 9-4　脑电控制状态机切换图示

9.2.2　混合 P300 和运动想象的轮椅脑电控制方法

这个方法和工作来源于文献 [203]，如图 9-5 所示 EEG 控制轮椅示意图，轮椅主要需控制左右转、加速减速。在这个系统中，基于使用者的左右运动想象识别左右转控制指令。采集用户的 FC3、FCz、FC4、C3、Cz、C4、CP3、CPz、CP4、P3、Pz、P4、O1、Oz、O2 位置的 EEG 信号，GUI 上的闪烁按钮被设置为唤起 P300 电位，用于控制轮椅加速。如果用户希望加速，那么他/她就会注意到一个特定的闪烁按钮，而不用想象任何运动。为了减速，用户想象第三个运动想象事件（例如，足的运动），同时忽略图形用户界面（graphical user interface，GUI）上的任何闪烁按钮。

8 个按钮按随机顺序闪烁，诱导 P300 电位，如图 9-6 所示。每个按键强化 100ms，连续两次按键闪烁间隔 120ms。因此，一轮按钮闪烁持续 960ms（这里的一轮定义为每个按钮闪烁一次的完整周期）。

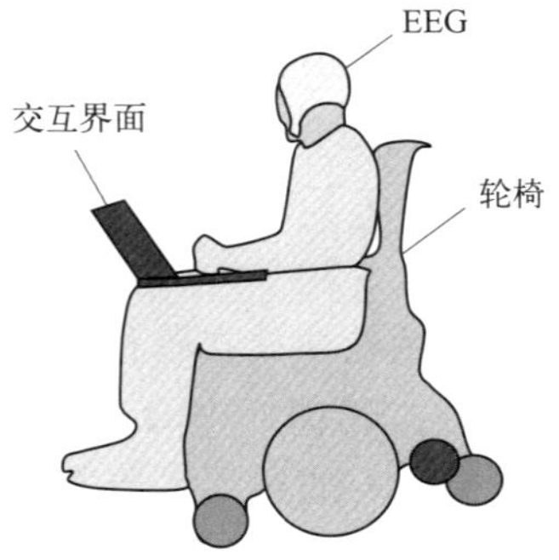

图 9-5 混合 P300 和运动想象的轮椅脑电控制示意图

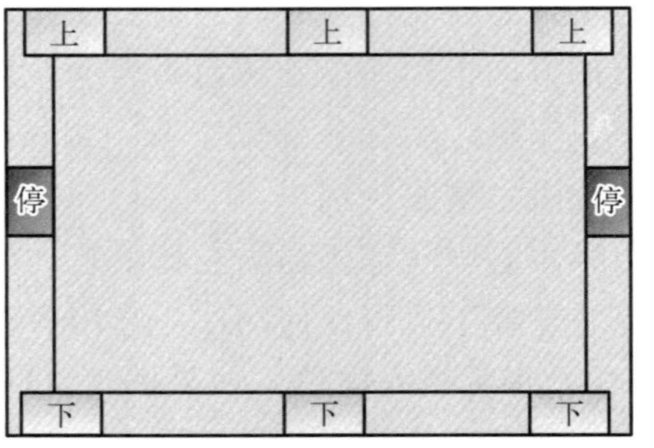

图 9-6 用于轮椅脑动控制的 GUI

为了完成这些控制任务，BCI 系统向模拟或真实轮椅提供以下四个命令：左转、右转、加速和减速。如表 9-1 所示，对应想象任务：左手运动想象、右手运动想象、足运动想象和注意一个特定的闪烁按钮而没有运动想象。如果没有将 P300 模态引入 BCI 系统，那么人们可以分别通过想象足部运动或在运动想象方面保持空闲来选择低速或高速。然而，空闲状态检测的准确性往往不能令人满意。

表 9-1 控制指令与任务对照

控制指令	想象任务
左转	左手运动想象
右转	右手运动想象
减速	足部运动想象
加速	专注一个特定的闪烁按钮
无控制指令	空闲状态

具体的分层决策方法如图 9-7 所示。首先，提取运动想象模式，识别方向控制指令。

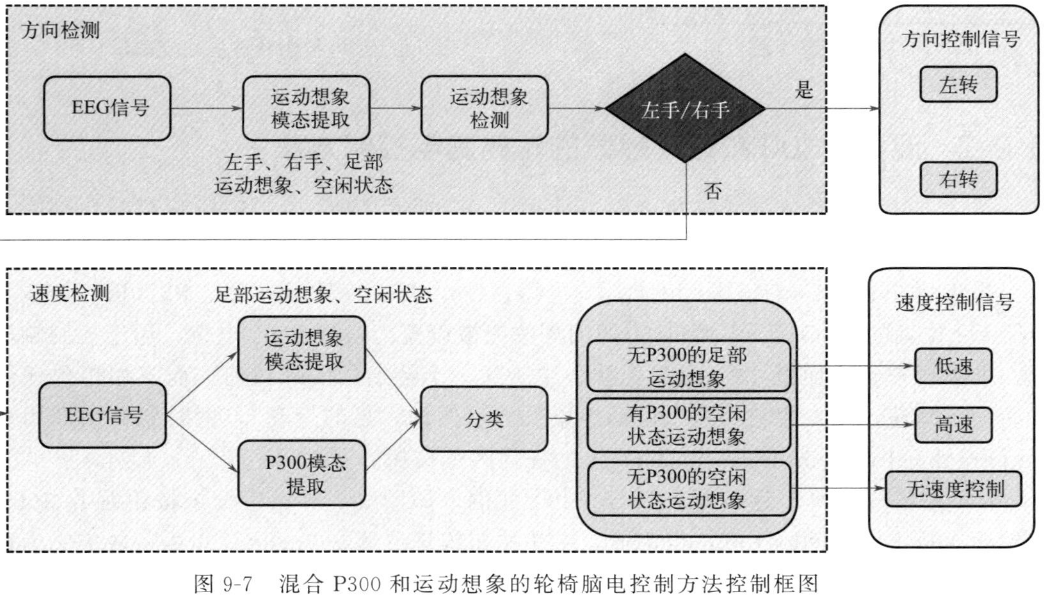

图 9-7 混合 P300 和运动想象的轮椅脑电控制方法控制框图

如果检测到左手或右手运动想象，则将其解释为向左或向右转弯的方向控制命令。否则，将提取速度控制命令。加速或减速的速度控制命令是通过区分用户执行的以下两个任务来确定的：第一个任务是用户在不注意特定的闪烁按钮的情况下想象足的运动，对应图中的无 P300 的足部运动想象；另一个任务是用户在不进行任何运动想象的情况下注意特定的闪烁按钮，对应图中的有 P300 的空闲状态运动想象。如果既没有检测到运动想象，也没有检测到 P300 电位，则没有接收到速度控制命令，速度保持不变。关于如何检测运动想象、运动想象模态提取、P300 模态提取方法可参考文献 [203]。

9.3 外骨骼 EEG 控制

9.3.1 基于 SSVEP 的外骨骼离散运动控制方法

本小节内容主要来自文献 [204]，通过 SSVEP 方法控制外骨骼两自由度离散运动，示意图如图 9-8 所示。采集得到 O1、Oz、O2、P3、Pz 和 P4 的 EEG 信号，采用 CAR 方法（参考本书 5.4.3 小节内容）对 EEG 信号进行滤波去噪，选用了肩部屈伸自由度和肩部旋内旋外自由度作为被控对象，对应 θ_1 和 θ_2。5 个离散状态对应代号为 0～4，$\theta_1=20°$、$\theta_2=0°$作为静止状态，对应代号为 0，其他离散动作代号 1～4 分别对应 $\theta_1=20°$、$\theta_2=20°$，$\theta_1=20°$、$\theta_2=40°$，$\theta_1=40°$、$\theta_2=0°$，$\theta_1=0°$、$\theta_2=20°$，其外骨骼控制框图如图 9-9 所示。采用 CCA 方法（可查看本书 5.4.6 小节内容）区分不同离散动作对应的 EEG 信号特征，依据识别得到的离散动作类别，得到对应肩部屈伸自由度和肩部旋内旋外自由度意向位置 θ_{r1} 和 θ_{r2}。上肢外骨骼机器人系统关节电机在驱动系统和 PID 控制下实现对应意向位置控制。

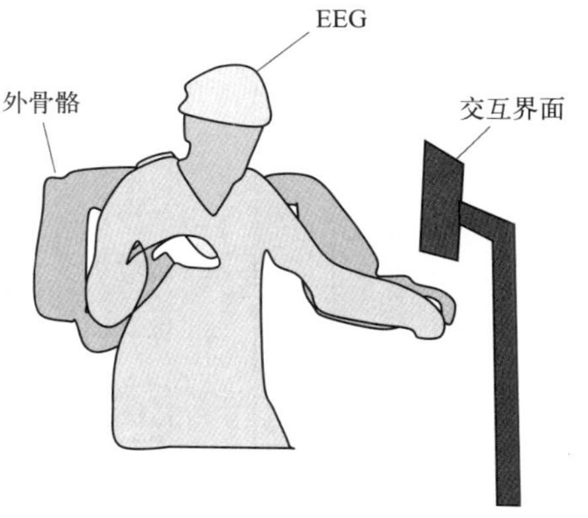

图 9-8　基于 SSVEP 的外骨骼离散运动控制示意图

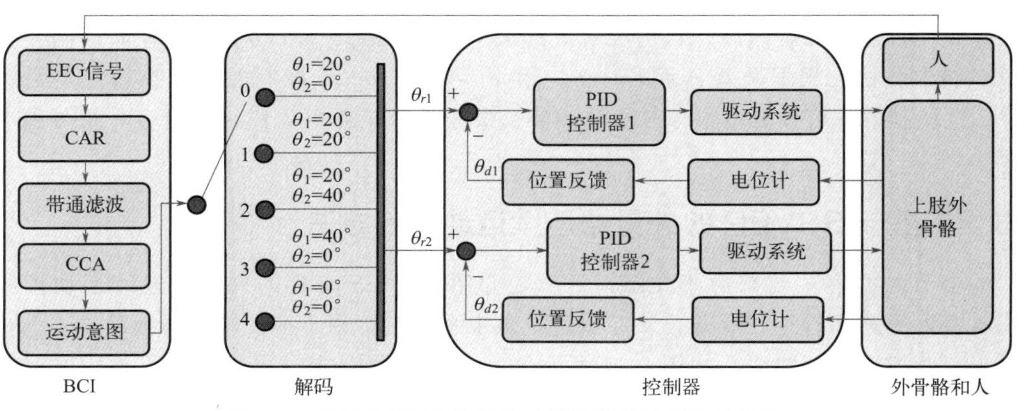

图 9-9　基于 SSVEP 的外骨骼离散运动控制方法框图

如图 9-10 所示为基于 SSVEP 的外骨骼离散运动控制方法 SSVEP 闪烁界面图，四个刺激框分别代表肩部外旋、肩部内旋、肩部前屈、肩部后伸四种动作。当被试者想做某种动作时，其需把注意力集中在代表该动作的白色方块上。对应上下左右四个闪烁白色方块的闪烁频率分别为 8.57Hz、10Hz、12Hz 和 15Hz。

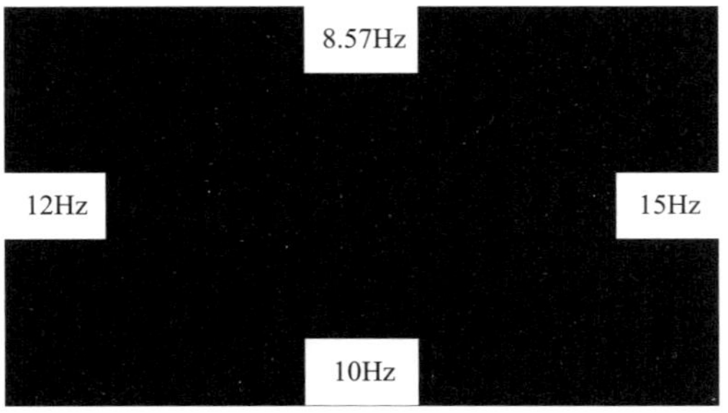

图 9-10　基于 SSVEP 的外骨骼离散运动控制方法 SSVEP 闪烁界面图

采用 CCA 方法区分不同闪烁频率刺激下的 EEG 信号与参考频率信号得到相关度，如图 9-11 所示。相关度越高，则认为人注视的区域即为这一参考频率对应的闪烁块，进而确定参考频率对应的离散动作。

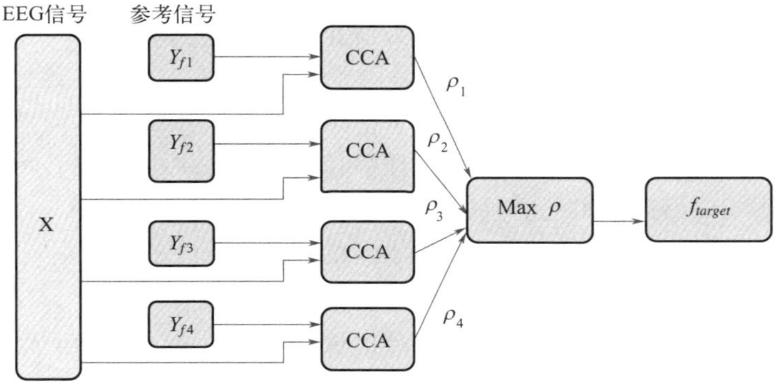

图 9-11　CCA 相关度应用图

当确定下离散动作后，则其对应为意向动作或参考动作角度 θ_{r1} 和 θ_{r2}，采集外骨骼肩关节屈伸自由度和旋内旋外自由度对应的关节实际角度 θ_{d1} 和 θ_{d2}。外骨骼控制模块采用 PID 控制方法，根据误差 $e_1=\theta_{r1}-\theta_{d1}$ 和 $e_2=\theta_{r2}-\theta_{d2}$，控制外骨骼执行定点运动控制，PID 控制方法可参考本书 6.2 小节内容。关于这一工作更为详细的内容介绍可参考文献 [204]。

9.3.2　基于 SSVEP 的外骨骼连续运动控制方法

本小节的内容主要来源于文献 [205]，介绍基于 SSVEP 的外骨骼连续运动控制方法。双臂外骨骼具有左右双臂，从穿戴者视角来看，右臂用于拖住平面画板静止不动，左臂用于在画板上绘制曲线，如图 9-12 所示。因此，左臂末端执行器相对于画板的运动为平面运动，该平面运动可通过极坐标 r_{co} 和 θ 描述，极坐标位置可通过逆时针运动、顺时针运动、沿着半径方向前进、沿着半径方向后退四个指令规划而来，如图 9-13 所示。

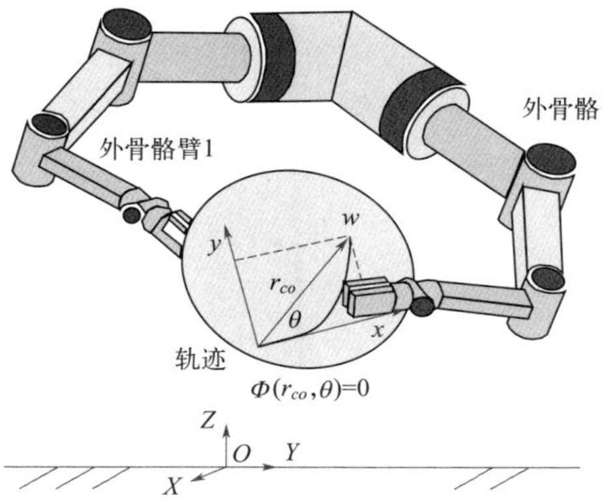

图 9-12　基于 SSVEP 的外骨骼连续运动控制示意图

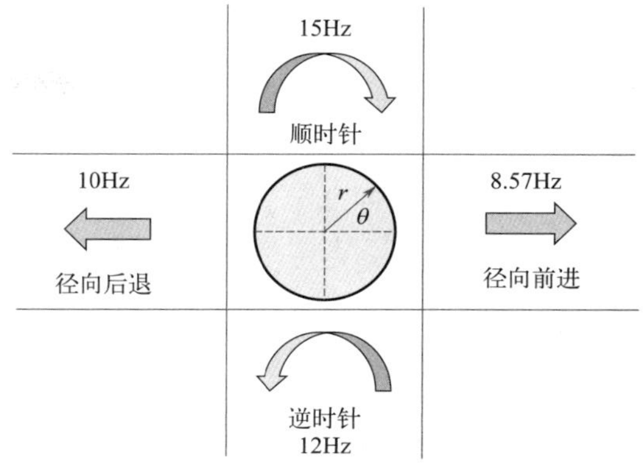

图 9-13　外骨骼末端执行器平面运动极坐标控制方式示意图

采集受试者 24 个位置［SP1，SP2，FP1，FP2，F7，F3，FZ，F4，F8，T3，C3，CZ，C4，T4，T5，P3，PZ，P4，T6，REF，O1，OZ，O2，接地（ground，GND)］的 EEG 信号，根据 10-20 标准范式布置电极在受试者的大脑皮层上对应区域。采集得到 EEG 信号后，采用 CAR 方法（可参考本书 5.4.3 小节内容）对 EEG 信号进行滤波去噪，采用 CCA 方法对主要的六个电极 O1、O2、Oz、P3、P4、Pz 对应的 EEG 信号计算特征信号，特征信号输入到 SVM 方法，如图 9-12 所示。SVM 方法分类结果为逆时针运动、顺时针运动、沿着半径方向前进和沿着半径方向后退四个。逆时针运动和顺时针运动为方向控制，沿着半径方向前进和沿着半径方向后退为速度控制，结合原对偶神经网络（primal-dual neural network，PDNN)、自适应神经控制和机器人末端位置控制算法[205]，完成外骨骼运动控制，如图 9-14 所示。

将“沿半径方向前进”“沿半径方向后退”“顺时针”“逆时针”分别用 A、B、C、D 表示，对应数字 1～4。1 代表顺时针、2 代表沿着半径方向往前运动、3 代表逆时针、4 代表沿着半径方向往后运动。SVM 方法用于分类，数据集被组装成六对（A,B)、(A,C)、(A,D)、(B,C)、(B,D) 和（C,D)，得票最多的被认为是最终结果。SSVEP 方法对应的上下左右闪烁频率为 15Hz（顺时针)、12Hz（逆时针)、10Hz（沿着半径方向往后运动)、8.57Hz（沿着半径方向往前运动)。

极坐标表示如下：

$$\begin{cases} r = x^2 + y^2 \\ \theta = \mathrm{atan2}(-y, -x) \end{cases} \tag{9-1}$$

其中，r 和 θ 的更新律如下。

$$\theta(k+1) = \theta(k) + \lambda(k)\dot{\theta}T \tag{9-2}$$

$$r(k+1) = r(k) + \gamma(k)\dot{r}T \tag{9-3}$$

其中，$\lambda(k) \in [-1 \quad 0 \quad 1]$，$-1$ 对应逆时针，1 对应顺时针，0 对应除了逆时针和顺时针外的其他状态（例如往前、往后或其他)。$\dot{\theta}$ 是固定的回转速度值。$\gamma(k) \in$

[−1 0 1]，−1 对应顺着半径 r 往后，1 对应顺着半径 r 往前，0 表示其他状态。$\dot{r}$ 是固定的径向速度值。根据更新律，利用雅克比矩阵，将任务空间轨迹转化为关节空间轨迹，从而得到参考关节运动轨迹。

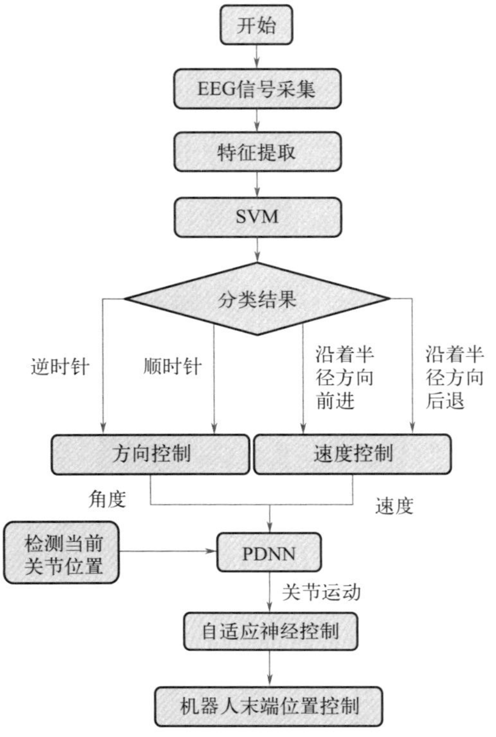

图 9-14　基于 SSVEP 的外骨骼连续运动控制方法流程图

PDNN 的神经动力学优化方法能够很好地解决一般的二次规划和线性规划问题，而无需进行逆计算。基于线性变分不等式的 PDNN 在存在关节物理限制的情况下，通过最小化选定的性能指标来解决机器人外骨骼的运动冗余问题。这一工作还考虑了输入饱和的自适应控制方法问题。更为详细的介绍可参考文献 [205]。

9.4 智能假肢 EEG 控制

9.4.1 具有功能性电刺激反馈回路的智能假肢 EEG 控制

本小节内容主要选自文献 [206]，介绍了一种基于运动想象的假肢腿控制方法，通过功能性电刺激建立感觉反馈回路，将假肢的运动实时反馈给人。实现假肢在不同地形（地板上行走、上楼梯和下楼梯）中稳定灵活地按照人的意图行走，如图 9-15 所示。

脑控假肢在不同地形上行走的任务有在线意向识别、假肢控制、功能性电刺激反馈三部分。其中，在线意向识别包含运动想象下的 EEG 信号采集、特征提取、特征分类三部分。假肢控制包含步态合成、假肢关节位置控制两部分。功能性电刺激反馈的输出电流范围设置在 0～5mA，平均分为 9 级，与膝关节角度和踝关节应力正相关。通过调节假肢的膝关节角度和作用在踝关节矢状面和冠状面上的力，为受试者产生不同水平的电流刺激，实现反馈。

自发性脑电图信号中的 μ 节律和 β 节律分别为感觉节律和运动节律。离散小波变换用于 EEG 时频分析。Daubechies（Db4）小波比其他小波基提供更详细的信息，是最适合处理生物医学信号的小波。因此，选取 D5 和 D4 的系数分别对 μ 波和 β 波进行重构。通过小波分解和重构，将基于 MI 的各通道脑电数据划分为两个子带，反映了 EEG 的时间和频率特征。

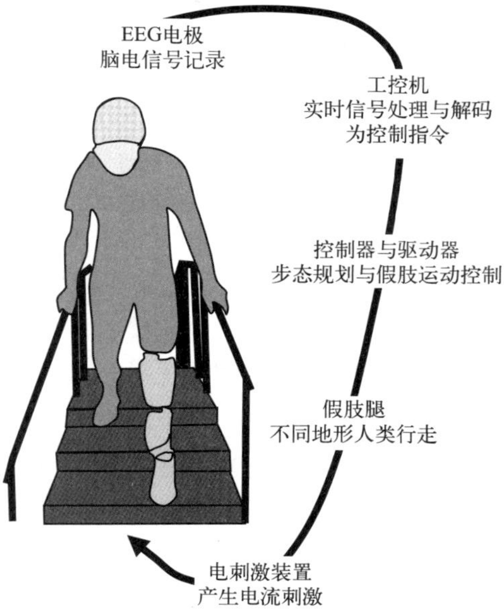

图 9-15　具有功能性电刺激反馈回路的智能假肢 EEG 控制示意图

将小波分解重构得到的子带作为 CSP 空间滤波器的输入信号，利用 CSP（参考本书 5.4.4 小节内容）找到一组最优的空间滤波器进行 EEG 投影，使一类信号的方差最大，另一类信号的方差最小，从而得到判别性高的特征向量，提取出各类信号的空间分布特征，提取的特征为包含 EEG 时频空间特征的二维特征向量。

本工作需实现脑电特征识别在地板上行走、上楼梯和下楼梯三类结果。为了实现多重分类，使用多个二元 SVM 分类器构造一个有向无环图，解决了分类重叠和不可分问题，构建的有向无环图如图 9-16 所示。通过有向无环图对 EEG 的时频空特征进行分类，确定被试者的行走意图，并将其转化为相应的控制命令。

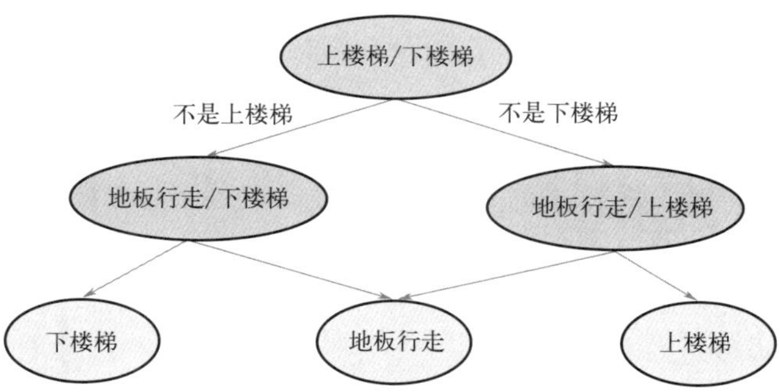

图 9-16　多分类的有向无环图示意

基于步行实验记录的典型地面反作用力（ground reaction force，GRF）曲线生成假肢腿的运动轨迹，以近似不同地形下的自然地面反应。为了有效地控制假肢，采用了一种类似 PD 反馈控制的控制器。结合 GRF 生成的步态轨迹，该控制器可以方便地在假肢中实现。采用的控制律如下。

$$\boldsymbol{\tau}=-\boldsymbol{K}_v\Delta\dot{\boldsymbol{q}}-\boldsymbol{K}_p\boldsymbol{s}(\Delta\boldsymbol{q}) \tag{9-4}$$

其中，$\boldsymbol{K}_v=\text{diag}[K_{v1},\cdots,K_{vn}]$是速度反馈增益。$\boldsymbol{K}_p=\text{diag}[K_{p1},\cdots,K_{pn}]$，$\Delta\boldsymbol{q}=\boldsymbol{q}-\boldsymbol{q}_d$，$\boldsymbol{q}$和$\boldsymbol{q}_d$是关节实际角度和期望角度。$\boldsymbol{s}(\Delta\boldsymbol{q})=[s_1(\Delta q_1),\cdots,s_n(\Delta q_n)]^{\mathrm{T}}$。$s_i$是饱和函数，定义如下。

$$s_i(\Delta q_i)=\begin{cases}-1,\Delta q_i<\dfrac{\pi}{2}\\ \sin(\Delta q_i),-\dfrac{\pi}{2}\leqslant\Delta q_i\leqslant\dfrac{\pi}{2}\\ 1,\Delta q_i>\dfrac{\pi}{2}\end{cases}\tag{9-5}$$

在实验过程中，每位受试者需要完成MI任务的训练和测试，穿戴假肢完成在地板上行走、上下楼梯等任务。

① MI实验范式：MI实验在一个安静的房间里进行，受试者舒适地坐在电脑屏幕前的扶手椅上，双手自然放置。MI实验场景如图9-17(b) 所示。在实验开始时，屏幕上出现一个黑色方块，持续3s，提示受试者休息。然后，一个指示向左、向右或向下的提示(对应于在地板上行走、上楼梯或下楼梯的三种类型中的一种) 出现并在屏幕上停留3s。在此期间，受试者被要求根据提示想象移动他们的左手、右手或足。每次MI任务持续18s，即休息3次，3次MI，直到屏幕上向下的箭头消失。MI范式的时序方案如图9-17(a) 所示。在MI实验中，每个志愿者总共需要进行90次实验，其中30次左手MI实验、30次右手MI实验、30次足MI实验。

② FES放置和感知：要求被试者感受和理解FES的效果，以便进行后续的行走实验。根据图9-17(c) 所示的刺激点排列，将四对电疗仪贴片电极粘贴在受试者大腿上，如图9-17(d) 所示。电疗仪输出电流范围设为0～5mA，平均分为9级，与膝关节角度、踝关节应力呈正相关。通过调节假肢膝关节角度和作用于踝关节矢状面与冠状面的力，对受试者产生不同程度的电流刺激，实现反馈。

③ 假肢意向运动控制实验范式：在对FES有初步了解后，受试者佩戴假肢，进行地板行走、上楼梯、下楼梯的室内实验。对于在地板上行走的实验，受试者首先执行运动想象，待EEG识别结果稳定后，假肢执行对应轨迹。上下楼梯实验中，被试者先想象上下楼梯，当识别结果稳定时，假肢遵循相应的上下楼梯轨迹。待EEG识别结果稳定后，假肢执行地板轨迹，受试者可以在地板上随意行走。上下楼梯实验中，被试者先想象上下楼梯，当识别结果稳定时，假肢遵循相应的上下楼梯轨迹。其他详细内容和详细的实验结果及分析可参考文献 [206]。

9.4.2 集成AR的智能假肢EEG控制

本小节内容来源于文献 [207]。该工作主要考虑用于外部设备控制的BCI，尤其是假肢手系统，用户需要在操纵假肢手的同时盯着侧面的液晶显示屏 (liquid crystal display, LCD) 来接收视觉诱发的刺激，因此用户无法同时考虑LCD、当前环境和被操纵的对象。与用于字符输入的SSVEP-BCI系统不同，液晶显示器降低了外部设备控制过程中人机交互的水平，也增加了某些情况下的危险。这一问题可通过AR眼镜解决，其可将闪烁画面和实际画面统一在同一界面内，提高复杂环境的实用性。

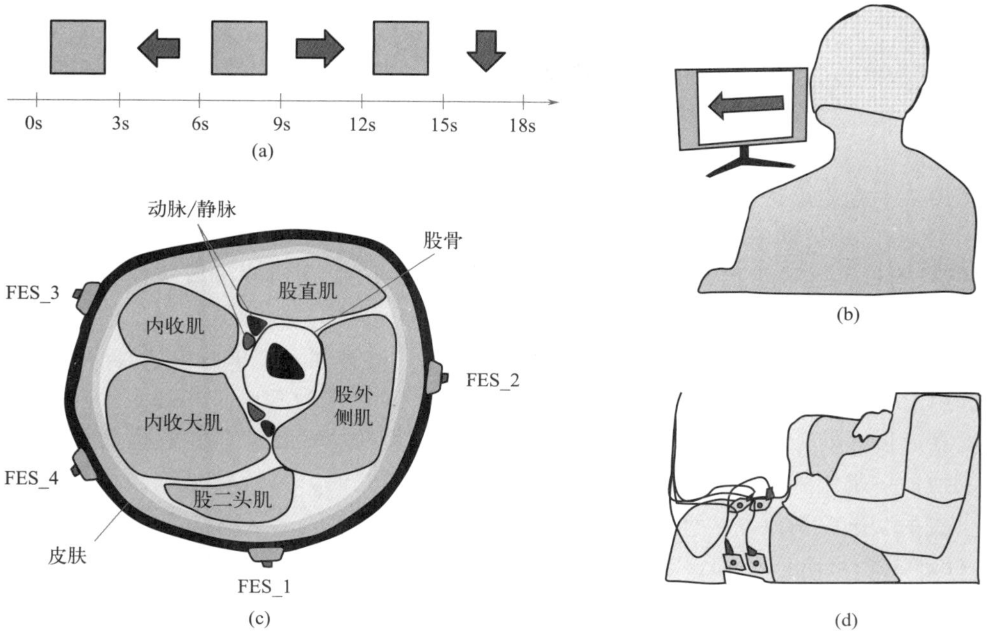

图 9-17　MI 实验设计和 FES 布置

如图 9-18 为 AR 眼镜显示界面。该界面包含两部分内容：刺激模式和中心模式。其中刺激模式包含 8 种，分别对应抓取、放下、捏、指向、握拳、推掌、握笔、初始。每种模式的刺激图像使用白色正方形（长宽比 2∶1）呈现，排列成 2×4 阵列，采用基于透明度的正弦调制来实现闪烁。其数学模型可描述如下。

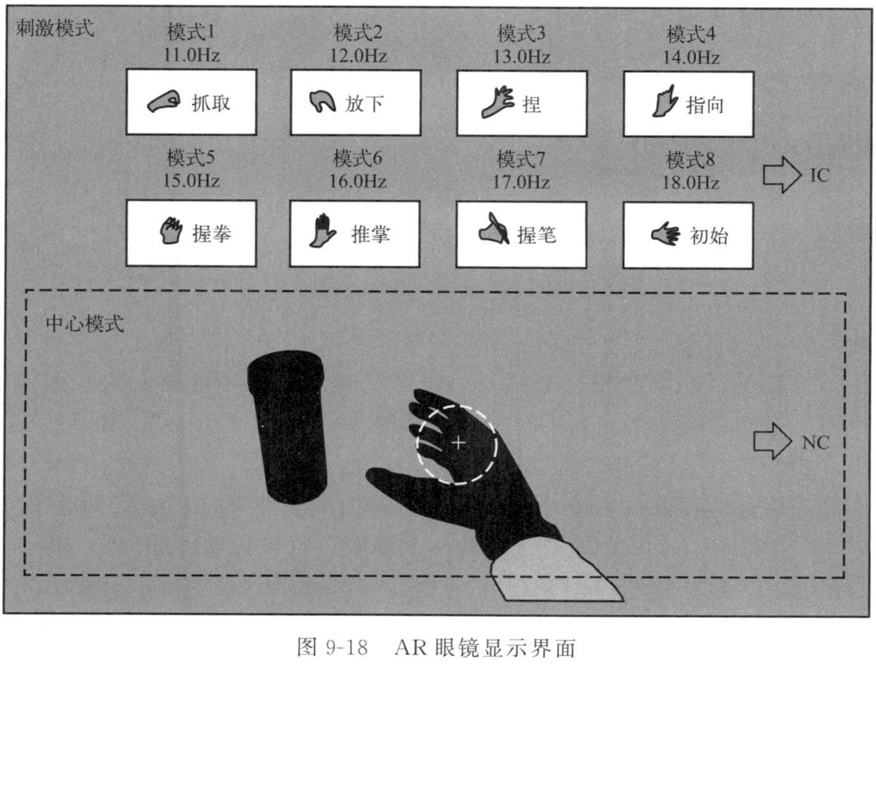

图 9-18　AR 眼镜显示界面

$$F_i=\frac{1}{2}M_i\left(\sin\left(\frac{2\pi f_i n}{f_s}+\varphi_i\right)+1\right) \tag{9-6}$$

其中，$n=1,2,3\cdots$代表 AR 眼镜刷新帧的顺序，f_s 是 AR 眼镜的显示刷新率，F_i 表示 RGB 矩阵正弦调制后的第 i 个刺激图像。M_i 表示 RGB 矩阵第 i 个正弦调制前的第 i 个刺激图像。f_i 表示正弦调制频率第 i 个刺激模式。φ_i 表示正弦调制的相位第 i 个刺激。

模式 1～模式 8 对应的闪烁频率分别为 11Hz、12Hz、13Hz、14Hz、15Hz、16Hz、17Hz、18Hz。手运动的轮廓和名称在正方形中居中，以提供视觉标签。用户可以通过“+”符号附近的区域直接看到环境和控制对象。刺激图像阵列的区域被设置为意向控制（intentional control，IC）区域，并且可以直接看到环境的“+”符号附近的区域被设置为非意向控制（non-intentional control，NC）区域，这种称为“中心模式”。

选用 P3、Pz、P4、PO3、PO4、O1、Oz 和 O2 通道作为脑电采集通道，参考电极位于头皮靠近顶叶处。当 BCI 系统将当前 EEG 信号识别为 NC 模式时，它会暂停对刺激模式的识别，并避免外部设备干扰操作。当识别为 IC 模式时，系统根据刺激模式的识别结果向假肢手发送控制命令，详细信息如图 9-19 所示。其中的 ECCA 方法是扩展典型相关分析（expand canonical correlation analysis），Center-ECCA-SVM 方法是状态分类器，详细介绍可参考文献［207］。

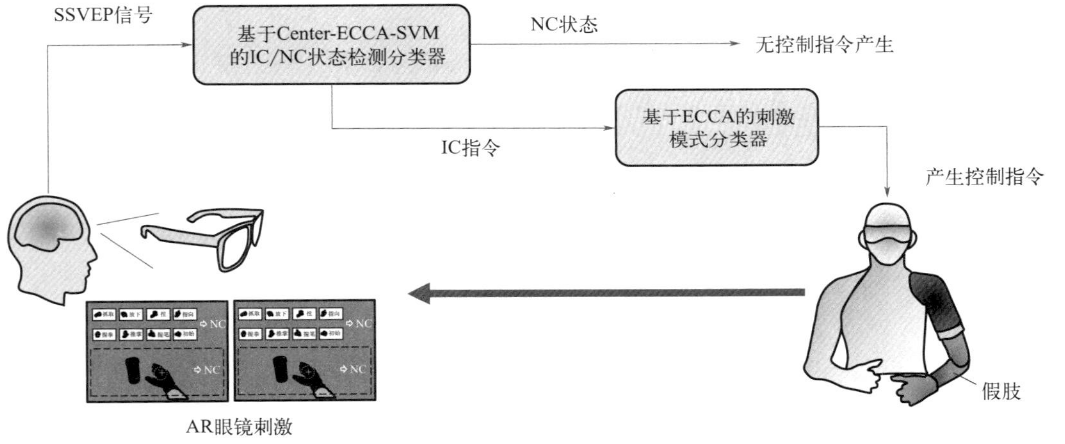

图 9-19　异步范式策略

考虑到长时间佩戴 AR 眼镜，接受视觉刺激会干扰用户的日常生活，而异步模式识别算法无法达到 100%的准确率，所以需要智能的系统切换。因此，基于对象检测和行为判断，实现视觉的智能启停刺激物。当佩戴 AR 眼镜时，用户可以避免刺激图像的持续闪烁，舒适度得到提高。视觉刺激器的智能启停策略如图 9-20 所示。AR 眼镜上集成了一个微型摄像头，图像实时传输到便携式计算机，用于物体检测。当用户想要操纵假肢手时，他需要将假肢手靠近被抓握的物体。如果用户不想控制假肢手，只需将假肢手移出视野。如果检测到假肢手和交互对象同时进入摄像头的视野，主机程序进行行为判断，改变视觉刺激器的待机状态。目标检测模型采用 Yolov4，通过拍摄各种角度的视频、动作切换以及与假肢手的各种对象的交互并截取成帧而获得训练图像集。该工作更为详细的内容介绍、实验结果和分析可参考文献［207］。

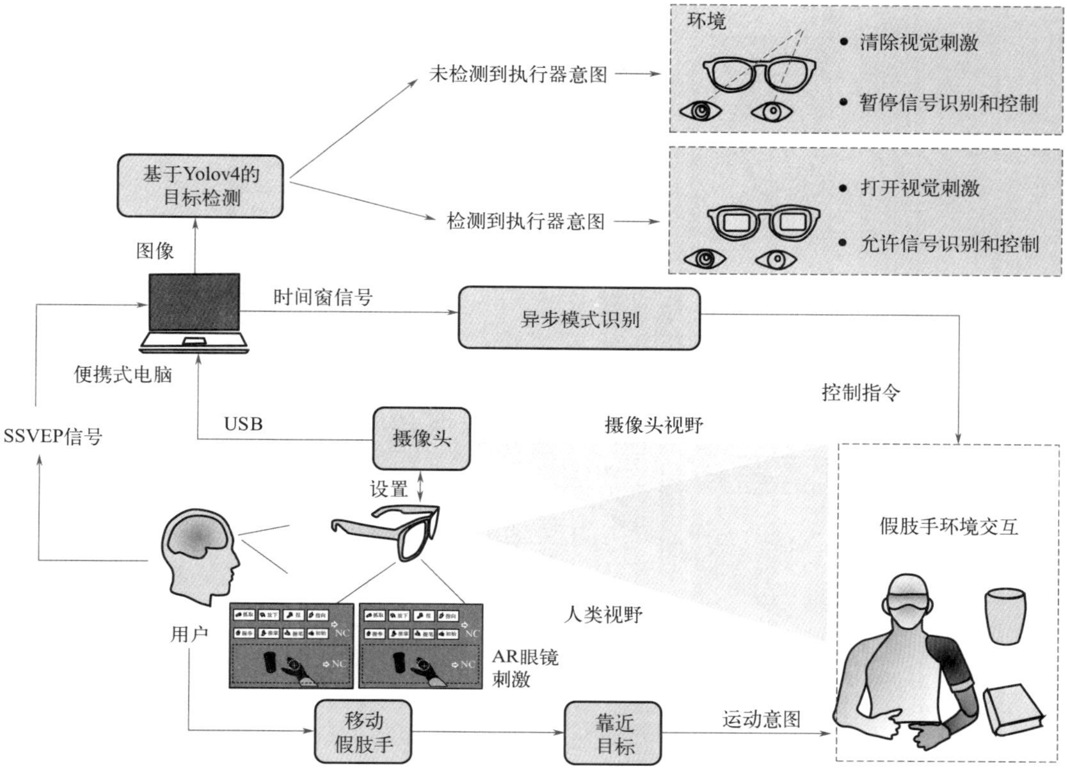

图 9-20　视觉刺激器的智能启停策略

9.5 人形机器人 EEG 控制

9.5.1 基于运动想象的人形机器人 EEG 控制

本小节内容主要选自文献［208］。如图 9-21 所示，该系统由三个主要子系统组成：BCI 系统、交互系统和人形机器人控制系统。脑机接口系统将用户的精神状态分为四种：非控制状态被称为“休息”，三种 MI 状态被称为“左手”“右手”和“足”。接口系统显示三种类型的数据：线下训练时从 BCI 系统获取的训练数据；分类反馈提示在线测试时脑机接口系统显示的精神状态会话和实时控制会话；机器人头部的单目摄像机拍摄的环境视觉图像。人形控制系统根据来自 BCI 系统的运动命令协调五种复杂的人形运动：“停止”“向左转头”“向右转头”“转动身体”或“向前走”。

使用具有 32 通道 EEG 记录系统记录 EEG。头部顶点处的电极用作参考，Fz、FPz、F1 和 F2 之间的额外电极用作接地。F3、Fz、F4、FT7、FC3、FCz、FC4、FT8、T7、C3、Cz、C4、T8、TP7、CP3、CPz、CP4、TP8、P3、Pz 和 P4 这 21 个位置的 EEG 信号被采集，对 9 个额中央顶叶位置（FC3、FCz、FC4、C3、Cz、C4、P3、Pz 和 P4）的 EEG 信号进行拉普拉斯滤波。

在离线训练过程中，界面系统会显示一个训练提示，表示四种心理状态（休息、左

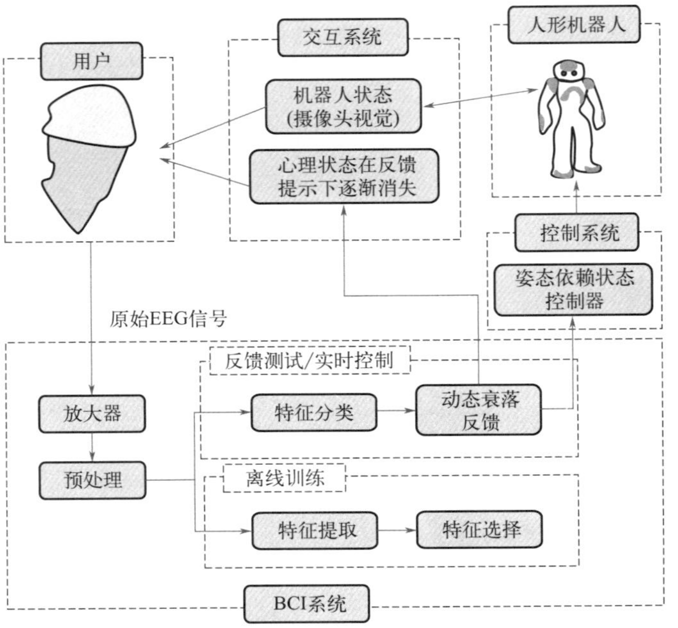

图 9-21 系统组成图

手、右手、足）中的一种。受试者坐在椅子上，在最初的45s内，屏幕上出现“休息”的提示文本和一个实心圆圈，通知用户实验开始。休息期后，MI实验从三个MI提示（左手、右手、足）中的一个开始。受试者试着想象运动任务。为了防止预测，线索是块随机的。在MI任务的一次实验后，使用空白屏幕分配2s的实验间隔。图9-22(a）显示了离线训练过程。

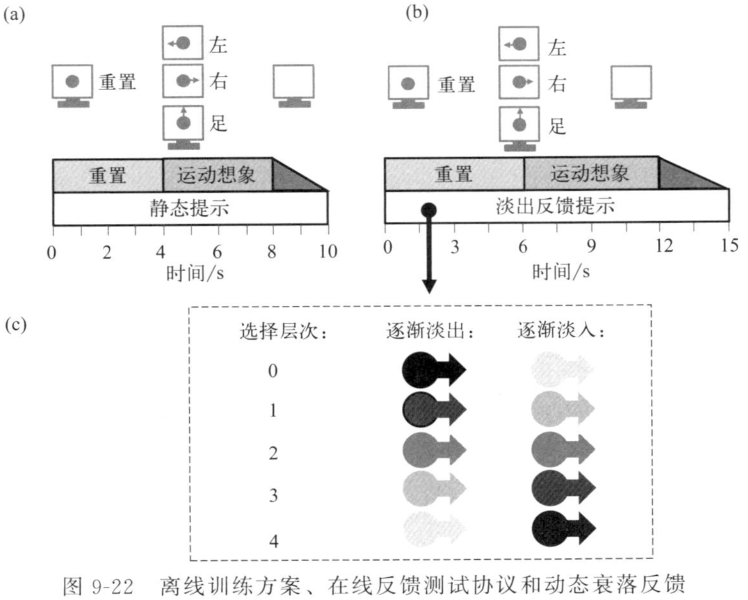

图 9-22 离线训练方案、在线反馈测试协议和动态衰落反馈

在在线反馈测试中，经过训练的脑机接口系统从正在进行的脑电图测量中提取受试者的精神状态。界面系统使用淡出反馈规则显示目标线索和分类心理状态。在 MI 任务的一次实验后，使用空白屏幕分配 3s 的实验间隔。图 9-22(b) 说明了在线反馈测试过程。每个在线反馈测试由 MI 任务 15 个实验组成，也是块随机化的。为了向用户告知选择级别，界面系统将褪色的反馈提示透明化，如图 9-22(c) 所示。在在线反馈测试期间，显示器上的目标提示随着选择水平的增加而淡出，因为目标提示应该在 MI 实验开始之前显示。另一方面，在实时导航控制实验期间，由箭头指示的被解释的精神状态随着选择水平的增加而淡入。

为了验证系统的导航性能，设计了一个室内迷宫，如图 9-23 所示。人形机器人通过五个路径点从出发点导航到目的地，以明确步行路径。迷宫大小为 1.5m（宽）×3m（长）×0.9m（高）。受试者可以通过视觉检测墙壁上的圆圈来识别每个路径点，路径方向以这些路径点之间的箭头符号表示。被试进行约 15min 的练习实验。在练习过程中，被试者同时使用手动界面和脑机接口来控制人形机器人，以适应这两种界面，其目的是通过一系列的实验（手动控制或脑机接口控制）来减少偏差。本实验结束后，被试者进行如下实时导航控制实验。所有受试者都被要求在室内迷宫中沿着指定的路线，尽可能快地引导人形机器人从起点通过路径点到达目的地。每位受试者分别使用脑机接口系统进行三次实验，通过键盘控制进行一次对比。在手动键盘控制过程中，每个受试者使用键盘上的上、右、左三个键来控制机器人的运动。

为了观察所遇到的环境并行走到目标位置，5 个动作命令（即“停止”“头向左转”“头向右转”“身体转动”或“向前走”）被编写。机器人的头部可以向左或向右旋转 90°。为了控制人形机器人的导航运动，BCI 的三种心理状态被映射到三个方向指令上（如“左”“右”和“向前”）。在姿势依赖控制范式中，这些指令用于根据人形机器人身体的姿势状态选择合适的低级运动。图 9-24 显示了姿势依赖控制范例的状态机图。当机器人保持静止时，无论是“向左”还是“向右”的命令都会使机器人将头部旋转 3°。如果身体和头部面向同一个方向，检测到“向前”会命令机器人向前行走。因为机器人行走需要相对较长的时间，为了控制方便，机器人被设计为继续向前行走，直到检测到“左手”或“右手”状态。如果头部和身体面向不同的方向，则向前事件会转动身体，使其与头部对齐。如果机器人正在向前行走，则“向左”或“向右”命令会使其停止，连续的向左或向右事件会分别使头部向左或向右转动。左转或右转是通过在头部左转或右转后伸直身体来实现的。

由于基于感觉运动节律的活跃 BCI 的分类结果偶尔会产生错误的分类结果，因此需要使用一些归一化方法来实现特定类别反馈之间的平滑过渡。在本工作中，设计了动态衰落反馈规则以避免突然错误分类，规则有两个关键元素：在在线反馈测试阶段和实时控制阶段产生的候选人决策；与所选分类的置信度测量相关的选择水平。基于系统约束，每 250ms 生成一次来自 BCI 的分类。在 BCI 系统运行之前，选择级别和候选决策分别初始化为 0 和“初始化”。

衰落反馈线索和适当的运动命令是根据以下规则产生的：

① 规则 1：当选择等级为 0 时，下一个第一分类被新设置为候选人的决定。

② 规则 2：当分类结果与候选决策相同时，选择级别增加 1；否则，选择级别减少 1。

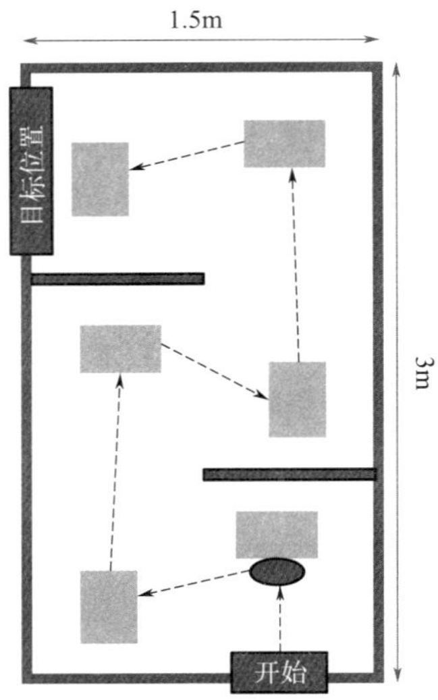

图 9-23　室内迷宫示意图

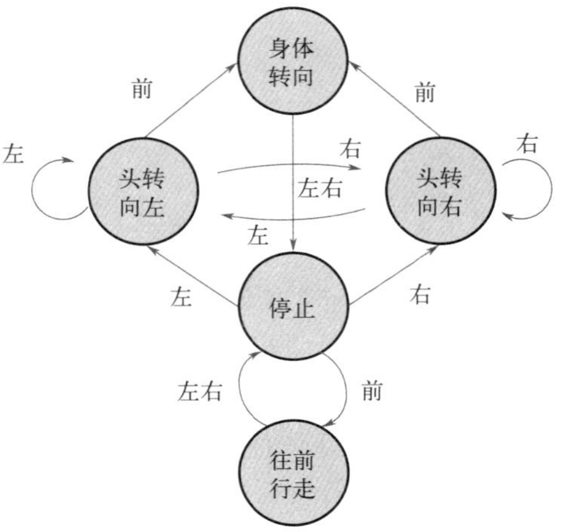

图 9-24　仿人机器人导航控制图

③ 规则 3：当选择级别达到 4 级时，控制系统确认其决定并产生相应的运动命令（即“左”“右”或“向前”）。

④ 规则 4：根据候选人的决定及其选择水平，显示的消退反馈线索和箭头及文本是透明的。

更为详细的内容介绍、实验结果和数据分析可参考文献［208］。

9.5.2　人形机器人 EEG+EOG 信号混合控制

本小节内容主要选自文献［209］。EOG 信号是由眼睛迅速扫视或追踪运动以及眨眼产生的。EOG 可以用来跟踪眼睛注视的方向，做类似于光学（基于视频）眼睛跟踪器的工作。它还包含高度可识别的眼睑运动信息，如双眼眨眼和单眼眨眼。基于 P300 的 BCI 系统的响应时间不令人满意，并且准确性也不完美。此外，P300 是一个同步 BCI 系统，它以特定的时间间隔接收输入并生成输出。换句话说，当用户不想发送命令时，系统应该关闭以防止不想要的输出。考虑到这一点，通常需要额外的手段来使系统活动/不活动。在 P300 中，SSVEP 被用作开关，但是这种方法仍然存在一些问题，例如导致视觉疲劳。

对于 EOG 接口，主要问题是它们不能充分支持大量的输出。可靠的 EOG 命令的数量通常限于几种眼睑运动模式。与基于视频的眼睛跟踪器相比，基于 EOG 的眼睛跟踪系统重量轻但精度差，因此，使其不适于图形用户界面的精细控制。通常，单一的基于 EEG 或基于 EOG 的系统只能管理一种特定的任务，很难有一个适用于不同情况的通用系统。

图 9-25 说明了提出的 EOG 和事件相关电势（event-related potentials，ERP）混合接口示意图。ERP 是大脑对特定认知任务的反应，P300 是最常用的一种 ERP 组成要素。图 9-25 中的 ERP 包含 P300、顶正电位（vertex positive potential，VPP）和 N170。图 9-25 上部是 EOG，这部分意味着系统总是在主动检测眼球运动，用户可以随时发送 EOG 命令。输入 EOG 信号被分为垂直 EOG 和水平 EOG，以检测四种眼睛运动：双眼眨

眼、皱眉、单眼眨眼和凝视。更具体地，系统从垂直 EOG 检测 2 次双眼眨眼、3 次双眼眨眼和皱眉，并从水平 EOG 检测眨眼（左/右）和凝视（向左/右）。单次眨眼不包括在这个模型中，因为人们总是自发地进行单次眨眼。通常，很难区分有意眨眼和自发眨眼。通过只考虑两次和三次眨眼而忽略单次眨眼来避免这个问题。垂直凝视也不包括在内，因为与水平凝视相比，垂直凝视更不可靠且易于自发进行。

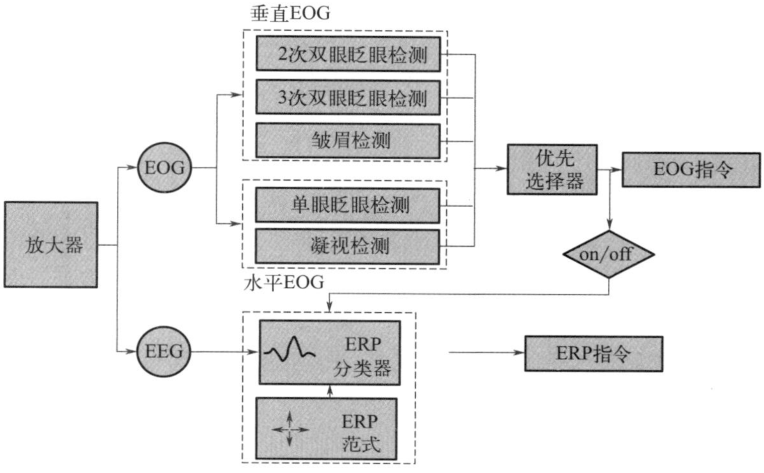

图 9-25　EOG 和 ERP 混合接口示意图

优先级选择器用于确定不同类型的眼球运动的优先级。在这个模型中，每一种眼球运动都由相应 EOG 通道上的一个单独的滑动窗口来检测。因为各种眼球运动是并行检测的，所以可能存在两种或多种眼球运动同时存在的时间。

图 9-25 下半部分是脑电处理。类似于传统的 P300 系统，它包括一个 ERP 范例和一个 ERP 分类器。ERP 范例包含一个动态图形界面。它在屏幕上显示图标（如箭头），每个图标代表一个 ERP 命令。颠倒的面部图像的刺激以随机的顺序连续地闪现在这些图标上。当用户聚焦在一个目标图标上时，该图标上闪烁的刺激将引发包括 P300、VPP 和 N170 在内的 ERP。同时，ERP 分类器分析刺激后每个时间间隔的 EEG 信号。时间间隔的长度应该适当，以包含诱发的 ERP（在这项研究中，它是从每个刺激开始的 700ms）。分类器识别哪个时间间隔最可能包含诱发的 ERP，并因此确定输出 ERP 命令。

由于 ERP 接口同步工作，采用眼球运动切换 EOG 模式和 EEG 模式。在 EOG 模式下，ERP 接口（包括 ERP 范式和 ERP 分类器）是非活动的。在 EEG 模式下，ERP 接口处于活动状态。EOG 电极的放置如图 9-26 所示，其中电极 A 用于记录垂直 EOG，电极 B 和 C 用于记录水平 EOG。EOG 的原始采样率是 256Hz，因为所提出的眼睛运动检测算法偏好平滑数据，它被下采样到 32Hz。较高的采样率可能会导致不希望的波动。

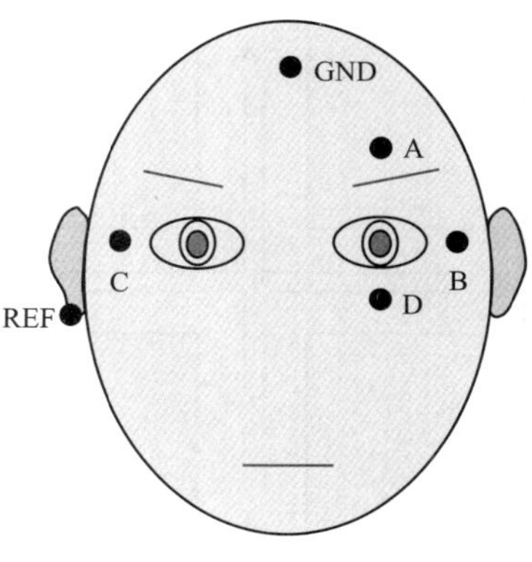

图 9-26　EOG 电极放置示意图

眼睛运动的持续时间是稳定的，并且可以固定，但是速度和振幅值在每次实验中都是变化的。在受试者开始实时实验之前，需进行校准。在校准过程中，屏幕上会显示“就绪 1s”→“运动名称 3s”→“放松 1s”，其中“运动名称”包括“皱眉”“三次眨眼”“左眨眼”“右眨眼”“左凝视”和“右凝视”，也按此顺序显示。对于每个动作，提示重复 10 次。

在校准过程中，所有的眼球运动都是时间锁定的。对于皱眉、眨眼和凝视，只需找到每次实验中间 3s 的峰值振幅，并定义一个短的间隔（2s 表示皱眉和眨眼，1s 表示凝视）以峰值为中心表示眼球运动。对于三次闪烁，由于有三个单独的峰值，使用预定义的阈值来定位所有三个眨眼事件。

(1) 脑电采集

八个电极用于记录脑电图：Fz、Cz、P7、P3、Pz、P4、P8 和 Oz。该设备与 EOG 采集的相同。接地和参考电极与 EOG 电极（放置在前额和耳垂）共用。这项研究采用了一种更先进的 ERP 范式，主要利用三个 ERP 组件，即 VPP、N170 和 P300。

本书中使用的 ERP 界面有 8 个箭头图标，分别位于屏幕的 8 个方向（N、W、S、E、NW、NE、SW、SE）。在一项实验中，刺激（颠倒的面部图像）以随机顺序在每个箭头图标上显示一次。一个刺激呈现 100ms。在另一个 100ms 间隔后，显示下一个刺激。所以一次实验有 200ms，如图 9-27 所示。

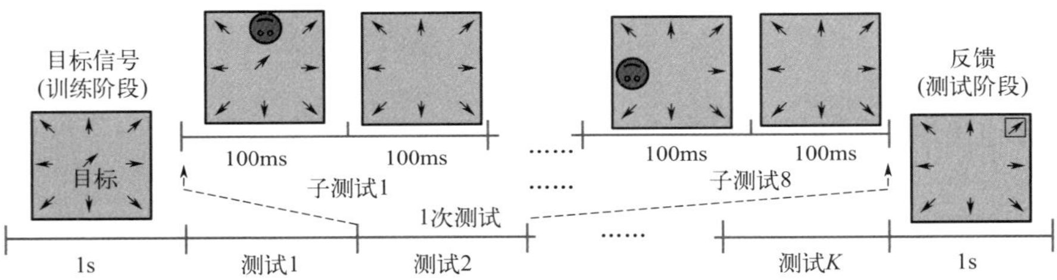

图 9-27　单次运行的时间线

使用线性判别分析来分类受试者所关注的目标。在线实验之前，从训练阶段收集的 EEG 数据首先用于训练线性判别分析分类器。从每个闪光刺激的开始提取 700ms 的数据段，并通过 100ms 的预刺激间隔校正基线。从每个受试者中获得了总共 320 个这样的数据片段，包括 40 个目标和 280 个非目标。为了减少特征维数，每个数据段被进一步下采样到 15 个时间点（大约 21Hz）。然后，训练样本由来自数据段的 8 个通道处的 15 个时间点的级联形成。也就是说，特征向量的维数是 8。提取的特征向量被馈送以训练线性判别分析分类器用于随后的在线应用。

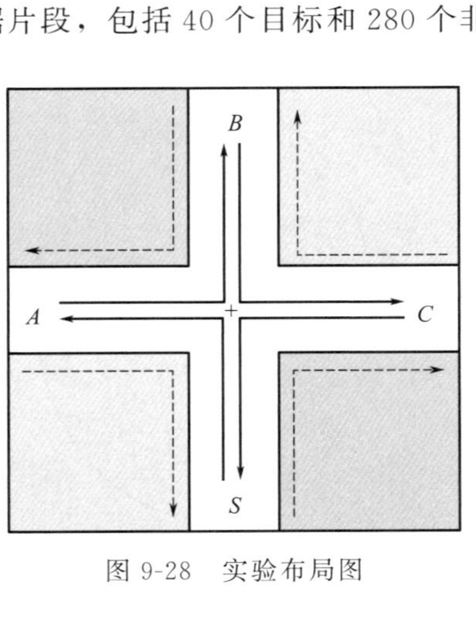

图 9-28　实验布局图

(2) 仿人机器人控制

采用 NAO 仿人机器人，NAO 是一个多功能人形机器人，可编程执行各种复杂的行为。NAO 实验模拟了一个场景，一个人控制一个人形机器人与其他人进行简单的交流，如图 9-28 所示。详细的实验场景描述如下。

① 机器人从点 S 开始（参考图 9-28），并通过提

供的路线移动到点 A，然后从点 A 处的人接收对象。

② 拿着物体，机器人移动到 B 点，把物体交给 B 点的一个人。

③ 然后，机器人移动到 C 点并表演舞蹈。

④ 最后，机器人回到 S 点坐下。

该工作的详细实验结果和分析可参考文献 [209]。

9.6　智能机器人 EEG 控制前沿研究工作案例分析与总结

9.6.1　结合常规轨迹规划和控制算法

由前文所述可知，智能机器人 EEG 控制过程中，EEG 主要提供意向运动，通过识别意向运动指令进而得到控制器意向运动轨迹。在不考虑特殊情形前提下，一般 EEG 不会因为机器人的运动而改变，除非人类自行主动更换运动意图。因此，机器人运动对于 EEG 的产生一般不会有直接调整作用。大部分情形下，当获得了意向运动轨迹后，后续的控制算法工作可直接与 EEG 部分分割开，需结合具体使用情况去适配不同的控制策略。因此，不少研究多侧重于后续控制算法工作[210-212]，这一类工作可结合非常丰富的控制算法，例如鲁棒控制、滑模控制、神经网络控制等。

9.6.2　多种脑电处理方法组合的控制算法预处理方法或开发新的范式

理想状态下，根据运动想象，解析精确的运动想象对应意向运动，进而控制机器人运动是最合适的，然而，实际情况是运动想象准确率较低或能够识别的类型非常有限，因此，一些补充方法或范式被开发出来，例如 SSVEP、P300。很多工作根据实际情况，将 SSVEP、MI 或 P300 结合，一定程度弥补 MI 识别率低、SSVEP 对眼睛伤害较大等缺陷。开发新的范式，例如听觉诱发电位、体感诱发电位、运动诱发电位、振动触觉诱发。

9.6.3　脑电处理方法和其他方法的结合

如前所述，SSVEP 需一直注视屏幕闪烁块，这对于人眼伤害较大，且人眼无法关注其他目标或场景，因此，不少学者提出将 VR 或 AR 与 SSVEP 结合，提高在复杂多变场景下的 EEG 控制效果。也有将 EEG 与其他可表征运动意图的生物电信号结合，例如 EOG、sEMG，一定程度上分摊 EEG 识别压力，结合各自的优点。再有，由于 EEG 也可与功能性近红外光谱技术（functional near-infrared spectroscopy，fNIRS）结合起来，fNIRS 反映大脑组织内血液氧合水平，EEG 反映大脑电生理状态。EEG 信号时间分辨率高，fNIRS 空间分辨率高，可将两者进行优势互补。也有研究将 EEG 采集与经颅磁刺激技术（transcranial magnetic stimulation，TMS）或 FES 结合，采集与电刺激同步进行，通过分析采集得到的 EEG，提供个性化的 TMS 或 FES，实现疾病治疗或肌肉控制[213]。

第10章

智能机器人sEMG控制

引言

sEMG 是一种常见的用于智能机器人运动控制的生物电信号，本章主要介绍 sEMG 如何应用到机器人控制中，列举了外骨骼、智能假肢和人形机器人三大类机器人的 sEMG 控制示例。本章内容需结合本书第 6 章关于 sEMG 处理相关内容，以期更好地理解智能机器人 sEMG 控制原理和方法。

10.1 智能机器人 sEMG 控制框架

sEMG 反映肌肉状态，肌肉与关节运动直接相关。因此，sEMG 既可以作为分类器输入，得到不同动作意图；也可以用于估计连续的关节角度/关节力矩；还可以简单等效为力/力矩信息。因此，智能机器人 sEMG 控制框架相对更为灵活一些。如图 10-1～图 10-3 所示。

图 10-1 展示的是从 sEMG 估计离散动作运动意图，进而控制机器人执行对应类别动作，其与 EEG 控制框架类似。不同之处在于，由于人体执行相关动作对应肌肉是明确且固定的，再者 sEMG 信噪比较好，能够明确反映肌肉出力情况，因此，从 sEMG 估计的离散动作种类相比于从 EEG 估计得到的离散动作更为丰富多样，准确率也更高，抗干扰能力更强。

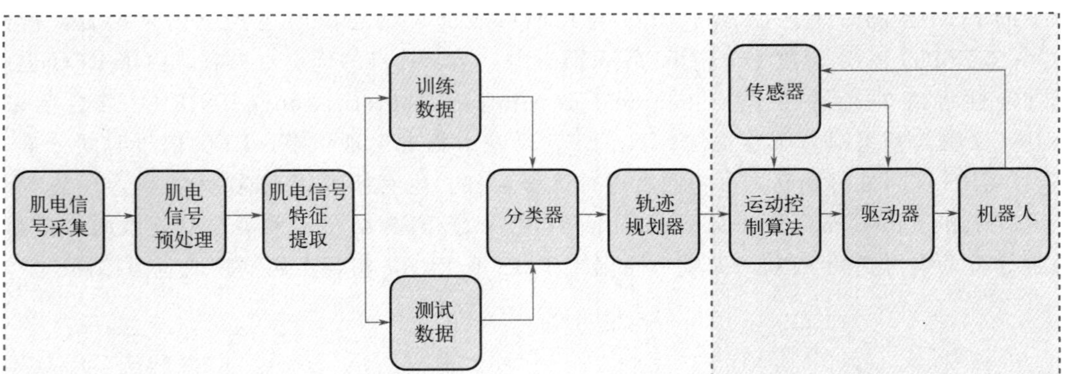

图 10-1　sEMG 离散动作运动意图控制框图

根据参考文献［107］，从生理层面分析可知，从 sEMG 到关节角度并非一一对应，然而，通过数据样本采样丰富，可弥补这一不足。再者，不少机器人驱动单元只支持位置模式，因此，从 sEMG 估计人体关节运动角度意图具有较大实际应用价值。图 10-2 展示的是从 sEMG 估计连续运动意图，进而作为机器人参考轨迹，机器人在控制器作用下执行对应连续运动轨迹。此处轨迹回归器可设计为比例、有界比例、非线性等多种形式。

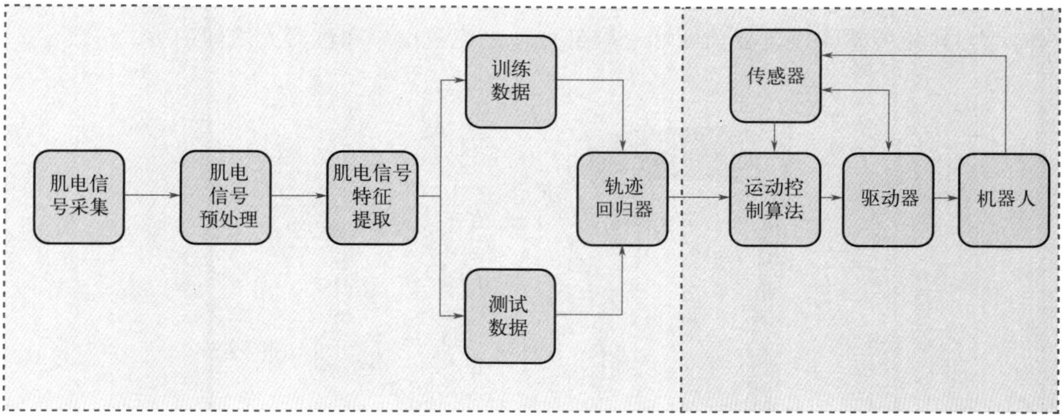

图 10-2　sEMG 连续动作运动意图控制框图

根据参考文献［107］可知，从生理层面分析，从 sEMG 到关节力/力矩也并非一一对应，然而，肌肉出力无法通过无创形式测量得到，因此，一般可将关节出力/力矩等效为肌肉出力。从 sEMG 到关节力/力矩的映射方法有多种，大部分基于机器学习方法训练模型，如图 10-3 所示，用于从测试数据得到关节力/力矩，也有一小部分研究[214]简化这一部分工作，将 sEMG 的 RMS 特征直接按照一定比例映射为关节力/力矩，主要原因在于 RMS 特征反映了肌肉出力大小和趋势。从 sEMG 得到意向关节力/力矩后，则可结合机器人力控或力矩控制相关理论做更为深入的结合和探究，衍生出很多控制方法。

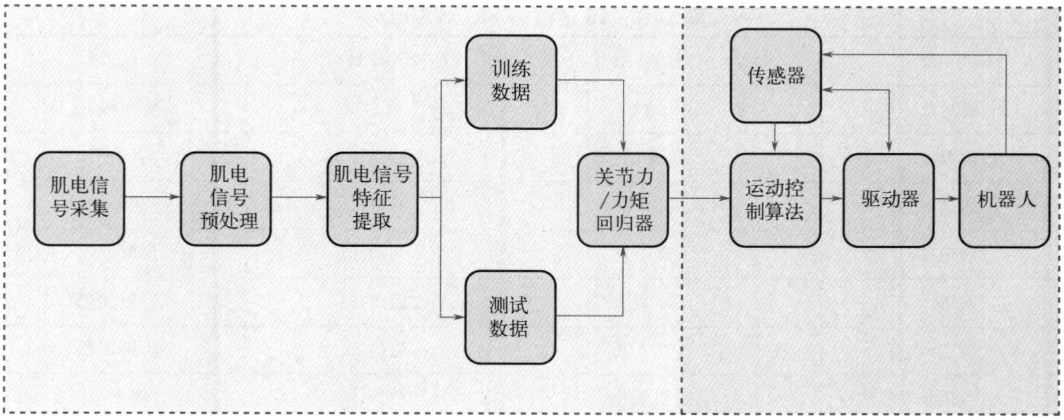

图 10-3　sEMG 关节力/力矩估计控制框图

10.2 外骨骼 sEMG 控制

10.2.1 基于 sEMG 的外骨骼阻抗控制

本小节主要方法和工作来源于文献［215］，该工作使用的 7 自由度上肢外骨骼助力机器人如图 10-4 所示。该机器人由 7 个直流电机组成，带有编码器来测量每个关节的角度。此外，力/转矩传感器设置在前臂和手腕部分，以测量用户和机器人之间的力。

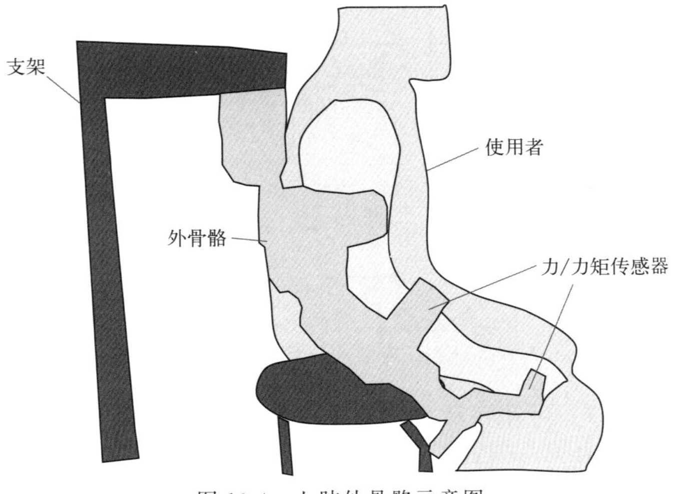

图 10-4 上肢外骨骼示意图

16 通道 sEMG 作为主要输入信号来估计用户的上肢运动意图。肌电图电极的位置如图 10-5 所示。每个通道主要对应一块肌肉，如表 10-1 所示，所选取的肌肉与上肢运动密切相关，具体可参考本书 7.1.1 小节内容。机器人和用户的前臂之间产生的交互力、机器人和用户的手之间产生的交互力、机器人的手腕保持器和用户的前臂之间产生的转矩作为控制器的辅助输入信号。

表 10-1 16 通道 sEMG 对应肌肉

sEMG 通道	肌肉	sEMG 通道	肌肉
通道 1	前三角肌	通道 9	旋前圆肌
通道 2	后三角肌	通道 10	旋后肌
通道 3	胸大肌-锁骨肌	通道 11	桡腕短伸肌
通道 4	大圆肌	通道 12	尺腕伸肌
通道 5	二头肌短头	通道 13	桡腕屈肌
通道 6	二头肌长头	通道 14	尺腕屈肌
通道 7	三头肌长头	通道 15	冈下肌
通道 8	三头肌外侧头	通道 16	小圆肌

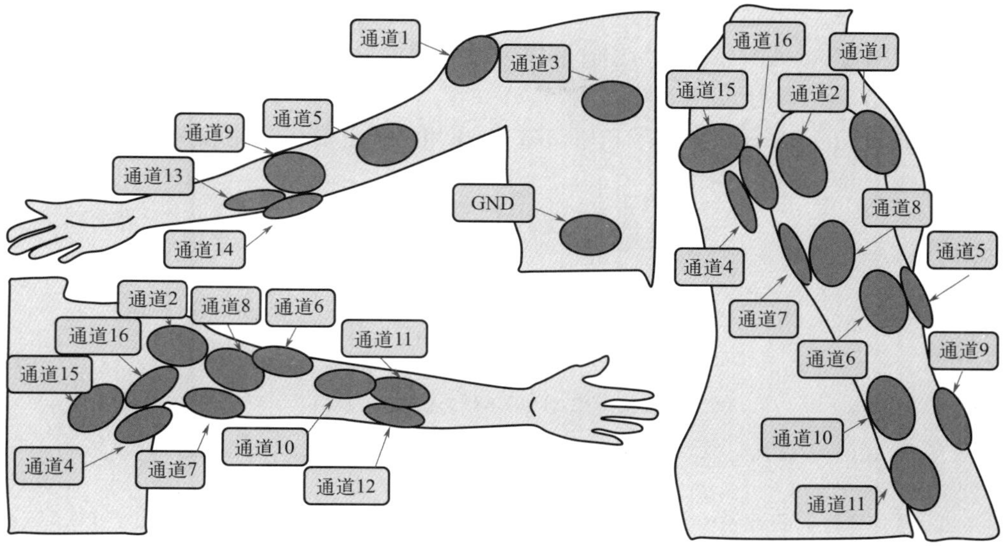

图 10-5　16 通道传感器布置图

这一工作所提出的控制器算法框图如图 10-6 所示。在该控制方法中，首先基于 sEMG、力/转矩传感器信号来估计用户的上肢关节转矩矢量。然后，使用估计的关节转矩向量来计算用户的手力向量。最后，应用阻抗控制来实现用户的手力矢量控制。基于力/转矩传感器的控制情况，用户不主动激活肌肉，机器人仅跟随用户的上肢，此时机器人无助力效果。当使用基于 sEMG 的力控情况，用户需主动收缩放松肌肉，估计对应的关节力矩，进而转化为意向手部力向量，经过阻抗控制算法（可参考本书 6.4 小节内容）输出对应运动指令。基于力/转矩传感器的控制和基于 sEMG 的力控需根据用户的 sEMG 水平，基于模糊隶属函数自动切换。当用户的 sEMG 电平高时，sEMG 被应用来估计用户的运动，以由机器人辅助。另一方面，当用户的肌肉激活水平较低时，由于 sEMG 中的噪声比增加，力/转矩传感器信号被用于估计用户的运动。当用户的 sEMG 水平处于中间时，sEMG 和力/转矩传感器信号被同时施加。因此，随着被监控的肌肉增加活动水平，用于关节转矩估计的信号逐渐从基于力/转矩传感器的估计切换到基于 sEMG 的估计。

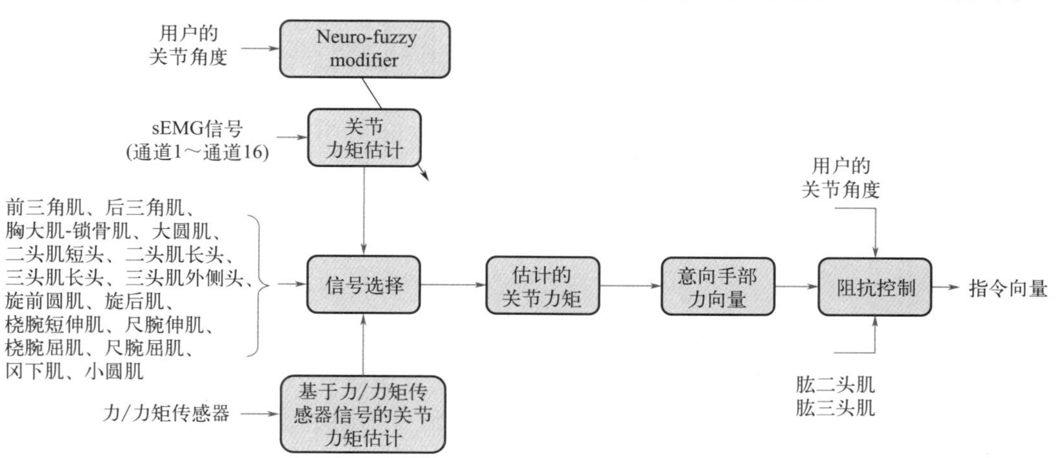

图 10-6　算法框图

由于原始 sEMG 不适合作为控制器的输入信号，因此必须以某种方式提取原始信号的特征。本工作提取 sEMG 的 RMS 信号作为控制器的输入信号，RMS 信号提取公式可参考本书 5.5.3 小节内容。

16 个 sEMG 的 RMS 特征信号和用于基于 sEMG 的上肢 7 自由度关节转矩估计矢量之间的关系式如下。

$$\boldsymbol{\tau}_{est}=\begin{bmatrix}\tau_1\\\tau_2\\\tau_3\\\tau_4\\\tau_5\\\tau_6\\\tau_7\end{bmatrix}=\begin{bmatrix}w_{11} & w_{12} & \cdots & w_{115} & w_{116}\\w_{21} & w_{22} & \cdots & w_{215} & w_{216}\\\vdots & \vdots & & \vdots & \vdots\\w_{61} & w_{62} & \cdots & w_{615} & w_{616}\\w_{71} & w_{72} & \cdots & w_{715} & w_{716}\end{bmatrix}\begin{bmatrix}ch_1\\ch_2\\\vdots\\ch_{15}\\ch_{16}\end{bmatrix} \tag{10-1}$$

$\boldsymbol{\tau}_{est}$ 是关节转矩矢量，$\tau_1 \sim \tau_7$ 是每个关节运动的关节力矩。w_{ij} 是从 j 通道 sEMG 估计关节转矩 τ_i 的权重值。ch_j 代表在通道 j 中测量的 sEMG 的 RMS 值。权重矩阵可使用人体上肢解剖学的知识或初步实验的结果来粗略地定义。由于个人差异，从一开始就为用户定义合适的权重矩阵并不容易。此外，由于解剖学原因，例如力臂的变化，上肢的姿势影响 sEMG 和产生的关节转矩之间的关系。为了估计助力的精确上肢运动，必须考虑上肢姿势差异的影响。因此，应用 Neuro-fuzzy modifier 来考虑用户上肢姿势差异的影响。Neuro-fuzzy modifier 输出肌肉模型矩阵的每个权重的系数。

Neuro-fuzzy modifier 的结构与神经网络相同，并且 Neuro-fuzzy modifier 中的信号流的过程与模糊推理中的过程相同。Neuro-fuzzy modifier 由输入层、模糊层、规则层、反模糊层和输出层五层组成，如图 10-7 所示。

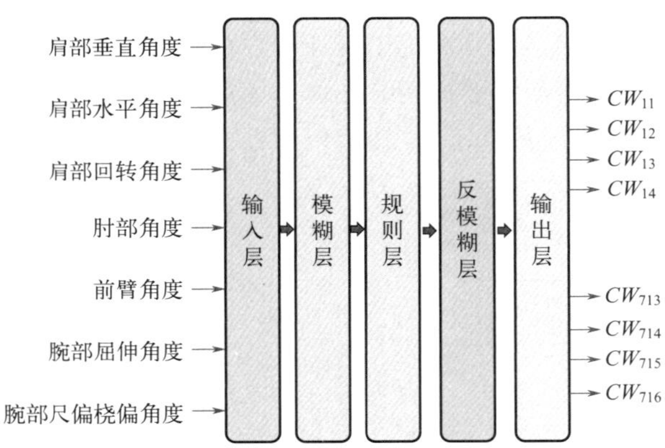

图 10-7 Neuro-fuzzy modifier 结构

Neuro-fuzzy modifier 的输入变量是用户上肢的关节角度。在模糊化层中为每个关节角度准备了三个模糊语言变量。*sigmoidal* 函数 fs 和高斯函数 fg 用作模糊化层中的隶属函数。Neuro-fuzzy modifier 的输出变量是权重矩阵组件的系数。在规则层中，推理上肢关节角度的任意组合中每个权重的系数。

Neuro-fuzzy modifier 需要根据每个用户进行训练。最初，对于肌肉模型矩阵的每个权重，Neuro-fuzzy modifier 的输出设置为 1.0，误差反向传播学习算法用于最小化平方误差函数，以消除肌肉模型矩阵的误差。误差量可以由力/转矩传感器提供，因为力/转矩传感器测量由用户和机器人之间的运动差异引起的力/转矩。

为了估计用户的运动意图，基于估计的关节转矩矢量进行手部力矢量计算。使用雅可比矩阵（可参考本书 3.3.1 小节）将估计的关节转矩矢量转换成用户的手力矢量，如下所示。

$$\boldsymbol{F}_{\text{hand}}=\boldsymbol{J}^{-\mathrm{T}}\boldsymbol{\tau}_{est} \tag{10-2}$$

$$\boldsymbol{F}_{h,avg}=\frac{1}{N_f}\sum_{k=1}^{N_f}\boldsymbol{F}_{\text{hand}}(k) \tag{10-3}$$

其中，$\boldsymbol{F}_{\text{hand}}$ 是用户的手力矢量，该矢量为 6-D 矢量，$\boldsymbol{J}$ 是雅可比矩阵，$\boldsymbol{F}_{h,avg}$ 是 $\boldsymbol{F}_{\text{hand}}$ 在 N_f 样本数量的平均值。期望的手加速度向量由下式计算得到。

$$\ddot{\boldsymbol{X}}_d=\boldsymbol{M}^{-1}\boldsymbol{F}_{h,avg} \tag{10-4}$$

其中，$\ddot{\boldsymbol{X}}_d$ 是期望的手加速度矢量，该矢量为 6-D 矢量。$\boldsymbol{M}$ 是机器人和用户上肢的质量矩阵。为了实现用户的预期运动，应用以下阻抗控制来获得合力矢量 $\boldsymbol{F}$。

$$\boldsymbol{F}=\boldsymbol{M}\ddot{\boldsymbol{X}}_d+\boldsymbol{B}(\dot{\boldsymbol{X}}_d-\dot{\boldsymbol{X}})+\boldsymbol{K}(\boldsymbol{X}_d-\boldsymbol{X}) \tag{10-5}$$

其中，$\dot{\boldsymbol{X}}_d$ 和$\boldsymbol{X}_d$ 是所需的手速度矢量和位置矢量，$\boldsymbol{B}$ 和 $\boldsymbol{K}$ 分别是黏性系数矩阵和弹簧系数矩阵。由于人类上肢的阻抗参数基于上肢姿势以及原动肌和拮抗肌之间的关系而改变，所以在所提出的方法中，外骨骼机器人的阻抗参数也基于它们而改变，以便实现自然和舒适的助力。因此，阻抗参数矩阵 $\boldsymbol{B}$ 和 $\boldsymbol{K}$ 需根据上肢姿势和原动肌与拮抗肌之间的活动水平实时改变。最后，7 个直流电机的联合转矩指令矢量计算如下。

$$\boldsymbol{\tau}_{\text{motor}}=\kappa\boldsymbol{J}^{\mathrm{T}}\boldsymbol{F} \tag{10-6}$$

其中，$\boldsymbol{\tau}_{\text{motor}}$ 是电机转矩，κ 是助力率。

阻抗参数 $\boldsymbol{B}$ 和 $\boldsymbol{K}$ 调整如下：

$$\boldsymbol{B}=m_B\boldsymbol{l}_B\boldsymbol{B}_0 \tag{10-7}$$

$$\boldsymbol{K}=m_K\boldsymbol{l}_K\boldsymbol{K}_0 \tag{10-8}$$

其中，$\boldsymbol{K}_0$ 和$\boldsymbol{B}_0$ 是当用于估计阻抗的肌肉的 sEMG 水平处于定义的水平时，初始位置的初始弹簧和黏性系数对角矩阵。$\boldsymbol{l}_K$ 和 $\boldsymbol{l}_B$ 是受上肢姿势影响的对角矩阵。m_K 和 m_B 是受原动肌和拮抗肌 sEMG 水平影响的系数。sEMG 水平影响的系数公式如下。

$$m_B=\lambda_B\times rate_{ch6}\times rate_{ch8} \tag{10-9}$$

$$m_K=\lambda_K\times rate_{ch6}\times rate_{ch8} \tag{10-10}$$

其中，λ_K 和λ_B 是肌电效应的系数，$rate_{ch6}$ 和 $rate_{ch8}$ 是通道 6（肱二头肌长头）和通道 8（肱三头肌长头）的均方根值与初始均方根值之间的比值。其他更为详细的内容介绍、实验结果与分析可参考文献［215］。

10.2.2　比例肌电位置控制

这一工作来源于编者自己的研究工作[151,216]。实际康复训练过程或者生活辅助过程中，患者希望上肢外骨骼机器人可以按照他自身的运动意图进行训练或辅助。本小节介绍基于 sEMG 的比例肌电位置控制算法，用于实时识别患者意图并控制上肢康复外骨骼辅助患者运动。

在获得了人体运动意图时，如何将运动意图与控制算法结合是一个研究重点，有学者提出基于 sEMG 的 on-off 控制[69,70]，这种方法虽然简单，但是实际运动不够平滑连续。比例肌电控制算法是一种基于 sEMG 的连续运动意图辅助的控制方法。本小节提出的基于 sEMG 积分时延信号比例肌电控制算法框图如图 10-8 所示。控制系统框图主要分为 sEMG 调节模块、sEMG 处理模块、最小二乘支持向量机（least squares support vector machine，LSSVM）和位置控制算法部分。

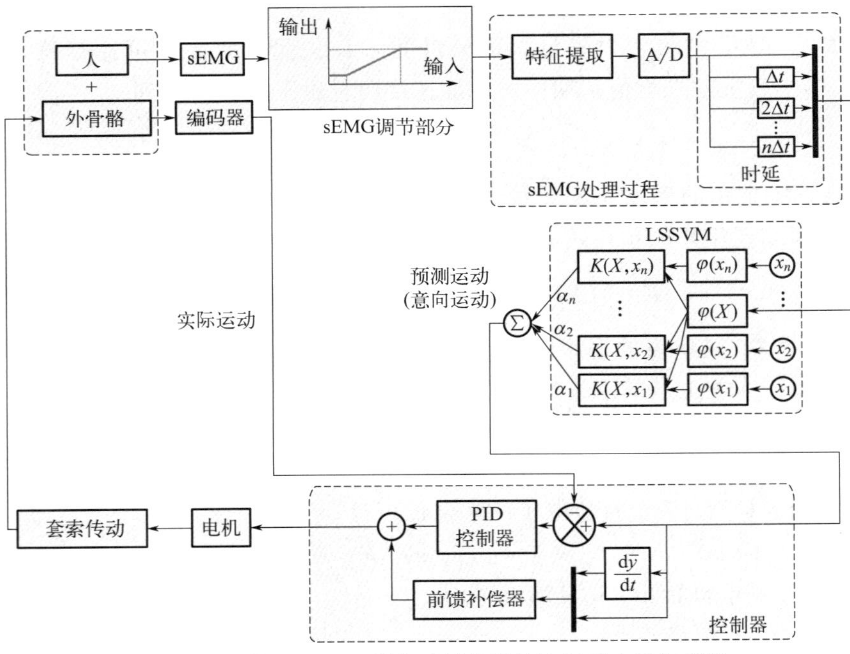

图 10-8 基于 sEMG 积分时延信号的比例肌电控制框图

(1) sEMG 调节模块

由于上肢外骨骼机器人用于康复训练或者生活辅助时，患者具备一定的运动能力，对测得的 sEMG 进行比例放大时，患者只需要有微弱的运动意图，产生的 sEMG 便可转化为实际的运动意图。然而为了保护患者，sEMG 调节需要设置上下限，进行软件保护。图 10-9 所示为 sEMG 调节模块输入输出曲线。

斜线通过原点 O。其具体的输入输出表达式为

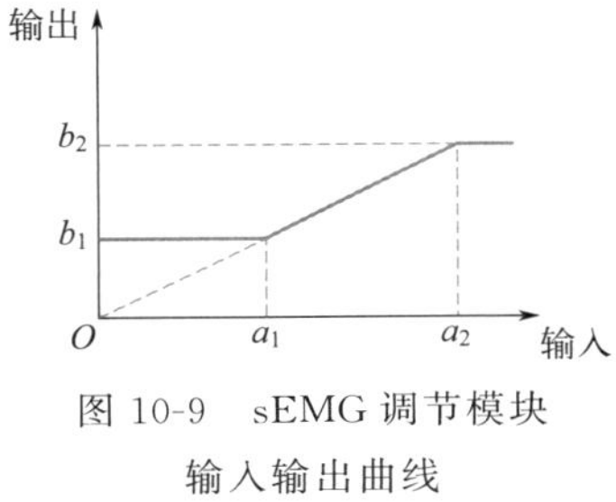

图 10-9 sEMG 调节模块输入输出曲线

$$y=\begin{cases}b_1 & x<a_1\\ kx & a_1<x<a_2\\ b_2 & x>a_2\end{cases} \tag{10-11}$$

其中，x 为输入信号，y 为输出信号。b_1 和 b_2 为处理过后的 sEMG 上下界，k 为比例系数。k 值越大，运动辅助时系统越灵敏，对于患者而言，其控制外骨骼按照自己的运动意图而运动也越轻松。然而 k 值太大不利于患者

依靠外骨骼实现一些较为精细的动作。反之，k 值越小系统越平缓，患者实现同样动作时自身所需提供的力也会变大。因此 k 取值并非越大越好，也并不是越小越好。实际取值因人而异，需要患者根据自身舒适程度适当修正调整出最适合患者自身的最优 k 值。

（2）sEMG 处理模块

尽管在第 5 章介绍了 sEMG 的各种特征信号用于替代 sEMG，然而在实时控制中从 sEMG 中提取特征需要花费一定时间，而且单个特征并不能很好地应用于运动意图识别，因此需要提取多个特征信号，然而提取多个特征信号将更进一步地花费计算时间。

在此之前，特征信号提取均通过逻辑计算而得到。由于 sEMG 的积分信号可以通过积分电路获得，而且积分信号也可以作为 sEMG 的一种特征信号应用于运动意图识别。考虑到单一的特征信号不足以很好地代表 sEMG，因此结合时延特征信号概念，将积分信号和其时延信号作为多特征信号。集成电路执行速度一般都是纳秒级，在特征提取时集成电路执行完成特征提取过程中的放大、整流、积分和归一化环节。因此实际逻辑计算只需要完成低通滤波和时延环节，而且时延环节并不需要额外计算。

sEMG 处理过程包括基本的滤波放大过程和特征提取过程，具体的示意框图如图 10-10 所示。图中虚线部分由集成电路实现，集成电路输出的模拟信号输入到驱动器中，AD 转换后，再进行低通滤波。滤波后获得特征信号，并且进行时延处理得到多特征信号。

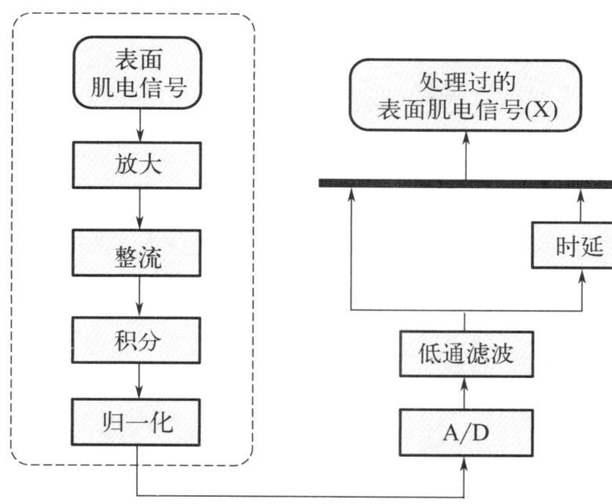

图 10-10　sEMG 处理过程框图

低通滤波的目的是保证通过 sEMG 特征信号映射得到的角度信号尽量平滑。由于正常关节运动频率大致在 0～5Hz，因此采用 4 阶巴特沃斯低通滤波器，低通频率为 5Hz，其具体表达式如下

$$\frac{y(k)}{x(k)}=\frac{c_1+c_2z^{-1}+c_3z^{-2}+c_4z^{-3}+c_5z^{-4}}{1+d_2z^{-1}+d_3z^{-2}+d_4z^{-3}+d_5z^{-4}} \tag{10-12}$$

其中，$x(k)$ 和 $y(k)$ 为 k 时刻的低通滤波器输入和输出信号，c_1～c_5 和 d_2～d_5 为对应的滤波器系数。

（3）LSSVM

考虑到实际构建人体肢体生物力学模型过程存在大量的未知参数需要进行辨识且准确率低，因此采用机器学习方法构建映射模型。LSSVM 算法的优点在于编程方便且易与传统的闭环控制算法结合，并且在训练样本数不多时执行速度快。

LSSVM 属于 SVM 中的一种，与 SVM 一样，通过非线性映射函数 $\varphi(\cdot)$ 将输入数据映射到高维特征空间，然后便可进行线性回归。回归估计主要是利用训练数据构建回归模型，回归模型用于估计新的输入数据对应的输出数据。LSSVM 采用均方差值作为评价函数。由于这个改动，LSSVM 算法的最优值可以直接通过解算一组线性方程而不是复杂的二次规划而获得。最小二乘法的回归模型可表示为

$$\boldsymbol{y}=\boldsymbol{w}^{\mathrm{T}}\boldsymbol{\varphi}(\boldsymbol{x})+\boldsymbol{b} \tag{10-13}$$

其中，$\boldsymbol{w}$ 是权值矢量，$\boldsymbol{b}$ 是偏差值。LSSVM 最优问题为

$$\min \boldsymbol{J}(\boldsymbol{w},\boldsymbol{e})=\frac{1}{2}\boldsymbol{w}^{\mathrm{T}}\boldsymbol{w}+C\sum_{i=1}^{N}e_i^2 \tag{10-14}$$

C 为调整参数，用于平衡模型复杂度和估计准确度，e_i 为估计误差。上式约束条件如下。

$$y_i=\boldsymbol{w}^{\mathrm{T}}\boldsymbol{\varphi}(\boldsymbol{x}_i)+\boldsymbol{b}+e_i \quad i=1,2,\cdots,N \tag{10-15}$$

因此对应的拉格朗日方程为

$$\boldsymbol{L}(\boldsymbol{w},\boldsymbol{b},\boldsymbol{e};\boldsymbol{\alpha})=\boldsymbol{J}(\boldsymbol{w},\boldsymbol{e})-\sum_{k=1}^{N}\alpha_k\{\boldsymbol{w}^{\mathrm{T}}\boldsymbol{\varphi}(\boldsymbol{x}_k)+\boldsymbol{b}+e_k-y_k\} \tag{10-16}$$

方程的 KKT 条件为

$$\begin{cases}\dfrac{\partial \boldsymbol{L}}{\partial \boldsymbol{w}}=0\rightarrow \boldsymbol{w}=\displaystyle\sum_{i=1}^{N}\alpha_i\boldsymbol{\varphi}(\boldsymbol{x})\\ \dfrac{\partial \boldsymbol{L}}{\partial e_i}=0\rightarrow \alpha_i=Ce_i\\ \dfrac{\partial \boldsymbol{L}}{\partial \boldsymbol{b}}=0\rightarrow \displaystyle\sum_{i=1}^{N}\alpha_i=0\\ \dfrac{\partial \boldsymbol{L}}{\partial \alpha_i}=0\rightarrow \boldsymbol{w}^{\mathrm{T}}\boldsymbol{\varphi}(x_i)+\boldsymbol{b}+e_i-y_i=0\end{cases} \tag{10-17}$$

上述条件可转化为线性方程

$$\boldsymbol{\delta}_N=\boldsymbol{\Psi}_N^{-1}\boldsymbol{Y}_N=\begin{bmatrix}0 & \vec{\mathbf{1}}^{\mathrm{T}}\\ \vec{\mathbf{1}}^{\mathrm{T}} & \boldsymbol{\Omega}+\boldsymbol{C}^{-1}\boldsymbol{I}\end{bmatrix}\boldsymbol{Y}_N \tag{10-18}$$

其中，

$$\boldsymbol{\delta}_N=[\boldsymbol{b},\alpha_1,\cdots,\alpha_N]^{\mathrm{T}},\vec{\mathbf{1}}^{\mathrm{T}}=[1,1,\cdots,1]^{\mathrm{T}},\boldsymbol{Y}_N=[y_1,y_2,\cdots,y_N]^{\mathrm{T}} \tag{10-19}$$

$\boldsymbol{\Omega}$ 满足 Mercer 条件，即

$$\boldsymbol{\Omega}_{i,j}=\boldsymbol{K}(x_i,x_j)=\boldsymbol{\varphi}(x_i)^{\mathrm{T}}\boldsymbol{\varphi}(x_j),\quad i,j=1,2,\cdots,N \tag{10-20}$$

而且，$\boldsymbol{K}(\cdot,\cdot)$ 代表核函数。在这里我们采用高斯核函数

$$\boldsymbol{K}(x,x_i)=\exp\left\{\frac{-\|x-x_i\|^2}{2\sigma^2}\right\} \tag{10-21}$$

因此对于新数据，可根据已经训练好的模型计算其对应的估计值。

$$\hat{y}(k)=\sum_{i=1}^{N}\alpha_i\boldsymbol{K}(x_i,x_k)+\boldsymbol{b} \tag{10-22}$$

(4) 位置控制算法

本小节所介绍的方法将应用到套索传动上肢外骨骼。利用套索将电机能量传递到对应关节过程中有一小部分能量损失，从而导致关节处实际位置与电机输出位置存在误差。为了保证关节实际位置与规划的关节轨迹一致，在关节处安装了关节编码器用于实时测量关节位置作为反馈，具体的控制框图如图 10-11 所示。其中伺服电机编码器用于实时检测电机输出角度，伺服位置环由商用伺服驱动器提供，位置控制算法模块为本小节论述的基于 PID 控制算法的 PI+迟滞补偿位置控制算法。

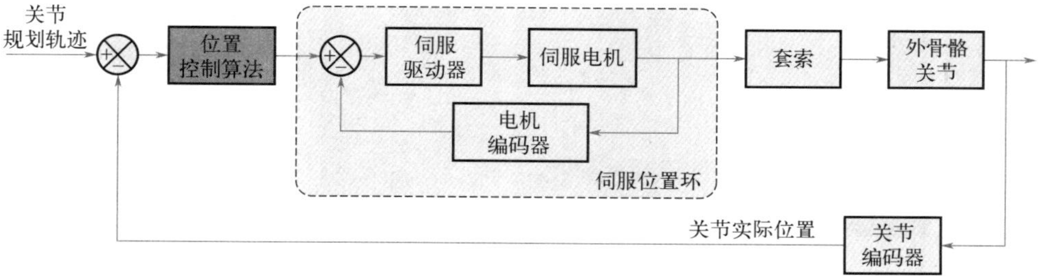

图 10-11　位置控制系统框图

设关节规划轨迹为 $\boldsymbol{q}^r$，关节实际位置为 $\boldsymbol{q}$，则误差 $\boldsymbol{e}$ 和误差积分 $\boldsymbol{n}$ 可表示如下。

$$\begin{cases} \boldsymbol{e}=\boldsymbol{q}^r-\boldsymbol{q} \\ \boldsymbol{n}=\int_0^t (\boldsymbol{q}^r(\tau)-\boldsymbol{q}(\tau))\mathrm{d}\tau \end{cases} \tag{10-23}$$

PI 控制律为

$$\boldsymbol{u}_m=\boldsymbol{K}_p\boldsymbol{e}+\boldsymbol{K}_i\boldsymbol{n} \tag{10-24}$$

虽然可以通过调节 PI 控制律中参数$\boldsymbol{K}_p$ 和$\boldsymbol{K}_i$ 取值，实现系统整体稳定性，但是它存在两个缺点：第一是参数$\boldsymbol{K}_p$ 和$\boldsymbol{K}_i$ 的数值调节比较耗时；第二是它只能保证整体稳定，对于套索传动引入的时延问题无法解决。针对问题一，可设计前馈项$\boldsymbol{u}_q$，将输入与输出的起始误差尽量缩小，从而方便调节$\boldsymbol{K}_p$ 和$\boldsymbol{K}_i$ 值。针对问题二，由于只有在关节运动方向变化时才会出现时延问题，因此可设计迟滞补偿项$\boldsymbol{u}_c$，缩短换向时间。$\boldsymbol{u}_q$ 和$\boldsymbol{u}_c$ 具体表达式为

$$\begin{cases} \boldsymbol{u}_q=\boldsymbol{K}_k\boldsymbol{q}^r \\ \boldsymbol{u}_c=\boldsymbol{K}_c\dfrac{\boldsymbol{v}^r}{\varepsilon+|\boldsymbol{v}^r|} \end{cases} \tag{10-25}$$

其中，ε 为一个很小的正数，k 用于索引各个关节。因此控制律可表示如下。

$$\boldsymbol{u}=\boldsymbol{K}_p\boldsymbol{e}+\boldsymbol{K}_i\boldsymbol{n}+\boldsymbol{K}_k\boldsymbol{q}^r+\boldsymbol{K}_c\frac{\boldsymbol{v}^r}{\varepsilon+|\boldsymbol{v}^r|} \tag{10-26}$$

(5) 单自由度运动意图识别实验

图 10-12 展示了运动意图识别实验场景图，上肢外骨骼机器人安装在参与者后面的平台上，用于复现从人体 sEMG 估计出的运动。根据图 10-12 可知，上肢外骨骼机器人与人的动作几乎是同步的。单自由度运动意图识别定量对比结果可参考本书编者论文[151,216]。

(6) 单自由度运动辅助效果实验

为了验证所提出的控制算法应用于上肢外骨骼机器人的运动辅助能力，实验参与者按

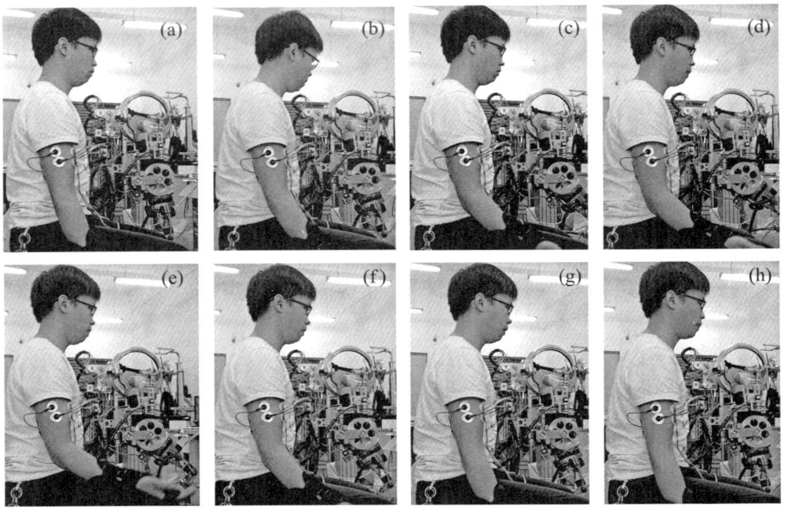

图 10-12 运动意图识别实验场景图

照其运动意图将前臂抬起，然后再放回去。其中部分实验是固定运动频率，由于在生活中大部分时候运动频率是会变化的，因此部分实验是变频率的，实验场景图如图 10-13 所示，上肢外骨骼机器人辅助实验参与者完成意向运动，详细定量对比结果可参考本书编者论文[151,216]。

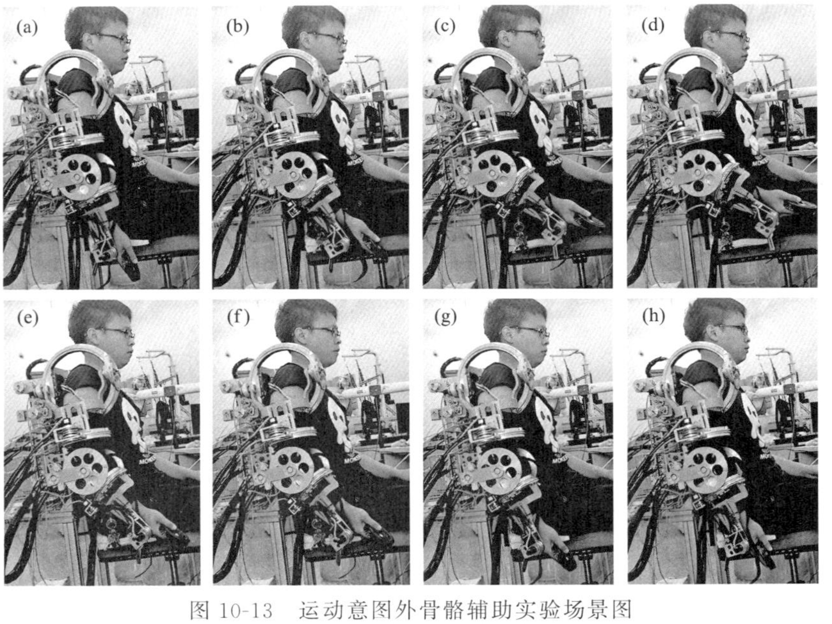

图 10-13 运动意图外骨骼辅助实验场景图

根据上述实验结果可知，所提出的比例肌电控制算法可以很有效地控制上肢外骨骼机器人辅助患者实现意向运动。在本工作中仅仅采用 sEMG 积分信号及其时延信号作为一种新的特征信号，特征提取过程主要依靠集成电路实现从而减小执行时间。

（7）多自由度运动意图识别和运动控制

在应用上肢外骨骼机器人对体弱人群进行康复训练或者日常生活辅助时，患者自身其实更希望能够控制上肢外骨骼机器人按照自己的意愿运动，即上肢外骨骼机器人辅助患者的意向运动。上文我们介绍了单自由度运动意图识别和运动辅助效果，这部分内容介绍多自由度协同意向运动识别及辅助。

图 10-14 所示为主动运动辅助实验框图，控制算法为基于 sEMG 积分时延信号的比例肌电控制，本工作采用的 sEMG 采集传感器为 Advancer Technologies 公司的 MyoWare。由于心电电极片与肌电电极片可通用，所以本工作采用的是永康达公司的心电电极片（电极间距为 20mm）。MyoWare 表面肌电传感器可以同时输出原始 sEMG 和 sEMG 的积分信号，都属于模拟量。采用 sEMG 的积分信号作为特征信号，并且利用积分信号时延信号与积分信号一起作为新的特征信号替代原始 sEMG，用于运动意图识别。

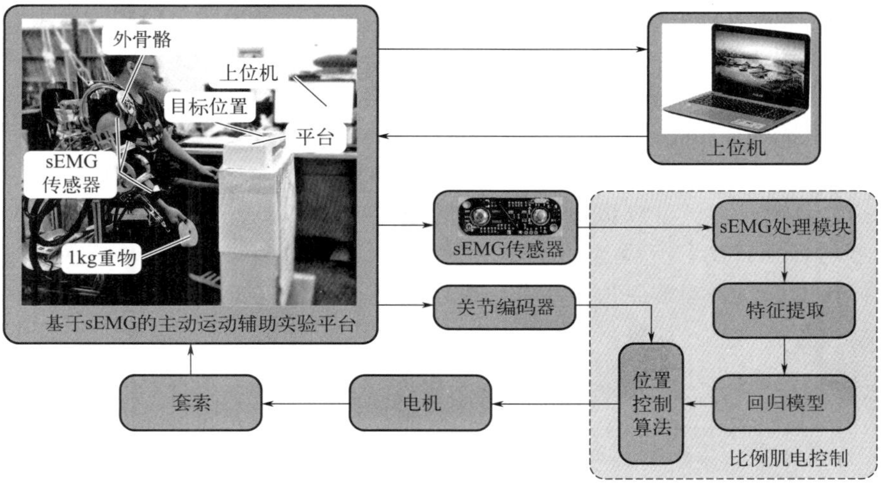

图 10-14　基于 sEMG 的主动运动辅助实验框图

上位机用于采集各个关节运动信息以及 sEMG 并且向下发送指令到 Elmo 公司的驱动器 GMAS，执行控制算法。基于 sEMG 积分时延信号的比例肌电控制算法包含 sEMG 处理模块、特征提取、回归模型以及位置控制算法。经过回归模型输出根据 sEMG 而得到的意向运动轨迹，与关节编码器输出的实际关节角度共同作为位置控制算法输入，在线实时调节各个自由度电极的实际输出角度，从而保证各个关节的实际输出角度与意向输出角度一致。由于将 sEMG 转化为实际关节运动时，如果 sEMG 的积分信号频率大，将导致回归模型输出的规划关节角度噪声大、不平滑。因此在特征提取时，对相应的各个肌肉 sEMG 积分信号进行低通滤波处理。低通滤波器为 4 阶巴特沃斯低通滤波器。其中三角肌前部 sEMG 积分信号的低通滤波频率为 2Hz，肘关节 sEMG 积分信号的低通滤波频率为 5Hz，桡侧腕屈肌 sEMG 积分信号的低通滤波频率为 2Hz。

本实验主要涉及的自由度为肩关节屈伸自由度、肘关节屈伸自由度和腕关节屈伸自由度。实验平台示意图如图 10-15 所示。实验参与者（A～F，23 岁～45 岁，3 男 3 女）在实验之前被告知实验守则及相关须知，具体如下：

① 由于涉及肌肉收缩，因此每一位实验参与者在相邻时间之间有 10min 的休息时间；

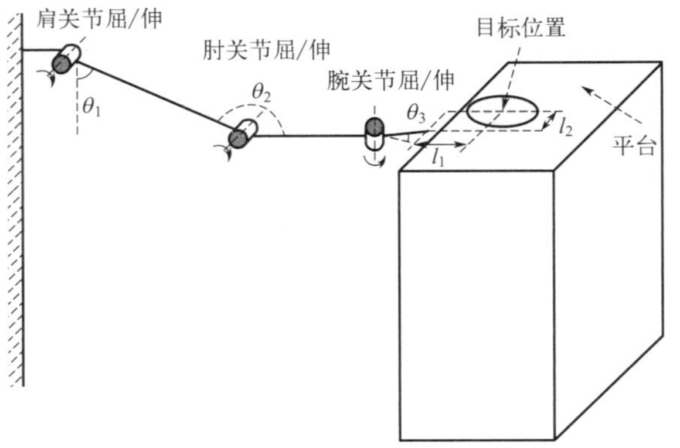

图 10-15　上肢外骨骼机器人主动辅助实验平台示意图

② 在实验过程中，实验参与者尽量保持放松，避免因紧张而引入的不准确因素。

实验步骤如下：

① 实验参与者右手在穿戴好上肢外骨骼之后放松；

② 手掌拿着 1kg 重物，根据自身运动意图，将砝码放置在目标位置，再拿开；

③ 结束这个步骤后，在规定时间内重复上述的放置重物到目标位置，然后再拿走重物的任务，并且记录尝试拿放重物次数和拿放重物成功次数。

实验参与者手掌离目标位置的距离由图 10-15 中的 l_1 和 l_2 描述。肩关节屈伸角度、肘关节屈伸角度以及腕关节屈伸角度分别表示为 θ_1、θ_2 和 θ_3。本次实验任务可用于模拟生活中的随机分拣物品、就餐、码垛、搬运物品等生活场景任务。因此本实验任务具备一定的代表性。

图 10-16　sEMG 电极位置

根据前述分析，可适当简化肌肉选取，提高计算速度。因此本实验主要选取三角肌前部、肱二头肌以及桡侧腕屈肌采集对应的 sEMG，从而在保证精确度前提下减轻计算负担。电极布置位置以及参考极位置如图 10-16 所示，电极位置布置需充分防止与上肢外骨骼结构形成干涉，从而避免上肢外骨骼压迫相关肌肉电极处而引入不准确信号。各个电极位置布置如下：

① 三角肌前部电极布置在肩峰前端一指宽处；

② 肱二头肌电极布置在内侧肩峰和窝肘连线上靠近窝肘大概三分之一处；

③ 桡侧腕屈肌电极布置在前臂桡侧距离肘关节两指处；

④ 三角肌前部和肱二头肌的参考极布置在人体上臂右侧面，而桡侧腕屈肌参考电极紧贴桡侧腕屈肌电极呈等边三角形。

某次实验轨迹跟踪效果如图 10-17 所示。图 10-17(a) 表示规定时间内肩关节屈伸运动实际角度跟踪规划角度效果，图 10-17(b) 表示规定时间内肘关节屈伸运动实际角度跟踪规划角度效果。图 10-17(c）表示规定时间内腕关节屈伸运动实际角度跟踪规划角度效果，图中蓝色实线为基于 sEMG 而规划的关节角度，红色虚线为实际关节角度。图 10-17（d）为单次拿放重物的末端轨迹跟踪图，蓝色实线为末端规划轨迹，红色虚线为末端实际轨迹。通过观察可知，系统控制效果优良。由于人体自身主观意识参与到实验中来，尽管整体轨迹跟踪效果并不能时时刻刻都很好，但是由于人自身视觉以及肢体感觉存在反馈，而这种反馈作用可一定程度上调节肌肉出力。所以这也是基于 sEMG 进行运动意图识别及控制的一大优势。

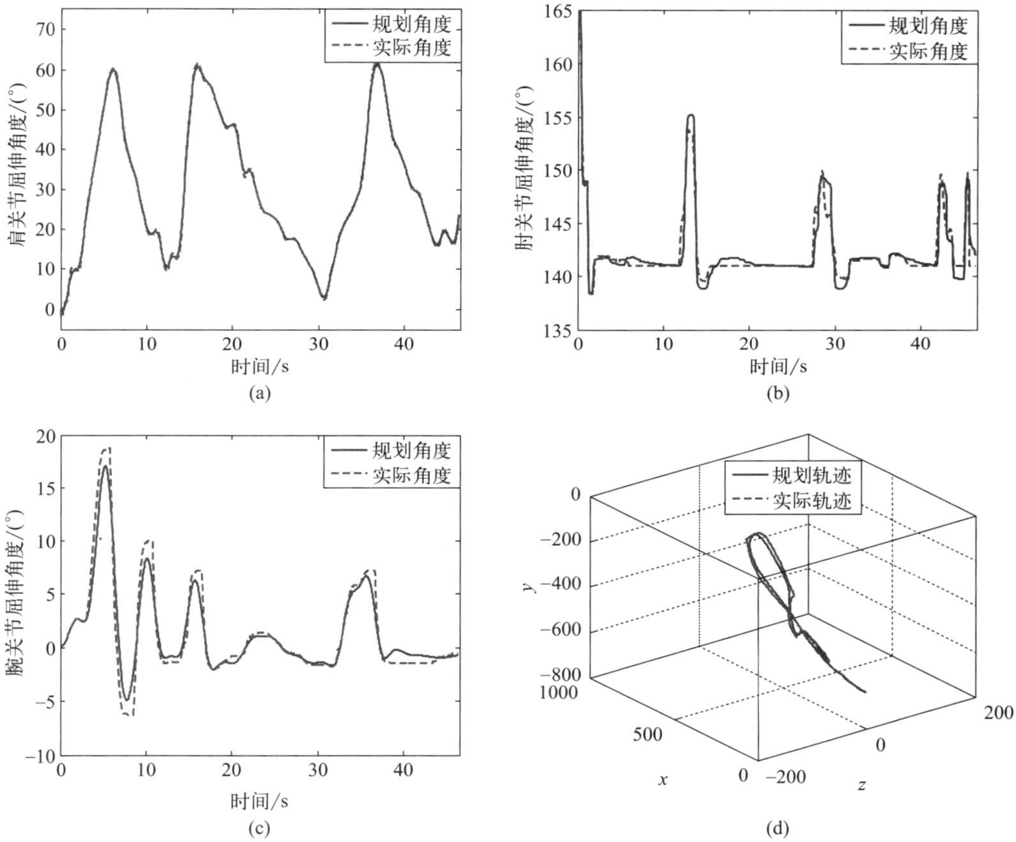

图 10-17　多自由度角度跟踪结果

10. 2. 3　比例肌电力矩控制

本小节主要方法和工作来源于文献［214］。该工作简化了 sEMG 到关节力矩估计模型，将 sEMG 低通滤波后的特征信号等比例等于关节力矩，降低模型计算复杂度。该工作认为大多数努力都花在了提高运动意图识别方法的准确性上，这在生物力学和生理学上无疑是重要的，但对于通过外骨骼提供有效的机器人辅助来说可能是不必要的。该工作分析了一个简化的基于 sEMG 的辅助机器人系统的闭环可用性，所提出的人-机器人接口使用 sEMG 来连续检测用户的运动意图，并通过动力外骨骼来辅助运动执行。基本想法是为用户提供与其肌肉激活强度成比例的转矩，以便每块肌肉都通过外骨骼的动作得到人工

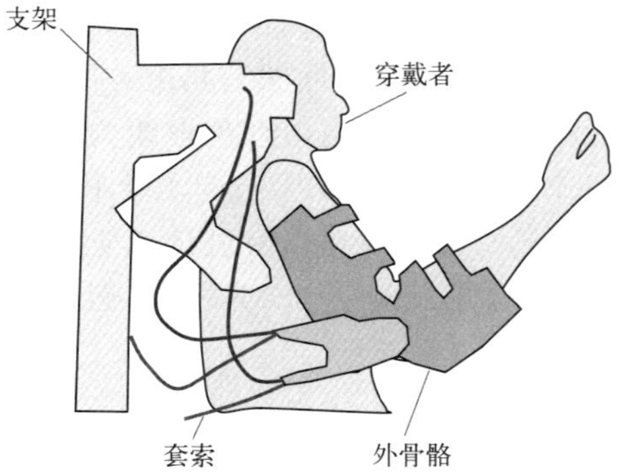

图 10-18　比例肌电力矩控制外骨骼示意图

强化，如图 10-18 所示。应用了与运动中涉及的主要肌肉的 sEMG 包络成比例的辅助转矩。sEMG 包络也只能提供运动过程中施加的转矩的粗略估计，然而，它们可以近似肌肉激活水平和预期运动的方向。

肱二头肌和肱三头肌长头肌肉的 sEMG 采集得到，原始 sEMG 被处理以获得线性包络，已知该线性包络类似于等长力动态变化期间的肌肉张力波形。通过对带通 sEMG 进行全波整流，并利用截止频率为 3Hz 的二阶低通巴特沃斯滤波器进行后滤波，在线获得 sEMG 线性包络。

如图 10-19 所示比例肌电力矩控制方案，从肱二头肌和肱三头肌记录的 sEMG 线性包络 LE_{bic} 和 LE_{tric} 乘以两个不同的常数因子 K_{bic} 和 K_{tric}，以分别获得神经肌肉屈肌和伸肌致动器的力设定 $\widehat{F}_{flx}$ 和 $\widehat{F}_{ext}$。套索拉力 F_{flx} 和 F_{ext} 由外骨骼底层闭环控制器调节。

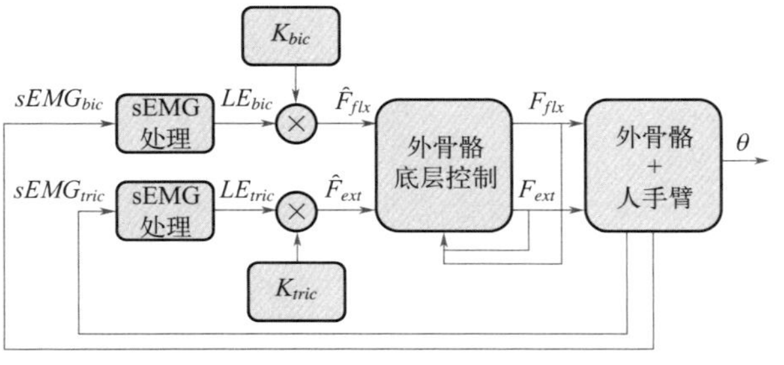

图 10-19　比例肌电力矩控制框图

在开始实际的实验程序之前，受试者选择比例控制器的两个优选增益 K_{bic} 和 K_{tric}，两个增益值最初都设置为 0。受试者被指示使用旋钮逐渐增加增益，同时自由移动他们的右肘。实验者告诫受试者，只要他们对援助水平感到满意，就要增加收益。该操作没有时间限制，但在任何情况下都不需要超过 2min。在选择了优选的增益值之后，在开始实验程序之前，受试者在外骨骼外面休息 5min。

在实验过程中，参与者被要求以计算机提供的目标幅度和步速进行循环屈曲/伸展运动。使用计算机屏幕向受试者提供增强的视觉反馈，通过垂直光标显示当前肘部角度和具有上限与下限的目标运动范围。此外，节拍器提供了用户需要同步的移动速度。目标是在两次连续的提醒声内执行所需运动的完整循环。外骨骼不会以任何方式对用户执行的移动速度或幅度的错误做出反应。因此，受试者完全控制运动，没有受到任何约束。实验结果和分析可参考文献［214］。

10.2.4　外骨骼自抗扰肌电控制

本小节介绍自抗扰 sEMG 控制方法，如图 10-20 所示为 2 自由度上肢外骨骼，对应肩部屈伸、肘部屈伸自由度。通过采集多通道 sEMG，对其进行预处理，提取对应特征后，依据训练数据训练对应轨迹回归器模型。此处可采用机器学习方法或 10.2.3 节所示简化版意图识别方法提取得到连续意向运动轨迹，此处主要介绍自抗扰控制方法用于估计未能建模的机器人动力学部分。

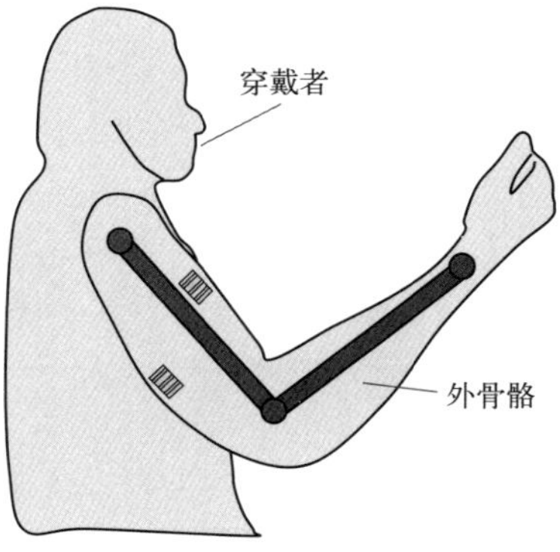

图 10-20　外骨骼示意图

外骨骼自抗扰肌电控制框图如图 10-21 所示，主要采用扩张观测器观测较难建模动力学部分。设系统方程如下。

$$\begin{bmatrix} M_{11}(q) & M_{12}(q) \\ M_{21}(q) & M_{22}(q) \end{bmatrix} \begin{bmatrix} \ddot{q}_1 \\ \ddot{q}_2 \end{bmatrix} + \begin{bmatrix} -C_{12}(q)\dot{q}_2 & -C_{12}(q)(\dot{q}_1+\dot{q}_2) \\ C_{12}(q)\dot{q}_1 & 0 \end{bmatrix} \begin{bmatrix} \dot{q}_1 \\ \dot{q}_2 \end{bmatrix} + \begin{bmatrix} G_1(q)g \\ G_2(q)g \end{bmatrix} = \begin{bmatrix} \tau_1 \\ \tau_2 \end{bmatrix} \tag{10-27}$$

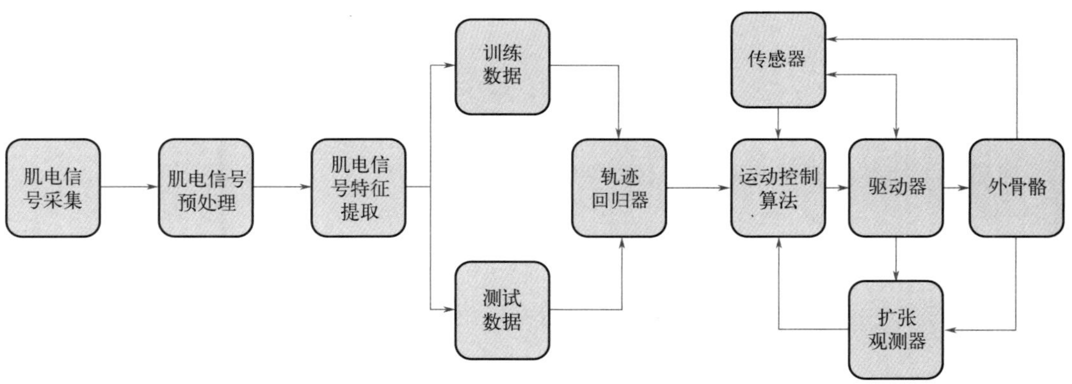

图 10-21　外骨骼自抗扰肌电控制框图

其中：

$$\begin{cases} M_{11}(q)=(m_1+m_2)r_1^2+m_2r_2^2+2m_2r_1r_2\cos q_2 \\ M_{12}(q)=m_2r_2^2+m_2r_1r_2\cos q_2 \\ M_{21}(q)=M_{12}(q) \\ M_{22}(q)=m_2r_2^2 \end{cases} \tag{10-28}$$

$$\begin{cases} C_{12}(q)=m_2r_1r_2\sin q_2 \\ G_1(q)=(m_1+m_2)r_1\cos q_2+m_2r_2\cos(q_1+q_2) \\ G_2(q)=m_2r_2\cos(q_1+q_2) \end{cases} \tag{10-29}$$

由此得到

$$\begin{bmatrix}\ddot{q}_1\\ \ddot{q}_2\end{bmatrix}=\frac{1}{(M_{22}M_{11}-M_{12}M_{21})}\begin{bmatrix}M_{22}(q) & -M_{12}(q)\\ -M_{21}(q) & M_{11}(q)\end{bmatrix}\left(\begin{bmatrix}\tau_1\\ \tau_2\end{bmatrix}-\begin{bmatrix}-C_{12}(q)\dot{q}_2 & -C_{12}(q)(\dot{q}_1+\dot{q}_2)\\ C_{12}(q)\dot{q}_1 & 0\end{bmatrix}\begin{bmatrix}\dot{q}_1\\ \dot{q}_2\end{bmatrix}-\begin{bmatrix}G_1(q)g\\ G_2(q)g\end{bmatrix}\right)$$

$$=\begin{bmatrix}\dfrac{M_{22}\tau_1}{(M_{22}M_{11}-M_{12}M_{21})}\\ \dfrac{M_{11}\tau_2}{(M_{22}M_{11}-M_{12}M_{21})}\end{bmatrix}$$

$$+\underbrace{\begin{bmatrix}\dfrac{-M_{12}\tau_2}{(M_{22}M_{11}-M_{12}M_{21})}\\ \dfrac{-M_{21}\tau_1}{(M_{22}M_{11}-M_{12}M_{21})}\end{bmatrix}-\frac{1}{(M_{22}M_{11}-M_{12}M_{21})}\begin{bmatrix}M_{22}(q) & -M_{12}(q)\\ -M_{21}(q) & M_{11}(q)\end{bmatrix}\left(\begin{bmatrix}-C_{12}(q)\dot{q}_2 & -C_{12}(q)(\dot{q}_1+\dot{q}_2)\\ C_{12}(q)\dot{q}_1 & 0\end{bmatrix}\begin{bmatrix}\dot{q}_1\\ \dot{q}_2\end{bmatrix}+\begin{bmatrix}G_1(q)g\\ G_2(q)g\end{bmatrix}\right)}_{F}$$

所以

$$\begin{cases}\ddot{q}_1=\dfrac{M_{22}}{(M_{22}M_{11}-M_{12}M_{21})}\tau_1+F_1\\ \ddot{q}_2=\dfrac{M_{11}}{(M_{22}M_{11}-M_{12}M_{21})}\tau_2+F_2\end{cases}\tag{10-30}$$

其中，F_1 和 F_2 是需要观测的动力学部分，令

$$\begin{cases}b_1=\dfrac{M_{22}}{(M_{22}M_{11}-M_{12}M_{21})}\\ b_2=\dfrac{M_{11}}{(M_{22}M_{11}-M_{12}M_{21})}\end{cases}\tag{10-31}$$

得到

$$\begin{cases}\ddot{q}_1=b_1\tau_1+F_1\\ \ddot{q}_2=b_2\tau_2+F_2\end{cases}\tag{10-32}$$

构建如下线性扩张状态观测器（LESO）

$$\begin{cases}e_1=z_{11}-q_1\\ \dot{z}_{11}=z_{12}-\beta_{11}e_1\\ \dot{z}_{12}=z_{13}-\beta_{12}e_1+b_1\tau_1\\ \dot{z}_{13}=-\beta_{13}e_1\end{cases}\begin{cases}e_2=z_{21}-q_2\\ \dot{z}_{21}=z_{22}-\beta_{21}e_2\\ \dot{z}_{22}=z_{23}-\beta_{22}e_2+b_2\tau_2\\ \dot{z}_{23}=-\beta_{23}e_2\end{cases}\tag{10-33}$$

令

$$\begin{cases}\tau_1=K_{p1}e_1+K_{d1}\dot{e}_1-\dfrac{z_{13}}{b_1}\\ \tau_2=K_{p2}e_2+K_{d2}\dot{e}_2-\dfrac{z_{23}}{b_2}\end{cases}\tag{10-34}$$

参数取值

$$\begin{cases}\beta_{11}=3w,\quad \beta_{12}=3w^2,\quad \beta_{13}=w^3\\ \beta_{21}=3w,\quad \beta_{22}=3w^2,\quad \beta_{23}=w^3\\ K_{p1}=w^2,\quad K_{d1}=2w\\ K_{p2}=w^2,\quad K_{d2}=2w\end{cases}\tag{10-35}$$

举例：

$$r_1=1, r_2=0.8, m_1=0.5, m_2=0.5, w=30$$

初始值为［0,0.1；0,0.1］，［0,0,0,0,0,0］。

此处假设意向运动为正弦函数，对应的仿真结果如图 10-22～图 10-24 所示，这一部分的仿真代码可查看本书电子附件。

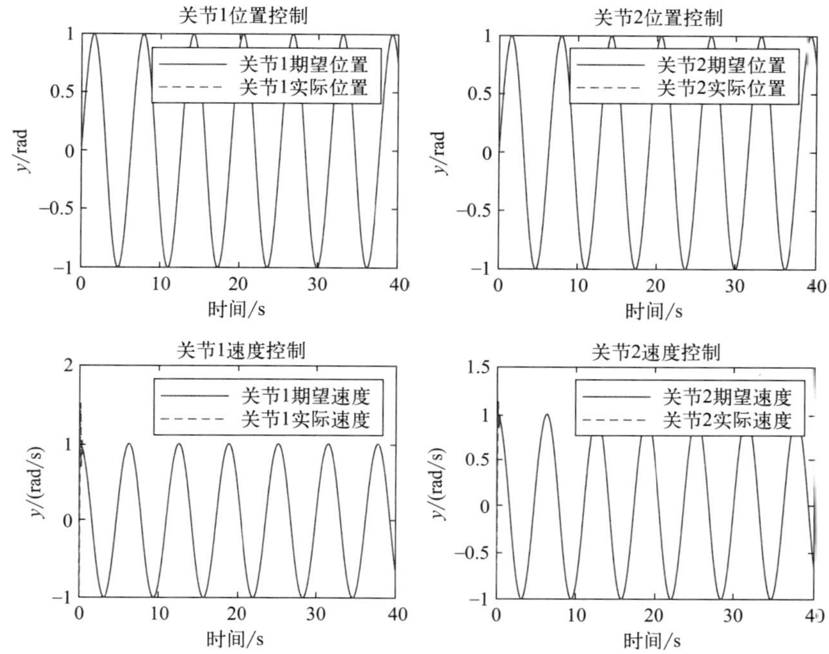

图 10-22　外骨骼自抗扰控制仿真结果——位置和速度跟踪结果

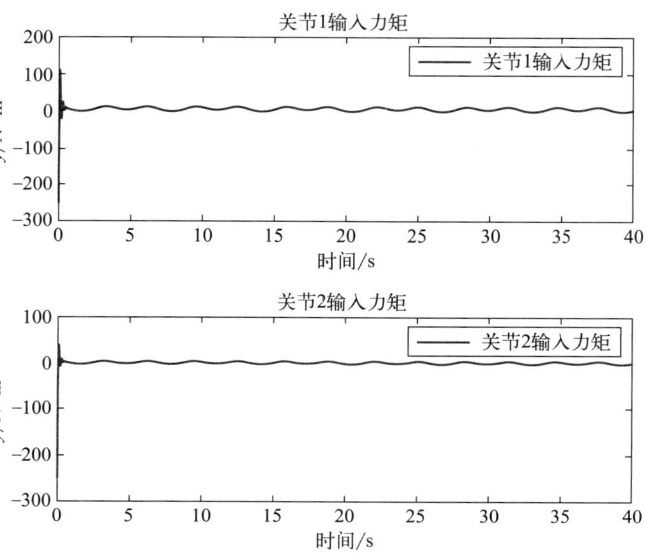

图 10-23　外骨骼自抗扰控制仿真结果——关节输入力矩

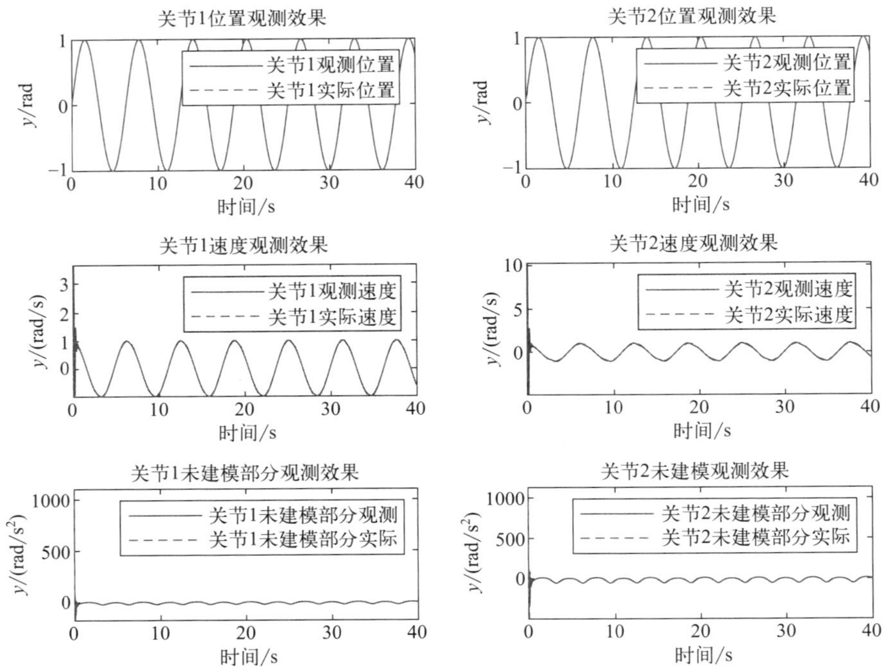

图 10-24　外骨骼自抗扰控制仿真结果——位置、速度、未建模部分观测结果

10.3 仿生手肌电控制

10.3.1 仿生手肌肉协同控制

本小节主要方法和工作来源于文献 [152]。图 10-25 显示了所提出的假肢手系统的概述，该系统由四个部分组成：肌电测量、sEMG 处理、假肢手控制和肌电假肢手。基于测量的 sEMG，通过 sEMG 处理估计肌肉用力。操作员的运动是基于使用递归神经网络和运动生成模型的肌肉协同提取进行估计的，从而允许仅使用提前学习的单一动作来表达未学习的组合动作，然后，使用基于阻抗模型的仿生控制来确定执行器命令。

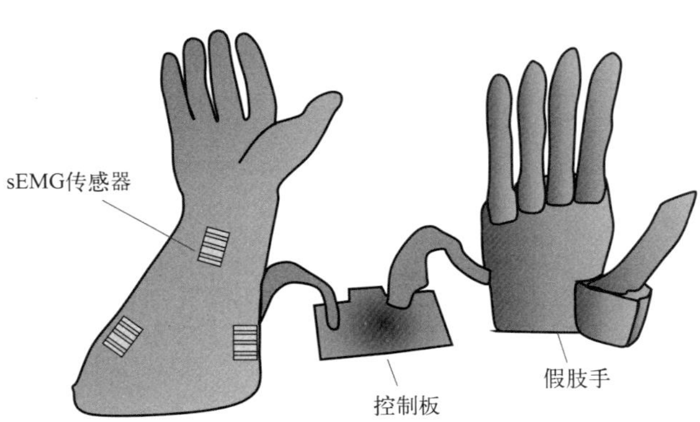

图 10-25　仿生手肌肉协同控制装置示意图

假肢手的手指屈曲可以使用 PID 控制器进行执行。该设备由电极、微型计算机和电机驱动器组成。图 10-26 所示为手臂 sEMG 传感器通道设置图，对应通道 1～通道 5 为趾长屈肌、趾浅屈肌、指屈肌深肌、指伸肌和桡腕短伸肌。图中左图对应正常人 sEMG 传感器布置图，图中右图对应截肢患者 sEMG 传感器布置图。

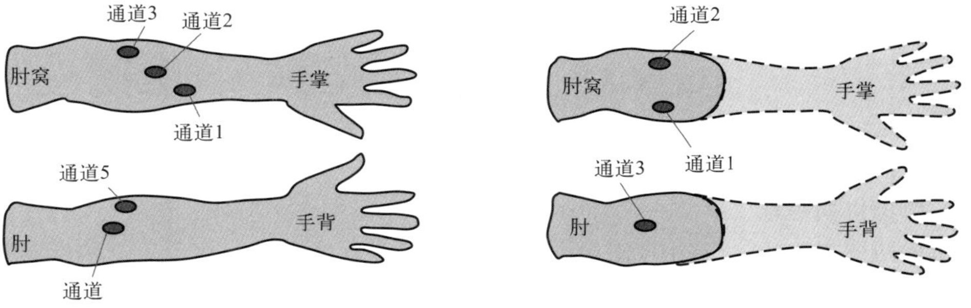

图 10-26　sEMG 传感器通道设置图

图 10-27 所示为仿生手肌肉协同控制整体框图，整体包含三大部分：sEMG 测量、sEMG 处理和假肢手控制。sEMG 采集后需进行处理，sEMG 处理由特征提取、肌肉协同提取、运动生成模型和运动确定四个部分组成。假肢手控制包含阻抗模型和 PID 控制两部分。

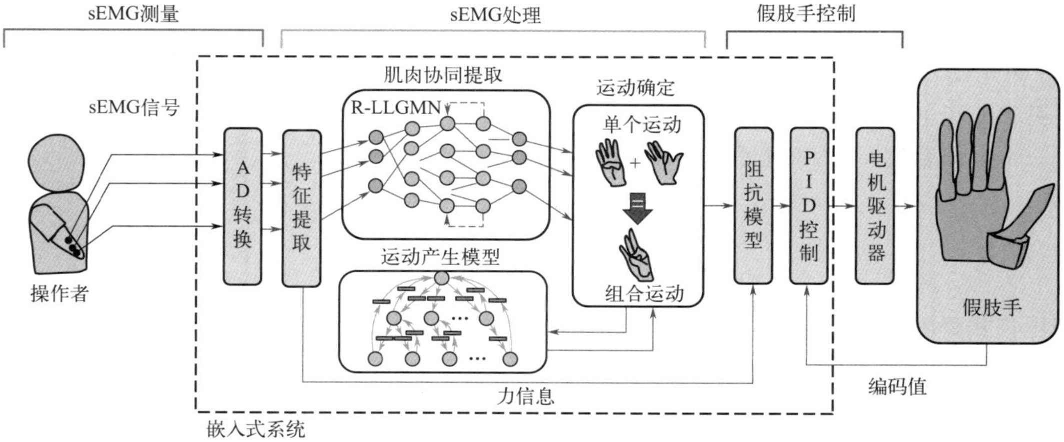

图 10-27　仿生手肌肉协同控制框图

(1) 特征提取

首先，从 L 个电极测量的 sEMG 以 200Hz 进行 AD 转换数字化。然后，处理后的 sEMG 通过截止频率为 f_c 的二阶巴特沃斯低通滤波器进行滤波。这些信号被转换为 $E_l(t), l=1,2,\cdots,L$，并通过每个通道信号的最大值进行归一化，如下所示。

$$E_l(t)=\frac{\mathrm{EMG}_l(t)-\overline{\mathrm{EMG}_l^{st}}}{\mathrm{EMG}_l^{\max}-\overline{\mathrm{EMG}_l^{st}}} \tag{10-36}$$

其中，$\overline{\mathrm{EMG}_l^{st}}$ 为肌肉放松时测得的 $E_l(t)$ 均值，$\mathrm{EMG}_l^{\max}$ 为事先配置的 sEMG 最大值。为了估计操作员的运动，将 $E_l(t)$ 归一化，使 $E_l(t)$ 的和为 1.0。这些归一化信号

被定义为时间序列肌电模式 $x(t)=[x_1(t),\cdots,x_l(t),\cdots,x_L(t)]^{\mathrm{T}}$。

$$x_l(t)=\frac{E_l(t)}{\sum_{l'=1}^{L}E_{l'}(t)} \tag{10-37}$$

由 sEMG 计算力信息 $F_{\mathrm{EMG}}(t)$ 如下。

$$F_{\mathrm{EMG}}(t)=\frac{1}{L}\sum_{l'=1}^{L}E_{l'}(t) \tag{10-38}$$

这是用来确定运动发生和控制假肢手的。当 $F_{\mathrm{EMG}}(t)$ 大于预设阈值 F^{th} 时，识别为运动的发生。

（2）肌肉协同提取

在肌肉协同提取中，五指的独立运动被视为构成组合运动的几个单一运动（肌肉协同）中的一个，例如手的开合。每个肌肉协同模式 $u(t)$ 是从时间序列 sEMG 模式$[x(t),x(t-1),\cdots,x(t-T+1)]\in R^{L\times T}$ 中提取的。

$$u(t)=F^{trans}(x(t),x(t-1),\cdots,x(t-T+1)) \tag{10-39}$$

此外，$u(t)=[u_1(t),\cdots,u_c(t),\cdots,u_C(t)]^{\mathrm{T}}\in R^C$（$C$ 为单次运动次数）满足以下条件。

$$\sum_{c=1}^{C}u_c(t)=1 \tag{10-40}$$

$F^{trans}(\cdot)$ 是对时间序列肌电模式进行变换的函数，$x(t),x(t-1),\cdots,x(t-T+1)$ 的第 c 个单运动转化为 $u_c(t)=F^{trans}(x_c(t),x_c(t-1),\cdots,x_c(t-T+1))\in R^C$，其中，$u_c(t)$ 是其第 c 个值为 1 的单位向量。考虑联合运动过程中的 $u(t)$ 由 u_c（t）的线性组合表示，$u_c(t)$ 以组合比 $\hat{a}_c$ 为权重系数，则 $u(t)$ 可表示为如下公式。

$$u(t)=\sum_{c=1}^{C}\hat{a}_c u_c(t)=\begin{bmatrix}\hat{a}_1 & \cdots & \hat{a}_c & \cdots & \hat{a}_C\end{bmatrix}^{\mathrm{T}} \tag{10-41}$$

因为 $u_c(t)$ 是一个有组织的标准正交系统。因此，如果函数由单个运动的时间序列肌电模式得到 $F^{trans}(\cdot)$，将组合运动的肌电模式转换为 $u(t)$，可计算出单个运动的组合比 $\hat{a}_c$。这里是循环对数线性化的高斯混合网络，由 Tsuji 等人提出[217]。该网络由高斯混合模型和隐马尔可夫模型组成，处理操作员运动的时间序列特征。利用该循环对数线性化的高斯混合网络学习单次运动的时间序列肌电图，从而可以得到 $F^{trans}(\cdot)$。

（3）运动生成模型

在由肌肉协同作用组合表达的运动时，可以假设构成该运动的所有协同作用不是同时产生的，相反，它们是通过其他个别协同作用的组合而连续产生的。也就是说，如果将运动分解到肌肉协同层面并分别推定，那么也可以推定运动产生的过程。在运动生成模型中，根据肌肉协同提取部分提取的肌肉协同的生成历史来预测使用者的运动，并根据估计过程输出一个修改向量。在这里，五指运动的运动生成模型是基于事件驱动模型[218]。运动生成模型的一般形式如图 10-28 所示。在运动生成模型中，根据使用者的运动状态选择修改向量$\boldsymbol{\gamma}_m$，并将其发送到运动确定部分。

$$\boldsymbol{\gamma}_m=\begin{bmatrix}\gamma_{m1} & \gamma_{m2} & \cdots & \gamma_{mg} & \cdots & \gamma_{mG}\end{bmatrix}^{\mathrm{T}} \tag{10-42}$$

其中，$m(m=0,1,2,\cdots,G$，G 为所有分类动作的个数）为当前使用者动作的索引，γ_{mg} 为当前使用者动作 m 到下一个使用者动作 g 的修改值。$m=0$ 表示初始状态，即无动作状态。

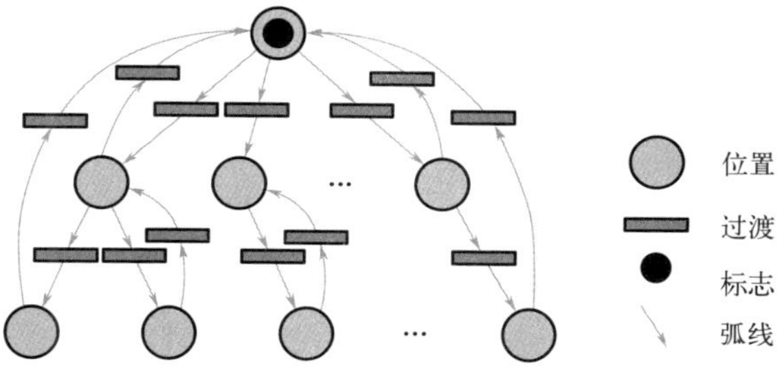

图 10-28　运动产生模型通用形式

(4) 运动确定

该部分利用肌肉协同模式 $u(t)$ 和在运动生成模型部分得到的修正向量$\boldsymbol{\gamma}_m$ 对使用者的运动进行估计。通过比较肌肉协同模式 $u(t)$ 与运动 g 对应的预设基模式 $\hat{u}^{(g)}$ 来确定使用者的动作，运动 g 的相似度定义如下。

$$S_g(t)=1-\frac{1}{\sqrt{2}}\sqrt{\sum_{c=1}^{C}(u_c(t)-\hat{u}_c^{(g)})^2} \tag{10-43}$$

因为方程右边的第二项表示 $u_c(t)$ 和 $\hat{u}_c^{(g)}$ 之间的距离，当两种模式一致时，相似度设置为 1。$S_g(t)$ 与运动生成模型输出的修正向量$\boldsymbol{\gamma}_m$ 的乘积如下。

$$S'_g(t)=\boldsymbol{\gamma}_{mg}S_g(t) \tag{10-44}$$

其中，$S'_g(t)$ 为考虑运动生成历史的相似度。使用者的运动是通过推导最大 $S'_g(t)$ 运动来确定的。从上述过程中，可以通过考虑肌肉的协同作用和动作之间的过渡来对使用者的动作进行分类。

(5) 阻抗模型控制

假肢手控制系统根据假肢上的力、通过 sEMG 处理估计的使用者运动和仿生控制给出的信息来操作电机。仿生控制的框图如图 10-29 所示。

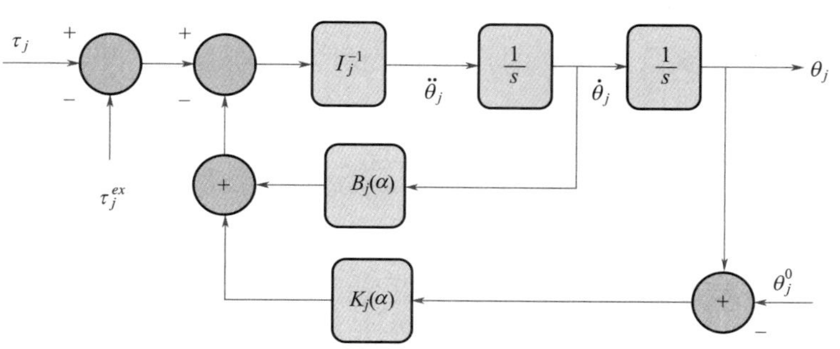

图 10-29　仿生阻抗控制系统框图

首先，根据估计的使用者运动选择控制电机。在阻抗模型的基础上计算电机的控制角。那么，电机的运动方程定义如下，其中，$j=1,2,\cdots,J$。

$$I_j \ddot{\theta}_j + B_j(\alpha)\dot{\theta}_j + K_j(\alpha)(\theta_j - \theta_j^0) = \tau_j - \tau_j^{ex} \tag{10-45}$$

其中，I_j、$B_j(\alpha)$ 和 $K_j(\alpha)$ 分别是惯性、黏度和刚度。θ_j 和 θ_j^0 分别为电机旋转角度和角度的平衡位置。这里，$B_j(\alpha)$ 和 $K_j(\alpha)$ 定义如下。

$$B_j(\alpha) = b_{j,1}\alpha^{b_{j,2}} + b_{j,3} \tag{10-46}$$

$$K_j(\alpha) = k_{j,1}\alpha^{k_{j,2}} + k_{j,3} \tag{10-47}$$

其中，$\{b_{j,1}, b_{j,2}, b_{j,3}\}$和$\{k_{j,1}, k_{j,2}, k_{j,3}\}$为阻抗参数。

其中，τ_j 和 τ_j^{ex} 分别为电机转矩和外部转矩。在这里，黏度和刚度随肌肉收缩程度 α 而变化，这样就可以代表肌肉活动的特征。α 可以由 $F_g^{\max}$ 推导出来，它是用最大肌肉收缩时的 $F_{\mathrm{EMG}}(t)$ 来测量的。

$$\alpha(t) = \frac{F_{\mathrm{EMG}}(t)}{F_{g=g'}^{\max}} \tag{10-48}$$

式中，g'为经 sEMG 处理估计的使用者运动。进而，转矩 τ_j 可计算如下。

$$\tau_j(t) = \alpha(t)\tau_j^{\max} \tag{10-49}$$

式中，$\tau_j^{\max}$ 为转矩的预设最大值。通过求解电机的运动方程计算电机 j 的指令角 θ_j，从而可以反映人手的惯性、黏度和刚度。因此，假肢手可以像人手一样平滑地控制。实验结果和分析可参考文献 [152]。

10.3.2 仿生手摩斯编码 sEMG 控制

本研究提出一种基于摩斯编码的人体手部实时运动意图识别方法，应用于机械手控制，来源于作者自己的研究工作[132]。所提出方法的示意图如图 10-30 所示。采用表面肌电传感器采集得到人体短时肌肉收缩和长时肌肉收缩时的 sEMG，对采集得到的信号进行特征提取与摩斯编码后，结合所开发的实时摩斯编码与动作映射方法，实现 6 个手部动作识别。考虑到多于 2 个长电码将较大程度影响实时性，因此，本研究只用到了最多 2 个长电码。这一方法区别于已有方法，仅需要一个传感器即可实现 6 个手部动作的识别，并且可应用于机械手的实时控制。

图 10-31 所示为实验装置图。实验所需装置为图 10-31 左侧所示的自制机械手。干式 sEMG 传感器是三极式，包含正极、负极和信号极。电极间距为 20mm（青岛智拓公司，3.3V 模拟信号输出，放大倍数为 1000）。实验所处环境电器很少，防止电磁干扰采集的 sEMG。采用压敏胶带将 sEMG 传感器固定于实验者的前臂尺侧腕屈肌。在固定传感器之前，需剃除体毛比较旺盛的实验者对应区域体毛。所有实验参与者在用酒精擦拭后，即可固定 sEMG 传感器。实验开始之前，由实验指导员指导每一位实验参与者尝试快速收缩和慢速收缩肌肉。

通过单个 sEMG 传感器，利用本研究所提出的实时运动意图识别方法，将对应的动作识别得到动作信号传递到机械手的主控系统，由该主控系统控制五个手指执行对应动作，用于展示识别结果。所有实验参与者坐在一个椅子上，在做好实验准备后，即可开始通过收缩尺侧腕屈肌，实时发送对应指令。单次实验持续时间为 5min，实验结束后可休息 3min，防止肌肉疲劳。每一位实验者执行每一种动作对应的摩斯编码动作 100 次，本工作中涉及 6 种手部动作，如图 10-32 所示。因此，每一位实验者的数据样本为 600 次动作。9 位实验者将产生 5400 次动作。由于本研究所提出的方法不需要训练样本，因此所有的动作集合均可用于验证所提出的方法的正确性。

$$MM=\begin{cases} M0, & Morse=\cdot \\ M1, & Morse=- \\ M2, & Morse=\cdot\cdot \\ M3, & Morse=\cdot- \\ M4, & Morse=-\cdot \\ M5, & Morse=-- \end{cases} \tag{10-50}$$

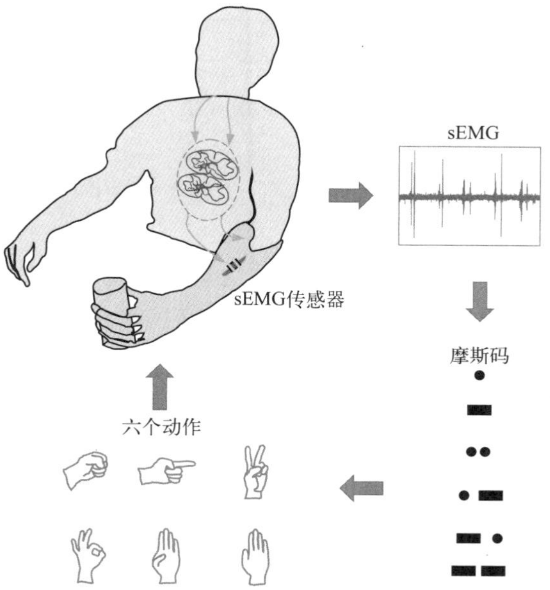

图 10-30　方法示意图

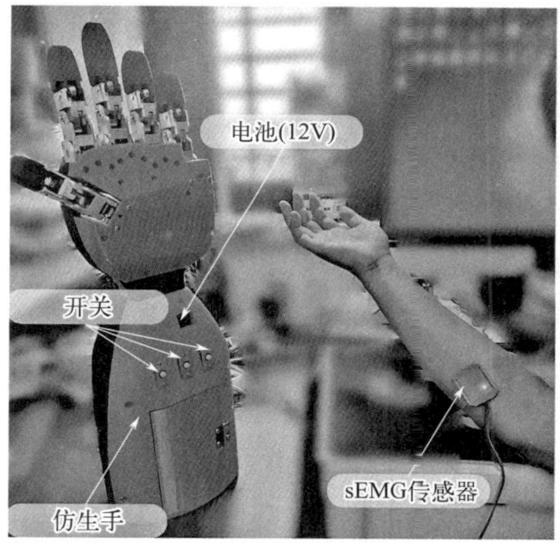

图 10-31　实验装置图

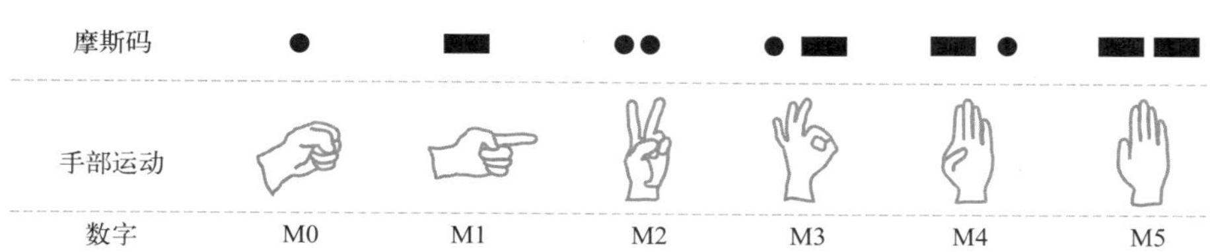

图 10-32　手部动作和对应的摩斯编码

表 10-2 展示的是本研究所采用的摩斯编码和操作符、类别数字、动作之间的对应关系。考虑到多于 2 个长电码将较大程度影响实时性，本研究只用到了最多 2 个长电码。因此本研究只选用表 10-2 的前六个，对应 M0～M5 六个动作。操作符有助于使用者方便记忆。

表 10-2　摩斯编码、数字机器操作符对应关系

摩斯编码	操作符	类别数字	动作
s	**0**	**0**	**M0**
l	$\mathbf{2^0}$	**1**	**M1**

续表

摩斯编码	操作符	类别数字	动作
_ss_	**2^1+0**	**2**	**M2**
_sl_	**2^1+2^0**	**3**	**M3**
_ls_	**2^2+0**	**4**	**M4**
_ll_	**2^2+2^0**	**5**	**M5**
sss	2^2+2^1+0	6	—
ssl	$2^2+2^1+2^0$	7	—
sls	2^2+2^2+0	8	—
sll	$2^2+2^2+2^0$	9	—

本研究所提出的实时运动意图识别方法对应的流程图如图 10-33 所示。采集得到单通道 sEMG 后，需进行归一化处理，如下公式所示。

$$\overline{x}_i=\frac{x_i-\min(x_i)}{\max(x_i)-\min(x_i)} \tag{10-51}$$

接着计算 sEMG 的滑窗积分特征信号[102,151]，如下公式所示。这里需要说明的是，除了积分特征信号，其他能够反映 sEMG 幅值变化趋势的特征信号也可以采用，例如 RMS 和 MAV[102,106]。通过前期实验分析对比发现，积分特征信号抗干扰能力更强。因而，本研究采用积分特征信号用于表征 sEMG 信号幅值变化。

$$\mathrm{IEMG}_j=\sum_{i=1}^{N}|\overline{x}_i| \tag{10-52}$$

在本研究中，设定阈值为 th_1。当 sEMG 积分特征信号值大于等于该阈值时，则认为人体的肌肉收缩了，反之则认为人体的肌肉处于静息状态，从而获得对应的方波信号，如下公式所示。

$$P_j=\begin{cases}1, & \mathrm{IEMG}_j\geqslant th_1\\0, & \mathrm{IEMG}_j<th_1\end{cases} \tag{10-53}$$

在获得了方波信号后，可依据如下公式得到每一个上升沿和下降沿对应的索引，其中上升沿用 up_m 表示，下降沿用 down_k 表示。

$$Ed=\begin{cases}\mathrm{up}_m, & P_{j-1}=0 \text{ and } P_{j-1}=1\\\mathrm{down}_k, & P_{j-1}=1 \text{ and } P_{j-1}=0\end{cases} \tag{10-54}$$

由于相邻下降沿和上升沿之间的信号为 1，表示肌肉持续收缩，因此，可依据获得的相邻下降沿和上升沿之间的索引距离，判断肌肉收缩类型属于短时收缩（sp）还是长时收缩（lp），如下公式所示。短时收缩和长时收缩分别对应摩斯编码中的短、长信息。

$$Pt_k=\begin{cases}sp, & t_1<\mathrm{down}_{k-1}-\mathrm{up}_{m-1}<t_2\\lp, & t_2\leqslant\mathrm{down}_{k-1}-\mathrm{up}_{m-1}\leqslant t_3\end{cases} \tag{10-55}$$

为了识别单次动作是否结束，本工作采用如下公式实现。通过求下降沿索引至下降沿后的 T_l 个数据的方波信号之和，如果等于 0，则认为单次动作已经结束。因此，本方法约滞后 T_l 个数据判断动作。

$$\mathrm{Ec}_q=\begin{cases}1, & \mathrm{sum}P_j(\mathrm{down}_{k-1}:\mathrm{down}_{k-1}+T_l)=0\\0, & \mathrm{sum}P_j(\mathrm{down}_{k-1}:\mathrm{down}_{k-1}+T_l)!=0\end{cases}\tag{10-56}$$

在判断动作结束以后，则可以根据如下摩斯编码公式，判断当前动作属于哪一种动作。其中，短信号用 s 表示，长信号用 l 表示，Num_up 表示上升沿数量，index(Ec_q)表示当前动作结束点对应索引。

$$\mathrm{Morse}=\begin{cases}\mathrm{s}, & \mathrm{Ec}_q=1,Pt_k=sp,\mathrm{Num\_up}((\mathrm{index}(\mathrm{Ec}_{q-1}):\mathrm{index}(\mathrm{Ec}_q))=1\\\mathrm{l}, & \mathrm{Ec}_q=1,Pt_k=lp,\mathrm{Num\_up}((\mathrm{index}(\mathrm{Ec}_{q-1}):\mathrm{index}(\mathrm{Ec}_q))=1\\\mathrm{ss}, & \mathrm{Ec}_q=1,Pt_k=Pt_{k-1}=sp,\mathrm{Num\_up}((\mathrm{index}(\mathrm{Ec}_{q-1}):\mathrm{index}(\mathrm{Ec}_q))=2\\\mathrm{sl}, & \mathrm{Ec}_q=1,Pt_{k-1}=sp,Pt_k=lp,\mathrm{Num\_up}((\mathrm{index}(\mathrm{Ec}_{q-1}):\mathrm{index}(\mathrm{Ec}_q))=2\\\mathrm{ls}, & \mathrm{Ec}_q=1,Pt_{k-1}=lp,Pt_k=sp,\mathrm{Num\_up}((\mathrm{index}(\mathrm{Ec}_{q-1}):\mathrm{index}(\mathrm{Ec}_q))=2\\\mathrm{ll}, & \mathrm{Ec}_q=1,Pt_{k-1}=Pt_{k-1}=lp,\mathrm{Num\_up}((\mathrm{index}(\mathrm{Ec}_{q-1}):\mathrm{index}(\mathrm{Ec}_q))=2\end{cases}\tag{10-57}$$

如图 10-34 所示为采集的单个通道 sEMG 信号示例。对原始 sEMG 信号处理后，可得到对应的 IEMG 信号和方波编码信号，图中分别用暗红色实线和黑色实线表示。为了方便展示，IEMG 信号被缩放了 20 倍，且方波信号被缩放了 10 倍。方波信号上升沿和下降沿分别用棕色箭头和绿色箭头标示。通过计算相邻下降沿和上升沿之间的距离，可得到肌肉收缩时间，图中用紫色虚线标示。根据图 10-33 所示方法判断收缩类型为短时收缩或长时收缩。

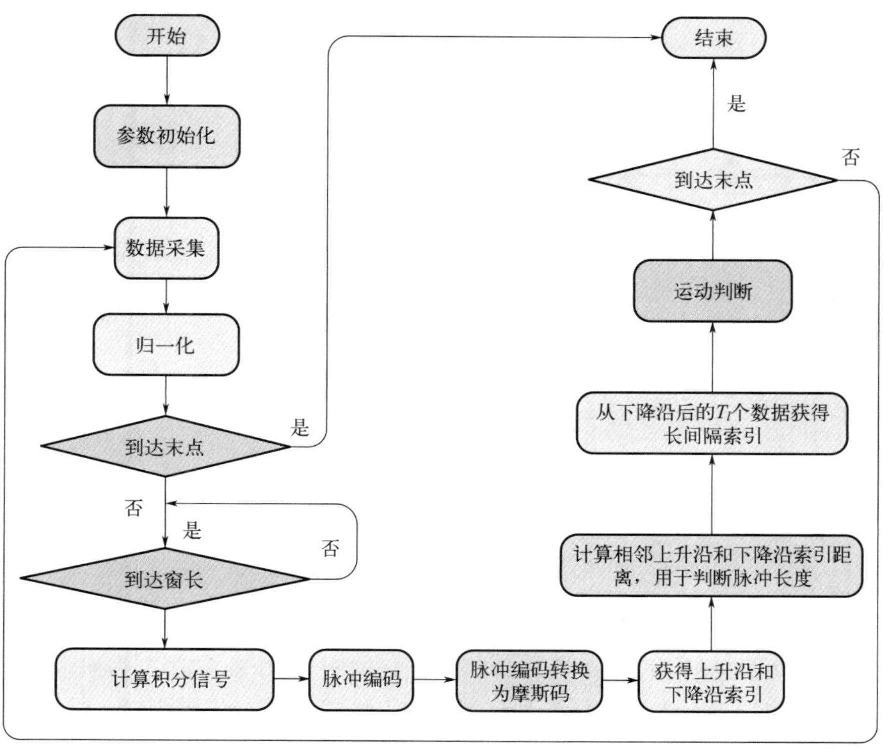

图 10-33　实时运动意图识别方法

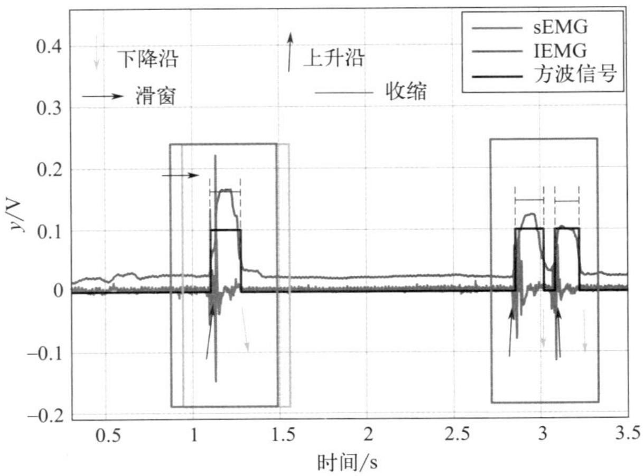

图 10-34 采集得到的单通道 sEMG 信号及其相关特征示意图

图 10-35 所示为对应 s、l、ss、sl、ls、ll 六种摩斯编码下的 sEMG、IEMG 和方波信号图例。图 10-35(a) 为按照图 10-32 对应的摩斯编码顺序执行，图 10-35(b) 为打乱顺序后的摩斯编码。为了方便展示，对 IEMG 缩放了 20 倍，且方波信号缩放了 10 倍。从图中可知，长时收缩和短时收缩具有明显区别，不同的摩斯编码下的 sEMG 具有明显的区分度。本小节所介绍方法对应详细实验内容和分析可参考本书编者论文[132]。

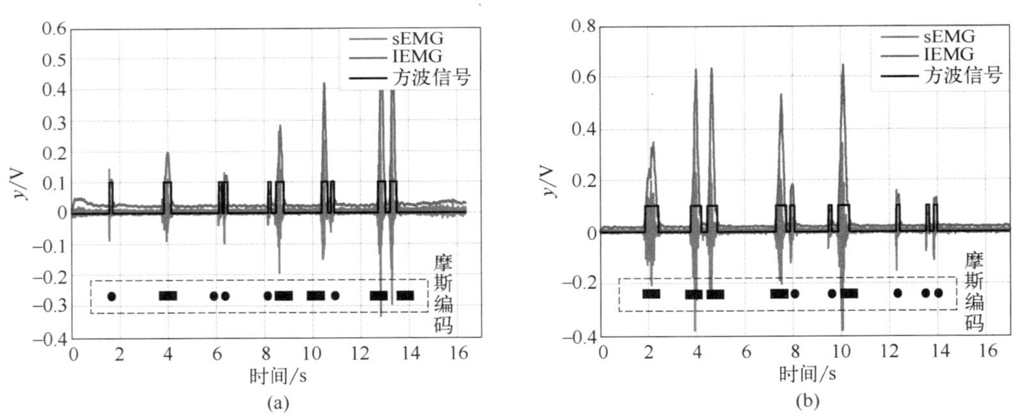

图 10-35 对应 s、l、ss、sl、ls、ll 六种摩斯编码下的 sEMG、IEMG 和方波信号图例

10.4 仿人机器人 sEMG 控制

10.4.1 基于 sEMG 的仿人机器人协同作业控制

本小节主要方法和工作来源于文献 [219]，通过使用来自肱二头肌和肱三头肌的 sEMG 作为唯一的输入，为举重任务创建了这样一个控制器，如图 10-36 所示。根据肱二头肌活动计算人的向上或向下运动的粗略估计，并用于控制协作机器人；然后，人可以调整肌肉活动，以快速增加或减少该设定点。此外，神经网络分类器可以随时检测向上或向

下的手势，以提供更好的控制，并促进更复杂的提升场景。

图 10-36　基于 sEMG 的仿人机器人协同作业控制示意图

具体而言，这项工作提出了以下内容：

• 从肱二头肌活动连续估计提升设定点的算法，粗略匹配人的手的高度，同时还提供闭环控制接口，用于快速命令粗略调整。

• 一个滚动分类器，用于检测肱二头肌和肱三头肌活动的向上或向下手势，允许用户明确地命令微调或将机器人移动到距离他们自己的手高度更远的目标。

• 一个端对端系统，集成这些管道，仅使用与任务相关的肌肉活动，与机器人协作提升物体。

• 设计了一个实验装置和一个闭环系统，主要组件和信息流程图如图 10-37 所示。

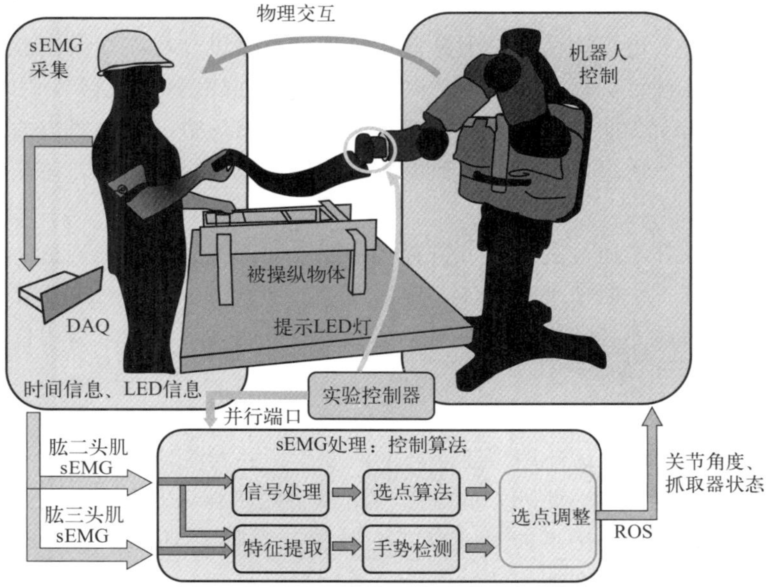

图 10-37　基于 sEMG 的仿人机器人协同作业控制框图

两个 LED 柱指示目标提升高度或提示训练手势。在举升任务期间，用户举升一个物体并控制机器人达到所需的高度，同时 LED 灯亮起，然后在 LED 灯熄灭时将物体和机器人放回桌子。除了这些结构化的提升任务之外，还执行协作装配任务，其中用户和机器人在基础结构上安装物体。用户可以根据任务和对象的属性命令机器人通过他们认为合适的任何轨迹。使用不同对的黏合 24mm Covidien 电极从右侧肱二头肌短头和右侧肱三头肌长头采集肌肉信号。MyoWare 肌肉传感器提供放大的原始和滤波信号，然后由数据采集设备以 1kHz 进行采样，并在 Simulink 2017b 中进行处理。设定点算法使用肱二头肌信号，而分类算法使用肱二头肌和肱三头肌信号。

（1）连续设定点估计

连续设定点估计旨在估计人手高度的变化，它不是对肌肉和肢体动力学进行建模，以试图准确预测姿势和适当的机器人反应，而是利用人的能力，根据视觉和物理反馈来闭环。机器人仅使用其自然肌肉活动大致提升到与人相同的高度，然后用户可以通过调整其肌肉活动来有意识地控制机器人。

设定点算法的中心原理是围绕长时间尺度的激活基线水平，关注肌肉激活的短时间尺度变化。通过基于肌肉活动的相对变化递增地更新设定点，而不是将肌肉活动映射到姿态，该算法对于跨用户和时间的 sEMG 变化更加鲁棒。此外，激活的变化直观地提供了举重任务的信息，这与本书 10.2.3 小节介绍的方法类似。

该算法首先应用归一化增益 $G_{\text{normalization}}$ 基于检测到的 sEMG 包络的最大随意收缩。该信号然后填充持续时间的循环缓冲区 D_{baseline} 和持续时间较短的非循环缓冲区 $D_{\text{integration}}$。长缓冲区的平均值代表激活的基线水平，将其从短缓冲区中减去，以产生基线周围的变化。当短缓冲区填满时，这些更改将被集成。如果结果高于阈值水平 L_{change}，它被放大一个增益 G_{setpoint} 调整机器人的设定值。

为了确定是否应该启用控制器，归一化包络跨度的滚动缓冲器 D_{enable} 与阈值 L_{enable} 进行比较。如果这表明用户没有举升，机器人在中间位置等待。尽管通过最小化用户和机器人之间的位置误差来优化该模型，但是该系统并没有被设计成在在线实验中精确地跟踪人类的位置。相反，该算法提供了粗略的高度估计，并创建了一个框架，用户可以利用该框架来传达期望的运动。肱二头肌自然用于举起物体，然后进一步拉紧或放松肌肉将进一步提升或降低机器人。通过以与任务一致的方式使用任务的主要肌肉，该系统旨在减少必要的训练和行为修正。

从概念上讲，该算法通过利用关节位置和刚度之间的独立性来实现这一点。一个人可以主要使用他们的肱二头肌来举起物体，然后通过共同激活他们的对抗性肱三头肌来显著改变他们的肌肉激活而不移动物体。控制器有效地将该刚度自由度重新用作机器人的通信通道。

（2）滚动手势分类

虽然 setpoint 算法可以估计用户手部高度的变化，并对机器人进行主动控制，但很难实现精细或持续的高度调节。此外，明显高于用户手的机器人位置可能会使得用户很累。为了解决这些情况，分类算法不断对来自二头肌和三头肌的 sEMG 包络进行分类，以检测上下手势，然后，机器人在期望的方向上短暂地缓慢移动。分类算法只根据先前主体的数据进行训练，因此新用户可以通过手势立即控制机器人。

通过使用 LED 柱子在指定的时间窗口期间提示向上或向下手势来收集训练数据。如图 10-36 所示向上手势由两个短暂的向上手势组成，而向下手势由一个短暂的向下手势组成。随着用户对该系统越来越有经验，他们可以学习在最小化物体运动的同时产生所需的肌肉激活。受试者被指示将他们的手势持续时间与发光二极管匹配，发光二极管保持点亮 1s。

从 MyoWare 肌肉传感器获取肱二头肌和肱三头肌肌肉活动的包络，然后基于最大自主收缩进行归一化。从每个实验中，根据提示 LED 提取一个标记的手势段和一个基线段。被分割的肌肉信号通过持续时间为 75ms 的移动平均被平滑，并且被下采样到 50Hz。然后，它们被独立地移位，因此它们的最小值为 0，以减少信号漂移、对象间变化以及对象的重量或高度的影响。实验结果和分析可参考文献［219］。

10.4.2　自适应阻抗的人机协作控制

本小节主要方法和工作来源于文献［220］。在这一工作中，允许机器人根据人类疲劳来调整和调节所提供的物理辅助，建立一个混合控制器，并使其任务阻抗和轨迹适应人类伙伴的行为。在这个阶段，机器人使用在线机器学习技术，通过与人类的合作，逐渐学习适当的轨迹。一旦在线检测到人类疲劳，机器人就会使用学到的技能，并减轻人类的主要身体压力。因此，人类继续监督操作并执行机器人不能完全接管的任务。

对人体疲劳的估计是基于一种新的模型，该模型类似于 RC 电路的动态响应。基于从肌电图获得的肌肉活动来估计疲劳。基于肌肉活动的模型的一个优点是，它还可以提供来自肌肉共同收缩信息，另一个优点是在人的方面不需要力的测量。

通过混合力/阻抗控制器来控制机器人的运动，该控制器使用基于肌肉活动的人类意图信息，通过基于 sEMG 测量的人类肌肉活动来估计肌肉疲劳。机器人在协作任务执行的初始阶段学习物理行为（参考运动轨迹）。使用动态运动基元（dynamic movement primitives，DMPs）对通过局部加权回归在线学习的机器人运动轨迹进行编码。机器人使用自适应频率振荡器以估计期望的任务执行速度并控制所学习的 DMPs 相位和频率，如图 10-38 所示。

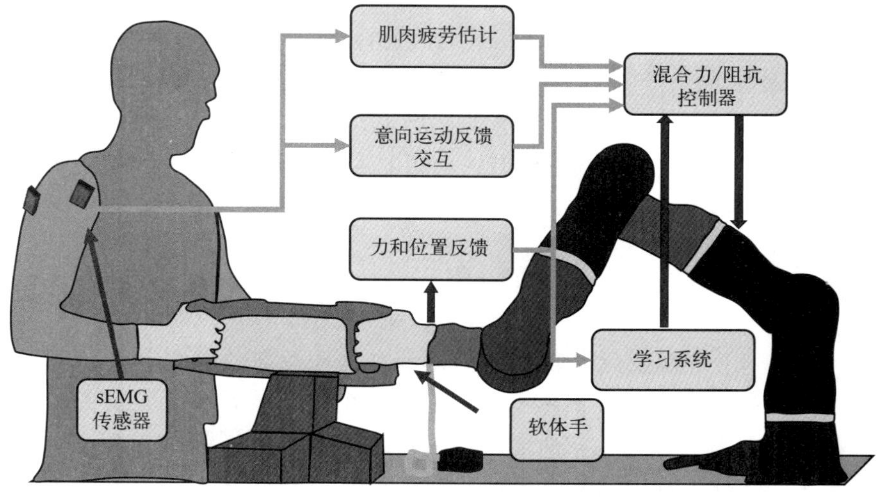

图 10-38　自适应阻抗人机协作控制示意图

实施混合力/阻抗控制器来管理机器人运动和力行为，并定义如下。

$$\boldsymbol{F}_{int}=\boldsymbol{F}_{\text{force}}+\boldsymbol{K}(\boldsymbol{x}_d-\boldsymbol{x}_a)+\boldsymbol{D}(\dot{\boldsymbol{x}}_d-\dot{\boldsymbol{x}}_a) \tag{10-58}$$

式中，$\boldsymbol{F}_{int}$ 为机器人作用于环境的笛卡儿空间相互作用力/力矩，$\boldsymbol{x}_a$ 为实际位姿，$\boldsymbol{x}_d$ 为机器人末端执行器的参考位姿，$\boldsymbol{K}$ 和 $\boldsymbol{D}$ 为机器人在笛卡儿空间中的虚拟刚度和阻尼矩阵。术语 $\boldsymbol{F}_{\text{force}}$ 与力任务相关，并在预定义的轴（z 轴）上执行力控制。采用基于力反馈的 PI 控制器对力进行控制。PI 力控制器的比例增益设为 0.5，积分增益设为 1.0。

机器人根据估计的人的意图，通过反馈控制协作任务不同阶段的刚度。在协作锯切木材中，机器人必须在每个阶段产生与人类相对应的交互/反向行为。如果人类拉动锯子，机器人必须执行一个低刚度顺应运动。在相反的情况下，当锯到达人类的末端时，机器人必须变得僵硬以将锯拉回到机器人末端的参考位置。笛卡儿刚度矩阵定义如下。

$$\boldsymbol{K}=\boldsymbol{K}_{\text{const}}+\boldsymbol{S}_K(1-k_r) \tag{10-59}$$

其中，$\boldsymbol{S}_K$ 是一个对角矩阵，用于选择需要调整刚度的轴（锯切运动轴），$\boldsymbol{K}_{\text{const}}$ 是一个矩阵，用于为其他轴设置恒定刚度，k_r 是机器人刚度调制参数，定义如下。

$$k_r=c_h'(k_{\max}-k_{\min})+k_{\min} \tag{10-60}$$

其中，$c_h'=ac_h$ 为来自意图界面（$c_h'\in[0,1]$ 和 $c_h\in[0,1]$）的人类估计刚度指标 c_h，$k_{\max}$ 和 $k_{\min}$ 为机器人最大和最小可控刚度范围。人体刚度趋势估计定义如下。

$$c_h=b_1\frac{1-\mathrm{e}^{-b_2(A_1+A_2)}}{1+\mathrm{e}^{-b_2(A_1+A_2)}} \tag{10-61}$$

A_1 和 A_2 是作用于肩关节的优势肌的肌肉激活水平。拮抗肌肉的测量可以检测到拉和推的动作。在这个实验中，肱三角肌的前后纤维来驱动人体肩关节。参数 b_1 定义了映射的最大振幅，b_2 定义了映射的形状，参数 a 决定与任务相关的映射操作范围。

使用 Delsys Trigno Wireless 系统测量每块肌肉的肌肉活动，使用最大自主收缩（maximal voluntary contraction）对 sEMG 进行处理（过滤和校正）和归一化。处理后的肌电图与肌肉激活水平之间的映射定义如下。

$$0\leqslant A_i(t)=\frac{\text{EMG}_i(t)}{M_i}\leqslant 1 \tag{10-62}$$

其中，A_i 是每块肌肉 i 的肌肉激活水平，$\text{EMG}_i(t)$ 为处理后的 sEMG，M_i 为自主收缩最大状态下的 sEMG。

人体疲劳模型建立在 RC 电路动力学的基础上，这与人体研究中观察到/模拟的疲劳动力学非常一致。电容器电压相当于疲劳，电阻器的电导相当于肌肉的电流努力，电容器的电容相当于肌肉在耐力方面的能力。将肌肉疲劳评估模型定义如下。

$$V_i(t)=1-\mathrm{e}^{-\int\frac{G_i(t)}{C_i}\mathrm{d}t} \tag{10-63}$$

$$G_i(t)=A_i(t) \tag{10-64}$$

其中，$V_i\in[0\ 1]$ 表示疲劳指数，G_i 表示当前努力动态的参数，C_i 是给定肌肉 i 的疲劳相关能力。参数 C 编码人体肌肉特征，应根据个体受试者和给定任务中使用的肌肉进行调整。参数 C 越高，疲劳生效所需的努力 G 随时间的变化越大。

通过初步实验估计了每块肌肉的参数 C。在这个实验中指示人通过施加肌肉力量来产生一个参考肌肉活动。使用与主体相关的耐力时间 T_{end}，并假设在 $V=0.993$（对应五个时间常数）时达到满容量，从而获得每个参考文献的疲劳容量 C。

$$C=-\frac{G_{\mathrm{ref}}T_{\mathrm{end}}}{\lg(1-0.993)} \tag{10-65}$$

对于某一特定肌肉的最终参数 C，通过对每个参考 C 的平均值得到，等于注意这个疲劳估计过程是与主体相关的。在提出的方法中，当 V_i 中的任何一个达到预定的阈值 V_{th} 时，机器人接管指定任务方面的生产。在实验中，将两个肌肉的阈值设置为 $V_{th}=0.7$，这相当于估计耐力的 70%。选择这个值是为了避免过度的人体疲劳和不适。在这一点上，轨迹学习停止，机器人根据估计的执行速度重复学习的行为。然后，人类可以部分放松并恢复一些体力，同时继续执行机器人无法自行接管的协作方面。示例包括：人端锯动作的稳定，诸如暂停和恢复任务执行之类的高级决策，以及更改任务坐标，使用周期性的 DMPs 来编码从与人类合作中学习到的机器人行为。DMPs 内容、相关实验结果与分析可参考文献［220］。

10.5 智能机器人 sEMG 控制前沿研究工作案例分析与总结

10.5.1 多自由度 sEMG 连续运动控制

多自由度 sEMG 连续运动控制主要的难点在于如何同步控制多个运动相关肌肉产生合适的 sEMG，进而控制机器人多关节运动。正如 7.1 节所介绍的那样，关节运动与多个肌肉相关，当涉及多个自由度的连续运动时，涉及的主要肌肉需连续收缩或放松，进而使得运动意图识别算法识别对应多个自由度运动意图。然而，肌肉的连续收缩或放松易使得识别的多自由度运动意图并不准确[221]。目前发展的相对较为成熟的是多自由度离散动作识别、多自由度关节力控。

10.5.2 精确肌肉收缩反馈回路控制方法研究

从 sEMG 产生到机器人运动这一过程，严格意义上是一个开环过程，人类无法得到精确反馈告知肌肉收缩是否适合。尽管可通过观察、肢体感知机器运动、耳朵听电机或关节旋转声音而获得感知反馈，然而，这些反馈回路本质上并未形成精确的肌肉收缩反馈回路。基于这一问题，研究者提出了肌腱振动脊髓反射反馈调节[222]、外周神经反馈[223]等应用于假肢。对于假肢穿戴者而言，这一部分的反馈回路作用是通过振动、电刺激、神经刺激等方式重建缺失肢体的触觉或神经反馈，然而，对于非肢体缺失场景，例如外骨骼机器人的肌电控制，探究精确的肌肉收缩反馈回路控制方法是重要课题。

10.5.3 特定应用场景下的控制方法研究

sEMG 应用存在一定应用要求，当肌肉出现疲劳、长时间运动时的出汗、水下应用场景等问题，常规的 sEMG 控制将出现问题。例如，针对身体长期运动期间将影响电极位置、形状和接触面状态，为了实现高质量长期电生理监测与控制应用，研究者提出无拉伸微针贴片，用于可靠的电生理传感和外骨骼机器人控制[224]。例如，研究者提出了一种鲁棒模式识别方法消除肌肉疲劳影响，进而用于轮椅肌电控制[225]。

10.5.4 肌肉运动控制方法研究

人体肌肉可通过自身神经刺激或外部电流刺激产生 sEMG，进而产生运动，用于日常运动或机器辅助运动情形。目前多采用外部电流刺激方式，多采用 FES 诱发肌肉运动，发挥自身潜能。然而，FES 形式容易引起肌肉疲劳，进而限制其应用。因此，不少研究结合功能性电刺激与外骨骼，根据任务需求，合理分配功能性电刺激和外骨骼作用时间，缓解肌肉疲劳问题[226]。研究者提出功能性光遗传学刺激方法，使用了基于光遗传学的光学分子机器来控制肌肉收缩进行神经闭环调节，用于假肢控制，用于缓解 FES 带来的肌肉疲劳问题[227]。

10.5.5 新型肌肉活动检测方法及其控制应用研究

尽管 sEMG 可反映肌肉活动，然而，其并非唯一方式。研究者提出了其他一些方法检测肌肉活动。例如文献［228］提出使用植入磁体，通过磁体定位来检测肌肉收缩引起的肌肉变形活动，进而应用于假肢控制。研究者提出一种可穿戴式超声肌图系统，使用超声波来检测肌肉运动提供对肌肉的精确长期无线监测[229]。文献［230］使用实时超声成像获得的肌肉应变变化，准确地量化了肌肉收缩性和疲劳，优化混合外骨骼中的共享控制。

第11章

智能机器人多模态生物电信号控制

引言

采用单一类型的生物电信号控制，例如脑电控制、肌电控制，存在一定缺陷，因此，不少研究工作侧重于多种模态的生物电信号控制。多模态生物电信号控制多将脑电、肌电、眼电、舌部动作电位等结合起来，依据实际应用需求，分配对应的模态信号，完成更为复杂的动作任务。本章主要介绍外骨骼、假肢、人形机器人的多模态生物电信号控制示例。

11.1 智能机器人多模态生物电信号控制基本框架

如图 11-1 所示为智能机器人多模态生物电信号控制基本框架 1，通过采集多类生物电信号，信号预处理后提取相应特征，进而构建多个模态的学习器，通过模态综合，获得最终的机器人轨迹规划作为机器人意向运动轨迹，通过机器人控制系统执行实现对应意向运动轨迹。

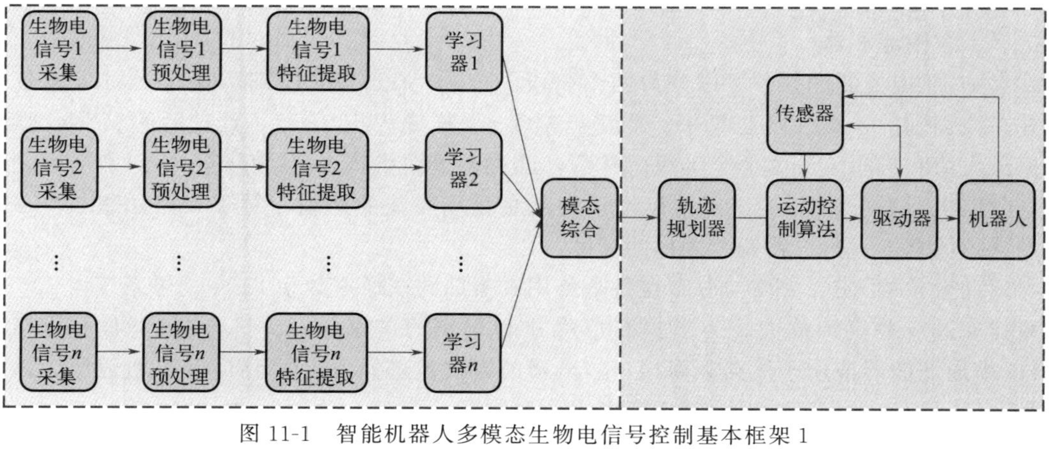

图 11-1 智能机器人多模态生物电信号控制基本框架 1

如图 11-2 所示为智能机器人多模态生物电信号控制基本框架 2，与基本框架 1 不同之处在于，多模态生物电信号特征提取后，并非各自输入到学习器，而是将多种生物电信号进行信号融合，融合得到的特征信号输入到学习器，得到机器人意向运动轨迹，通过机器人控制系统执行实现对应意向运动轨迹。其中的多模态信号融合模块多将不同生物电信号特征转化为同一类信号类型，例如图像信息或统一编码信息，保证输入信号类型统一。

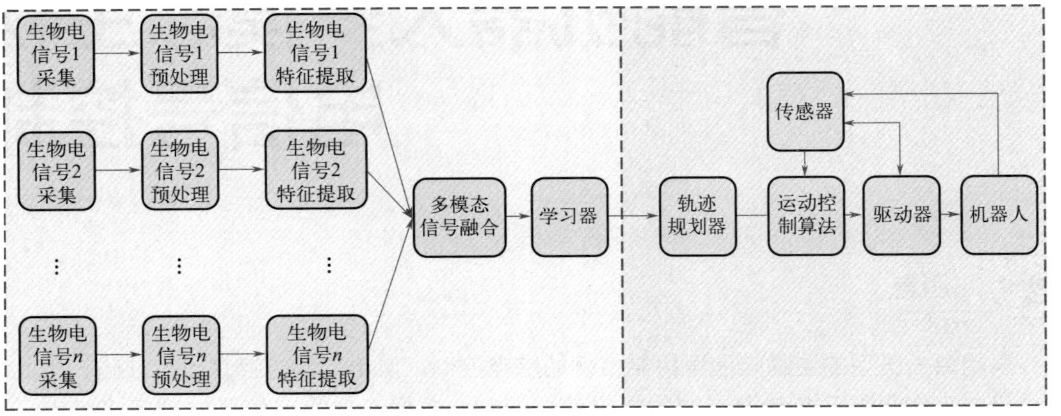

图 11-2　智能机器人多模态生物电信号控制基本框架 2

11.2　外骨骼多模态生物电信号控制

本小节主要方法和工作来源于文献［231］，介绍了一种外骨骼多模态生物电信号控制方法，利用了 EEG 和 sEMG 多种模态信号作为机器人控制原始输入信号。图 11-3 描述了整个设计的基于 EEG/sEMG 的混合动力外骨骼机器人的控制框架和基本组成部分。EEG/sEMG 的混合系统由带有 NeuroScan-NuAmps 40 通道数字 EEG 记录装置和 Delsys 2 通道 sEMG 记录装置的工控机及电动外骨骼机器人组成。外骨骼机器人所用无刷直流电机配有一个小型感应旋转编码器和三个霍尔传感器，用于测量电机旋转角度和方向。此外，还安装了一个惯性传感器来获取角度信息，该传感器包括一个 IMU 和一个车载扩展卡尔曼滤波器。

大脑/肌肉控制的任务可以分为两个阶段。首先，受试者的 EEG 由 NuAmps 设备采集并在线识别。采集人体上臂 2 个通道 sEMG（采样率为 150Hz），处理后的 sEMG 强度根据最大值和最小值分为 7 个等级。然后，通过无线网络将 EEG 和 sEMG 识别结果发送给外骨骼机器人。EEG 的识别结果用于判断左腿或右腿的运动，对于 2 路 sEMG，一路控制楼梯的宽度，另一路调节楼梯的高度。

运动想象的 EEG 由均匀分布在每个使用者头部的双通道数字 EEG 记录系统以 500Hz 的采样率进行采集和放大。为了提高信噪比和识别的准确性，50Hz 陷波滤波器和 5～30Hz 带通滤波器应用于线路频率接口。电极的阻抗被选择为小于 5kΩ。Cz 通道作为参考信号，C3 和 C4 的 EEG 作为 CSP 算法的输入数据。

采集不同运动想象任务的 EEG。为了揭示 EEG 的变化，采用快速傅里叶变换分析 EEG 的时频特征，并选择 200ms 滑动窗口来观察功率变化。

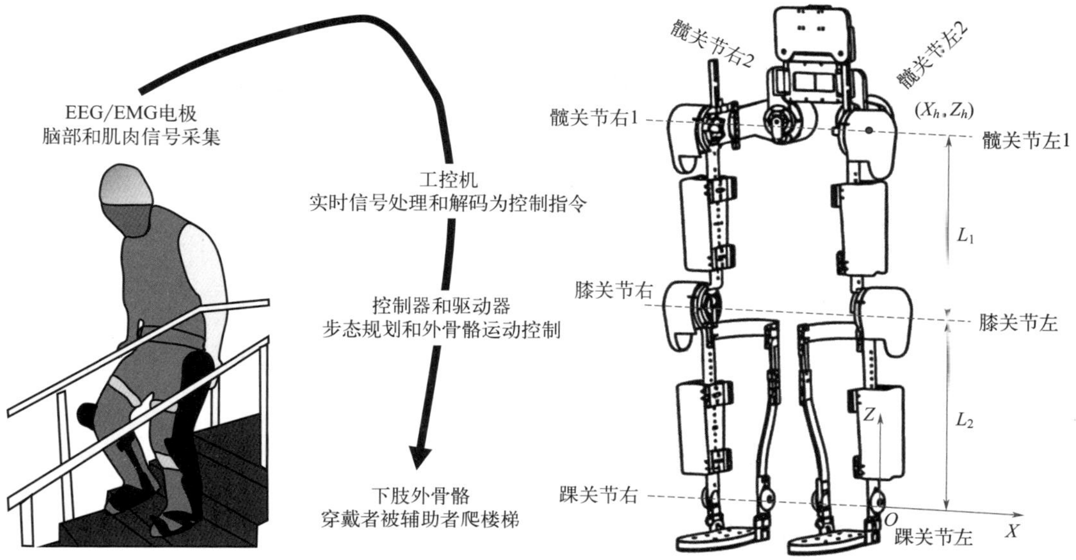

图 11-3　外骨骼多模态生物电信号控制系统框架

采用 CSP 算法提取 EEG 的特征，该方法的思想是计算一组空间滤波器，使得一类 EEG 的方差最大，另一类最小，CSP 算法具体可参考本书 5.4.4 小节内容。采用一个由输入层、2 个隐含层和输出层组成的 4 层反向传播神经网络，二维 CSP 特征向量形成反向传播神经网络的输入，两个隐藏层分别具有 4 个节点，而最后一层是具有 2 个节点的 softmax 层。不同层采用逻辑 sigmoid 函数和纯线性传递函数，并使用均方误差设计损失函数来评估训练过程中的性能。使用缩放共轭梯度下降算法来训练 softmax 层。EEG 信号处理后通过反向传播神经网络分类得到控制指令。

对原始 sEMG 进行取绝对值、滤波、放大、计算平方和等处理，然后根据最大值和最小值将处理后的信号分为七级。定义 $L_1=0,1,\cdots,6$ 作为通道 1 的级别，并且 $L_2=0,1,\cdots,6$ 作为通道 2 的级别，用于调整楼梯的参数。通道 1 的信号用于调节楼梯的高度，通道 2 的信号用于调节楼梯的宽度。

如图 11-4 所示，H 作为楼梯的当前高度，$H_{\min}$ 作为最低要求，并且 $H_{\max}$ 作为楼梯的最大高度，那么有公式如下。

$$H=H_{\min}+L_1(H_{\max}-H_{\min})/6 \tag{11-1}$$

同样，定义 D 作为楼梯的当前宽度，$D_{\min}$ 作为最低要求，并且 $D_{\max}$ 作为楼梯的最大高度，那么有如下公式。D 和 H 每个周期更新一次。

$$D=D_{\min}+L_2(D_{\max}-D_{\min})/6 \tag{11-2}$$

对于上/下楼梯的健康人，设计的步态可以认为是上楼梯和下楼梯两个阶段。每个阶段可分为一系列重复动作，每个动作由单支撑阶段和双支撑阶段组成。对于单支撑阶段，一只足从后面的楼梯摆动到前面的楼梯，另一只足固定在楼梯上，在双支撑阶段期间，两只足分别固定在相邻的楼梯上。如果在任务空间中确定了摆动足和髋关节的轨迹，那么通过求解逆运动学可以将所有的关节角度轨迹转换到关节空间中。因此，上下楼梯的步态可以用摆动足和髋关节的轨迹来表示。

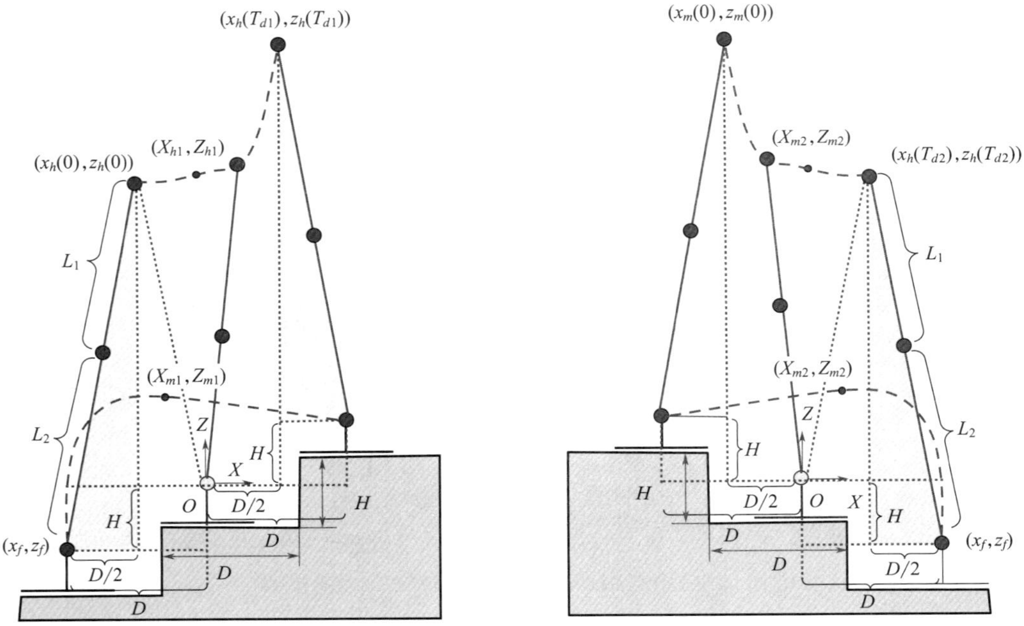

图 11-4 (a) 上楼梯阶段的摆脚动作与 (b) 下楼梯时的摆脚动作

(1) 上楼梯阶段

考虑到楼梯环境，如图 11-4(a) 所示，有必要设计一个中间位置 (X_{m1}, Z_{m1}) 以避免与楼梯发生碰撞。因此，需要在运动学约束的基础上满足如下 x 和 z 方向的位置约束方程。

$$x_f(0)=-D, x_f(T_{m1})=X_{m1}, x_f(T_{d1})=D \tag{11-3}$$

$$z_f(0)=-H, z(T_{m1})=Z_{m1}, z_f(T_{d1})=H \tag{11-4}$$

这里，T_{d1} 和 T_{m1} 分别表示双支撑阶段的周期和爬楼梯中间位置的时间，当摆动足接触地面时，它需要满足以下导数约束。

$$(\dot{x}_f(0), \dot{z}_f(0))=(0,0) \tag{11-5}$$

$$(\dot{x}_f(T_{d1}), \dot{z}_f(T_{d1}))=(0,0) \tag{11-6}$$

在双支撑阶段期间，髋关节的位置应限制在一个可行的区域内。在设计中，双支撑阶段中的支撑腿始终保持平直。选择摆动腿和支撑腿的最大长度、髋关节的位置 (X_h, Z_h) 应该满足以下约束。

$$X_h^2+Z_h^2 \leqslant (L_1+L_2)^2 \tag{11-7}$$

其中，L_1 表示髋关节和膝关节之间的长度，L_2 代表从膝盖到踝关节的长度，如图 11-3 所示。上楼梯期间髋关节轨迹的运动学约束可以表示如下。

$$x_h(0)=-D/2, x_h(T_{m1})=X_{h1}, x_h(T_{d1})=D/2 \tag{11-8}$$

$$z_h(0)=\sqrt{(L_1+L_2)^2-(D/2)^2}-H, z_h(T_{m1})=Z_{h1}, z_h(T_{d1})=\sqrt{(L_1+L_2)^2-(D/2)^2}+H \tag{11-9}$$

其中，(X_{h1}, Z_{h1}) 表示髋关节的中间位置。当摆动足到达楼梯时，应满足以下导数约束。

$$(\dot{x}_h(0),\dot{z}_h(0))=(0,0) \tag{11-10}$$

$$(\dot{x}_h(T_{d1}),\dot{z}_h(T_{d1}))=(0,0) \tag{11-11}$$

(2) 下楼梯阶段

在下楼梯时，虽然没有障碍物，但也需要严格选择步长以避免失误，如图 11-4(b) 所示位置约束和运动约束可以描述为如下公式。

$$x_f(0)=-D,x_f(T_{m2})=X_{m2},x_f(T_{d2})=D \tag{11-12}$$

$$z_f(0)=H,z(T_{m2})=Z_{m2},z_f(T_{d2})=-H \tag{11-13}$$

其中，T_{m2} 是中间点（X_{m2},Z_{m2}）的时间显示，T_{d2} 表示双支撑阶段在下楼梯阶段的周期。当摆动足接触地面时，导数约束写为如下形式。

$$(\dot{x}_f(0),\dot{z}_f(0))=(0,0) \tag{11-14}$$

$$(\dot{x}_f(T_{d2}),\dot{z}_f(T_{d2}))=(0,0) \tag{11-15}$$

下楼梯时髋关节的轨迹与上楼梯时的轨迹相似，同时应满足以下约束条件。

$$x_h(0)=-D/2,x_h(T_{m2})=X_{h2},x_h(T_{d2})=D/2 \tag{11-16}$$

$$z_h(0)=\sqrt{(L_1+L_2)^2-(D/2)^2}+H,z_h(T_{m2})=Z_{h2},z_h(T_{d2})=\sqrt{(L_1+L_2)^2-(D/2)^2}-H \tag{11-17}$$

其中，（X_{h2},Z_{h2}）表示下楼梯时髋关节的中间位置。当摆动足到达楼梯时，导数约束可描述如下。

$$(\dot{x}_h(0),\dot{z}_h(0))=(0,0) \tag{11-18}$$

$$(\dot{x}_h(T_{d2}),\dot{z}_h(T_{d2}))=(0,0) \tag{11-19}$$

(3) 优化步态参数

一旦楼梯尺寸的参数 D、H、T_{d1}、T_{d2} 被确定，T_{m1}、X_{m1}、Z_{m1}、T_{m2}、X_{m2}、Z_{m2}、X_{h1}、Z_{h1}、X_{h2}、Z_{h2} 可以通过求解约束非线性优化问题来获得和优化。优化目标是关节空间中的步态轨迹足够平滑和连续。环境约束是指避免障碍或失误，因此，步长和最高点应严格选择。至于上下楼梯，计算出的轨迹坐标（x,z）应该在安全的任务空间里满足$\sqrt{(x)^2+(z+H)^2}\geqslant D_z$，$D_z$ 是稳定裕度。此外，需要确保支撑足和楼梯之间的接触没有滑动，这应该满足如下条件。

$$F_z>0 \tag{11-20}$$

$$\sqrt{F_x^2+F_y^2}<\mu_l F_z \tag{11-21}$$

其中，F_x、F_y、F_z 是支撑足上不同方向的反作用力，μ_l 是动力外骨骼的铝合金足板与楼梯之间的静摩擦系数。髋关节和摆动足位置的运动学约束，包括摆动足的约束和爬楼梯时小腿与楼梯的干涉，详细分析已在上述文中介绍。

根据上述求解和优化，确定了任务空间中的步态轨迹，在关节空间中通过逆运动学可以得到期望的关节轨迹。考虑到以上四个关节的运动轨迹已经设计完成，外骨骼上下楼梯时躯干倾斜角度的运动轨迹可以通过惯性传感器记录下来，设计髋关节的运动轨迹来保证人体的平衡。

(4) 力矩控制律

在这项研究中，机器人外骨骼系统需要人类主体抓住扶手来保持人体的稳定性，这样就可以保证外骨骼的静态平衡。因此，在任务空间中确定步态轨迹后，通过求解逆运动学可以分别得到各个关节的期望轨迹。然后，关节反馈控制器可以被设计成如下形式。

$$\tau^i(t)=K_p^i(\theta_d^i(t)-\theta_a^i(t))+K_d^i(\dot{\theta}_d^i(t)-\dot{\theta}_a^i(t)) \tag{11-22}$$

其中，τ^i 是第 i 个关节（1、2、3、4、5、6 对应于髋关节左 1、膝关节左、髋关节右 1、膝关节右、髋关节左 2 和髋关节右 2 关节）的转矩输入，$\theta_d^i(t)$ 和 $\theta_a^i(t)$ 分别是期望关节角度和实际关节角度。K_p^i 和 K_d^i 是第 i 个关节的 PID 控制律 PD 参数。

在运动想象训练过程中，在一个房间里为志愿者提供一把舒适的椅子，屏幕上一个指向左（右）的箭头提示受试者想象移动左（右）腿。每次训练持续 9s，前 3s 为休息时间，从 3s 开始，屏幕上会出现一个箭头（向左或向右）。指向左边的箭头要求受试者想象左腿的运动，否则，想象右腿的运动。以 500Hz 的频率对受试者的 EEG 进行采样，并对 800 个数据样本进行分析，然后可以获得一组识别结果（RR），包括每个周期的真结果和假结果。此外，将一系列已知命令定义为真实结果（TR），受试者需要将注意力集中在运动想象任务上。然后，EEG 识别准确率（ERA）定义为 ERA＝TR/RR%，可视为 BCI 系统的一个重要指标。最后通过反复训练可以获得三个志愿者的 ERA。对于 sEMG 的强度提取，要求站立的受试者在穿戴外骨骼机器人时不断收缩和放松肌肉，然后对原始 sEMG 进行处理和分析。这一工作相关实验结果和分析可参考文献［231］。

11.3 假肢多模态生物电信号控制

11.3.1 结合视觉、语音、肌电的假肢控制方法

本小节内容主要来自编者自己的研究工作[232]。本工作所研制的机械手如图 11-5 所示，它具有五指弯曲/伸展运动。整体结构包含手指部分和前臂部分，如图 11-5(a)、(b) 所示。其中前臂部分包含 5 个驱动器（来自 RoboModule），手掌部分包含 5 个直流伺服有刷电机。驱动器驱动直流伺服有刷电机，电机进而带动手指运动。手指部分的结构如图 11-5(c)、(d) 所示。它是一个四杆机构。一对伞齿轮将电机旋转运动传递给 l_2 杆件的一个铰链，进而带动整个手指弯曲/伸展。为了消除齿隙影响，在 l_2 杆件的一个铰链处安装了扭簧，起到预紧作用。驱动器控制电机实现闭环的位置、速度和电流控制。

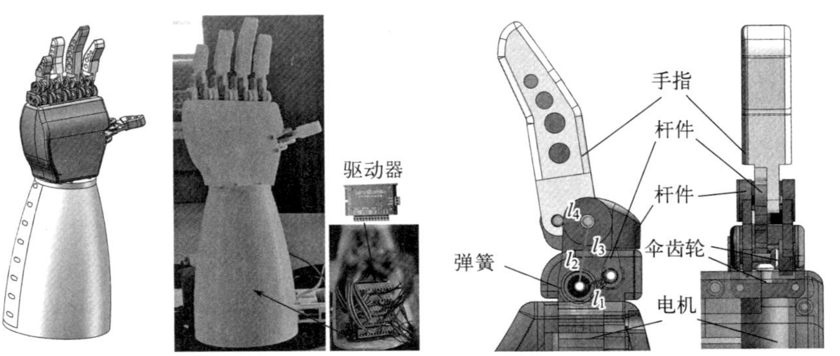

图 11-5　整体结构图

为了实现多模态交互，所研制的机械手配置了多种传感器，如图 11-6 所示。摄像头用于实现视觉交互，语音模块用于实现语音交互，sEMG 传感器用于实现生物电交互方式。触摸屏主要用于用户主动切换不同交互模态，也可以用于简单的触摸控制机械手运动。其中摄像头是由罗技公司或 Intel 公司提供，采用普通 RGB 模式显示模式。语音模块是 LD3320 非特定人语音识别芯片。sEMG 传感器采用青岛智能提供的三极传感器（正极、负极和参考极），放大率为 1000，工作电压为 3.3V，总共 5 个传感器。这 5 个 sEMG 传感器分别用于测取拇长屈肌、指浅屈肌、指深屈肌、指伸肌、桡腕短伸肌[152] 对应的 sEMG 信号，采样率为 1000Hz。采用酒精擦拭对应肌肉表面位置后，将干式 sEMG 传感器布置于对应位置，并且采用医用压敏胶带固定（海式海诺公司）。12V 电池和 DC-DC 模块用于为 sEMG 传感器和 STM32F103 供电，其可一定程度消除工频噪声干扰。通过蓝牙串口实现将串口屏（深圳淘晶驰公司）触摸命令发送到 STM32F103 嵌入式控制模块，再通过 STM32F103 将触摸指令、sEMG 传感器的 AD 信号通过串口传送到电脑。同时 STM32F103 通过 CAN 总线实现与五个电机驱动器的指令发送与电机编码器的数据接收。电脑端工作环境为 Win10 系统，Python3.8。

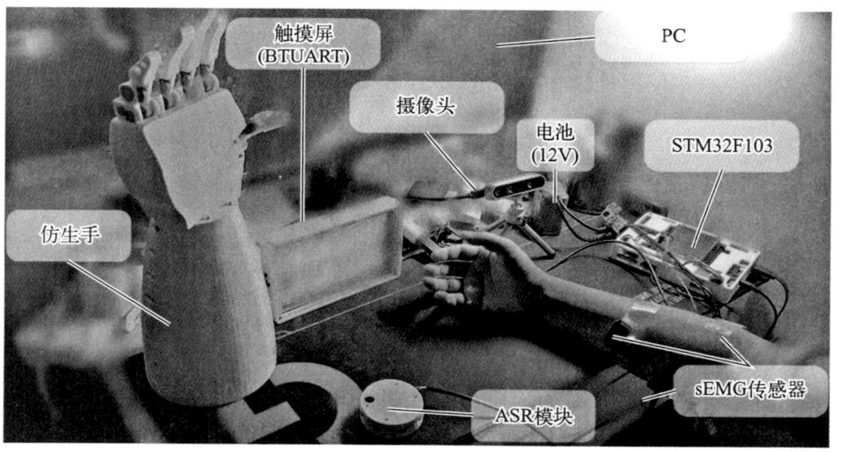

图 11-6 实验装置图

现有机械手与人的交互方式多为单一交互模态，未考虑不同环境下的应用适用性。本研究所发展的多模态交互方法如图 11-7 所示。包含视觉、语音和肌电三个交互模态和一个触摸交互选择界面。通过 STM32F103 和电脑配合，组建嵌入式平台和 Python 运行环境。配合所研制的机械手及其驱动器对应的位置、速度和电流环，形成完整的人机交互平台。具体介绍如下。

(1) 视觉模态识别方法

本研究基于 Mediapipe 框架[233] 和轻量化 tensorflow，利用其 Hands 模块获得人体手指的 21 个关键点三维坐标，如图 11-8(a) 所示，这种方式可实现健侧手驱动患侧手，实现双手协同作业，也可以用于工业上控制机械手抓取物体。基于这些关键点三维坐标，计算对应单个手指弯曲角度，利用角度判断该手指是否出现弯曲，如图 11-8(b) 所示。对应图 11-8(a) 中的 21 个关键点的具体名称如表 11-1 所示。

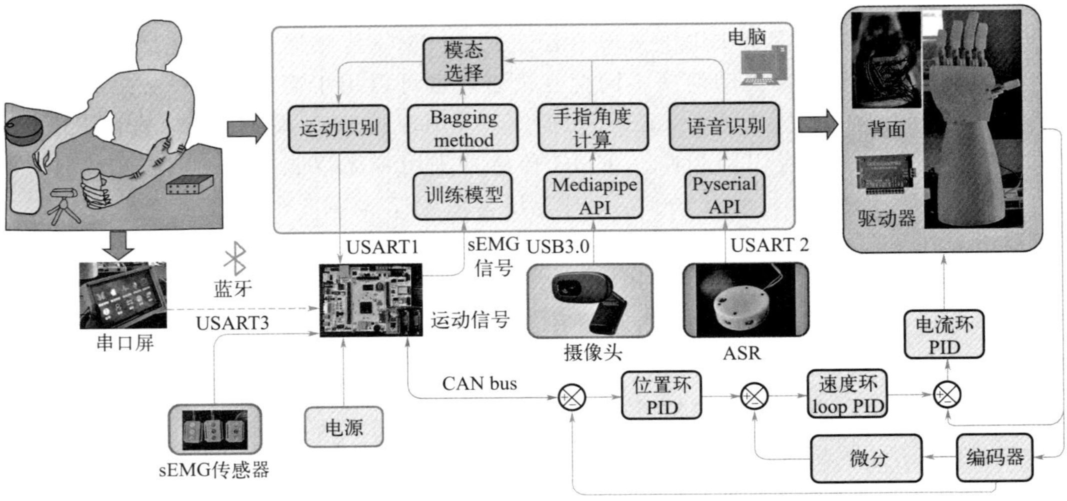

图 11-7　多模态识别方法框图

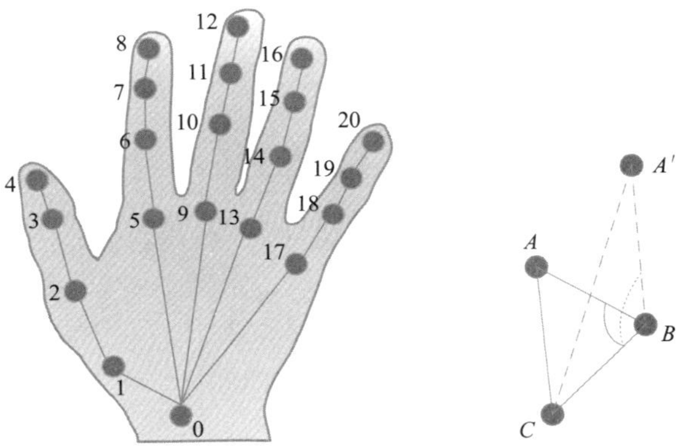

(a)　　(b)

图 11-8　关节角度计算示意图

表 11-1　手指的 21 个关键点具体含义

数字	描述	数字	描述	数字	描述
0	腕部	7	食指 DIP	14	无名指 PIP
1	大拇指 CMC	8	食指 TIP	15	无名指 DIP
2	大拇指 MCP	9	中指 MCP	16	无名指 TIP
3	大拇指 IP	10	中指 PIP	17	小拇指 MCP
4	大拇指 TIP	11	中指 DIP	18	小拇指 PIP
5	食指 MCP	12	中指 TIP	19	小拇指 DIP
6	食指 PIP	13	无名指 MCP	20	小拇指 TIP

对于任意的空间三个点 A、B、C，如图 11-8(b) 所示，为了计算手指弯曲角度，利用如下公式计算可得 AB 与 BC 之间的夹角。

$$\theta = \arccos \frac{AB^2 + BC^2 - AC^2}{2 \times AB \times BC} \tag{11-23}$$

其中，对于大拇指，A 指代 Thumb TIP 点，B 对应 Thumb MCP，C 对应 Thumb CMC 点。对于其余四指，A、B 和 C 分别指代对应手指的 TIP 点、PIP 点和 MCP 点。在本研究中，当 θ 小于特定角度值时，则认为该手指弯曲了，如下公式所示。

$$\begin{cases} \text{if } \theta < \frac{8}{9}\pi & \text{拇指弯曲} \\ \text{if } \theta < \frac{2}{3}\pi & \text{食指、中指、无名指或小拇指弯曲} \end{cases} \tag{11-24}$$

当各个手指的弯曲/伸直信息被获得以后，通过 pyserial 库将对应手势动作通过串口发送到 STM32F103，由它通过 CAN 总线（参考本书 12.5.2 小节内容）控制机械手的五个驱动器，进而控制对应的手指运动。

(2) 语音模态识别方法

考虑通用性，本研究采用了非特定人语音识别芯片 LD3320，结合 STC8 微控制单元（microcontroller unit，MCU）实现非特定人语音识别，如图 11-9 所示。其具有连续识别模式和语音唤醒识别模式，本研究采用连续识别模式。尽管连续识别模式对噪声干扰影响较大，但是通过设置特定易识别不常见词汇，如表 11-2，可大大提高识别准确率，降低误识别率。通过写入特定词中文拼音，LD3320 可依据关键词库，对比麦克风传入的非特定人语音数据，分析得到对应语音指令，如图 11-9 所示。识别结果通过串口发送到电脑，Python 环境下，利用 pyserial 库读取串口字符。进而将对应动作指令通过另外一个串口写入到 STM32F103，由它控制机械手运动。

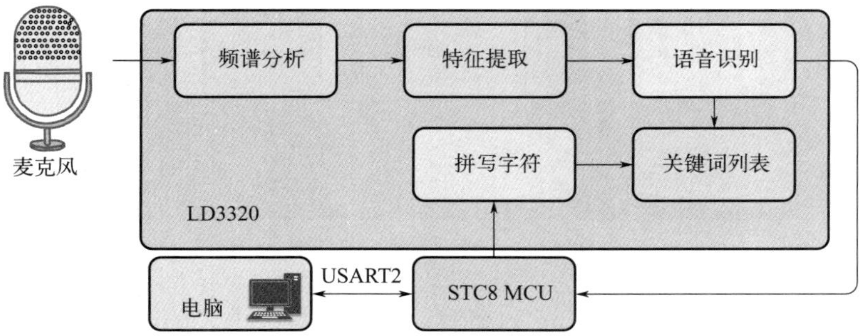

图 11-9　语音识别方法框图

表 11-2 所列的是不同动作对应的语音特定词中文拼写，采用中国式猜拳术语，这是一种中国游戏常用术语，类似剪刀石头布游戏。由于这些用词平时生活中很少用，故而采用作为不同动作对应的特定语音词。

表 11-2　语音特定词对照表

数字	特定词
0	bu lai quan
1	tou yi ding
2	ge lia hao

续表

数字	特定词
3	san tao yuan
4	si ji cai
5	wu kui shou

(3) sEMG 实现方法

首先采集 5 通道的 sEMG 信号后，采用 4 阶巴特沃斯带通滤波器（带通频率为 10～490Hz）对采集得到的 sEMG 信号进行初步滤波，接着采用 50Hz 陷波滤波器滤除工频干扰。在此基础上对信号做归一化处理，提取对应的 RMS、ZC、MAV 和 SSC 特征。由于特征数较多，因此采用特征选择方法剔除冗余特征。Relief 算法是一种特征权重算法，根据各个特征和类别的相关性赋予特征不同的权重，权重小于某个阈值的特征将被移除。Relief 算法中特征和类别的相关性是基于特征对近距离样本的区分能力。在处理多类问题时，每次从训练样本集中随机取出一个样本 R，然后从和 R 同类的样本集中找出 R 的 k 个近邻样本，从每个 R 的不同类的样本集中均找出 k 个近邻样本，然后更新每个特征的权重，如图 11-10 所示。

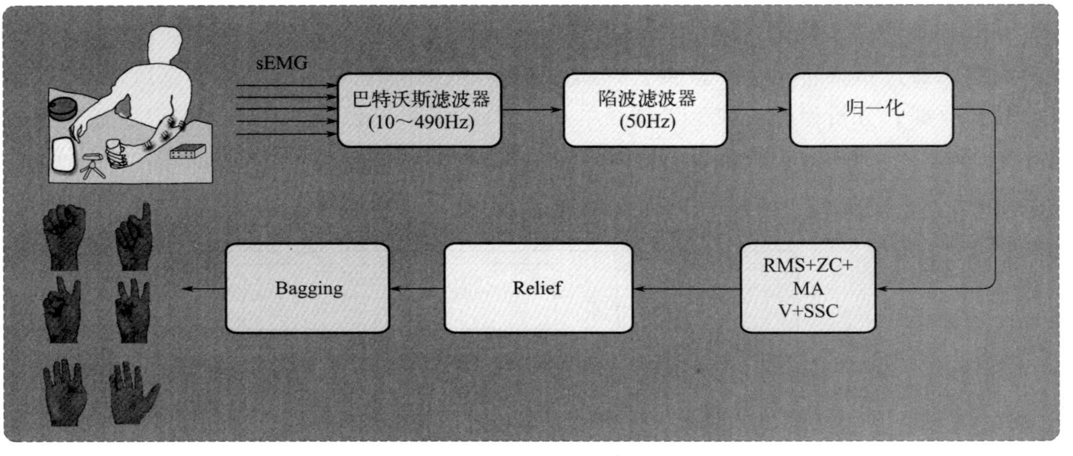

图 11-10　sEMG 手势识别方法框图

Bagging 是 Bootstrapaggregating 的缩写。在集成算法中，bagging 方法会在原始训练集的随机子集上构建一类黑盒估计器的多个实例，然后把这些估计器的预测结果结合起来形成最终的预测结果。该方法通过在构建模型的过程中引入随机性，来减少基估计器的方差（例如，决策树）。在多数情况下，bagging 方法提供了一种非常简单的方式来对单一模型进行改进，而无需修改背后的算法。因为 bagging 方法可以减小过拟合，所以通常在强分类器和复杂模型上使用时表现得很好。

(4) 实时识别方法

图 11-11 所示为多模态交互实时动作判定方法，通过触摸屏可方便地设定多种模态和使用方式。其中 modal 等于 1、2、3 时，分别对应视觉、语音和 sEMG 模态，当 modal 等于 4 的时候，可以用触摸屏控制机械手实现对应的手部动作，当 modal 等于 5 时，选择了调试模态，用于突发情况的急停和单个手指运动调节。当选择了视觉模态时，通过摄像

头采集得到人体手部各个关节角度，根据角度阈值实时判定当前手部动作，设定当到达指定帧数 P，则依据前 P 帧对应的手部动作，依据最大数，给出对应手部结果。当选择了语音模态时，由于语音模块默认选择了连续识别模式，因此，当采集的声音与拼音库匹配时，则将输出对应数值，进而控制对应机械手运动。当选择 sEMG 模态时，对实时采集得到的 sEMG 信号做滑窗特征提取，当滑窗数到达 Q 时，则依据 Q 个滑窗对应判断得到的各个手势数中的最大数，给出对应识别结果。在实际使用过程中，志愿者可随时应用触摸屏切换不同模态，从而适用不同环境和消除环境变化带来的影响。这一工作的详细实验结果和分析可参考文献［232］。

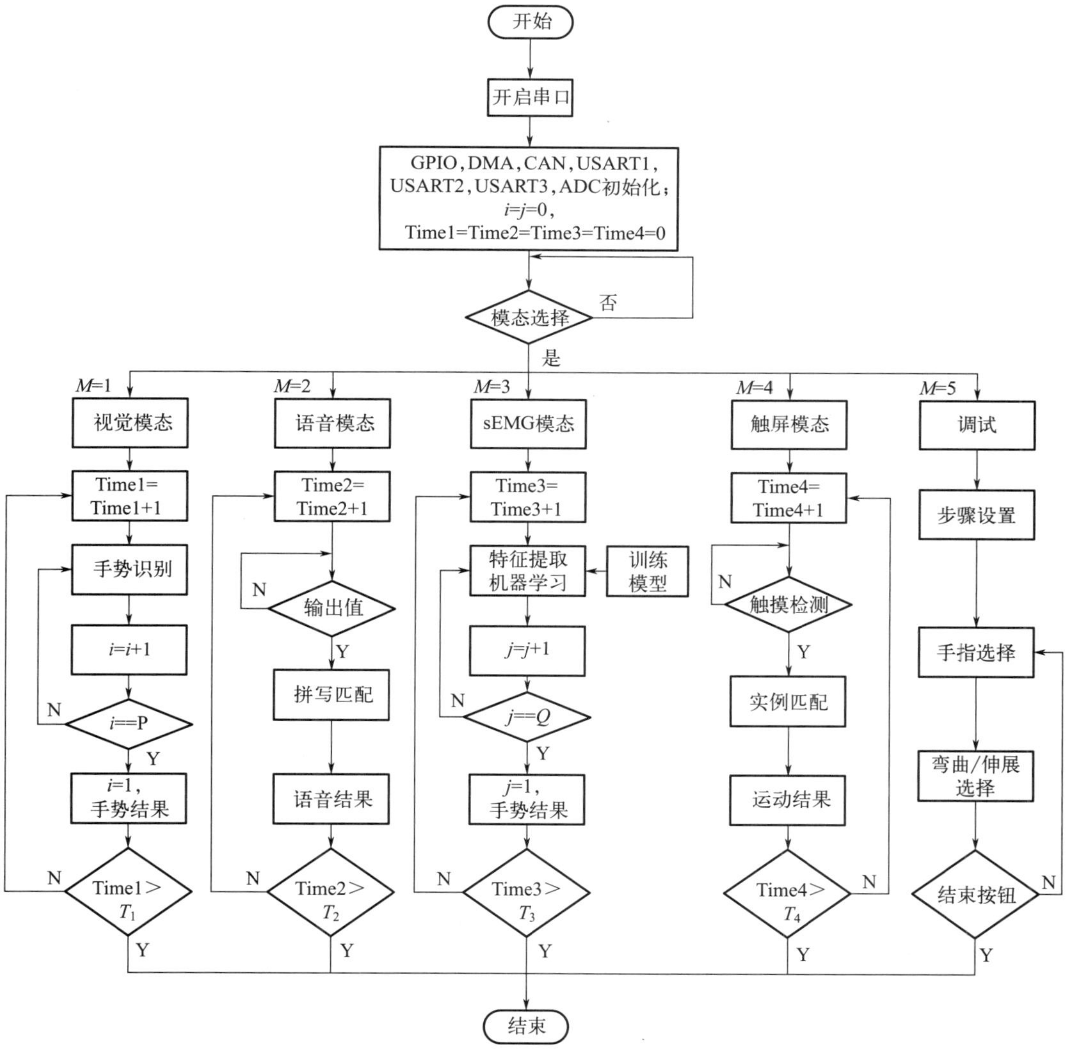

图 11-11　实时识别方法框图

11.3.2　多模态反馈的假肢控制方法

本小节内容主要选自文献［234］，这项研究揭示了在双向仿生上肢假肢系统中同时整合触觉、动觉和运动意图的功能改善。在两名近端手臂截肢的参与者（pTH 和 pSD）中，触觉、动觉和直觉运动控制的神经机器人融合提高了表现水平，这些表现水平被分层为健全的功能行为和远离标准护理假肢使用者。通过量化感觉形态对抓握调节、视觉运动行为、决策策略、内部模型功能和所有权的影响，揭示了复杂自然系统的连贯图景。该评估框架揭示了将触觉、动觉和运动控制的仿生形式整合在一起会导致更像人类的系统功能。

两名高位上肢截肢患者佩戴仿生假肢，由意向运动信号控制假肢手、手腕和肘部，同时提供本体感觉和触觉反馈，如图 11-12 所示。触觉、动觉和运动意图同时整合在一个神经机器人集成的双向仿生上肢假肢系统中。

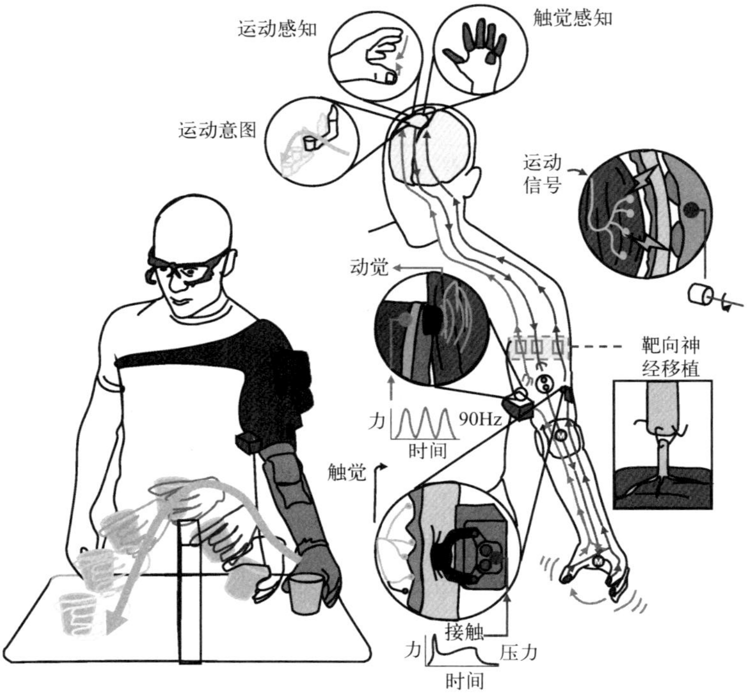

图 11-12　多模态反馈的假肢控制方法示意图

目标肌肉神经再生（target muscle nerve regeneration，TMR）和目标感觉神经再生（target sensory nerve regeneration，TSR）应用到参与者的神经系统，并且和假肢之间建立了双向连接。患者想要移动他们的手臂，来自神经重新分配的肢体肌肉的电信号被 sEMG 表面电极读取，并转化为适当的假肢动作。假肢指尖传感器识别触摸事件并将其传递给假肢，假肢将感觉事件转化为位移，激活近端肢体目标皮肤上神经重新分配的触摸受体。电位器读取假肢手运动来激活动觉机器人，机器人将 90Hz 的振动发送到由 TMR 重新支配的肌肉的深层感觉感受器，用于激活复杂的动觉手闭合知觉。

目标肌肉神经移植通过手术重新分配对截肢上方剩余肌肉的神经控制。参与者 TH（pTH）的肱二头肌和肱三头肌以及参与者 SD(pSD) 的胸大肌和背阔肌用其切断的正中神经、桡神经和尺神经进行神经支配，以作为其神经运动命令信号的生物放大器。当参与者有意移动他们缺失的肢体时，用肌电图电极在皮肤表面读取神经重新分配的肌肉收缩，以同时命令假肢手和手臂电机。

TSR 为触觉提供了神经-机器接口，提供缺失肢体手术重定向的感觉神经反馈。触摸神经重新分配的皮肤会激活再神经支配的感觉终端，产生触觉感知，这些触觉感知被投射到缺失的手。TMR 重新分配目标肌肉的本体感觉神经结构，以提供投射到缺失手的活跃复杂握力构象的动觉知觉。在 pTH 和 pSD 中发现了深层肌肉中的手握力感知。安装在假肢窝上的一个小型神经机器人动觉因子在假肢闭合时施加 90Hz 的振动来感知位置。

通过神经重新分配的肌肉部位的收缩来获取来自大脑的原始手臂控制信号。pSD 操作四个独立的肌肉部位，用于他的正中神经、尺神经、肌皮神经和远端桡神经转移的受神经支配的手张开/闭合和肘屈曲/伸展。他用残存的肱骨按下力敏电阻开关来控制手腕转动。pTH 使用经神经支配的内侧二头肌正中神经和经神经支配的外侧三头肌桡神经进行手张开/闭合，并使用天然的外侧二头肌和三头肌信号来操作肘屈曲/伸展。

神经机器人触摸反馈系统在手指和手掌的六个不同位置感测假体上的接触瞬变和压力。假肢手的拇指、食指和中指被改装有应变仪，以检测触摸压力引起的手指弯曲。手壳中的力敏电阻为无名指、小指和手掌提供触觉。触摸信号在内部传送到安装在假肢手内部框架上的处理单元。通信、控制、诊断、反馈模式等通过 CAN 总线进行数据通信。小型四杆触觉式触觉器安装在假肢接受腔上，并将来自手的成比例的压力和接触瞬变（敲击检测）传递到重新支配的皮肤中的适当触觉感知部位。接触式触觉器可以产生高达 10N 的力，并在 10ms 延迟的闭环位置控制下操作，该闭环位置控制可以快速调整运动力，以获得对皮肤的正确压力和位置。口头反馈用于调整触摸反馈，直到参与者觉得合适为止。pSD 更喜欢将比例压力和敲击检测模式结合在一起，而 pTH 更喜欢比例模式。

通过鲍登电缆检测手闭合的物理运动，鲍登电缆跨越假肢拇指和远端手腕，连接到安装在肩部的电缆延伸传感器。当假肢手闭合时，电位计信号用于激活小型机器人动觉触觉器，该触觉器通过假肢接受腔中的孔以 90Hz、1mm 冲程振动引起手闭合的感觉。在穿上和脱下以及在实验组之间的不活动期间，动觉触觉器自动收缩。

八个摄像机的 OptiTrack Flex 13 运动捕捉系统捕捉附着在参与者和任务及环境上的运动捕捉标记的三维轨迹，头戴式双目眼睛跟踪器捕捉瞳孔位置。动作捕捉和眼睛跟踪数据被清洗、过滤、同步，并被分割成到达、抓取、运输和释放阶段。参与者将绿色 LED 固定在假拇指和食指上，位置对应于拇指和食指触觉感知。一个牵引器 LED 固定在一个测压元件上，位于假体的拇指和食指之间。参与者用他们假肢的拇指和手指动态地抓住一个仪器化的物体。他们的前臂固定在一个支架上，以确保在接触仪器物体时同时激活触觉。在所有条件下，当参与者与物体接触时，在两个刺激部位之一提供触摸反馈和 LED 光反馈，在实验的子集期间提供手闭合的动觉反馈。在抓住仪器物体后，参与者通过按下相应的足踏板来指示哪个触觉器被激活。参与者坐在一张桌子前，面对着一个监视器，他们的假肢手握着一个测量操纵力的力，他们健全的手握着一个键盘。参与者在监视器上看到八种不同的日常物品的图像。详细实验结果与分析可参考文献［234］。

11.4　仿人机器人多模态生物电信号控制

本小节内容主要选自文献［235］，提出了一种基于舌部电位（glossokinetic potential，GKP）、EOG 和 sEMG 的人机界面。可以通过分析面部记录的电位信号来检测两种水平的舌头运动、两种水平的眼睛运动和咬紧牙齿的运动。要实现该接口，需要解决 EOG 和 GKP 之间的干扰。EOG 是由眼球运动产生的电位反应。当相对于眼睛后极带正电荷的角膜在眼球运动期间移动时，它改变了周围皮肤的电位水平。同样，GKP 从舌尖产生，舌尖相对于舌根具有负电荷。如果舌头移动到左侧，同时保持与颊壁接触，则左侧面部区域的电位水平降低，而右侧区域的电位水平升高，反之亦然。因为 GKP 和 EOG 是通过相同的现象（即带电器官的运动）产生的，所以它们的潜在响应的空间模式是相似的。结果，来自舌头运动的 GKP 可能被错误地识别为来自眼睛运动的 EOG，反之亦然。

通过搜索对舌头运动敏感但对眼睛运动不敏感的区别特征来解决这个干扰问题，反之亦然。为了提取特征，利用两个协方差矩阵的广义特征值分解仅舌头运动的数据矩阵和仅眼睛运动的数据矩阵。这种分解方法已经成功地应用于脑电分析，特别是用于解决称为普通空间模式的运动想象分类。它通过生成新的特征空间来消除两种信号之间的相关性，其中每个信号的两个分布沿着新的轴最大程度地不同。通过这些新的特征，所开发的接口系统可以检测和区分四种舌和眼运动。

作为辅助技术的一个实际例子，将开发的界面应用于人形机器人控制任务，以帮助四肢瘫痪的患者，如图 11-13 所示。首先为机器人设计了 12 项辅助病人的任务，例如行走、说出预先定义的句子和播放音乐。第二，实现了一个两级层次接口识别舌头和眼睛的运动。眼球运动用于选择任务类别，如行走、跳舞和拍照。舌头运动用于在所选类别中选择更具体的任务。

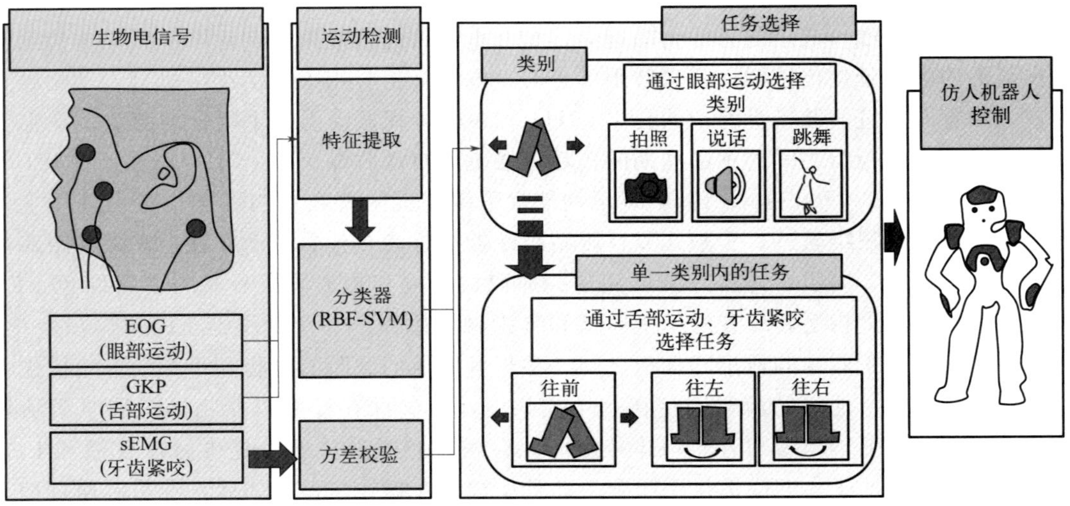

图 11-13　整体人机交互框架图

(1) GKP 和 EOG

GKP 指的是舌头运动产生的电压响应。舌尖相对于根部带负电荷。因此，当舌头接触脸颊内侧时，电荷会降低接触点附近皮肤上的电位。此外，其效果在接触点处最大，并随着远离该点而减小。因此，如果带负电的舌头移动到左侧，则左侧面部区域中的电极上的电势将逐渐降低，而右侧面部区域中的电极上的电势将成比例地增加，反之亦然。

所有 GKP、EOG 和 sEMG 都是面部运动的电位响应，使用 g. Mobilab 设备记录这些信号，采样率为 256Hz，使用高于 0.5Hz 的高通滤波器对信号进行滤波。$T_{(1)}$、$T_{(2)}$ 和 $T_{(3)}$（其中“T”代表“舌头”）对应于水平舌头运动的潜在响应。在记录过程中左（L，触摸左脸颊的内侧）、前（F，触摸嘴唇的前方）和右（R，触摸右脸颊的内侧）三个线索被依次展示给受试者。标有“舌头”和“眼睛”的两条线代表每个动作的提示。根据提示，受试者不断地将舌头从 L 移动到 F 再到 R，这是一个类似于从左到右舔嘴唇的动作。在实验过程中，受试者被要求注视给定线索的方向。$E_{(1)}$、$E_{(2)}$ 和 $E_{(3)}$（其中“E”代表“眼睛”）表明，当注视方向向右移动时，左侧 Ch1 的电位降低，而右侧 Ch5 的电位升高，如图 11-14 所示。

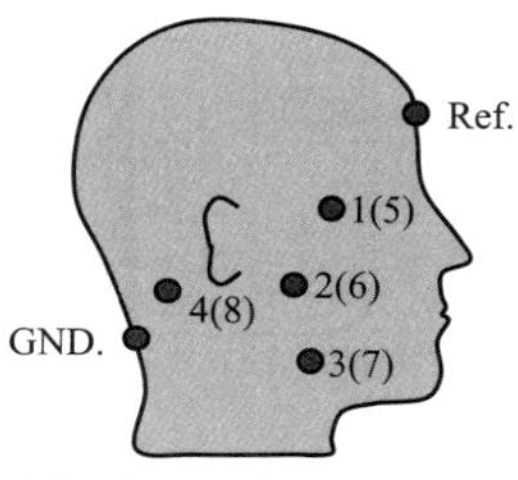

Ch 1、Ch 5：位于上蝶骨上方的眼睛外侧
Ch 2、Ch 6：颧骨上方的皮肤
Ch 3、Ch 7：下颌的角度
Ch 4、Ch 8：乳突上方的皮肤

图 11-14　电极位置示意图，通道 1～通道 4 附着在面部左侧，通道 5～通道 8 在面部右侧

（2）舌头方向和凝视检测

舌头和眼睛的水平运动导致面部区域的反对称电位变化。换句话说，左侧和右侧区域中的电极之间的电势差可以被转化为舌头和凝视的水平方向。在左和右通道中的电位之间的简单减法可能是做到这一点的最简单方式，但是为了最大化灵敏度，利用了基于 PCA 的特征提取方法。

（3）GKP 和 EOG 之间的干涉

GKP 和 EOG 反应的模式是相似的，它们可以相互干扰。为了解决这个干扰问题，可以选择性地强调其对舌头和眼睛运动的敏感性，通过记录多轮舌头和眼睛运动的信号，构建训练模型，检测①T：L→R（舌头从左向右移动），②T：R→L（舌头从右向左移动），③E：L→R（眼球从左向右移动），以及④E：R→L（眼球从右向左移动）。通过设计一种线性投影方法来提取对应特征，进而采用 SVM 作为分类器来区分舌头运动和眼睛运动。

（4）仿人机器人控制

机器人控制接口系统执行图 11-15(c) 所示的任务。图中的状态图还解释了任务是如何改变和执行的。首先，为机器人系统启用了六类任务，如圆形方框所示。每个类别都有特定的任务，用圆圈表示。眼动检测系统用于类别选择，舌动检测系统用于特定任务选择。

机器人控制界面和实验环境示意图如图 11-15 所示。在实验过程中，要求受试者在房间里引导机器人从一个位置到另一个位置，然后在房间里执行其中一项任务。(c) 和 (d) 中的数字解释了受试者如何改变和执行任务。如图 11-15(c) 所示，类别可以通过眼球运动来选择。也就是说，如果检测到 E：L→R 移动，则类别的焦点移动到顺时针方向，反之亦然，如粗箭头所示。在这些类别中，一个特定的任务是通过舌头的运动来选择的，并通过握紧的运动来执行。特别是，在“行走”类别中机器人通过咬牙动作切换任务状态，

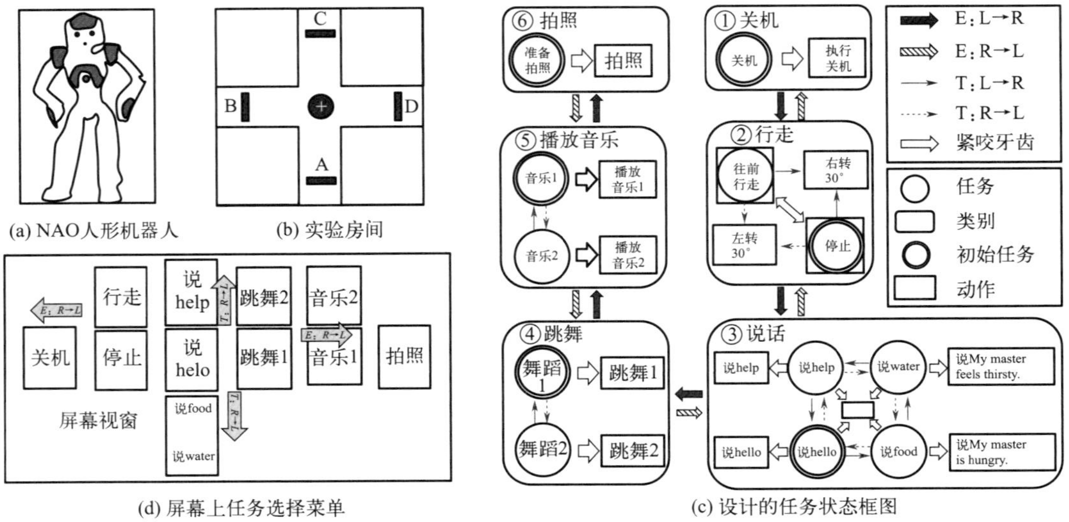

图 11-15　机器人控制界面和实验环境示意图

在“行走”和“停止”之间切换。图 11-15(d) 中的图显示了所表示的菜单，使受试者能够控制界面，如图 11-15(c) 所示。在屏幕上，三个任务在视觉范围内表示。中心位置显示当前的任务，可以通过咬紧牙关的动作来执行。这一视觉范围在水平方向上由 E：R→L 和 E：L→R 进行移位中心位置的任务通过 T：R→L 和 T：L→R 的运动在垂直方向上移动。关于本工作的实验结果和分析可参考文献［235］。

11.5　智能机器人多模态生物电信号控制前沿研究工作案例分析与总结

11.5.1　多模态信号反馈

人类感知环境的途径一般同时需借助视觉、听觉、触觉等多种感觉器官。再者，同一种感觉，例如触觉，可通过不同部位不同感知形式感知。因此，机器人也可通过多种模态信号的感知或反馈，更好地获得精确的环境感知、纠正控制算法或参数。例如，文献［236］介绍了一种压力、温度、物质热性质、纹理和滑动的多模态感知的柔性触觉传感器，并开发了一种机器人触觉-视觉融合架构，视觉辅助确定物体位置和姿态，基于滑动的触觉反馈控制确保机器人灵巧抓取，并应用于机器人灵巧抓取和准确识别日常物体。例如谷歌研发的 PaLM-E 多模态模型[237] 具有视觉和语言两种模态信息处理能力，依据语音反馈和视觉反馈，融合得到任务最优策略，具备连续的智能推理能力。

11.5.2　多模态信号协作

多种模态信号如何协调应用是一个重要的研究课题，不同模态信号在同一任务中的不同部分合理分配可较大程度提高整体协调控制效果。例如文献［238］介绍了一种融合了 EEG、EOG 和计算机视觉的多模态协调控制方法，利用计算机视觉进行定位，EOG 用于目标跟踪，EEG 用于决策，三者协调分工，完成复杂的任务。文献［239］介绍了一种生物启发人工视觉-呼吸突触多模态场景识别系统，模仿在人类视觉和呼吸协作中观察到的神经兴奋性调节。

11.5.3　生物模拟的多模态信号处理的控制方法

人类可熟练精细地处理多种模态信号，因此，模拟人体多模态信号处理方式是一种自然且有效的方式。例如文献［240］介绍了一种具有高灵敏远距感知体感的多感受器皮肤，模拟了鸭嘴兽喙上用于环境感知的双感受器系统，进而应用于人和机器人的人机交互控制中。文献［241］介绍了一种多模态触觉模拟设备，集成静态按压、动态振动以及动静态扭转反馈多种形式力反馈，传递动态与静态的法向力和剪切力触觉刺激组合信息等。

第12章

智能机器人嵌入式系统设计

引言

智能机器人生物电信号控制与处理理论的实际应用离不开嵌入式系统和下一章介绍的上位机系统设计内容。我们需要将理论公式等编写到机器人执行系统中，一般而言，嵌入式系统是最主要的机器人执行系统，嵌入式系统的编程语言绝大部分是 C/C++。传感器数据如何通过硬件采集并被读取，电机驱动器如何通过程序控制使用，某一段程序如何精确定时、精确中断、回调等这些都离不开嵌入式系统。本章主要介绍智能机器人生物电信号控制与处理嵌入式系统设计，涉及嵌入式 C/C++基础、最小系统、嵌入式系统电路原理图和印制电路板（printed circuit board， PCB）图绘制、嵌入式系统重要模块与外设等。

12.1 嵌入式系统开发介绍

12.1.1 嵌入式系统重要性

嵌入式系统是为特定功能设计的计算机硬件和软件的组合，是低成本、低功耗的小型计算机，嵌入在其他机械或电气系统中。通常，它们包括处理器、电源、存储器和通信端口。嵌入式系统使用通信端口，通过通信协议在处理器和外围设备之间传输数据。处理器在存储器中的最小软件的帮助下解释这些数据。

就硬件而言，一个基本的嵌入式系统由以下元素组成。

- 传感器：这些组件将物理感测数据转换成电信号。
- ADC：ADC 将模拟电信号转换成数字信号。
- 处理器：这些处理器处理数字信号并将它们存储在内存中。
- 数字模拟转换（digital-to-analog conversion，DAC）：DAC 将来自处理器的数字数据转换成模拟数据。
- 执行器：这些组件通过将电信号转换为物理动作来控制嵌入式系统的机械运动。

传感器、ADC、处理器、DAC 加上其他模块组成 MCU。传感器读取外部输入，ADC 使处理器能够读取该输入，处理器将该信息转化为对嵌入式系统有用的输出，执行器执行对应的功能。

12.1.2　嵌入式系统开发基本框架

如图 12-1 所示，以 STM32 为例，介绍嵌入式系统基本框架。一般而言，Driver 文件夹内是驱动文件或库文件，Application/User 文件夹中的文件为用户编写文件。对应一些变量或函数需在对应函数的头文件中申明。Application/UserBsp 文件夹下文件为特定项目下的修改文件，Application/User 里面的文件可设置为通用格式，方便不同项目直接复用。也可以不需这么设置，直接在 Application/User 文件夹下对应 .c 文件中编写程序。

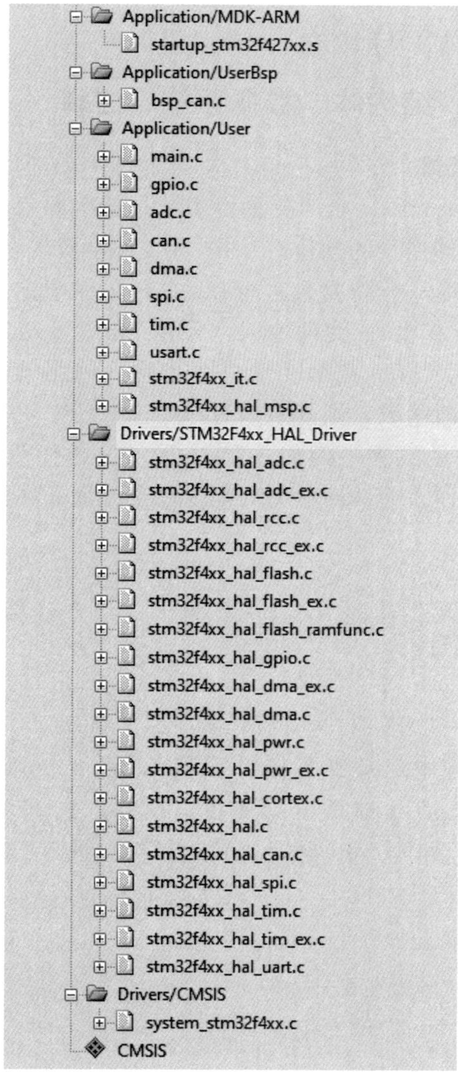

图 12-1　嵌入式系统基本框架示例

常见的嵌入式系统可大致分为 STM32、DSP、FPGA、Arduino、树莓派、英伟达 Jetson 等大类，其中 STM32、DSP、FPGA、Arduino 多运行机器人底层代码，例如传感器数据采集与转换、PID 控制算法、机器人轨迹规划、机器人力控算法。树莓派和英伟达

Jetson 多运行 Linux 系统，运行更为上层的代码或需要更为复杂运算的程序，例如机器学习、视觉处理、深度学习、语音处理等。本书主要以 STM32 作为主要的嵌入式系统，介绍相关内容。

12.2 嵌入式系统 C/C++基础

绝大部分的嵌入式系统的编程语言是 C 或 C++，例如 STM32、DSP、Arduino。树莓派和英伟达 Jetson 还支持 python 语言，FPGA 多用 Verilog 语言。因此，本书主要介绍 C/C++基础，python 语言基础将在下一章介绍。

12.2.1 变量、数组、结构体、数据移位、注释

(1) 全局变量和局部变量

① 全局变量和局部变量介绍　全局变量作用域是整个源程序，一般定义在头文件 .h 中，在 .h 文件中实现结构体变量的创建，并在 .h 文件中实现全局变量的声明。全局变量在整个声明周期都可以使用，全局变量也可以在 .c 文件中定义，只是需要加上关键字 extern。注意的是，如果没有在 .c 文件加入（#include" xxx.h" ）头文件 .h，则这些定义的全局变量不会被引用使用。局部变量只在当前 .c 文件，或当前函数中具有定义作用，离开当前 .c 文件或当前函数，则其不具有作用。

② 全局变量和局部变量举例　例如，在 main.c 文件中设置全局变量 CurVelocity，当在 can.c 文件中需要应用 CurVelocity 时，则需在 can.c 文件设置如下，方可使用。

例 12-1

```
main.c 文件
volatile float CurVelocity=0;//设置全局变量
can.c 文件
extern volatile float CurVelocity;//全局变量应用申明
```

例如，在 can.h 头文件中定义变量 ii 如下所示，在 main.c 文件中加入头文件 can.h 后，整个 main.c 文件中变量 ii 都是全局变量。反之，在 HAL_SYSTICK_Callback (void) 函数中定义的 temp 和 sample 只是函数内局部变量。

例 12-2

```
can.h 文件
int ii=0;//头文件定义的全局变量
main.c 文件
#include "can.h"//引用头文件
void HAL_SYSTICK_Callback(void)
{
  uint8_t sample[4];//函数内局部变量
  int8_t temp; //函数内局部变量
}
```

(2) 变量类型

如表 12-1 所示为嵌入式系统常用的变量类型。

表 12-1　变量类型

类型	说明	占用字节数	类型	说明	占用字节数
char	带符号字符	8 位	unsigned long	无符号整数	32 位
unsigned char	无符号字符	8 位	float	单精度浮点数	32 位
int8_t	8 位带符号整数	8 位	int32_t	32 位带符号整数	32 位
uint8_t	8 位无符号整数	8 位	uint32_t	32 位无符号整数	32 位
bool	布尔类型	8 位	pointer	指针	32 位
short	带符号短整数	16 位	int64_t	64 位带符号整数	64 位
unsigned short	无符号短整数	16 位	uint64_t	64 位无符号整数	64 位
int16_t	16 位带符号整数	16 位	double	双精度浮点数	64 位
uint16_t	16 位无符号整数	16 位	数组	类型可变	大小可变
int	带符号整数	32 位	结构体(struct)	类型可变	大小可变
unsigned int	无符号整数	32 位	联合体(union)	类型可变	大小可变
long	带符号整数	32 位	枚举(enum)	类型可变	大小可变

(3) 数组

数组可以理解为向量或矩阵，只不过是在嵌入式系统中使用的一个变量。数组的类型可变、大小可变。一般格式为“类型 变量名［数组大小］＝｛数组所有元素｝”。例如如下数组定义示例。

例 12-3

```
int a[10]={0,0,0,0,0,0,0,0,0,0};
char b[4]={'a','b','c','d'};
```

(4) 结构体

① 结构体介绍　结构体是将一大类隶属于同一个应用场景的数据归纳为一个结构体，这样具体调用时，采用“结构体->结构体内部变量”形式调用即可。

② 结构体示例　如下所示为结构体申明程序示例，用于定义 PID 控制算法对应的一些参数或数组。

例 12-4

```
//结构体申明,在 can.h 文件中
typedef struct_pid_struct_t
{
    float kp;
    float ki;
    float kd;
    float i_max;
    float out_max;
```

```
    float ref;      // target value
    float fdb;      // feedback value
    float err[2];   // error and last error

    float p_out;
    float i_out;
    float d_out;
    float output;
}pid_struct_t;
```

如下所示为所定义的PID结构体使用示例，用于初始化PID参数，设置PID的积分项最大值和PID输出最大值。pid _ struct _ t * pid定义后即可通过“结构体->结构体内部变量”形式调用。

例 12-5

```
//结构体使用示例,在 can.c 文件中
void pid_init(pid_struct_t * pid,float kp,float ki,float kd,float i_max,float out_max)
{
    pid-> kp      =kp;
    pid-> ki      =ki;
    pid-> kd      =kd;
    pid-> i_max   =i_max;
    pid-> out_max =out_max;
}
```

如下所示为所定义的PID结构体使用示例，用于计算PID控制律输出值，通过计算参考值ref和实际值fdb之间的差值、差值微分、差值积分，进而根据PID控制律公式（参考本书6.2.1小节）计算输出项。

例 12-6

```
float pid_calc(pid_struct_t * pid,float ref,float fdb)
{
  pid-> ref=ref;
  pid-> fdb=fdb;
  pid-> err[1]=pid-> err[0];
  pid-> err[0]=pid-> ref-pid-> fdb;

  pid-> p_out  =pid-> kp * pid-> err[0];
  pid-> i_out+=pid-> ki * pid-> err[0];
  pid-> d_out  =pid-> kd * pid-> err[0]-pid-> err[1];
  LIMIT_MIN_MAX(pid-> i_out,-pid-> i_max,pid-> i_max);
  pid-> output=pid-> p_out+pid-> i_out+pid-> d_out;
  LIMIT_MIN_MAX(pid-> output,-pid-> out_max,pid-> out_max);
  return pid-> output;
}
```

（5）数据移位操作

① 数据移位介绍　数据移位用于对整数类型变量的二进制位进行左移或右移，可一定程度提高程序效率。

② 数据移位举例　以下是数据移位举例，其中 CurPosition、CurVelocity、CurCurrent 分别表示电机当前位置、当前速度和当前电流。

例 12-7

```
void HAL_CAN_RxFifo0MsgPendingCallback(CAN_HandleTypeDef * hcan)
{
    uint8_t data[8];
    HAL_CAN_GetRxMessage(hcan,CAN_RX_FIFO0,&RxHead,data);

    if(data[0]==CAN_SLAVE_ID)
    {
      tmp_value1=(data[1]<< 8)|(data[2]);
      tmp_value2=(data[3]<< 4)|(data[4]> > 4);
      tmp_value3=((data[4]&0xF)<< 8)|(data[5]);
      CurPosition=uint_to_float(tmp_value1,P_MIN,P_MAX,16);
      CurVelocity=uint_to_float(tmp_value2,V_MIN,V_MAX,12);
//x * (P_MAX-P_MIN)/4095+P_MIN=x * 2 * 95.9/4095-95.5,编码器是 12 位的,2^12=4096
      CurCurrent=uint_to_float(tmp_value3,T_MIN,T_MAX,12);
    }
}
```

电机驱动器返回的数据内容如下。

- 8 位电机 ID
- 16 位位置
- 12 位速度，0～4095 之间
- 12 位电流，0～4095 之间

因此，数据格式如下。

- Byte 0：电机 ID
- Byte1：位置位 15-8
- Byte2：位置位 7-0
- Byte3：速度位 11-4
- Byte4：速度位 3-0＋电流位 11-8
- Byte5：电流位 7-0

这里，tmp_value1=(data[1]<<8)|(data[2])；表示的就是位置数据，其中 tmp_value1 是 uint16_t 类型，data[number]是 uint8_t 类型的数组，因此，这里会自动将 data[number] 转化为 uint16_t 数组，转化过程中，会自动给 data[number] 前八位补 0。<<表示左移操作符，16 位的 data[1] 左移 8 位，则 tmp_value1 的高 8 位为 data[1] 低 8 位，也就是位置位 15-8，data[2] 低 8 位有效，高 8 位都为 0，data[2] 和 (data[1]<<8) 做或操作，则可得 tmp_value1 的低 8 位为 data[2]，也就是位置位 7-0。

>>是右移位操作符。这里，tmp_value2=(data[3]<<4)|(data[4]>>4)；表示速度数据，假设data[3]==00000000xxxxyyyy，data[4]==00000000vvvvbbbb，则data[3]<<4==0000xxxxyyyy0000，data[4]>>4==000000000000vvvv，因此，tmp_value2=0000xxxxyyyyvvvv，对应以上论述的速度位为Byte3+Byte4高4位。

对于tmp_value3=((data[4]&0xF)<<8)|(data[5])；假设data[4]==00000000vvvvbbbb，data[5]==00000000mmmmuuuu，data[4]&0xF则表示00000000vvvvbbbb和0000000000001111进行与操作，则得到000000000000bbbb，接着(data[4]&0xF)<<8，左移8位得到0000bbbb00000000，和data[5]==00000000mmmmuuuu进行或操作，则得到0000bbbbmmmmuuuu，因此，以上论述的速度位为Byte4低4位+Byte5。

(6) 注释

Keil中采用//用于注释相关内容。

12.2.2 判断语句

(1) if语句

if语句用于分支语句判断，例如如下分段函数，可通过if语句编程实现。if语句一般格式为if-else if-else if-….-else，对应不同分支。

例12-8

$$y=\begin{cases}2x, x<5\\15-x, 5\leqslant x\leqslant 10\\5, x>10\end{cases}$$

```
if(x< 5)
{
  y=2 * x;
}
else if(x>=5&&x<=10)
{
  y=15-x;
}
else
{
  y=5;
}
```

(2) #if、#ifdef、#ifndef语句

#if和if类似，#if对应if，#elif对应else if，#else对应else，一般用于条件编译，以#endif结尾。

```
#if 整型常量表达式 1
    程序段 1
#elif 整型常量表达式 2
```

```
    程序段 2
#else
    程序段 3
#endif
```

#ifdef 的作用是判断某个宏是否定义，如果该宏已经定义则编译后面的代码，以 #endif 结尾。

```
#ifdef 宏名 1
    程序段 1
#elif 宏名 2
    程序段 2
#else
    程序段 3
#endif
```

#ifndef 的作用是判断某个宏是否定义，如果该宏没有定义则编译后面的代码，以 #endif 结尾。

```
#ifndef 宏名
    程序段 1
#else
    程序段 2
#endif
```

以下示例代码表示如果定义了 C++宏，则添加 extern“C”的标记，方便 C 和 C++相互调用，这样 stm32 程序同时支持 C 和 C++代码。后两句表示如果没有定义 spi.h 头文件，则定义 spi.h 头文件。

例 12-9

```
#ifdef__cplusplus//如果定义了 C++宏,则添加 extern“C”的标记,方便 C 和 C++相互调用,这样 stm32 程序同时支持 C 和 C++代码
#endif
#ifndef__spi_H//如果没有定义 spi.h 头文件,则定义 spi.h
#define__spi_H
```

（3）switch 语句

switch 语句用于不同常量表达式分支判断，当 switch（表达式）中的表达式能够在常量表达式 1～n 中找到对应相等数值，则跳转到对应分支代码，如果都不满足，则跳转到 default 分支对应代码，如下伪代码所示。注意，每一个 case 或 default 的结尾必须包含 break 关键字。

```
switch(表达式)
{
  case 常量表达式 1:
    要执行的代码;
  break;
```

```
  case 常量表达式 2:
    要执行的代码;
  break;
  case 常量表达式 3:
    要执行的代码;
  break;
…
  case 常量表达式 n:
    要执行的代码;
  break;
  default:
    要执行的代码;
  break;
}
```

以 STM32 的串口 6 中断处理函数为例，介绍 switch 函数使用方法。串口 6 接收到数据时，则产生中断，进入到 USART6 _ IRQHandler 函数，接收到的数据存储到 receive 变量，匹配 receive 变量数值和 switch 的所有 case 对应常量'1'～'6'。

例 12-10

```
void USART6_IRQHandler(void)
{
    volatile uint8_t receive;
    if(huart6.Instance-> SR & UART_FLAG_RXNE)
    {
        receive=huart6.Instance-> DR;
          switch(receive)
          {
              case '1':
                  biaoji_motion_mode=1;
                  break;
              case '2':
                  biaoji_motion_mode=2;
                  biaoji_motor=0;
                  break;
              case '3':
                  biaoji_motion_mode=3;
                  break;
              case '4':
                  biaoji_motion_mode=4;
                  break;
              case '5':
                  temp_mode=biaoji_motion_mode;
                  biaoji_motion_mode=5;
```

```
                break;
            case '6':
                biaoji_motion_mode=temp_mode;
                break;
            default:
                break;
        }
    }
}
```

12.2.3 与、或、非

表 12-2 为与、或、非运算对照表。

表 12-2　与、或、非运算对照表

按位与运算			按位或运算			按位非运算	
A	B	Y	A	B	Y	A	Y
0	0	0	0	0	0	0	1
0	1	0	0	1	1		
1	0	0	1	0	1	1	0
1	1	1	1	1	1		
逻辑与运算			逻辑或运算			逻辑非运算	
A	B	Y	A	B	Y	A	Y
False	False	False	False	False	False	False	True
False	True	False	False	True	True		
True	False	False	True	False	True	True	False
True	True	True	True	True	True		

常用的逻辑判断是“与、或、非”，其中，&& 表示逻辑与，& 表示按位与，|| 表示逻辑或，| 表示按位或，! 表示逻辑非，～表示按位非。

逻辑与（&&）执行逻辑与运算，只有在两个操作数（表达式）为真时，结果为真，否则为假。

按位与（&）对整数的二进制位进行逐位与运算。

逻辑或（||）用于对两个逻辑表达式进行逻辑或运算，只要两个操作数（表达式）中至少有一个为真（非零），结果为真，否则为假。

位或（||）用于对整数的二进制位进行逐位或运算。

逻辑非（!）用于将操作数（表达式）的逻辑值取反。

按位非（～）对操作数的每个位执行取反操作。

12.2.4 循环

常用循环为 for 循环、while 循环和 do-while 循环。条件语句满足时，则执行循环语句内程序，直到不满足条件为止。

（1）for 循环

如下示例所示，重复执行 for 循环内的四条程序句 DRV _ NUMS 次，同时更新数组索引。

例 12-11

```
int kt;
for(kt=0;kt< DRV_NUMS;kt++)
{
    Move_DRV_STATUS[kt]=0;
    Move_Pos_Seek[kt]=1000.0*(1.0-cos(2*3.14*test_cnt/30));
    UART_DRV_DMA_SendCmd(5,CMD_SEEKPOS,Move_Pos_Seek[kt]);//pos mode
    UART_DRV_DMA_SendCmd((kt+1),CMD_SEEKPOS_SERVO,Move_Pos_Seek[kt]);
}
```

（2）while 循环

如下示例所示，只要满足 i>10 这一条件，则 while 循环内的语句将重复执行。

例 12-12

```
while(i> 10)
{
    HAL_GPIO_WritePin(GPIOB,GPIO_PIN_0,GPIO_PIN_RESET);
    HAL_GPIO_WritePin(GPIOB,GPIO_PIN_1,GPIO_PIN_RESET);
    HAL_Delay(100);
    i--;
}
```

（3）do-while 循环

如下示例所示，只要满足 temp&0x01&&!（temp&(1<<16)）条件，则 do-while 循环内的语句将重复执行。

例 12-13

```
void delay_ms(u16 nms)
{
  u32 temp;
  Systick-> LOAD=(u32)nms*fac_ms;
  SysTick-> VAL=0x00;
  SysTick-> CTRL=0x01;
  do
  {
    temp=SysTick-> CTRL;
  }while(temp&0x01&&! (temp&(1<< 16)));
  SysTick-> CTRL=0x00;
  SysTick-> VAL=0X00;
}
```

12.2.5　函数

(1) 库函数

库函数一般作为封装好的函数可直接调用，常见的库函数包含 C/C++自带的库函数、厂家提供的库函数和自定义库函数，如图 12-2 所示。常用的 C/C++自带库函数在 stdio.h、math.h 中可以找到，例如 printf 函数、abs 函数、scanf 函数。厂家提供的库函数一般需根据不同版本使用，例如 STM32 的库函数常用版本为标准库版本和 HAL 库版本，HAL_CAN_AddTxMessage、HAL_UART_TxHalfCpltCallback 等都属于厂家提供的 HAL 库函数，其中很多是可以自行修改的。自定义库函数是每个开发者根据自己的开发习惯和管理习惯，开发的常用的函数，方便不同工程调用。

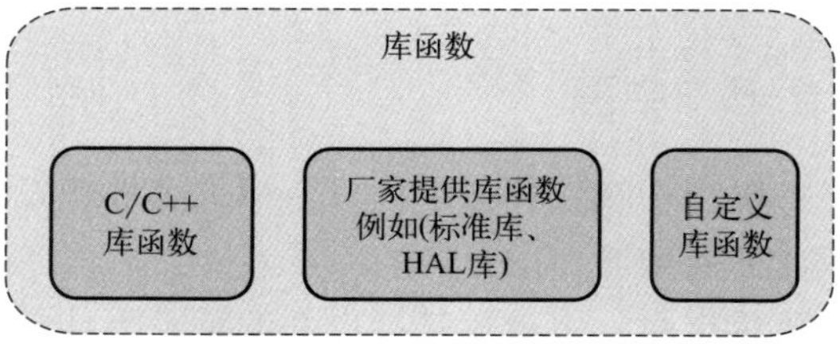

图 12-2　库函数示意图

(2) 自定义函数

自定义函数和自定义库函数有一些区别，自定义函数仅在当前工程使用，其也可以统一规范化其输入输出参数，更改为自定义库函数。一般函数需要在对应的 .h 头文件中申明函数，这样才能在 .c 文件中编写对应函数内容。如下示例的自定义函数为电机启动函数。

例 12-14

```
can.c 文件中
void MotorControl_Start(void)
{
    ZeroPosition();
    CanComm_ControlCmd(CMD_ZERO_POSITION);
    loop_counter=0;
    pre_PCtick=HAL_GetTick();
    pre_VCtick=HAL_GetTick();
}
can.h 文件中
void MotorControl_Start(void);//函数申明
```

(3) 回调函数

回调函数主要用于处理中断、执行异步操作或响应相关信息，例如如下所示的定时器回调函数，当定时器 3 中断打开后，回调函数会根据定时器 3 设定的时间间隔 T 多次重复执行，执行频率为 $1/T$ Hz。

例 12-15

```
void HAL_TIM_PeriodElapsedCallback(TIM_HandleTypeDef * htim)
{
```

```
    if(htim==(&htim3))
    {
        kk=kk+1;
    }
}
```

12.2.6 中断

中断用于响应相关事件，当相关事件触发中断，则程序跳转到中断程序直至程序执行完成才回到中断前的程序。

内部中断：由微控制器内部的特定事件触发，例如定时器溢出、串行通信完成等。

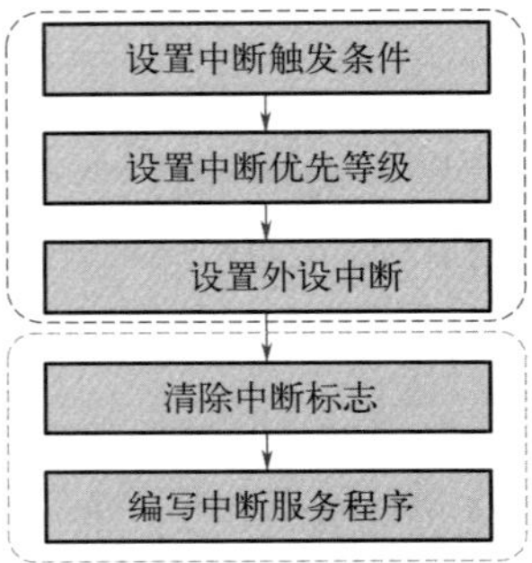

图 12-3 中断程序编程步骤

外部中断：由外部设备或者传感器触发，例如按键按下、传感器检测到特定条件等。在 STM32 中，嵌套向量中断控制器（nested vectored interrupt controller，NVIC）负责管理和协调所有中断请求。通过配置中断优先级、使能或禁用特定中断，开发者可以实现对中断的灵活控制。如图 12-3 所示为中断程序的编程步骤。

此处以 STM32 的串口 6 中断为例，介绍中断使用步骤。

① 首先需初始化串口 void MX_USART6_UART_Init(void)

② 开启时钟中断允许 void HAL_UART_MspInit(UART_HandleTypeDef * uartHandle)

③ 编写中断处理函数 void USART6_IRQHandler(void)

④ 主函数中调用函数 MX_USART6_UART_Init()；__HAL_UART_ENABLE_IT(&huart6，UART_IT_RXNE)；//开启接收中断

12.3 嵌入式最小系统

单独的嵌入式芯片是无法直接使用运行的，之所以留出来一些基本配置模块，也是考虑到不同用户不同需求，通过配置基本的外围电路，可实现很多不同功能的嵌入式系统。

一般来说，嵌入式最小系统是几乎所有复杂嵌入式系统的基础，它可以独立运行，又可基于它扩展不同功能。嵌入式最小系统是嵌入式芯片能够正常运行的最小组成单元，可用于扩展为更为复杂的功能模块，如图 12-4 所示为嵌入式最小系统示意图。

一般嵌入式最小系统包含主芯片、晶振、电源、复位电路、串行调试（serial wire debug，SWD）程序调试与下载接口、串口通信接口、外部 Flash 存储、外部随机存取器（random access memory，RAM）、系统扩展接口等。其中，外部 Flash 存储、外部 RAM 存储、系统扩展接口是非必需的，因为很多芯片自带的 RAM 和 ROM 是够用的，系统扩展接口也是根据需要通过接口引出部分引脚。如图 12-5 是以 STM32F103C8T6 主芯片为例，采用嘉立创电子设计自动化（electronic design automation，EDA）软件绘制的嵌入式最小系统原理图。

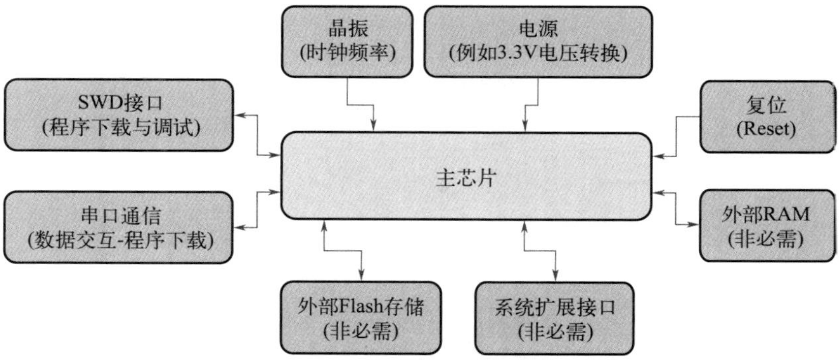

图 12-4　嵌入式最小系统

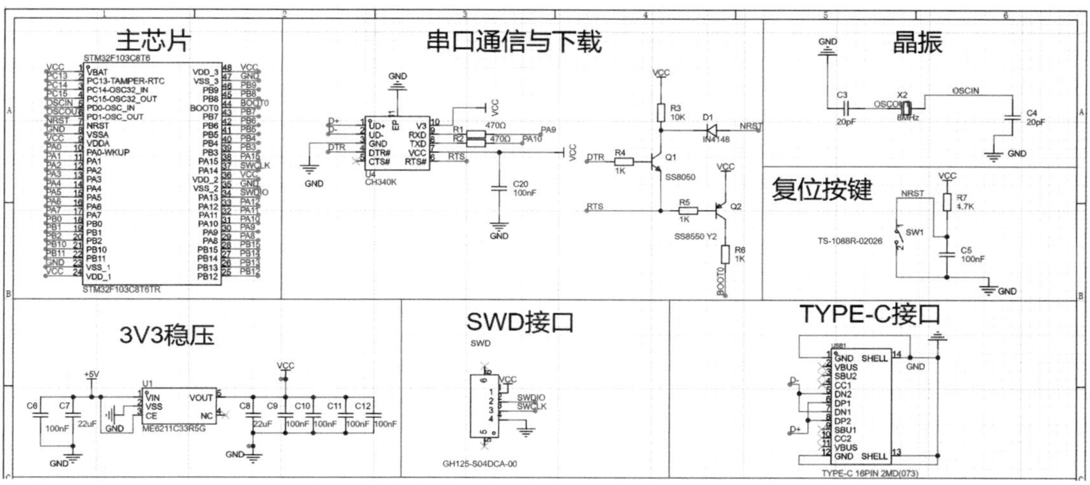

图 12-5　嵌入式最小系统原理图示例

12.3.1　主芯片

主芯片也是嵌入式处理器，是嵌入式系统核心，一般也称为 MCU。其一般包含中央处理器（central processing unit，CPU）、存储器、IO 接口和时钟等集成的单片集成电路。根据 CPU 位数，可分为 8 位、16 位、32 位、64 位等，例如 STM32F103C8T6 是 32 位基于 ARM Cortex-M 内核的微处理器，存储器容量是 64KB，输入输出（input/output，IO）接口包含通用输入输出（general-purpose input/output，GPIO）接口、ADC、DAC、串口等，如图 12-6 所示。

主芯片可看成是人类的大脑，大脑发出指令，由身体、手臂、腿、足等执行。因此，如果仅仅有大脑，其指令并不能被执行，嵌入式最小系统相当于可执行基础功能的人体。

12.3.2　电源

嵌入式系统电源是非常重要的，一般而言，嵌入式系统多工作在直流低压，例如 3.3V、5V。如果外部电源输入电压大于嵌入式系统所需电压，则需要电压转换模块，例

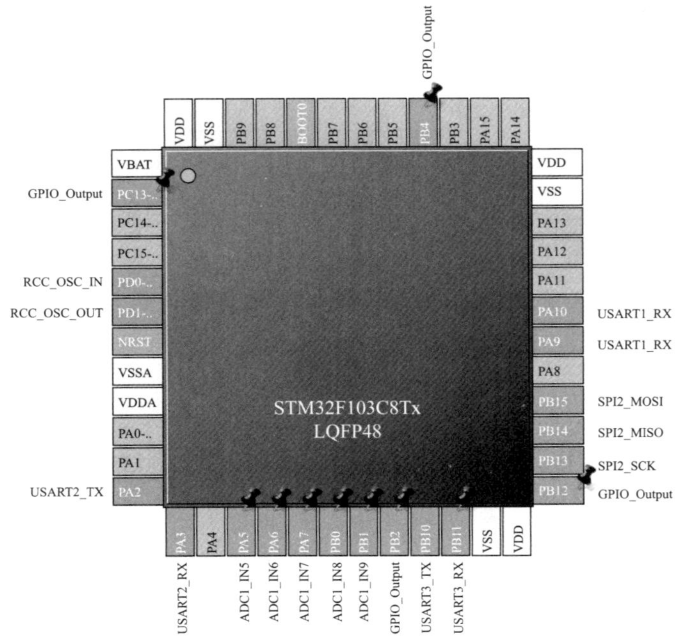

图 12-6　主芯片示例图

如图 12-5 所示的 5V 转 3.3V 模块 ME6211C33R5G 芯片，这一类芯片很多，不唯一选用这一款芯片。再者，需注意芯片引脚多为最大耐受电压 3.3V，因此，不建议将 5V 电压接入到芯片引脚。

12.3.3 晶振

晶振全称为晶体振荡器，频率高度稳定，石英晶体可以产生高度稳定的信号，这种采用石英晶体的振荡器称为晶体振荡器。利用石英晶体的压电效应，通过输入交变信号，可产生稳定频率，为主芯片提供稳定的时钟信号。主芯片运转的关键是精确的时钟，时钟为芯片提供准确的时序信号，芯片内部各个电路才能根据时序信号同步进行，控制指令才能根据时序执行，从而使得主芯片稳定精确调度各个部分资源和程序。

一般而言，芯片内部不同模块所需的时钟频率不一定完全一样，因此，晶振提供基本时钟信号后，可通过芯片的时钟管理单元，分配不同模块所需时钟频率。如图 12-7 所示为以 STM32F103C8T6 为例所对应的时钟树，图 12-7 通过 STM32CubeMX 软件配置生成。

12.3.4 复位

复位是用于重置系统资源，是 MCU 工作开始的标记，MCU 复位后，初始化工作即开始。嵌入式系统常见的复位方法分为硬件复位、软件复位和电源复位。

硬件复位：通过硬件电路接入到芯片复位接口，例如 STM32 的 NRST 接口，如图 12-6 所示。当按下复位按键时，切换 NRST 接口输入电平，复位电路被触发、产生复位信号使得系统重置状态。

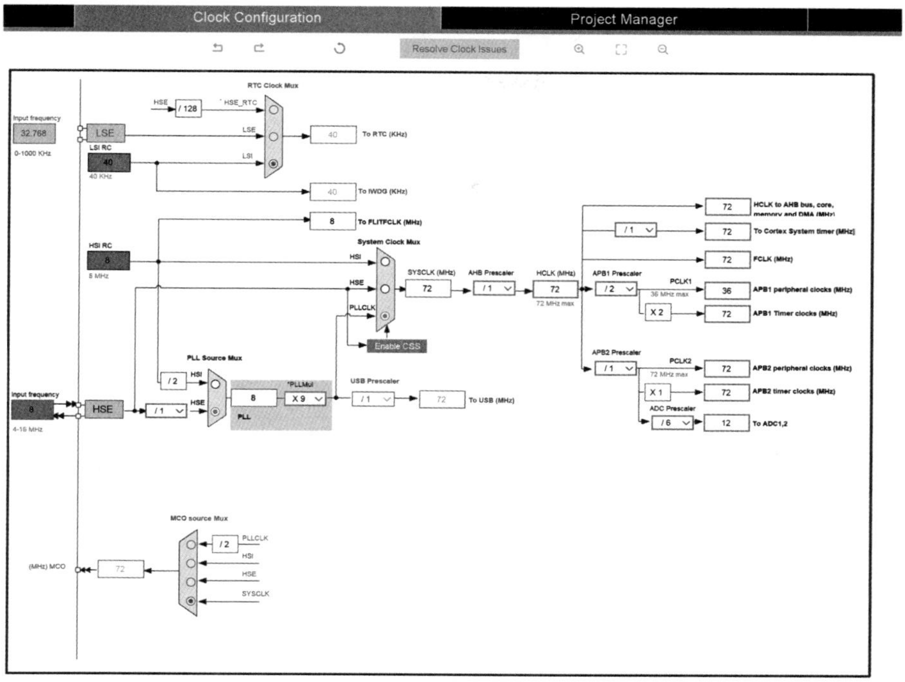

图 12-7　时钟树示例图

软件复位：通过运行特定复位代码或发送复位指令来实现。例如 STM32F103C8T6 的复位代码如下，将 Cortex^{TM}-M4F 应用中断和复位控制寄存器中的 SYSRESETREQ 位置 1。

电源复位：简单来说，就是通过关断再打开电源方式进行系统复位。

例 12-16

```
void NVIC_SystemReset(void)
{
    __DSB();
    SCB-> AIRCR=((0x5FA<< SCB_AIRCR_VECTKEY_Pos)|
    (SCB-> AIRCR & SCB_AIRCR_PRIGROUP_Msk)|
    SCB_AIRCR_SYSRESETREQ_Msk);__DSB();
    while(1);
}
```

12.3.5　SWD 程序调试与下载接口

SWD 常用工具和软件按钮如图 12-8 所示，只需要将对应的 SWCLK 和 SWIO 接口引出，结合接入电路的电压（volt current condenser，VCC）和 GND 即可使用，一般 VCC 接口可免接。ST 公司的 SWD 硬件如图 12-8 所示，对应引脚和接线图如图所示。在 Keil 软件中，对应有程序下载和程序调试按钮，可结合 SWD 硬件使用。

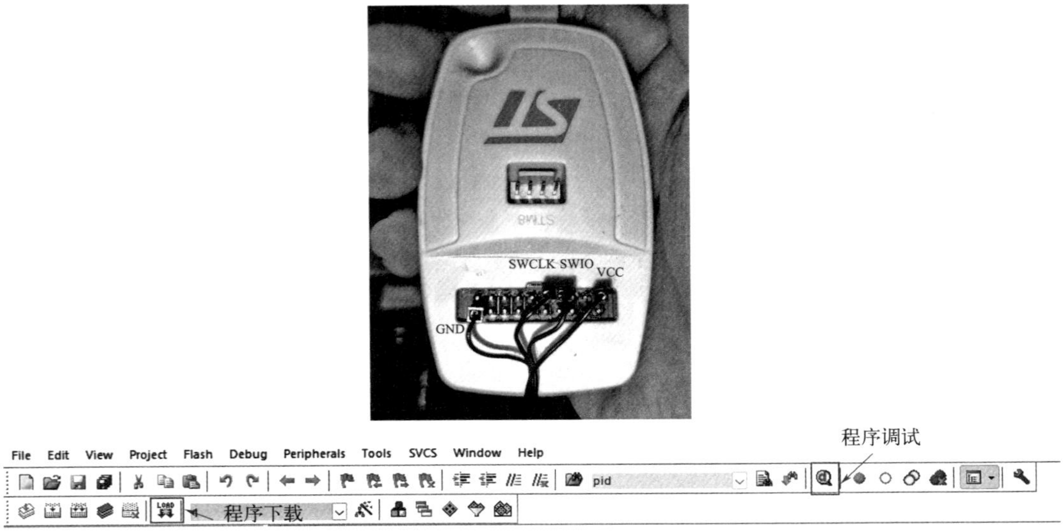

图 12-8　ST-Link 接线图和程序下载调试示意

12.3.6　串口通信接口

串口通信是嵌入式芯片与上位机系统通信的基本方式之一，以 STM32 为例，其包含多个串口，不过一般仅串口 1 可实现串口程序下载。如图 12-9 所示，程序编译后生成 .hex 文件，可通过串口下载工具，通过通用串行总线（universal serial bus，USB）转 Type C 线，结合图 12-5 所示的 Type C 接口，配合串口通信模块（一般 CH340 芯片使用最广），可实现通过串口将程序下载到主芯片内部。

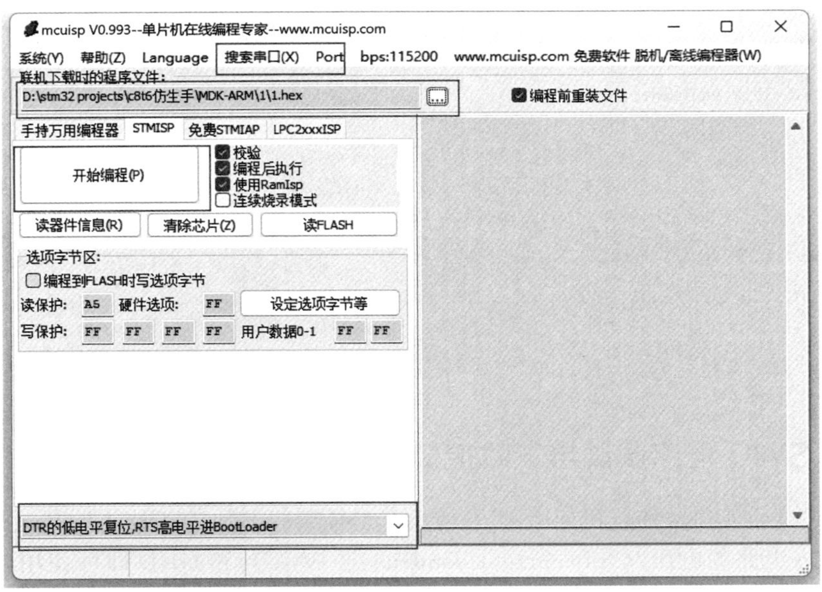

图 12-9　串口程序下载示意

12.3.7　外部 Flash 存储和外部 RAM 存储

Flash 存储和 ROM 存储掉电后仍可保存，RAM 存储在掉电后存储内容丢失。一般芯片自带一定存储空间的 RAM 和 Flash，但是如果程序较大，此时可能自带空间不够用，需用到外部 Flash 和 RAM，对应有一套外设用于管理外部 Flash 和 RAM，例如 STM32 采用 FSMC 进行管理。

12.3.8　系统扩展接口

嵌入式芯片具有非常多的外设和 IO 口，例如 RS485、CAN、ADC 等，这些需通过系统扩展接口引出，接入到对应驱动芯片或端子接口，具体可根据需要，选择性地扩展接口，对于不使用的接口，可空置不接，精简电路板尺寸。

12.4　嵌入式系统电路原理图与 PCB 图

嵌入式系统电路将主芯片（处理器）、外围电路器件、外设、外设处理相关芯片、扩展接口等综合连接，其一般分为两部分：原理图和 PCB 图。绘制顺序一般是先绘制原理图再将原理图通过软件映射到 PCB 图，进而调整所有芯片或器件位置，绘制对应 PCB 图中的线路连接、走线，再铺铜，检查电路图。如图 12-10 所示为嘉立创 EDA 界面基本应用示意，该软件完全免费，绝大部分元器件都可直接使用和购买，支持 3D 模型和查看等功能。

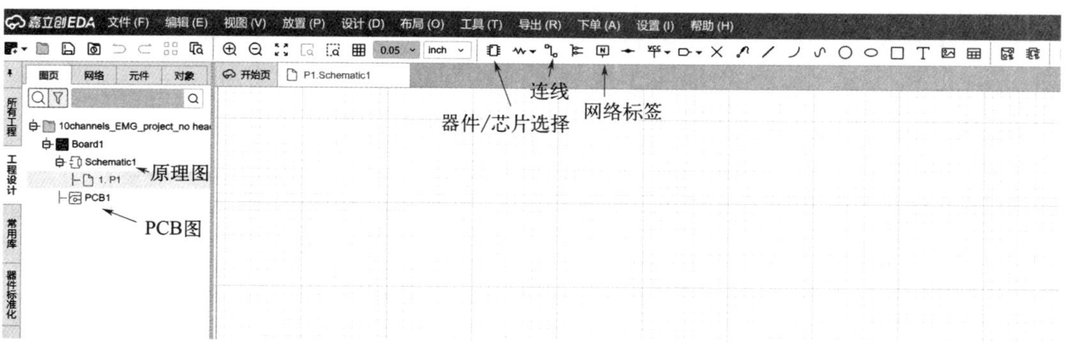

图 12-10　嘉立创 EDA 界面基本应用示意

12.4.1　原理图绘制

嵌入式系统原理图用于展示不同芯片、器件、接口、电阻电容等如何连接，一般可分块布局，便于查看各个分块功能，不同块之间的联系可通过网络标签标记。

以下以 STM32 为例，介绍嵌入式系统原理图绘制一般步骤：

① 将嵌入式最小系统原理图（如图 12-5 所示）部分复制粘贴进来；

② 根据不同芯片的手册，查阅其推荐的参考电路，绘制对应外围所需电阻电容等基本元件；

③ 利用 STM32CubeMX 软件或芯片手册查看主芯片（处理器）的对应模块引脚位

置、引脚功能复用是否存在冲突；

④ 查看芯片所需电压在最小系统下是否满足要求、是否需要电源隔离，如果不满足，还需配置电压转换模块和电源隔离模块，使之符合该芯片要求；

⑤ 采用嘉立创 EDA 的设计规则检查（design rule check，DRC），检查是否存在连线错误或未接引脚。

12.4.2 PCB 绘制

原理图更多是用于查看引脚连接情况，然而，实际使用的电路板均为 PCB 板。尽管有一些小模块 PCB 板可直接采购，通过杜邦线连接多个小模块到最小系统板，实现对应功能，但是这种方式接线不可靠且比较臃肿。因此，学会将多个小模块，配合最小系统，合理集成到一块 PCB 板是很有必要的，且可根据个人需要，自行增加或删除部分功能模块。一般 PCB 绘制的步骤如下：

① 放置合适大小的板框、固定孔，再将 DRC 检查通过的原理图通过更新/转换原理图到 PCB；

② 设置 PCB 板层数，一般普通板，2 层即可，相对复杂的板子，可设置 4 层；

③ 根据原理图，选中每个模块，通过布局传递，转到 PCB 页，将这一模块对应元件在 PCB 页中选出成组；

④ 根据各个元件的蓝色细丝线（表征各个引脚连接关系的线），在 PCB 页，采用单路布线方式，将所有蓝色丝线布好线，这一步骤中需根据各个引脚通过的最大电流，选定线宽大小，例如普通信号采集板，可将 VCC 和 GND 对应的线宽设置 30mil（1mil＝25.4μm），普通信号走线设置 10mil，PCB 走线需避免直角；

⑤ 对于存在交叉的连线，可设置过孔，从其他层走线，过孔大小需根据电路板层数和电流大小设置；

⑥ 连接好所有引脚线后，对 PCB 板所有层防止铺铜；

⑦ 如图 12-11 所示，检查 DRC，如果无 DRC 错误，则 PCB 板设计完成。

需说明的是，以上步骤未能把所有 PCB 设计中需要注意的事项都罗列完整，例如，关键元件和元件之间连线尽量短、过控布置、线粗、散热、元器件信号干扰等，这些需在具体设计过程中，根据电路特点，有所侧重考虑。

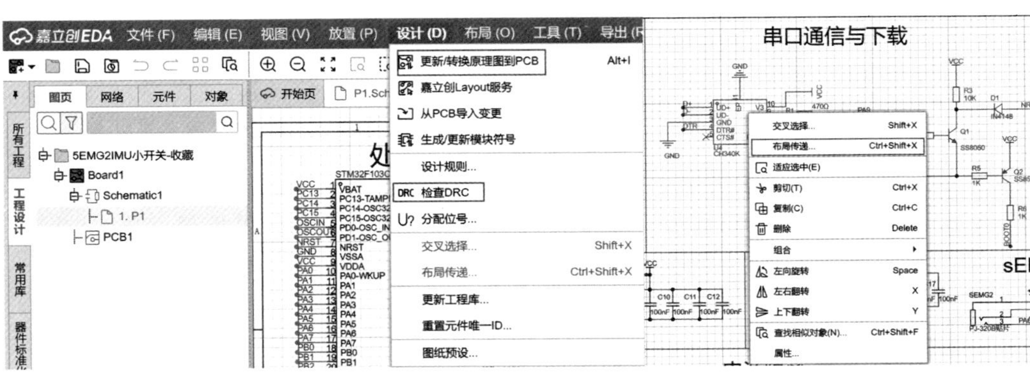

图 12-11　原理图转换到 PCB

12.4.3　嵌入式系统电路原理图和 PCB 图绘制示例

例 12-17　如图 12-12 所示为采用 STM32F103C8T6 作为主芯片处理器，采集 5 通道 sEMG 和 2 通道 IMU 信号的电路原理图。其主要功能是利用 STM32F103C8T6 的 5 路 AD 外设接口和 1 路 SPI 外设接口，采集对应 5 通道 sEMG 和 2 通道 IMU 信号。关于 SPI 通信的内容可参考下一节内容。

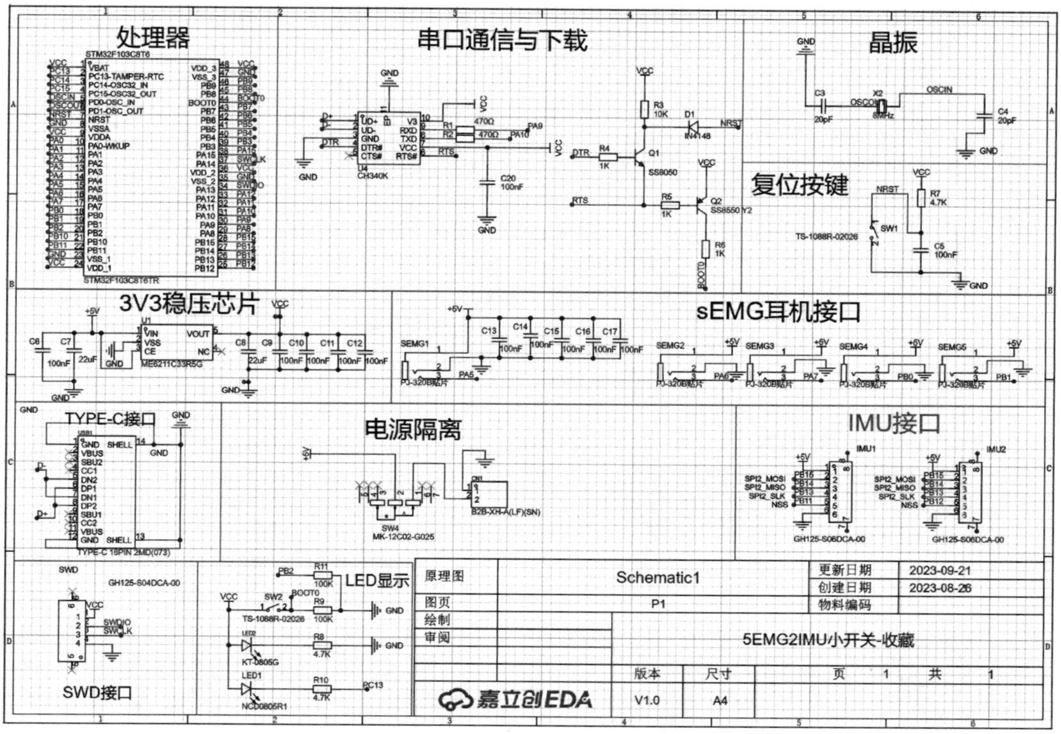

图 12-12　5 通道 sEMG 采集嵌入式系统原理图示例

由于 sEMG 传感器和 IMU 传感器供电电压均为 5V，主芯片供电电压为 3.3V，因此，外接电源采用 5V 锂电池，经过 3.3V 稳压芯片，得到 3.3V 电压。考虑到 TypeC 接口连接电脑可能引入工频干扰到 sEMG，因此，设置了电源隔离，一定程度减轻这一影响。通过 STM32CubeMX 软件查看 STM32F103C8T6 对应的 AD 接口和 SPI 接口，设置 AD 采集接口引脚为 PA5、PA6、PA7、PB0 和 PB1，对应 sEMG1、sEMG2、sEMG3、sEMG4 和 sEMG5。设置 SPI 对应接口引脚为 PB13、PB14、PB15，对应 SPI2 _ SLK、SPI2 _ MISO 和 SPI2 _ MOSI。设置 PB11 和 PB12 分别对应 IMU1 和 IMU2 的片选信号引脚 CS1 和 CS2，关于 SPI 和 ADC 的介绍可参考本书 12.5 小节内容。为了直观测试整个电路板是否能正常工作，设置了两个 LED 灯，1 个用于显示电路通电是否正常，1 个连接 PC13 引脚，通过编写程序，控制 PC13 引脚高低电平，检测是否按照程序执行。在原理图绘制过程中，需配合 STM32CubeMX 软件检查各个引脚功能是否存在冲突。

如图 12-13 为铺铜后的 PCB 电路板，图 12-14 所示为去除铺铜的 PCB 电路板。这一

PCB 板相对简单，因此，仅采用了顶层＋底层的 2 层板设计。sEMG 传感器接入端子采用 3 线耳机接口、IMU 传感器接入端子采用 GH1.25-6P 带卡扣端子。PCB 板设计过程遵循上一小节所列步骤和一些注意事项。一般对于 GND 接线，个别未接问题不大，可通过设置多个 GND 过控，配合铺铜方式，将未接好的 GND 连接上，通过检查 DRC，可发现铺铜后，无 DRC 错误。由于作者水平有限，还存在一定优化空间。

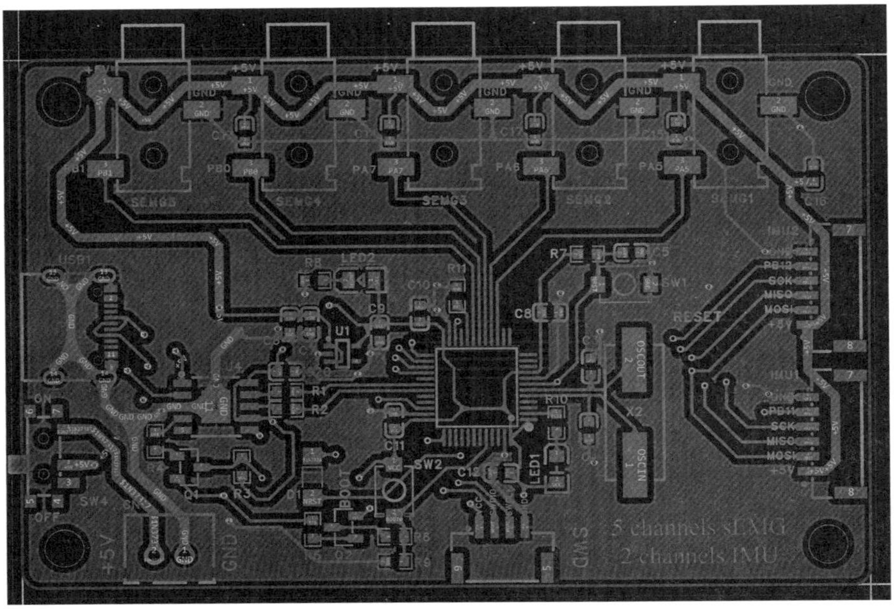

图 12-13　5 通道 sEMG 采集嵌入式系统 PCB 图示例

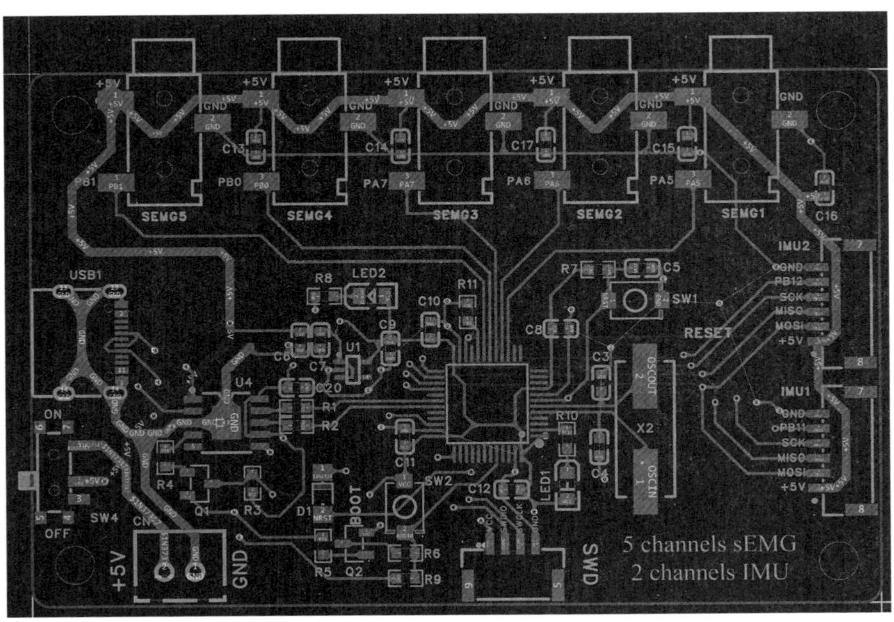

图 12-14　5 通道 sEMG 采集嵌入式系统 PCB 图示例（去除铺铜）

12.5 嵌入式系统重要模块与外设

12.5.1 ADC 模块

ADC 是用于将模拟信号转换为数字信号，例如第 4 章介绍的很多传感器输出原始信号均为模拟电压信号，这些信号如果直接接入机器人主控，可能会因外部干扰而引入噪声。因此，一般需将模拟信号转化为数字信号。

模数转换主要有两个步骤：

① 采样和保持；

② 量化和编码。

（1）采样和保持

模拟信号随时间不断变化，为了测量信号，必须在短时间内保持信号稳定，以便进行采样。可以利用采样保持电路来将信号保持一段特定的时间，然后对信号进行数字化处理并对值进行采样。在数字化所需的时间内，它保持数值稳定。图 12-15 为 ADC 过程，图 12-16 显示了信号采样和保持电路。保持开关常开，当想要找到一个测量值时，暂时关闭开关。

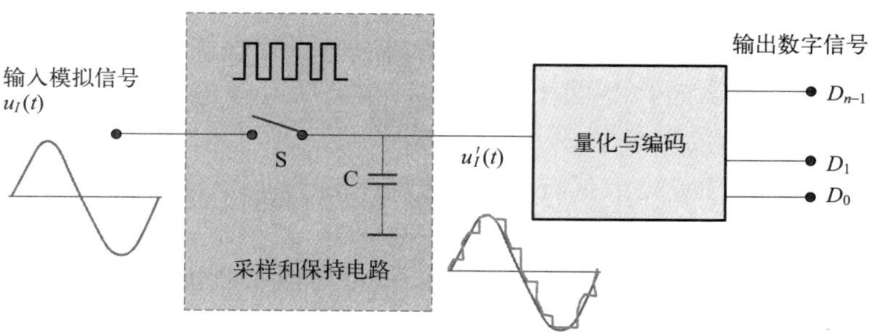

图 12-15　ADC 过程

（2）量化和编码

在采样和保持电路的输出端，存在一定的电压电平。根据量化器的范围设置一组有限的可能值，搜索与采样和保持电路输出信号的幅度相对应的最近值。这个值不能是任何值，它应该来自一组有限的可能值。在识别出最接近的值之后，对该输出电压进行编码，该数值以二进制数的形式编码。量化器产生的二进制编码的数字用“n”位表示。ADC 的分辨率也可以用“n”位来表示，图 12-17 显示了整个转换过程。在量化和编码过程后得到的值是真实世界值的近似值。量化器的精度高度依赖于量化器的分辨率，分辨率越高，数值就越精确。

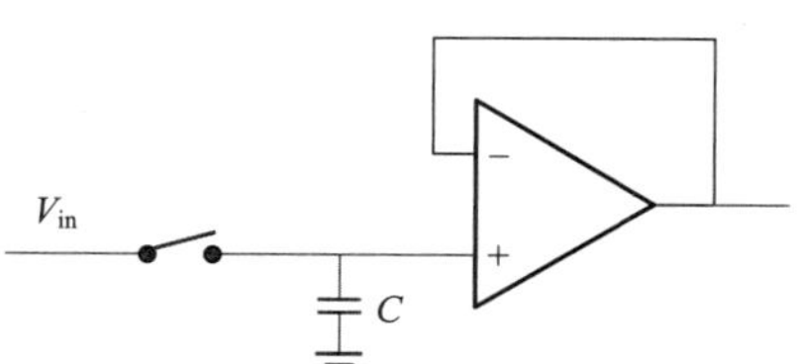

图 12-16　ADC 采样和保持电路

（3）STM32F10x 的 ADC 功能描述图

如图 12-18 所示，STM32F10x 的 ADC 功能描述图包含七个部分，具体介绍如下。

① ADC 对应的电源引脚为 VDDA(+) 和 VSSA(GND)，V_{REF+} 和 V_{REF-} 内部连接

到 VDDA 和 VSSA，使得 ADC 所能测量的电压范围为 [V_{REF-} V_{REF+}]；

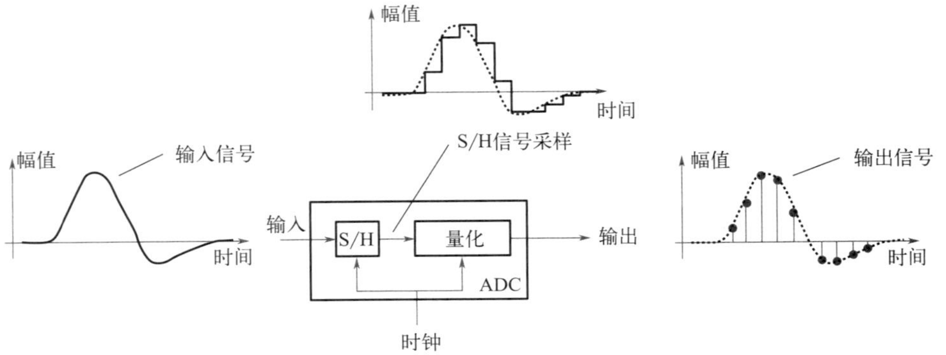

图 12-17　ADC 采样、保持和量化过程示意图

② ADCx_IN1～ADCx_IN15 对应 ADC 输入通道；

③ ADC 输入方式，分别为注入通道（injected channels）和规则通道（regular channels）两种方式，规则通道是最常用方式，注入通道可理解为插队，在规则通道运行时强行插入，最多可插入 4 个通道；

④ 触发方式，分为软件触发和硬件触发，软件触发可以由控制寄存器 ADC _ CR2 的位 ADON 来启动，硬件触发有内部定时器触发和外部引脚触发；

⑤ ADC 分频，ADC 的时钟来自 APB2 总线，APB2 总线的时钟再次分频可以得到 ADC 的时钟频率，分频数可以是 2/4/6/8，APB2 总线时钟可参考时钟树，如图 12-7 所示，选择的 ADC 分频参数为/6 倍；

⑥ 数据寄存器，用于设定数据转换扫描/非扫描方式、ADC 转换单次/连续、数据对齐方式；

⑦ 标志位和中断使能，规则和注入组转换结束时能够产生中断，当转换完成时，对应的标志位会自动置 1。

图 12-19 所示为 STM32 CubeMX 软件 ADC 模块设置界面示例，通过设置 ADC 模式、数据对齐方式、扫描转化模式、连续转换模式、规则通道转换、外部触发源、ADC 排序、采样时间等可对 ADC 进行初始化。初始化以后，通过 STM32 CubeMX 软件导出为工程文件后，即可得到一个包含 ADC 初始化后的工程，用户可在其中进行扩充程序，也可以用 Keil IDE 软件打开工程文件，修改对应初始化设置参数。STM32 其他的功能模块也可通过 STM32 CubeMX 软件进行初始化设置，同理可导出为工程文件，并对其进行扩充或修改参数。

12.5.2　串行通信-串口、SPI、I2C、RS485 和 CAN

在串行通信中，数据是二进制脉冲的形式。二进制 1 代表逻辑高或 VCC，0 代表逻辑低或 GND。根据传输模式可分为三种类型（图 12-20）：

① 单工：只能单方向传输信号，不能改变信号传输方向。

② 半双工：允许信号在两个方向传输，但是某一时刻只能单方向传输。

③ 全双工：允许信号在两个方向传输，允许同时进行双向传输。

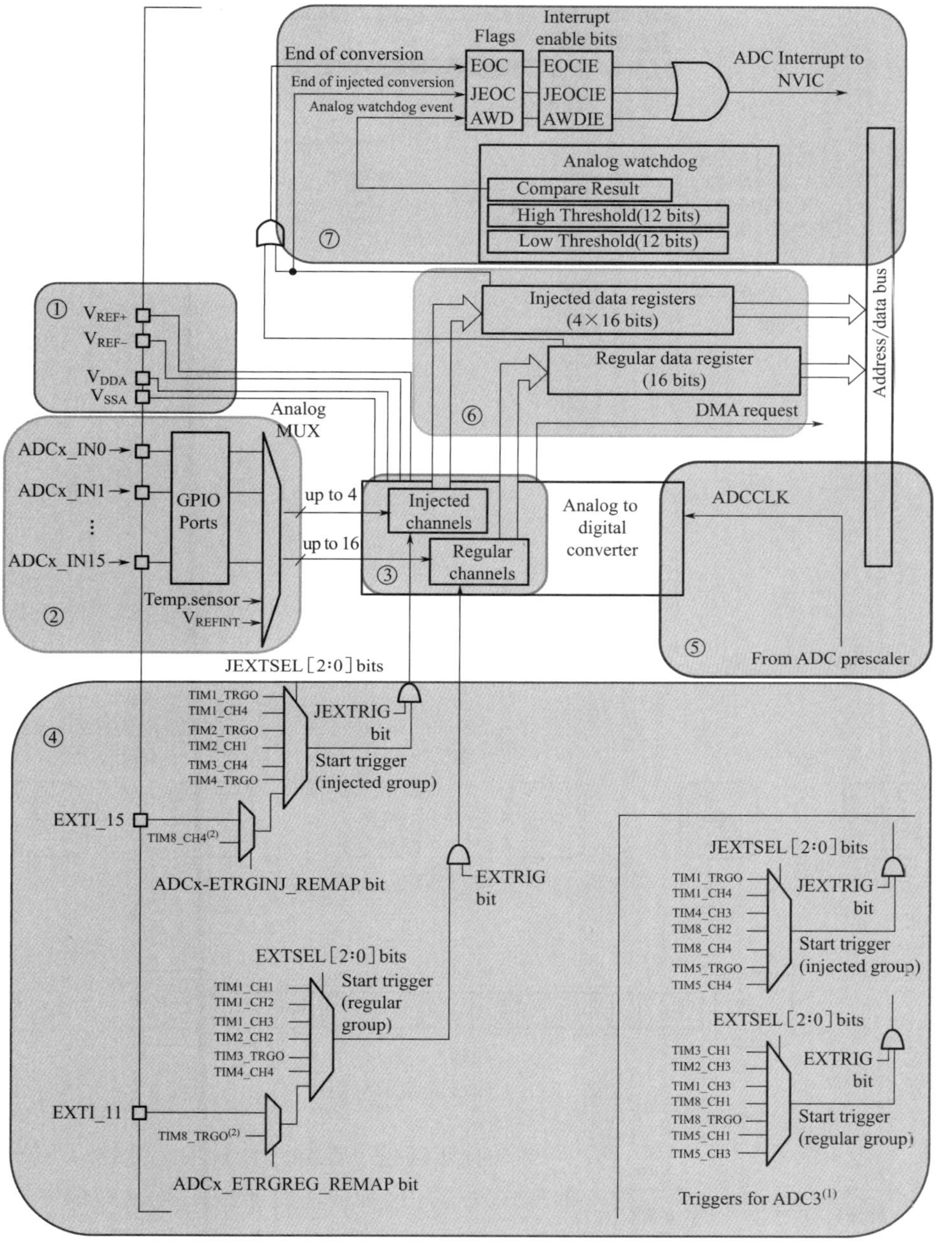

图 12-18　STM32F10xADC 功能描述图

按照通信方式，可分为如下同步通信和异步通信两种类型。

① 同步通信　通过时钟信号做同步，在时钟信号驱动下保持同步数据，在同步传输中，数据以块或帧的形式发送。同步通信传输是全双工类型的，在发送方和接收方之间，同步是强制性的。在同步传输中，数据之间没有时间间隔。传输大量数据比异步传输更高效、更可靠。发送器和接收器都与公共时钟信号同步，这意味着它们以相同的速度运行，并且确切地知道何时发送和接收数据。数据以连续流的形式发送，每个字节或数据块都紧跟在前一个字节或数据块之后，对于快速发送大量数据很有效（图 12-21、图 12-22）。

图 12-19　STM32 CubeMX 软件 ADC 模块设置界面示例

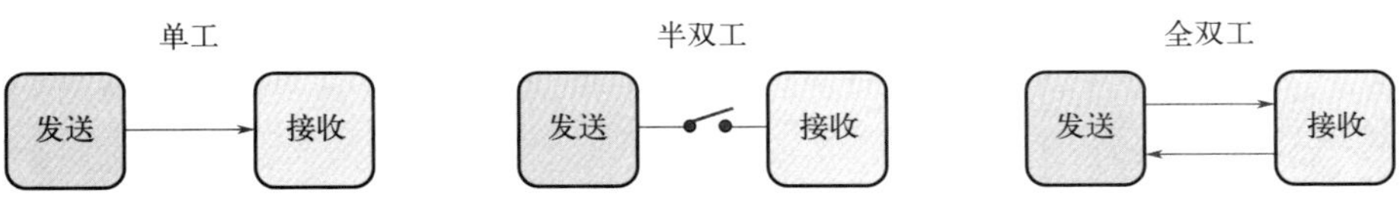

图 12-20　串行通信示意图

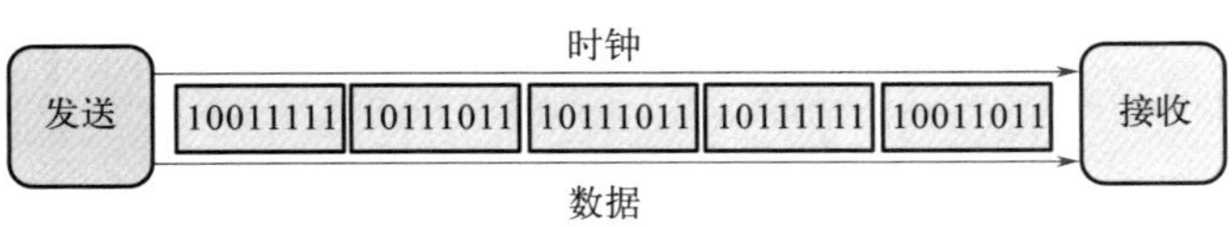

图 12-21　同步通信示意图

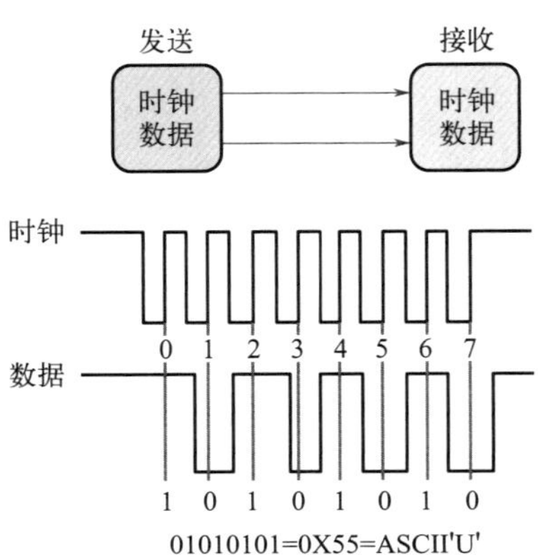

图 12-22　同步通信示例

② 异步通信　在异步传输中，数据以字节或字符的形式发送，这种传输是半双工类型的传输。在此传输中，起始位和停止位与数据一起添加。它不需要同步，异步传输就像发短信却不知道对方什么时候会看到。发送器和接收器不共享公共时钟信号，相反，数据一次发送一个字节或一个字符，起始位和停止位表示每个字节的开始和结束。每一段数据都是独立发送的，中间有间隔，允许接收方在每个字节到达时对其进行处理，它实现起来灵活而简单，对于间歇发送数据的通信尤其有用。在异步通信中需要双方约定好数据的传输速率（波特率），以便更好地同步。异步通信

依赖于四个参数：波特率控制、数据流控制、传输和接收控制、错误控制（图 12-23、图 12-24）。

常见的串行通信有串口、SPI、I2C、RS485 和 CAN，以下分别展开介绍。

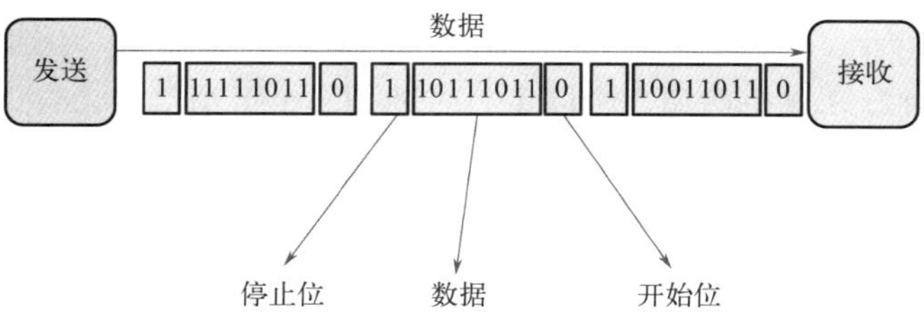

图 12-23　异步通信示意图

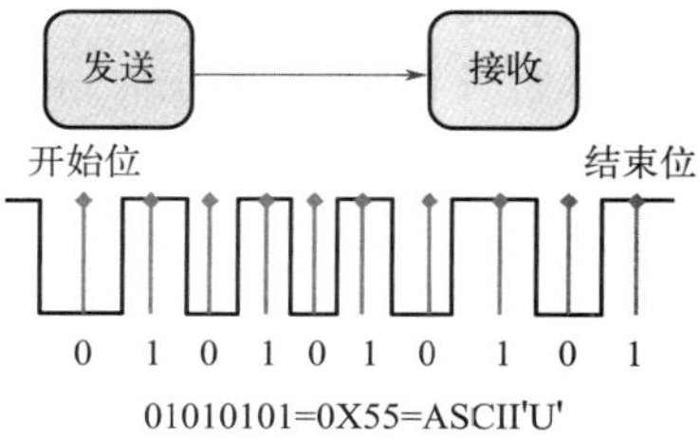

图 12-24　异步通信示例

（1）串口通信

STM32 的串口通信接口有两种，分别是通用异步收发器（universal asynchronous receiver/transmitter，UART）和通用同步异步收发器（universal synchronous/asynchronous receiver/transmitter，USART）。UART 内部产生数据时钟，没有传入的串行时钟信号，因此要实现两端之间的正常通信，它们必须使用相同的波特率。在 UART 中，全双工使用模式，数据以字节形式传输（一次一个字节）。

USART 产生数据时钟并将其发送到接收器，接收器以同步方式相应地工作。在 USART 中，接收器不必知道发送器的波特率，因为它是从主机给出的信息行和时钟信号中获得的。在 USART 中，发送外设产生一个时钟，接收外设接收该时钟，可以从数据流中检索该时钟，而无需知道波特率随时间的变化。在 USART 中，数据以块的形式传输。USART 可以像 UART 一样完成它的功能。在 USART 中，数据以一定的速率传输。

USART 是异步传输，如图 12-25 所示，USART 同步不需要起始和结束位，因为时钟用于同步数据，而在 UART 中需要起始和结束位。为了使 RX 和 TX 能够通话，它们需要具有相同的波特率，这样当 TX 发出一个起始位时，RX 会立即接收到它。在嵌入式芯片、PC 等之间的串口通信接线可参考图 12-26 所示示意图。

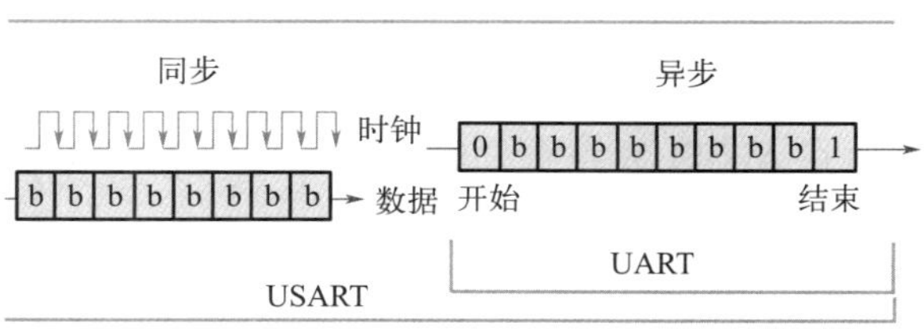

图 12-25　串口通信示意图

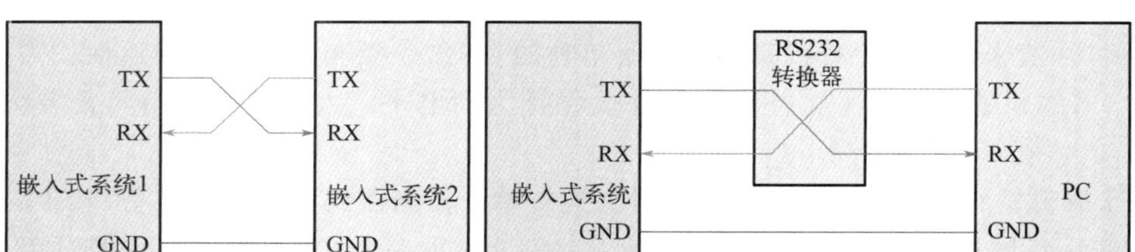

图 12-26　串口通信接线示意图

USART 一个常见应用是将 printf 函数通过串口输出，方便程序调试。STM32 具有丰富的串口通信接口，例如 STM32F103 具有三个通用同步/异步串行收发器（USART1、USART2 和 USART3）和两个通用异步串行收发器（UART4 和 UART5）。

（2）SPI 通信

串行外设接口（serial peripheral interface，SPI）是一种同步全双工通信总线，这意味着它使用单独的数据线路和“时钟”来保持两端完全同步。时钟是一个振荡信号，告诉接收器何时对数据线上的位进行采样，采样时间可以是时钟信号的上升沿或下降沿。当接收器检测到该边沿时，它会立即查看数据线以读取下一位。如图 12-27 所示为 SPI 主机和从机接线示意图。SPI 总线由 4 个信号或引脚组成，它们是主输出/从输入（MOSI）、主机输入/从机输出（MISO）、串行时钟（SCK）和片选信号（CS）。

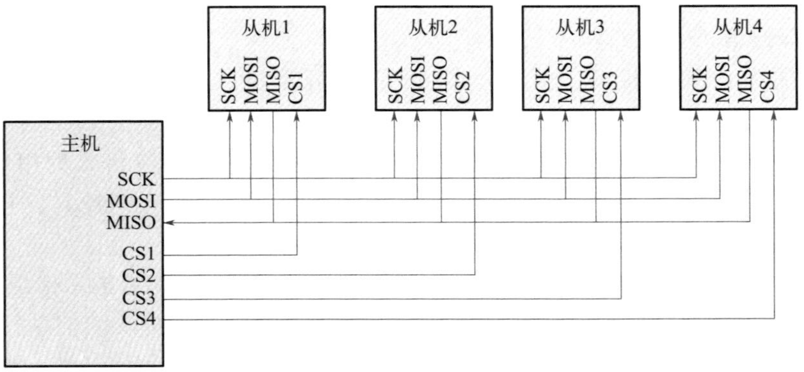

图 12-27　SPI 通信接线示意图

MOSI，顾名思义，就是由主设备生成，由从设备接收的数据。因此，主设备和从设备上的 MOSI 引脚连接在一起。

MISO，主设备和从设备上的 MISO 引脚是连在一起的。尽管 MISO 中的信号是由从机产生的，但线路是由主机控制的。主机在 SCLK 产生时钟信号，并提供给从机的时钟输入。主机使用片选信号（CS）来选择特定的从机。

如果数据必须仅由一个设备传输，则另一个设备必须发送内容，并且由该设备决定所传输的数据是否是实际数据。这意味着，对于一个器件发送的每一位，另一个器件必须发送一位数据，即主机同时在 MOSI 线路上发送数据，并在 MISO 线路上接收来自从机的数据。

SCK，由于时钟由主机产生，因此数据流由主机控制。对于每个时钟周期，主机向从机发送一位数据，从机向主机发送一位数据。这一过程同时发生，经过 8 个时钟周期后，一个字节的数据双向传输，因此 SPI 是一种全双工通信。

CS，一般来说，每个外设都需要一条单独的 CS 线。要与特定的外设通话，需要将该外设的 CS 线设置为低电平，并将其他外设保持为高电平，大量外围设备将需要大量 CS 线路。

SPI 最明显的缺点是所需的引脚数量。连接单个控制器到单个外围设备用 SPI 总线需要四条线，每增加一个外围设备，控制器上就需要增加一个 CS 片选 I/O 引脚。引脚连接的快速增长使得它在许多设备必须连接到一个控制器的情况下变得不理想。此外，在

PCB 布局紧凑的情况下，每个器件的大量连接会使信号路由更加困难。SPI 总线上只允许一个控制器，连接外设数量受连接到总线的器件的驱动能力和可用片选引脚数量的限制。SPI 适合高数据速率连接，对某些设备支持 10MHz 以上的时钟速率，如图 12-28 所示。

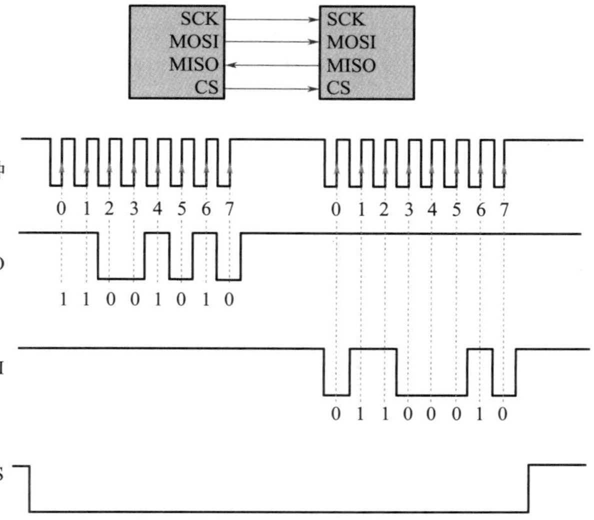

图 12-28　SPI 通信示例

SPI 工作模式：主设备的工作是产生时钟信号并将其分配给从设备，以便在主设备和从设备之间同步数据。主机的工作不仅仅是产生特定频率的时钟信号。事实上，主机和从机必须就某些同步协议达成一致。为此，时钟的两个特征，即时钟极性（CPOL）和时钟相位（CPHA）出现在画面中。时钟极性决定时钟的状态。当 CPOL 为低电平时，主机产生的时钟在空闲时为低电平，在活动状态下变为高电平。类似地，当 CPOL 为高电平时，SCK 在空闲时为高电平，在活动状态时为低电平。时钟相位决定数据传输的时钟转换，即上升（低到高）或下降（高到低）。当 CPHA 为 0 时，数据在时钟的上升沿传输。当 CPHA 为 1 时，数据在下降沿传输。

根据 CPOL 和时钟相位 CPHA 的值，SPI 有 4 种工作模式：模式 0～3（图 12-29、表 12-3）。

模式 0：当时钟极性为低电平且时钟相位为 0 时（CPOL＝0，CPHA＝0），出现模式 0。在模式 0 下，数据传输发生在时钟的上升沿。

模式 1：当时钟极性为低电平且时钟相位为 1 时（CPOL＝0，CPHA＝1），出现模式 1。在模式 1 下，数据传输发生在时钟的下降沿。

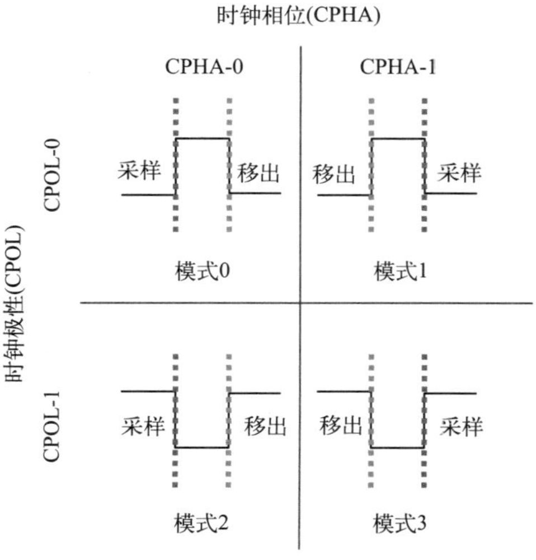

图 12-29　SPI 模式示意

模式 2：当时钟极性为高电平且时钟相位为 0 时（CPOL＝1，CPHA＝0），出现模式

2。在模式 2 下，数据传输发生在时钟的上升沿。

模式 3：当时钟极性为高电平且时钟相位为 1 时（CPOL=1，CPHA=1），出现模式 3。在模式 3 下，数据传输发生在时钟的上升沿。

表 12-3　时钟模式采样和移位

SPI 模式	CPOL	CPHA	时钟极性	SCK 边缘	
				采样	移出
0	0	0	逻辑低电平	上升	下降
1	0	1	逻辑低电平	下降	上升
2	1	0	逻辑高电平	下降	上升
3	1	1	逻辑高电平	上升	下降

（3）I2C 通信

I2C 通信是同步半双工通信方式。因为 I2C 使用寻址，所以一个主机可以控制多个从机。要将多个从机连接到单个主机，需如图 12-30 所示布线，用 4.7kΩ 上拉电阻将 SDA 和 SCL 线连接到 VCC。SDA 是主机和从机发送和接收数据的线路。SCL 是传输时钟信号的线路。

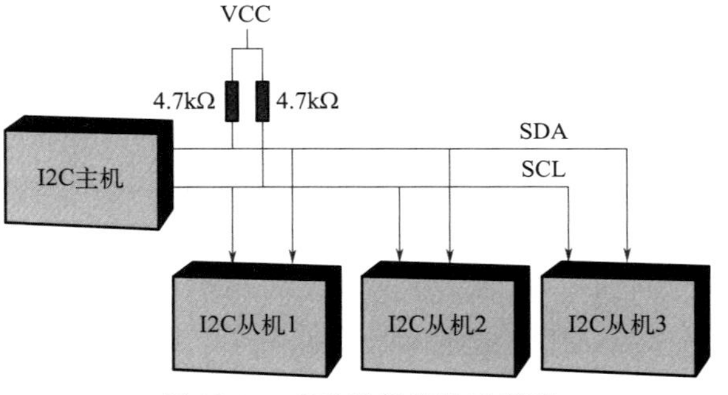

图 12-30　I2C 通信接线示意图

I2C 结合了 SPI 和 UART 的最佳特性。借助 I2C，可以将多个从机连接到一个主机，并且可以让多个主机控制一个或多个从机，例如多个微控制器将数据记录到单个存储卡或在单个 LCD 上显示文本。I2C 可以提供高达 400kbps 的速度，它使用 10 位或 7 位寻址系统来针对 I2C 总线上的特定设备，因此它可以连接多达 1024 个设备，如图 12-31 所示。

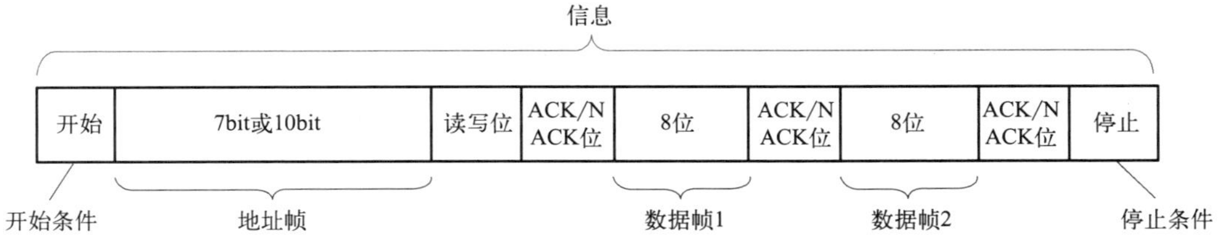

图 12-31　I2C 信息框架

有了 I2C，数据被传入消息。每个消息都有一个包含从机二进制地址的地址帧，以及一个或多个包含正在传输的数据的数据帧。该消息还包括每个数据帧之间的开始和停止条件、读/写位以及 ACK/NACK 位。

开始条件：在 SCL 线从高电平切换到低电平之前将 SDA 线从高电平切换到低电平。

停止条件：在 SCL 线从低电平切换到高电平之后将 SDA 线从低电平切换到高电平。

地址帧：I2C 没有像 SPI 那样的从机选择线，它通过寻址让从机知道数据正在发送给它，而不是另一个从机。主机将它想要与之通信的从机的地址发送给每一个与之相连的从机。然后，每个从机将主机发送的地址与其自己的地址进行比较，每个从机独有 7 或 10 位序列。如果地址匹配，它会向主机发回一个低电压 ACK 位。如果地址不匹配，从机什么也不做，SDA 线保持高电平。

读/写位：地址帧末尾有一个单独的位，用于通知从机主机是要向其写入数据还是从其接收数据。如果主机要向从机发送数据，读/写位为低电平。如果主机向从机请求数据，该位为高电平。

ACK/NACK 位：消息中的每一帧后面都有一个应答/不应答位。如果成功接收到地址帧或数据帧，接收设备会向发送方返回一个 ACK 位，反之则发送方返回一个 NACK 位。

数据帧：主机检测到从机的 ACK 位后，第一个数据帧就可以发送了。数据帧的长度始终为 8 位，最高有效位优先发送。每个数据帧后紧跟着一个 ACK/NACK 位，以验证该帧已被成功接收。在发送下一个数据帧之前，ACK 位必须由主机或从机接收。发送完所有数据帧后，主机可以向从机发送停止条件，以暂停传输。停止条件是在 SCL 线从低到高转换之后，SDA 线上的电压从低到高转换，而 SCL 线保持高电平。

I2C 数据传输的步骤：

① 在将 SCL 线从高电平切换到低电平之前，主站通过将 SDA 线从高电平切换到低电平将启动条件发送给每个连接的从站。

② 主机向每个从机发送它想要与之通信的从机的 7 或 10 位地址，以及读/写位。

③ 每个从机将主机发送的地址与其自己的地址进行比较。如果地址匹配，从机通过将 SDA 线拉低一位来返回 ACK 位。如果来自主机的地址与从机自己的地址不匹配，从机将 SDA 线保持高电平。

④ 主机发送或接收数据帧。

⑤ 传输完每个数据帧后，接收设备会向发送方返回另一个 ACK 位，以确认成功收到该帧。

⑥ 传输完每个数据帧后，接收设备会向发送方返回另一个 ACK 位，以确认成功收到该帧。

（4）RS485 通信

RS485 是一种半双工、异步串行通信协议。它是使用最广泛的通信协议之一，尤其是在高噪声工业领域。两台设备可以使用 RS485 通信进行远距离通信。与 RS232 不同，RS485 的数据传输速率为 10Mbit/s。RS485 是主从通信，以便每个从机可以与主机通信。对于每个主设备，最多可以分配 32 个从设备。RS485 支持半双工和全双工通信模式。在半双工通信模式下，主机和从机不会同时通信，这意味着主机或从机一次只能向一个方向发送或接收数据。另一方面，在全双工模式下，主机和从机同时或同时双向发送和接收数据。

RS485 不使用常用的零电平，而是使用＋信号线和－信号线，这也称为差分信号通信。例如，如果一个信号线是＋5V，那么另一个信号线应该是－5V。这种方法允许用 RS485 进行远距离通信。此外，这种差分信号通信提供了更低的噪声，因为＋信号线和－信号线都受到相同噪声的影响，并且该噪声将从输出信号中抵消。

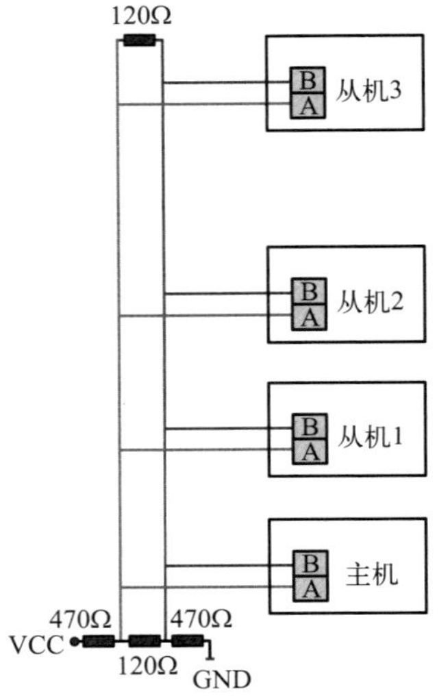

图 12-32　RS485 总线接线示意图

使用 RS485 通信可以定义一个主机和多个从机。每个从机都有一个从机标识符（identification，ID）。主机通过从机地址将数据发送到公共的两条数据线 A（＋信号）和 B（－信号）。A 线和 B 线连接到所有从机，电线为双绞线，两端由 120Ω 端接电阻端接，以防止总线上的信号反射。如果从机 ID 与来自主机的发送从机地址匹配，那么这个特定的从机将接收这些数据并发送响应。图 12-32 演示了整个过程。在 RS485 网络中，任何时候都只有一个设备处于发送状态，所有其他设备都应处于接收状态。

（5）CAN 通信

CAN 通信是一种半双工、异步串行通信方式，用两条导线进行通信，分别为 CANH 和 CANL。电线为双绞线，两端由 120Ω 端接电阻端接，以防止总线上的信号反射，电线无接地屏蔽。通常，在机动车辆的情况下，总线上的节点由相同的电源供电，并且具有相等的地电位。否则，使用接地线为总线上的节点设置公共接地。利用差模信号而不是数字信号进行数据传输，如图 12-33 所示。

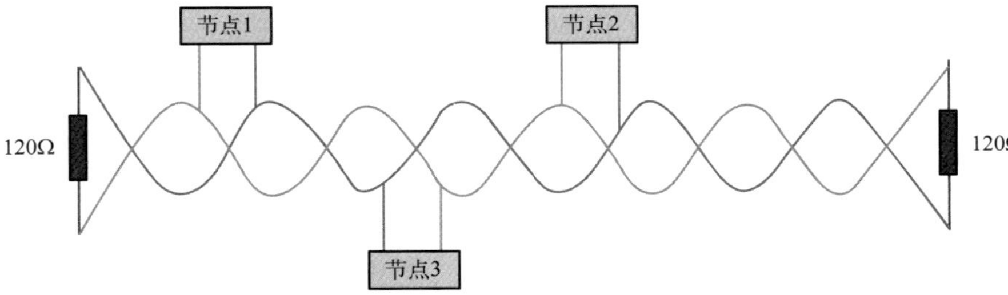

图 12-33　CAN 总线硬件接口

在差模信号中，使用两个互补信号传输数据，并从这些信号之间的电势差中提取信息。在这种情况下，信号是 CANH 和 CANL，它们之间的电势差由下式给出：

$$V_{ref}=V_{canh}-V_{canl}$$

CAN 总线上的数据通过 CANH 和 CANL 信号之间的电位差产生的两种状态进行传输。主导状态：当控制器发送逻辑“0”时，总线的状态将占主导地位，CANH 和 CANL 之间的电势差约为 2V。隐性状态：当控制器发送逻辑“1”时，总线的状态将是隐性的，CANH 和 CANL 之间的电位差将约为 0V，如图 12-34 所示。

从逻辑上讲，双绞线两根导线上的尖峰信号幅度几乎相等。众所周知，在差模信号中，我们考虑两个信号之间的电位差。因此，具有相同噪声幅度的两个信号之间的电位差

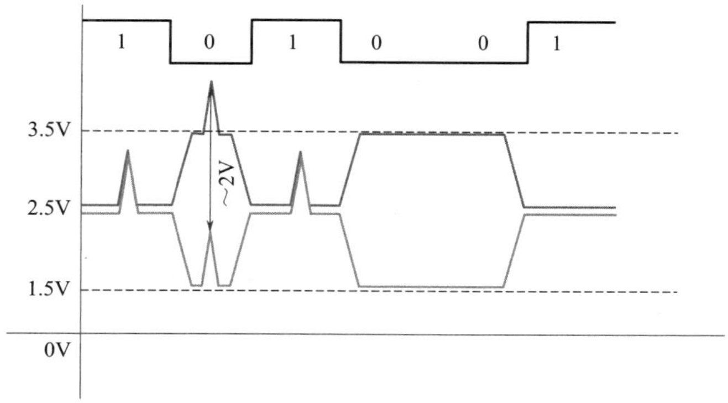

图 12-34　CAN 总线抗扰度

将几乎等于没有噪声的信号。因此，通过考虑两个信号之间的电位差，CAN 总线即使在易受电噪声影响的环境中也能确保数据传输。

CAN 总线是一种消息广播类型的总线，预定义的数据帧称为 CAN 消息。总线上的所有节点都能听到广播的消息，所有节点必须以相同的波特率运行才能相互通信。

标准 CAN 消息帧如图 12-35 所示。第一位是帧的开始（SOF）。该支配位代表 CAN 消息的开始。接下来是 11 位标识符，它确定了 CAN 消息的优先级。标识符越小，消息的优先级越高。远程传输请求（RTR）位通常是显性的，但当一个节点向另一个节点请求数据时，该位变为隐性。当发送标准 CAN 帧而非扩展帧时，标识符扩展（IDE）位占主导地位。r0 位是保留位，当前未使用。数据长度代码（DLC）半字节表示该消息中有多少字节的数据。接下来是数据本身，与 DLC 位中表示的字节数一样多。循环冗余校验（CRC）是一种 16 位校验和，用于检测传输数据中的错误。如果消息被正确接收，接收节点会用显性位覆盖隐性应答位（ACK）。ACK 还包含一个分隔符位来保持同步。帧结束（EOF）表示 CAN 消息的结束，为 7 位宽，用于检测位填充错误。CAN 消息的最后一部分是帧间间隔（IFS），用作时间迟滞。这一时间迟滞正好是 CAN 控制器将接收到的消息移入缓冲器进行进一步处理所需的时间。

开始帧 SOF	11位 ID	远端发送 请求RTR	扩展标识符 IDE	r0	数据长度 编码DLC	数据 0～8位	CRC	ACK	结束帧 EOF	IFS

图 12-35　标准 CAN 消息帧

扩展 CAN 消息帧如图 12-36 所示，其使用一个 29 位标识符和一些附加位。扩展消息在 11 位标识符后有一个替代的远程请求（SRR）位，作为占位符来保持与标准消息相同的结构。这一次标识符扩展（IDE）应该是隐性的，表明扩展标识符跟在它后面。RTR 位位于 18 位 ID 之后，其后是第二个保留位 r1。消息的其余部分保持不变。

开始帧 SOF	11位 ID	替代远程 请求SRR	扩展标识符 IDE	18位 ID	远端发送 请求RTR	r1	r0	数据长度 编码DLC	数据 0～8位	CRC	ACK	结束帧 EOF	IFS

图 12-36　扩展 CAN 消息帧

CAN 消息类型：

CAN 允许四种不同的消息类型。它们是数据帧、远程帧、过载帧和错误帧。

标准 CAN 数据帧利用标识符、数据和数据长度代码、循环冗余校验以及确认位。RTR 和 IDE 位在数据帧中都占主导地位。如果接收端的隐性应答位被显性位覆盖，发送方和接收方都认为这是一次成功的传输。

CAN 远程帧看起来类似于数据帧，只是它不包含任何数据。发送时 RTR 位处于隐性状态；这表明它是一个远程帧。远程帧用于向节点请求数据。

当一个节点检测到 CAN 总线上的消息有错误时，它会发送一个错误帧。这导致所有其他节点发送错误帧。随后，发生错误的节点重新传输消息。过载帧的工作方式类似，但当节点接收帧的速度超过其处理帧的速度时，会使用过载帧。该帧提供了一个时间缓冲，以便节点可以赶上。

CAN 总线版本：

① CAN 2.0 A　低速版本，也称为标准或基本 CAN。该 CAN 版本由 ISO11519 标准定义，使用 11 位消息标识符。

② CAN 2.0 B　CAN 2.0 B 是高速版本，简称全 CAN 或扩展帧 CAN。该版本由 ISO11898 标准定义，使用 29 位消息标识符。

③ CAN FD　这是一种使用灵活数据速率的 CAN 协议，数据速率最高可达 15Mbit/s，总线长度约为 10m。

12.5.3 定时器

定时器模块最基本的形式是一个数字逻辑电路，它对每个时钟周期进行计数，因此它可以递增或递减计数，更多的功能在硬件中实现以支持定时器模块。它可以有一个预分频器，将输入时钟频率除以一个可选值。它还可以有输入捕捉、PWM 信号产生等电路。

STM32 定时器模块具有多种模式，具体介绍如下。

（1）定时器模式

在定时器模式下，定时器模块从内部时钟源获得已知频率的时钟。因此，时钟频率是已知的，溢出时间也可以通过预载寄存器计算和控制，以获得任意选择的时间间隔。每次定时器溢出时，定时器向 CPU 发出中断信号，指示指定时间间隔的结束。这种操作模式通常用于在每个特定的时间间隔完成特定的操作，并实现系统中各种任务和事件之间的定时和同步。它还可以消除各种情况下的延迟，以获得更好的系统响应。如图 12-37 所示。

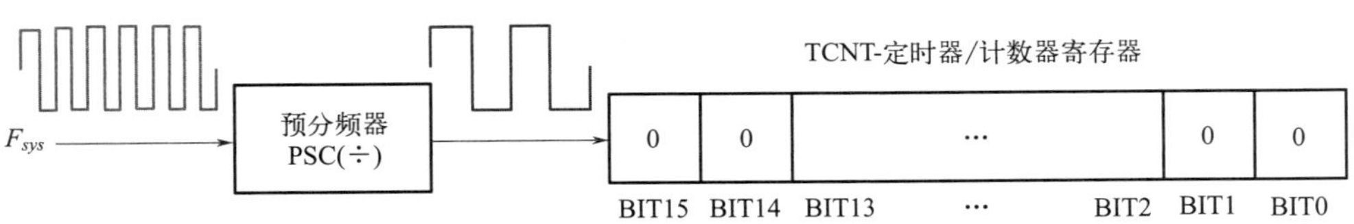

图 12-37　定时器模式示意图

（2）计数器模式

在计数器模式下，定时器模块从外部源（定时器输入引脚）获得时钟。因此定时器在外部输入的每个上升沿或下降沿递增或递减计数。在许多情况下，当需要实现一个数字计数器而不轮询输入引脚或定期读取 GPIO 或连续中断 CPU（如果您选择将其连接到 EXTI 引脚）时，这种模式非常有用。如图 12-38 所示。

实际上，可以监视每个时间间隔的计数器值差异，以判断出现了多少个脉冲或者脉冲的频率是多少。

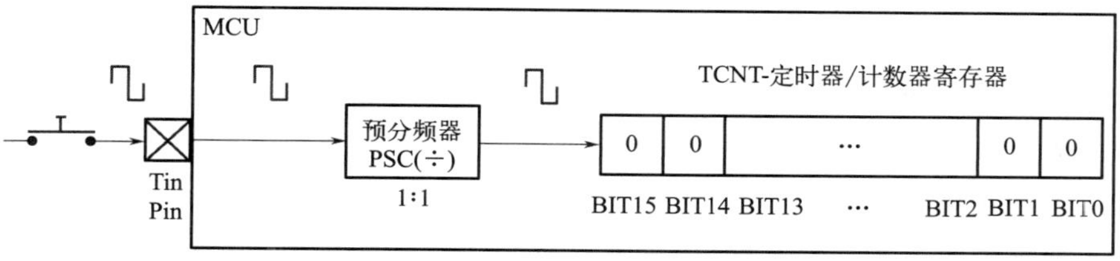

图 12-38　计数器模式示意图

(3) PWM 模式

在脉宽调制（pulse-width modulating，PWM）模式下，定时器模块由内部时钟源提供时钟，并在输出通道引脚上产生一个称为 PWM 信号的数字波形。通过使用输出比较寄存器（OCR），递增定时器的寄存器值不断与该 OCR 寄存器进行比较。当匹配发生时，输出引脚状态翻转，直到周期结束，整个过程重复。PWM 模式下的定时器将以用户选择的特定频率产生 PWM 信号。占空比也由其寄存器以编程方式控制。如图 12-39 所示。

(4) 高级 PWM 模式

高级 PWM 信号生成指的是控制更多参数和添加一些硬件电路以支持 PWM 信号生成的额外功能的硬件能力。其中包括：

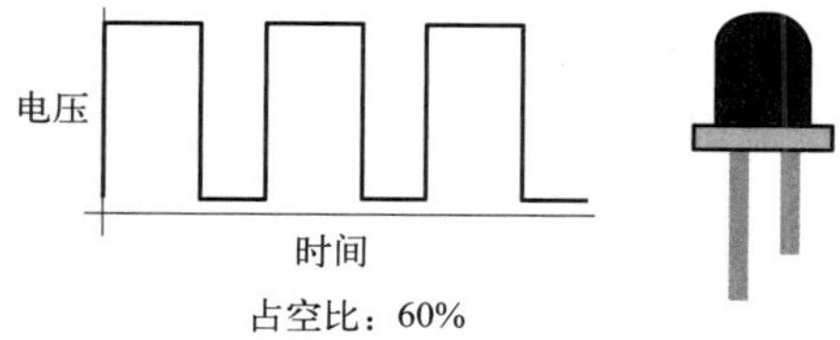

图 12-39　PWM 示意

- 产生互补 PWM 信号的能力，该信号通常与主通道上的 PWM 相同，但逻辑上相反。
- 能够在电机驱动应用的 PWM 信号中注入死区，以防止 PWM 信号重叠产生直通电流。
- 能够自动关闭 PWM 信号，也称为“自动制动”，这是安全关键应用的一项重要功能。
- 能够对 PWM 信号进行相位调整的能力。

图 12-40 是一个具有互补波形输出、插入死区和相位迟滞调整的 PWM 通道示例。

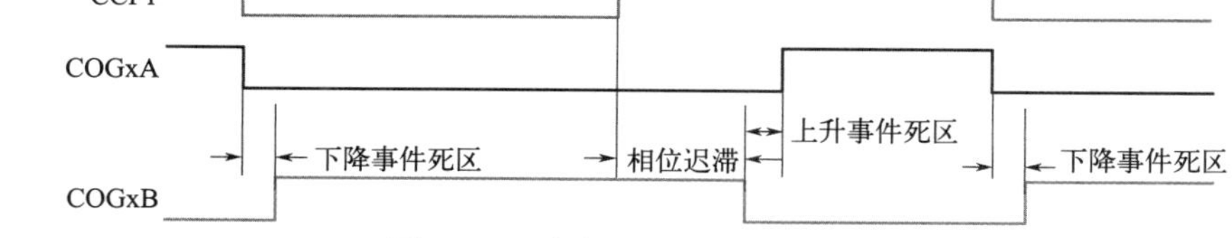

图 12-40　高级 PWM 模式示意

(5) 输出比较模式

在输出比较模式下，定时器模块控制输出波形。当检测到输出比较寄存器与计数器匹配时，输出比较功能会将相应的输出引脚分配给由输出定义的可编程值由程序定义的比较模式。输出比较引脚可以被驱动至高电平、低电平、切换其状态或保持不变。这根据应用要求由程序来确定。在许多应用中，这种工作模式对于产生时序信号和输出驱动极为有利。

(6) 单脉冲模式

单脉冲模式是前面模式的特例。它允许计数器响应激励而启动，并在可编程延迟后产生具有可编程长度的脉冲。可以通过从机模式控制器控制计数器的启动。可以在输出比较模式或 PWM 模式下产生波形。

(7) 输入捕获模式

在输入捕捉模式下，捕捉/比较寄存器（TIMx _ CCRx）用于在相应的 ICx 信号检测到跃迁后锁存计数器的值。发生捕获时，相应的 CCXIF 标志（TIMx _ SR 寄存器）置 1，并且如果使能，可以发送中断或 DMA 请求。这种模式对于外部信号测量或外部事件时序检测极其重要。当外部事件发生并触发中断时，捕获定时器计数的当前值。因此，我们可以将这一特性用于各种测量应用。

一个应用示例是超声波传感器，它测量距离，并将信息以脉冲形式发送到微控制器。通过测量脉冲宽度时间，可以找出距离读数。这可以通过使用定时器模块内的输入捕获单元来实现。

(8) 编码器模式

在编码器接口模式下，定时器模块作为具有两个输入的数字计数器工作。计数器由两个输入引脚上的每个有效转换计时。对两个输入的转换序列进行评估，并产生计数脉冲和方向信号。根据顺序，计数器递增计数或递减计数。所以你不必单独检测这些脉冲，看看哪个先来检测旋转方向和这类工作。现在，由于编码器模式硬件支持，所有这些都由硬件完成。

定时器在编码器接口模式下配置时，提供传感器当前位置的信息。用户可以通过使用在捕捉模式下配置的第二个定时器来测量两个编码器事件之间的周期，从而获得动态信息（速度、加速度、减速度）。指示机械零点的编码器输出可用于此目的。根据两个事件之间的时间间隔，也可以定期读取计数器。

(9) 定时器门控模式

在定时器门控模式下，定时器模块也被称为工作在“从模式”。其中只有当外部输入引脚保持高电平或低电平时，它才起作用。这个输入引脚被称为定时器门，允许定时器计数或根本不计数。这种模式可用于各种应用和信号测量。它可以以非常高的分辨率测量极短的脉冲。并且还触发定时器对来自传感器或其他 MCU 的外部事件进行计数。

12.5.4 DMA

直接内存访问（direct memory access，DMA）技术，可以直接访问内存，无需 CPU 干预。换句话说，它在不同的设备或内存区域之间传输数据，而不涉及 CPU。如果没有 DMA，那么对内存的读写就需要 CPU 的帮助。因此，该过程花费的时间会更多，并且 CPU 也会被该操作占用。如果有 DMA，那么 DMA 控制器会处理这个进程，而 CPU 可以处理另一个进程。因此，可以在没有 CPU 参与的情况下访问内存，并且这个过程花费的时间更少。

在非 DMA 计算机体系结构中，您会发现它看起来像图 12-41 所示。CPU 必须完成从闪存中获取指令、执行解码后的指令以及将数据移入和移出外设和内存的所有工作。CPU 必须立即将该数据流传输到内存中的本地缓冲区，以免丢失任何数据包。这意味着不同外设（如 UART、SPI、ADC 等）每秒会触发数量惊人的中断。而 CPU 不得不兼顾一切，损失越来越多的时间。

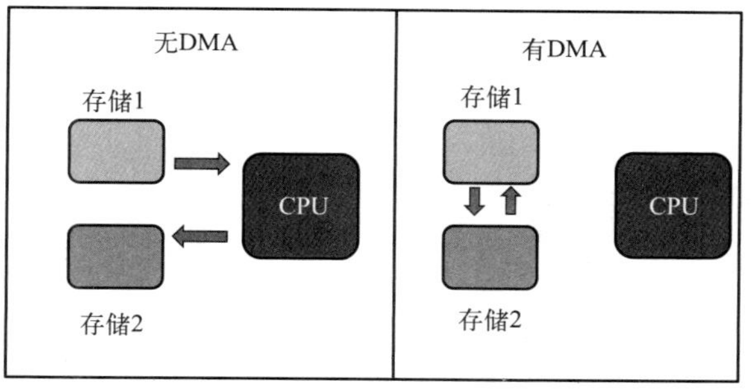

图 12-41　DMA 示意

使用 DMA 是为了在外设和存储器之间以及存储器到存储器之间提供高速数据传输。DMA 可以快速移动数据，无需任何 CPU 操作。这可以为其他操作释放 CPU 资源。DMA 单元的存在有时会带来一些问题。例如，在具有 CPU 高速缓存的架构中，当 DMA 单元访问数据存储器并写入也在高速缓存中镜像的位置时，这将使高速缓存中的数据无效。

STM32F103 共有两个 DMA 控制器，12 个通道（7 个用于 DMA1，5 个用于 DMA2），每个通道专用于管理来自一个或多个外设的存储器访问请求。它有一个仲裁器来处理 DMA 请求之间的优先级。DMA 控制器通过与 Cortex-M3 内核共享系统总线来执行直接存储器传输。当 CPU 和 DMA 以相同的目的地（存储器或外设）为目标时，DMA 请求可以在一些总线周期内停止 CPU 对系统总线的访问。总线矩阵实现循环调度，从而确保至少一半的系统总线带宽用于 CPU。

12.6　智能机器人神经信号控制与处理嵌入式系统开发案例

12.6.1　套索传动平台 PID 控制＋迟滞前馈补偿嵌入式系统开发示例

本小节主要介绍套索传动实验平台嵌入式系统开发，对应代码可参考本书电子附件。

（1）整体硬件平台介绍

研制设备结构简图如图 12-42 所示。左侧布置电机及其安装平台，柔索呈螺旋状缠绕电机输出轮，提高摩擦力，防止打滑。柔索通过拉紧器实现预紧。机械臂布置在实验台，柔索带动机械臂关节，输出运动，实现电机能量的远端传送。实验平台整体尺寸为 900mm×500mm×434mm，该实验平台机械结构部分可参考本书 2.5.4 小节内容。

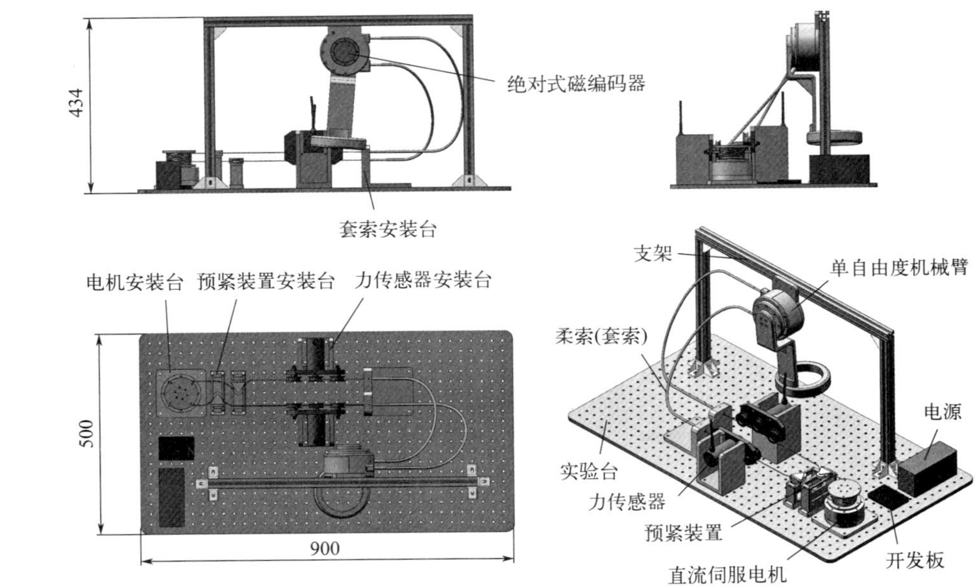

图 12-42　套索传动实验平台原理图

采用的控制算法框图如图 12-43 所示，利用 PID 结合前馈补偿器实现柔索传动平台控制及迟滞补偿。

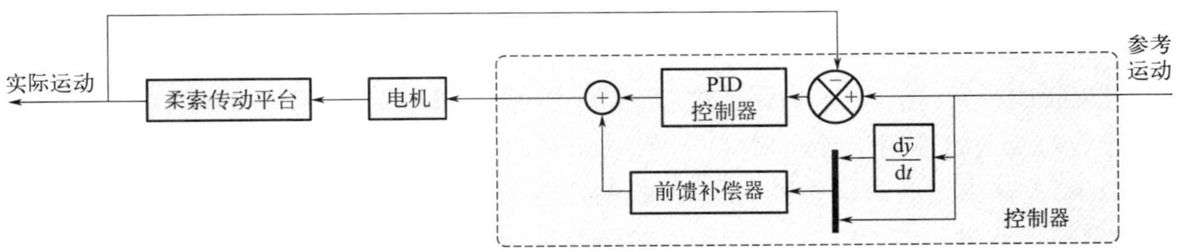

图 12-43　控制算法框图

前馈补偿器公式如下。

$$q=\frac{0.03v_{\text{ref}}}{0.01+|v_{\text{ref}}|} \tag{12-1}$$

其中，v_{ref} 表示参考速度。

人机交互系统设计示意图如图 12-44 所示，包含基本的嵌入式系统部分和上位机软件交互界面部分。基本嵌入式系统包含 STM32F427 最小系统、力传感器、角度传感器等部分。电机通过 CAN 总线传送电机电流、电机速度和电机角度信息。上位机系统部分采用 Python 环境下的 pyside2 模块编写对应的交互界面，可实时显示数据曲线，设置滤波和控制算法，设置实验人员信息，开始结束实验，保存数据等。

电机驱动板内置于伺服电机内部，通过 CAN 总线通信。外置电控系统相关设计如图 12-45 所示。其中单片机为 STM32F427，来自大疆科技有限公司。模拟信号采集板用于采集角度传感器信号（最大 3.3V）、张力传感器信号（最大 10V），通过 SPI 通信总线将采集信号输出到单片机。由于角度传感器供电电压为 3.3V，张力传感器供电电压为

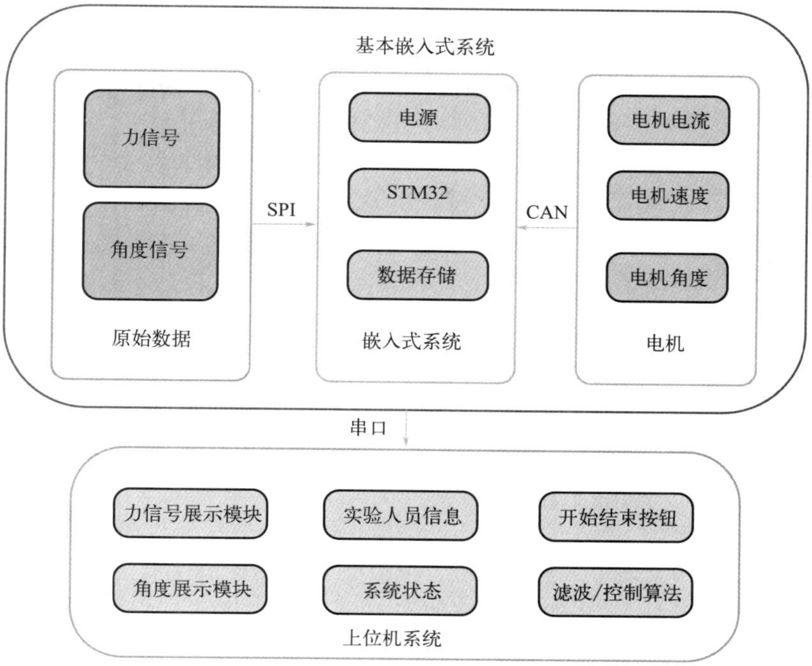

图 12-44　人机交互系统设计示意图

12～24V，模拟信号采集板供电电压为 5V，电机供电电压为 24～48V，因此，需电源分压模块。单片机通过串口与上位机进行数据通信与交互。

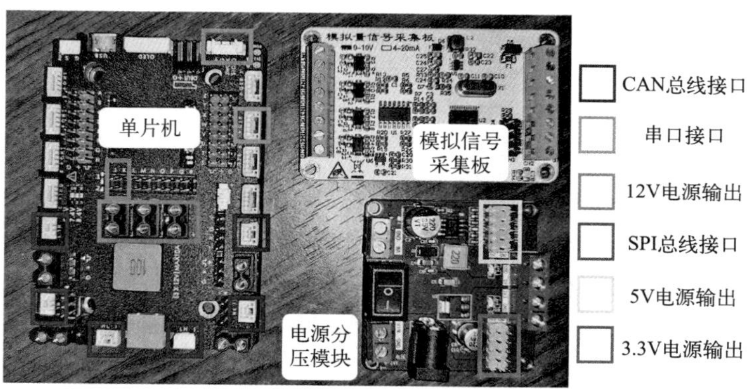

图 12-45　外置电控系统相关设计

(2) 接线介绍

① 张力传感器中，单个张力传感器具有四根线。

- 红线接单片机上的 12V 电源输出正极（12～24V）。
- 绿线接单片机上的 12V 电源输出负极（GND）。
- 黄线接模拟信号采集板 IN2 或者 IN3。
- 黑线接模拟信号采集板 GND。

② 角度传感器具有三根线。

- 红线接电源分压模块 3.3V。
- 黑线接模拟信号采集板 GND。
- 黄线接模拟信号采集板 IN1。

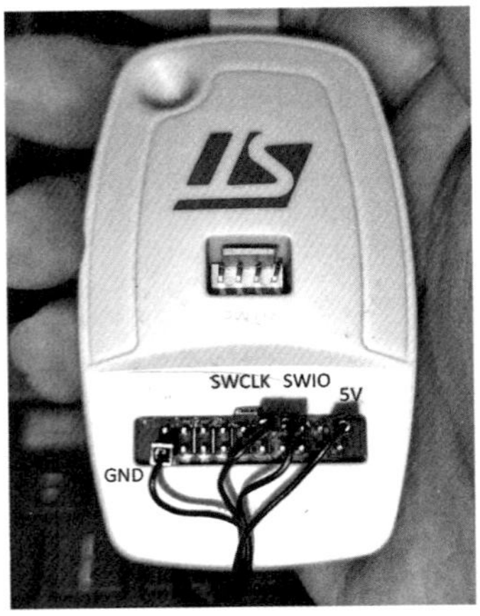

图 12-46　STLINK 接线图

③ 单片机接线。

- 单片机串口 6 接电脑串口转 USB 模块。
- 单片机 CAN 总线接电机 CAN 接口，注意单片机 CAN 总线的 H 和 L 与电机 CAN 接口的 H 和 L 反过来了。
- 单片机程序下载接口接 STLINK 模块，注意＋必须接 TVCC，STLINK 模块接口示意图如图 12-46 所示。

(3) SPI 通信

模拟信号采集板采集三路模拟信号（角度信号、张力传感器 1 信号、张力传感器 2 信号），采集得到的信号经过模数转换为数字信号，数字信号经过 SPI 通信方式传递给单片机。模拟信号采集板的主要芯片为 AD7190，其引脚和功能如表 12-4 所示。其中，CS 引脚接单片机 SPI4_NSS PE4，即 J2 接口，CLK 引脚接单片机 SPI4_SCK PE12，即 K2 接口，IN 引脚接 SPI4_MOSI PE6，即 K1 接口，OUT 引脚接 SPI4_MISO PE5，即 J1 接口。

表 12-4　AD7190 引脚和功能说明

模块引脚	功能说明
GND	地线
5V	电源线
CS	片选
CLK	时钟
OUT	数据输入
IN	数据输出

单片机 SPI 通信需初始化，初始化函数如下。

```
void MX_SPI4_Init(void)
{
        GPIO_InitTypeDef GPIO_InitStruct;
        __HAL_RCC_SPI4_CLK_ENABLE();
        __HAL_RCC_GPIOE_CLK_ENABLE();
    /** SPI4 GPIO Configuration
PE4     -------> SPI4_NSS
    PE12     ------> SPI4_SCK
    PE5     ------> SPI4_MISO
    PE6     ------> SPI4_MOSI
    */
  GPIO_InitStruct.Pin=GPIO_PIN_12;
```

```
    GPIO_InitStruct.Mode=GPIO_MODE_AF_PP;
    GPIO_InitStruct.Pull=GPIO_NOPULL;
    GPIO_InitStruct.Speed=GPIO_SPEED_FREQ_VERY_HIGH;
    GPIO_InitStruct.Alternate=GPIO_AF5_SPI1;
    HAL_GPIO_Init(GPIOE,&GPIO_InitStruct);

    GPIO_InitStruct.Pin=GPIO_PIN_5|GPIO_PIN_6;
    GPIO_InitStruct.Mode=GPIO_MODE_AF_PP;
    GPIO_InitStruct.Pull=GPIO_NOPULL;
    GPIO_InitStruct.Speed=GPIO_SPEED_FREQ_VERY_HIGH;
    GPIO_InitStruct.Alternate=GPIO_AF5_SPI1;
    HAL_GPIO_Init(GPIOE,&GPIO_InitStruct);

    GPIO_InitStruct.Pin=GPIO_PIN_4;
    GPIO_InitStruct.Mode=GPIO_MODE_OUTPUT_PP;
    GPIO_InitStruct.Pull=GPIO_NOPULL;
    GPIO_InitStruct.Speed=GPIO_SPEED_FREQ_LOW;
    HAL_GPIO_Init(GPIOE,&GPIO_InitStruct);


    hspi4.Instance=SPI4;
    hspi4.Init.Mode=SPI_MODE_MASTER;
    hspi4.Init.Direction=SPI_DIRECTION_2LINES;
    hspi4.Init.DataSize=SPI_DATASIZE_8BIT;
    hspi4.Init.CLKPolarity=SPI_POLARITY_HIGH;
    hspi4.Init.CLKPhase=SPI_PHASE_2EDGE;
    hspi4.Init.NSS=SPI_NSS_SOFT;
    hspi4.Init.BaudRatePrescaler=SPI_BAUDRATEPRESCALER_32;
    hspi4.Init.FirstBit=SPI_FIRSTBIT_MSB;
    hspi4.Init.TIMode=SPI_TIMODE_DISABLE;
    hspi4.Init.CRCCalculation=SPI_CRCCALCULATION_DISABLE;
    hspi4.Init.CRCPolynomial=7;
    HAL_SPI_Init(&hspi4);
    /* 片选使能 */
    HAL_GPIO_WritePin(GPIOE,GPIO_PIN_12,GPIO_PIN_RESET);

}
```

其中，关键参数为 void ad7190_unipolar_multichannel_conf(void)函数中的 AD7190_MODE_RATE(2) 用于控制采样速度，数据越小，采样速度越快。

```
command=AD7190_MODE_SEL(AD7190_MODE_CONT)|AD7190_MODE_DAT_STA|
AD7190_MODE_CLKSRC(AD7190_CLK_EXT_MCLK1_2)|AD7190_MODE_RATE(2);
```

在主函数中，采样数据解码放置于滴答定时回调函数中。

```
void HAL_SYSTICK_Callback(void)
{
  uint8_t sample[4];
  int8_t temp;

  if((flag)&&(AD7190_RDY_STATE==0))
  {
    HAL_SPI_Receive(&hspi4,sample,4,0xFF);
    if((sample[3]&0x80)==0)
    {
      temp=(sample[3]&0x07)-4;
      if(temp>=0)
      {
//#if ZERO_MODE==1
//        bias_data[temp]=((sample[0]<< 16)|(sample[1]<< 8)|sample[2]);
//#else
        ad7190_data[temp]=((sample[0]<< 16)|(sample[1]<< 8)|sample[2])-bias_data[temp];
                                if(flag==2)
                                {
//                              #if ZERO_MODE==1
//                                      printf("IN%d.0x%05X\n",number,bias_data[number]);
//                              #else
                                    voltage_data[number]=ad7190_data[number]>>4;
        voltage_data[number]=voltage_data[number]*REFERENCE_VOLTAGE/OPA_RES_R2*OPA_RES_R1/0xFFFFF;
                                    //printf("IN%d%4.3f\n",number,voltage_data[number]);

//                              #endif
                                    flag=1;
                                }
//#endif
        number=temp;
        flag=2;
      }
      else
      {
        //printf("error:0x%X\n",sample[3]);
```

```
          flag++;
          if(flag>=10)
          {
            flag=0;
            //printf("失败!!! \n");
          }
        }
      }
    }
  }
```

采集得到的数据在数组 voltage _ data [number] 中，其中，voltage _ data [0] 表示角度传感器信号，voltage _ data [1] 表示张力传感器 1 信号，voltage _ data [2] 表示张力传感器 2 信号。AD7190 其他相关函数可参考单片机详细程序。

(4) CAN 通信

单片机具有两路 CAN，CAN1 是本项目所采用的。CAN1 初始化程序如下。

```
/* CAN1 init function */
void MX_CAN1_Init(void)
{

  hcan1.Instance=CAN1;
  hcan1.Init.Prescaler=3;
  hcan1.Init.Mode=CAN_MODE_NORMAL;
  hcan1.Init.SyncJumpWidth=CAN_SJW_1TQ;
  hcan1.Init.TimeSeg1=CAN_BS1_9TQ;
  hcan1.Init.TimeSeg2=CAN_BS2_4TQ;
  hcan1.Init.TimeTriggeredMode=DISABLE;
  hcan1.Init.AutoBusOff=DISABLE;
  hcan1.Init.AutoWakeUp=DISABLE;
  hcan1.Init.AutoRetransmission=DISABLE;
  hcan1.Init.ReceiveFifoLocked=DISABLE;
  hcan1.Init.TransmitFifoPriority=ENABLE;
  if(HAL_CAN_Init(&hcan1)! =HAL_OK)
  {
    _Error_Handler(__FILE__,__LINE__);
  }
}
```

CAN1 使能函数如下。

```
void HAL_CAN_MspInit(CAN_HandleTypeDef * canHandle)
{

  GPIO_InitTypeDef GPIO_InitStruct;
```

```
if(canHandle-> Instance==CAN1)
{
/* USER CODE BEGIN CAN1_MspInit 0 */

/* USER CODE END CAN1_MspInit 0 */
  /* CAN1 clock enable */
  HAL_RCC_CAN1_CLK_ENABLED++;
  if(HAL_RCC_CAN1_CLK_ENABLED==1){
    __HAL_RCC_CAN1_CLK_ENABLE();
  }
          __HAL_RCC_GPIOD_CLK_ENABLE();
  /** CAN1 GPIO Configuration
  PD0     ------> CAN1_RX
  PD1     ------> CAN1_TX
  */
  GPIO_InitStruct.Pin=GPIO_PIN_0|GPIO_PIN_1;
  GPIO_InitStruct.Mode=GPIO_MODE_AF_PP;
  GPIO_InitStruct.Pull=GPIO_NOPULL;
  GPIO_InitStruct.Speed=GPIO_SPEED_FREQ_VERY_HIGH;
  GPIO_InitStruct.Alternate=GPIO_AF9_CAN1;
  HAL_GPIO_Init(GPIOD,&GPIO_InitStruct);

  /* CAN1 interrupt Init */
  HAL_NVIC_SetPriority(CAN1_RX0_IRQn,0,0);
  HAL_NVIC_EnableIRQ(CAN1_RX0_IRQn);
  HAL_NVIC_SetPriority(CAN1_RX1_IRQn,0,0);
  HAL_NVIC_EnableIRQ(CAN1_RX1_IRQn);
 /* USER CODE BEGIN CAN1_MspInit 1 */

 /* USER CODE END CAN1_MspInit 1 */
 }
}
```

其中，CAN接口初始化函数如下。

```
void CanComm_Init(void)
{
    HAL_CAN_Start(&hcan1);                    /* 开启 CAN 通信 */
    HAL_CAN_ActivateNotification(&hcan1,CAN_IT_RX_FIFO0_MSG_PENDING);/* 开启挂起
中断允许 */
}
```

CAN通信中的关键函数是 static void CanTransmit (uint8 _ t * buf, uint8 _ t len) 和 void HAL _ CAN _ RxFifo0MsgPendingCallback (CAN _ HandleTypeDef * hcan)，对

应 CAN 发送函数和 CAN 接收函数。

```
static void CanTransmit(uint8_t * buf,uint8_t len)
{

    uint32_t canTxMailbox;

    if((buf! =NULL)&&(len! =0))
    {
        TxHead.StdId     =CAN_SLAVE_ID;          /* 指定标准标识符 */
        TxHead.IDE       =CAN_ID_STD;            /* 指定将要传输消息的标识符类型 */
        TxHead.RTR       =CAN_RTR_DATA;          /* 指定消息传输帧类型 */
        TxHead.DLC       =len;                   /* 指定将要传输的帧长度 */

        if(HAL_CAN_AddTxMessage(&hcan1,&TxHead,buf,(uint32_t *)&canTxMailbox)==
HAL_OK)
        {
//              printf("发送成功\n");
        }
    }
}

void HAL_CAN_RxFifo0MsgPendingCallback(CAN_HandleTypeDef * hcan)
{
    uint8_t data[8];
    HAL_CAN_GetRxMessage(hcan,CAN_RX_FIFO0,&RxHead,data);

    if(data[0]==CAN_SLAVE_ID)
    {
      tmp_value1=(data[1]<< 8)|(data[2]);
      tmp_value2=(data[3]<< 4)|(data[4]> > 4);
      tmp_value3=((data[4]&0xF)<< 8)|(data[5]);
      CurPosition=uint_to_float(tmp_value1,P_MIN,P_MAX,16);
CurVelocity=uint_to_float(tmp_value2,V_MIN,V_MAX,12);
//x * (P_MAX-P_MIN)/4095+P_MIN=x * 2 * 95.9/4095-95.5,编码器是 12 位的,2^12=4096
CurCurrent=uint_to_float(tmp_value3,T_MIN,T_MAX,12);
    }
}
```

其中，CurPosition、CurVelocity、CurCurrent 分别表示电机当前位置、当前速度和当前电流。电机驱动器返回的数据内容及 tmp_value1、tmp_value2、tmp_value3 的解释可参考 12.2.1 小节中的数据移位操作相关内容介绍和示例说明。

CAN 总线发送的控制指令如下。

```
void CanComm_SendControlPara(float f_p,float f_v,float f_kp,float f_kd,float f_t)
{
    uint16_t p,v,kp,kd,t;
    uint8_t buf[8];

    /* 限制输入的参数在定义的范围内 */
    LIMIT_MIN_MAX(f_p,P_MIN,P_MAX);
    LIMIT_MIN_MAX(f_v,V_MIN,V_MAX);
    LIMIT_MIN_MAX(f_kp,KP_MIN,KP_MAX);
    LIMIT_MIN_MAX(f_kd,KD_MIN,KD_MAX);
    LIMIT_MIN_MAX(f_t,T_MIN,T_MAX);

    /* 根据协议,对 float 参数进行转换 */
    p=float_to_uint(f_p,     P_MIN,  P_MAX,  16);
    v=float_to_uint(f_v,     V_MIN,  V_MAX,  12);
    kp=float_to_uint(f_kp,   KP_MIN,KP_MAX,12);
    kd=float_to_uint(f_kd,   KD_MIN,KD_MAX,12);
    t=float_to_uint(f_t,     T_MIN,  T_MAX,  12);
    /* 根据传输协议,把数据转换为 CAN 命令数据字段 */
    buf[0]=p> > 8;
    buf[1]=p&0xFF;
    buf[2]=v> > 4;
    buf[3]=((v&0xF)<< 4)|(kp> > 8);
    buf[4]=kp&0xFF;
    buf[5]=kd> > 4;
    buf[6]=((kd&0xF)<< 4)|(t> > 8);
    buf[7]=t&0xff;
    /* 通过 CAN 接口把 buf 中的内容发送出去 */
    CanTransmit(buf,sizeof(buf));
}
```

其中，关键在于数组 buf [8]，电机驱动器定义一个 CAN 包，包含 5 个指令，分别如下。

- 16 位的位置指令 p
- 12 位的速度指令 v
- 12 位的 kp
- 12 位的 kd
- 12 位的前馈电流 t

因此，假设 p=aaaabbbbccccdddd，则 p>>8 表示右移 8 位，buf[0] 将其位置指令 p 的高 8 位 aaaabbbb 存储。p&0xFF 表示 aaaabbbbccccdddd 和 0000000011111111 进行与操作，得到 ccccdddd，也就是 buf [1] 为位置指令低 8 位。

假设 v=0000eeeeffffgggg，则 buf[2]=v>>4 表示用于存储速度指令 v 有效位的高 8

位，v>>4 则得到 00000000eeeeffff，再从 uint16_t 转为 uint8_t，则舍弃高 8 位，得到 eeeeffff。也就是 buf［2］为速度的高 8 位。

(v&0xF)<<4 表示 v&0xF 得到 0000eeeeffffgggg，(v&0xF)<<4得到 eeeeffffgggg0000。假设 kp=0000hhhhiiiijjjj，kp>>8=000000000000hhhh，因此 buf[3]=((v&0xF)<<4)|(kp>>8) 表示 eeeeffffgggghhhh，再从 uint16_t 转为 uint8_t，则舍弃高 8 位，得到 gggghhhh，也就是 buf[3] 是速度的低 4 位+kp 的高 4 位。

buf[4]=kp&0xFF 则表示 kp=0000hhhhiiiijjjj 和 0000000011111111 进行与操作，得到 00000000iiiijjjj，再从 uint16_t 转为 uint8_t，则舍弃高 8 位，得到 iiiijjjj，也就是 kp 的低 8 位。因此，buf[4] 是 kp 的低 8 位。

buf[5]=kd>>4；假设 kd=0000kkkkllllmmmm，则 kd>>4 为 00000000kkkkllll，也就是 buf［5］是 kd 的高 8 位。

buf[6]=((kd&0xF)<<4)|(t>>8)；kd&0xF==000000000000mmmm，(kd&0xF)<<4==00000000mmmm0000，假设 t=0000nnnnoooopppp，t>>8==000000000000nnnn，因此 buf［6］是 kd 的低 4 位+前馈电流 t 的高 4 位。

buf[7]=t&0xff==oooopppp，因此 buf[7] 是前馈电流 t 的低 8 位。

因此，程序提供了一个常用控制指令函数 void CanComm_ControlCmd(uint8_t cmd)，具体代码如下。

```
void CanComm_ControlCmd(uint8_t cmd)
{
    uint8_t buf[8]={0xFF,0xFF,0xFF,0xFF,0xFF,0xFF,0xFF,0x00};
    switch(cmd)
    {
        case CMD_MOTOR_MODE:
            buf[7]=0xFC;
            break;

        case CMD_RESET_MODE:
            buf[7]=0xFD;
        break;

        case CMD_ZERO_POSITION:
            buf[7]=0xFE;
        break;

        default:
        return;/*直接退出函数*/
    }
    CanTransmit(buf,sizeof(buf));
}
```

- 进入电机模式的 buf［8］数组如下：CMD_MOTOR_MODE

buf[8]=[0xFF,0xFF,0xFF,0xFF,0xFF,0xFF,0xFF,0xFC]

- 退出电机模式的 buf [8] 数组如下：CMD_RESET_MODE

buf[8]=[0xFF,0xFF,0xFF,0xFF,0xFF,0xFF,0xFF,0xFD]

- 设置位置为 0 的 buf [8] 数组如下：CMD_ZERO_POSITION

buf[8]=[0xFF,0xFF,0xFF,0xFF,0xFF,0xFF,0xFF,0xFE]

因此，基于以上几个基本模式，可编写如下几个基本电机控制函数。

- 相对运动电机启动

```
void MotorControl_Start_relative(void)
{
    CanComm_ControlCmd(CMD_MOTOR_MODE);//进入电机模式
    HAL_Delay(100);
    CanComm_SendControlPara(0,0,0,0,0);//设置 p,v,kp,kd,t 都为 0。
HAL_Delay(100);
CanComm_ControlCmd(CMD_ZERO_POSITION);//设置位置为 0,相当于把绝对值编码器当相对值编
码器
    loop_counter=0;
    pre_PCtick=HAL_GetTick();//获取当前滴答定时器数据
    pre_VCtick=HAL_GetTick();//获取当前滴答定时器数据
}
```

- 绝对运动电机启动

```
void MotorControl_Start_absolute(void)
{
    CanComm_ControlCmd(CMD_MOTOR_MODE);//进入电机模式
    HAL_Delay(100);
    loop_counter=0;
    pre_PCtick=HAL_GetTick();//获取当前滴答定时器数据
    pre_VCtick=HAL_GetTick();//获取当前滴答定时器数据
}
Position_start=CurPosition;//获取电机启动时的位置,但是电机还未运动
```

- 退出电机

```
void MotorControl_Stop(void)
{
    CanComm_ControlCmd(CMD_RESET_MODE);
}
```

- 电机位置控制

```
bool MotorControl_PositionHandler(void)
{
    float t;
```

```
        uint32_t tick＝HAL_GetTick()；//获得当前滴答定时器数据
        if((tick-pre_PCtick)>＝10)        /**！< 10ms 进行一次控制 */
        {
            pre_PCtick＝tick；//更新迭代滴答定时器数据，这次的 tick 是下一个 10ms 时刻的之前
时刻数据，也就是 pre_PCtick
            loop_counter＋＋；//相当于迭代次数
            t＝0.01 * loop_counter；        /** 定时器的时钟滴答为 10ms * /
            if(t< 3.14)
            {
                f_p＝－0.5f＋0.5f * cos(2 * t)＋Position_start；//电机起始位置基础上进行
cos 函数位置控制
            }
            if(t> 3.14||t＝＝3.14&t< 3.14 * 2||t＝＝3.14 * 2)
            {
                f_p＝0.5f－0.5f * cos(2 * t)＋Position_start；
            }
    if(t> 3.14 * 2)
                {
                loop_counter＝0；
                Biaoji_xunhuan＋＋；
          CanComm_ControlCmd(CMD_RESET_MODE)；      /** 电机进入 reset 模式，也就是退出电机 * /
          return false；                            / * 完成整个电机周期的控制 * /
                }
            CanComm_SendControlPara(f_p,0,15,15,0)；//将设置的 fp,fv,kp,kv,t 发送给驱动
器，如果 fv 为 0，则为位置控制模式
        }
        return true；
    }
```

- **速度闭环控制**

```
    bool MotorControl_velocityHandler(void)
    {
        uint32_t tick＝HAL_GetTick()；

        if((tick-pre_VCtick)>＝10)
        {
            pre_VCtick＝tick；

            CanComm_SendControlPara(0,－6,0,1,0.2)；//将设置的 fp,fv,kp,kv,t 发送给驱动
器，如果 fp 为 0，则为速度控制模式
        }
        return true；
    }
```

因此，总结 CAN 总线通信有如下程序步骤。

```
初始化
时钟和中断使能
CAN 滤波器初始化
CAN 接口初始化:开启 CAN 通信和开启挂起中断允许
定义 CAN 发送函数
定义 CAN 接收回调函数
中断函数 CAN1_RX0_IRQHandler 定义
定义 CAN 控制指令参数发送 CanComm_SendControlPara
定义 CAN 控制电机模式
主函数引用
```

电机控制公式如下

$$\tau=k_p(f_p-p_{acl})+k_d(f_v-v_{acl})+t \tag{12-2}$$

其中，f_p 是目标位置，f_v 是目标速度，p_{acl} 表示当前电机位置，v_{acl} 表示当前电机速度，t 为前馈力矩，也就是电流。

(5) 串口通信

本项目只用到了串口 6，用于上位机接收单片机数据和单片机接收上位机发送的指令。串口 6 的波特率为 921600，初始化函数如下。

```
void MX_USART6_UART_Init(void)
{
  huart6.Instance=USART6;
  huart6.Init.BaudRate=921600;
  huart6.Init.WordLength=UART_WORDLENGTH_8B;
  huart6.Init.StopBits=UART_STOPBITS_1;
  huart6.Init.Parity=UART_PARITY_NONE;
  huart6.Init.Mode=UART_MODE_TX_RX;
  huart6.Init.HwFlowCtl=UART_HWCONTROL_NONE;
  huart6.Init.OverSampling=UART_OVERSAMPLING_16;
  if(HAL_UART_Init(&huart6)! =HAL_OK)
  {
    _Error_Handler(__FILE__,__LINE__);
  }
}
```

接着还需时钟中断允许，设置对应中断优先级，具体代码可详见 void HAL_UART_MspInit(UART_HandleTypeDef * uartHandle) 函数。

再者，考虑到串口接收数据时，需调用中断，因此，还需要编写串口数据接收中断处理函数 void USART6_IRQHandler(void)，如下是中断处理函数示例，放置于 usart.c 文件中，因此需要把 stm32f4xx_it.c 文件中的中断处理函数注释掉。上位机可设置对应接收字符，例如上位机点击开始按钮，往单片机发送字符‘0’，则单片机接收中断处理函数中，可设置 receive = huart6.Instance->DR；if(receive = ='0'){xxx;}。具体程序详见代码。

主函数中需要开启串口初始化和开启接收中断。

```
MX_USART6_UART_Init();
__HAL_UART_ENABLE_IT(&huart6,UART_IT_RXNE);//开启接收中断
```

因此，总结串口总线通信有如下程序步骤。

初始化

时钟和中断使能

中断处理函数，可以放在 stm32f4xx_it.c 文件中，也可以注释掉 stm32f4xx_it.c 文件中的这个函数，单独写到 usart.c 文件中

主函数

（6）单片机定时器和定时中断函数

本实验用到了定时器 TIM3 用于控制电机控制周期以及串口信号输出频率。由于 STM32F427 的主控频率为 168MHz，而本实验设定电机控制周期为 0.004s，信号输出频率为 1/0.004 = 250Hz，因此 TIM3 初始化的时候主要需设置好两个参数，即 htim3.Init.Prescaler 和 htim3.Init.Period。TIM3 的控制周期计算公式如下。

$$T=\frac{(\mathrm{TIM}_{\mathrm{Period}}+1)(\mathrm{TIM}_{\mathrm{Prescaler}}+1)}{\mathrm{TIMxCLK}} \tag{12-3}$$

其中，TIMxCLK=168MHz，设置 $\mathrm{TIM}_{\mathrm{Period}}=40-1$，$\mathrm{TIM}_{\mathrm{Prescaler}}=16800-1$，代入公式可得 $T=0.004\mathrm{s}$。接着需设置时钟和中断允许。

```
HAL_NVIC_SetPriority(TIM3_IRQn,1,1);//定义中断优先级,最高为 0,0
HAL_NVIC_EnableIRQ(TIM3_IRQn);
```

并且还需申明中断处理函数 HAL_TIM_IRQHandler(&htim3)，这里关键在于编写中断回调函数。中断回调函数是表示每隔 T 时间就会执行一次中断回调函数。本实验的控制算法和其他相关数据处理程序即编写在中断回调函数中。

因此，总结单片机定时器有如下程序步骤。

初始化 void MX_TIM3_Init(void)

时钟和中断使能 void HAL_TIM_Base_MspInit(TIM_HandleTypeDef * tim_baseHandle)

中断处理函数，void TIM3_IRQHandler(void)

主函数申明

中断回调函数 void HAL_TIM_PeriodElapsedCallback(TIM_HandleTypeDef * htim)

（7）普通 PID 控制

普通 PID 控制方法如下公式所示。

$$f_p=p_{\mathrm{ref}}+K_p(p_{\mathrm{ref}}-p_{\mathrm{act}})+K_d(v_{\mathrm{ref}}-v_{\mathrm{act}}) \tag{12-4}$$

其中，K_p 为比例系数，K_d 是微分系数，p_{ref} 和 v_{ref} 是参考位置和参考速度，p_{act} 和 v_{act} 表示实际位置和实际速度，f_p 为实际位置控制信息。

（8）PID+迟滞补偿控制

$$f_p=p_{\mathrm{ref}}+K_p(p_{\mathrm{ref}}-p_{\mathrm{act}})+K_d(v_{\mathrm{ref}}-v_{\mathrm{act}})+\frac{K_1v_{\mathrm{ref}}}{K_2+|v_{\mathrm{ref}}|} \tag{12-5}$$

PID+迟滞补偿控制方法在PID控制算法基础上，增加了前馈迟滞补偿控制模块。

实验设计：K_p 和 K_d 调整，通过所设计的上位机软件，观察参数调整效果；K_p、K_d、K_1 和 K_2 调整，通过所设计的上位机软件，观察参数调整效果。K_p、K_d、K_1 和 K_2 的参考值分别为 0.15、0.2、0.03 和 0.01。套索传动平台上位机部分可参考本书 13.4.2 小节内容。

12.6.2 具有串口屏交互的仿生手嵌入式系统开发示例

本小节主要介绍具有串口屏交互的仿生手嵌入式系统开发，对应的程序文件可参考本书电子附件。

(1) 仿生手机械结构

整体仿生手机械结构采用六杆机构，如图 12-47 所示。

本工作所设计的机械手具有五个手指，每一个手指包含 3 个指节。单个手指对应的机械原理图如图 12-47(a)、(b) 所示。该结构是六连杆机构，通过 l_2 杆件带动机械手指的 MCP、PIP 和 DIP 关节运动，如图 12-47(c) 所示。电机通过伞齿轮将运动传递到 l_2 杆件，各个连杆的杆长如表 12-5 所示。图 12-47(d) 和图 12-47(e) 展示的是机械手的正面和背面。图 12-47(f) 展示的是机械手实物图。该机械手包含 5 个直流有刷伺服电机、1 个 STM32F103 最小系统板、5 个直流有刷伺服驱动器、1 个串口屏和 1 个 12V/5V 输出电压的电池。为了方便地修改程序，在机械手背面，分别布置了电池充电接口、STM32F103 程序下载接口和串口屏幕程序下载接口。

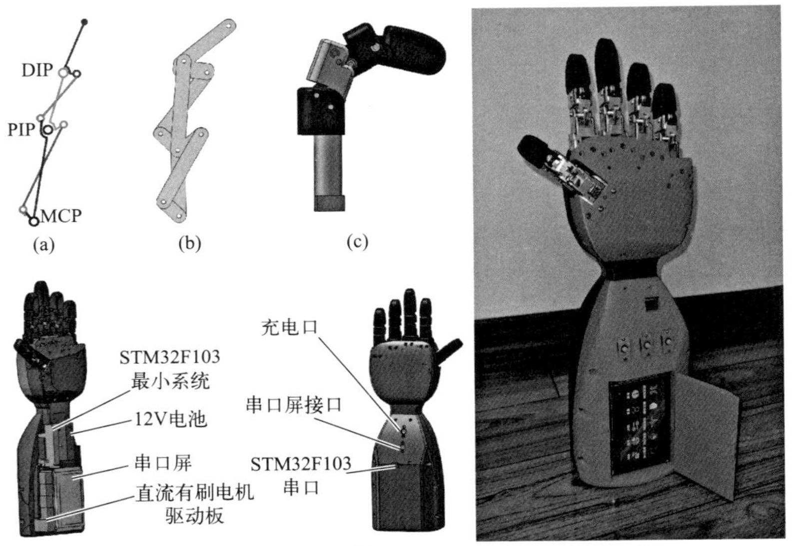

图 12-47 机械手原理和结构

六连杆机构的坐标及参数如图 12-48 所示。六杆机构本质上是两个四杆机构的组合，两个四杆机构分别为 $AOCB$ 和 $BDEF$。设置坐标原点在 O 点处。各个杆件的长度定义分别为 $OA=l_1$，$AB=l_2$，$OC=l_3$，$DF=l_4$，$BE=l_5$，$EG=l_6$，$BC=l'_5$，$BD=l'_2$，$EF=l'_6$。其中，AB 为驱动杆。六杆机构的自由度计算公式如下，其中活动杆件数 N 为

5，低副数 P_L 为 7，高副数 P_H 为 0，自由度数 F 为 1。

$$F=3N-2P_L-P_H \tag{12-6}$$

表 12-5　各个杆件的参数

mm

项目	l_1	l_2	l_3	l_4	l_5	l_6	l_2'	l_5'	l_6'
大拇指	10.63	26.31	27	23.09	22.09	31	5.66	7.81	6.18
食指	10.63	26.31	27	23.09	22.09	41	5.66	7.81	6.18
中指	10.63	26.31	27	23.09	22.09	56	5.66	7.81	6.18
无名指	10.63	26.31	27	23.09	22.09	41	5.66	7.81	6.18
小拇指	10.63	26.31	27	23.09	22.09	41	5.66	7.81	6.18

对于第一个四杆机构 $AOCB$，O 点和 A 点的坐标如式(12-7) 和式(12-8) 所示。

$$\begin{cases} x_O=0 \\ y_O=0 \end{cases} \tag{12-7}$$

$$\begin{cases} x_A=l_1 \\ y_A=0 \end{cases} \tag{12-8}$$

B 点和 C 点的坐标如式(12-9) 和式(12-10) 所示。

$$\begin{cases} x_B=l_1+l_2\cos\alpha_1 \\ y_B=l_2\sin\alpha_1 \end{cases} \tag{12-9}$$

$$\begin{cases} x_C=l_3\cos\alpha_2 \\ y_C=l_3\sin\alpha_2 \end{cases} \tag{12-10}$$

对于第二个四杆机构 $BDEF$，D 点、F 点和 E 点的坐标如式(12-11)～式(12-13) 所示。

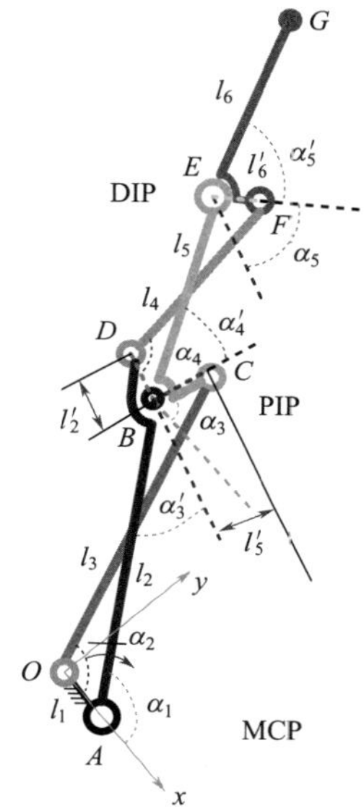

图 12-48　六杆结构坐标及参数设置

$$\begin{cases} x_D=\underbrace{l_1+l_2\cos\alpha_1}_{x_B}-l_2'\cos(\pi-\alpha_1-\alpha_3') \\ y_D=\underbrace{l_2\sin\alpha_1}_{y_B}+l_2'\sin(\pi-\alpha_1-\alpha_3') \end{cases} \tag{12-11}$$

$$\begin{cases} x_F=\underbrace{l_1+l_2\cos\alpha_1-l_2'\cos(\pi-\alpha_1-\alpha_3')}_{x_D}-l_4\cos\alpha_4\cos(\pi-\alpha_1-\alpha_3') \\ y_F=\underbrace{l_2\sin\alpha_1+l_2'\sin(\pi-\alpha_1-\alpha_3')}_{y_D}+l_4\sin\alpha_4\sin(\pi-\alpha_1-\alpha_3') \end{cases} \tag{12-12}$$

$$\begin{cases} x_E=\underbrace{l_1+l_2\cos\alpha_1}_{x_B}-l_5\cos(\alpha_3+\alpha_4') \\ y_E=\underbrace{l_2\sin\alpha_1}_{y_B}+l_5\sin(\alpha_3+\alpha_4') \end{cases} \tag{12-13}$$

指尖 G 的坐标如式(12-14) 所示。

$$\begin{cases} x_G=\underbrace{l_1+l_2\cos\alpha_1-l_5\cos(\alpha_3+\alpha_4')}_{x_E}-l_6\cos(\alpha_5+\alpha_5')\cos(\pi-\alpha_1-\alpha_3') \\ y_G=\underbrace{l_2\sin\alpha_1+l_5\sin(\alpha_3+\alpha_4')}_{y_E}+l_6\sin(\alpha_5+\alpha_5')\sin(\pi-\alpha_1-\alpha_3') \end{cases} \tag{12-14}$$

角度 α_1、α_2、α_3、α_4、α_5 将随着主动杆运动而变化。角度 α_3'、α_4' 和 α_5' 是定值。由四杆机构 $AOCB$ 可得如下关系，也就是说，角度 α_2 和 α_3 是关于角度 α_1 的函数。

$$\begin{cases} l_5'\cos\alpha_3 = l_3\cos\alpha_2 + l_2\cos\alpha_1 - l_1 \\ l_5'\sin\alpha_3 = l_3\sin\alpha_2 - l_2\sin\alpha_1 \\ \cos^2\alpha_2 + \sin^2\alpha_2 = 1 \\ \cos^2\alpha_3 + \sin^2\alpha_3 = 1 \end{cases} \Rightarrow \begin{cases} \alpha_2 = f_1(\alpha_1) \\ \alpha_3 = f_2(\alpha_1) \end{cases} \tag{12-15}$$

由四杆机构 $AOCB$ 可得如下关系，也就是说，α_4 和 α_5 是关于角度 α_1 的函数。

$$\begin{cases} l_5\cos(\alpha_4' + \alpha_3 + \pi - \alpha_1 - \alpha_3') + l_2' = l_4\cos\alpha_4 - l_6'\cos\alpha_5 \\ l_5\sin(\alpha_4' + \alpha_3 + \pi - \alpha_1 - \alpha_3') = l_4\sin\alpha_4 - l_6'\sin\alpha_5 \\ \cos^2\alpha_4 + \sin^2\alpha_4 = 1 \\ \cos^2\alpha_5 + \sin^2\alpha_5 = 1 \end{cases} \Rightarrow \begin{cases} \alpha_4 = g_1(f_1(\alpha_1)) \\ \alpha_5 = g_2(f_2(\alpha_1)) \end{cases} \tag{12-16}$$

综上可知，当主动杆与 x 轴的夹角 α_1 给定的时候，所有角度也将唯一确定。

(2) 整体电控框架

整体电控框架如图 12-49 所示，其中，直流有刷电机配合有刷驱动板完成闭环控制，其与 STM32 核心板通过 CAN 总线进行通信，用于电机控制和电机状态信息回传。电机电压为 12V，STM32 核心板供电电压为 5V，串口屏供电电压为 5V，因此需配置对应的电源管理和分压模块。串口屏用于人机交互，用于显示和修改运动模式、控制指令、参数等。串口屏通过串口与 STM32 核心板进行数据交互。

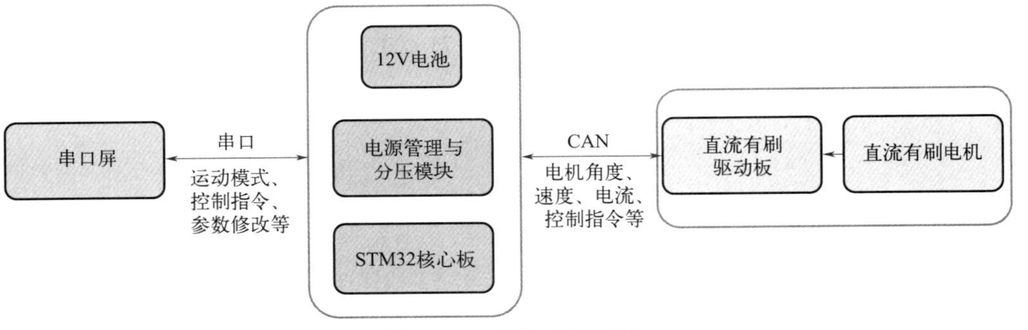

图 12-49 整体电控框架

如图 12-50 所示为 STM32 核心板所用到的外设示意图，其中，ADC1 用于采集 sEMG，定时器 1 用于产生 1ms 中断，实现 1000Hz 的 sEMG 采集，CAN 用于与直流电机伺服驱动器进行数据交互，控制五个手指的电机运动和回传电机电流、速度和位置数据。串口 1 用于与电脑进行数据交互。sEMG 通过 ADC1 采集得到后，通过串口 1 发送到电脑端，电脑端对 sEMG 进行特征提取、运动意图识别，将识别得到的运动意图通过串口 1 发送给 STM32，进而通过 STM32 控制手指运动。串口 2 与串口屏连接，用于串口屏与 STM32 的数据交互，显示和修改运动模式、控制指令、参数等。

(3) CAN 通信

驱动器采用 robomodule 驱动器，CAN 通信对应引脚为 PB8-CAN_RX 和 PB9-CAN_

TX，接着需对 CAN 初始化和使能初始化，对应函数为 void MX_CAN_Init(void) 和 void HAL_CAN_MspInit(CAN_HandleTypeDef * canHandle)。具体使用时，首先对所有驱动器进行复位，对应函数为 void CAN_RoboModule_DRV_Reset(unsigned char Group, unsigned char Number)，接着选择对应的驱动器运行模式，对应函数为 void CAN_RoboModule_DRV_Mode_Choice(unsigned char Group, unsigned char Number, unsigned char Mode)，可选用的模式如下。

```
OpenLoop_Mode                        0x01
Current_Mode                         0x02
Velocity_Mode                        0x03
Position_Mode                        0x04
Velocity_Position_Mode               0x05
Current_Velocity_Mode                0x06
Current_Position_Mode                0x07
Current_Velocity_Position_Mode       0x08
```

选择配置指令，配置对应数据回传速率，对应函数为 void CAN_RoboModule_DRV_Config(unsigned char Group, unsigned char Number, unsigned char Temp_Time1, unsigned char Temp_Time2)。

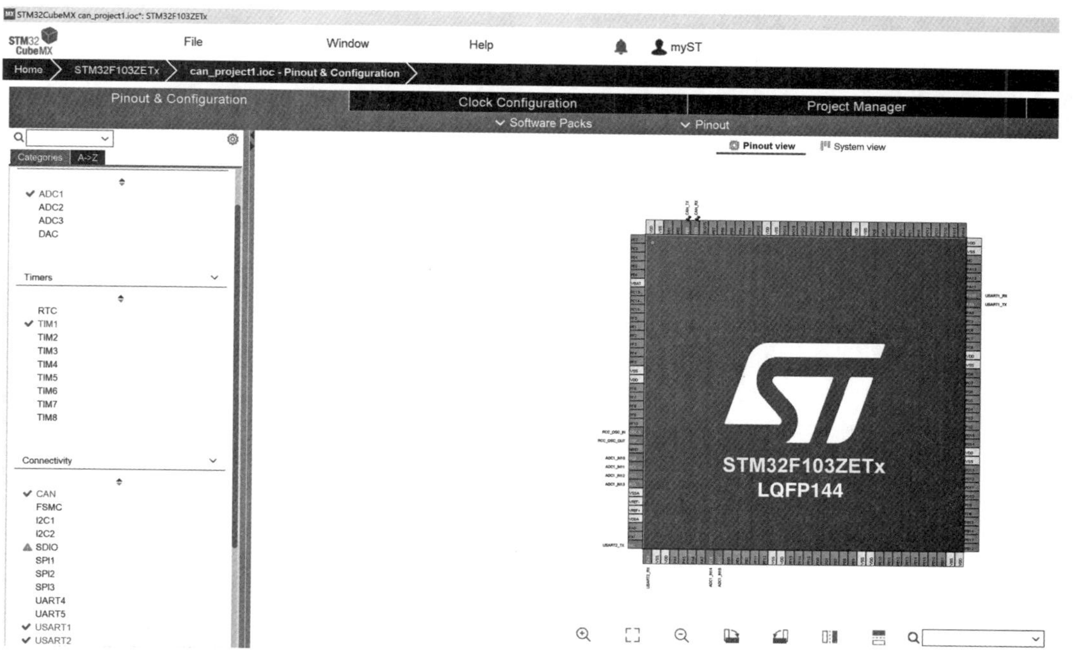

图 12-50　外设使用示意图

具体使用时，则可根据选择的模式，对应选择该模式下的数据指令。以下以速度位置模式为例，列出速度位置模式下的数据指令函数。

```
/************************************************************************
***************************
```

速度位置模式下的数据指令

Group 取值范围 0-7

Number 取值范围 0-15，其中 Number==0 时，为广播发送

temp_pwm 的取值范围如下：

0~ +5000，满值 5000，其中 temp_pwm=5000 时，最大输出电压为电源电压

temp_velocity 的取值范围如下：

0~ +32767，单位 RPM

temp_position 的取值范围如下：

-2147483648~ +2147483647，单位 pc

***/

```
void CAN_RoboModule_DRV_Velocity_Position_Mode(unsigned char Group,unsigned char
Number,short Temp_PWM,short Temp_Velocity,long Temp_Position)
{
    unsigned short can_id=0x006;

    tx_message.IDE=CAN_ID_STD;          //标准帧
    tx_message.RTR=CAN_RTR_DATA;        //数据帧
    tx_message.DLC=0x08;                //帧长度为 8

    if((Group<=7)&&(Number<=15))
    {
        can_id|=Group<< 8;
        can_id|=Number<< 4;
    }
    else
    {
        return;
    }

    tx_message.StdId=can_id;           /帧 ID 为传入参数的 CAN_ID

    if(Temp_PWM> 5000)
    {
        Temp_PWM=5000;
    }
    else if(Temp_PWM< -5000)
    {
        Temp_PWM=-5000;
    }

    if(Temp_PWM< 0)
    {
```

```
        Temp_PWM=abs(Temp_PWM);
    }

    if(Temp_Velocity< 0)
    {
        Temp_Velocity=abs(Temp_Velocity);
    }

    tx_message.Data[0]=(unsigned char)((Temp_PWM> > 8)&0xff);
    tx_message.Data[1]=(unsigned char)(Temp_PWM&0xff);
    tx_message.Data[2]=(unsigned char)((Temp_Velocity> > 8)&0xff);
    tx_message.Data[3]=(unsigned char)(Temp_Velocity&0xff);
    tx_message.Data[4]=(unsigned char)((Temp_Position> > 24)&0xff);
    tx_message.Data[5]=(unsigned char)((Temp_Position> > 16)&0xff);
    tx_message.Data[6]=(unsigned char)((Temp_Position> > 8)&0xff);
    tx_message.Data[7]=(unsigned char)(Temp_Position&0xff);

    can_tx_success_flag=0;
    CAN_Transmit(CAN1,&tx_message);

    CAN_Time_Out=0;
    while(can_tx_success_flag==0)
    {
        CAN_Delay_Us(1);
        CAN_Time_Out++;
        if(CAN_Time_Out> 100)
        {
            break;
        }
    }
}
```

(4) 串口屏

串口屏是一种针对嵌入式系统集成的易用交互界面模组，通过串口与嵌入式系统进行数据交互。本例采用淘晶驰公司出品的串口屏，其界面编写软件如图 12-51 所示，编写好所有显示模块后，可点击下载按钮，通过 TTL-USB 模块将对应界面数据下载到串口屏中。一般而言，串口屏支持图片、字体、文字、视频、音频等格式。

① UI 图标设计　UI 图标可用 Adobe illustrator、Adobe photoshop 或 Microsoft Visio 自行绘制，转存为 PNG 格式，或者直接选用免费图标库。

② 页面切换　当需要选择不同功能页面时，则需要切换页面。例如图 12-51 所示的主页面，设置了不同功能按钮，点击对应按钮时，需跳转到相关页面。具体实现方法如图所示，通过设置该按钮的弹起事件为 page touch，则可跳转到 touch 页面。

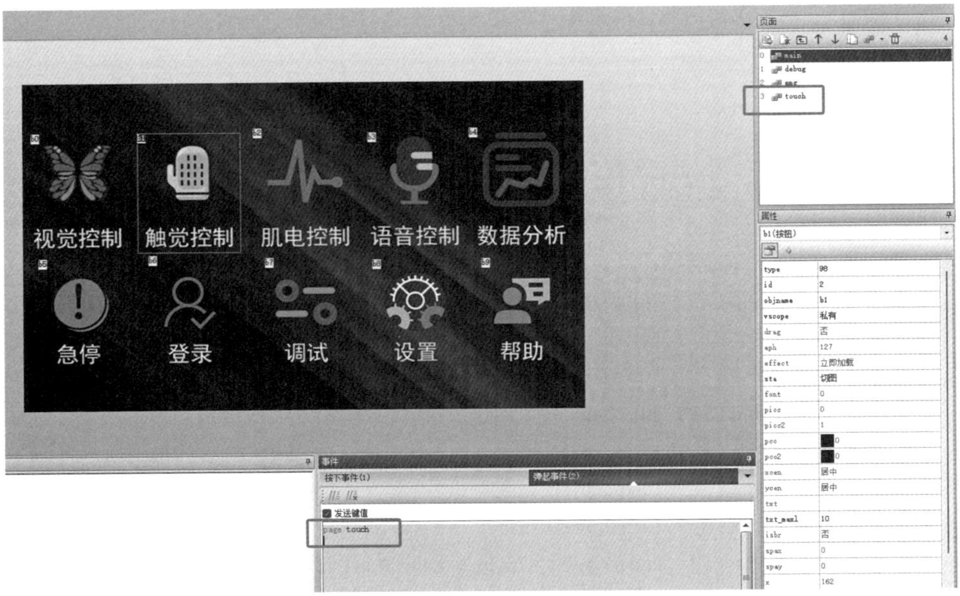

图 12-51　串口屏页面切换示例

③ 串口屏和嵌入式系统功能交互　以下以手势控制界面为例，简单介绍。根据图 12-52 可知，手势控制界面需通过主页面的触觉控制按钮切换，触觉控制按钮对应 id=2。uart_buff[1]==0 表示第 0 页，也就是主页，uart_buff[2]==2 表示触觉控制按钮对应 id。

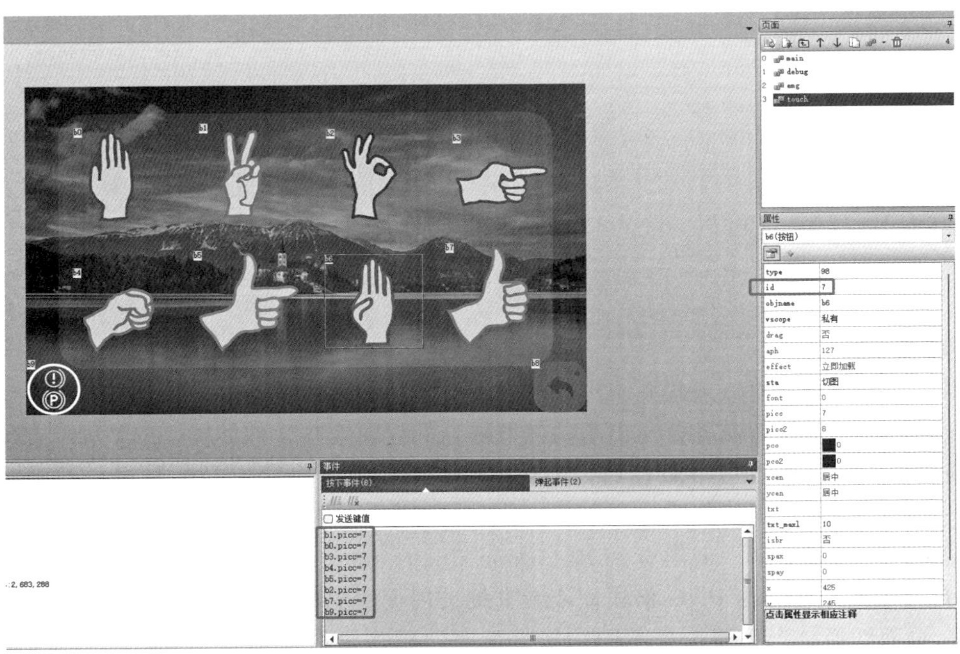

图 12-52　UI 交互示意 1

```
if(bln_rev_flag==1&&uart_buff[1]==0&&uart_buff[2]==2)// uart_buff[1]==0
表示第 0 页,也就是主页,uart_buff[2]==2 表示触觉控制按钮对应 id
{
    flag1=4;
}
```

uart_buff[1]==3 表示第 3 页，也就是 touch 页，uart_buff[2] 表示 touch 页对应手势的 id，例如图 12-52 所示 b6 对应的 id=7，对应 case7。

```
if(bln_rev_flag==1&&flag1==4&&uart_buff[1]==3)//uart_buff[1]==3 表示第 3
页,也就是 touch 页
{
    switch(uart_buff[2])//表示 touch 页 8 个手势对应的 id
    {
        case 1:
                CAN_RoboModule_DRV_Velocity_Position_Mode(0,0,PWM_motor,temp_
velocity,0);//五指伸展
        break;
        case 2:
                CAN_RoboModule_DRV_Velocity_Position_Mode(0,1,PWM_motor,temp_
velocity,600);//食指中指伸展
                CAN_RoboModule_DRV_Velocity_Position_Mode(0,2,PWM_motor,temp_
velocity,0);
                CAN_RoboModule_DRV_Velocity_Position_Mode(0,3,PWM_motor,temp_
velocity,0);
                CAN_RoboModule_DRV_Velocity_Position_Mode(0,4,PWM_motor,temp_
velocity,600);
                CAN_RoboModule_DRV_Velocity_Position_Mode(0,5,PWM_motor,temp_
velocity,600);
        break;
        case 3:
                CAN_RoboModule_DRV_Velocity_Position_Mode(0,1,PWM_motor,temp_
velocity,600);//后三指伸展
                CAN_RoboModule_DRV_Velocity_Position_Mode(0,2,PWM_motor,temp_
velocity,600);
                CAN_RoboModule_DRV_Velocity_Position_Mode(0,3,PWM_motor,temp_
velocity,0);
                CAN_RoboModule_DRV_Velocity_Position_Mode(0,4,PWM_motor,temp_
velocity,0);
                CAN_RoboModule_DRV_Velocity_Position_Mode(0,5,PWM_motor,temp_
velocity,0);
        break;
        case 4:
                CAN_RoboModule_DRV_Velocity_Position_Mode(0,1,PWM_motor,temp_
```

```
velocity,600);//食指伸展
                    CAN_RoboModule_DRV_Velocity_Position_Mode(0,2,PWM_motor,temp_velocity,0);
                    CAN_RoboModule_DRV_Velocity_Position_Mode(0,3,PWM_motor,temp_velocity,600);
                    CAN_RoboModule_DRV_Velocity_Position_Mode(0,4,PWM_motor,temp_velocity,600);
                    CAN_RoboModule_DRV_Velocity_Position_Mode(0,5,PWM_motor,temp_velocity,600);
            break;
            case 5:
                    CAN_RoboModule_DRV_Velocity_Position_Mode(0,1,PWM_motor,temp_velocity,600);//五指握紧
                    CAN_RoboModule_DRV_Velocity_Position_Mode(0,2,PWM_motor,temp_velocity,600);
                    CAN_RoboModule_DRV_Velocity_Position_Mode(0,3,PWM_motor,temp_velocity,600);
                    CAN_RoboModule_DRV_Velocity_Position_Mode(0,4,PWM_motor,temp_velocity,600);
                    CAN_RoboModule_DRV_Velocity_Position_Mode(0,5,PWM_motor,temp_velocity,600);
            break;
            case 6:
                    CAN_RoboModule_DRV_Velocity_Position_Mode(0,1,PWM_motor,temp_velocity,0);//拇指食指伸展
                    CAN_RoboModule_DRV_Velocity_Position_Mode(0,2,PWM_motor,temp_velocity,0);
                    CAN_RoboModule_DRV_Velocity_Position_Mode(0,3,PWM_motor,temp_velocity,600);
                    CAN_RoboModule_DRV_Velocity_Position_Mode(0,4,PWM_motor,temp_velocity,600);
                    CAN_RoboModule_DRV_Velocity_Position_Mode(0,5,PWM_motor,temp_velocity,600);
            break;
            case 7:
                    CAN_RoboModule_DRV_Velocity_Position_Mode(0,1,PWM_motor,temp_velocity,600);//后四指伸展
                    CAN_RoboModule_DRV_Velocity_Position_Mode(0,2,PWM_motor,temp_velocity,0);
                    CAN_RoboModule_DRV_Velocity_Position_Mode(0,3,PWM_motor,temp_velocity,0);
                    CAN_RoboModule_DRV_Velocity_Position_Mode(0,4,PWM_motor,temp_velocity,0);
```

```
                    CAN_RoboModule_DRV_Velocity_Position_Mode(0,5,PWM_motor,temp_
velocity,0);
            break;
            case 8:
                    CAN_RoboModule_DRV_Velocity_Position_Mode(0,1,PWM_motor,temp_
velocity,0);//大拇指伸展
                    CAN_RoboModule_DRV_Velocity_Position_Mode(0,2,PWM_motor,temp_
velocity,600);
                    CAN_RoboModule_DRV_Velocity_Position_Mode(0,3,PWM_motor,temp_
velocity,600);
                    CAN_RoboModule_DRV_Velocity_Position_Mode(0,4,PWM_motor,temp_
velocity,600);
                    CAN_RoboModule_DRV_Velocity_Position_Mode(0,5,PWM_motor,temp_
velocity,600);
            break;
        }
    }
```

④ UI 交互　以 b6 手势为例，为了保证按了某个按钮后，能够告知用户其被按下了，此处采用变色处理方案，如图 12-52 和图 12-53 所示，变色图片 id 为 8，未变色图片 id 为 7。因此按下按钮 b6 时，其他按键显示的图片均为未变色图片 id。

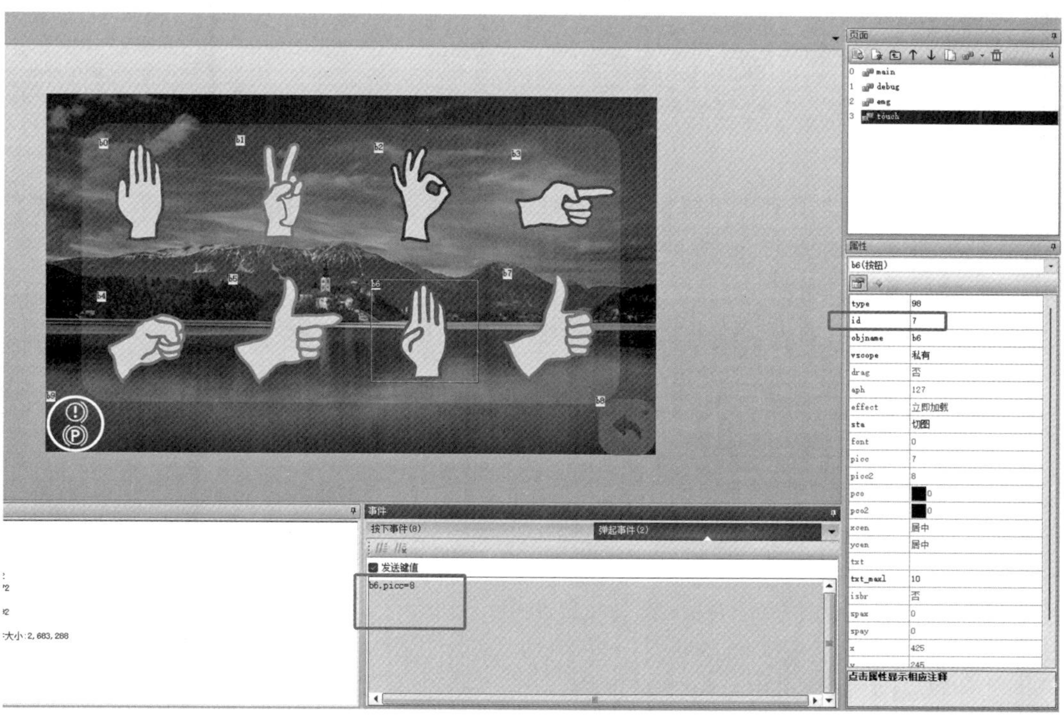

图 12-53　UI 交互示意 2

```
b0.picc=7
b1.picc=7
b2.picc=7
b3.picc=7
b4.picc=7
b5.picc=7
b7.picc=7
```

按下后弹起事件时让被按下按键对应显示图片为 id=8，即

```
b6.picc=8
```

显示效果如图 12-54 所示。

图 12-54 按钮变色显示效果示意图

⑤ 程序下载 当所有串口屏文件准备好后，可通过编译、调试查看效果，无问题后，可下载到串口屏，如图 12-55 所示。

(5) 串口及串口中断

串口 1 用于与电脑进行数据交互，串口 2 用于与串口屏数据交互。

```
void USART2_IRQHandler(void)
{
  /* USER CODE BEGIN USART1_IRQn 0 */
  uint8_t temp;
  if(__HAL_USART_GET_IT_SOURCE(&huart2,USART_IT_RXNE)! =RESET)
  {
    temp=(USART2-> DR &(uint16_t)0x01FF);
  }
    if((temp==0x65)&&(uart_p==0))
    {
      uart_buff[0]=temp;
      uart_p++;
```

```
        }
        else if(uart_p)
        {
          uart_buff[uart_p]=(USART2->DR &(uint16_t)0x01FF);
          uart_p++;
          if(uart_p>=7)
          {
            uart_p=0;
            if((uart_buff[0]==0x65)&&(uart_buff[6]==0xFF))
            {
              bln_rev_flag=1;
            }
          }
        }
    /* USER CODE END USART1_IRQn 1 */
  }
```

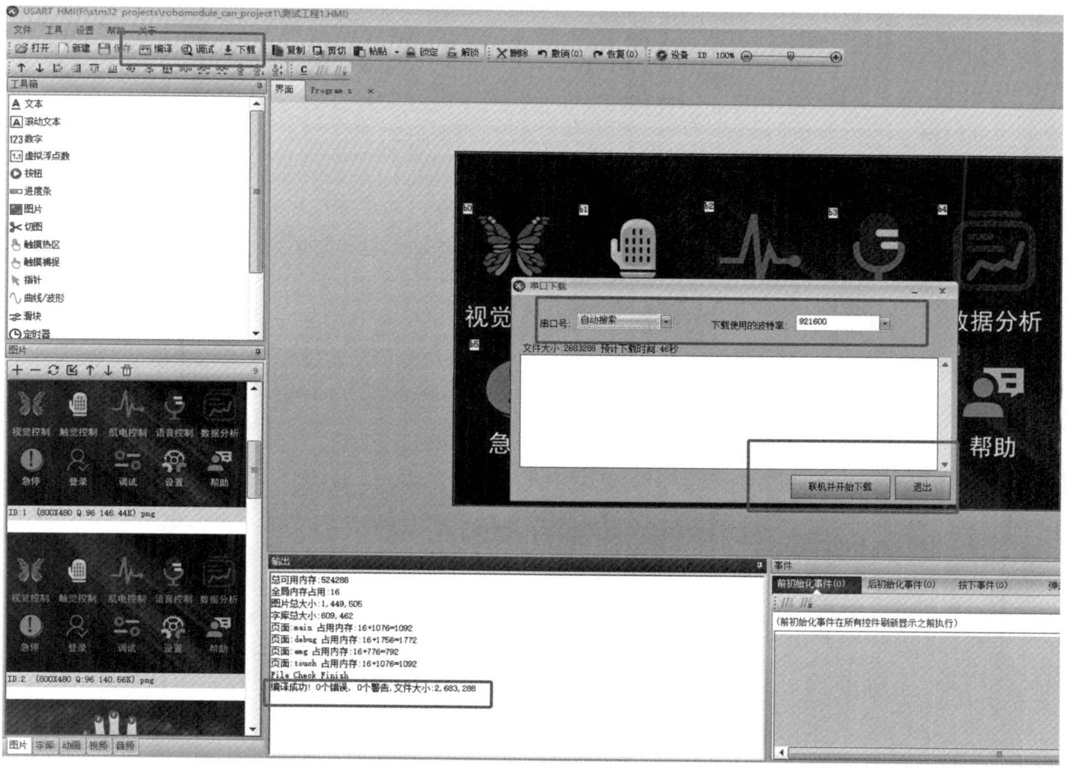

图 12-55　串口屏程序编译、调试与下载

(6) 直流有刷电机三环 PID 参数设定

直流有刷电机电流环、速度环和位置环的 PID 参数设置界面如图 12-56 所示，其中，电流环和速度环仅用 PI 控制，位置环用了 PID 控制。

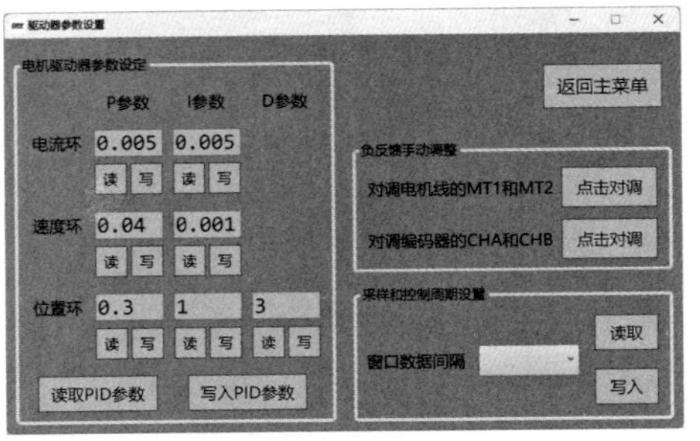

图 12-56　驱动器参数设置

(7) 单片机定时器和定时中断函数

定时器用于定时回传 CAN 总线接收到的各个电机位置、速度和电流值。使用之前采用 void TIM3_Init(u16 arr, u16 psc) 函数对定时器 3 进行初始化，接着在定时器回调函数中定时读取各个电机信息，如下所示。

```
void HAL_TIM_PeriodElapsedCallback(TIM_HandleTypeDef * htim)
{
    time++;
    time1++;
    CanRxMsgTypeDef  rx_message;
    if(htim==(&htim3))
    {
        CAN_ClearITPendingBit(CAN1,CAN_IT_FMP0);
        CAN_Receive(CAN1,CAN_FIFO0,&rx_message);
        if(rx_message.StdId==0x1B)
        {
            Real_Current_Value[0]=(rx_message.Data[0]<< 8)|(rx_message.Data[1]);
            Real_Velocity_Value[0]=(rx_message.Data[2]<< 8)|(rx_message.Data[3]);
            Real_Position_Value[0]=((rx_message.Data[4]<< 24)|(rx_message.Data
[5]<< 16)|(rx_message.Data[6]<< 8)|(rx_message.Data[7]));
        }
        else if(rx_message.StdId==0x2B)
        {
            Real_Current_Value[1]=(rx_message.Data[0]<< 8)|(rx_message.Data[1]);
            Real_Velocity_Value[1]=(rx_message.Data[2]<< 8)|(rx_message.Data[3]);
            Real_Position_Value[1]=((rx_message.Data[4]<< 24)|(rx_message.Data
[5]<< 16)|(rx_message.Data[6]<< 8)|(rx_message.Data[7]));
        }
        else if(rx_message.StdId==0x3B)
        {
            Real_Current_Value[2]=(rx_message.Data[0]<< 8)|(rx_message.Data[1]);
            Real_Velocity_Value[2]=(rx_message.Data[2]<< 8)|(rx_message.Data[3]);
            Real_Position_Value[2]=((rx_message.Data[4]<< 24)|(rx_message.Data
```

```
[5]<< 16)|(rx_message.Data[6]<< 8)|(rx_message.Data[7]));
            }
            else if(rx_message.StdId==0x4B)
            {
                Real_Current_Value[3]=(rx_message.Data[0]<< 8)|(rx_message.Data[1]);
                Real_Velocity_Value[3]=(rx_message.Data[2]<< 8)|(rx_message.Data[3]);
                Real_Position_Value[3]=((rx_message.Data[4]<< 24)|(rx_message.Data
[5]<< 16)|(rx_message.Data[6]<< 8)|(rx_message.Data[7]));
            }
            else if(rx_message.StdId==0x5B)
            {
                Real_Current_Value[4]=(rx_message.Data[0]<< 8)|(rx_message.Data[1]);
                Real_Velocity_Value[4]=(rx_message.Data[2]<< 8)|(rx_message.Data[3]);
                Real_Position_Value[4]=((rx_message.Data[4]<< 24)|(rx_message.Data
[5]<< 16)|
    (rx_message.Data[6]<< 8)|(rx_message.Data[7]));
            }
        }
    }
```

第13章

智能机器人上位机系统设计

引言

如上一章引言所述，智能机器人生物电信号控制与处理理论的实际应用离不开嵌入式系统和上位机系统设计内容。上位机系统多用于显示人机交互界面，或执行嵌入式系统较难执行的程序，例如需要复杂计算的大模型、大数据样本方法等。上位机系统的编程语言首选 Python 或 C/C++。本章主要应用 Python 语言，介绍智能机器人生物电信号控制与处理上位机系统设计。机器人下位机一般可默认为嵌入式系统，下位机如何与上位机数据交互（下位机发送数据给上位机，上位机发送处理后的数据给下位机），上位机如何与下位机保持数据与逻辑同步，上位机界面如何设计等都是需要考虑的问题。本章主要介绍上位机软件系统开发、编程基础、界面设计基础、相关示例等。

13.1 上位机软件系统开发介绍

13.1.1 上位机系统重要性

上位机系统一般运行桌面级系统，例如 Windows 系统、MacOS 系统、Linux 系统，其一般需配合嵌入式系统使用。12.6.2 小节介绍的串口屏也是一种上位机系统，其运行的系统较为精简，功能相对丰富，可作为便携式上位机系统使用。上位机系统具有非常重要的作用，具体如下：

(1) 集成多种功能并可自主选择

上位机可集成多种功能并可自主选择，例如数据展示、功能选择按钮、控制算法选择、程序开始、程序暂停、程序结束、数据存储、文件名输入与存储、用户信息输入与存储等。这些功能需要一个界面用于选择或展示，下位机程序需接收到上位机指令才可变换对应功能或参数。

(2) 展示数据结果曲线

上位机可用于展示数据结果，并且实时绘制曲线，从而方便用户查看不同信息变化情况，例如电机位置、关节位置、sEMG、EEG 等。通过对比查看重要数据，可方便用于及时根据数据获取定量化的机器人状态信息。

(3) 更改不同参数或信息

上位机可设置不同的按钮、文本框、多选框等用于更改机器人系统相关参数或功能信息，例如串口选取、波特率设置、机器人控制算法参数（PID 参数、阻抗控制参数等）、电机控制模式（电流控制模式、位置控制模式、速度控制模式、电流位置速度模式、位置速度模式等）。

（4）与下位机进行数据交互与数据存储

上位机系统可与下位机进行数据交互，可将上位机或下位机采集或产生的数据存储。例如机器人运行后，需对比分析其关节实际位置和规划位置是否一致；基于机器人末端六维力传感器采集的力/力矩数据，上位机系统运行程序运算后往下位机发送对应控制指令等。

（5）系统通信

下位机系统也可与其他系统进行通信，通信形式一般为 WIFI 通信、4G 通信、蓝牙通信。下位机系统可能数据吞吐量有限，因此，一般可借助上位机系统进行数据吞吐量更大的 WIFI 通信或 4G 通信。再者，上位机系统还具有更为功能丰富的通信方式，例如网络 IP 通信。

（6）复杂运算

一般而言，下位机系统运算能力（主频、系统、存储等影响）不如上位机系统。因此，上位机系统还可用于执行复杂运算，再将运算结果发送给下位机。例如，可通过下位机系统采集 sEMG，通过串口发送给上位机系统，上位机系统在 Matlab 或 python 环境中执行机器学习或深度学习算法，调用大数据模型和训练样本，快速获得运动意图结果，进而将控制指令通过串口发送给下位机，由下位机控制机器人运动。

13.1.2 上位机系统开发基本框架

如图 13-1 所示为上位机系统开发基本框架，包含 1 个主窗口和多个子窗口。主窗口用于参数初始化、主窗口界面初始化显示和子窗口跳转功能初始化。不同子窗口对应不同功能界面，例如机器人离线动作控制、机器人在线动作规划、机器人位置控制、机器人力控等可分别设置到不同子窗口中。子窗口需设置对应跳转回主窗口的按钮，通过主窗口进行不同子窗口之间的跳转。这里需注意不同子窗口之间的数据是否需要全局变量，还是仅在当前窗口下有效。

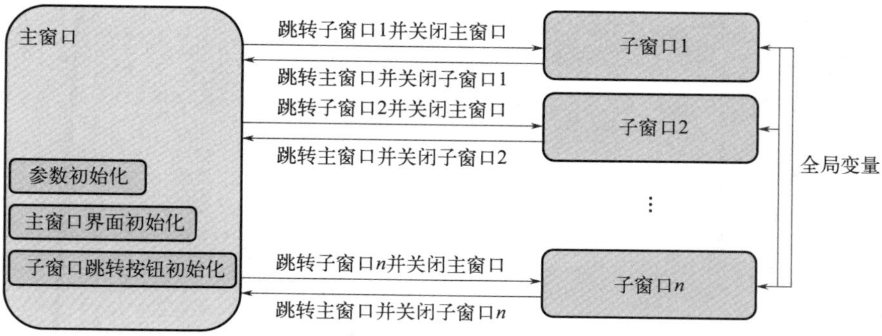

图 13-1 上位机系统开发基本框架

Python 编程环境下，不同窗口之间可通过类 Class 来定义，一个类就代表一个窗口，具体在 13.2 小节展开介绍。

13.1.3 python IDE 和环境搭建

一般而言，可选用 Anaconda 和 Pycharm 搭配使用，其中，Anaconda 用于创建不同环境，Pycharm 用于编写 Python 程序。也可以采用其他的 IDE 编写 python 程序，例如 Spyder、Visual Studio Code。相对而言，Pycharm 和 Visual Studio Code 更常用，Spyder 是类 Matlab 风格，适合查看数据。

采用 Anaconda 创建环境后，可利用 Powershell Prompt 或 CMD. exe Prompt 安装环境对应外部库，如图 13-2 所示。安装外部库实例代码如下所示。

```
pip install pyserial pyside2 pypiwin32 scikit-learn pyinstaller numpy pyqtgraph
```

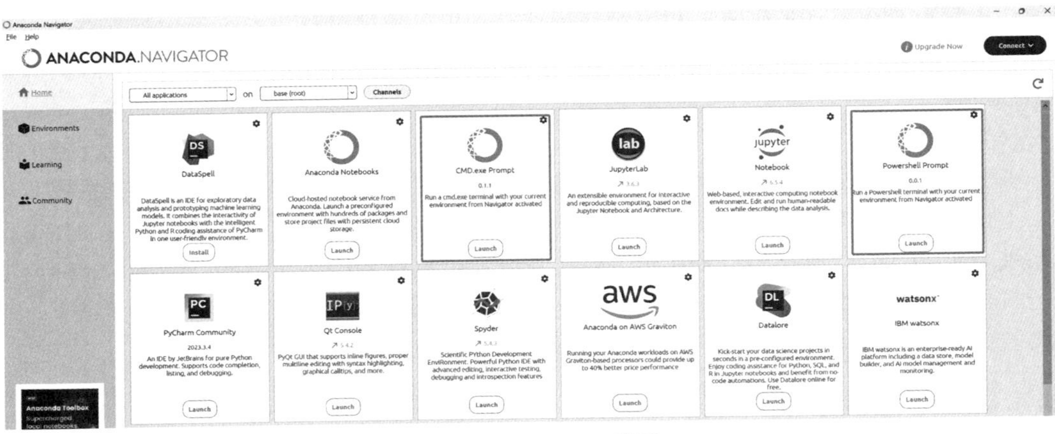

图 13-2　Anaconda 界面

Anaconda 创建环境并安装项目所需外部库后，可通过 Pycharm 右下角 Interpreter Settings-Add Interpreter-Conda Environment-Use exiting environment-选择 Anaconda 创建好的环境，进而使用配置好的外部库，如图 13-3 所示。

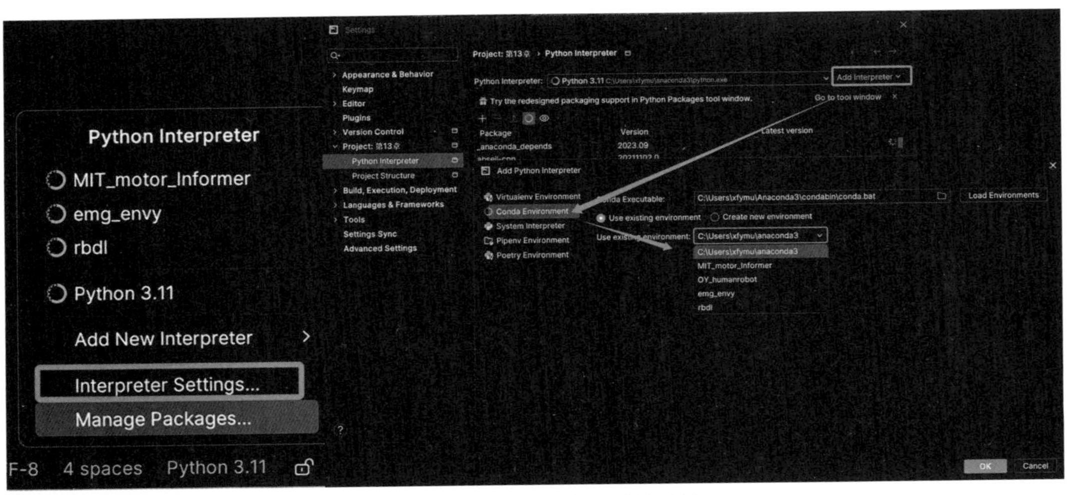

图 13-3　Pycharm 设置项目环境

一般而言，为了防止不同库之间存在冲突，建议不同类型项目需采用 Anaconda 对应创建一个新环境。

13.2 上位机软件系统编程基础

本章主要以 Python 语言介绍上位机软件系统编程基础。通过对比上一章的 C/C++基础可知，一个编程语言基本内容总是包含怎么定义变量、数组、字符串，怎么定义选用判断语句，怎么使用循环，怎么使用函数、类、指针等。本质上，不管什么编程语言(C/C++、Matlab 语言、Python、Java)，其包含的内容都是类似的，即建立人类和计算机之间互相理解的逻辑都是相通的。因此，本小节简要介绍 Python 语言的变量、列表、元组、判断语句、逻辑、函数、类、进程等。

13.2.1 变量、列表、元组、字符串与注释

(1) 全局变量和局部变量

Python 的变量也分为全局变量和局部变量，定义全局变量的两种方法：

① 在函数外定义的变量，即可将其申明为全局变量。

```
y=10
def function1():
    print(y)
function1()
```

② 在函数内部，采用 global 关键字申明。

```
def function2():
    global x
    x=1
    print(x)
function2()
```

不过全局变量会使得整体程序较难维护和理解，因此应谨慎使用全局变量。

变量命名规则如下：

① 不能以数字开头；

② 变量名中不能有空格；

③ 变量名中可以有字母、数字、下划线；

④ 变量名不能和关键字同名，例如 type、as、self。

(2) 列表

列表是 List 对象，可存储整数、小数、字符串、函数、列表对象等，列表元素可赋值更改，如下程序所示。

```
x=[3,2.98,'hello world',[1,2,3.14]]
```

列表中存储列表，可用于表示矩阵，如下程序所示。

```
y=[['a','b','c'],['d','e','f'],['g','h','i']]
```

当需要取其中的某个元素时，以下例子供参考，注意列表索引对应图如图 13-4 所示。

例 13-1

```
y[2][1]#这个是第三个列表第二个元素,'h'
y[0:2]#这个是前两个列表,[['a','b','c'],['d','e','f']]
y[0:2][0]#前两个列表的第一个,也就是第一个列表,['a','b','c']
y[-1][-2]#这个是倒数第一个列表的倒数第二个元素,'h'
y[-3:-1]#倒数第三个列表到倒数第一个列表,[['a','b','c'],['d','e','f']]
y[-3:-1][-2]#倒数第三个列表到倒数第一个列表的倒数第三个,['a','b','c']
```

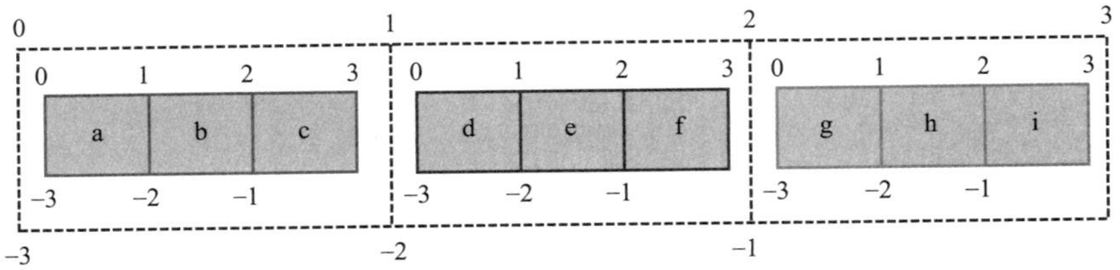

图 13-4 列表示意

（3）元组

元组（Tuple）和列表（List）的主要区别在于元组的元素内容不可更改。可存储整数、小数、字符串、函数、列表对象等。

```
x=(3,2.98,'hello world',[1,2,3.14])
x=(3,2.98,'hello world',(1,2,3.14))
```

元组元素获取对应索引形式和列表一样。

（4）字符串

字符串可用单引号、双引号、单三引号和双三引号。

例 13-2

```
x='hello world'
x="hello world"
x='''hello world'''
x="""hello world"""
```

以上方式定义的 x 内容是一样的，均为{str}'hello world'

如果要定义的字符串内容里面有单引号，则定义字符串时应该用双引号；如果字符串内容里面有双引号，则定义字符串时应该用单引号；如果要定义的字符串内容里面既有单引号，也有双引号，则定义字符串时应该用三引号。

例 13-3

```
x='Hello,I am"Harry".'
x="Hello,I am'Harry'"
x='''Hello,I am'Harry',she is"Berry".'''
```

字符串可用+进行拼接。

例 13-4

```
x='Hello,'
y='I am"Harry"'
z=x+y# 'Hello,I am"Harry"'
m=z+',she is"Berry".'# 'Hello,I am"Harry",she is"Berry".'
```

(5) 注释

Python 中采用#作为注释。

13.2.2 判断语句 if

if 语句用于判断条件是否满足，如果满足，则执行 if 语句对应的程序。

例 13-5

```
a=3
if a>2:
    x=1
    y=1
elif a==2:
    x=2
    y=2
else:
    x=3
    y=3
print(x,y)
```

有的时候，也可以只用 if。

例 13-6

```
a=3
if a>2:
    x=1
    y=1
if a==2:
    x=2
    y=2
if a<2:
    x=3
    y=3
print(x,y)
```

注意，Python 语言没有 switch 判断语句。

13.2.3 与、或、非

Python 中也有逻辑与、或、非和按位与、或、非，其中逻辑与是 and，逻辑或是 or，

逻辑非是 not，按位与是 &，按位或是 |，按位非是～。与或非具体运算可参考 12.2.3 小节内容。

13.2.4 循环

（1）for 循环

for 循环通常用于从列表、元组或字符串中依次取出元素进行操作。

例 13-7

```
for n in range(50,101):
    print(n+1)
```

（2）while 循环

while 用于检查某个条件表达式是否满足条件，如果满足，则进入循环，反之则退出循环。

例 13-8

```
i=1
while i<100:
    print(i)
    i=i+1
```

注意，Python 语言没有 do-while 循环语句。

（3）break、continue 和 return

break 用于当满足某个条件时终止循环，break 只是跳出循环，如果循环后面还有代码，会继续执行。

例 13-9

```
i=0
while True:
    i=i+1
    if i==3:
        break
    print(i)
print('程序结束')
```

这一例子的输出结果如下。

```
1
2
程序结束
```

对于 for 循环的例子如下。

例 13-10

```
for i in range(50):
    if i==3:
        break
```

```
    print(i)
print('程序结束')
```

这一例子的输出结果如下。

```
0
1
2
程序结束
```

return 只能在函数中使用，表示从函数中返回，函数体内的任何代码都不执行了，如下例子所示。

例 13-11

```
def main():
    i=0
    while True:
        i=i+1
        if i==3:
            return
        print(i)
    print('程序结束')
main()
```

这一例子的输出结果如下。

```
1
2
```

如果是 break 替换 return，则对应输出结果如下，说明 break 只是跳出循环，会执行循环后面的代码 print ('程序结束')。

```
1
2
程序结束
```

continue 用于满足某个条件时，结束当前轮循环，继续下一轮循环，如下例子所示。

例 13-12

```
i=0
while True:
    i=i+1
    if i==3:
        continue
    if i==5:
        break
    print(i)
print('程序结束')
```

输出结果如下，当 i==3 时，则结束当前轮循环，继续下一轮循环，此时 i==4。接着当 i==5 这一轮循环时，break 起作用，跳出循环，执行 while 循环外面的代码 print('程序结束')。

```
1
2
4
程序结束
```

13.2.5 函数与类

(1) 库函数

python 库函数非常丰富，除了其自带的库函数，例如数学库，还可以通过安装相关扩展包增强其功能，例如 numpy 库。在使用扩展包对应库函数时，需要 import 对应库。

例 13-13

```
import numpy as np
x=-np.ones((3,3))#这个是 numpy 带的库函数
print(x)
print(abs(x))#abs(x)是自带的数学库中的库函数
```

输出结果如下。

```
[[-1. -1. -1.]
[-1. -1. -1.]
[-1. -1. -1.]]
[[1. 1. 1.]
[1. 1. 1.]
[1. 1. 1.]]
```

(2) 自定义函数

Python 自定义函数采用 def 关键词＋函数名＋（参数），函数可以带参数也可以缺省，函数可以 return 相关值，也可以缺省。

例 13-14

```
def main(x,y,z):#函数定义
    m=x*y
    n=x-y+z
    return m,n
a,b=main(2,3,5)#函数引用
print(a,b)
```

(3) 类

类在上位机软件编写时，应用非常广。例如，一个类可用于描述一个 ui 文件对应的所有底层程序操作、按钮互相之间的调用等，如下例子中的 MainWindow (QMainWindow) 就是主窗口 ui 对应的所有底层代码，用于将麦克风识别的文字输出到

ui 界面上。其中，def__init__(self) 是初始化函数，self 关键字是固有的，带 self 关键字的变量是类中的全局变量，例如 self. ui_main、self. ser。

例 13-15

```
from PySide2.QtCore import Qt
from PySide2.QtUiTools import QUiLoader
from PySide2.QtWidgets import QApplication,QMessageBox,QWidget,QMainWindow
import sys
import serial  #导入模块
import serial.tools.list_ports
from threading import Thread
import os
import time
import numpy as np
class MainWindow(QMainWindow):
    def __init__(self):
        super().__init__()
        self.ui_main=QUiLoader().load('ceshi.ui')
        self.desktop=QApplication.desktop()
        self.screenWidth=self.desktop.width() * 0.6
        self.screenHeight=self.desktop.height() * 0.8
        self.ui_main.setGeometry(self.desktop.width() * 0.4,self.desktop.height
() * 0.3,self.screenWidth,self.screenHeight)
        self.ui_main.setGeometry(self.desktop.width() * 0.4,self.desktop.height
() * 0.3,966,620)

        self.ui_main.startbutton.clicked.connect(self.doing) #程序开始两个线程
        self.ui_main.endbutton.clicked.connect(self.handle_end) #程序结束两个线程
        self.ui_main.savebutton.clicked.connect(self.handle_save) #用来保存数据
        self.ui_main.pushButton.clicked.connect(self.com_write) #设置串口信息

        #这是用来自动读取 COM 口的
        self.port_list=list(serial.tools.list_ports.comports())
        self.port_list_name=[]
        if len(self.port_list)< =0:
            print("The Serial port can't find!")
        else:
            self.ui_main.comboBox.clear()
            for each_port in self.port_list:
                self.port_list_name.append(each_port[0])
            ii=0
            for ii in range(len(self.port_list)):
                self.ui_main.comboBox.addItem(str(self.port_list_name[ii]))
```

```
            self.ui_main.image_3.setStyleSheet('''font-family:DengXian;font-size:
160pt;text-align:center;color:black''')
            self.ui_main.image_3.setAlignment(Qt.AlignCenter)

            self.datasave=np.zeros([5000,1],dtype=int)#用于存储数据

        def com_write(self):
            info1=self.ui_main.comboBox.currentText()#选择的COM口信息
            portx=str(info1)
            info2=self.ui_main.comboBox_2.currentText()#选择的波特率
            #波特率,标准值之一:50,75,110,134,150,200,300,600,1200,1800,2400,4800,9600,
19200,38400,57600,115200
            bps=str(info2)
            #超时设置,None:永远等待操作,0为立即返回请求结果,其他值为等待超时时间(单位为s)
            timex=None
            #打开串口,并得到串口对象
            self.ser=serial.Serial(portx,bps,timeout=timex)
            QMessageBox.warning(self.ui_main,'提示','写入串口信息成功并打开了串口')
            self.ser.close()
            self.ser.open()

        def doing(self):
            self.thread_camera=Thread(target=self.threadfunc_camera)
            self.thread_microphone=Thread(target=self.threadfunc_microphone)
            self.thread_camera.setDaemon(True)#设置子线程为守护线程,就能防止退出主线程
时,子线程仍在运行
            self.thread_microphone.setDaemon(True)#设置子线程为守护线程,就能防止退出
主线程时,子线程仍在运行
            self.thread_camera.start()
            self.thread_microphone.start()
        def threadfunc_camera(self):
            self.camera()
            print('摄像头子线程开始')

        def threadfunc_microphone(self):
            self.microphone()
            print('麦克风子线程开始')

        def microphone(self):
            while True:
                self.xx=self.ser.read(1)
                xs=ord(self.xx)
                print(xs)
```

```
                self.ui_main.image_3.setText(str(xs))
                self.ui_main.image_3.setAlignment(Qt.AlignCenter)
                self.datasave[self.i_index]=xs
                self.index=self.index+1

        def camera(self):
            print("摄像头线程")
        def handle_end(self):
            sys.exit(app.exec_())
            sys.exit(0)#结束程序

        def handle_save(self):#用于将结果保存到 txt 文档中,第一列是人的语音,第二列是人的手势,第三列是电脑的语音,第四列是电脑的手势

            folder=os.path.exists('保存的数据/')
            if not folder:
                os.makedirs('保存的数据/')
                print("文件夹已建立")
            else:
                print("文件夹已存在")
            self.today=time.strftime("%Y-%m-%d-%H-%M-%S",time.localtime())
            np.savetxt(r"保存的数据/"+"数据"+"_"+str(self.today)+'.txt',self.datasave[0:self.i_index+1],fmt="%2d",header='数据')#自动保存数据

            QMessageBox.warning(self.ui_main,'提示','数据保存成功')

    app=0
    app=QApplication([])
    main=MainWindow()
    main.ui_main.show()
    app.exec_()
```

13.2.6 进程和线程

(1) 进程

Python 的多进程可以理解为不同软件同时使用。Python 多进程库是 multiprocessing，Manage 对象用于获取子进程数据。具体包含以下四个关键点：

① process1=Process(target=f,args=(i,return_data2)) #创建进程类对象；

② process1.start() #创建新进程；

③ plist.append(process1) #将创建的进程添加到 process 列表中；

④ process1.join() #进程加入，依次执行。

例 13-16

```
from multiprocessing import Process,Manager
from time import sleep
def f(k,data2):
    sleep(2)
    data2[k]=2*k+1

if __name__=='__main__':
    manager=Manager()
    return_data2=manager.dict()
    plist=[]
    for i in range(5):
        process1=Process(target=f,args=(i,return_data2))#创建进程类对象
        process1.start()#创建新进程
        plist.append(process1)#将创建的进程添加到 process 列表中
    for process1 in plist:
        process1.join()#进程加入,依次执行
    for m,n in return_data2.items():
        print(m,n)
```

输出结果如下，注意以下输出结果顺序可能会有变化，因为多个进程有一定随机先后顺序。

```
0 1
1 3
3 7
2 5
4 9
```

如图 13-5 所示，多个进程在同步执行。

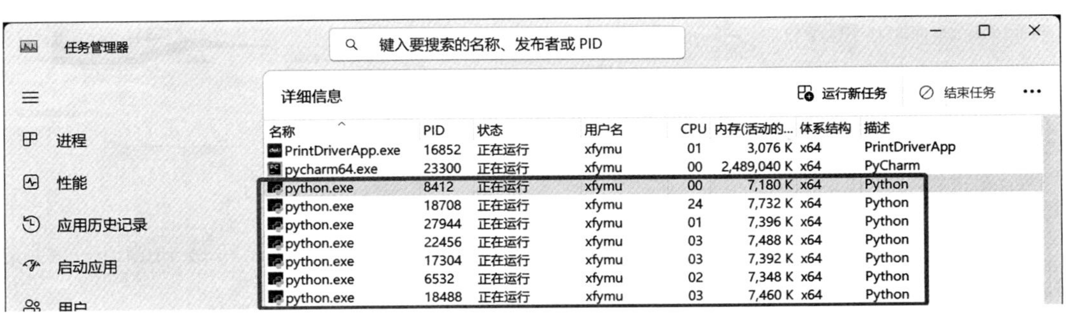

图 13-5　多进程展示

（2）线程

Python 的多线程可以理解为同一个软件的多个功能模块同时使用。例如，同一个软件需要同步使用摄像头和麦克风，如例 13-15 所示，则此时需要调用多线程。多线程具体

包含以下四个关键点：

① self. thread_camera＝Thread(target＝self. threadfunc_camera) ＃创建线程。

② self. thread_camera. setDaemon(True) ＃设置子线程为守护线程，就能防止退出主线程时，子线程仍在运行。

③ self. thread _ camera. start () ＃线程开始。

④ self. thread. join() ＃主线程在执行这个代码时，就暂停在此处，一直要等到新线程执行完毕，退出后，才会继续执行后续的代码。因此，例 13-15 中未使用 joint()，因为摄像头和语音线程是同步进行的，不存在谁先谁后的顺序问题。

13. 2. 7　文件夹创建与读写

上位机软件采集显示的数据需存储到本地计算机，一般需导入 os 库，建立对应文件夹。写入数据到对应文件，例如 txt 格式文本文件中，可采用 numpy 库的 np. savetxt 指令执行。例子如下，截取 13. 2. 5 小节所示例子，用于在程序对应根目录下建立文件夹，文件夹名称为“保存的数据”，将对应数据存储到 txt 文件中。

例 13-17

```
import os
import time
import numpy as np
from PySide2. QtWidgets import QMainWindow
class MainWindow(QMainWindow):
    def __init__(self):
        super(). __init__()
    def handle_save(self):＃用于将结果保存到 txt 文档中,第一列是人的语音,第二列是人的手势,第三列是电脑的语音,第四列是电脑的手势
        folder＝os. path. exists('保存的数据/')
        if not folder:
            os. makedirs('保存的数据/')
            print("文件夹已建立")
        else:
            print("文件夹已存在")
        self. today＝time. strftime("％Y-％m-％d-％H-％M-％S",time. localtime())
        np. savetxt (r"保存的数据/"＋"数据"＋"_"＋str (self. today) ＋'.txt', self. datasave[0:self. i_index ＋1],fmt＝"％2d",header＝'数据')＃自动保存数据
```

13. 2. 8　程序打包

一般推荐用 pyinstaller 进行程序打包为可执行文件。需安装对应库。

```
pip install pyinstaller
```

当需要对某个程序进行打包时，首先进入到程序对应环境的 Anaconda Prompt 界面。接着，进入程序所在盘符，再进入对应路径，如图 13-6 所示。

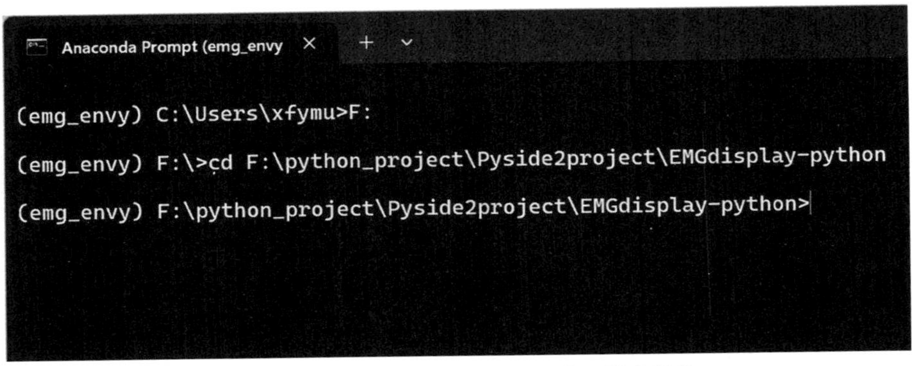

图 13-6　Anaconda Prompt 界面进入程序目录

执行如下指令，用于打包对应程序。

pyinstaller 参数程序 . py--hidden-import" 相关库" --upx-dir 地址

```
pyinstaller-D-c-i  icon.ico  EMGsample-V21.8.28.py--hidden-import " PySide2.QtXml "--hidden-import " pkg _ resources.markers "--hidden-import " serial "--hidden-import " matplotlib.pyplot"--upx-dir E:\upx-3.96-win64
```

其中对应参数说明如下。

-D：使用此参数，PyInstaller 将生成一个目录，其中包含可执行文件和所有依赖的库文件。如果换成-F，则指示 PyInstaller 生成一个单个的可执行文件，该文件包含所有依赖的库文件。

-c：为 Windows 应用程序显示控制台窗口，如果换成-w，则没有控制台窗口。

-i：用于指定图标，这里图标文件为 icon. ico。

--hidden-import：用于将未能找到的隐藏库加载进来，防止一些程序打包不能所有外部库都加载进来引起打包失败的问题。

--upx-dir：用于引入 upx 工具，缩小打包文件的大小。

13. 3　上位机软件系统界面设计基础

13. 3. 1　Pyside2 和 QT designer

Python 语言对应常用界面库有 Tkinter、wxPython、PyQt 和 Pyside，PyQt 和 Pyside2 都是基于 Qt 开发的，其中 PyQt 有 PyQt5 和 PyQt6，Pyside 有 Pyside2 和 Pyside6，Pyside 是 Qt 公司官方开发的，PyQt 是 Riverbank Computing 公司开发的。本书选用 Pyside2 开发相关上位机软件系统。

当用 pip install pyside2 后，可在以下目录中找到如图 13-7 所示内容。其中，designer. exe 是开发 ui 文件对应的设计软件。

```
C:\Users\xfymu\.conda\envs\emg\Lib\site-packages\PySide2
```

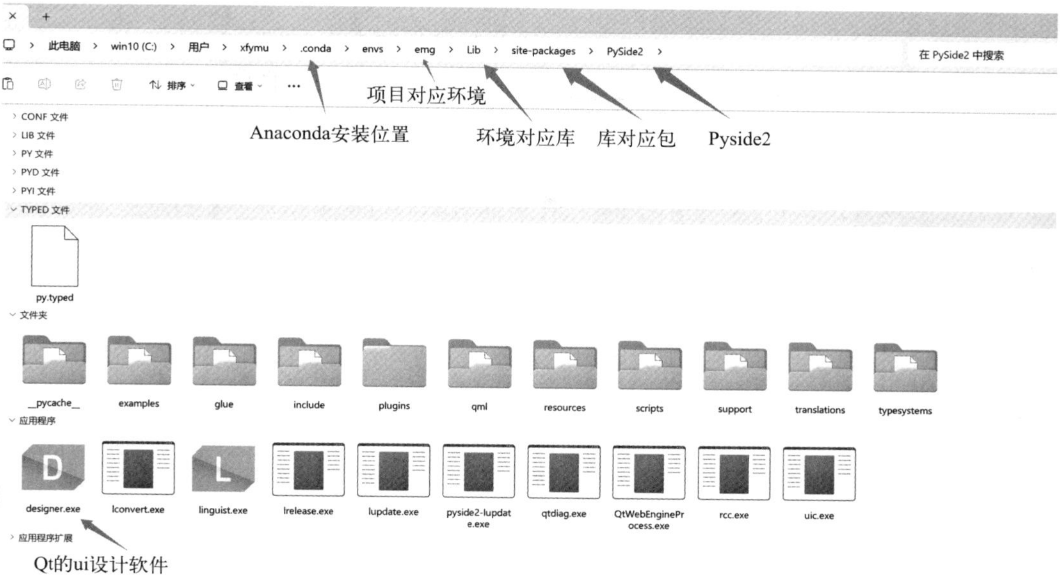

图 13-7　Pyside2 安装路径界面

13.3.2　Qt designer 常用控件

如图 13-8 所示为 Qt designer 显示的所有控件，其中，按钮控件、容器控件、展示控件和输入控件使用最频繁。每一类控件又包含多种子控件，例如按钮控件包含 Push Button、Tool Button、Radio Button 等。每一种控件具有丰富的函数，以下以 Push Button 为例，说明控件功能。

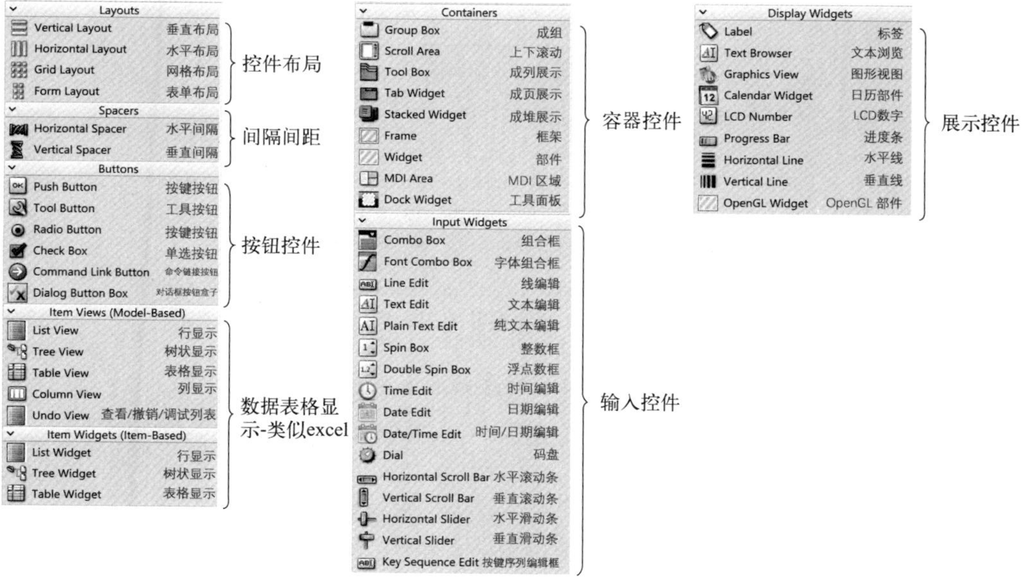

图 13-8　Qt designer 常用控件

例 13-18 展示了 button 按钮控件编程使用，对于命名为 startbutton 的按钮，self. ui. startbutton. clicked. connect(self. doing) 将其按钮点击后的事件链接到 self. doing 函数，实现功能跳转。self. ui. startbutton. setEnabled（False）、self. ui. startbutton. setEnabled(True)、self. ui. startbutton. setText（"开始"）、self. ui. startbutton. setStyleSheet（"background-color：red"）用于设置按钮失能、失能、文本和背景色，其中文本和背景色的设置也可以直接在 qt designer. exe 中对 ui 文件进行 qss 编程修改，可参考 13. 3. 4 小节内容。

例 13-18

```
from PySide2.QtUiTools import QUiLoader
from PySide2.QtWidgets import QMainWindow
class MainWindow(QMainWindow):
    def __init__(self):
        super().__init__()
        self.ui=QUiLoader().load('ceshi.ui')
        self.ui.startbutton.clicked.connect(self.doing) # 按钮点击后链接到对应函数
        self.ui.startbutton.setEnabled(False) # 按钮失能
        self.ui.startbutton.setEnabled(True) # 按钮使能
        self.ui.startbutton.setText("开始") # 按钮文本设置
        self.ui.startbutton.setStyleSheet("background-color:red") # 按钮设置背景色
```

13. 3. 3 PyQtGraph

选择 QWidget 控件，点击鼠标右键，选择提升为，设置提升的类名称为 PlotWidget，头文件为 pyqtgraph，添加后，选中，点击“提升”，即可将 QWidget 控件提升为 PlotWidget 控件，如图 13-9 所示。

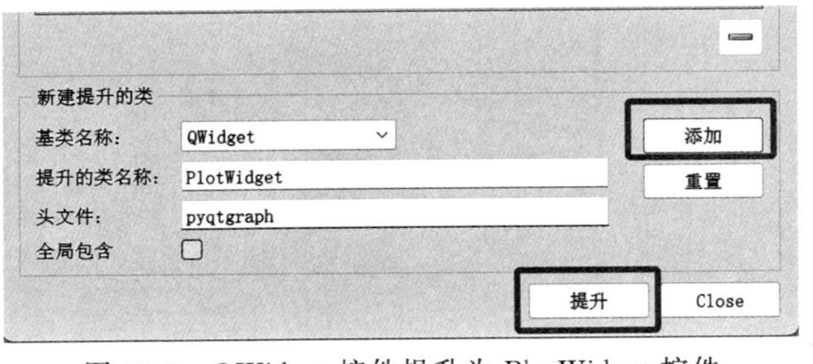

图 13-9　QWidget 控件提升为 PlotWidget 控件

假设其名称为 emgplot，则可通过如下程序修改其对应显示格式。

```
self.ui.emgplot.setTitle("sEMG1",color='008080',size='12pt') # 设置图表标题
self.ui.emgplot.setLabel("left","y/V") # 设置 Y 轴
self.ui.emgplot.setLabel("bottom","time/sec") # 设置 X 轴
self.ui.emgplot.showGrid(x=True,y=True) # 显示表格线
self.ui.emgplot.setBackground('#f6f5ec') # 设置背景色为黄白色
self.ui.emgplot.setYRange(0,3000) # 设置 Y 轴显示范围
```

```
self.ui.emgplot.getPlotItem().plot(pen=pg.mkPen('r',width=1)) # 设置线条颜色和粗细
```

13.3.4　自定义控件属性

可通过右键—改变样式表修改，以 Push Button 为例，通过 Qss 程序修改其样式，如下程序和图 13-10 所示。

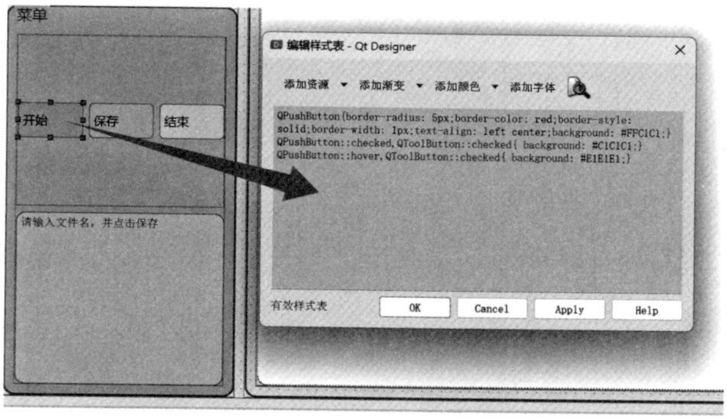

图 13-10　Qss 自定义控件属性示例

```
QPushButton{border-radius:5px;border-color:red;border-style:solid;border-width:1px;text-align:left center;background:#FFC1C1;}
QPushButton::checked,QToolButton::checked{background:#C1C1C1;}
QPushButton::hover,QToolButton::checked{background:#E1E1E1;}
```

其中，第一行程序用于修改按钮的线条圆角、线条颜色、线条格式粗细、字体对齐方式、按钮背景色，第二行程序用于设置当鼠标箭头放置于按钮上方的变色交互，第三行程序用于设置当鼠标点击了该按钮后的背景颜色变换。

13.3.5　动态加载 ui 文件与控件引用

采用 QUiLoader().load('ceshi.ui') 动态加载 ui 文件，当 ui 文件有过修改时，只需要保存 ui 文件即可。ui 文件中已设置多个 button，如图 13-11 所示，在 python 程序中，可通过 self.ui_main.startbutton、self.ui_main.endbutton 和 self.ui_main.savebutton 引用，如例 13-19 所示。

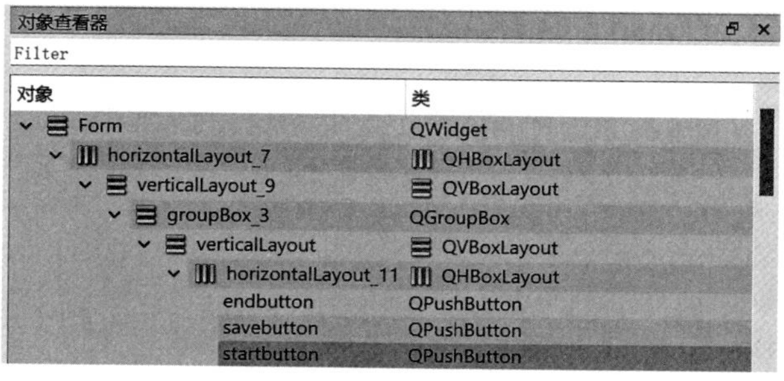

图 13-11　ui 文件设置多个 button 示意图

例 13-19

```
from PySide2.QtUiTools import QUiLoader
from PySide2.QtWidgets import QMainWindow,QApplication
class MainWindow(QMainWindow):
    def __init__(self):
        super().__init__()
        self.ui_main=QUiLoader().load('ceshi.ui') # 动态加载 ui 文件
        self.desktop=QApplication.desktop()
        self.screenWidth=self.desktop.width() * 0.6
        self.screenHeight=self.desktop.height() * 0.8
        self.ui_main.setGeometry(self.desktop.width() * 0.4,self.desktop.height
() * 0.3,self.screenWidth,self.screenHeight)
        self.ui_main.setGeometry(self.desktop.width() * 0.4,self.desktop.height
() * 0.3,966,620)

        self.ui_main.startbutton.clicked.connect(self.doing) # 程序开始两个线程
        self.ui_main.endbutton.clicked.connect(self.handle_end) # 程序结束两个线程
        self.ui_main.savebutton.clicked.connect(self.handle_save) # 用来保存数据
        self.ui_main.pushButton.clicked.connect(self.com_write) # 设置串口信息
```

13.3.6 串口通信、WIFI 通信和网络 IP 通信

上位机和下位机或其他上位机的通信非常重要，其既需要接收数据或信息，也需要发送对应数据或指令到其他机器。本小节主要介绍 Python 语言的串口通信、WIFI 通信和网络通信。

(1) 串口通信

串口通信对应的库安装：

```
pip install pyserial
```

安装后使用示例如下所示，需要设置的参数包含 COM 口、波特率、超时设置。

例 13-20

```
    def com_write(self):
        info1=self.ui.comboBox.currentText() # 选择的 COM 口信息
        portx=str(info1)
        info2=self.ui.comboBox_2.currentText() # 选择的波特率
        # 波特率,标准值之一:50,75,110,134,150,200,300,600,1200,1800,2400,4800,9600,
19200,38400,57600,115200
        bps=str(info2)
        # 超时设置,None:永远等待操作,0 为立即返回请求结果,其他值为等待超时时间(单位为 s)
        timex=None
        # 打开串口,并得到串口对象
        self.ser=serial.Serial(portx,bps,timeout=timex)
```

```
        QMessageBox.warning(self.ui,'提示','写入串口信息成功,并打开了串口')
        self.ser.close() # 串口关闭
        self.ser.open() # 串口打开
```

尽管可通过右键—我的电脑—管理—设备管理器—端口（COM 和 LPT）查看串口信息，但是这种方式比较麻烦，可通过如下方式自动读取 COM 口程序自动获取 COM 口信息。

```
# 这是用来自动读取 COM 口的
self.port_list=list(serial.tools.list_ports.comports())
self.port_list_name=[]
if len(self.port_list)<=0:
    print("The Serial port can't find!")
else:
    self.ui_main.comboBox.clear()
    for each_port in self.port_list:
        self.port_list_name.append(each_port[0])
    ii=0
    for ii in range(len(self.port_list)):
        self.ui_main.comboBox.addItem(str(self.port_list_name[ii]))
```

(2) WIFI 通信

此处以 ESP8266 为例，介绍 Python WIFI 通信。Python WIFI 通信需用到 socket 库。以下代码是主机相关设置。

例 13-21

```
import socket
import numpy as np

# 创建 Socket 对象
server_socket=socket.socket(socket.AF_INET,socket.SOCK_STREAM)

# 连接服务器
server_address=('192.168.116.40',8090) # 连接的 WIFI 路由器的地址,或者是手机热点的ip 地址,电脑连接 WIFI 后,可以通过右键—我的电脑—属性查看
server_socket.bind(server_address)
server_socket.listen(1)
print('等待客户端连接...')
client_socket,client_address=server_socket.accept()
print('客户端已连接:',client_address) # 接收客户端发送的数据
response="1"
client_socket.send(response.encode("gbk"))

file_obj=client_socket.makefile('r',encoding='utf-8',errors='ignore')
```

```
data2=np.zeros([5000,4],dtype=int)  # 用于存储数据
index_i=0
while True:
  line=file_obj.readline()
  print(line)
```

对应的下位机程序（STM32）需设置对应参数如下。其中的热点名称、密钥和 IP 地址可参考图 13-12 查看得到。

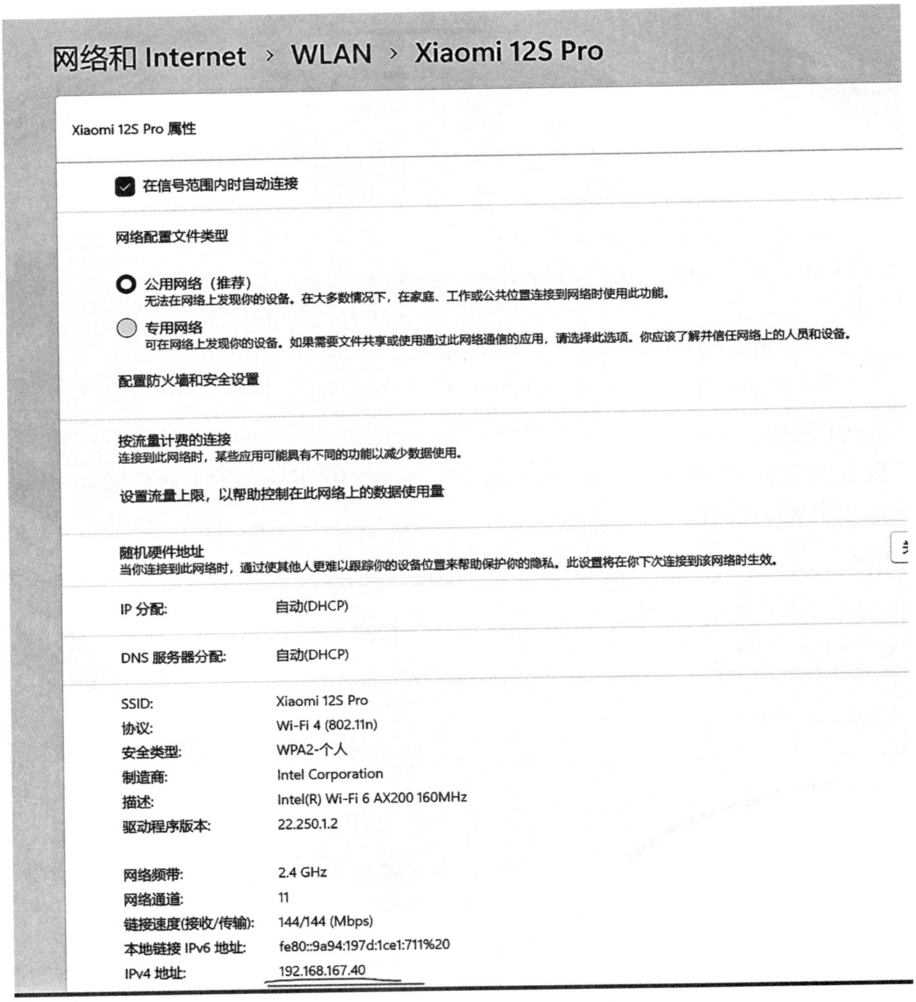

图 13-12　下位机 IP 地址查看

```
/*-----------------------------------------------------------------*/
/*                根据自己的网络环境修改                           */
/*-----------------------------------------------------------------*/
#define User_ESP8266_ApSsid        "Xiaomi 12S Pro"     //要连接的热点的名称，注意
不能有中文
#define User_ESP8266_ApPwd         "11111111"           //要连接的热点的密钥
```

```
#define User_ESP8266_TcpServer_IP    "192.168.116.40"    // 要连接的服务器的 IP,就
是 WIFI 路由器的 ip 地址,或者是手机热点的 ip 地址,可通过右键电脑的 wifi 属性查看到
#define User_ESP8266_TcpServer_Port "8090"             // 要连接的服务器的端口
```

在主函数里面可通过如下程序进行 ESP8266 配置。

```
ESP8266_Init();
printf("正在配置 ESP8266......\n");
if(ESP8266_AT_Test())
{
    printf("AT test OK\n");
}
printf("\n< 1> \n");
if(ESP8266_Net_Mode_Choose(STA))
{
    printf("ESP8266_Net_Mode_Choose OK\n");
}
printf("\n< 2> \n");
while(! ESP8266_JoinAP(User_ESP8266_ApSsid,User_ESP8266_ApPwd));
printf("\n< 3> \n");
ESP8266_Enable_MultipleId(DISABLE);
while(! ESP8266_Link_Server(enumTCP,User_ESP8266_TcpServer_IP,User_ESP8266_
TcpServer_Port,Single_ID_0));
printf("\n< 4> \n");
while(! ESP8266_UnvarnishSend());
printf("配置 ESP8266 完毕\n");
biaoji_peizhi=1;
```

（3）网络通信

网络通信用于通过 internet 网络 IP 连接不同电脑或终端，需用到 socket 库。以下代码是主机端内容，可自动获取本机 IP（192.168.167.40），将其打印出来，进而监听是否有从机需要连接本机。

例 13-22

```
#host 端程序
import socket
ip=socket.gethostbyname(socket.getfqdn(socket.gethostname()))#获取本机 ip
print(ip)
sock=socket.socket(socket.AF_INET,socket.SOCK_STREAM)
sock.bind((ip,8001))#IP,端口
sock.listen(5)#设置支持排队等待的是 5 人
while True:
    conn,addr=sock.accept()#等待 slave 端来连接,conn 是连接管道,addr 是发起连接的
客户端地址
    print('收到 slave 端连接……')
```

```
        while True:
            client_data=conn.recv(1024) #等待 slave 端发来数据
            if not client_data:
                break
            data=client_data.decode('utf-8')
            print('slave 端信息:',data)
            #给 slave 端回复消息
            #conn.sendall('怎么了'.encode('utf-8'))
            data1=input('请回复:')
            conn.sendall(data1.encode('utf-8'))
        print('关闭连接')
        conn.close() #关闭双方连接
    sock.close() #slave 端中止后续连接
```

以下是从机代码，从机通过主机 IP（192.168.167.40），向主机发起连接。

```
#slave 端程序
import socket
client=socket.socket()
client.connect(('192.168.167.40',8001)) #向 host 端发起连接
#连接成功发消息
client.sendall('hello'.encode('utf-8'))
#等待 host 端回消息
reply=client.recv(1024)
print(reply)
while True:
    data=input('请输入您的问题:')
    if data.upper()=='Q':
        break
    client.sendall(data.encode('utf-8'))
    data2=client.recv(1024)
    print(data2.decode('utf-8'))
#关闭连接
client.close()
```

13.4 智能机器人神经信号控制与处理软件系统开发案例

13.4.1 生物电信号采集与显示软件案例

本小节介绍一种采集 5 通道 sEMG 和 2 通道 IMU 信号的上位机软件，其嵌入式系统设计部分可参考本书 12.4.3 小节内容，对应代码可查看本书电子附件。

(1) python 运行环境构建与库安装

首先需新建对应环境和安装对应库，采用 Anaconda 新建环境，并安装对应库，参考

13.1.3 小节内容。

```
pip install pyserial pyside2 pypiwin32 pyinstaller numpy pyqtgraph
```

安装后可查看对应安装库，如图 13-13 所示。

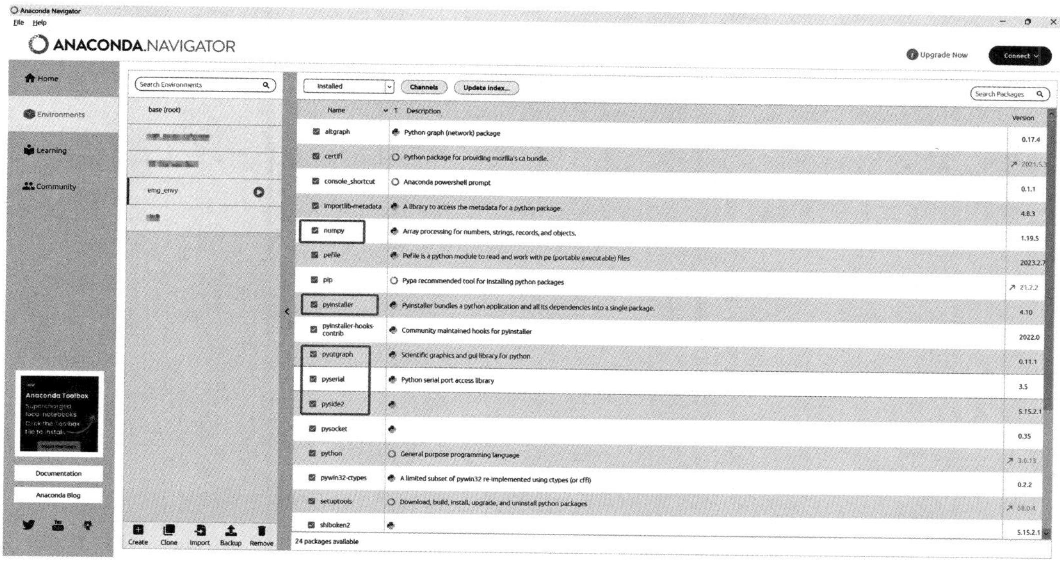

图 13-13　Python 运行环境构建与库安装

(2) 界面设计

采用 Pyside2 的 qt designer 设计对应界面 ui 文件，最终设计得到的界面如图 13-14 所示。其主要用到了 PlotWidget 控件，需通过 QWidget 空间提升得到，用于显示数据曲线，如图 13-15 所示。这一界面主要包含串口搜索、串口 COM 选择、串口信息写入、背景色和数据曲线颜色设置、开始、暂停、保存、结束以及文件名输入框。初始的 ui 界面比较简陋，可采用 Qss 语言对其进行修改美化。

GroupBox 的 Qss 修改属性：

```
QGroupBox { border: 2px solid #45b97c; border-radius: 12px; color: #45b97c; background:#f6f5ec;}
```

按钮 Qss 修改属性：

```
QPushButton{border-radius: 8px; border-color: grey; border-style: solid; border-width:1px;text-align:center;background:#E1E1E1;}
```

开始、暂停、保存和结束 Qss 修改属性：

```
QPushButton{border-radius: 8px; border-color: green; border-style: solid; border-width:1px;text-align:left center;background:;}
```

(3) 串口与数据解码

串口部分包含自动搜索串口及其 COM 名称、串口数据解码两部分功能。自动搜索串口及其 COM 名称功能可参考 13.3.6 小节内容。串口数据解码部分主要是对下位机

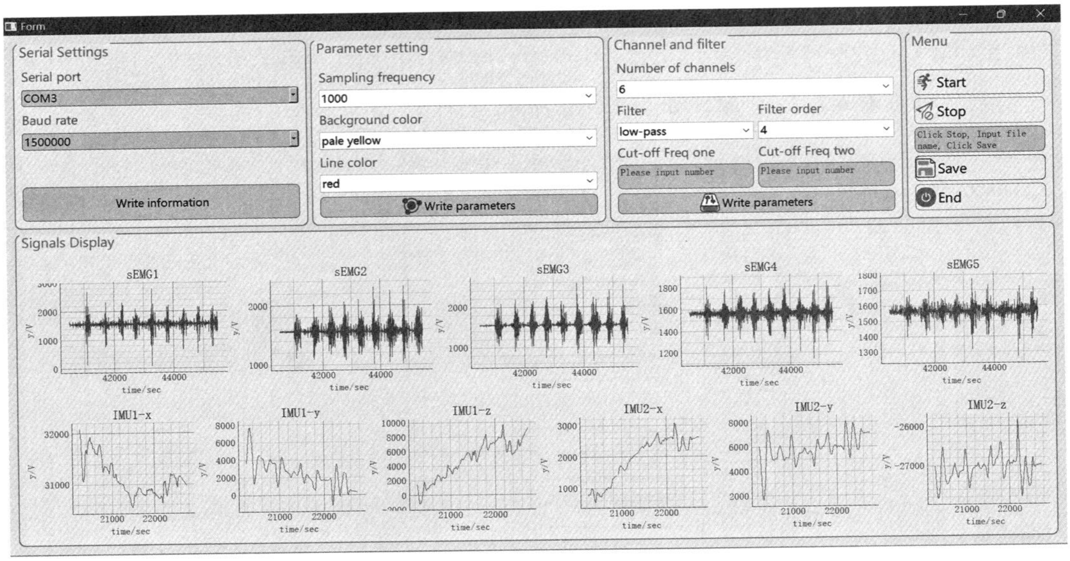

图 13-14　界面设计

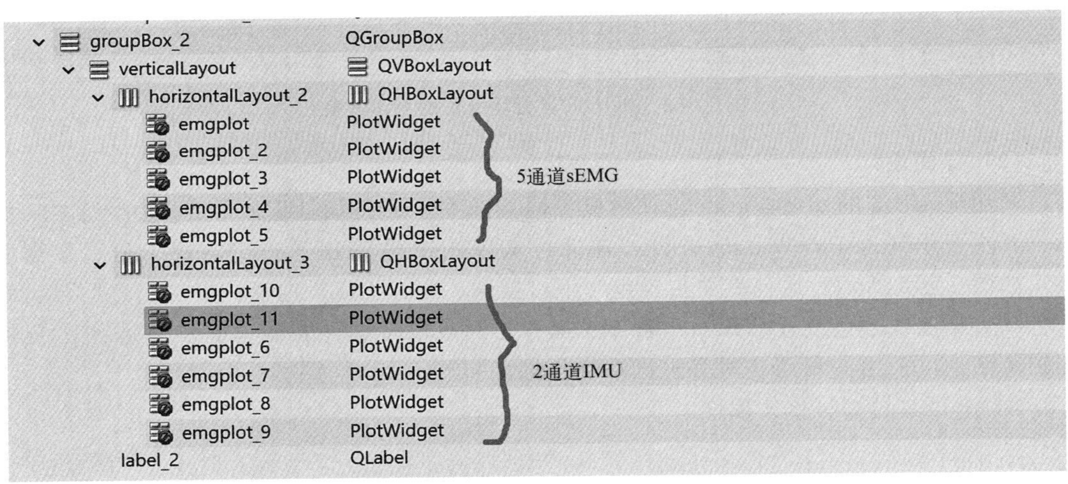

图 13-15　5 通道 sEMG 和 2 通道 IMU 提升为 PlotWidget 控件

(STM32) 发送上来的数据进行解码，由于上位机识别的数据为对应字符的 ASCII 码，因此，需配合 ASCII 码表进行编程。例如，a 字符的 ASCII 码是 97，空格的 ASCII 码是 32。其中，5 通道 sEMG 采样率为 1000Hz，2 通道 IMU 信号采样率为 500Hz。因此，采集一次 2 通道 IMU 信号对应采集两次 5 通道 sEMG 数据。对应下位机输出格式为"ab 1 %4d%4d%4d%4d%4d %6d%6d%6d\n"和"ab 2 %4d%4d%4d%4d%4d %6d%6d%6d\n"，用于区分不同通道的 IMU 信号数据。上位机数据处理部分的代码如下。

```
if xs==97:#如果读到了 a 字符
    #yy=self.ser.read(14).decode("ascii")
    xx1=self.ser.read(2)
    #yy=self.ser.readline().decode("gbk",errors='ignore')#是读一行,以\n 结束,
```

要是没有\n 就一直读,阻塞。

```
        yy=self.ser.read(42)
        print(self.i_index,yy)

        temp1=np.fromstring(yy,dtype=np.int8)   #字符串转化为 ASCII 码

        temp2=temp1-48#空格是 32-48,-是 45-48,1 是 49-48
        #temp3=int(yy)
        #print(self.i_index,temp3)
    self.IMU_index=temp2[0]#

    self.emg1=temp2[2]*1000*(temp2[2]! =-16)+temp2[2]*0*(temp2[2]==-16)\
                +temp2[3]*100*(temp2[3]! =-16)+temp2[3]*0*(temp2[3]==-16)\
          +temp2[4]*10*(temp2[4]! =-16)+temp2[4]*0*(temp2[4]==-16)+temp2[5]

    self.emg2=temp2[6]*1000*(temp2[6]! =-16)+temp2[6]*0*(temp2[6]==-16)\
                +temp2[7]*100*(temp2[7]! =-16)+temp2[7]*0*(temp2[7]==-16)\
          +temp2[8]*10*(temp2[8]! =-16)+temp2[8]*0*(temp2[8]==-16)+temp2[9]

    self.emg3=temp2[10]*1000*(temp2[10]! =-16)+temp2[10]*0*(temp2[10]==-16)\
                +temp2[11]*100*(temp2[11]! =-16)+temp2[11]*0*(temp2[11]==-16)\
          +temp2[12]*10*(temp2[12]! =-16)+temp2[12]*0*(temp2[12]==-16)+
temp2[13]

    self.emg4=temp2[14]*1000*(temp2[14]! =-16)+temp2[14]*0*(temp2[14]==-16)\
                +temp2[15]*100*(temp2[15]! =-16)+temp2[15]*0*(temp2[15]==-16)\
          +temp2[16]*10*(temp2[16]! =-16)+temp2[16]*0*(temp2[16]==-16)+
temp2[17]

    self.emg5=temp2[18]*1000*(temp2[18]! =-16)+temp2[18]*0*(temp2[18]==-16)\
                +temp2[19]*100*(temp2[19]! =-16)+temp2[19]*0*(temp2[19]==-16)\
          +temp2[20]*10*(temp2[20]! =-16)+temp2[20]*0*(temp2[20]==-16)+
temp2[21]

    if temp2[23:29].__contains__(-3)==True:
        tempx1=temp2[24+int(np.argwhere(temp2[23:29]==-3)):29]
        self.IMU_x=0
        for i in range(0,len(tempx1)):
            self.IMU_x=self.IMU_x+tempx1[-i-1]*10**(i)
        self.IMU_x=-self.IMU_x
    if temp2[23:29].__contains__(-3)==False:
        self.IMU_x=temp2[24]*10000*(temp2[24]! =-16)+temp2[24]*0*(temp2[24]=
=-16)\
```

```
                        +temp2[25]*1000*(temp2[25]! =-16)+temp2[25]*0*(temp2[25]=
=-16)\
                        +temp2[26]*100*(temp2[26]! =-16)+temp2[26]*0*(temp2[26]=
=-16)\
                        +temp2[27]*10*(temp2[27]! =-16)+temp2[27]*0*(temp2[27]==
-16)+temp2[28]

    if temp2[29:35].__contains__(-3)==True:
        tempx1=temp2[30+int(np.argwhere(temp2[29:35]==-3)):35]
        self.IMU_y=0
        for i in range(0,len(tempx1)):
            self.IMU_y=self.IMU_y+tempx1[-i-1]*10**(i)
        self.IMU_y=-self.IMU_y
    if temp2[29:35].__contains__(-3)==False:
        self.IMU_y=temp2[30]*10000*(temp2[30]! =-16)+temp2[30]*0*(temp2[30]=
=-16)\
                        +temp2[31]*1000*(temp2[31]! =-16)+temp2[31]*0*(temp2[31]=
=-16)\
                        +temp2[32]*100*(temp2[32]! =-16)+temp2[32]*0*(temp2[32]=
=-16)\
                        +temp2[33]*10*(temp2[33]! =-16)+temp2[33]*0*(temp2[33]==
-16)+temp2[34]

    if temp2[35:41].__contains__(-3)==True:
        tempx1=temp2[36+int(np.argwhere(temp2[35:41]==-3)):41]
        self.IMU_z=0
        for i in range(0,len(tempx1)):
            self.IMU_z=self.IMU_z+tempx1[-i-1]*10**(i)
        self.IMU_z=-self.IMU_z
    if temp2[35:41].__contains__(-3)==False:
        self.IMU_z=temp2[36]*10000*(temp2[36]! =-16)+temp2[36]*0*(temp2[36]=
=-16)\
                        +temp2[37]*1000*(temp2[37]! =-16)+temp2[37]*0*(temp2[37]=
=-16)\
                        +temp2[38]*100*(temp2[38]! =-16)+temp2[38]*0*(temp2[38]=
=-16)\
                        +temp2[39]*10*(temp2[39]! =-16)+temp2[39]*0*(temp2[39]==
-16)+temp2[40]
    #print(self.i_index,self.emg1,self.emg2,self.emg3,self.emg4,self.emg5,self.
IMU_x,self.IMU_y,self.IMU_z)
    self.datasave[self.i_index,0]=self.emg1
    self.datasave[self.i_index,1]=self.emg2
    self.datasave[self.i_index,2]=self.emg3
```

```
self.datasave[self.i_index,3]=self.emg4
self.datasave[self.i_index,4]=self.emg5

if self.IMU_index==1:
    self.datasave[self.i_index1,5]=self.IMU_x
    self.datasave[self.i_index1,6]=self.IMU_y
    self.datasave[self.i_index1,7]=self.IMU_z
    self.i_index1+=1
if self.IMU_index==2:
    self.datasave[self.i_index2,8]=self.IMU_x
    self.datasave[self.i_index2,9]=self.IMU_y
    self.datasave[self.i_index2,10]=self.IMU_z
    self.i_index2+=1
self.i_index+=1
```

（4）python 多线程

采集数据和数据显示是两个部分，如果采集数据和数据显示在同一个线程中，则将导致数据显示非常卡顿。因此，将采集部分作为一个子线程，曲线显示作为主线程，如下程序所示。

```
self.thread_caiji=Thread(target=self.threadfunc_caiji)
self.thread_caiji.setDaemon(True)  #设置子线程为守护线程,就能防止退出主线程时,子线程仍在运行
self.thread_caiji.start()
def threadfunc_caiji(self):
    self.caiji()
```

（5）开始、暂停、结束等

以下是开始、暂停和结束对应按钮链接事件函数。

```
self.ui.startbutton.clicked.connect(self.doing)
self.ui.endbutton.clicked.connect(self.handle_end)
self.ui.savebutton.clicked.connect(self.handle_save)
self.ui.stopbutton.clicked.connect(self.handle_stop)
```

以下是暂停、结束、开始按钮对应代码，其中，实现暂停只需要设置标记位即可。结束按钮对应代码需要保存数据到 txt 文档中。开始按钮对应代码用于一些参数初始化和线程加入等内容。

```
def handle_stop(self):


    self.Biaoji=1
    #self.timer=QtCore.QTimer()
    #self.timer.timeout.connect(self.plotemg)
def handle_end(self):
    #关掉定时器,实现停止效果
```

```
        self.ser.close()
        del self.ser
        #info=self.ui.text.toPlainText()
        #self.i_index+=1
        #np.savetxt(str(info)+'.txt',self.datasave[0:self.i_index+1],fmt="%6d")
  #自动保存数据
        sys.exit(app.exec_())
        sys.exit(0)  #结束程序
    def doing(self):
        self.Biaoji=0
        self.i=0
        self.i1=0
        self.i2=0
        self.y1=np.zeros([self.range1,1],dtype=int)
        self.y2=np.zeros([self.range1,1],dtype=int)
        self.y3=np.zeros([self.range1,1],dtype=int)
        self.y4=np.zeros([self.range1,1],dtype=int)
        self.y5=np.zeros([self.range1,1],dtype=int)

        self.y6=np.zeros([self.range1,1],dtype=int)
        self.y7=np.zeros([self.range1,1],dtype=int)
        self.y8=np.zeros([self.range1,1],dtype=int)

        self.y9=np.zeros([self.range1,1],dtype=int)
        self.y10=np.zeros([self.range1,1],dtype=int)
        self.y11=np.zeros([self.range1,1],dtype=int)

        self.datasave=np.zeros([self.range2,11],dtype=int)  #用于存储数据

        self.emg1plot1=0
        self.cnt=0
        self.i_index=0
        self.i_index1=0
        self.i_index2=0
        self.thread_caiji=Thread(target=self.threadfunc_caiji)
        self.thread_caiji.setDaemon(True)  #设置子线程为守护线程,就能防止退出主线程时,
子线程仍在运行
        self.thread_caiji.start()
        self.timer.start(self.range4-self.range5)
        time.sleep(0.5)
```

(6) 数据保存

数据保存部分需要考虑数据保存位置和文件名。第一部分用于新建对应的文件夹，如

果已经建立则不用再建立文件夹。第二部分用于设置文件名信息。

```
def handle_save(self):

    #建立一个文件夹
    folder=os.path.exists('保存的数据/')
    if not folder:
        os.makedirs('保存的数据/')
        print("文件夹已建立")
    else:
        print("文件夹已存在")




    info=self.ui.text.toPlainText()
    self.i_index-=1
    self.today=time.strftime("%Y-%m-%d-%H-%M-%S",time.localtime())
    np.savetxt(r"保存的数据/"+str(self.today)+"-"+str(info)+'.txt',
self.datasave[0:self.i_index+1],fmt="%6d",delimiter=',')#自动保存数据
    QMessageBox.warning(self.ui,'提示','保存数据成功')
```

(7) 下位机输出发送

下位机发送数据部分放置于定时器回调函数中，设置每 1ms 执行一次程序，用于 ADC 读取 5 通道 sEMG 数据和 SPI 读取 2 通道 IMU 数据。其中，IMU 部分仅用了其角度数据，角速度、角加速度等数据也可设置读取。

```
void HAL_TIM_PeriodElapsedCallback(TIM_HandleTypeDef *htim)
{
    if  (htim==(&htim3))
    {
        if(kk%1000==0)
        {
            LED0_TOGGLE();
//          printf("%d\n",kk);
        }
        if(kk%2==0)
        {
            SPIReadBytes(CS1,Roll,8,&chrTemp1[0]);
            Angle1[0]=CharToShort(&chrTemp1[0]);
            Angle1[1]=CharToShort(&chrTemp1[2]);
            Angle1[2]=CharToShort(&chrTemp1[4]);
            printf("ab 1 %4d%4d%4d%4d%4d %6d%6d%6d\n",ADC_ConvertedValue
[0],ADC_ConvertedValue[1],ADC_ConvertedValue[2],ADC_ConvertedValue[3],ADC_
```

```
ConvertedValue[4],Angle1[0],Angle1[1],Angle1[2]);
            }
            if(kk%2! =0)
            {
                SPIReadBytes(CS2,Roll,8,&chrTemp2[0]);
                Angle2[0]=CharToShort(&chrTemp2[0]);///32768 * 180 £¬ 32768ÊÇ2^15 £¬
180ÊÇ180¶È
                Angle2[1]=CharToShort(&chrTemp2[2]);
                Angle2[2]=CharToShort(&chrTemp2[4]);
                printf("ab 2 %4d%4d%4d%4d%4d %6d%6d%6d\n",ADC_ConvertedValue
[0],ADC_ConvertedValue[1],ADC_ConvertedValue[2],ADC_ConvertedValue[3],ADC_
ConvertedValue[4],Angle2[0],Angle2[1],Angle2[2]);
            }

            ADC_ConvertedValue[0]=ADC_Get_Average(1);
            ADC_ConvertedValue[1]=ADC_Get_Average(2);
            ADC_ConvertedValue[2]=ADC_Get_Average(3);
            ADC_ConvertedValue[3]=ADC_Get_Average(4);
            ADC_ConvertedValue[4]=ADC_Get_Average(5);
            kk=kk+1;
        }
    }
```

13.4.2 套索传动平台控制上位机软件系统案例

本小节介绍套索传动平台控制上位机软件，其嵌入式系统设计部分可参考本书12.6.1小节内容，对应代码可查看本书电子附件。

(1) python 运行环境构建与库安装

python运行环境需借助Anaconda软件用于管理程序运行环境和库安装。本实验相关的库包含pyside2、pyserial、matlibplot、pyqtgraph、numpy、pyinstaller。Python编译环境为Pycharm。

(2) 串口与数据解码

上位机的串口接收与发送功能通过pyserial库实现。例如假设串口所在COM口为COM3，波特率为921600，则可通过如下程序设置串口。

```
self.ser=serial.Serial(COM3,921600,timeout=None)
```

串口打开指令为self.ser.open()，串口关闭指令为self.ser.close()，串口读取指令为self.ser.read(xx)，其中，xx表示读取字符个数。由于下位机输出数据格式为“IN %4d%4d%4d%4d%4d%4d\n”，再者字符I对应的ASCII码为73，因此，如果读取的字符数据为73，则认为找到了输出数据起始点。

(3) python 多线程

由于串口数据采集和上位机数据展示属于两个线程，如果同步放置于一个线程中，则将影响实时性。因此，采用多线程编程方法。对应主要程序如下：

```
self.thread_caiji=Thread(target=self.threadfunc_caiji)
self.thread_caiji.setDaemon(True)  #设置子线程为守护线程,就能防止退出主线程时,子线程仍在运行
self.thread_caiji.start()
```

（4）python 定时器

由于上位机无法做到非常短时间内刷新画图数据，因此，采用定时器控制上位机曲线绘制刷新速度。Python 定时器主要采用 pyqtgraph 的 QtCore 模块。当时间到达时，则调用绘图程序。

```
self.timer=QtCore.QTimer()
self.timer.timeout.connect(self.plotdata)
self.timer.start(50)//50ms 定时
```

（5）python 程序打包

当所有程序测试通过后，则可以通过 pyinstaller 打包为 exe 文件，打包时需注意将未能添加的库添加到文件中。打包时需通过 DOS 界面进入到程序所在位置，具体可参考 13.2.8 小节内容。

```
cd H:\Taosuo_data_display-python
```

接着输入如下指令，打包程序。

```
pyinstaller-D-c-w-i  icon.ico  Taosuo-V21.8.28.py--hidden-import  " PySide2.QtXml "--hidden-import  " pkg _ resources.markers "--hidden-import  " serial "--hidden-import "matlibplot"--upx-dir E:\upx-3.96-win64
```

其中，-D：生成一个文件夹，里面是多文件模式，启动快。-c：跟图标路径，作为应用 icon。-w 表示不需要 DOS 窗口，不显示控制台。-i 表示图标采用 icon.ico 文件。

如图 13-16 所示为菜单栏设置界面，其中，串口设置部分用于设置单片机与电脑的串口连接 COM 口和波特率，由于单片机设置了波特率为 921600，因此，默认选用 921600 波特率。

滤波器和控制方法部分可设置滤波器类型（高通、低通、带通）和滤波阶次。目前对于本案例，默认采用 4 阶次低通滤波器，低通滤波截止频率为 10Hz。再者，通过点击不滤波和滤波按钮，可实时查看不滤波和滤波效果。通过点击 PID 控制器和 PID+迟滞补偿按钮，可更改控制方法。这里需要注意的是，当点击了其中任意一个控制方法后，点击“开始”，则在运行过程中，两个控制方法按钮都失能了，防止电机运转过程中更改控制方法带来的不可预料问题。菜单栏部分是基本的开始、暂停、文件名、保存和结束按钮。当点击“开始”，则电机开始运转，电机暂停，则电机停止转动，并且显示实际轨迹和参考轨迹对比图。当点击“保存”，则自动将当前运动数据保存为 txt 格式。

（6）信号滤波模块

如图 13-17 所示为信号未滤波的显示界面。由于电机速度和电机电流存在较大噪声，因此，采用前述低通滤波器对这两者滤波，如图 13-18 所示。在电机运转过程中，可实时

切换滤波和不滤波按钮，不影响电机运转效果。再者，默认保存未滤波电机速度、未滤波电机电流、滤波后的电机速度和滤波后的电机电流。

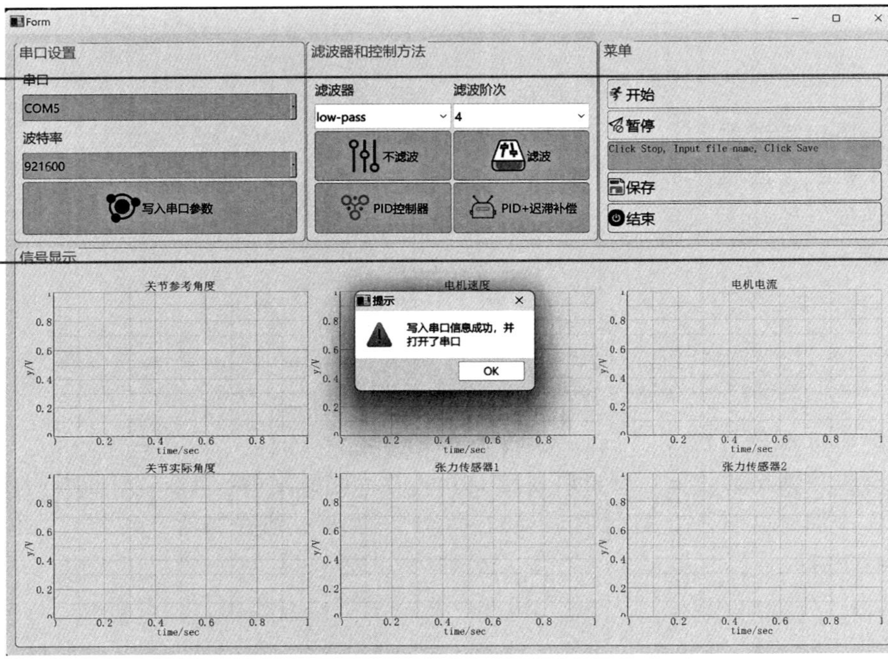

图 13-16 菜单栏设置

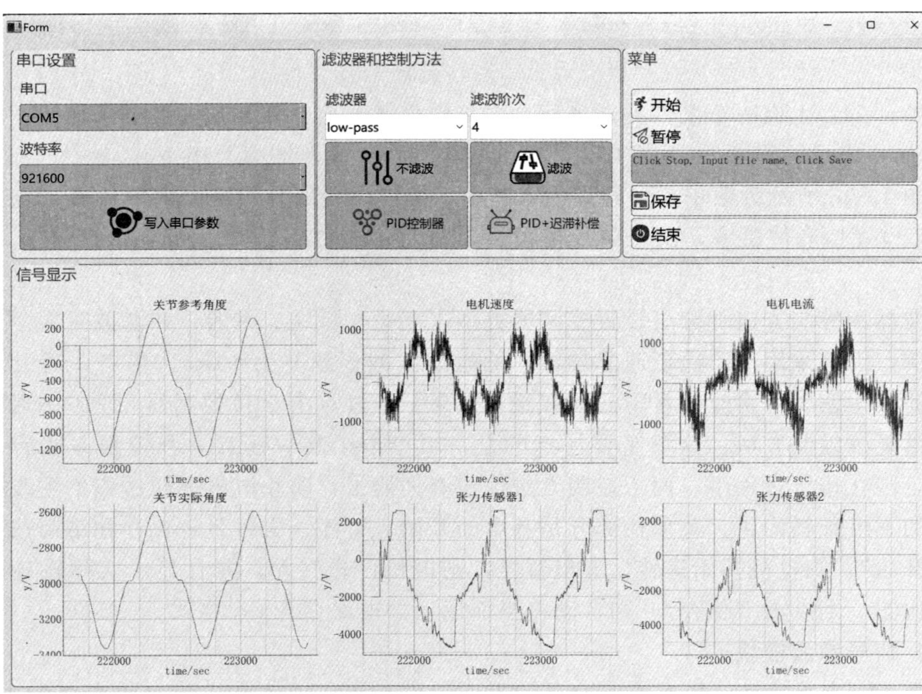

图 13-17 信号未滤波显示界面

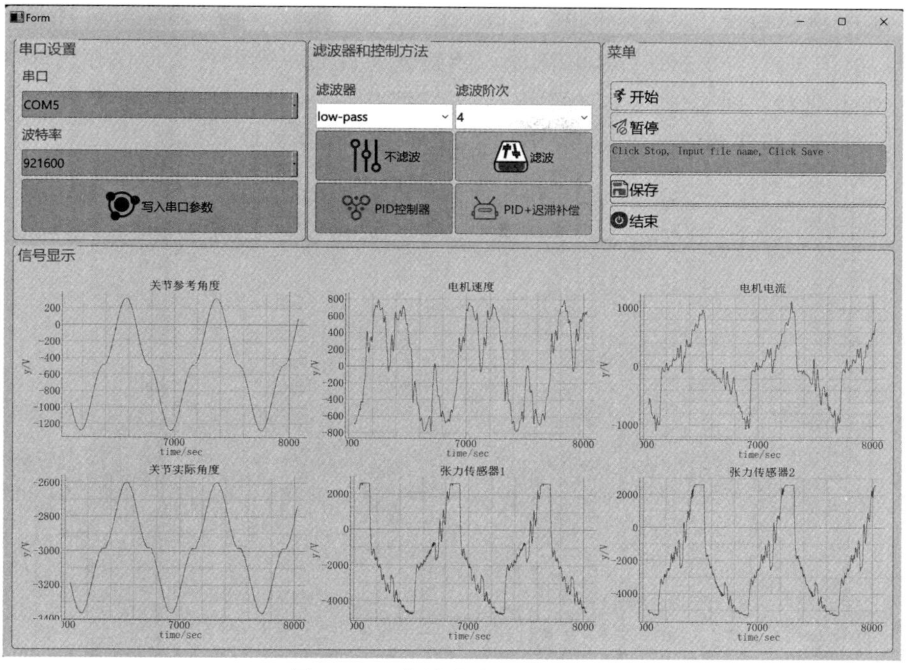

图 13-18　信号滤波后显示界面

(7) 电机信息与反馈模块

如图 13-17 前三个子图为电机信息，包含电机参考角度、电机速度和电机电流，后三个子图为反馈模块，包含关节实际角度、张力传感器 1 和张力传感器 2 信息。在点击“暂停”后，可调用 matlibplot 模块显示实际角度和参考角度对比图，如图 13-19 所示，从而直观感受控制效果。从图 13-17 中也可看到，当点击开始后，PID 控制器和 PID＋迟滞补偿按钮都处于失能状态，防止误操作。当点击“保存”按钮后，两个按钮又恢复使能状态。

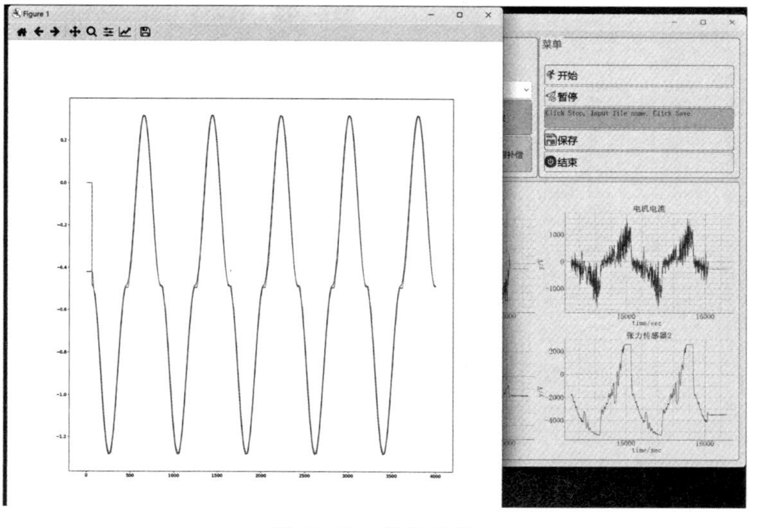

图 13-19　数据对比

(8) 数据保存模块

如图 13-20 所示为数据保存模块效果，当输入文件名，则可将文件保存为时间＋文件名 . txt，如果缺省，则文件名为时间-. txt。保存的数据列之间采用逗号间隔，方便导入到 Matlab 进行后处理和进一步分析。图 13-21 展示了保存的原始数据。

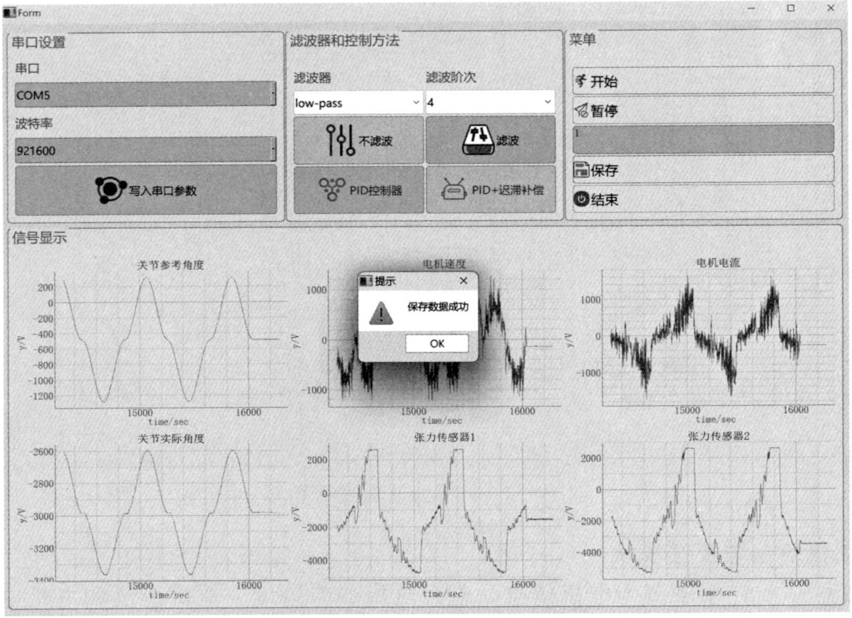

图 13-20　数据保存模块效果

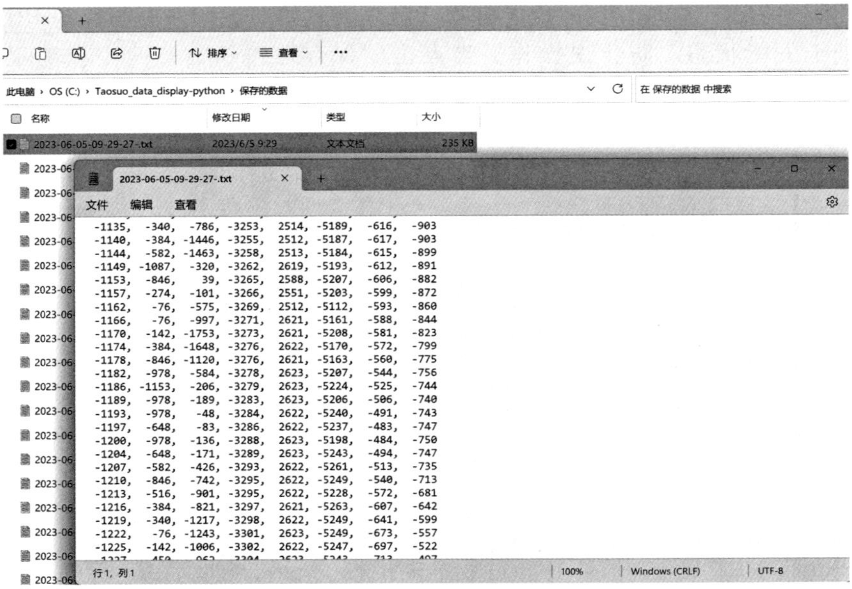

图 13-21　txt 数据展示

参考文献

[1] Lippert L S. F. A. Clinical Kinesiology and Anatomy [M]. WILLIAMS K E. Fixth edit. Physical Therapy, Philadelphia: Davis Company, 2006.

[2] 郑文纬．机械原理 [M]. 第 7 版．北京：高等教育出版社，1997.

[3] Kashef S R, Amini S, Akbarzadeh A. Robotic hand: A review on linkage-driven finger mechanisms of prosthetic hands and evaluation of the performance criteria [J]. Mechanism and Machine Theory, Elsevier Ltd, 2020, 145: 103677.

[4] Nguyen V L. A design approach for gravity compensators using planar four-bar mechanisms and a linear spring [J]. Mechanism and Machine Theory, Elsevier Ltd, 2022, 172 (February): 104770.

[5] 金忠庆．钢丝绳精密传动机构的分析与实验研究 [D]. 长沙：国防科学技术大学，2006.

[6] 濮良贵，陈国定，吴立言．机械设计 [M]. 第 12 版．北京：高等教育出版社，2019.

[7] 王帅．绳驱动自立支援机械臂的研究 [D]. 广州：华南理工大学，2014.

[8] Ball S J, Brown I E, Scott S H. MEDARM: A rehabilitation robot with 5DOF at the shoulder complex [J]. IEEE/ASME International Conference on Advanced Intelligent Mechatronics, AIM, 2007: 1-6.

[9] Li Z, Chen W, Zhang J, et al. A novel cable-driven antagonistic joint designed with variable stiffness mechanisms [J]. Mechanism and Machine Theory, Elsevier Ltd, 2022, 171: 104716.

[10] Zhang Q, Li C, Jing H, et al. RTSRAs: A Series-Parallel-Reconfigurable Tendon-Driven Supernumerary Robotic Arms [J]. IEEE ROBOTICS AND AUTOMATION LETTERS, IEEE, 2022, 7 (3): 7407-7414.

[11] Vitiello N, Lenzi T, Roccella S, et al. NEUROExos: A powered elbow exoskeleton for physical rehabilitation [J]. IEEE Transactions on Robotics, IEEE, 2013, 29 (1): 220-235.

[12] Kim T, Jeong M, Kong K. Bioinspired Knee Joint of a Lower-Limb Exoskeleton for Misalignment Reduction [J]. IEEE/ASME Transactions on Mechatronics, IEEE, 2022, 27 (3): 1223-1232.

[13] Pathak A, Brei D, Luntz J. Design and preliminary testing of a handheld antagonistic SMA actuator for cancellation of human tremor [J]. Active and Passive Smart Structures and Integrated Systems 2009, 7288: 1-13.

[14] Xie Z, Yuan F, Liu J, et al. Octopus-inspired sensorized soft arm for environmental interaction [J]. Science Robotics, 2023, 8 (84) .

[15] Yang H, Xu M, Li W, et al. Design and Implementation of a Soft Robotic Arm Driven by SMA Coils [J]. IEEE Transactions on Industrial Electronics, IEEE, 2019, 66 (8): 6108-6116.

[16] Kim B, Lee S, Park J H, et al. Design and fabrication of a locomotive mechanism for capsule-type endoscopes using shape memory alloys (SMAs) [J]. IEEE/ASME Transactions on Mechatronics, 2005, 10 (1): 77-86.

[17] Zhang J, Sheng J, O' Neill C T, et al. Robotic Artificial Muscles: Current Progress and Future Perspectives [J]. IEEE Transactions on Robotics, 2019, 35 (3): 761-781.

[18] Chu W S, Lee K T, Song S H, et al. Review of biomimetic underwater robots using smart actuators [J]. International Journal of Precision Engineering and Manufacturing, 2012, 13 (7): 1281-1292.

[19] Kim B, Lee M G, Lee Y P, et al. An earthworm-like micro robot using shape memory alloy actuator [J]. Sensors and Actuators, A: Physical, 2006, 125 (2): 429-437.

[20] Otsuka K, Ren X. Physical metallurgy of Ti-Ni-based shape memory alloys [J]. Progress in Materials Science, Elsevier Ltd, 2005, 50 (5): 511-678.

[21] Tang C, Du B, Jiang S, et al. A pipeline inspection robot for navigating tubular environments in the sub-centimeter scale [J]. Science Robotics, 2022, 7 (66): eabm8597.

[22] Yin L J, Zhao Y, Zhu J, et al. Soft, tough, and fast polyacrylate dielectric elastomer for non-magnetic motor [J]. Nature Communications, Springer US, 2021, 12 (1) .

[23] Li G, Chen X, Zhou F, et al. Self-powered soft robot in the Mariana Trench [J]. Nature, 2021, 591 (7848): 66-71.

[24] Larson C, Peele B, Li S, et al. Highly stretchable electroluminescent skin for optical signaling and tactile sensing

[J]. Science, 2016, 351 (6277): 1071-1074.

[25] Shintake J, Cacucciolo V, Floreano D, et al. Soft Robotic Grippers [J]. Advanced Materials, 2018, 30 (29).

[26] Acome E, Mitchell S K, Morrissey T G, et al. Hydraulically amplified self-healing electrostatic actuators with muscle-like performance [J]. Science, 2018, 359 (6371): 61-65.

[27] Li T, Li G, Liang Y, et al. Fast-moving soft electronic fish [J]. Science Advances, 2017, 3 (4): 1-7.

[28] Gu G, Zou J, Zhao R, et al. Soft wall-climbing robots [J]. Science Robotics, 2018, 2874 (December): eaat2874.

[29] MacLachlan R A, Becker B C, Tabarés J C, et al. Micron: An actively stabilized handheld tool for microsurgery [J]. IEEE Transactions on Robotics, 2012, 28 (1): 195-212.

[30] Deng J, Liu Y, Zhang S, et al. Development of a Nanopositioning Platform with Large Travel Range Based on Bionic Quadruped Piezoelectric Actuator [J]. IEEE/ASME Transactions on Mechatronics, IEEE, 2021, 26 (4): 2059-2070.

[31] Huang Z, Shi S, Chen W, et al. Development of a novel spherical stator multi-DOF ultrasonic motor using in-plane non-axisymmetric mode [J]. Mechanical Systems and Signal Processing, Elsevier Ltd, 2020, 140: 106658.

[32] Simu U, Johansson S. Analysis of quasi-static and dynamic motion mechanisms for piezoelectric miniature robots [J]. Sensors and Actuators, A: Physical, 2006, 132 (2): 632-642.

[33] Zhang S, Liu Y, Deng J, et al. Piezo robotic hand for motion manipulation from micro to macro [J]. Nature Communications, Springer US, 2023, 14 (1): 1-12.

[34] Song J, Zhu A, Tu Y, et al. Magnetorheological Damper with Variable Displacement Permanent Magnet for Assisting the Transfer of Load in Lower Limb Exoskeleton [J]. IEEE Transactions on Neural Systems and Rehabilitation Engineering, IEEE, 2024, 32: 43-52.

[35] Hua D, Liu X, Sun S, et al. A Magnetorheological Fluid-Filled Soft Crawling Robot with Magnetic Actuation [J]. IEEE/ASME Transactions on Mechatronics, 2020, 25 (6): 2700-2710.

[36] Liu Z, Wang S, Feng F, et al. A Magnetorheological Fluid Based Force Feedback Master Robot for Vascular Interventional Surgery [J]. Journal of Intelligent and Robotic Systems: Theory and Applications, Springer Netherlands, 2022, 106 (1).

[37] Li G, Yang J, Zhang G, et al. Design and feasibility analysis of magnetorheological flexible joint for upper limb rehabilitation [J]. Smart Materials and Structures, 2024, 33 (3).

[38] Liu G, Gao F, Wang D, et al. Medical applications of magnetorheological fluid: A systematic review [J]. Smart Materials and Structures, 2022, 31 (4).

[39] Kurdila A J, Ben-Tzvi P. Dynamics and Control of Robotic Systems [M]. JohnWiley & Sons Ltd, 2016.

[40] Craig J J. Introduction to Robotics: Mechanics and Control, 3rd Edition [M]. Pearson, Pearson, 2014.

[41] Spong M W, Hutchinson S, Vidyasagar M. Robot modeling and control [M]. JOHN WILEY & SONS, INC. New, 2006.

[42] Buss S R. Introduction to Inverse Kinematics with Jacobian Transpose, Pseudoinverse and Damped Least Squares methods [R], 2009.

[43] Corke P. Advanced visual servoing [M]. Springer Tracts in Advanced Robotics, Springer, 2017: 118.

[44] Park F C. Computational Aspects of the Product-of-Exponentials Formula for Robot Kinematics [J]. IEEE Transactions on Automatic Control, 1994, 39 (3): 643-647.

[45] Wu L, Crawford R, Roberts J. An Analytic Approach to Converting POE Parameters into D-H Parameters for Serial-Link Robots [J]. IEEE Robotics and Automation Letters, IEEE, 2017, 2 (4): 2174-2179.

[46] Li C, Wu Y, Lowe H, et al. POE-Based Robot Kinematic Calibration Using Axis Configuration Space and the Adjoint Error Model [J]. IEEE Transactions on Robotics, 2016, 32 (5): 1264-1279.

[47] He J, Gu L, Yang G, et al. A local POE-based self-calibration method using position and distance constraints for collaborative robots [J]. Robotics and Computer-Integrated Manufacturing, Elsevier Ltd, 2024, 86 (October

2023)：102685.

[48] Cho Y, Do H M, Cheong J. Screw based kinematic calibration method for robot manipulators with joint compliance using circular point analysis [J]. Robotics and Computer-Integrated Manufacturing, Elsevier Ltd, 2019, 60 (August 2018): 63-76.

[49] Xu K, Chen H, Mueller A, et al. Kinematics of the center of mass for robotic mechanisms based on lie group theory [J]. Mechanism and Machine Theory, Elsevier Ltd, 2022, 175 (May): 104933.

[50] Luo J, Chen S, Jiang D, et al. Efficient Kinematic Calibration for Parallel Manipulators Based on Unit Dual Quaternion [J]. IEEE Transactions on Industrial Informatics, 2024, 20 (4): 6791-6801.

[51] He C, Wang S, Xing Y, et al. Kinematics analysis of the coupled tendon-driven robot based on the product-of-exponentials formula [J]. Mechanism and Machine Theory, Elsevier Ltd, 2013, 60: 90-111.

[52] Chen G, Wang H, Lin Z. Determination of the identifiable parameters in robot calibration based on the POE formula [J]. IEEE Transactions on Robotics, IEEE, 2014, 30 (5): 1066-1077.

[53] Hui J, Pan M, Zhao R, et al. The closed-form motion equation of redundant actuation parallel robot with joint friction: an application of the Udwadia-Kalaba approach [J]. Nonlinear Dynamics, Springer Netherlands, 2018, 93 (2): 689-703.

[54] Yu R, Zhao H, Zhen S, et al. A Novel Trajectory Tracking Control of AGV Based on Udwadia-Kalaba Approach [J]. IEEE/CAA Journal of Automatica Sinica, Chinese Association of Automation (CAA), 2024, 11 (4): 1069-1071.

[55] Souza P H M, Stol K. Constrained Dynamics of an Aerial Manipulator Interacting with Flexible Cantilever Beams [J]. IEEE/ASME Transactions on Mechatronics, IEEE, 2023, 28 (2): 967-975.

[56] Shimizu M, Kakuya H, Yoon W K, et al. Analytical inverse kinematic computation for 7-DOF redundant manipulators with joint limits and its application to redundancy resolution [J]. IEEE Transactions on Robotics, 2008, 24 (5): 1131-1142.

[57] Ning Y, Li T, Du W, et al. Inverse kinematics and planning/control codesign method of redundant manipulator for precision operation: Design and experiments [J]. Robotics and Computer-Integrated Manufacturing, Elsevier Ltd, 2023, 80 (September 2022): 102457.

[58] Ananthanarayanan H, Ordóñez R. Real-time Inverse Kinematics of (2n+1) DOF hyperredundant manipulator arm via a combined numerical and analytical approach [J]. Mechanism and Machine Theory, Elsevier Ltd, 2015, 91: 209-226.

[59] Safeea M, Bearee R, Neto P. A Modified DLS Scheme With Controlled Cyclic Solution for Inverse Kinematics in Redundant Robots [J]. IEEE Transactions on Industrial Informatics, IEEE, 2021, 17 (12): 8014-8023.

[60] Ayusawa K, Murai A, Sagawa R, et al. Fast Inverse Kinematics Based on Pseudo-Forward Dynamics Computation: Application to Musculoskeletal Inverse Kinematics [J]. IEEE Robotics and Automation Letters, IEEE, 2023, 8 (9): 5775-5782.

[61] Li K, Zhang X. A novel two-stage framework for musculoskeletal dynamic modeling: An application to multifingered hand movement [J]. IEEE Transactions on Biomedical Engineering, 2009, 56 (7): 1949-1957.

[62] Gholami F, Pàmies-Vilà R, Kövecses J, et al. Effects of foot modelling on the human ankle kinematics and dynamics [J]. Mechanism and Machine Theory, Elsevier Ltd, 2015, 93: 175-184.

[63] Hwangbo J, Lee J, Dosovitskiy A, et al. Learning agile and dynamic motor skills for legged robots [J]. Science Robotics, 2019, 4 (26): 1-20.

[64] Zhou X, Wen X, Wang Z, et al. Swarm of micro flying robots in the wild [J]. Science Robotics, 2022, 7 (66): 1-18.

[65] Kaufmann E, Bauersfeld L, Loquercio A, et al. Championlevel drone racing using deep reinforcement learning [J]. Nature, Springer US, 2023, 620 (7976): 982-987.

[66] Spotlight R. A gripping problem-How robots are grasping-the art of gripping [J]. Nature, 2018, 557.

[67] Gibney E. The AI revolution is coming to robots: how will it change them? [J]. Nature, 2024, 630 (8015):

22-24.

［68］ Aguirre-Ollinger G. Learning muscle activation patterns via nonlinear oscillators：Application to lower-limb assistance ［J］. IEEE International Conference on Intelligent Robots and Systems，2013：1182-1189.

［69］ 郭飞，卢朋，李立建．一种新型三维力传感器结构设计与优化［J］. 机械工程与技术，2022，11（06）：635-646.

［70］ Lou Y，Wei J，Song S. Design and Optimization of a Joint Torque Sensor for Robot Collision Detection ［J］. IEEE Sensors Journal，IEEE，2019，19（16）：6618-6627.

［71］ Fu B，Cai G. Design and Calibration of a Joint Torque Sensor for Robot Compliance Control ［J］. IEEE Sensors Journal，IEEE，2021，21（19）：21378-21389.

［72］ 廖丽媛．基于应变式转矩传感器的测量系统的设计［D］. 上海：东华大学，2013.

［73］ 付立悦．多维力传感器的静动态性能研究［D］. 南京：东南大学，2021.

［74］ Brienza M，Mecarelli O. Neurophysiological Basis of EEG ［M］. Clinical Electroencephalography，Springer，2019.

［75］ Zheng M，Crouch M S，Eggleston M S. Surface Electromyography as a Natural Human-Machine Interface：A Review ［J］. IEEE Sensors Journal，IEEE，2022，22（10）：9198-9214.

［76］ 韩李伟．基于运动姿态划分的肌肉疲劳研究［D］. 合肥：合肥工业大学，2022.

［77］ Shull P B，Jiang S，Zhu Y，et al. Hand Gesture Recognition and Finger Angle Estimation via Wrist-Worn Modified Barometric Pressure Sensing ［J］. IEEE Transactions on Neural Systems and Rehabilitation Engineering，IEEE，2019，27（4）：724-732.

［78］ Zhao J，Adelson E H. GelSight Svelte：A Human Finger-Shaped Single-Camera Tactile Robot Finger with Large Sensing Coverage and Proprioceptive Sensing ［C］//2023 IEEE/RSJ International Conference on Intelligent Robots and Systems（IROS）. 2023：8979-8984.

［79］ Lv Z，Hao W，Chen T，et al. Copper coils wound finger-like pneumatic actuator with enhanced mechanical output and inductance self-sensing ability ［J］. Sensors and Actuators A：Physical，Elsevier B. V.，2023，363：114689.

［80］ Caulcrick C，Huo W，Hoult W，et al. Human Joint Torque Modelling with MMG and EMG during Lower Limb Human-Exoskeleton Interaction ［J］. IEEE Robotics and Automation Letters，IEEE，2021，6（4）：7185-7192.

［81］ Zhang Q，Fragnito N，Franz J R，et al. Fused ultrasound and electromyography-driven neuromuscular model to improve plantarflexion moment prediction across walking speeds ［J］. Journal of NeuroEngineering and Rehabilitation，BioMed Central，2022，19（1）：1-20.

［82］ Zhang S，Zhou H，Tchantchane R，et al. A Wearable Human-Machine-Interface（HMI）System Based on Colocated EMG-pFMG Sensing for Hand Gesture Recognition ［J］. IEEE/ASME Transactions on Mechatronics，IEEE，2024，preprint：1-12.

［83］ Han J，Wang H，Tian Y. sEMG and IMU data-based angle prediction-based model-free control strategy for exoskeletons-assisted rehabilitation ［J］. IEEE Sensors Journal，IEEE，2024，preprint：1-12.

［84］ Arceo J C，Yu L，Bai S. Robust Sensor Fusion and Biomimetic Control of a Lower-Limb Exoskeleton With Multimodal Sensors ［J］. IEEE Transactions on Automation Science and Engineering，IEEE，2024，preprint：1-11.

［85］ Chang K，Wu Z，Meng J，et al. Cicada-Wing-Inspired Highly Sensitive Tactile Sensors Based on Elastic Carbon Foam with Nanotextured Surfaces ［J］. ACS Applied Materials and Interfaces，2023，15（12）：15976-15985.

［86］ Wang Q，Lu Z，Wang D，et al. Mechano-Sensor for proprioception inspired by ultrasensitive trigger hairs of Venus flytrap ［J］. Cyborg and Bionic Systems，2024，0065：1-12.

［87］ Zhong D，Wu C，Jiang Y，et al. High-speed and large-scale intrinsically stretchable integrated circuits ［J］. Nature，Springer US，2024，627（8003）：313-320.

［88］ Hao Y，Zhang S，Fang B，et al. A Review of Smart Materials for the Boost of Soft Actuators，Soft Sensors，and Robotics Applications ［J］. Chinese Journal of Mechanical Engineering（English Edition），Springer Singapore，2022，35（1）：1-16.

[89] Li X, Chai Y. Design and applications of graphene-based flexible and wearable physical sensing devices [J]. 2D Materials, 2021, 8 (2): 1-27.

[90] Huang N E, Shen Z, Long S R, et al. The empirical mode decomposition and the Hubert spectrum for nonlinear and non-stationary time series analysis [J]. Proceedings of the Royal Society A: Mathematical, Physical and Engineering Sciences, 1998, 454 (1971): 903-995.

[91] Dragomiretskiy K, Zosso D. Variational Mode Decomposition [J]. IEEE TRANSACTIONS ON SIGNAL PROCESSING, 2014, 62 (3): 531-544.

[92] Rockafellar R T. A dual approach to solving nonlinear programming problems by unconstrained optimization [J]. Mathematical Programming, 1973, 5 (1): 354-373.

[93] HESTENES M R. Multiplier and Gradient Methods [J]. JOURNAL OF OPTIMIZATION THEORY AND APPLICATIONS, 1969, 4 (5): 303-320.

[94] Gilles J. Empirical wavelet transform [J]. IEEE Transactions on Signal Processing, 2013, 61 (16): 3999-4010.

[95] Wang D, Zhao Y, Yi C, et al. Sparsity guided empirical wavelet transform for fault diagnosis of rolling element bearings [J]. Mechanical Systems and Signal Processing, Elsevier Ltd, 2018, 101: 292-308.

[96] 庞雅杰. 用于脑机接口的运动意图和运动想象脑电数据分析研究 [D]. 哈尔滨: 哈尔滨工业大学, 2021.

[97] Hu L, Zhang Z. EEG signal processing and feature extraction [M]. EEG Signal Processing and Feature Extraction, 2019.

[98] Choi J W, Kim K H. Computational EEG Analysis [M]. 2018.

[99] JASPER H H. The ten twenty electrode system of the international federation [J]. Electroencephalography and Clinical Neurophysiology, 1958, 10: 371-375.

[100] Singh A K, Krishnan S. Trends in EEG signal feature extraction applications [J]. Frontiers in Artificial Intelligence, 2023, 5: 1072801.

[101] Criswell E. Cram's Introduction to Surface Electromyography [M]. SECOND EDI. Jones and bartlett publishers, 2011BOSTON.

[102] Phinyomark A, Phukpattaranont P, Limsakul C. Feature reduction and selection for EMG signal classification [J]. Expert Systems with Applications, Elsevier Ltd, 2012, 39 (8): 7420-7431.

[103] Veluvolu K C, Latt W T, Ang W T. Double adaptive bandlimited multiple Fourier linear combiner for real-time estimation/filtering of physiological tremor [J]. Biomedical Signal Processing and Control, 2010, 5 (1): 37-44.

[104] Wang S, Gao Y, Zhao J, et al. Adaptive sliding bandlimited multiple fourier linear combiner for estimation of pathological tremor [J]. Biomedical Signal Processing and Control, Elsevier Ltd, 2014, 10 (1): 260-274.

[105] Tatinati S, Veluvolu K C, Hong S M, et al. Physiological tremor estimation with autoregressive (AR) model and kalman filter for robotics applications [J]. IEEE Sensors Journal, 2013, 13 (12): 4977-4985.

[106] Xiao F, Mu J, Lu J, et al. Real-time modeling and feature extraction method of surface electromyography signal for hand movement classification based on oscillatory theory [J]. Journal of Neural Engineering, IOP Publishing, 2022, 19 (2): 026011.

[107] Disselhorst-Klug C, Schmitz-Rode T, Rau G. Surface electromyography and muscle force: Limits in sEMG-force relationship and new approaches for applications [J]. Clinical Biomechanics, 2009, 24 (3): 225-235.

[108] Han J, Ding Q, Xiong A, et al. A state-space EMG model for the estimation of continuous joint movements [J]. IEEE Transactions on Industrial Electronics, 2015, 62 (7): 4267-4275.

[109] Na Y, Kim J. Dynamic Elbow Flexion Force Estimation Through a Muscle Twitch Model and sEMG in a Fatigue Condition [J]. IEEE Transactions on Neural Systems and Rehabilitation Engineering, 2017, 25 (9): 1431-1439.

[110] Xiao F, Wang Y, Gao Y, et al. Continuous estimation of joint angle from electromyography using multiple time-delayed features and random forests [J]. Biomedical Signal Processing and Control, Elsevier Ltd, 2018, 39: 303-311.

[111] Xiao F, Wang Y, He L, et al. Motion Estimation From Surface Electromyogram Using Adaboost Regression

and Average Feature Values [J]. IEEE Access, 2019, 7: 13121-13134.
[112] Xiao F, Chen Y, Zhu Y. GADF/GASF-HOG: feature extraction methods for hand movement classification from surface electromyography [J]. Journal of Neural Engineering, 2020, 17 (4): 046016.
[113] Rafiee J, Rafiee M A, Yavari F, et al. Feature extraction of forearm EMG signals for prosthetics [J]. Expert Systems with Applications, Elsevier Ltd, 2011, 38 (4): 4058-4067.
[114] Xiao F, Yang D, Guo X, et al. VMD-based denoising methods for surface electromyography signals [J]. Journal of Neural Engineering, 2019, 16 (5): 056017.
[115] Wang Z, Oates T. Imaging time-series to improve classification and imputation [C] //IJCAI International Joint Conference on Artificial Intelligence, 2015, Janua: 3939-3945.
[116] Wang Z, Oates T. Encoding time series as images for visual inspection and classification using tiled convolutional neural networks [C] //AAAI Workshop-Technical Report, 2015, WS-15-14: 40-46.
[117] Surasak T, Takahiro I, Cheng C H, et al. Histogram of oriented gradients for human detection in video [C] //2005 IEEE Computer Society Conference on Computer Vision and Pattern Recognition (CVPR' 05), 2005: 1063-6919.
[118] Said Y, Atri M, Tourki R. Human detection based on integral Histograms of Oriented Gradients and SVM [C] //2011 International Conference on Communications, Computing and Control Applications, CCCA IEEE, 2011., 2011: 1-5.
[119] Croux C, Joossens K, Lemmens A. Trimmed bagging [J]. Computational Statistics and Data Analysis, 2007, 52 (1): 362-368.
[120] Kidd G, Oldham J. Motor unit action potential (MUAP) sequence and electrotherapy [J]. Electrotherapy physiology, 1988, 2: 23-33.
[121] Zhou P, Rymer W Z. MUAP number estimates in surface EMG: Template-matching methods and their performance boundaries [J]. Annals of Biomedical Engineering, 2004, 32 (7): 1007-1015.
[122] Ryu J, Lee B H, Kim D H. sEMG signal-based lower limb human motion detection using a top and slope feature extraction algorithm [J]. IEEE Signal Processing Letters, 2017, 24 (7): 929-932.
[123] Gütig R. Spiking neurons can discover predictive features by aggregate-label learning [J]. Science, 2016, 351 (6277): aab4113.
[124] Roach J P, Pidde A, Katz E, et al. Resonance with subthreshold oscillatory drive organizes activity and optimizes learning in neural networks [J]. Proceedings of the National Academy of Sciences of the United States of America (PNAS), 2018, 115 (13): E3017-E3025.
[125] Hill A V, R. S S. The heat of shortening and the dynamic constants of muscle [J]. Proceedings of the Royal Society of London. Series B-Biological Sciences, 1938, 126 (843): 136-195.
[126] Hodgkin A L, Huxley A F. A Quantitative Description of Membrane Current and Its Application to Conduction and Excitation in Nerve [J]. Bulletin of mathematical biology, 1990, 52 (1): 25-71.
[127] Ren H P, Bai C, Baptista M S, et al. Weak connections form an infinite number of patterns in the brain [J]. Scientific Reports, Nature Publishing Group, 2017, 7 (April): 1-12.
[128] Lee J, Kim M K, Kim K. A robust control method of multi-DOF power-assistant robots for unknown external perturbation using sEMG signals [C] //IEEE International Conference on Intelligent Robots and Systems, 2015: 1045-1051.
[129] Hel J, Joshi M V, Chang J, et al. Efficient correction of amband rotation for myoelectric-based gesture control interface [J]. Journal of Neural Engineering, 2020, 17: 036025.
[130] Hashemi J, Morin E, Mousavi P, et al. Enhanced dynamic EMG-force estimation through calibration and PCI modeling [J]. IEEE Transactions on Neural Systems and Rehabilitation Engineering, 2015, 23 (1): 41-50.
[131] Lee J, Kim M, Kim K. A control scheme to minimize muscle energy for power assistant robotic systems under unknown external perturbation [J]. IEEE Transactions on Neural Systems and Rehabilitation Engineering, 2017, 25 (12): 2313-2327.

[132] Xiao F, Mu J, He L, et al. How to use one surface electromyography sensor to recognize six hand movements for a mechanical hand in real time: a method based on Morse code [J]. Medical and Biological Engineering and Computing, Springer Berlin Heidelberg, 2024, 62 (9): 2825-2838.

[133] Lewis Frank L, Dawson Darren M, Abdallah C T. Manipulator Control Theory and Practice [M]. MARCEL DEKKER, INC, 2004.

[134] 刘金琨．机器人控制系统的设计与 MATLAB 仿真 [M]. 北京：清华大学出版社，2008.

[135] Siciliano B, Sciavicco L, Villani L, et al. Control of Robot Manipulators in Joint Space [M]. Springer, 2009.

[136] 韩京清．自抗扰控制技术-估计补偿不确定因素的控制技术 [M]. 北京：国防工业出版社，2008.

[137] Hogan N. Impedacne Control: An Approach to Manipulation: Part I-Theory [J]. Journal of Dynamic Systems, Measurement and Control, Transactions of the ASME, 1985, 107 (1): 17-24.

[138] Hogan N. Impedance control: An approach to manipulation: Part II-implementation [J]. Journal of Dynamic Systems, Measurement and Control, Transactions of the ASME, 1985, 107 (1): 8-16.

[139] Hogan N. Impedance control: An approach to manipulation: Part III-applications [J]. Journal of Dynamic Systems, Measurement and Control, Transactions of the ASME, 1985, 107 (1): 17-24.

[140] 李正义．机器人与环境间力/位置控制技术研究与应用 [D]. 武汉：华中科技大学，2011.

[141] Ott C. Cartesian Impedance Control of Redundant and Flexible-Joint Robots [M]. Springer Tracts in Advanced Robotics, 2008.

[142] Sierotowicz M, Lotti N, Nell L, et al. EMG-Driven Machine Learning Control of a Soft Glove for Grasping Assistance and Rehabilitation [J]. IEEE Robotics and Automation Letters, 2022, 7 (2): 1566-1573.

[143] Guo Y, Xu W, Pradhan S, et al. Data Driven Calibration and Control of Compact Lightweight Series Elastic Actuators for Robotic Exoskeleton Gloves [J]. IEEE Sensors Journal, IEEE, 2021, 21 (19): 21120-21130.

[144] Li J, Chen C. Machine learning-based energy harvesting for wearable exoskeleton robots [J]. Sustainable Energy Technologies and Assessments, Elsevier Ltd, 2023, 57 (March): 103122.

[145] Xu W, Guo Y, Liu Y, et al. Development of a Novel Compact Robotic Exoskeleton Glove With Reinforcement Learning Control [J]. Journal of Mechanisms and Robotics, 2024, 16 (8): 1-12.

[146] Lawrence N P, Forbes M G, Loewen P D, et al. Deep reinforcement learning with shallow controllers: An experimental application to PID tuning [J]. Control Engineering Practice, Elsevier Ltd, 2022, 121 (January): 105046.

[147] Li Z, Su C Y, Wang L, et al. Nonlinear Disturbance Observer-Based Control Design for a Robotic Exoskeleton Incorporating Fuzzy Approximation [J]. IEEE Transactions on Industrial Electronics, 2015, 62 (9): 5763-5775.

[148] Liu L, Illian M, Leonhardt S, et al. Iterative Learning Control for Cascaded Impedance-Controlled Compliant Exoskeleton with Adaptive Reaction to Spasticity [J]. IEEE Transactions on Instrumentation and Measurement, IEEE, 2023, 72: 1-11.

[149] Farina D, Vujaklija I, Brånemark R, et al. Toward higher-performance bionic limbs for wider clinical use [J]. Nature Biomedical Engineering, 2023, 7: 473-485.

[150] Zhuang Y, Yao S, Ma C, et al. Admittance Control Based on EMG-Driven Musculoskeletal Model Improves the Human-Robot Synchronization [J]. IEEE Transactions on Industrial Informatics, 2019, 15 (2): 1211-1218.

[151] Xiao F. Proportional myoelectric and compensating control of a cable-conduit mechanism-driven upper limb exoskeleton [J]. ISA Transactions, 2019, 89: 245-255.

[152] Furui A, Eto S, Nakagaki K, et al. A myoelectric prosthetic hand with muscle synergy-based motion determination and impedance model-based biomimetic control [J]. Science Robotics, 2019, 4 (31): eaaw6339.

[153] Li Z, Wang B, Sun F, et al. SEMG-based joint force control for an upper-limb power-assist exoskeleton robot [J]. IEEE Journal of Biomedical and Health Informatics, 2014, 18 (3): 1043-1050.

[154] Peternel L, Noda T, Petrič T, et al. Adaptive control of exoskeleton robots for periodic assistive behaviours based on EMG feedback minimisation [J]. PLoS ONE, 2016, 11 (2): e0148942.

[155] Garate V R, Parri A, Yan T, et al. Walking Assistance Using Artificial Primitives [J]. IEE Robotics and Automation Magazine, 2016 (March): 83-95.

[156] Xiao F. Proportional myoelectric and compensating control of a cable-conduit mechanism-driven upper limb exoskeleton [J]. ISA Transactions, 2019, 89: 245-255.

[157] Molazadeh V, Zhang Q, Bao X, et al. An Iterative Learning Controller for a Switched Cooperative Allocation Strategy During Sit-to-Stand Tasks with a Hybrid Exoskeleton [J]. IEEE Transactions on Control Systems Technology, 2022, 30 (3): 1021-1036.

[158] Garcia E, Arevalo J C, Muoz G, et al. Combining series elastic actuation and magneto-rheological damping for the control of agile locomotion [J]. Robotics and Autonomous Systems, Elsevier B. V., 2011, 59 (10): 827-839.

[159] Li H, Cheng L, Li Z, et al. Active Disturbance Rejection Control for a Fluid-Driven Hand Rehabilitation Device [J]. IEEE/ASME Transactions on Mechatronics, 2021, 26 (2): 841-853.

[160] Zhao J, Zhang Y, Hou H, et al. Active Disturbance Rejection Control With Backstepping for Decoupling Control of Hydraulic Driven Lower Limb Exoskeleton Robot [J]. IEEE Transactions on Industrial Electronics, 2024, 72 (1): 1-10.

[161] Ott C, Mukherjee R, Nakamura Y. A Hybrid System Framework for Unified Impedance and Admittance Control [J]. Journal of Intelligent and Robotic Systems: Theory and Applications, 2015, 78 (3-4): 359-375.

[162] Kang S, Jin M, Chang P H. A solution to the accuracy/robustness dilemma in impedance control [J]. IEEE/ASME Transactions on Mechatronics, 2009, 14 (3): 282-294.

[163] Haddadin S, Shahriari E. Unified force-impedance control [J]. International Journal of Robotics Research, 2024, 43 (13): 2112-2141.

[164] Kumar S, Mueller A. An analytical and modular software workbench for solving kinematics and dynamics of series-parallel hybrid robots [J]. Proceedings of the ASME Design Engineering Technical Conference, 2019, 5A-2019: 1-10.

[165] Proietti T, Ambrosini E, Pedrocchi A, et al. Wearable Robotics for Impaired Upper-Limb Assistance and Rehabilitation: State of the Art and Future Perspectives [J]. IEEE Access, 2022, 10: 106117-106134.

[166] Xiao F, Gu L, Ma W, et al. Real time motion intention recognition method with limited number of surface electromyography sensors for A 7-DOF hand/wrist rehabilitation exoskeleton [J]. Mechatronics, Elsevier Ltd, 2021, 79 (August): 102642.

[167] Wu K Y, Su Y Y, Yu Y L, et al. A 5-Degrees-of-Freedom Lightweight Elbow-Wrist Exoskeleton for Forearm Fine-Motion Rehabilitation [J]. IEEE/ASME Transactions on Mechatronics, 2019, 24 (6): 2684-2695.

[168] Trigili E, Crea S, Moisè M, et al. Design and experimental characterization of a shoulder-elbow exoskeleton with compliant joints for post-stroke rehabilitation [J]. IEEE/ASME Transactions on Mechatronics, 2020, 24 (4): 1485-1496.

[169] Kiguchi K, Esaki R, Fukuda T. Development of a wearable exoskeleton for daily forearm motion assist [J]. Advanced Robotics, 2005, 19 (7): 751-771.

[170] Zimmermann Y, Sommerhalder M, Wolf P, et al. ANYexo 2.0: A Fully Actuated Upper-Limb Exoskeleton for Manipulation and Joint-Oriented Training in All Stages of Rehabilitation [J]. IEEE Transactions on Robotics, 2023, 39 (3): 2131-2150.

[171] Kim B, Deshpande A D. An upper-body rehabilitation exoskeleton Harmony with an anatomical shoulder mechanism: Design, modeling, control, and performance evaluation [J]. International Journal of Robotics Research, 2017, 36 (4): 414-435.

[172] Zimmermann Y, Song J, Deguelle C, et al. Human-Robot Attachment System for Exoskeletons: Design and Performance Analysis [J]. IEEE Transactions on Robotics, 2023, 39 (4): 3087-3105.

[173] Vallery H, Veneman J, van Asseldonk E, et al. Compliant actuation of rehabilitation robots [J]. IEEE Robotics and Automation Magazine, 2008, 15 (3): 60-69.

[174] Belter J T, Segil J L, Dollar A M, et al. Mechanical design and performance specifications of anthropomorphic prosthetic hands: A review [J]. Journal of Rehabilitation Research and Development, 2013, 50 (5): 599-618.

[175] Tran M, Gabert L, Hood S, et al. A lightweight robotic leg prosthesis replicating the biomechanics of the knee, ankle, and toe joint [J]. Science Robotics, 2022, 7 (72): eabo3996.

[176] Mouthuy P A, Snelling S, Hostettler R, et al. Humanoid robots to mechanically stress human cells grown in soft bioreactors [J]. Communications Engineering, Springer US, 2022, 1 (1): 1-11.

[177] Xiao F, Gao Y, Wang Y, et al. Design and evaluation of a 7-DOF cable-driven upper limb exoskeleton [J]. Journal of Mechanical Science and Technology, 2018, 32 (2): 855-864.

[178] Noronha B, Ng C Y, Little K, et al. Soft, Lightweight Wearable Robots to Support the Upper Limb in Activities of Daily Living: A Feasibility Study on Chronic Stroke Patients [J]. IEEE Transactions on Neural Systems and Rehabilitation Engineering, 2022, 30 (May): 1401-1411.

[179] Abe K, Tadakuma K, Tadakuma R. ABENICS: Active ball joint mechanism with three-DoF based on spherical gear meshings [J]. IEEE Transactions on Robotics, 2021, 37 (5): 1806-1825.

[180] Chen Y, Li G, Zhu Y, et al. Design of a 6-DOF upper limb rehabilitation exoskeleton with parallel actuated joints [J]. Bio-Medical Materials and Engineering, 2014, 24 (6): 2527-2535.

[181] Zheng L, Wu Q, Zhu Y, et al. Design and Evaluation of a Reconfigurable 7-DOF Upper Limb Rehabilitation Exoskeleton with Gravity Compensation [J]. IEEE International Conference on Robotics and Automation, 2024: 190-196.

[182] Miyashita S, Guitron S, Li S, et al. Robotic metamorphosis by origami exoskeletons [J]. Science Robotics, 2017, 2 (10): aao4369.

[183] 戴建生．机构智能让“变形金刚”从屏幕走进现实 [J]. 机器人技术与应用, 2023, 5: 12-16.

[184] Li H, Sui D, Ju H, et al. Mechanical Compliance and Dynamic Load Isolation Design of Lower Limb Exoskeleton for Locomotion Assistance [J]. IEEE/ASME Transactions on Mechatronics, 2022, 27 (6): 5392-5402.

[185] Kim J, Moon J, Ryu J, et al. CVGC-II: A New Version of a Compact Variable Gravity Compensator With a Wider Range of Variable Torque and Energy-Free Variable Mechanism [J]. IEEE/ASME Transactions on Mechatronics, 2022, 27 (2): 678-689.

[186] Arakelian V. Gravity Compensation in Robotics [M]. Springer, 2022.

[187] Keppler M, Lakatos D, Ott C, et al. Elastic Structure Preserving Impedance (ESπ) Control for Compliantly Actuated Robots [J]. IEEE International Conference on Intelligent Robots and Systems, 2018: 5861-5868.

[188] Bergmann L, Luck O, Voss D, et al. Lower Limb Exoskeleton with Compliant Actuators: Design, Modeling, and Human Torque Estimation [J]. IEEE/ASME Transactions on Mechatronics, 2023, 28 (2): 758-769.

[189] Chen W, Zhang Z, Liu G. Retinomorphic optoelectronic devices for intelligent machine vision [J]. iScience, The Author (s), 2022, 25 (1): 103729.

[190] 裴兆波．一种游标齿轮式磁敏多圈编码器, 2024.

[191] Vaswani A, Shazeer N, Parmar N, et al. Attention is all you need [C]//NIPS' 17: Proceedings of the 31st International Conference on Neural Information Processing Systems. , 2017: 6000-6010.

[192] Stiennon N, Ouyang L, Wu J, et al. Learning to summarize from human feedback [J]. NIPS' 20: Proceedings of the 34th International Conference on Neural Information Processing Systems, 2020: 3008-3024.

[193] Su Y, MacGregor L J, Olasagasti I, et al. A deep hierarchy of predictions enables online meaning extraction in a computational model of human speech comprehension [M]. PLoS Biology, 2023, 21 (3 March) .

[194] Li K, Xie F, Chen H, et al. An Audio-Visual Speech Separation Model Inspired by Cortico-Thalamo-Cortical Circuits [J]. IEEE Transactions on Pattern Analysis and Machine Intelligence, 2024, 46 (10): 6637-6651.

[195] Wei Y, Marshall A G, McGlone F P, et al. Human tactile sensing and sensorimotor mechanism: from afferent tactile signals to efferent motor control [J]. Nature Communications, Springer US, 2024, 15 (1): 1-16.

[196] 梁斌，卢彦慧，黄异，等．假肢控制中感知反馈技术的研究进展 [J]. 中国医疗器械杂志, 2022, 46 (2):

181-186.

[197] Sommerhalder M, Zimmermann Y, Knecht M, et al. Score rectification for online assessments in robot-assisted arm rehabilitation [J]. At-Automatisierungstechnik, 2022, 70 (11): 935-946.

[198] Tan D, Vanderdonckt J. Social Robots: Technological, Societal and Ethical Aspects of Human-Robot Interaction [M]. Springer, 2019.

[199] Yin H, Varava A, Kragic D. Modeling, learning, perception, and control methods for deformable object manipulation [J]. Science Robotics, 2021, 6 (54): eabd8803.

[200] Kim K T, Guan C, Lee S W. A Subject-Transfer Framework Based on Single-Trial EMG Analysis Using Convolutional Neural Networks [J]. IEEE Transactions on Neural Systems and Rehabilitation Engineering, 2020, 28 (1): 94-103.

[201] Vianello L, Penco L, Gomes W, et al. Current Robotics Reports, 2021. Human-Humanoid Interaction and Cooperation: a Review [J]. Current Robotics Reports, 2021, 2 (4): 441-454.

[202] Iturrate I, Antelis J M, Kübler A, et al. A noninvasive brain-actuated wheelchair based on a P300 neurophysiological protocol and automated navigation [J]. IEEE Transactions on Robotics, 2009, 25 (3): 614-627.

[203] Long J, Li Y, Wang H, et al. A hybrid brain computer interface to control the direction and speed of a simulated or real wheelchair [J]. IEEE Transactions on Neural Systems and Rehabilitation Engineering, 2012, 20 (5): 720-729.

[204] Xu Y, Wu Q, Chen B, et al. SSVEP-based active control of an upper limb exoskeleton using a low-cost brain-computer interface [J]. Industrial Robot, 2022, 49 (1): 150-159.

[205] Li Z, Li J, Zhao S, et al. Adaptive Neural Control of a Kinematically Redundant Exoskeleton Robot Using Brain-Machine Interfaces [J]. IEEE Transactions on Neural Networks and Learning Systems, 2019, 30 (12): 3558-3571.

[206] Gao H, Luo L, Pi M, et al. EEG-Based Volitional Control of Prosthetic Legs for Walking in Different Terrains [J]. IEEE Transactions on Automation Science and Engineering, 2021, 18 (2): 530-540.

[207] Zhang X, Zhang T, Jiang Y, et al. A novel brain-controlled prosthetic hand method integrating AR-SSVEP augmentation, asynchronous control, and machine vision assistance [J]. Heliyon, Elsevier Ltd, 2024, 10 (5): e26521.

[208] Chae Y, Jeong J, Jo S. Toward brain-actuated humanoid robots: Asynchronous direct control using an EEG-Based BCI [J]. IEEE Transactions on Robotics, 2012, 28 (5): 1131-1144.

[209] Ma J, Zhang Y, Cichocki A, et al. A novel EOG/EEG hybrid human-machine interface adopting eye movements and ERPs: Application to robot control [J]. IEEE Transactions on Biomedical Engineering, 2015, 62 (3): 876-889.

[210] Wang P, Cao X, Zhou Y, et al. A comprehensive review on motion trajectory reconstruction for EEG-based brain-computer interface [J]. Frontiers in Neuroscience, 2023, 17 (June): 1-15.

[211] Mason S G, Birch G E. A brain-controlled switch for asynchronous control applications [J]. IEEE Transactions on Biomedical Engineering, 2000, 47 (10): 1297-1307.

[212] Trejo L J, Rosipal R, Matthews B. Brain-computer interfaces for 1-D and 2-D cursor control: Designs using volitional control of the EEG spectrum or steady-state visual evoked potentials [J]. IEEE Transactions on Neural Systems and Rehabilitation Engineering, 2006, 14 (2): 225-229.

[213] Oehrn C R, Cernera S, Hammer L H, et al. Chronic adaptive deep brain stimulation versus conventional stimulation in Parkinson's disease: a blinded randomized feasibility trial [J]. Nature Medicine, Springer US, 2024, 30 (November).

[214] Lenzi T, De Rossi S M M, Vitiello N, et al. Intention-based EMG control for powered exoskeletons [J]. IEEE Transactions on Biomedical Engineering, 2012, 59 (8): 2180-2190.

[215] Kiguchi K, Hayashi Y. An EMG-Based Control for an Upper-Limb Power-Assist Exoskeleton Robot [J]. IEEE TRANSACTIONS ON SYSTEMS, MAN, AND CYBERNETICS-PART B: CYBERNETICS, 2012, 42 (4): 1064-1071.

［216］ 肖飞云．套索传动七自由度上肢外骨骼机器人系统研究［D］．合肥：合肥工业大学，2018.

［217］ Tsuji T，Bu N，Fukuda O，et al. A recurrent log-linearized Gaussian mixture network［J］. IEEE Transactions on Neural Networks，2003，14（2）：304-316.

［218］ Fukuda O，Tsuji T，Takahashi K，et al. Skill assistance for myoelectric control using an event-driven task model［J］. IEEE International Conference on Intelligent Robots and Systems，2002，2（October）：1445-1450.

［219］ Delpreto J，Rus D. Sharing the load：Human-robot team lifting using muscle activity［J］. Proceedings-IEEE International Conference on Robotics and Automation，2019，2019-May（May）：7906-7912.

［220］ Peternel L，Tsagarakis N，Caldwell D，et al. Adaptation of robot physical behaviour to human fatigue in human-robot co-manipulation［C］//IEEE-RAS International Conference on Humanoid Robots.，2016：489-494.

［221］ Hahne J M，Schweisfurth M A，Koppe M，et al. Simultaneous control of multiple functions of bionic hand prostheses：Performance and robustness in end users［J］. Science Robotics，2018，3（19）：eaat3630.

［222］ Sagastegui Alva P G，Boesendorfer A，Aszmann O C，et al. Excitation of natural spinal reflex loops in the sensory-motor control of hand prostheses［J］. Science Robotics，2024，9（90）：eadl0085.

［223］ Zollo L，Pino G DI，Ciancio A L，et al. Restoring tactile sensations via neural interfaces for real-time force-and-slippage closed-loop control of bionic hands［J］. Science Robotics，2019，4（27）：eaau9924.

［224］ Kim H，Lee J，Heo U，et al. Skin preparation-free，stretchable microneedle adhesive patches for reliable electrophysiological sensing and exoskeleton robot control［J］. Science Advances，2024，10（3）：eadk5260.

［225］ Song J H，Jung J W，Lee S W，et al. Robust EMG pattern recognition to muscular fatigue effect for powered wheelchair control［J］. Journal of Intelligent and Fuzzy Systems，2009，20（1-2）：3-12.

［226］ Looned R，Webb J，Xiao Z G，et al. Assisting drinking with an affordable BCI-controlled wearable robot and electrical stimulation：A preliminary investigation［J］. Journal of NeuroEngineering and Rehabilitation，2014，11（51）：1-13.

［227］ Herrera-Arcos G，Song H，Yeon S H，et al. Closed-loop optogenetic neuromodulation enables high-fidelity fatigue-resistant muscle control［J］. Science Robotics，2024，9（90）.

［228］ Gherardini M，Ianniciello V，Masiero F，et al. Restoration of grasping in an upper limb amputee using the myokinetic prosthesis with implanted magnets［R］. 2024，9.

［229］ Gao X，Chen X，Lin M，et al. A wearable echomyography system based on a single transducer［J］. Nature Electronics，Springer US，2024，7：1035-1046.

［230］ Iyer A，Sun Z，Lambeth K，et al. Real-time Ultrasound Imaging of a Human Muscle to Optimize Shared Control in a Hybrid Exoskeleton［J］. IEEE Transactions on Robotics，2024，40：4322-4336.

［231］ Li Z，Yuan Y，Luo L，et al. Hybrid Brain/Muscle Signals Powered Wearable Walking Exoskeleton Enhancing Motor Ability in Climbing Stairs Activity［J］. IEEE Transactions on Medical Robotics and Bionics，2019，1（4）：218-227.

［232］ Xiao F，Zhang Z，Liu C，et al. Human motion intention recognition method with visual，audio，and surface electromyography modalities for a mechanical hand in different environments［J］. Biomedical Signal Processing and Control，Elsevier Ltd，2023，79（P1）：104089.

［233］ Jia Y，Ding R，Ren W，et al. Gesture recognition of somatosensory interactive acupoint massage based on image feature deep learning model［J］. Traitement du Signal，2021，38（3）：565-572.

［234］ Marasco P D，Hebert J S，Sensinger J W，et al. Neurorobotic fusion of prosthetic touch，kinesthesia，and movement in bionic upper limbs promotes intrinsic brain behaviors［J］. Science Robotics，2021，6（58）：eabf3368.

［235］ Nam Y，Koo B，Cichocki A，et al. GOM-face：GKP，EOG，and EMG-based multimodal interface with application to humanoid robot control［J］. IEEE Transactions on Biomedical Engineering，2014，61（2）：453-462.

［236］ Mao Q，Liao Z，Yuan J，et al. Multimodal tactile sensing fused with vision for dexterous robotic housekeeping［J］. Nature Communications，Springer US，2024，15（1）：6871.

[237] Driess D，Xia F，Sajjadi M S M，et al. PaLM-E：An Embodied Multimodal Language Model [J]. Proceedings of Machine Learning Research，2023，202：8469-8488.

[238] McMullen D P，Hotson G，Katyal K D，et al. Demonstration of a semi-autonomous hybrid brain-machine interface using human intracranial EEG，eye tracking，and computer vision to control a robotic upper limb prosthetic [J]. IEEE Transactions on Neural Systems and Rehabilitation Engineering，2014，22 (4)：784-796.

[239] Tan D，Zhang Z，Shi H，et al. Bioinspired Artificial Visual-Respiratory Synapse as Multimodal Scene Recognition System with Oxidized-Vacancies MXene [J]. Advanced Materials，2024，2407751：1-15.

[240] Du Y，Shen P，Liu H，et al. Multi-receptor skin with highly sensitive tele-perception somatosensory [J]. Science advances，2024，10 (37)：eadp8681.

[241] Flavin M，Ha K，Guo Z，et al. Bioelastic state recovery for haptic sensory substitution [M]. Nature，Springer US，2024，635 (345-352).

缩略词列表

1	AC	acromioclavicular	肩锁
2	ADC	analog-to-digital converter	模拟数字转换器
3	AGV	Automatic Guided Vehicle	自动导引车
4	AR	autoregression	自回归
5	AR	Augmented Reality	增强现实
6	BCI	brain-computer interface	脑机接口
7	BSS	Blind source separation	盲源分离
8	CAR	Common average reference	共同平均参考
9	CCA	canonical correlation analysis	典型相关分析
10	CFT	Continuous time Fourier transform	连续时间傅里叶变换
11	ChatGPT	Chat Generative Pre-trained Transformer	
12	CMC	carpometacarpal	腕掌
13	CNN	Convolutional Neural Network	卷积神经网络
14	CNS	central nervous system	中枢神经系统
15	CPU	Central Processing Unit	中央处理器
16	CSP	common spatial pattern	共空间模式
17	DAC	digital-to-analog conversion	数字模拟转换
18	DASDV	Difference absolute standard deviation value	差分绝对标准偏差值
19	DFT	Discrete Fourier transform	离散傅里叶变换
20	DFT	Fast Fourier Transform	快速傅里叶变换
21	DH	Denavit-Hartenberg	
22	DIP	distal interphalangeal	远端指间
23	DMA	direct memory access	直接内存访问
24	DMPs	Dynamic Movement Primitives	动态运动基元
25	DRC	Design Rule Check	设计规则检查
26	DTFT	Discrete-time Fourier transform	离散时间傅里叶变换
27	ECCA	Expand canonical correlation analysis	扩展典型相关分析
28	ECoG	electrocorticogram	皮质电图
29	EDA	Electronic design automation	电子设计自动化
30	EEG	electroencephalogram	EEG
31	EMD	Empirical Mode Decomposition	经验模态分解
32	EMG	electromyography	sEMG
33	EOG	electrooculogram	眼电信号
34	ERD	event-related desynchronization	事件相关去同步
35	ERP	event-related potentials	事件相关电势

36	ERS	event related synchronization	事件相关同步
37	EWT	Empirical wavelet transform	经验小波变换
38	FES	functional electrical stimulation	功能性电刺激
39	FIR	Finite impulse response	有限冲激响应
40	fNIRS	functional near-infrared spectroscopy	功能性近红外光谱
41	FS	Fourier series	傅里叶级数
42	GADF	Gramian Angular Difference Field	
43	GASF	Gramian Angular Summation Field	
44	GH	glenohumeral	盂肱
45	GKP	glossokinetic potential	舌部电位
46	GND	Ground	接地
47	GPIO	General-purpose input/output	通用输入输出
48	GRF	ground reaction force	地面反作用力
49	GUI	Graphical User Interface	图形用户界面
50	HOG	Histogram of Oriented Gradient	
51	I2C	Inter-Integrated Circuit	
52	IC	Intentional Control	意向控制
53	ICA	independent component analysis	独立成分分析
54	ICFT	Inverse continuous time Fourier transform	连续时间傅里叶逆变换
55	ID	Identification	标识符
56	IDE	integrated development environment	集成开发环境
57	IDFT	Inverse discrete Fourier transform	离散傅里叶逆变换
58	IDTFT	Inverse discrete time Fourier transform	离散时间傅里叶逆变换
59	IEMG	Integrated electromyography	积分 sEMG
60	IIR	Infinite impulse response	无限冲激响应
61	IMF	intrinsic mode function	固有模态函数
62	IMU	inertial measurement unit	惯性测量单元
63	IO	Input Output	输入输出
64	IO	input/output	输入输出
65	IP	interphalangeal	指间
66	ISC	Intrinsic scale component	固有尺度分量
67	LCD	Liquid Crystal Display	液晶显示屏
68	LFP	Local field potential	局部场电位
69	LSSVM	Least Squares Support Vector Machine	最小二乘支持向量机
70	LSTM	long short term memory	长短期记忆网络
71	MAV	Mean absolute value	平均绝对值
72	MCP	metacarpophalangeal	掌指
73	MCU	Microcontroller Unit	微控制单元

74	MDH	Modified Denavit-Hartenberg	
75	MEMS	Micro-electromechanical Systems	基于微电子机械系统
76	MI	Motor Imagery	运动想象
77	MUAPs	motor unit action potentials	运动单元动作电位
78	NC	Non-intentional Control	非意向控制
79	NMF/NNMF	nonnegative matrix factorization	非负矩阵分解
80	NVIC	nested vectored interrupt controller	内嵌向量中断控制器
81	PCA	principal component analysis	主成分分析
82	PCB	Printed circuit board	印制电路板
83	PD	Proportional Derivative	比例微分
84	PDNN	primal-dual neural network	原对偶神经网络
85	PET	Polyethylene terephthalate	聚对苯二甲酸乙二醇酯
86	PI	Proportional Integral	比例积分
87	PID	Proportion Integration Differentiation	比例积分微分
88	PIP	proximal interphalangeal	近端指间
89	PNS	peripheral nervous system	外周神经系统
90	PoE	Product of Exponential	指数积
91	PWM	pulse-width modulating	脉宽调制
92	RAM	Random Access Memory	随机存取存取器
93	RC	Resistor-Capacitance	电阻-电容
94	RF using MTDF	Random Forests using Multiple Time-Delayed Features	时延多特征随机森林
95	RGB	red-green-blue	红绿蓝
96	RMS	Root mean square	均方根
97	ROM	Read-Only Memory	只读存储器
98	SC	sternoclavicular	胸锁
99	SEA	Series elastic actuator	串联弹性致动器
100	sEMG	Surface electromyography	sEMG
101	SIT	soft interval thresholding	软间隔阈值
102	SNR	Signal to Noise Ratio	信噪比
103	SPI	Serial Peripheral Interface	
104	SPI	Serial Peripheral Interface	串行外设接口
105	SSC	Slope sign change	斜率符号变化
106	SSI	Simple square integral	简单平方积分
107	SSVEP	Steady-State Visual Evoked Potential	视觉稳态诱发
108	STFT	short-time Fourier transform	短时傅里叶变换
109	SVD	singular value decomposition	奇异值分解
110	SVM	Support Vector Machine	支持向量机
111	SWD	Serial Wire Debug	串行调试

112	TAS	top and slope	
113	TIP	fingertip	指尖
114	TMR	Target muscle nerve regeneration	目标肌肉神经再生
115	TMS	Transcranial Magnetic Stimulation	经颅磁刺激
116	TSR	Target sensory nerve regeneration	目标感觉神经再生
117	UART	Universal Asynchronous Receiver/Transmitter	通用异步收发器
118	UK	Udwadia-Kalaba	
119	USART	Universal Synchronous/Asynchronous Receiver/Transmitter	通用同步异步收发器
120	USB	Universal Serial Bus	通用串行总线
121	VAR	Variance	方差
122	VCC	Volt Current Condenser	接入电路的电压
123	VMD	Variational mode decomposition	变分模态分解
124	VPP	vertex positive potential	顶正电位
125	VR	Virtual Reality	虚拟现实
126	WL	Waveform length	波形长度
127	WST	Wavelet soft thresholding	小波软阈值
128	ZC	Zero crossing	零交叉